Flocculation Principle and Application

絮凝原理与应用

常 青 编著

化学工业出版社

·北京·

内容简介

本书主要以胶体化学和流体力学的基本原理为基础,对水处理中的絮凝问题从理论上做了深入全面的论述,同时对其应用技术也做了诸多详尽的介绍。本书主要内容包括絮凝的基本概念及作用、胶体的表面电化学与稳定性、高分子的稳定作用及絮凝作用、疏水作用力与疏水絮凝、絮凝动力学、絮凝剂及其效能、絮凝的实验方法、给水处理中的絮凝、废水处理中的絮凝、絮凝的传统工艺与设备、污泥的调理与脱水等。

本书可供环境科学、环境工程、给水排水、化学化工及胶体科学等领域的科研和工程技术人员参考,也可作为高等学校环境科学与工程等相关专业研究生或本科生的教材。

图书在版编目(CIP)数据

絮凝原理与应用/常青编著. —北京:化学工业出版社,2021.2

ISBN 978-7-122-38179-8

Ⅰ. ①絮… Ⅱ. ①常… Ⅲ. ①水絮凝-理论-高等学校-教材 Ⅳ. ①TU991.22

中国版本图书馆 CIP 数据核字(2020)第 244462 号

责任编辑:董 琳　　　　　　　　　　　　装帧设计:刘丽华
责任校对:张雨彤

出版发行:化学工业出版社(北京市东城区青年湖南街 13 号　邮政编码 100011)
印　　装:涿州市般润文化传播有限公司
787mm×1092mm　1/16　印张 24¼　字数 570 千字　2021 年 4 月北京第 1 版第 1 次印刷

购书咨询:010-64518888　　　　　　　售后服务:010-64518899
网　　址:http://www.cip.com.cn
凡购买本书,如有缺损质量问题,本社销售中心负责调换。

定　　价:138.00 元

前言

液体中微小颗粒相互聚结形成足够大絮体，从而获得经沉淀和过滤能从介质中分离出来的性质，这是许多工业技术及水和废水处理中常见的单元操作，被称为凝聚、絮凝或混凝，本书将这种微小颗粒的聚结统一称为絮凝。 絮凝现象普遍存在于自然界中，它对物质在环境中的传输、分布与迁移转化有重要的影响。 学习和研究絮凝的原理及其在水处理和环境科学中的应用具有十分重要的科学意义和实际价值。

在水处理中，能够受到絮凝作用的颗粒物的尺度范围，可从纳米级的胶体颗粒，到微米级的颗粒，再到毫米级的可见颗粒物，其跨度达六个数量级。 要使这些颗粒物发生絮凝，一方面需要向水中加入化学品以削弱颗粒间的静电排斥力，降低悬浊液的稳定性，或加入化学品（聚合物）将颗粒物连接起来从而使颗粒变大；另一方面还需输入能量以造成流体力学碰撞，或加入化学品生成颗粒物以增大碰撞频率，结果使胶体化学和流体力学均涉及其中，而工程师则必须借助于它们的作用以获得工艺和设备设计所需要的基础信息。

伴随着人类社会的进步和经济的发展，天然水环境和人类用水在水质水量上正面临着巨大的危机和严峻的挑战。 近年来，由于我国可持续发展战略和环境保护政策的实施，以及国民经济各部门科学技术人员和广大人民群众的不断努力，絮凝法无论在给水处理中还是在废水处理中均得到了更加广泛的应用，其功能从传统的前处理环节扩展到了二级处理和三级处理的单元操作，因而受到了广大给水排水、环境工程、化学化工、石油、冶金、电力等许多领域的工程技术人员和科学研究人员的普遍关注，从而也获得了更为迅速的发展。 在此形势下，适时且不断地总结絮凝科学的现状和近百年来的研究成果，使之更好地服务于水处理实践，是笔者编写本书的目的之一。

水处理絮凝科学经历了长久的发展历史，不断从有关基础学科吸收新的观念和方法，加深认识和改进技术，已形成了一门系统的知识体系，但深入、完整、系统地介绍该领域知识的书籍尚不多见。 许多知识常散见于各种书刊和资料中，或作为水处理技术专著或胶体科学专著中的章节，往往阐述的深度、广度、角度和侧重点各不相同，因此，多方面综合絮凝科学的知识和成果，使之发展为一门独立的专业学科是笔者编写本书的目的之二。

以往的著作的作者往往是从各自的专业角度去介绍水处理絮凝方面的知识。 化学家常侧重于胶体化学的理论及絮凝剂品种的合成方法，流体力学家常侧重于流体力学条件对絮凝反应速度的影响，工程师则侧重于水处理工艺及设备的开发。 化学家和流体力学家可能由于不太熟悉水处理工程而无法使自己的理论更加符合实际，工程师则可能由于对胶体科学和流体力学的理解不够，而不能准确把握絮凝的作用、适用范围及应用方法，各自都有片面性。鉴于此，为二者提供一个结合点是笔者编写本书的目的之三。

笔者在多方面综合的基础上发现，虽然絮凝的科学技术已经历了悠久的发展历程，形成了一个较为完整系统的专门学科，但迄今为止在相当长的一段时间内，原创性进步尚不足。从20世纪60年代起，在絮凝的化学领域，聚合氯化铝类絮凝剂和聚丙烯酰胺类絮凝剂在市场上一直占主导地位，迄今尚未出现实质性的突破和进步；在絮凝的流体力学方面虽然发现了网格絮凝的高效性，但对其作用机理的理解尚不够清楚，迄今尚未发展形成更加有效的絮凝设备。所以笔者恳切地希望有志于絮凝科学的研究者们力戒浮躁，踏实攻关，争取在絮凝的科学与技术方面取得新的进步与创新。

四十多年前，汤鸿霄院士将笔者引入了絮凝的科学领域，并给予了许多悉心的指导和教海。自此笔者便潜心致力于水处理絮凝科学的学习和研究，多年的积累为本书的完成奠定了基础。兰州交通大学环境与市政工程学院的同仁们，在四十多年的教学和科研中给予了笔者无私的帮助，谨此对汤院士及同仁们一并表示诚挚的谢意。本书的出版得到了国家自然科学基金项目（No.21277065）的资助，笔者在此致以衷心的感谢。

笔者在理论及工程实际方面的知识和水平有限，书中所涉及的材料只是笔者见闻所及，不能周全，难免会有一些疏漏和不当之处，希望读者提出批评指正。

常青
2020 年 10 月

目 录

第3章　高分子的稳定作用与絮凝作用 / 50

第4章　疏水作用力与疏水絮凝 / 65

第7章　絮凝的实验方法 / 233

第 8 章 给水处理中的絮凝 / 266

第 9 章 废水处理中的絮凝 / 298

第 10 章 絮凝的传统工艺与设备 / 320

第 **1** 章

絮凝的基本概念及作用

1.1 分散体系与胶体分散体系

　　絮凝是胶体科学的重要原理之一，絮凝作用的主要对象是胶体分散体系，所以需首先介绍与絮凝相关的胶体的一些基本概念。在讨论胶体的絮凝作用时，必先涉及胶体的一些运动性质，例如扩散与布朗运动和扩散、沉降和沉降平衡等，分述如下。

　　把一种物质分散在另一种物质中所形成的体系被称为分散体系，前者称为分散质，而后者则称为分散剂或分散介质。例如把氯化钠溶解于水中，就形成一种分散体系，其中氯化钠为分散质，而水为分散剂。分散质被分散后可形成大小不等的微粒，微粒越小，分散度越高。根据微粒的尺度又将分散体系分为三种类型，即：真溶液、胶体分散体系、悬浊体系，如图 1.1 所示。

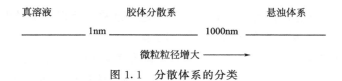

图 1.1　分散体系的分类

　　当微粒的粒径小于 1nm 时，体系为真溶液；大于 1000nm 时为悬浊体系；介于 1～1000nm 之间时为胶体分散体系。由此可见，决定分散体系类型的唯一标准仅仅是分散质微粒的粒径，并无其他条件。把氯化钠分散于水，得到真溶液；但当氯化钠分散于酒精时却得到胶体分散体系，这说明其间是可以相互转化的。像这样的例子还有许多，它们说明所谓胶体或真溶液并非物质存在的本质，而是物质的两种不同存在状态，之所以有此不同的存在状态，是因为被分散物质的颗粒大小即分散度不同，仅此而已，与其他因素无关。

　　根据上述界定，当微粒的粒径处于 1～1000nm 的尺度范围时，体系属胶体分散体系。天然水和工业废水、生活污水中处于该尺度范围内的微粒有两类：一类是不溶性微粒如黏土矿物；另一类是溶解性大分子如蛋白质，它们均在水中水形成胶体分散系。前者与水分散介质间存在相界面，因界面自由能的存在，属热力学不稳定体系，不可逆，沉降后不能再分散，称为憎液胶体；后者与水分散介质间不存在相界面，属热力学稳定体系，可逆，沉降后还可再分散，称为亲液胶体。这两类胶体分散系既有共性，也有不同之处，由于微粒尺度相近，因而与尺度有关的一些性质相近，如动力性质、光学性质、流变性质等，而与界面有关的性质则不同，如电学性质、吸附性质等。

悬浊体系中微粒的尺度大于胶体分散体系中微粒的尺度。由于悬浊体系的分散质与分散剂之间存在明显的界面，许多性质与胶体分散系相似，因此也将对它的研究归入胶体化学的研究范畴。天然水和工业废水、生活污水中形成悬浊体系的物质一般为泥沙和油类等。

天然水和工业废水、生活污水除含有溶解盐而形成真溶液外，常含有胶体和悬浊物，因此它们常常既是真溶液，又是胶体分散系，也是悬浊体系，是复杂的综合性体系。

天然水中颗粒物最重要的也是最容易被忽视的性质是颗粒的尺度。颗粒的尺度决定它们在固液分离（如浮选、重力沉降、填充床及滤饼过滤、离心分离）中的传质效果。由于颗粒的尺度决定颗粒的比表面积，因而也影响颗粒的化学反应，例如与絮凝剂的反应、对污染物的吸附等，此外颗粒的尺度也影响分散体系的光学性质，例如对光的散射。

1.2 胶体的扩散与布朗运动

扩散与布朗运动属于溶胶的运动性质，是造成絮凝的一种重要形式——异向絮凝的直接原因。溶胶中的微粒与溶液中的溶质分子一样，总是处在不停的热运动中，不同的是胶体微粒比一般分子大得多，故运动强度较小，它们在微观上表现为布朗运动，在宏观上则表现为扩散。

扩散是物质由高浓度区域向低浓度区域的自发迁移过程，扩散的最终结果是均匀分布。由化学势判据知，扩散发生的原因是物质在高浓度处的化学势高于低浓度处的化学势，而物质总是从化学势高的地方向化学式低的地方迁移，所以有扩散发生。扩散有两条基本定律，它们是 Fick 第一定律和 Fick 第二定律。

设 m 是物质的质量，A 是在扩散方向上某截面的面积，c 是物质的浓度，x 是扩散方向上的距离，t 是时间，D 是扩散系数。在 dt 时间内通过该截面的物质量为：

$$dm = -DA\frac{dc}{dx}dt \tag{1.1}$$

此式为 Fick 第一定律。式中，$\frac{dc}{dx}$ 是在扩散方向上物质的浓度梯度，由于扩散的方向是由高浓度向低浓度，所以其值恒为负，为此在公式中加一负号。扩散系数 D 的意义是单位截面积及单位浓度梯度下，dt 时间内通过截面的物质量。由 Fick 第一定律可以看出，在 dt 时间内通过某截面的物质量与截面积成正比，与浓度梯度成正比，与时间成正比。

在扩散发生的过程中，高浓度处的物质浓度逐渐降低，而低浓度处的物质浓度逐渐升高，最终达到均匀分布。Fick 第二定律解决扩散过程中某处物质浓度随时间的变化规律。

在扩散方向上取一立方体，如图 1.2 所示。

图中 A 是立方体的横截面积，x 是扩散方向上的距离。这里研究小体积元 Adx 中物质质量的变化。设 m 是物质质量，在 dt 时间内进入小体积元的物质质量是 dm，离开小

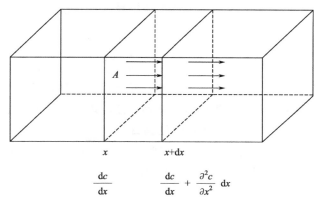

$$\frac{dc}{dx} \qquad \frac{dc}{dx}+\frac{\partial^2 c}{\partial x^2}dx$$

图 1.2　扩散方向上物质的迁移

体积元的物质质量是 dm'，根据 Fick 第一定律有：

$$dm' = -DA\left(\frac{dc}{dx}+\frac{\partial^2 c}{\partial x^2}dx\right)dt \qquad (1.2)$$

式(1.2) 中，$\left(\frac{\partial^2 c}{\partial x^2}dx\right)$ 是从 x 处到 $x+dx$ 处浓度梯度的增加值，$\left(\frac{dc}{dx}+\frac{\partial^2 c}{\partial x^2}dx\right)$ 则是 $x+dx$ 处的浓度梯度。所以在 dt 时间内小体积元中物质的增加量可以用式(1.1) 减去式 (1.2) 得到：

$$dm-dm' = DA\left(\frac{\partial^2 c}{\partial x^2}dx\right)dt$$

所以：

$$\frac{dm-dm'}{A\,dx} = D\,\frac{\partial^2 c}{\partial x^2}dt$$

因为 $A\,dx$ 为小体积元的体积，所以有：

$$\frac{\partial c}{\partial t} = D\,\frac{\partial^2 c}{\partial x^2} \qquad (1.3)$$

此式为 Fick 第二定律，指出了小体积元中浓度随时间的变化速率，它与浓度对扩散方向上距离的二阶导数有关，此式可以积分求解。

1826 年英国植物学家 Brown 将花粉悬浮于水中，发现花粉微粒在做不规则的运动，即布朗运动，如图 1.3 所示。

对布朗运动发生原因的解释是：悬浮于水中的颗粒受到来自四面八方介质分子的撞击，对于尺度较大的颗粒，同时发生的撞击次数极高，以至于各方向的撞击次数的差别可以忽略，合力近似为零；但对于胶体微粒，由于尺度较小，同时发生的撞击次数有限，以至于各方向的撞击次数的差别不可以忽略，合力不为零，导致了微粒的不规则运动。Einstein 布朗运动公式导出如下。

首先介绍平均位移的概念。虽然微粒在做不规则的运动，但在观察一段时间后发现还是有一定的位移。设 x 是

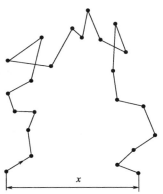

图 1.3　胶体颗粒的布朗运动

微粒位移在横坐标方向的投影，在时间 t 内平均位移为：

$$\overline{\Delta} = (\overline{x^2})^{\frac{1}{2}} = \left(\frac{\sum\limits_{i=1}^{n} x_i^2}{n} \right)^{\frac{1}{2}} \tag{1.4}$$

式中，i 为不同的微粒；n 为微粒的数目。可以看出，平均位移是位移的均方根值，恒为正值。设在充满胶体分散系的管中取一截面 AB，其面积为 S，在 AB 的两侧有两个液层，液层的厚度与 t 时间内微粒的平均位移 $\overline{\Delta}$ 相等，左侧液层中微粒的平均浓度为 c_1，右侧液层中微粒的平均浓度为 c_2，且 $c_1 > c_2$，如图 1.4 所示。

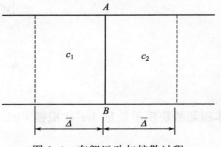

图 1.4　布朗运动与扩散过程

按照图 1.4，由于液层的厚度为平均位移，所以即使处于左侧液层左边缘的微粒也能在时间 t 内到达截面，所以在时间 t 内通过截面 AB 迁移到右侧的微粒量为：

$$\frac{1}{2} c_1 \overline{\Delta} S$$

式中的 $\frac{1}{2}$ 是因为布朗运动是各个方向的，其在横坐标上的投影还存在相反方向的位移，其概率各为 1/2。同理，由于液层的厚度为平均位移，所以即使处于右侧液层右边缘的微粒也能在时间 t 内到达截面，所以在时间 t 内通过截面 AB 迁移到左侧的微粒量为：

$$\frac{1}{2} c_2 \overline{\Delta} S$$

式中的 $\frac{1}{2}$ 同样是因为布朗运动是各个方向的，其在横坐标上的投影还存在相反方向的位移，其概率各为一半。于是在横坐标方向的净迁移量为：

$$m = \frac{1}{2}(c_1 - c_2)\overline{\Delta} S \tag{1.5}$$

由于液层很薄，所以有：

$$\frac{c_1 - c_2}{\overline{\Delta}} \approx -\frac{dc}{dx}$$

式(1.5) 就成为：

$$m = -\frac{1}{2}(\overline{\Delta})^2 \frac{dc}{dx} S \tag{1.6}$$

由于 t 很小，由式(1.1) 得到

$$m = -DA \frac{dc}{dx} t$$

将式(1.6) 与上式相比较，则有：

$$\frac{1}{2}(\overline{\Delta})^2 = Dt$$

$$\overline{\Delta} = (2Dt)^{\frac{1}{2}} \tag{1.7}$$

此即 Einstein 布朗运动公式，该式将布朗运动与扩散联系了起来。实际上扩散就是由

布朗运动所引起。由于布朗运动是无规则的，因而就单个微粒而言，它们向各个方向运动的概率均等，但在浓度较高的区域，单位体积中微粒的数目较周围多，则必定是"出多进少"，使浓度降低；而低浓度区域则相反，是"出少进多"，所以在宏观上就表现为扩散。同时 Einstein 曾导出扩散系数的公式：

$$D = \frac{K_B T}{f} \tag{1.8}$$

式中，K_B 为玻尔兹曼常数；T 为热力学温度；f 为阻力系数，即微粒在介质中以单位速度运动时受到的阻力。对于球形微粒：

$$f = 6\pi\eta r \tag{1.9}$$

此即 Stokes 定律。式中，η 为介质的黏度系数；r 为微粒的半径。

1.3 胶体的沉降速度与 Stokes 公式

悬浮于流体中的固体颗粒在重力作用下与流体分离的过程称为沉降。设颗粒在流体中受到的重力为 F，则有：

$$F = \varphi(\rho - \rho_0)g \tag{1.10}$$

式中，φ 为颗粒的体积；ρ 和 ρ_0 分别为颗粒和介质的密度；g 为重力加速度。当 $\rho > \rho_0$ 时，颗粒做下沉运动。颗粒在介质中下沉时必然受到介质的摩擦阻力，当其运动速度不太大时（胶体的沉降属于此种情形），阻力与速度 v 成正比，设该阻力为 F'，阻力系数为 f，则有：

$$F' = fv \tag{1.11}$$

随着颗粒运动速度的加快，F' 也随之增大，最终将等于 F，而达到平衡，即

$$\varphi(\rho - \rho_0)g = fv \tag{1.12}$$

此时颗粒受到的净作用力为零，保持恒速 v 运动，此即沉降速度。事实上，颗粒达到这种恒稳态速度用的时间极短，一般只需几个微秒到几个毫秒。对于球形颗粒，将式(1.9) 代入式(1.12) 得到：

$$\frac{4}{3}\pi r^3 (\rho - \rho_0)g = 6\pi\eta r v \tag{1.13}$$

于是：

$$v = \frac{2r^2}{9\eta}(\rho - \rho_0)g \tag{1.14}$$

此即重力场中的沉降速度公式，即 Stokes 公式。此式很重要，它指示出：

① 沉降速度对颗粒大小有显著的依赖关系，如表1.1所示。工业上测定颗粒粒度分布的沉降分析法即以此为依据；

表 1.1　不同粒径的球形微粒在水中的下沉时间[①]

微粒半径	沉降1cm所需要的时间
$100\mu m$	0.45s
$10\mu m$	0.77min
$1\mu m$	1.25h
$0.1\mu m$	125h

① 水温 20℃，微粒密度 2.0kg·dm³。

② 说明调节密度差，可以适当控制沉降过程；

③ 通常人们可以能动地改变介质黏度，从而可加快或抑制沉降。

表 1.1 为由 Stocks 公式计算出的微粒沉降时间。可以看出，当微粒的粒径在 $10\mu m$ 以上时，借助自然沉降的方法可以使之与水分离，而粒径小于上述值的微粒由于其沉降速度极慢，单靠其本身，自然沉降已无实际意义，例如当微粒粒径为 $1\mu m$ 时，微粒下沉 1cm，所需的时间长达 1.25h，无法满足水处理中沉淀池出水负荷的要求。这就预示了要使这些较小的微粒与水分离，必须使之相互结合而变为较大的微粒，然后借助于自然沉降而分离，而这正是絮凝方法所能解决的问题及目的。

利用沉降分析法可以测定微粒的粒度分布。图 1.5 是沉降分析所利用的实验装置。

随着分散相微粒的沉降，盘上的沉积物越来越多，用扭力天平记录盘上的沉积物质量随时间变化，得到沉降曲线，如图 1.6 所示。

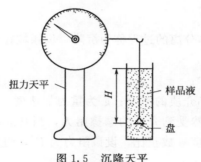

图 1.5　沉降天平

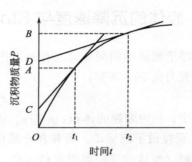

图 1.6　沉降曲线

设在时间 t_1 时沉积在盘上的微粒的质量是 P_1，而 P_1 可分为两部分：一部分属于时间 t_1 时能够沉降完全的那些粒度的微粒，设其质量为 S_1；另一部分来自尚处于沉降中的那些粒度的微粒。若盘距液面的距离为 30cm，t_1 为 300s，则下沉速度 $v \geqslant 0.1 cm/s$ 的微粒已经或刚刚沉降完全，落在了盘上。

设 $\rho = 31 kg/dm^3$，$\rho_0 = 1 kg/dm^3$，$\eta = 0.001 Pa \cdot s$，自式(1.14)计算得 $r \geqslant r_1 = 1.52 \times 10^{-3} cm$ 的微粒已经沉降完全，它们的质量为 S_1，而 $r \leqslant r_1 = 1.52 \times 10^{-3} cm$ 的微粒，根据实验开始时离盘的远近，一部分已落在了盘上，一部分还在沉降途中，此即上面所说的尚未沉降完全的那些粒度的微粒。这部分微粒引起沉积物质量增加的速率是固定的，可用 dP/dt 表示，因此经过时间 t_1 后，落在盘上的这类微粒的质量应该是 $t_1 \dfrac{dP}{dt}$，盘上的沉积物质量是上述两部分之和：

$$P_1 = S_1 + t_1 \frac{dP}{dt} \tag{1.15}$$

在实验测得的 $P\text{-}t$ 曲线上，任取一点 (t_1, OA)，过此点做切线与 P 轴交于 C，则 $AC = \left(\dfrac{dP}{dt}\right)t_1$，$OA = P$。自图 1.6 知，$OC = OA - AC = S_1$。因此线段 OC 代表在时间 t_1 时因沉降完全而落在盘上的微粒的质量，也就是半径 $r \geqslant r_1$ 的微粒的总质量，同理，图中对于沉降时间 t_2 所作切线得到的线段 OD 代表在时间 t_2 时因沉降完全而落在盘上的微粒的质量，也就是半径 $r \geqslant r_2$ 的微粒的总质量，而 $OD-OC$ 则是半径在 r_1 与 r_2 之间的微粒的质量，以此质量除以微粒总质量则可得该尺度范围的微粒所占的质量百分比，如此可求得体系的粒度分布。

1.4 沉降平衡与高度分布定律

　　微粒在水中沉降的结果使之在水体下部的浓度较上部大而造成浓度差。由于浓度差的存在，发生扩散作用。扩散的方向系由高浓到低浓，即由下往上，而与沉降方向相反，成为阻碍沉降的因素。当沉降速度与扩散速度相等时，物系达到平衡状态，称为扩散平衡。1910 年 Perrin 根据这一思想推导出一个公式，并进一步证明了其正确性，介绍如下。

　　设在横截面积为 A 的容器内盛有某种溶胶且达平衡，如图 1.7 所示。

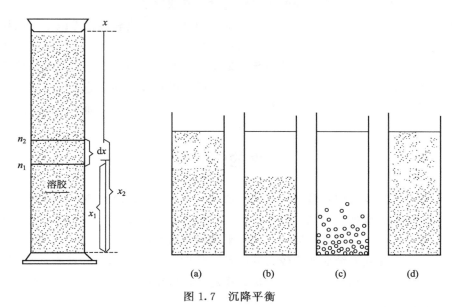

图 1.7　沉降平衡

（a）～（c）不同分散度的单种溶胶的沉降平衡；（d）由（a）～（c）三种溶胶组成的多种溶胶的沉降平衡

　　若球形微粒的半径为 r，微粒和介质的密度分别为 ρ 和 ρ_0，微粒的数目浓度为 n，在离开容器底面的高度分别为 x_1 和 x_2 之处，微粒的数目浓度分别为 n_1 和 n_2，g 为重力加速度，则在厚度为 $\mathrm{d}x$ 的一层溶胶中，使微粒沉降的重力为：

$$nA\,\mathrm{d}x\,\frac{4}{3}\pi r^3(\rho-\rho_0)g$$

　　由于使微粒发生扩散的力与使介质透过半透膜的渗透力相等。所以在该层中微粒所受的扩散力是：

$$-A\,\mathrm{d}\pi$$

π 为渗透压，负号表示扩散力与重力在方向上相反，$\mathrm{d}\pi$ 为半透膜两侧的渗透压力差。

　　根据 van't Hoff 渗透压公式 $\pi=cRT$ 得到：

$$-A\,\mathrm{d}\pi=-ART\,\mathrm{d}c=-ART\,\frac{\mathrm{d}n}{N_\mathrm{A}} \tag{1.16}$$

式中，c 为物质的量浓度；R 为气体常数；T 为绝对温度。

在恒温下达沉降平衡时则有：

$$-ART\frac{\mathrm{d}n}{N_A}=nA\mathrm{d}x\frac{4}{3}\pi r^3(\rho-\rho_0)g \tag{1.17}$$

式中，N_A 为 Avogadro 常数。积分后得：

$$\ln\frac{n_2}{n_1}=-\frac{N_A}{RT}\times\frac{4}{3}\pi r^3(\rho-\rho_0)(x_2-x_1)g \tag{1.18}$$

或

$$\frac{n_2}{n_1}=\exp\left[-\left(\frac{N_A}{RT}\right)\frac{4}{3}\pi r^3(\rho-\rho_0)(x_2-x_1)g\right] \tag{1.19}$$

式(1.18)和式(1.19)称为高度分布定律。由此式可以看出，在体系达到沉降平衡时，形成一定的浓度梯度。当微粒的质量较大时，其浓度随高度的升高较迅速地减小，微粒多集中于下部；当微粒的质量较小时，其浓度随高度的升高较缓慢地减小，微粒分布较均匀。这就是说，高度越高，质量越小的微粒越多；反之，高度越低，质量越大的微粒越多。应该指出，此式所表示的高度分布是沉降达到平衡后的情形，微粒较大的体系一般沉降较快，扩散力也小，可以较快地达到平衡；相反，微粒较小的高分散体系则需要较长的时间才能达到平衡。体系在达到沉降平衡后，微粒则停止下沉，因而水不能得到澄清。

1.5 沉降稳定性与聚结稳定性的破坏

在分散度较高的体系中，微粒由于沉降速度极小，并且最终将达到沉降平衡，而不能有效地与水分离，一般称该体系具有沉降稳定性。欲有效地使之与水分离，必须破坏其沉降稳定性。由上述分析知，沉降速度和沉降平衡均与微粒的大小有关，所以欲破坏其沉降稳定性，应使微粒相互聚结而变为较大的微粒，从而提高其沉降速度或破坏其沉降平衡。但微粒因带有表面电荷相互排斥而具有聚结稳定性，可见欲破坏其沉降稳定性，必须首先破坏其聚结稳定性。

聚结稳定性的破坏一般可以通过两种作用实现：一种是用电解质克服微粒间的静电斥力后，由 van der Waals 引力引起微粒相互聚结变大，这种作用在胶体化学上被称为凝聚（coagulation），常用的电解质包括金属盐和阳离子型有机聚合电解质，称为凝聚剂（coagulant）；另一种是用高分子化合物在微粒间"架桥"连接，而引起微粒的聚结变大，这种作用在胶体化学上被称为絮凝（flocculation），常用的高分子化合物为阴离子型聚合电解质和非离子型有机高分子化合物，称为絮凝剂（flocculant）。凝聚和絮凝可分别用以图1.8表示。

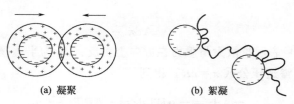

(a) 凝聚　　　　　　　　　(b) 絮凝

图 1.8　凝聚和絮凝作用

除了以上关于凝聚和絮凝的含意外，文献中还有两种定义法，一种是将凝聚定义为胶体的脱稳作用，而将絮凝定义为胶体在脱稳后相互聚结形成大颗粒絮体的作用，在水处理中前者指在加药混合阶段完成的过程，后者指在反应器中完成的过程；另一种就是将两者当成同义语，不加区别，可以互相通用。由于目前尚无恰当的及统一的名词兼具凝聚与絮凝两种含义，为方便起见，在一般情况下本书用"絮凝"一词代表凝聚与絮凝两种作用，絮凝即混合、凝聚、絮凝之意，因而就用"絮凝剂"代表凝聚剂和絮凝剂。国内给排水工程技术方面的专业书籍常用"混凝"和"混凝剂"，其含义与本书相同，包括了混合、凝聚和絮凝的概念。

无论是对于凝聚还是对于絮凝，微粒之间的相互接近或碰撞都是必要条件。假设某体系在电解质的作用下，微粒间的静电斥力被减小到了最低，即已"脱稳"，但微粒之间缺乏相对运动，则体系的聚结稳定性仍然是不能被有效地破坏的。因此，还需向体系提供能使微粒发生相对运动的流体力学条件，所以絮凝实际上是通过向胶体或悬浮体系提供必要的化学条件和流体力学条件，促使微粒体积变大，从而与介质分离的过程。

1.6 水环境和水处理中的絮凝

絮凝是一个使高度分散的颗粒聚结起来并形成絮体的过程。在天然水环境中由絮凝形成的絮体可经过沉降作用与水分离。虽然由絮凝形成的絮体受到重力的影响，但同时也易受对流传质的影响。絮凝对天然水中悬浮物及胶体颗粒的输运、分布具有重要性。

絮凝是水处理的重要单元操作之一，并且往往是必不可少的步骤之一。絮凝作用的对象主要是水中由不溶性物质形成的憎液溶胶及悬浮颗粒，因此试图直接用絮凝法去除水中溶解性杂质的做法基本是无效的。对于一些溶解性物质，如果可以先用某种方法将其变为不溶性物质，然后再用絮凝法就可将其除去。在某些情况下，絮凝作用所形成的絮体会将一些溶解性物质吸附于其上而发生共沉淀，这可以看作是一种协同效应。此外，絮凝操作的目的不仅仅是以沉降的方式除去致浊物质，而且将赋予致浊微粒在后续过滤操作中能截留于滤料，如砂粒之间的性能。一般由絮凝作用形成的絮体可经沉淀、过滤或气浮等工艺而达到与水分离的目的。虽然水和废水的种类很多，所含污染物也多种多样，但因多数情况下胶体是主要成分，所以絮凝处理总是首选的基本工艺单元。

给水处理是以提供生活用水和工业用水为目的，以地表水和地下水为水源，经过处理分别达到生活用水和工业用水的要求，典型的给水处理流程如图1.9所示。

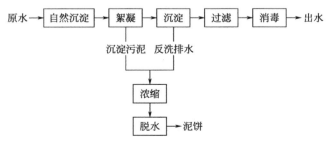

图1.9 典型的给水处理流程

根据原水水质和用水的不同要求，图 1.9 流程中某些单元操作有时是可以省略的，例如，当工业冷却用水的水质仅要求悬浮物含量低于 50mg/L 时，且在河水含沙量不高的情况下，只需经过自然沉淀就可达到要求。但在河水含沙量较高的情况下，就要采取自然沉淀和絮凝沉淀两步处理才能满足要求。作为单元操作，絮凝操作的效能不但会受到前处理的影响，并对后续处理产生重大影响。

在当今世界上，由于安全饮水和工业用水的水质标准的提高，对颗粒物及有机物去除的要求越来越严格。从 1989 年起，美国对处理水的浊度控制标准逐渐由 1.0NTU 减小到 0.3NTU，许多水处理设施的目标是经过不断努力将其出水的浊度削减至小于 0.1NTU。我国当前生活饮用水的浊度控制标准也从多年前的 5.0NTU、3.0NTU 逐步减小至 1.0NTU。在实现此目标的过程中絮凝起到了关键的作用。

工业废水和生活污水的处理一般分为三级，如图 1.10 所示。

图 1.10　工业废水和生活污水处理流程

其中一级处理可由筛滤、重力沉降、浮选等方法串联组成，以除去废水或污水中粒径大于 $100\mu m$ 的粗大颗粒。一级处理实际上为二级处理的预处理。二级处理常采用生化法和絮凝法，生化法主要除去一级处理后水中尚存的有机物，而絮凝法主要用来除去一级处理后水中的无机悬浊物及难溶有机物。经过二级处理后的水一般可以达到农业灌溉标准和废水排放标准，但水中还存有一定的悬浮物、生物不能分解的有机物、溶解性无机物和氮磷等藻类增殖营养物，并含有病毒及细菌，因而不能满足高标准的排放标准。如排入流量较小、稀释能力较差的河流就会引起污染，也不能用作自来水和工业用水的补给水，这就需要三级处理。三级处理可以采用许多物理和化学的方法，如曝气、吸附、絮凝沉淀、砂滤、离子交换、电渗析、反渗透及化学消毒等，其中最重要的方法仍然是絮凝沉淀和砂滤。如果再进一步用其他方法处理，就可达到理想的水质。生活污水和工业废水中的磷是引起水体富营养化的主要物质种类之一，在许多情况下，污水（废水）经生化法处理后仍含有较高浓度的磷，达不到排放标准，此时应用絮凝法可有效地将剩余磷去除。

由以上所述可见，絮凝法在水处理中占有极重要的地位，往往发挥着不可缺少的重要作用，因而对絮凝科学及其方法进行研究具有极重要的意义。

第2章

胶体的表面电化学与稳定性

2.1 天然水胶体表面电荷的来源

天然水中有许多种类的胶体颗粒，例如各种矿物、水合金属氧化物、水合硅氧化物、腐殖质、蛋白质、油珠、空气泡、表面活性剂半胶体及生物胶体（包括藻、细菌及病毒）等。这些胶体颗粒物一般都带有表面电荷。

胶体表面带有电荷是胶体具有聚结稳定性的主要原因。概括地讲，分散颗粒表面的电荷是由于带电离子在颗粒和溶液间的不平衡分布所造成。此种电荷不平衡分布的原因，因颗粒性质的不同而不同，常见的有如下几种。

2.1.1 铝硅酸盐矿的同晶代换

天然水中的无机悬浮物和胶体微粒大多来自土壤中的黏土矿物，它们是铝或镁的硅酸盐晶体，由 SiO_2 四面体和 $[AlO_2(OH)]$ 的八面体层通过共用氧原子联结而成的板层结构。图 2.1 是高岭土的双层板结构，由一片四面体层和一片八面体层构成。其中八面体层中的 OH 很容易与其他双层板的四面体层中的 O 形成氢键，于是板板联合成多板片。蒙脱土、白云母等其他矿物也具有相似的结构。

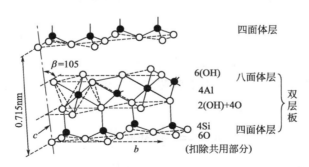

图 2.1 高岭土的双层板结构

黏土矿物多数有异价离子的同晶代换。四面体中的 Si(Ⅳ) 若被 Mg(Ⅱ)、Fe(Ⅱ)、Zn(Ⅱ) 等置换，板片上就会有过剩的负电荷，晶格缺陷或同晶代换如图 2.2 所示。

由于静电吸引作用在板与板之间就会吸附一层 K^+ 或 Na^+ 的阳离子，以保持电中性。

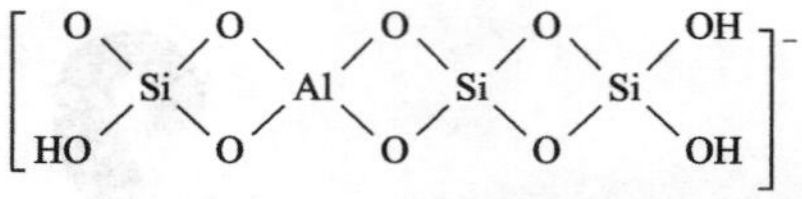

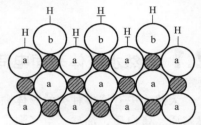

图 2.2　晶格缺陷或同晶代换示意图

当矿石被粉碎时，被吸附的阳离子暴露在界面而溶于水，结果使黏土微粒带上了负电。这就是铝硅酸盐矿的同晶代换所导致的胶体表面电荷，来自同晶代换的表面电荷与介质的 pH 值及离子组成无关，即被称为恒电荷表面。

不受水的 pH 值和组成变化的影响，被称为恒电荷表面。

2.1.2　水合氧化物矿的电离与吸附

上述黏土矿物实际也可以看作是 Si、Fe、Al 等的氧化物晶体，称为氧化物矿。水中的氧化物矿由于水合作用会在其表面上覆盖有一层羟基，具体有两种情形。一种是由于表面层的 Si、Fe、Al 等金属离子或类金属离子的配位数还未达到饱和，因而与 H_2O 分子配位而发生吸附，吸附水分子由于电离而成为覆盖于表面的羟基；另一种是氧化物矿表面上的氧原子的化合价也未达到饱和，因而将水中的氢离子吸附与其上，同样形成覆盖于表面的羟基。水合氧化物矿的表面结构如图 2.3 所示。

图 2.3　水合氧化物矿的表面结构
◨ 金属离子；○ 氧原子：内有 a 者为原有氧原子；内有 b 者为吸附羟基的氧原子

覆盖于氧化物矿表面的羟基会发生化学反应，使表面带上电荷。例如硅表面的电荷可以解释为由硅醇基的电离和吸附而形成。

由图 2.4 看出，氧化物矿的表面电荷强烈地依赖于 pH 值，当水的 pH 值升高时，表面上的硅醇基会电离而带负电；当水的 pH 值降低时，表面上的硅醇基吸附 H^+ 则会带正电。这样必然会在某一 pH 值时，表面不带电荷，该状态称为等电点（isoelectric point），

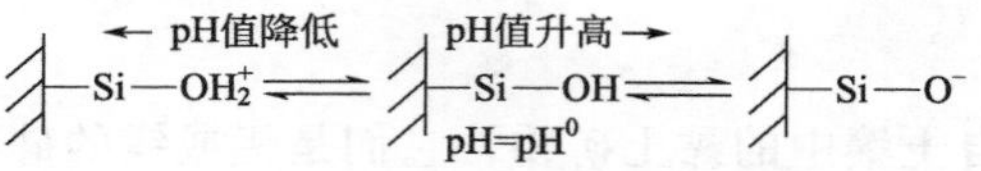

图 2.4　硅表面的电离与吸附作用

相应的 pH 值记作 pH^0。大多数种类氧化物矿的 pH^0 小于天然水的 pH 值，如硅的酸性较强，$pH^0 \approx 2$，因而天然水中的黏土矿物总是带负电。而赤铁矿（α-Fe_2O_3）的碱性较强，$pH^0 \approx 8.5$。由水合氧化物的电离与吸附产生的表面电荷密度（σ_0）为：

$$\sigma_0 = F(\Gamma_{H^+} - \Gamma_{OH^-}) \quad (C/cm^2) \tag{2.1}$$

式中，Γ_{H^+} 为吸附在单位面积上的 H^+ 量，mol/cm^2；Γ_{OH^-} 为吸附在单位面积上的 OH^- 量，mol/cm^2；F 为法拉第常数，其值为 96485C/mol。

水合氧化物矿的表面电荷可以由实验测定的酸碱滴定曲线经计算得到。如 γ-Al_2O_3 的悬浊液在用酸或碱滴定时，会发生如下平衡移动：

$$\vdash AlOH_2^+ \underset{H^+}{\overset{OH^-}{\rightleftarrows}} \vdash AlOH \underset{H^+}{\overset{OH^-}{\rightleftarrows}} \vdash AlO^- \tag{2.2}$$

若以强酸 HA 或强碱 NaOH 滴定时会得到如图 2.5 的滴定曲线。该图表明，在 0.01mol/L 的惰性电解质 $NaClO_4$ 溶液中，阴阳离子存在和离子强度的改变会使滴定曲线发生移动。在曲线上任意一点，根据电荷平衡有：

$$[A^-] + [OH^-] + [\vdash AlO^-] = [Na^+] + [H^+] + [\vdash AlOH_2^+] \tag{2.3}$$

式中，$\vdash AlO^-$ 等表示颗粒表面上的基因。由于 $[A^-] = c_A$（加入强酸的浓度），

$[Na^+]=c_B$（加入强碱的浓度），上式成为：

$$c_A+[OH^-]+[\vdash AlO^-]=c_B+[H^+]+[\vdash AlOH_2^+] \qquad (2.4)$$

$$c_A-c_B+[OH^-]-[H^+]=[\vdash AlOH_2^+]-[\vdash AlO^-] \qquad (2.5)$$

若氧化物矿的浓度为 m(kg/L)，{ } 表示表面化合态的浓度（mol/kg），则有：

$$\frac{c_A-c_B+[OH^-]-[H^+]}{m}=\{\vdash AlOH_2^+\}-\{\vdash AlO^-\} \qquad (2.6)$$

由此可见，平均表面电荷密度 Q（即 $\{\vdash AlOH_2^+\}-\{\vdash AlO^-\}$ ）可以由加入的总碱量（或总酸量）与平衡时 $[OH^-]$ 和 $[H^+]$ 的差值计算得出，而该差值可由滴定曲线得到。

若 $\gamma\text{-}Al_2O_3$ 的比表面积 S(cm^2/kg) 已知，则表面电荷密度 σ_0(C/cm^2) 可按下式计算：

$$\sigma_0=QFS^{-1}=F(\Gamma_{H^+}-\Gamma_{OH^-}) \qquad (2.7)$$

式中，F、Γ_{H^+} 及 Γ_{OH^-} 的意义同上。

$\gamma\text{-}Al_2O_3$ 的滴定曲线如图 2.5 所示。

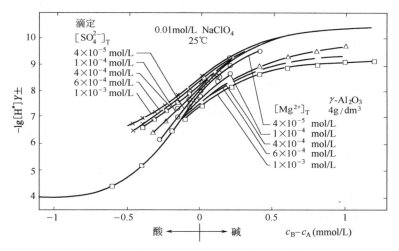

(a) 在有和没有表面配位Mg^{2+}和SO_4^{2-}时，各种情况下的酸碱滴定曲线

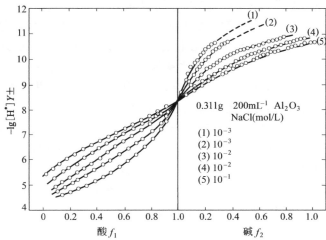

(b) 不同离子强度下的滴定曲线($Y_\pm$为平均活度系数；f为加入滴定液的摩尔分数；悬浊液零电荷点的pH值与电解质浓度无关)

图 2.5 $\gamma\text{-}Al_2O_3$ 的滴定曲线

对于其他不溶性氧化物，同样有相似的反应发生，在所有这样的情况下，表面电荷密度 σ_0 都可以通过式(2.7) 计算得到。

2.1.3 表面专属化学作用

当水体受到污染时，表面电荷的形成出现多样化。一些表面的电荷来源于表面与某些溶质的配位结合，这种作用常被称为表面专属化学作用，或表面专属吸附。例如：

$$\vdash S + S^{2-} = \vdash S_2^{2-} \tag{2.8}$$

$$\vdash Cu + 2H_2S = \vdash Cu(SH)_2^{2-} + 2H^+ \tag{2.9}$$

$$\vdash FeOOH + HPO_4^{2-} = \vdash FeOHPO_4^- + OH^- \tag{2.10}$$

$$\vdash R(COOH)_n + mCa^{2+} = \vdash R-[(COO)_nCa_m]^{2m-n} + nH^+ \tag{2.11}$$

$$\vdash MnO \cdot H_2O + Zn^{2+} = \vdash MnOOHOZn^{2+} + H^+ \tag{2.12}$$

此外，在天然水和工业废水中常含有表面活性物质的离子，它们也可以通过专属作用吸附于颗粒之上，使颗粒带上不同的电荷，其吸附作用还可以是伦敦-范德华作用，也可以是氢键或憎水作用。

2.1.4 腐殖质的电离与吸附

生物体物质在土壤、水体和沉积物环境中转化为腐殖质，是天然水中重要的有机物。海水中腐殖质构成有机物总量的 $6\% \sim 30\%$，沼泽水因含有大量的腐殖质而显黄色，未受污染的江河水中的有机物主要为腐殖质。腐殖质中既能溶于酸又能溶于碱的部分称为富里酸，能溶于碱而不溶于酸的部分称为腐殖酸，既不溶于碱又不溶于酸的则称为腐黑物。

腐殖质就其元素组成而言，主要为碳、氢、氧、氮和少量的硫、磷等元素。分子量约在 $300 \sim 1 \times 10^6$ 之间，其中富里酸的分子量约在数百至数千之间，腐殖酸的分子量约在数千至数万之间。颜色越深，分子量则越高。

腐殖质就其结构而言，可以看作是多元酚和多元醌作为芳香核心的高聚物。其芳香核心上有羧基、羰基、酚基等官能团。核心之间以多种桥键相联，如—O—、—CH₂—、=CH—、—NH—、—S—S—和氢键。富里酸与腐殖酸及腐黑物比较，除分子量较小外，可能含有较多的亲水官能团。腐殖质的元素组成及比值关系可以表示其芳香性和极性，H/C 表示腐殖质的芳香性，其值越小芳香性越强；（N+O）/C 为腐殖质的极性指数，其值越高表示极性越强。Schnitzer 根据分级分离和降解研究提出富里酸由酚和苯羧酸以氢键结合而成，形成的聚合物具有相当的稳定性，如图 2.6 所示。

腐殖质分子通过上述各种作用连接起来形成巨大的聚集体，呈现多孔疏松状的海绵结构，有很大的表面积。由于腐殖质含有各种官能团，使它成为两性聚合电解质。其电离与吸附行为可导致表面带有不同的电荷。电荷符号亦与溶液 pH 值有关，pH 值较低时，表面正电荷占优势；pH 值较高时，表面负电荷占优势；在某一中间 pH 值即等电点时，表面净电荷为零，恰与水合氧化物表面的情形相似。

2.1.5 蛋白质的两性特征

受到生活污水污染的水体常含有蛋白质，蛋白质由各种氨基酸构成。氨基酸为两性分

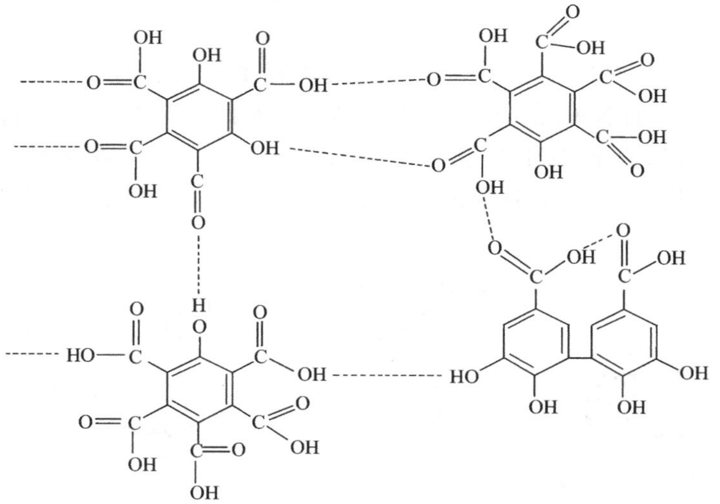

图 2.6 富里酸的分子结构

子，在不同的溶液 pH 值下，可显示不同的电性，当溶液的 pH 值由低逐渐升高时，蛋白质所带的电荷由正经等电点变为负，如图 2.7 所示。可见其形态特征也强烈地依赖于溶液的 pH 值。各种氨基酸的等电点不同，且分布比较广泛（pH2～11）。各种蛋白质也具有特定的等电点，例如胃蛋白酶的等电点是 1.1，酪蛋白是 3.7，蛋蛋白是 4.7，核糖核酸酶是 9.5，溶菌酶是 11.0 等，在等电点时蛋白质最容易沉淀。

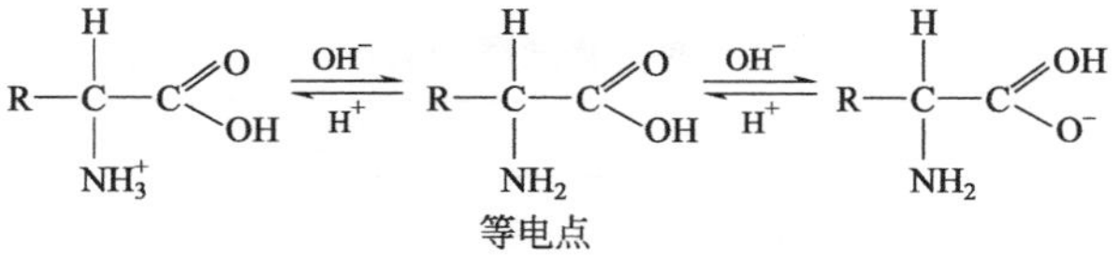

图 2.7 蛋白质的带电机理

上文介绍了胶体表面带电的数种不同机理，虽未包罗万象，但可反映出通常所见的情形。胶体带电的机理可因不同的表面而不同，但从热力学上讲，原因只有一个，那就是因物质的分散度升高而导致了表面自由能的升高。为降低自由能，物系可通过表面吸附、离解等达到目的，其结果使胶体表面带上了电荷。

2.2 电动现象

在研究胶体的电学性质时人们发现了电动现象（或称动电现象）。电动现象的发现引导人们认识了胶体的双电层结构，因而在胶体研究中具有十分重要的意义。电动现象主要指电泳、电渗、流动电位、沉降电位等，分述如下。

2.2.1 电泳

胶体微粒在电场中做定向运动的现象叫电泳。1803 年 Peǔcc 将两根玻璃管插到湿的黏土团里，玻璃管里加上水并插上电极，通电之后发现黏土粒子朝正极方向运动，如图 2.8(a) 所示，后来的实验证明其他悬浮粒子也有这种在电场中做定向运动的现象，这就是电泳。图 2.8(b) 是界面移动电泳实验。如图若在 U 形管内装入棕红色的 $Fe(OH)_3$ 溶胶，其上放置无色的 NaCl 溶液，操作时要求两液相间要有清楚的界面，通电一段时间后，便能看到棕红色的 $Fe(OH)_3$ 溶胶的阳极端界面下降，而阴极端界面上升。证明 $Fe(OH)_3$ 溶胶也发生了电泳，且带正电。同理，若用 As_2S_3 溶胶实验可证明它带负电。

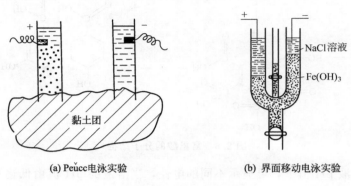

(a) Peйcc电泳实验　　　　　　(b) 界面移动电泳实验

图 2.8　电泳实验

胶体微粒的电泳速度与微粒所带的电量及外加电场的电位梯度成正比，而与介质的黏度及微粒的大小成反比。溶胶微粒要比离子大得多，但实验证明溶胶电泳速度与离子迁移速度的数量级基本相同，如表 2.1 所示，由此可见溶胶微粒所带电量是相当大的。

表 2.1　胶体微粒与普通离子的电泳速度比较

离子(微粒)	电泳速度/[10^{-6}(m/s)/(100V/m)]
H^+	32.6
OH^-	18.0
Na^+	4.5
K^+	6.7
Cl^-	6.8
$C_3H_7COO^-$	3.1
$C_8H_{17}COO^-$	2.0
胶体	2～4

2.2.2　电渗

实验发现，如果在多孔膜或毛细管的两端加一定电压时，则多孔膜或毛细管中的液体将产生定向移动，这种现象叫做电渗，多孔膜实验如图 2.9(a) 所示。

电渗的另一个有趣的例子见图 2.9(b)，在盛有水的素烧瓷杯的外壁上夹住一块锡箔接电源的负极，在杯中悬挂一块金属片于水中，接电源的正极。素烧瓷杯一般不渗水，在通电前外壁看不出有水渗出，但通电后烧瓷杯的外壁却不断有水珠渗出，并从漏斗颈流下。此例表明，在多孔塞或毛细管中的水带有正电荷。

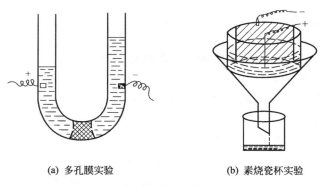

(a) 多孔膜实验　　　　　　(b) 素烧瓷杯实验

图 2.9　电渗实验

2.2.3　流动电位

与电渗相反，若使液体在多孔膜或毛细管中流动，多孔膜或毛细管两端就会产生电位差，称为流动电位。流动电位意味着液体流动时带走了与表面电荷相反的带电离子，从而使毛细孔两端发生了电荷的积累，形成了电场。流动电位的测定装置如图 2.10 所示。

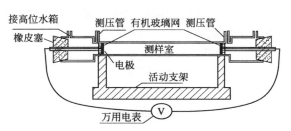

图 2.10　流动电位的测定装置

2.2.4　沉降电位

胶体微粒在重力场或离心力场中迅速沉降时，会在沉降方向的两端产生电位差，叫做沉降电位。沉降电位意味着带电微粒在沉降后将相反电荷的离子留在了原处，正负电荷发生了分离。其测定装置如图 2.11 所示。图中 P 为电位差计，S 为胶体微粒。

以上四种电动现象中，电泳、电渗是由于外加电位差引起的固、液相之间的相对移动，即"电生动"；而流动电位、沉降电位则是由于固、液相之间的相对移动产生电位差，即"动生电"。电动现象的发现不但说明胶体微粒带有表面电荷，而且也说明分

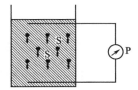

图 2.11　沉降电位的测定装置

散相与分散介质带有相反的电荷，启示着双电层的存在，对研究胶体的结构即双电层模型起了关键作用，反过来双电层模型建立后又可对电动现象进行数学处理，对电动现象的实验规律做出合理的说明。

2.3 双电层模型

　　胶体表面上带电以后，会吸引溶液中与表面电荷符号相反的离子（反离子），同时排斥与表面电荷符号相同的离子（同离子），这样会造成表面附近溶液中的反离子过剩（即高于本体溶液中的浓度）和同离子欠缺（即低于本体溶液中的浓度）。反离子过剩可称为吸附，并可发生离子交换。而同离子欠缺则称为负吸附。吸附与负吸附共同造成溶液中的反电荷。存在于表面的电荷与溶液中的反电荷构成所谓"双电层"。关于双电层的内部结构，经历了不同的发展阶段，曾提出过 Helmholtz、Gouy-Chapman 和 Stern 三种模型，最终使我们对双电层的结构有了一个比较正确完整的科学认识。

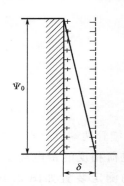

图 2.12　Helmholtz
平板电容器模型

2.3.1　Helmholtz 平板电容器模型

　　1879 年 Helmholtz 最早提出，双电层结构类似于一个平板电容器，如图 2.12 所示。

　　图中微粒的表面电荷构成双电层的一层，反离子平行排列在介质中，构成双电层的另一层，两层之间的距离很小，约等于离子的半径。在双电层内电位直线下降，表面电位 Ψ_0 与表面电荷密度 σ_0 之间的关系正如平板电容器的情形一样：

$$\sigma_0 = \frac{\varepsilon \Psi_0}{\delta} \tag{2.13}$$

　　式中，δ 为两层之间的距离；ε 为介质的介电常数。

　　Helmholtz 平板双电层模型对电动现象的解释是：在外加电场的作用下，带电粒子和介质中的反离子分别向不同的电极运动，于是发生电动现象。这一模型对早期电动现象的研究起过一定的作用，但它无法区别表面电位 Ψ_0（即热力学电位）与动电位 ζ_0（zeta 电位）。后来的研究表明，与粒子一起运动的结合水层的厚度远较 Helmholtz 模型中的双电层厚度大，也就是说反离子层被包在结合水层内。这样，根据 Helmholtz 平板双电层模型，根本不应有双电层之间的相对运动即电动现象发生，因为双电层作为一个整体应该是电中性的。

2.3.2　Gouy-Chapman 扩散双电层模型

　　针对 Helmholtz 模型中出现的上述问题，Gouy 和 Chapman 分别在 1910 年和 1913 年指出，溶液中的反离子受两个相互对抗的力的作用，一个是静电力使反离子趋向表面，另一个是热扩散力使反离子在溶液中趋向于均匀分布。这两种作用达平衡时，反离子并不是规规矩矩地被束缚于微粒表面附近，而是成扩散型分布：微粒附近的过剩反离子浓度（即超过溶液本体浓度的部分）要大一些，随着离开表面距离的增大，反离子过剩的程度逐渐减弱，直到某一距离时，反离子浓度与溶液本体反离子浓度相同，也与溶液本体同离子浓度相等。另一方面同离子由于受到表面的静电排斥作用，其分布呈现相反的规律，即在表面附近浓度小于溶液本体同离子浓度，随着离开表面距离的增大而增大，直至与溶液本体同离子浓度相同。上述反离子和同离子的扩散型分布共同形成所谓"扩散双电层"，其模型如图 2.13 所示。

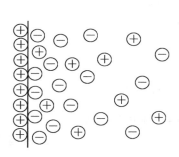

图 2.13　扩散双电层模型

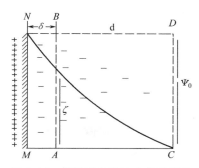

图 2.14　扩散双电层中电位的变化

图 2.14 是双电层中电位的变化曲线。图中 AB 为发生动电现象时固液之间相对移动的实际分界面，即上述结合水层的表面，称为滑动面，滑动面上的电位即动电位或称为 ζ (zeta) 电位。可以看出，滑动面是在距表面 δ 处的 AB 面，并不是固体表面，因而 ζ 电位亦非表面电位 Ψ_0。

从上述双电层模型出发，Gouy 和 Chapman 对扩散双电层内的电荷与电位分布进行了定量处理。其基本假设是：

① 微粒表面是无限大的平面，表面电荷呈均匀分布；
② 扩散层内的反离子是服从 Boltzmann 分布规律的点电荷；
③ 溶剂的介电常数到处相等。

为简化计算起见，还假设溶液中只有一种对称电解质，其正负离子的电荷数均为 z，其定量处理如下。

2.3.2.1　扩散双电层内部的电荷分布

若平板微粒的表面电位为 Ψ_0，溶液中距表面 x 处的电位为 Ψ，溶液内部的电位为零。根据 Boltzmann 分布定律，该处的正负离子浓度应为：

$$n_+ = n_{0+} \exp(-ze\Psi/K_BT) \qquad (2.14)$$

$$n_- = n_{0-} \exp(ze\Psi/K_BT) \qquad (2.15)$$

式中，n_{0+} 和 n_{0-} 分别为溶液内部即双电层以外正、负离子的浓度，e 为电子电荷；K_B 为 Boltzmann 常数。上式表明扩散层内反离子与同离子的浓度不同，反离子的浓度大于同离子的浓度，其情形如图 2.15 所示。微粒的表面电位越高，距表面越近，这种差别就越明显。

根据式（2.14）和式（2.15），扩散层内任意一点的电荷密度则为：

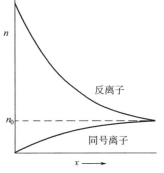

图 2.15　扩散层内的离子分布

$$\rho = ze(n_+ - n_-) = -2n_0ze \cdot \sinh(ze\Psi/K_BT) \qquad (2.16)$$

2.3.2.2　扩散层内的电位分布

根据 Poisson 公式，空间电场中电荷密度 ρ 与电位 Ψ 之间有以下关系：

$$\nabla^2 \Psi = -\frac{\rho}{\varepsilon} \tag{2.17}$$

式中，∇^2 是 Laplace 算符，代表 $\partial^2/\partial x^2 + \partial^2/\partial y^2 + \partial^2/\partial z^2$。对于平板微粒，式 (2.17) 可由三维简化为一维：$\nabla^2 \Psi = \mathrm{d}^2 \Psi/\mathrm{d}x^2$，于是则有：

$$\mathrm{d}^2 \Psi/\mathrm{d}x^2 = -\frac{\rho}{\varepsilon} \tag{2.18}$$

将式(2.16) 的结果代入上式得：

$$\mathrm{d}^2 \Psi/\mathrm{d}x^2 = \frac{2n_0}{\varepsilon} ze \cdot \sinh(ze\Psi/K_B T) \tag{2.19}$$

式(2.19) 是一个二阶微分方程，不易求解。但如果表面电位很低，因而 $ze\Psi_0/K_B T \ll 1$，则它的求解可大大简化。对 25℃ 的常见情形，上述 $ze\Psi_0/K_B T \ll 1$，相当于 $\Psi_0 \ll 25.7\text{mV}$，此时 $\sinh(ze\Psi/K_B T) \approx ze\Psi/K_B T$，于是：

$$\mathrm{d}^2 \Psi/\mathrm{d}x^2 = \frac{2n_0}{\varepsilon K_B T} z^2 e^2 \Psi = \kappa^2 \Psi \tag{2.20}$$

式中

$$\kappa = \left(\frac{2n_0 z^2 e^2}{\varepsilon K_B T}\right)^{\frac{1}{2}} \tag{2.21}$$

式(2.20) 的解是

$$\Psi = \Psi_0 e^{-\kappa x} \tag{2.22}$$

式中，x 为离开表面的距离。对于球形微粒，经数学处理后相应的表达式为

$$\Psi = \Psi_0 \frac{a}{r} e^{-\kappa(r-a)} \tag{2.23}$$

式中，a 为微粒的半径；r 为距球心的距离。

式(2.22) 和式(2.23) 是两个重要的结果，它们表明，扩散层内的电位随离开表面的距离的增大而指数下降，下降的快慢由 κ 的大小决定。κ 是个很重要的物理量，其倒数具有长度量纲。由于微粒的表面电荷密度 σ_0 与空间电荷密度 ρ 有如下关系：

$$\sigma_0 = -\int_0^\infty \rho\,\mathrm{d}x \tag{2.24}$$

在表面电势很低的情况下，将式(2.18) 和式(2.22) 用于上式：

$$\sigma_0 = \varepsilon \int_0^\infty \frac{\mathrm{d}^2\Psi}{\mathrm{d}x^2}\mathrm{d}x = \varepsilon\left(\frac{\mathrm{d}\Psi}{\mathrm{d}x}\right)_{x=\infty} - \varepsilon\left(\frac{\mathrm{d}\Psi}{\mathrm{d}x}\right)_{x=0} = -\varepsilon\left(\frac{\mathrm{d}\Psi}{\mathrm{d}x}\right)_{x=0} = \varepsilon\kappa\Psi_0$$
$$= \frac{\varepsilon\Psi_0}{\kappa^{-1}} \tag{2.25}$$

与式(2.13) 相比，不难看出 κ^{-1} 相当于双电层的等效平板电容器的板距。因此将 κ^{-1} 称为双电层的厚度。

由式(2.21) 知道，κ 与 $n_0^{\frac{1}{2}}$ 及 z 成正比，25℃时，浓度为 10^{-3}mol/L 的 1-1 价的电解质溶液的 κ^{-1} 约为 10nm。记住这个数值可方便地估算其他浓度或价数的电解质溶液的 κ 值。电解质浓度或价数增大会使 κ 增大，双电层变薄，结果使电位随距离增大下降得更快，其情形如图 2.16 所示。

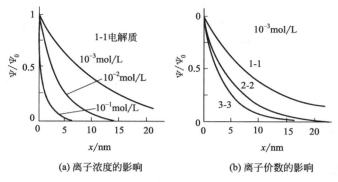

(a) 离子浓度的影响   (b) 离子价数的影响

图 2.16   离子浓度和价数对双电层中 $\Psi\text{-}x$ 关系的影响

式(2.22) 是在 Ψ_0 很低的前提下得出的近似结果, 对于 Ψ_0 不是很低的一般情形, 必须从式(2.19) 出发求解。在此我们不去管它的数学推导过程, 其最后结果是:

$$\gamma = \gamma_0 e^{-\kappa x} \tag{2.26}$$

式(2.26) 在形式上与式(2.22) 很相似, 但现在 γ 与 γ_0 分别是 Ψ 和 Ψ_0 的复杂函数:

$$\gamma = \frac{\exp(ze\Psi/2K_BT) - 1}{\exp(ze\Psi/2K_BT) + 1} \qquad \gamma_0 = \frac{\exp(ze\Psi_0/2K_BT) - 1}{\exp(ze\Psi_0/2K_BT) + 1} \tag{2.27}$$

由式(2.26) 不易直接看出 Ψ 与 Ψ_0 之间的关系, 但在几种特定的条件下, 此关系变得相当简单。

① 若 Ψ_0 很小, 则 $\exp(ze\Psi_0/2K_BT) \approx 1 + ze\Psi_0/2K_BT$, $\gamma_0 \approx ze\Psi_0/4K_BT$, 同理, $\gamma \approx ze\Psi/4K_BT$, 于是式(2.26) 转化为式(2.22)。实际上, 只要 Ψ_0 不是很高, 式(2.22), 尤其是式(2.23) 的近似程度相当好。

② Ψ_0 虽不很小, 但在距表面较远处 ($\kappa x > 1$), Ψ 必很小, 因此, 式(2.26) 中的 γ 可以用 $ze\Psi/4K_BT$ 近似代替。于是:

$$\Psi = \frac{4K_BT}{ze} \gamma_0 e^{-\kappa x} \tag{2.28}$$

此式表明, 不管表面电位 Ψ_0 多大, 在双电层的外缘部分, Ψ 总是随离开表面的距离的增大而指数下降。

③ 若 Ψ_0 很高, $ze\Psi_0/K_BT \gg 1$, 则 $\gamma_0 \approx 1$, 式(2.28) 进一步简化为

$$\Psi = \frac{4K_BT}{ze} e^{-\kappa x} \tag{2.29}$$

远离表面处的电位 Ψ 不再与 Ψ_0 有关。

2.3.3   Stern 模型

Gouy-Chapman 理论克服了 Helmholtz 模型的缺陷, 区分了 ζ 电位与表面电位 Ψ_0, 而且从 Poisson-Boltzmann 关系出发, 得到了双电层中电位与电荷分布的表达式。根据式(2.26), 实验中发现的 ζ 电位对离子浓度和价数十分敏感的现象就很容易解释了。这些都是 Gouy-Chapman 理论的成功之处, 但是, 也有不少实验事实与 Gouy-Chapman 理论不符, 例如:

① 如果溶液中电解质浓度不是很低（例如 0.1mol/L 的 1-1 价电解质），而靠近微粒表面处的电位相当高（例如 200mV），按式(2.14)、式(2.15)算出的该处反离子的浓度高达 240mol/L，这显然是不可能的。

② Gouy-Chapman 模型虽然区分了 ζ 电位与表面电位 Ψ_0，但并未给出 ζ 电位的明确物理意义。根据 Gouy-Chapman 模型，ζ 电位随离子浓度增加而减小，但永远与表面电位同号，其极限值为零。实验中发现，有时 ζ 电位会随离子浓度增加而增加，有时又会变得与原来的符号相反，这些都无法用 Gouy-Chapman 模型解释。

Stern(1924 年)认为，Gouy-Chapman 模型的问题在于将溶液中的离子当作了没有体积的点电荷。他提出：①离子有一定大小，离子中心与微粒表面的距离不能小于离子半径；②离子与微粒表面之间除静电相互作用外，还有 van der Waals 吸引作用。近年来的研究说明，在离子与表面之间还存在所谓"专属作用"，即非静电力，它们包括共价键、配位键及氢键等。

根据以上看法，Stern 提出 Gouy-Chapman 的扩散层可以再分成两部分。邻近表面的一、两个分子厚的区域内，反离子因受到强烈吸引而与微粒表面牢固地结合在一起，构成

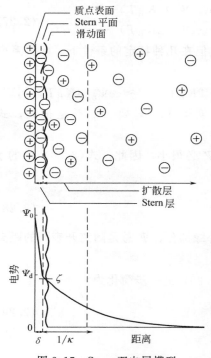

图 2.17 Stern 双电层模型

所谓固定吸附层或 Stern 层，其余的反离子则扩散地分布在 Stern 层之外，构成双电层的扩散部分，即扩散层。Stern 层与扩散层的交界面则构成所谓 Stern 平面。Stern 层内电位变化的情形与 Helmholtz 平板模型中相似，由表面处的 Ψ_0 直线下降到 Stern 平面的 Ψ_d，Ψ_d 称为 Stern 电位。在扩散层中电位由 Ψ_d 降至零，其变化规律服从 Gouy-Chapman 理论，只需用 Ψ_d 代替 Ψ_0。

由以上的说明可知，Stern 模型实际上是 Helmholtz 模型与 Gouy-Chapman 模型的结合，如图 2.17 所示。

自电动现象的研究知道，还有一定数量的溶剂分子也与微粒表面紧密结合，在电动现象中作为一个整体运动。电动现象测定的 ζ 电位就是固液相对移动的滑动面与溶液内部的电位差。因此虽然滑动面的准确位置并不知道，但可以认为滑动面略比 Stern 平面靠外，ζ 电位也因此比 Ψ_d 略低。但只要离子浓度不高，一般情况下可以认为二者相等，而不致引起大的误差。

Stern 模型的建立克服了以往模型的不足之处，解释了以往模型无法解释的问题，使双电层的理论更加科学和完善。

① 由于 Stern 层与扩散层中的反离子处于平衡状态，溶液内部离子的浓度或价数增大时，必定有更多的反离子进入 Stern 层，使得 Stern 层内电位下降更快，因而导致 ζ 电位下降，扩散层厚度变小，如图 2.18(a) 所示。

② Stern 中的离子不但受到静电力的作用，还可能受到专属力的作用，此二种力的方

向也可能一致，也可能相反。某些能发生强专属作用的反离子会大量进入 Stern 层，使表面电荷过度中和，导致 Stern 电位反号，如图 2.18(b) 所示。

③ 当专属力强于静电力时，还可能发生"逆场吸附"，即同号离子会克服静电斥力而进入 Stern 层，使 Stern 电位高于表面电位，如图 2.18(c) 所示。

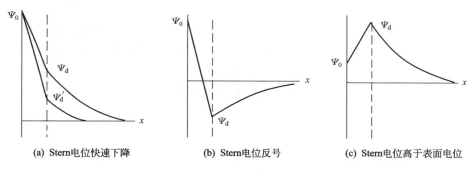

(a) Stern电位快速下降 (b) Stern电位反号 (c) Stern电位高于表面电位

图 2.18　电解质对双电层的影响

④ 由于区分了 Stern 层与扩散层，在 Stern 层中电位已经从 Ψ_0 降到了 Ψ_d，因而扩散层中的电位已不会太高，当用 Boltzmann 公式计算离子浓度时就不至于得出高得不合理的结果。

2.3.3.1　Stern 层的吸附

由于 Stern 模型肯定了颗粒表面的吸附，所以有必要对此吸附做一简要讨论。

溶液中的分子（或离子）在颗粒表面的吸附包括以下过程：

① 分子（或离子）从溶液中除去；

② 溶剂从固体表面除去；

③ 分子（或离子）在固体表面吸附。

分子（或离子）在颗粒表面的专属吸附可以用键能来划分。如果吸附作用力是离子晶体键，其键能大于 150kcal/mol；如果是共价键，其键能在 50～100kcal/mol 之间；如果是氢键，其键能在 1～10kcal/mol 之间。这些专属吸附属于化学吸附。此外还有 van der Waals 力所引起的物理吸附。另一方面分子在吸附之前还可能受到静电排斥作用而离开颗粒表面，或由于布朗运动而离开颗粒表面。

固体表面对某些溶质的亲和力可能比对溶剂（例如水）本身的亲和力弱。但一些有机偶极分子和有机大离子却容易在固体表面聚结，主要原因是它们的碳氢部分对水的亲和力很小。一些简单无机离子，如 Na^+、Ca^{2+}、Cl^-，一般会留在溶液中不发生吸附，是因为它们很容易发生水合作用。水合作用弱的离子，如 Cs^+、$CuOH^+$ 及多种阴离子，则更容易在固体表面吸附。

如果溶液中确实发生了吸附，则必有净能量释放，这是因为固体与吸附质之间的吸引能大于它们之间的静电排斥能（如果存在）。此外由于吸附还伴随着一定量溶剂分子从固体表面的除去，所以使溶剂分子离开固体表面的所需要的能量必定小于由于吸附所释放出的能量。作为吸附的结果，释放出的能量即为总标准自由能，等于所有发生的各种吸附作用（化学键力和 van der Waals 力）所释放出的能量和静电吸引作用所释放的能量或用来克服静电排斥作用所需的能量的总和，即

$$\Delta \overline{G^0} = \phi \pm ze\psi_d \qquad (2.30)$$

式中，ϕ 为化学键形成时所放出的能量；$ze\psi_d$ 为静电作用放出或吸收的能量。如果 $ze\psi_d$ 与 ϕ 符号相反且数值较小，则吸附很容易发生。

从实验上区分吸附自由能所包括的化学成分和静电成分是很困难的，但是如众所周知，许多电荷与表面电荷相似的有机离子很容易发生吸附，说明化学吸附所放出的能量很容易超过静电排斥能。例如对于 Stern 电位为 100mV 的表面对电荷与表面相似的一价有机离子的吸附，静电作用能 $ze\psi_d = 2.3$ kcal/mol，而标准化学吸附能在 $-2 \sim -8$ kcal/mol 之间，说明化学作用对吸附的贡献很容易超过静电作用对吸附的贡献。从此例也可以定性地说明，加入合适的反离子不但可以降低有效表面电荷，还可以在高浓度下导致表面电荷反号。

2.3.3.2 双电层图的精细结构

在 Stern 模型的基础上还可以对双电层的一系列问题做出更加精细的处理。

图 2.19 是最简单的一种。在 $0 < x < \delta$ 的 Stern 层内无任何电荷，这是由于反离子有一定的体积，δ 实际是从表面到与表面相邻的一层反离子中心之间的距离。在此距离之内，电位呈线性下降，即电场强度为常数。

当 $x > \delta$ 时，电荷呈扩散型分布，随着距离的增大，电位逐渐降低，直至为零。由于在 $0 < x < \delta$ 的 Stern 层内无任何电荷，故表面电荷密度与扩散层中的电荷密度相等，但符号相反，即 $\sigma_0 = -\sigma_d$。图 2.20 与图 2.19 相似，不同的是图 2.20 在 $x = \delta$ 处，存在反离子的吸附。

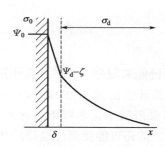

图 2.19　无专属吸附的双电层图

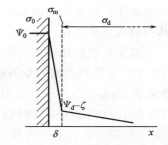

图 2.20　有专属吸附的双电层图

图 2.20 是一个常用的图，但也是一个过于简单的图。因为由此图可以看出，双电层的扩散部分从 $x = \delta$ 处开始，这意味着扩散层电位与 Stern 电位相同，即在此处还有一些反离子并未发生专属吸附，也就是说在离表面相同距离之处，可能存在两种类型的吸附，这实际上是不可能的。尽管如此，我们仍然可以用此图说明一些问题。例如，由于 σ_0 的一部分被 Stern 层中的反离子电荷 σ_m 所中和，所以 σ_d 比图 2.19 中要低，Ψ_d 也是如此。按照静电学原理，Stern 层中的场强为：

$$E = -\frac{\mathrm{d}\Psi}{\mathrm{d}x} = -\frac{\sigma_0}{\varepsilon_m \varepsilon_0} \qquad (2.31)$$

在线性状态下

$$\frac{\mathrm{d}\Psi}{\mathrm{d}x} = \frac{\Psi_0 - \Psi_d}{\delta} \qquad (2.32)$$

与式（2.31）联合得

$$\frac{\Psi_0 - \Psi_d}{\delta} = \frac{\sigma_0}{\varepsilon_m \varepsilon_0}$$

即：

$$\frac{\sigma_0}{\Psi_0 - \Psi_d} = \frac{\varepsilon_m \varepsilon_0}{\delta}$$

即：

$$C_m = \frac{\varepsilon_m \varepsilon_0}{\delta} \tag{2.33}$$

以上格式中的下标 m 均表示属 Stern 层的物理量。

为了克服图 2.20 过于简化的不足，Grahame 曾对 Stern 模型做了进一步的改进，使这个模型变得更加精细。他提出了一个外-Helmholtz 平面（oHp）和一个内-Helmholtz 平面（iHp），建立了图 2.21 和图 2.22，区分了两种类型的吸附。所谓外-Helmholtz 平面（oHp）就是 Stern 平面，它指的是附着在表面并离表面最近的水合离子所在的平面，内-Helmholtz 平面（iHp）指吸附于表面上的离子中心所在的平面，它们的水合分子一般已经脱去，至少在靠近表面的一侧是如此。在外-Helmholtz 平面上及其以远，仅有非专属吸附的反离子，在内-Helmholtz 平面上只有专属吸附的反离子。图 2.22 是超电量吸附的情形，此时有 $|\sigma_m| > |\sigma_0|$，结果使 Ψ_d 改变符号，这在胶体化学上被称为"电荷反号"，可导致体系重新稳定，絮凝效果恶化。

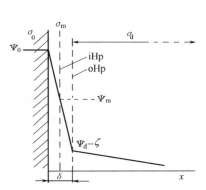

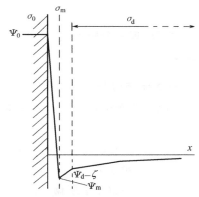

图 2.21　内，外-Helmholtz 平面　　　　图 2.22　反离子超电量吸附的内，外-Helmholtz 平面

2.3.3.3　Stern 模型的数学表达式

Stern 假设：Stern 层的被吸附离子与扩散层中的离子建立的平衡，可用 Langmuir 吸附等温式描述。如果仅考虑异号离子的吸附，Stern 层的表面电荷密度 σ_m 可由下式求出：

$$\sigma_m = \frac{\sigma_n}{1 + \dfrac{N_A}{n_0 V_m} \exp\left(\dfrac{ze\Psi_d + \Phi}{K_B T}\right)} \tag{2.34}$$

式中，σ_n 为 Stern 层吸附了单层异号离子时的表面电荷密度；N_A 为阿伏伽德罗常数；V_m 为溶剂的摩尔体积。上式用电相互作用能 $ze\Psi_d$ 和范德华相互作用能 Φ 两项相加来表示吸附能。如果把 Stern 层当作厚度为 δ，介电常数为 ε_m 的分子电容器处理，可得：

$$\sigma_0 = \frac{\varepsilon_m}{\delta}(\Psi_0 - \Psi_d) \qquad (2.35)$$

因为整个双电层是电中性的，所以：

$$\sigma_0 + \sigma_m + \sigma_d = 0 \qquad (2.36)$$

式中，扩散层的表面电荷密度 σ_d 可借式(2.26)求出，计算时须用 Ψ_d 代替 Ψ_0，并将计算结果反号。将式(2.34)、式(2.35)代入式(2.36)，并将式(2.25)中的 Ψ_0 以 Ψ_d 替代后也代入式(2.36)，可得 Stern 双电层模式的总表达式如下：

$$\frac{\varepsilon_m}{\delta}(\Psi_0 - \Psi_d) + \frac{\sigma_n}{1 + \dfrac{N_A}{n_0 V_m}\exp\left(\dfrac{ze\Psi_d + \Phi}{K_B T}\right)} + \varepsilon K \psi_d = 0 \qquad (2.37)$$

应当指出，Gouy-Chapman 和 Stern 关于双电层的论述都是建立在表面电荷分布均匀的假设之上的，可是电荷并非在表面上均匀地"涂遍"的，而是不连续地分布在若干"孤立的点"上。当一个离子被吸附在 iHp 平面上时，将引起表面上临近电荷的重新分布，而临近电荷的重新分布又产生一个自身氛电位 Ψ_β 反加给该离子。自身氛电位来自 Debye-Hückel 的强电解质理论，这里做了二维模拟，这种表面电荷的离散分布效应可引入 Stern-Langmuir 公式，其形式为：

$$\sigma_m = \frac{\sigma_n}{1 + \dfrac{N_A}{n_0 V_m}\exp\left[\dfrac{ze(\Psi_d + \Psi_\beta) + \Phi}{K_B T}\right]} \qquad (2.38)$$

在上式中加入 Ψ_β 使我们通过该理论可以预见到当表面电位增加时，Stern 电位将在适当的条件下出现一个极大值，因而可以解释当表面电位增加时，ζ 电位和聚沉值出现极大值的现象。

2.3.3.4　热力学电位与电动电位

双电层电位的严格定义为：将基本电量 e 由无限远处移至双电层中某点 x 处所做的等温可逆功，记为 $e\Psi(x)$，此处 $\Psi(x)$ 即为 x 处的电位。由于基本电量总是和它的物质载体——离子联系在一起，因此将此载体由无限远处移至 x 处时，不仅需做电功，有时还需做"化学功"。对于扩散层中的某点 x，因无"化学功"，所以仅需做电功。而对于 Stern 层，迁移一个离子 i 所做的总功 $\Delta_{tr} G_i$ 应包括电功和专属吸附位两项：

$$\Delta_{tr} G_i = ze\Psi_m + \Phi_i \qquad (2.39)$$

式中，Ψ_m 为吸附位的电位；Φ_i 从量纲上讲属于能量，而不是位能。在双电层电位中，具有重要意义的电位有热力学电位、Stern 电位及动电位，但 Stern 电位及动电位可认为是近似相等的。所以对热力学电位及动电位做简要说明如下。

（1）热力学电位 Ψ_0　对于表面层，例如将 Ag^+ 迁移到卤化银胶体表面上，当表面与溶液达到平衡时，应有电化学位相等，此电化学位应包括电位和化学位两部分，即：

$$\mu^0_{s,Ag^+} + F\Psi_s = \mu^0_{L,Ag^+} + RT\ln\alpha_{Ag^+} + F\Psi_L \qquad (2.40)$$

式中，μ 为化学位，即偏摩尔自由能；F 为法拉第常数。由此式得到：

$$\Psi_0 = \Psi_s - \Psi_L = (\mu^0_{L,Ag^+} - \mu^0_{s,Ag^+})/F + \frac{RT}{F}\ln\alpha_{Ag^+} \qquad (2.41)$$

这就是著名的能斯特定律。式中 Ψ_0 即表面电位，也称为热力学电位。由于式(2.41)含有单一离子的标准化学位之差，而标准化学位在热力学中无法得到，所以热力学电位 Ψ_0 不能由热力学方法求出，但可以由此式看出，若溶液中 Ag^+ 的活度增大 10 倍，Ψ_0 可增大 59mV。

（2）动电位　电动电位即双电层滑动面上的电位，也就是胶粒运动时水力分界面上的电位，也称为 ζ（zeta）电位。由于 ζ 电位与胶体的稳定性直接有关，且其数值又可以通过电泳实验求出，因而相对于热力学电位，人们更感兴趣的是动电位。

2.4 动电现象的理论解释及实验研究

现代胶体化学对动电现象的解释是：在固液界面上由于固体表面物质的离解或固体表面对溶液中离子的吸附，导致固体表面某种电荷过剩，并使附近溶液相中形成的反离子不均匀分布，从而构成双电层。当有外力作用时双电层结构受到扰动，在其反离子层中的吸附层与扩散层之间出现相对位移，于是产生一系列电动现象。在了解了双电层的结构之后，就可以对电动现象做出科学的解释并进行严格的定量处理。

2.4.1　电渗的理论及实验

多孔塞可以认为是许多根毛细管的集合，考虑在一根毛细管中发生的电渗流动，如图 2.23 所示。

外加电场的方向与固液界面平行，在扩散层内存在着过剩反离子造成的净电荷，这些离子在电场的作用下带着液体运动，自 $x=\delta$，即固定吸附层外缘开始，速度逐渐增加，直到 $\Psi=0$ 处液体的速度达到了最大值。在这之后速度保持不变，因为在双电层之外，液体中的净电荷为零，不再受电场的作用，自然也不应有速度梯度存在。在电渗流动达到稳定状态时，液体所受的电场力和黏性力应恰好抵消。考虑扩散层内一个厚度为 dx，面积为 A，离表面的距离为 x 的体积元，设该处的电荷密度为 ρ_x，外加电场的场强为 E，v 为该体积元的流动速度，作用在该体积元上的力应有电场力、外层液体的黏性力和内层液体的黏性力（见图 2.24），在平衡时有如下关系：

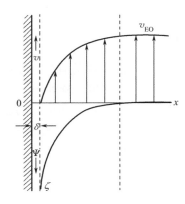

图 2.23　电渗流动的速度分布

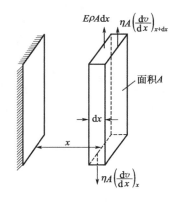

图 2.24　电渗流动时流体元的受力分析

$$E\rho A\,\mathrm{d}x+\eta A\left(\frac{\mathrm{d}v}{\mathrm{d}x}\right)_{X+\mathrm{d}x}-\eta A\left(\frac{\mathrm{d}v}{\mathrm{d}x}\right)_{X}=0 \tag{2.42}$$

由此得到

$$E\rho\,\mathrm{d}x=-\eta\left(\frac{\mathrm{d}^2 v}{\mathrm{d}x^2}\right)\mathrm{d}x$$

将平板微粒的 Poisson 公式代入得：

$$\varepsilon E\frac{\mathrm{d}^2\Psi}{\mathrm{d}x^2}=\frac{\mathrm{d}}{\mathrm{d}x}\left(\eta\frac{\mathrm{d}v}{\mathrm{d}x}\right)$$

上式左右两边同乘以 $\mathrm{d}x$ 后积分，合并积分常数后得：

$$\varepsilon E\frac{\mathrm{d}\Psi}{\mathrm{d}x}=\eta\frac{\mathrm{d}v}{\mathrm{d}x}+C$$

式中，C 为合并的积分常数。因为在双电层之外，$\mathrm{d}\Psi/\mathrm{d}x=\mathrm{d}v/\mathrm{d}x=0$，所以 $C=0$，于是：

$$\varepsilon E\frac{\mathrm{d}\Psi}{\mathrm{d}x}=\eta\frac{\mathrm{d}v}{\mathrm{d}x}$$

再积分，利用 $x=\delta$ 处 $\Psi=\zeta$ 及 $v=0$ 的边界条件，得到：

$$v=\frac{\varepsilon}{\eta}E(\Psi-\zeta)$$

在双电层之外，$\Psi=0$，v 保持恒定，则有：

$$v_{\infty}=-\frac{\varepsilon}{\eta}E\zeta \tag{2.43}$$

由于双电层厚度一般很小，上式略去负号即为管中液体的流速。在单位场强下：

$$v_{\mathrm{EO}}=\frac{v_{\infty}}{E}=\frac{\varepsilon\zeta}{\eta} \tag{2.44}$$

由此式可以计算 zeta 电势。

电渗现象可以通过实验进行测量，方法有体积法和反压法。

2.4.1.1 体积法

进行电渗实验时，毛细管的半径一般都远大于双电层的厚度，因此可不考虑双电层内的液体流动，整个管内的液体流动速度都以式(2.44)略去负号后表示。若毛细管的截面积为 A，则单位时间内流经毛细管的液体体积为：

$$Q=v_{\infty}A=\frac{\varepsilon}{\eta}E\zeta A \tag{2.45}$$

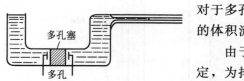

图 2.25 电渗测定装置

对于多孔塞的情形，A 应为多孔塞的有效面积。由液体的体积流速即可求出 ζ 电位。测定装置如图 2.25 所示。

由于式(2.45)中的 A 常常是未知的，而且难于测定，为排除 A，需应用欧姆定律：若 G 为电导；R 为电阻；λ 为电导率；L 为电导池长度；I 为流过液体的电流强度，V 为电位差，则有：

$$G=\frac{1}{R}=\lambda\frac{A}{L}$$

$$R = \frac{L}{A} \times \frac{1}{\lambda}$$

$$V = IR = I \frac{L}{A} \times \frac{1}{\lambda}$$

$$A\frac{V}{L} = \frac{I}{\lambda}$$

$$AE = \frac{I}{\lambda} \tag{2.46}$$

将式(2.46)代入式(2.45)，得：

$$Q = \frac{\varepsilon \zeta I}{\eta \lambda} \tag{2.47}$$

或

$$\zeta = \frac{\eta \lambda}{\varepsilon I} Q \tag{2.48}$$

于是由液体的体积流速、电导率和电流强度即可求出 ζ 电位。

2.4.1.2 反压法

如果图 2.25 中测量液体流速的细管不是水平的，而是垂直放置的，则液体的电渗流动将造成装置两边的液面高度差及压差，此压差使液体向与电渗相反的方向流动。随着电渗的进行，液面的高度差越来越大，在压差达到某一数值时，反压造成的液体流动与电渗流动相抵消，如图 2.26 所示，体系达到稳定状态，这时候的压差 p 称为平衡反压。

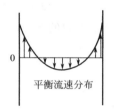

图 2.26　反压法中电渗流速的分布

反压造成的液体流量可用 Poiseuille 公式表示：

$$\overleftarrow{Q} = \frac{\pi r^4 p}{8\eta L}$$

式中，r 和 L 分别为毛细管的半径与长度。电渗造成的液体流量为：

$$\overrightarrow{Q} = \frac{\varepsilon E \zeta}{\eta} \pi r^2$$

平衡时 $\overleftarrow{Q} = \overrightarrow{Q}$，于是

$$p = \frac{8\varepsilon E \zeta L}{r^2} = \frac{8\varepsilon \zeta V}{r^2} \tag{2.49}$$

可见平衡压差只由所加电势 V 决定，而与毛细管的长度（或塞的厚度）无关，对于多孔塞的情形，上式中的 r 是塞中毛细管的平均半径，因此平衡压差也与塞的大小无关。

由此可见，测定出平衡压差 p 就可求得多孔塞孔壁上的 zeta 电位：

$$\zeta = \frac{p r^2}{8\varepsilon V} \tag{2.50}$$

2.4.2　电泳的理论及实验

2.4.2.1 Smoluchowski 公式

在双电层研究中，双电层的形状可以用无量纲数 κa 描述，κa 可看作微粒半径 a 与

双电层厚度 κ^{-1} 之比。当 $\kappa a \gg 1$ 时，微粒较大而双电层较薄，微粒表面可以当作平面处理，此时电渗公式就可直接用于电泳，因为二者都是固液两相间的相对运动。于是根据式(2.43)：

$$v_E = \frac{\varepsilon E \zeta}{\eta}$$

式中，v_E 为微粒的运动速度。习惯上，把单位电场强度下微粒的运动速度称为电泳淌度，用 u_E 表示

$$u_E = \frac{\varepsilon \zeta}{\eta} \tag{2.51}$$

这就是当 $\kappa a \gg 1$ 时，电泳速度与 ζ 电位之间的关系，称为 Smoluchowski 公式。u_E 的 SI 制单位是 $m \cdot s^{-1}/V \cdot m^{-1}$[或 $m^2/(V \cdot s)$]，但习惯上 v_E 常用 $\mu m/s$(或 cm/s) 表示，电场强度 E 用 $V \cdot cm^{-1}$ 表示，于是 u_E 的单位就成为 $\mu m \cdot s^{-1}/V \cdot cm^{-1}$。

2.4.2.2 Hückel 公式

若 κa 不是远大于 1，微粒则不能当作平板处理，当然不能沿用电渗公式。但对于 $\kappa a \ll 1$ 的情形，可以将微粒看作是对电场没有扰动的点电荷，因此所受的电场力可以用 QE 表示，Q 是微粒所带的电荷，另一方面又假设微粒大得足以应用表示微粒运动时所受黏性阻力的 Stokes 公式，在达到稳定的运动状态时，微粒所受的电场力与黏性阻力相等，即：

$$QE = 6\pi \eta \, a v_E \tag{2.52}$$

对于带电的球形微粒，可以认为，在滑动面上的电荷 Q 与在扩散层中的电荷 $-Q$(设想集中在距表面 κ^{-1} 处)构成一个球面电容器，ζ 电位即为两球面间的电位差。根据球面电容器的电位与电荷间的关系，得到：

$$\zeta = \frac{Q}{4\pi\varepsilon a} - \frac{Q}{4\pi\varepsilon (a + \kappa^{-1})}$$

$$= \frac{Q}{4\pi\varepsilon a (1 + \kappa a)} \tag{2.53}$$

因为 $\kappa a \ll 1$，所以 $Q = 4\pi\varepsilon a \zeta$，代入式(2.52) 得：

$$u_E = \frac{\varepsilon \zeta}{1.5\eta} \tag{2.54}$$

该式称为 Hückel 公式。如上所述，适用于 $\kappa a \ll 1$ 的情形，但在水溶液中很难满足此条件。例如，半径为 10nm 的微粒在 1-1 型电解质的水溶液中要达到 $\kappa a = 0.1$，需要电解质浓度低至 1×10^{-5} mol/L，但是在低电导的非水介质中往往需要用该公式。

2.4.2.3 Henry 公式

比较式(2.51) 和式(2.54) 可以看出，电泳速度与 ζ 电位之间的关系同 κa 的大小有关。Henry 指出，微粒周围双电层的电场与外加电场相重叠而变形，从而影响微粒的电泳速度。仔细计算了 κa 的大小对外电场与双电层电场相互作用的影响后，Henry 得出了导体和非导体球形微粒电泳速度的一般公式：

$$u_E = \frac{\varepsilon \zeta}{1.5\eta}[1 + KF(\kappa a)] \tag{2.55}$$

此即 Henry 公式，式中 $F(\kappa\alpha)$ 的值随着 $\kappa\alpha$ 大小的变化从 0 到 1 变化，$K=(\lambda_0-\lambda_p)/(2\lambda_0+\lambda_P)$，是介质的电导率 λ_0 与微粒的电导率 λ_p 的函数。对于常见的非导体微粒，$K=\frac{1}{2}$，公式变为：

$$u_E=\frac{\varepsilon\zeta}{1.5\eta}\left[1+\frac{1}{2}F(\kappa\alpha)\right] \tag{2.56}$$

或

$$u_E=\frac{\varepsilon\zeta}{1.5\eta}f(\kappa\alpha) \tag{2.57}$$

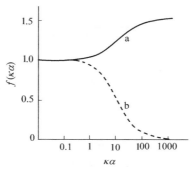

图 2.27　各种微粒的 Henry 函数的变化
a—球形非导体微粒；b—球形导体微粒

校正因子 $f(\kappa\alpha)$ 的变化如图 2.27 所示。Hückel 公式与 Smoluchowski 公式分别代表 $\kappa\alpha\ll1$ 与 $\kappa\alpha\gg1$ 的两种极限情形。当 $\kappa\alpha\ll1$ 时，$F(\kappa\alpha)=0$，$f(\kappa\alpha)=1$，由式（2.57）得 Hückel 公式。当 $\kappa\alpha\gg1$ 时，$F(\kappa\alpha)=1$，$f(\kappa\alpha)=1.5$，由式（2.57）得 Smoluchowski 公式。

实际上，在 $\kappa\alpha<0.5$ 或者 $\kappa\alpha>300$ 时 Hückel 公式或 Smoluchowski 公式与 Henry 公式的偏差已在 1% 以内。

对于导体微粒，通常 $\lambda_P\gg\lambda_0$，因此 K 趋于 -1。但是在 $\kappa\alpha$ 很小时，$F(\kappa\alpha)\to0$，微粒的电泳速度仍可用 Hückel 公式表示；在 $\kappa\alpha$ 很大时，$f(\kappa\alpha)$ 趋于零，因此，导体微粒的 $f(\kappa\alpha)$ 随 $\kappa\alpha$ 的变化如图 2.27 中虚线所示。金属溶胶似应属于此类，但由于在电场中微粒表面往往很快极化，多数情形下仍可作为非导体处理。

在外加电场作用下，扩散层中的反离子向着与微粒移动方向相反的方向运动。因此，微粒不是在静止的液体中，而是在运动着的液体中泳动，其效果使电泳速度变慢，这一效应称为延迟（retardation）效应。Henry 公式中已考虑了这一效应的影响。

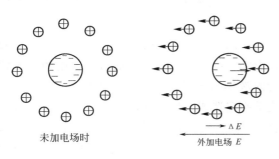

未加电场时

ΔE
外加电场 E

图 2.28　滞后效应的产生

另一需要考虑的校正是滞后效应。由于微粒与扩散层中的反离子向相反的方向运动，微粒周围原来对称的扩散层发生变形，正负电荷的中心不再重合。传导和扩散都会使双电层恢复原来的对称形状，但这需要时间。因此，双电层的扩散部分总是落后于运动着的带电微粒（图 2.28），结果形成一个与外加电场方向相反的附加电场，微粒的电泳速度也因此而减小。

滞后效应与 ζ 电位、$\kappa\alpha$ 的大小和溶液中的离子的价数、浓度有关。

$\kappa\alpha<0.1$ 或 $\kappa\alpha>300$ 时，滞后效应可以忽略，但在 $0.1<\kappa\alpha<300$ 的中间情形，处理电泳速度与 ζ 电位的定量关系时必须考虑滞后效应校正。在 ζ 电位较高、反离子为高价或低浓度时，滞后效应尤为显著。滞后效应的定量计算相当复杂，图 2.29 与图 2.30 是 Wiersema、Loeb 和 Overbeek 的计算结果（1966 年）。由图 2.29 可以看出，反离子的价

数越高，滞后效应就越显著，相反，高价的同号离子使微粒的电泳加速。图 2.30 表明，在 ζ 电位很低时（例如低于 25mV），Henry 公式可以相当好地表示实际情形。随着 ζ 电位的增加，Henry 公式与实际情形的偏差逐渐加大，在中等 κα 范围内尤其显著。多数胶体水溶液的 κα 处于 0.1~300 之间，由于滞后效应的存在，u_E 与 ζ 的关系相当复杂，在从电泳速度计算 ζ 电势时务必注意。

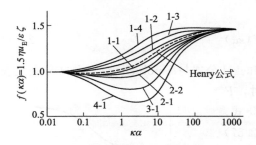

图 2.29　滞后效应与离子价数的关系

ζ＝50mV，图中数字第一个是反离子的价数，
第二个是同号离子的价数

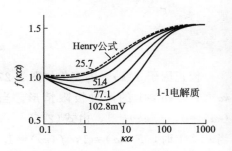

图 2.30　滞后效应与 ζ 电位的关系

2.4.2.4　试验测量

电泳现象可以通过实验进行测量，实验方法有显微电泳法和界面移动法。

（1）显微电泳法

电泳速度可以用实验方法测定。凡在显微镜下可见的微粒，可用显微电泳法测定电泳

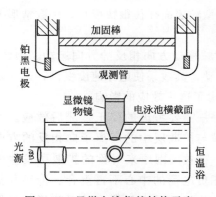

图 2.31　显微电泳仪的结构示意

速度。图 2.31 是此类仪器的示意图。电泳池为具有圆形或长方形截面的玻璃管，两端装有电极。对于盐浓度低于 $1×10^{-2}mol/dm^3$ 的情形，铂黑电极较为方便；若盐浓度较高，可采用可逆电极（例如 $Cu/CuSO_4$ 或 $Ag/AgCl$），以防止电极极化。微粒在外加电场作用下的运动速度可通过显微镜直接观测。

用此法测量微粒电泳时，必须考虑同时发生的电渗的影响。电泳池内壁表面通常是带电的，这就造成管内液体的电渗流动。由于电泳池是封闭的，电渗流动必定造成一反向液流，结果使电泳池内的液体具有如图 2.31 表示的速度分布。由于液体不是静止的，观测到的微粒运动速度 v_P 是微粒因电泳而运动的速度 v_E 与液体运动速度 v_L 之代数和。v_E 应为定值，但 v_L 则随位置而变。因此，在电泳池的不同深度处测得的微粒运动速度 v_P 也不同。但是，不管 v_L 如何随深度而变，由图 2.26 可以看出，由于总流量为零，因此必定存在某一位置，该处的电渗流动恰与反流相抵消，$v_L=0$。这一位置称为静止层。只有处在静止层位置上的微粒，其运动速度才代表真正的电泳速度。对于半径为 r 的圆形毛细血管，静止层在 $x=r/\sqrt{2}$ 处，x 为离管轴的距离。显微电泳法的方法简单、测定快速、试样用量少，而且在微粒本身所处的环境下进行测定。所以，常用其确定分散体系微粒的 ζ 电位。但此法研

究的对象限于显微镜下可见的微粒。如果微粒很小，或是带电的大分子，则必须用界面移动法。

（2）界面移动法

界面移动法的原理是：测定溶胶或高分子溶液与分散介质间的界面在外加电场作用下的移动速度。此法广泛应用于各种带电高分子，特别是蛋白质的分析与分离。图 2.8(b)就是一种界面移动电泳仪的示意图。电泳池由一个 U 形管构成，两臂上有刻度，底部有管径相同的活塞，顶部装有电极。待测溶液由漏斗经一带活塞的细管自底部装入 U 形管，直到样品的水平面高过活塞时，关闭活塞，用吸管吸去活塞之上的液体，然后小心地加上分散介质，插上电极，小心缓慢地开启活塞，则可形成清晰的界面，当此界面上升至离开电极 1～1.5cm 时，关闭活塞，此时电极应浸入分散介质之中。开启电源，即可进行测量。对于浑浊的或有色的胶体溶液，界面移动可直接被观测，对于无色的溶胶或高分子溶液，则必须利用紫外吸收或其他光学方法进行观测。

界面移动法的困难之一是与溶胶形成界面的介质的选择，因为 ζ 电位对介质成分十分敏感，所以应使微粒在电泳过程中一直处于原来的环境中，根据这一要求，最好采用自溶胶中分离出来的分散介质。但介质的电导可能与溶胶不同，造成界面处电场强度发生突变，其后果是两臂界面的移动速度不等。为减小此项困难，应尽量用稀溶胶，以降低溶胶微粒对电导的贡献。

另一种常用的仪器是 Arne Tiselius 电泳池，如图 2.32 所示。

Tiselius 界面移动法不但在 ζ 电位的测定上得到了广泛的应用，而且还专门应用于分离、识别和评估溶解性大分子（特别是蛋白质）。该仪器由具有矩形横截面的 U 形管构成，U 形管上位于 AA' 线和 BB' 线之间的部分可以相对于其他部分被横向移动。以胶体分散系充满 U 形管偏移部分，其他部分充缓冲溶液，在二者达到热平衡后，移动对齐，可得到鲜明的

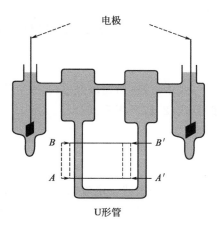

图 2.32 Arne Tiselius 电泳池

界面，通常以折光指数法测定浓度梯度峰值来确定界面的位置。当大分子在电场中迁移时，浓度梯度峰值所对应的位置发生移动，测定界面在单位电场中的移动速度可以得到电泳淌度。

电泳速度测定的一个重要应用就是利用它求得微粒的动电位，例如当 $\kappa a \gg 1$ 时，根据式（2.51）有：

$$\zeta = \frac{\eta \upsilon_E}{\epsilon E} \tag{2.58}$$

由于在实际应用时，习惯上电场强度 E 的单位采用 V/cm，其中"V"属于 SI 制单位，"cm"属于 c.g.s 制单位，其余几个量均采用 c.g.s 制单位，如 η 为 P，υ 为 cm/s，因而在计算时须进行单位换算。由于在 c.g.s 制中电位的单位为静电单位电位，且 $1V = \frac{1}{300}$ 静电单位电位，所以：

$$\zeta = \frac{\eta v_E}{\varepsilon E \frac{1}{300}} \quad \text{(静电单位电位)}$$

$$= \frac{\eta v_E}{\varepsilon E \frac{1}{300}} \times 300 \quad \text{(V)}$$

$$= \frac{\eta}{\varepsilon} u_E \times 300^2 \quad \text{(V)} \tag{2.59}$$

测定时只要往式(2.59)中代入上述习惯单位的量值，即可得到以"V"为单位的动电位的值，也可换算为以"mV"为单位的值。

2.4.3 流动电位的理论及实验

用压力将液体挤过毛细管或多孔塞，液体就会将扩散层中的反离子带走，这种电荷的传送构成了流动电流 I_s。同时液体内由于电荷的积累而形成电场，该电场会引起通过液体的反向电流 I_c。当 $I_s = I_c$ 时，体系达到平衡状态，此时毛细管两端的电位差称为流动电位。

由 Poiseuille 公式和扩散层理论推导出：

$$\frac{E_s}{p} = \frac{\varepsilon \zeta}{\eta} \times \frac{1}{\lambda} \tag{2.60}$$

式中，E_s 为在压强 p 下产生的毛细管两端的流动电位；λ 为液体的电导率。由电渗部分式(2.47)得到式(2.61)：

$$\frac{Q}{I} = \frac{\varepsilon \zeta}{\eta} \times \frac{1}{\lambda} \tag{2.61}$$

比较式(2.60)和式(2.61)可以看出，流动电位和它的反过程——电渗可以用同一形式的公式来描述，电渗时单位电流强度产生的电渗流量，相当于流动电位中单位压强产生的电位差。二者都与毛细管的尺寸无关。从式(2.60)还可看出，流动电位的大小与介质的电导率成反比，碳氢化合物的电导通常比水溶液的要小几个数量级，因此在用泵运送此类液体时，产生的流动电位相当大，高压下易产生火花，又由于此类液体易燃，因此必须采取相应的措施，例如可加入油溶性电解质，以增加介质的电导或良好接地，以防止火灾的发生。

流动电位的测量可按本章图 2.10 的示意进行，不再赘述。

2.4.4 沉降电位的理论及实验

对沉降电位的讨论可借用流动电位的公式，如果 $\kappa a \gg 1$，式(2.60)可直接用于沉降电位，但式中的 p 需换成沉降中的驱使压强，即：

$$p = \frac{4}{3} \pi a^3 (\rho_1 - \rho_0) n_0 g$$

式中，a 为微粒半径；ρ_1 和 ρ_0 分别为微粒和液体的密度；n_0 为单位体积内的微粒数。将上式代入式(2.60)得：

$$E_{sd} = \frac{4\pi a^3 (\rho - \rho_0) n_0 g \varepsilon \zeta}{3\eta\lambda} \tag{2.62}$$

如上所述，此式适用于 $\kappa a \gg 1$ 的情况，在一般情形下，与电泳的处理相似，式(2.62)的右方需乘以一校正因子：

$$E_{sd} = \frac{4\pi a^3 (\rho - \rho_0) n_0 g \varepsilon \zeta}{3\eta\lambda} f \tag{2.63}$$

式中，f 为 κa 的函数，其定量关系与电泳相同。

沉降电位的测量可按本章图 2.11 的示意进行，不再赘述。

2.5 胶体的稳定性与聚沉

胶体微粒间存在 van der Waals 吸引作用，而在微粒相互接近时因双电层的重叠又产生排斥作用，胶体的稳定性就决定于此二者的相对大小。以上两种作用均与微粒间的距离有关，所以都可以用相互作用位能来表示。20 世纪 40 年代，苏联学者 Дерягин 和 Ландау 与荷兰学者 Verwey 和 Overbeek 分别提出了关于各种形状的微粒之间的相互吸引能与双电层排斥能的计算方法，并据此对憎液溶胶的稳定性进行了定量处理，被称作胶体稳定性的 DLVO 理论，以下是其主要内容。

2.5.1 微粒间的 van der Waals 吸引能

分子间的 van der Waals 吸引作用指的是以下 3 种相互作用：
① 两个永久偶极子之间的相互作用；
② 永久偶极子与诱导偶极子间的相互作用；
③ 分子之间的色散相互作用。

由于这三种作用均为吸引相互作用，其相互作用能以负值表示，大小与分子间距离的 6 次方成反比。除了少数极性分子外，对于大多数分子，色散相互作用占支配地位。胶体微粒可以看作为大量分子的集合体，Hamaker 假设，微粒间的相互作用等于组成它们的各分子对之间的相互作用的加和。对于两个彼此平行的平板微粒，得出单位面积上的相互作用能为：

$$V_A = -\frac{A}{12\pi D^2} \tag{2.64}$$

式中，D 为两板间的距离；A 为 Hamaker 常数，它与组成微粒的分子之间的相互作用参数有关。对于同一物质的半径为 a 的两个球形微粒，它们之间的相互作用能为：

$$V_A = -\frac{Aa}{12H} \tag{2.65}$$

式中，H 为两球之间的最短距离。式(2.64) 和式(2.65) 适用于微粒的半径比微粒之间的距离大得多的情形，实际胶体的多数情形符合此要求。若微粒很小，则必须考虑板厚 δ 与球半径的校正，相应的公式变为：

$$V_A = -\frac{A}{12\pi}\left[\frac{1}{D^2} + \frac{1}{(D+2\delta)^2} - \frac{2}{(D+\delta)^2}\right] \tag{2.66}$$

$$V_A = -\frac{A}{12}\left[\frac{4\alpha^2}{H^2+4\alpha H}+\frac{4\alpha^2}{(H+2\alpha)^2}+2\ln\frac{H^2+4\alpha H}{(H+2\alpha)^2}\right] \qquad (2.67)$$

Hamaker 常数 A 是个重要的物理量，它直接影响 V_A 的大小。计算 A 有两种方法，一种是微观法，即从分子的性质（例如极化度、电离能等）出发，计算微粒的 A 值；另一种是宏观法，即将微粒及介质看作是连续相，自它们的介电性质随频率的变化得出。表 2.2 列出了一些常见物质的 Hamaker 常数。由于用不同的方法所得的结果不同，故列出的 A 值有一定的范围，这说明 Hamaker 常数的准确计算和实验测定仍是一个有待解决的问题。A 具有能量单位，一般物质的约在 10^{-20} J。式（2.64）和式（2.65）表示的是两微粒在真空中的相互吸引能，对于分散在介质中的微粒，上述两式中的 A 必须用有效 Hamaker 常数代替。对于同一种物质的两个微粒：

$$A_{131} = (\sqrt{A_{11}} - \sqrt{A_{33}})^2 \qquad (2.68)$$

式中，A_{131} 为微粒在介质中的有效 Hamaker 常数；A_{11} 和 A_{33} 分别为微粒和介质本身的 Hamaker 常数。式（2.68）表明，同一种物质的微粒间的 van der Waals 作用永远是相互吸引，介质的作用使此吸引力减弱。介质的性质与微粒的性质越接近，则微粒间的相互吸引就越弱。

表 2.2 一些常见物质的 Hamaker 常数

物 质	$A/10^{-20}$J（宏观法）	$A/10^{-20}$J（微观法）
水	3.0～6.1	3.3～6.4
离子晶体	5.8～11.8	15.8～41.8
金属	22.1	7.6～15.9
石英	8.0～8.8	11.0～18.6
烃类化合物	6.3	4.6～10
聚苯乙烯	5.6～6.4	6.2～16.8

2.5.2 微粒双电层的排斥作用能

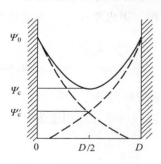

图 2.33 双电层交联时的电位分布

带电的微粒和双电层中的反离子作为一个整体是电中性的，因此只要彼此的双电层并未交联，两个带电微粒之间就不存在静电斥力，排斥作用能为零。只有当两个微粒接近到它们的双电层发生重叠，从而改变了双电层的电荷和电位分布时，才产生排斥作用。计算双电层的排斥作用能，最简单的方法是 Langmuir 法。图 2.33 表示两个表面电位为 Ψ_0 的平板微粒接近到双电层相互重叠时的情形。

图中虚线表示原来的电位分布，实线表示双电层交联后的电位分布。由于两个平板的表面电位相同，交联后的 $\Psi(x)$ 曲线必然在板间成对称分布，在 $x=\dfrac{D}{2}$ 处达到最低值 Ψ_c（交联前该处的电位值为 Ψ_c'）。交联区的离子浓度自然也与前不同，根据 Boltzmann 分布定律，$x=\dfrac{D}{2}$ 处的离子浓度为：

$$n_+ = n_{0+} \exp(-ze\Psi_c/K_BT) \qquad (2.69)$$

$$n_- = n_{0-} \exp(ze\Psi_c/K_BT) \qquad (2.70)$$

离子总浓度为

$$n = 2n_0 \cosh(ze\Psi_c/K_BT)$$

在双电层之外的溶液内部 $\Psi = 0$，总离子浓度 $n = 2n_0$。板间与板外离子浓度不同造成渗透压力，由于前者总大于后者，所以渗透压力表现为斥力。在单位板面积上此斥力为：

$$p = 2n_0RT[\cosh(ze\Psi_c/K_BT)-1] \qquad (2.71)$$

欲求相应的排斥位能 V_R，须将斥力沿作用距离积分

$$V_R = +2\int_{x=\frac{D}{2}}^{\infty} p\,\mathrm{d}x = -2\int_{\infty}^{x=\frac{D}{2}} 2n_0K_BT[\cosh(ze\Psi_c/K_BT)-1]\mathrm{d}x \qquad (2.72)$$

因为 $\cosh(ze\Psi_c/K_BT)>1$，故 V_R 恒为正值。又因为 $\cosh(ze\Psi_c/K_BT)$ 与离开表面的距离 x 的关系很复杂，故式（2.72）的求解不容易做到。但如果双电层交联程度不大，且 $\kappa\dfrac{D}{2}>1$，Ψ_c 与 Ψ_c' 都很小，此时可以近似地认为 $\Psi_c = 2\Psi_c'$，$\cosh(ze\Psi_c/K_BT) = 1+\dfrac{1}{2}(ze\Psi_c/K_BT)^2$。自式（2.28）知，不管 Ψ_0 多大，在距表面较远处，电位 $\Psi = (4K_BT/ze)\gamma_0\exp(-kx)$，因此：

$$\Psi_c' = \frac{4K_BT}{ze}\gamma_0\mathrm{e}^{-\kappa x} \qquad (2.73)$$

$$\Psi_c = \frac{8K_BT}{ze}\gamma_0\mathrm{e}^{-\kappa x} \qquad (2.74)$$

将这些结果代入式（2.72），积分后得：

$$V_R = \frac{64n_0K_BT}{\kappa}\gamma_0^2\mathrm{e}^{-2\kappa x} \qquad (2.75)$$

或

$$V_R = \frac{64n_0K_BT}{\kappa}\gamma_0^2\mathrm{e}^{-\kappa D} \qquad (2.76)$$

式中，V_R 为两平板微粒的双电层在单位面积上产生的相斥能。由式（2.27）知

$$\gamma_0 = \frac{\exp(ze\Psi_0/2K_BT)-1}{\exp(ze\Psi_0/2K_BT)+1}$$

因此，相斥位能只能通过 γ_0 与 Ψ_0 发生关系。在表面电位很高时，γ_0 趋于 1，V_R 就几乎与 Ψ_0 无关，而只受电解质浓度与价数的影响。

对于球形微粒，情形要复杂得多，目前只能对几种特定的情形求解。例如在 $\kappa x \gg 1$，且重叠程度很小时，两球形微粒间的排斥位能为：

$$V_R = \frac{64n_0K_BT}{\kappa^2}\pi a\gamma_0^2\mathrm{e}^{-\kappa H} \qquad (2.77)$$

式中，a 为微粒的半径；H 为两球间的最近距离。

2.5.3 微粒间的总相互作用能

　　我们从近似公式(2.65)和式(2.77)出发，看DLVO理论如何说明胶体稳定性的实验现象。如图 2.34 所示，微粒之间的总相互作用能即总位能 $V_T = V_A + V_R$，因此先分析 V_A 和 V_R 随距离变化的情况，自式(2.65)可以看出，V_A 的绝对值可随微粒的相互接近而升至无限大，但自式(2.77)看出，V_R 可随微粒的相互接近而趋于一极限值。因此可以推断，在 H 较小时，必定是吸引大于排斥，V_T 为负值，但在微粒间的距离很小时，由于电子云的相互作用，而产生电子云的玻恩（Born）排斥能，V_T 会急

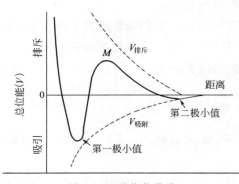

图 2.34　总位能曲线

剧上升为正值，于是形成一极小值，称为第一极小值。当微粒间的距离较大时，随着距离的增大，V_A 和 V_R 都会下降，但 V_R 表现为较快的指数规律下降，而 V_A 按照倒数规律下降则较缓慢，因而在初始时 V_R 还能超过 V_A，V_T 为正值，但当距离继续增大时，V_A 将超过 V_R，V_T 表现为负值，若距离再增大，V_T 自然趋于零。于是形成在间距较大处的极小值，称为第二极小值。在第一极小值和第二极小值之间，随着做粒相互靠近，V_R 按指数规律很快上升，大大超过按倒数规律上升的 V_A，因而出现一峰值 M，称为势垒。

　　由式(2.65)可以看出，吸引位能 V_A 只与 Hamaker 常数 A 有关，而 A 对指定的体系是不变的，因而 V_A 是我们无法控制的量，吸引位能曲线保持固定不变的形状。与 V_A 不同，V_R 却随 κ 与 Ψ_0（考虑到 Stern 层的存在，应该用 Ψ_d 代替 Ψ_0）而改变。因而排斥位能曲线随扩散层厚度和 Stern 电位值而发生变化，使得总位能曲线也发生相应的变化。图 2.35 表示当 κ 改变时，总位能曲线的变化。当增大电解质浓度或反离子价数时，κ 会增大，按式(2.76)，V_R 将更加迅速地随距离的增大而下降，使 V_A 变得相对较强，排斥作用将在更短的距离内表现出来，因而总位能峰的高度就会下降并左移，直至整个总位能曲线都位于横轴以下。

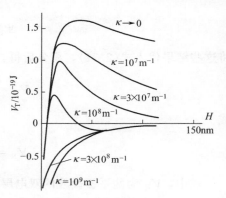

图 2.35　球型微粒的总位能
曲线与 κ 的关系
($a = 10^{-7}$m，$T = 298$K)

　　两微粒互相靠近时，首先到达第二极小值处，由于第二极小值与布朗运动相比尚小，因而仅能发生微弱的絮凝，易受扰动而被破坏。两微粒继续靠近可达势垒附近，若要接近到此距离以内，微粒的动能必须超过此势垒，一旦越过此势垒，微粒将能继续靠近，逐渐转变为吸引作用为主。当接近至第一极小值处时，表现为甚强的吸引力，其作用远超过布朗运动，使微粒发生结合而凝聚。一般稳定溶胶的势垒高度可达数千 $K_B T$，而微粒的平均动能仅 $\dfrac{3}{2} K_B T$，故仅靠布朗运动，微粒是不会越

过势垒的，必须依靠投加电解质，使总位能曲线的势垒高度下降并左移，微粒就会容易越过势垒而发生凝聚。换言之，增大电解质浓度或价数时，κ 增大，双电层厚度 κ^{-1} 减小，因而两微粒扩散层发生交联而产生排斥的距离相应缩短，而在短距离处范德华引力相对较强，因而使微粒发生凝聚。

2.5.4　Schulze-Hardy 规则

很早以前，Schulze 和 Hardy 就分别研究了电解质的浓度和价数对聚沉的影响，发现一价反离子、二价反离子、三价反离子的聚沉值大致符合 $1:(1/2)^6:(1/3)^6$ 的比例，即与电荷的六次方成反比，称为 Schulze-Hardy（叔采-哈迪）规则。在絮凝的胶体化学理论建立之后，不难找到其理论根据。

前面已经提到，胶体的稳定性取决于总位能曲线上位能峰的高度，我们不妨定性地把是否存在位能峰当作判断胶体稳定与否的标准。由于位能峰的高度随溶液中电解质浓度的加大而降低，当电解质浓度加大到某一数值时，位能曲线的最高点恰为零，如图 2.36 所示，即临

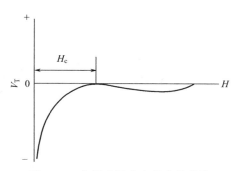

图 2.36　临界聚沉状态的位能曲线

界聚沉状态。在达到临界聚沉状态时电解质的浓度称为该胶体的聚沉值（c. c. c）。

由图可见，处于临界聚沉状态的位能曲线在最高点必须满足以下条件：

$$V_T = V_R + V_A = 0$$

与

$$\frac{dV_T}{dH} = \frac{dV_R}{dH} + \frac{dV_A}{dH} = 0$$

由式（2.65）和式（2.77）得到：

$$\frac{64 n_0 K_B T}{\kappa^2} \pi a \gamma_0^2 e^{-\kappa H} - \frac{A a}{12 H} = 0 \tag{2.78}$$

与

$$\frac{64 n_0 K_B T}{\kappa} \pi a \gamma_0^2 e^{-\kappa H} - \frac{A a}{12 H^2} = 0 \tag{2.79}$$

式中，H 为达到临界聚沉状态时的距离，可记作 H_c。自上式不难得出 $KH_c = 1$，将式（2.21）代入就可得到临界聚沉时的 n_0，即相应的聚沉值 M：

$$M = C \frac{\varepsilon^3 (K_B T)^5 \gamma_0^4}{A^2 Z^6} \tag{2.80}$$

式中，C 为常数。对平板微粒，也可以得到相似的结果。由式（2.80）可以看出：

① 在表面电位较高时，γ_0 趋于 1，聚沉值与反离子电荷数的六次方成反比，这就是 Schulze-Hardy 规则所表示的实验规律。在表面电位很低时，$\gamma_0 = z e \Psi_d / 4 K_B T$，于是聚沉值与 Ψ_d^4 / Z^2 成正比。在一般情况下，视表面电位的大小，聚沉值与反离子电荷数的关系应在 Z^{-2} 与 Z^{-6} 之间变化，这与实验事实大体相符。

② 对于 1-1 型电解质，若取典型聚沉值 100mmol/L，$\Psi_d = 75mV$，按式（2.80）可求

出 Hamaker 常数 $A = 8 \times 10^{-20}$ J，这与从理论上求得的 A 值（见表 2-2）也在数量级上相符。

③ 聚沉值与介质的介电常数的三次方成正比，这也有一定的实验证据。

式(2.80) 还表明，聚沉值与微粒的大小无关，这是在规定零势垒为临界聚沉条件下得出的结论。事实上，微粒总是具有一定的动能，能够越过一定高度的势垒而聚结。胶体微粒的动能与微粒的大小无关，但势垒与微粒的大小成正比。因此，若不以势垒为零，而以势垒小于某一数值（例如 $5K_BT$）作为聚沉的临界条件，则在其他条件相同时，大微粒较小微粒稳定。图 2.37 表示电解质浓度（或价数）和微粒大小对胶体稳定性的影响。

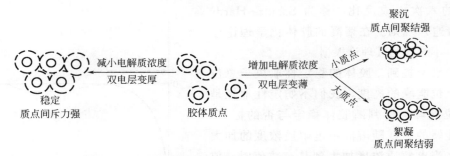

图 2.37　电解质浓度和微粒大小对胶体稳定性的影响

通常，聚沉均发生在势垒为零或很小的情形下，微粒凭借其动能克服势垒障碍，一旦越过势垒，微粒间相互作用位能就会随彼此接近而降低，最后在第一极小值处达到平衡。如果总位能曲线上有较高的势垒，足以阻止微粒在第一极小值处聚结，但第二极小值却深得足以抵挡微粒的动能，则微粒可以在第二极小值处聚结。由于此时微粒相距较远，这样形成的聚结体必定是一个松散结构，容易被破坏和复原，表现出触变性质。习惯上将第一极小值处发生的聚结称为凝聚，而将第二极小值处发生的聚结称为絮凝（与高分子絮凝作用不同）。对于小微粒（例如 $\alpha < 300$nm），其第二极小值不会很深，但若微粒很大，例如乳状液，则可以在第二极小值处发生絮凝，而表现出不稳定性。

临界聚沉浓度的确切数值可以很灵敏而且准确地被测定出来，它的数值与所采用的判断聚沉是否发生的标准有关，而且该标准应在一系列研究中保持不变。

根据 Schulze-Hardy 规则和式(2.80)，高价金属离子应具有较低的聚沉值和较高的混凝效率，这使我们很容易地理解水处理中常用的无机盐混凝剂是高价的铝（Ⅲ）盐和铁（Ⅲ）盐，它们除了在水中形成电荷为 +3 的水合离子外，还可以通过羟基桥联的方式生成具有更高电荷的多核羟基配离子，例如：

$$[Al \underset{OH}{\overset{OH}{\diagdown\diagup}} Al]^{4+}$$

这些高电荷离子的存在是铝（Ⅲ）盐和铁（Ⅲ）盐具有较高混凝效率的原因之一。20世纪 60 年代在传统无机盐混凝剂基础上发展起来的无机高分子混凝剂，如聚合氯化铝、聚合硫酸铁，使其中的高电荷离子的含量得到了进一步的提高，因而可成倍提高混凝效率。在以后的讨论中，我们还会知道这些多核羟基离子还具有强烈吸附与悬浮颗粒表面的性质，这也是它们具有较高混凝效率的原因之一。

这里需要强调指出的是，Schulze-Hardy 规则仅适用于溶液中电解质为惰性电解质（indifferent electrolyte）的情况。惰性电解质不会在颗粒表面发生吸附，它们的作用只是增大离子强度，压缩双电层，降低 zeta 电位，聚沉值与胶体颗粒的浓度并无关系。如果溶液中的离子会在颗粒表面发生吸附，所需电解质量则不遵守 Schulze-Hardy 规则，比惰性电解质低得多，且与胶体颗粒浓度有关，胶体浓度越大，聚沉值一般越高。

2.5.5 异体凝聚

异体凝聚是指不同类型胶体之间的凝聚现象。它们或者是物质本性根本不同的两种胶体，或者只是电荷符号不同及电位高低不等的胶体。

当两个不同类胶体微粒接近时，如果它们的电荷符号相异，则不论在何种距离，势能曲线上都没有排斥能出现，综合位能总是导致吸引，这是容易理解的。如果两微粒的电荷符号相同而电性强弱不等，则位能曲线上的能峰高度即排斥能最大值决定于荷电较少而电位较低的一方。这样在异体凝聚时，只要其中一种胶体的稳定性甚低而电位达到临界状态，就可以发生快速凝聚，而不论另一种胶体的电位如何。

实际上，异体凝聚是一种最一般的絮凝情况，在水处理及其他工程技术中常可遇到。两种电荷符号不同的溶胶若混合在一起，就会产生电荷的彼此中和，各自降低其稳定性而发生凝聚。但只有在两种电荷的总量相等或者接近时，才能达到完全凝聚，因此只有在两种胶体数量比例适宜时才能取得良好效果。

2.5.6 亲液胶体的脱稳

正如本书第 1 章所述，决定体系是否为胶体的唯一标准是分散于介质中微粒的尺度，因而胶体分散系应包括憎液胶体分散系和亲液胶体分散系。亲液胶体微粒一般为水溶性大分子，其表面被水合层所包围，所以不能依靠上述机理（如压缩双电层）脱稳。亲液胶体的微粒表面带有电荷，但在某些情况下它们的影响仅局限于水合层内。亲液胶体所带的电荷常常来自表面上可离解基团的电离，这些基团包括碳酸基、硫酸基、磷酸基和氨基等。Stumm 和 Morgan 通过碱滴定曲线证明金属离子很容易与一些配体，如磷酸根、焦磷酸根、水杨酸根（含有碳酸基和芳香羟基）及草酸根等，形成配合物，而这些配体常常是许多种亲液胶体颗粒表面上所具有的常见官能团。

一般金属离子与亲液胶体颗粒表面上这些物质的亲和力并不如与 OH^- 离子强。以磷酸基为例，其选择性配位性能与［磷酸基］/［OH^-］比值有关，因而在较低的 pH 值下，磷酸基会比 OH^- 优先与金属离子配位，其他种类的配体也有相似情形。为了得到电中性的沉淀物，应该减少进入金属离子配合物配位圈中的 OH^-，所以在此种配体存在时，要求沉淀 pH 值应比只有 OH^- 做配体时的 pH 值低。

Stumm 和 Morgan 认为具有上述官能团的亲液胶体的脱稳主要源自金属配合物的沉淀作用，这可以用以下两个事实证明：

① 亲液胶体的脱稳是在酸性 pH 值下发生的，这一事实指出在这种情况下亲液胶体表面上的官能团与金属离子间具有优先配位性质；

② 为了使亲液胶体分散体系脱稳，一般需要比相应憎液胶体脱稳更大的絮凝剂投加

量，这意味着体系必须达到金属离子-配体配合物的沉淀过饱和。

天然水中的富里酸属于亲液胶体，它们与无机盐絮凝剂的金属离子的配位作用可导致其脱稳沉淀，这对给水处理中去除有机物具有重要的意义。

2.6 絮体的分形与成长

2.6.1 絮体的分形结构

水中的胶体物质经絮凝作用形成絮体，絮体具有分形结构特征。通俗地讲，分形（fractal）是指不规则的、分数的、支离破碎的物体，是属于大小碎片聚集的状态。分形理论是非线性数学研究中较为活跃的分支，它的研究对象是具有自相似性和标度不变性的无序系统。1975年曼德布罗特提出分形的定义：分形是其组成部分以某种方式与整体相似的体系。对该体系，把考察对象的部分沿各个方向以相同比例放大后，其形态与整体相似，或者说，若将絮凝体分成数个部分，每一部分似乎都是其整体缩小后的形状，即一类自相似性体系，因此自相似性是分形的一个重要特征。分形的另一重要特征是标度不变性，是指在分形上任选一局部区域，对它进行放大得到的图像仍会显示原图像的特征，即不论将其放大或缩小，分形的形态、复杂程度、不规则性等各种特性均不发生变化。自相似性与标度不变性是密切相关的，具有自相似性结构的物体一定具标度不变性。分形维数便是表征这类物体的数学依据。

对于絮体，现已被公认具有分形结构。絮体的成长是一个随机过程，具有非线性特征。如果不考虑絮体的破碎，常规絮凝过程是由初始粒子结成小的集团，小的集团又结成大的集团，逐渐成长为大的絮体。这一过程决定了絮体在一定范围内具有自相似性和标度不变性，这正是分形的两个重要特征，即絮体的形成具有分形的特点。很多学者以分型理论为基础进行了絮凝过程形态学的研究。

按照分形的定义，物质的质量 M 与其微观特征长度 L 之间的关系式可表示为：

$$M(L) \propto L^{D_f} \tag{2.81}$$

式中，D_f 为分形维数。对于絮体通常以其与絮体在平面上投影面积相同的圆的直径作为特征长度。显然，在欧几里德体系中，三维体的维数是3，对于非欧几里德体系中的物体，$D_f < 3$。具有 $D_f < 3$ 的物体就属于分形。

按照常规，我们往往习惯于用欧几里德几何的量度，将式（2.81）写为：

$$M = \rho V_p = \alpha \rho d_p^3 \tag{2.82}$$

$$V_p = \alpha d_p^3$$

式中，ρ 为絮体的密度；V_p 为物体的体积；α 为几何因子（对于球体 $\alpha = \pi/6$）；d_p 为絮体在平面上投影面积相同的圆的直径。

对于絮体，如果它是一个分形，因 $D_f < 3$，所以用式（2.82）直接计算其质量显然不合适。但絮体是具有几何尺度和体积的，如果借用欧几里得几何来分析其尺度和体积与质量的关系，则可以写出：

$$M = k(D_f) V_p = k(D_f) \alpha d_p^3 \tag{2.83}$$

式中，$k(D_f)$ 为与分形维数有关的函数。将式（2.83）与式（2.82）对比，则：

$$\rho = k(D_f) \tag{2.84}$$

对于具有分形特征的絮体，其密度不是定值，而是分形维数的函数。由于絮体的成长过程是一个随机性碰撞结合过程，随着其粒径增大，初始粒子之间的空隙所占的比例也增大，导致密度减小。这种关系一般可表示为：

$$\rho = \beta d_p^{-k_p} \tag{2.85}$$

式中，β 为比例系数；k_p 为絮体的密度指数。将式（2.85）代入式（2.82）得到：

$$M = \alpha \beta d_p^{3-k_p} \propto d_p^{3-k_p} \tag{2.86}$$

比较式（2.86）和式（2.81）得到：

$$D_f = 3 - k_p \tag{2.87}$$

这一结果表明，如果 $D_f = 3$，则 $k_p = 0$，式（2.85）中的密度与粒径无关，是一常数，这就是欧几里得系统中的情况。只要 k_p 大于 0，絮体的分形维数 D_f 就小于 3，呈现出分形的特征，絮体的密度可表示为 $\rho = \beta d_p^{D_f-3}$。

分形维数是反映絮体结构不规则程度的物理量，一般在 1.4～2.8 之间。分形维数可以反映出絮体空隙的结构特性，絮体中空隙越多，絮体越松散，密度越小，絮体分形维数值越小。反之絮体越密实，分形维数值越大。分形维数的概念也可以用来描述颗粒与小絮体在不规则絮体结构内部的填充程度，絮体结构内部越密实，分形维数值越高。

在絮凝处理过程中，絮体的结构一直是人们研究的热点。在絮凝中常出现絮体松散不易沉降的问题，这是影响处理效果的关键，分形理论的出现使人们对絮体的大小、强度和密度等的研究有了新的工具，一般絮体的分形维数最大时絮凝效果最佳，它启发研究人员对絮体结构、絮凝机理和动力学模型做进一步的认识。絮凝过程中，絮体分形维数值的变化可以用来预测不同絮体结构的转折点，还可以对絮体形成的影响因素进行研究，提出最佳絮凝控制条件。

2.6.2 絮体分形维数的测定

2.6.2.1 影像分析法

根据英国著名学者 J. Gregory 提出的方法，可以利用絮体的投影面积与最大长度（外接圆的直径）的函数关系来计算絮体的分形维数。

$$S = \alpha L^{D_f} \tag{2.88}$$

式中，S 为絮体颗粒的投影面积；L 为投影的最大长度；α 为比例常数；D_f 为絮体在二维空间的分形维数。对上式求自然对数得：

$$\ln S = D_f \ln L + \ln \alpha \tag{2.89}$$

由此可知 $\ln S$ 与 $\ln L$ 成直线关系，通过实验测得直线，其斜率即分形维数。实验时可取少量絮体于载玻片上，用电子显微镜观测。将电子显微镜与计算机连接，可以直接在电子计算机上观察到絮体的图像，并进行数据处理。也有以絮体投影的周长 P 代替最大长度的，上述公式的形式不变，同样可以求出二维分形维数。

影像分析法具有较为明确直观的优点，但仍属于间接测定，拍摄的图像属于二维图像，非三维体，并且假设当 $D_f < 2$ 时，从二维分析所得的分形维数与实际相同，当 D_f 略小于 2 时，会发生较大的偏差，当 $D_f > 2$ 时，方法失败。不过近期发展起来的数字摄像技术，结合计算机处理的强大功能，使直接测定成为可能。

2.6.2.2 沉降速率（或密度）法

絮体沉降速率（或密度）法是基于沉降速率与特征粒度之间的关系：

$$v(R) \propto R^c \tag{2.90}$$

式中，v 为絮体的沉降速率，m/s；R 为絮体半径，m；c 为常数。对球形固体，由 Stockes 公式知 c 等于 2，对于多孔型聚集体，较为典型的 c 值一般介于 0.55～1.0 之间。相应地根据 Stockes 公式得到聚集体的密度：

$$\rho \propto \frac{v}{R^2} \propto R^{c-2} \tag{2.91}$$

式中，ρ 为聚集体的密度，kg/m³；v 为絮体的沉降速率，m/s。根据上式得到：

$$M \propto R^{c+1} \tag{2.92}$$

式中，M 为聚集体的质量，kg，从而可以得到分形维数 $D_f = c+1$。

絮体沉降速率（或密度）法适合于活性污泥等较大的聚集体，但对于分形维数的测定具有明显缺点。Johnson 发现，在桨板混合器中，乳胶微颗粒所得聚集体用该法测得的分维值往往比由 Stockes 公式得到的分维值高 4～8.3 倍。计算过程中采用可穿透或不可穿透球形聚集体模型对聚集体的穿透性进行限制，假定滞延系数 CD 为恒定值，且等于 24/Rc，那么在 $D_f > 2$ 时实验值与理论值吻合较好。当 $D_f < 2$ 时，由于对聚集体孔隙度的评估具有较大偏差，由沉降速率法得到的分维值不再正确。

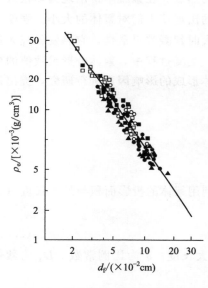

图 2.38 铝盐絮体的密度函数关系

通过研究絮凝体密度函数也能推算絮体的分形维数。Tambo 等实测出铝盐絮体的粒径与沉降速度，得出了絮体的有效密度（在水中的密度）ρ_e 与粒径 d_p 的关系，如图 2.38 所示，在双对数坐标上二者具有良好的直线关系。

由此得到铝盐絮体的密度函数为

$$\rho_e = \frac{a}{d_p^{K_p}} \tag{2.93}$$

式中，系数 a 和指数 K_p 与铝盐絮凝剂的比投量（铝离子浓度与浊度之比，称为 ALT 比）有关，在通常的投药范围内 $K_p = 1.0 \sim 1.4$，随着 ALT 比增大，K_p 也增大。根据式（2.87）相应的絮体分形维数 $D_f = 1.6 \sim 2.0$。

2.6.3 絮体结构模型的发展

为了更好地了解絮体的形成过程，提出了许多絮体结构模型。此处介绍 Vold 模型和 Sutherland 模型。

2.6.3.1 Vold 模型

1963 年 Vold 提出了著名的弹射凝聚模型。它是通过计算机模拟提出的最早的模型。

此模型的前提是单一初始粒子与某一成长中的絮体随机碰撞结合，颗粒与成长中的絮体的最初接触点黏附而并入集团，不容许内部重组过程形成的模型絮体，如图2.39所示，由一中心核与一群向外延展的触须形成粗糙表面构成。Vold单颗粒弹射凝聚模型得到的絮体为比较密实的构造，絮体的密度指数$k_p=0.676$，分形维数$D_f=2.324$。

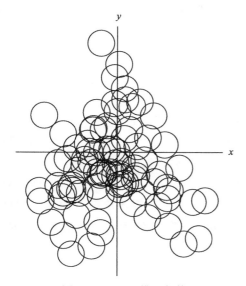

图 2.39　Vold 模型絮体

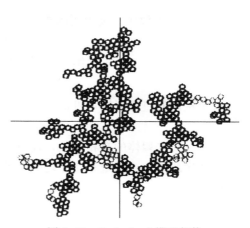

图 2.40　Sutherland 模型絮体

2.6.3.2　Sutherland 模型

由于Vold模型没有考虑颗粒絮凝过程中内部重组过程，因而有很大的缺陷。Sutherland D. N.等对颗粒聚集过程中的随机性做了改进。提出了团簇聚集的模型，即如果不考虑絮体的破碎，常规絮凝过程是由初始粒子结成小的团簇，小的团簇又结成大的团簇，逐渐成长为大的絮体，如图2.40所示。该模型中絮凝剂与颗粒间形成更为疏松多孔的结构，具有较低密度。随着絮体尺寸增加，絮体内部重组过程也将发生，絮体中心的空隙度逐渐达到定值，约为0.83。此模型适用于粒径不大于数微米的微粒。利用该模型计算得到的密度指数$k_p=0.9\sim1.0$，分形维数$D_f=1.6\sim2.0$。

2.6.4　絮体分步成长模型

由于絮体具有分形特征，不妨假设其先由初始粒子碰撞结合成小的团簇，小的团簇又碰撞结合成更大的团簇，这样的过程分步进行，直到达到给定条件下的最大粒径。同时假设每一步结合的方式相同，则该絮体具有自相似性。按照此思路可以建立如图2.41所示的絮体成长模型。

设初始粒子的粒径为d_0，其密度为ρ_0，由它们碰撞结合成的一级团簇所含初始粒子的个数为m，内部孔隙比为ε_1，则一级团簇的有效密度可表示为：

$$\rho_1=\rho_0(1-\varepsilon_1) \tag{2.94}$$

按统一模式考虑第二级团簇，可写出有效密度为：

$$\rho_2=\rho_1(1-\varepsilon_2) \tag{2.95}$$

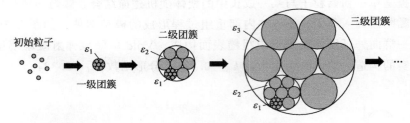

图 2.41 絮体分步成长模型

式中，ε_2 为构成二级团簇的空隙比。将式（2.94）代入式（2.95）得到：

$$\rho_2 = \rho_0(1-\varepsilon_1)(1-\varepsilon_2) \qquad (2.96)$$

以此类推，絮体成长到第 n 步时，形成 n 级团簇，有效密度为：

$$\rho_n = \rho_0(1-\varepsilon_1)(1-\varepsilon_2)\cdots(1-\varepsilon_n) \qquad (2.97)$$

由于絮体的自相似性，可以认为 $\varepsilon_1 = \varepsilon_2 = \cdots = \varepsilon_n = \varepsilon$，则式（2.97）可写为：

$$\rho_n = \rho_0(1-\varepsilon)^n \qquad (2.98)$$

同样，根据絮体的自相似性，设每一级团簇都是由 m 个低一级团簇结合而成，则可以根据絮体的体积、质量和密度之间的关系得到 n 级团簇的粒径 d_n 与初始粒子的粒径 d_0 之间的关系为：

$$d_n = d_0\left(\frac{m}{1-\varepsilon}\right)^{\frac{n}{3}} \qquad (2.99)$$

由式（2.99）和式（2.98）消去絮体成长级数 n，可得到：

$$\rho_n = \rho_0\left(\frac{d_0}{d_n}\right)^{-3\ln(1-\varepsilon)\ln\left(\frac{m}{1-\varepsilon}\right)} \qquad (2.100)$$

将式（2.100）按照絮体密度函数式（2.93）的形式整理，可得到：

$$\rho_n = \frac{a}{d_n^{K_p}} \qquad (2.101)$$

式（2.101）中

$$a = \rho_0 d_0^{-3\ln(1-\varepsilon)\ln\left(\frac{m}{1-\varepsilon}\right)} \qquad (2.102)$$

$$K_p = -3\ln(1-\varepsilon)\ln\left(\frac{m}{1-\varepsilon}\right) \qquad (2.103)$$

因为 m 为大于 1 的整数，$1-\varepsilon < 1$，所以 $\ln(1-\varepsilon)$ 为负值，而 $\ln\left(\frac{m}{1-\varepsilon}\right)$ 为正值，所以 K_p 总是正值。这一结果表示，由理想化的絮体分步成长模型得到的密度函数在形式上与以前的研究相符，且絮体的密度指数 K_p 与絮体成长级数无关，但与每一步参与碰撞结合的低一级团簇的个数及它们之间的孔隙率有关。

根据式（2.87）可以得到上述模型的絮体的分形维数为：

$$D_f = 3 + 3\ln(1-\varepsilon)\ln\left(\frac{m}{1-\varepsilon}\right) \qquad (2.104)$$

对于式（2.104），取 $m = 3$、6、10、30、50、100、200、300，分别绘制 D_f 与 ε 的关系曲线，得到图 2.42。

首先可以看到，对于一定的 m 值，絮体的分形维数 D_f 随 ε 的增大而降低，m 值越

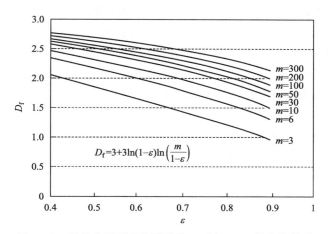

图 2.42　理想化模型的分形维数 D_f 随 ε、m 的变化关系

小，这种趋势越显著。当每一步结合的团簇个数增加时，D_f 也呈增大的趋势。对于均一粒径的球形颗粒，其最小 ε 不会小于 0.4，因此对于 $m=3$ 的絮体，分形维数也大于 2.0，当 $m \geqslant 30$ 时，分形维数将大于 2.5。

在水处理中，絮凝的目的是使胶体脱稳后形成可沉淀分离的絮体。从沉淀分离的角度看，根据第 1 章 Stokes 公式 (1.14)，絮体的沉降速度与其密度成正比，与其粒径的平方成正比，因此除了生成大粒径絮体外，也应尽可能提高絮体的密度。另外从污泥处置的角度考虑，密度大的絮体固含量高，有利于降低污泥的体积，便于最终处理。所以需要考虑如何获得密实絮体。

从图 2.42 可以看出，提高絮凝体生长过程中每一步结合的团簇个数 m 和降低每一步生成絮体的孔隙率 ε 均有利于提高絮体的分形维数 D_f。提高 D_f 意味着絮体由松散向密实过渡。因此提高 m 和降低 ε 是获得密实絮体的两个重要途径。

当 m 值增大时，絮体的分形维数显著提高，且 D_f 随 ε 的变化曲线变得平缓，在絮体分步成长模型中，m 值增大首先意味着在絮凝过程的第一步由初始粒子结合成的一级团簇的粒径增大。当 m 值足够大时，一级团簇的粒径就可能达到相应絮凝搅拌条件下所能达到的最大粒径，在此情形下，生成一级团簇后再结合生成二级团簇，乃至更高次的团簇已不可能。因此絮凝过程就仅限于初始粒子的相互结合，其结果是絮体构造中的空隙率仅为 ε_1。

针对如何降低絮体的空隙率的问题，一些研究者提出了利用有机高分子絮凝剂吸附架桥作用提高絮凝体的抗剪切强度，然后通过长时间的高强度的机械搅拌使絮体发生脱水收缩。脱水收缩就是将絮体分步成长过程中形成的高次空隙水挤压除去，使絮体的总空隙率缩小，导致体积减小，密度增大。这一过程的极限是高次空隙不复存在，絮体中的空隙部分仅为初始粒子之间不可能排除掉的空隙，达到这一极限状态的实质是收缩前的絮体中的初始粒子重新组合，因此这种操作又称为结构重组。

2.6.5　絮体的成长与破碎

如上文所述，絮体的成长粒径及形态结构是决定絮凝过程好坏的关键。一般而言，絮体的最初成长速度取决于絮凝反应中的搅拌强度、颗粒物浓度及碰撞效率。随着絮体的逐渐成长，絮体会受到两个因素的影响：一是已形成的絮体会在剪切力的作用下破碎；二是随着颗粒粒径的增大，颗粒间的碰撞效率逐渐降低。当絮体的成长和破碎达到动态平衡时，絮体即达到了最大尺度。当此最大尺度的絮体受到一个更大的作用力时，往往会发生破碎现象，导致絮体分裂。絮体的破碎除了与流体的剪切力有关外，还与自身的结合力的强弱有关，因而与絮凝剂的种类及其作用机理有关。

由于絮体破碎发生在絮体内部结合力较弱，微粒结合较松散，空隙较大之处，所以从絮体结构密实化的角度出发，剪切破碎是有利的。絮体破碎可能有两种情形，如图 2.43 所示。一是絮体发生"一分为二"的断裂；二是表面剥离。

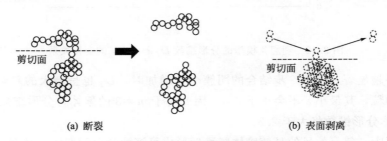

图 2.43　两种絮体破碎模式

无论是何种模式，如果破碎后的碎片能与其他颗粒继续碰撞结合，只要结合强度能够克服流体剪切强度，就会保留下来。其结果就是较强的结合得以保留，而较弱的结合得以消除。在工程上可以设定较高的 G 值，使大而松散的絮体得到抑制，同时适当延长该 G 值下的搅拌时间，使絮体有足够的机会经破碎-重组步骤而成为结合较强的絮体。

在试图从微观角度描述絮体破碎的努力中，可能最有雄心的是 Kaufman 及他的合作者们。他们按照图 2.43 所述两种絮体破碎模式，针对絮体的尺度大于或小于湍流微尺度 η（参见本书 5.2.3 微涡旋理论）的两种情况区分了两种湍流机理。当絮体小于 η 时，处于黏性区的涡旋导致了絮体的破碎；当絮体大于 η 时，处于惯性区的湍流涡旋导致了絮体的破碎。根据推导，无论是断裂破碎机理还是侵蚀剥离机理，都存在一个稳定的最大絮体粒径 d_s，其表达式如下：

$$d_s = \frac{C}{G^l} \qquad (2.105)$$

式中，C 为絮体强度系数，其大小取决于絮体和流体的性质；G 为均方根速度梯度；指数 l 的大小取决于破碎模式和导致破碎的涡旋大小。Parker 得到：在侵蚀剥离模式下，对于大于 η 的絮体，$l=2$；对于小于 η 的絮体，$l=1$；在断裂破碎模式下，无论是哪一种絮体大小，$l=1/2$。当絮体直径大于 d_s 时，絮体不稳定，会发生破碎；如果絮体直径小于 d_s，则絮体稳定。

为了说明絮体在不同絮凝剂作用下的破碎-重组的特性，Gregory 以高岭土悬浊液为研究对象，采用硫酸铝、聚合氯化铝（PAC）及聚二甲基二烯丙基氯化铵（PDADMAC）为絮凝剂，进行了絮凝过程中絮体破碎及再形成的实验，通过用光散射颗粒分析仪（PDA）测定絮凝指数（FI 指数）对絮凝过程实施了监测。有关 FI 指数的介绍可参见本书 7.1.4 絮体形成过程的光学在线监控，此处只要知道 FI 指数会受到颗粒聚集的强烈影响，当颗粒发生絮凝时，FI 指数会增大；当颗粒聚集体或絮体被破坏时，FI 指数会减小。实验时，当向高岭土悬浊液中加入上述絮凝剂后，先用 50r/min 的搅拌强度考察絮体的形成过程，等絮体成长到最大时，突然将搅拌速度提高到 400r/min，在 10～300s 后恢复到 50r/min，观察絮体破碎后的再形成过程，得到图 2.44 的结果。

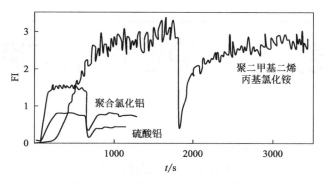

图 2.44　絮体的成长-破碎-再形成

由图 2.44 可以看出，硫酸铝的 FI 指数曲线高度最低，其次是聚合氯化铝，而阳离子聚合电解质 PDADMAC 的 FI 指数曲线高度最高，表明硫酸铝所形成的絮体最小，聚合氯化铝所形成的絮体较大，PDADMAC 所形成的絮体最大。另一方面可以看出，硫酸铝和聚合氯化铝形成的絮体在遭受大强度水力破坏后，再形成的絮体不会达到原絮体的尺度，但是阳离子聚电解质所形成的絮体被破坏后可再次恢复到原絮体的尺度。造成这种差异的主要原因是不同絮凝剂与颗粒之间的作用力不同。硫酸铝、聚合氯化铝与颗粒之间的作用力为电荷中和后剩余的 van der Waals 力，这种作用力是在金属盐水解聚合过程中发生的，在絮体破碎后，水解聚合已不可能再发生，所以难于促使颗粒间的再聚结。而阳离子聚电解质与颗粒之间的作用力为聚电解质吸附官能团与颗粒吸附点位之间的化学键力，后者的强度远高于前者，在絮体破碎后不会发生变化，还可以再次发生吸附架桥作用。

第 3 章

高分子的稳定作用与絮凝作用

许多有机高分子聚合物很容易吸附在胶体粒子上，粒子间的相互作用因而受到影响，高分子的吸附可以使胶体的稳定性增强，也可以使之减弱。以下将分别进行讨论。

3.1 高分子吸附层对胶体的稳定作用

高分子吸附可显著地影响颗粒间的相互作用，从而增强胶体的稳定性。高分子吸附可以通过增强颗粒之间的静电排斥力来增强胶体体系的稳定性，也可以通过减弱颗粒之间的 van der Waals 吸引力或引入空间位阻效应来增强胶体体系的稳定性。吸附物的稳定作用常常被称为"保护作用"。严格地讲，上述效应并不取决于吸附物质的聚合性质，它们同样可以由相对小的分子达到，例如表面活性剂，然而不同的是高分子能够形成相当厚的吸附层，从而产生显著的效应。

3.1.1 高分子吸附层对电相互作用的影响

高分子吸附层对电相互作用最显见的例子是吸附高分子可以电离的情形（即聚合电解质的情形）。如果吸附物带有与颗粒表面同样的电荷，排斥力就会增强，则体系会变得稳定。最常见的例子是阴离子表面活性剂在负电颗粒上的吸附，这是增强体系稳定性的非常有效的一种方法。

如果被吸附分子属非离子型，虽然分子不能电离，仍可影响到电相互作用，但一般影响程度较小。这时吸附分子可以通过几种方式影响双电层的结构，其中一些是相当微妙的。最直接和最重要的是反离子从斯特恩层中被高分子取代，使得扩散层边界向外发生移动。对于一定的粒间距离，这意味着增大了相邻颗粒扩散层的相互重叠，因而使粒子间的斥力增大。假定高分子吸附层的厚度为 Δ，就会使静电排斥作用的范围增大 2Δ 的距离，由于 van der Waals 吸引属近距作用，随距离的增大迅速减弱，因而在离开表面较远处，静电排斥作用相对地就更为突出，结果使总位能峰升高并右移，胶体稳定性随之增强，见图 3.1。这一理论曾成功地解释了一些实验现象，例如，碘化银胶体可以被丁醇的吸附所稳定，$NaNO_3$ 的临界絮凝浓度 CCC 会因此而由 140mmol/L 升高到 180mmol/L。

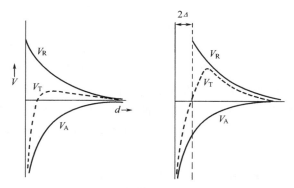

图 3.1　吸附层对微粒间静电排斥作用的影响

3.1.2　高分子吸附层对 van der Waals 作用的影响

设有两个不同的球形微粒，其中一个的半径为 r_1，另一个的半径为 r_2，二者之间的距离为 d，van der Waals 吸引能 V_A 的 Hamaker 表达式如下：

$$V_A = -\frac{A_{132}}{12}\left[\frac{y}{x^2+xy+x}+\frac{y}{x^2+xy+x+y}+2\ln\left(\frac{x^2+xy+x}{x^2+xy+x+y}\right)\right] \tag{3.1}$$

式中，$x=d/2r_1$，$y=r_2/r_1$，A_{132} 是物质 1 和物质 2 通过介质 3 相互作用的 Hamaker 常数。A_{132} 由合理近似处理后如下：

$$A_{132} \approx (\sqrt{A_{11}}-\sqrt{A_{33}})(\sqrt{A_{22}}-\sqrt{A_{33}}) \tag{3.2}$$

式中，A_{11} 等皆为某种物质在真空中相互作用的 Hamaker 常数。

Vold 应用 Hamaker 方法处理了两个相同球形微粒的情况，设它们的半径为 r_i，由物质 1 构成，被物质 2 的吸附层所包覆，吸附层的厚度为 Δ，分散在物质 3 中，间隔距离为 d，如图 3.2 所示。

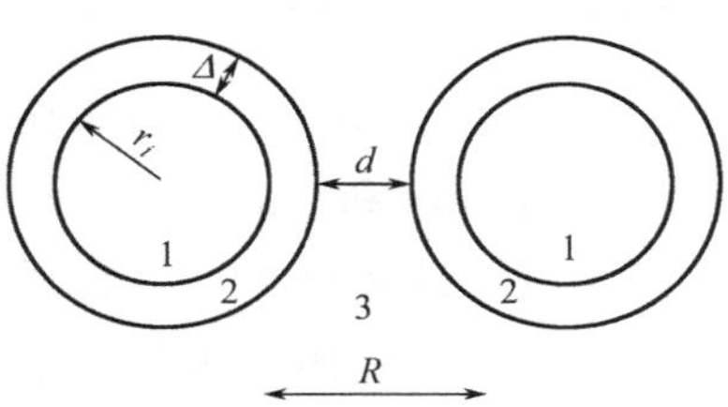

处理结果如式（3.3）所示。

$$V_A = -\frac{1}{12}[H_{11}(\sqrt{A_{11}}-\sqrt{A_{22}})^2+H_{22}(\sqrt{A_{22}}-\sqrt{A_{33}})^2$$
$$+2H_{12}(\sqrt{A_{11}}-\sqrt{A_{22}})(\sqrt{A_{22}}-\sqrt{A_{33}})] \tag{3.3}$$

图 3.2　半径为 r_i，吸附层厚度为 Δ 的微粒间的相互作用

式中，H_{11} 等是几何函数，与式（3.1）方括号内相似：

$$H(x,y)=\left[\frac{y}{x^2+xy+x}+\frac{y}{x^2+xy+x+y}+2\ln\left(\frac{x^2+xy+x}{x^2+xy+x+y}\right)\right] \tag{3.4}$$

但是在 Vold 式中，x 和 y 须对三种相互作用做出定义：

① H_{11} 是两个半径为 r_i，间距为 $d+2\Delta$ 的相同微粒（即未包覆小球）的函数，所以 $x=(d+2\Delta)/2r_i$，$y=1$；

② H_{22} 适用于两个半径为 $r_i+\Delta$，间距为 d 的球形微粒（即被包覆小球）的相互作用，所以 $x=d/2(r_i+\Delta)$，$y=1$；

③ H_{12} 是一个半径为 r_i，一个半径为 $r_i+\Delta$ 的两个间距为 $d+\Delta$ 的小球（即一个包覆小球和一个未包覆小球）的函数，所以 $x=(d+\Delta)/2r_i$，$y=(r_i+\Delta)/r_i$。

式（3.3）是基于简单的 Hamaker 方法得到的，所以必定是一个近似公式。更加严格的处理必须以 van der Waals 力的 Lifshitz 或 "macroscopic" 理论为基础。Vold 法虽然过于简化，但是在涉及吸附层对 van der Waals 作用的影响时，能够使我们得到有用的定性结论，为对比微粒在有吸附层和无吸附层时的吸引作用提供了一个有用的工具。

如果微粒中心之间的距离 R（见图 3.2）保持不变，加入吸附层几乎总会使吸引作用增大，这是由于微粒的尺度增大和间距缩小的结果。如果吸附物的 Hamaker 常数 A_{22} 与介质的 Hamaker 常数 A_{33} 近似，影响会很小，甚至导致吸引力减小。但在多数实际体系中，此 "Vold 效应" 并不显著。

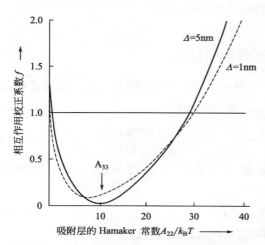

图 3.3　吸附层对 van der Waals 作用的影响

在实际体系中更多的是保持微粒外表面之间的距离 d 不变的情况下进行比较，在这种情况下，吸附层总是减弱吸引作用，这是初始微粒被更大的距离所隔离及吸附物常常有较小的 Hamaker 常数（$A_{33} < A_{22} < A_{11}$）的结果，此效应被 Osmond 等称为 "核心隔离效应"。Osmond 等的计算结果显示了在不同条件下吸附层对相互吸引作用影响的大小，结果如图 3.3 所示。

图 3.3 显示，由于吸附的产生，须对未包覆微粒的相互作用乘以 f 加以校正，该校正因子 f 是吸附层 Hamaker 常数 A_{22} 的函数，随吸附物的 Hamaker 常数 A_{22}（以 $k_B T$ 为单位，约为 4×10^{-21} J，k_B 为玻尔兹曼常数，T 为热力学温度）变化。A_{11} 和 A_{33} 的值分别为 $30 k_B T$ 和 $10 k_B T$，外表面之间的距离为 0.3 nm，微粒的半径 $a = 50$ nm，吸附层的厚度分别为 1nm 和 5nm。当吸附层厚度 $\Delta = 5$ nm 时，间隔距离远小于吸附层厚度，则相互作用可以看做是由物质 2 构成且半径为 $a + \Delta$ 的微球间的作用，在这种情况下，当 $A_{23} = A_{33}$ 时，其作用实际上已消失。当 $\Delta = 1$ nm 时，小球会通过吸附层发挥一定的影响，因而当 $A_{22} = A_{33}$ 时，仍然有一定的相互吸引作用，但比不存在吸附层时要小得多。在间隔距离较大时（$d > \Delta$）做比较，van der Waals 作用能的减弱不明显。图 3.3 表明，当 A_{22} 接近 A_{33} 时吸引作用会明显减弱。

3.1.3　高分子吸附层的空间稳定效应

一些胶体粒子被吸附物质保护的例子已为众所周知，但这种保护作用并不能通过静电斥力的增加或 van der Waals 引力的减弱而得到圆满的解释，还需涉及另外一些作用，例如所谓 "空间排斥" 效应，讨论如下。

当两个被包裹的粒子相碰撞时，吸附层会以不同的方式做出反应。

① 吸附层被压缩，见图 3.4(a)。这可以使吸附分子所占的空间减小，因而使高分子所能有的排布构型数减少。这意味着熵的减小，导致自由能的增加，也就意味着粒子间的排斥。此效应有时被称作 "空间限制" 或 "弹性效应"。

② 吸附层会相互渗透，见图 3.4(b)。这样会使两个粒子间链段的浓度增大，这可能导致吸引增强，但也可能导致渗透压升高而造成排斥增强，究竟为何者取决于高分子与溶剂之间相互作用的性质。这种现象被称为"混合效应"或"渗透效应"。

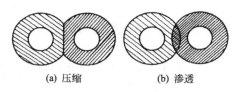

(a) 压缩   (b) 渗透

图 3.4　压缩效应和渗透效应

压缩效应和渗透效应还可以用图 3.5 中表面是平行板的情形说明。

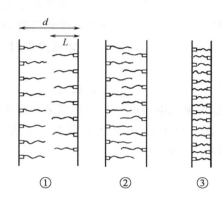

图 3.5　有高分子链端吸附的
平行板之间的相互作用

两平行板上吸附有嵌段共聚物，此嵌段共聚高分子具有两种类型的链段，其一头的链段对粒子具有高亲和性，另一头的链段对分散介质具有高亲和性。因而分子的一头强烈地附着在表面上，将亲液的一头"悬吊"在溶剂中。这种类型的高分子常被称作空间稳定剂，并很容易从理论上进行处理。图 3.5 所示为三种间距不同的情形：

① 当 $d > 2L$ 时，平行板相距太远，链段不能重叠，无相互作用；

② 当 $L < d < 2L$ 时，有一定程度的链段重叠，发生渗透，但无弹性效应；

③ 当 $d < L$ 时，链段的弹性效应和渗透效应可同时发生。

一般来说，当分散介质是链的良好溶剂时，不利于高分子链之间的混合，微粒间就会有强烈的排斥作用，因为链段倾向于同溶剂接触，而链的重叠会导致体系自由能的升高，从而引起排斥力增大，或认为由于重叠区渗透压升高而引起排斥。在这种情况下，"弹性效应"不起或仅起很小作用，因为粒子接近的距离还未小到能产生一定的压缩。当分散介质对链段的溶解性降低，如改变温度或加入某种溶质时，高分子链之间的排斥作用就会减小到链段的相互混合不引起自由能的任何变化。这种理想状态在高分子科学中被称为 θ 状态，可以在 θ 温度或 θ 溶剂下达到。在 θ 状态下，渗透效应对总的相互作用无贡献。但在粒子接近到很近时，仍有斥力发生，这是由于链的压缩而引起的。当溶剂比 θ 溶剂更差时，聚合物链易于混合，因此产生表面之间的吸引，这类似于高分子从不良溶剂中析出。这样一来，由于分散介质的溶解性降低而发生初絮凝。在这种情况下，"弹性排斥"依然存在，粒子间不能达到真正的接触。

吸附层之间的总相互作用一般可用热力学函数来表示：

$$\Delta G = \Delta H - T\Delta S \tag{3.5}$$

在排斥情况下，粒子相碰的自由能变化必定为正，这可以由焓增量为正得到，即所谓"焓稳定"，也可以由熵增量为负得到，即所谓"熵稳定"，也可能由此二者同时发生而引起。"焓稳定"和"熵稳定"有时可以根据温度的影响而区别。对于"焓稳定"，在 $\Delta H > T\Delta S$，且 $\Delta S > 0$ 的情况下，升高温度可以得到 $\Delta G < 0$ 的结果，换言之，升高温度可以使体系发生絮凝。相反对于"熵稳定"，降低温度，可以使体系发生絮凝。值得提出的是不应将"焓稳定""熵稳定"与"渗透""弹性"等同起来，因为高分子链段的渗透包含了熵

变化，也包括了焓变化。弹性贡献仅来自高分子链构型熵的改变。

含盐水溶液中由聚乙烯氧化物稳定的聚合物乳胶表现出焓稳定作用，提高温度则可导致絮凝。在水溶液中聚乙烯氧化物是水合的，水合过程伴随着焓的降低（放热反应）。而链的混合会引起水合水分子的释放，因而导致焓的增加，这种效应是阻碍混合的。但是自由水具有比成键水较高的熵，因此在足够高的温度下，熵增加会足以克服焓的增加，所以在足够高的温度下混合后絮凝便可发生。由完全稳定到絮凝的转变发生在一个窄小的温度范围内（1℃或2℃），此温度与θ温度非常接近。在冷却时絮体又会重新自发地分散，这与上述规律一致。在θ温度以下，聚乙烯氧化物链的混合受到阻碍，被包裹起来的粒子互相排斥。在温度略高于θ温度时，混合不受阻，粒子可以相互聚集直到弹性排斥阻碍进一步相互接近。这就是说絮凝虽可发生，但粒子并不能生成不可逆聚集体。在降低温度时，混合又受到相互排斥力，粒子又重新分散开来。

盐对聚乙烯氧化物链所保护的乳胶稳定性的影响曾被研究过。当不存在加入的盐时粒子可保持稳定，甚至在加热到沸点时也是如此。但是如果加入电解质，当加热到某个温度时，就会发生絮凝。溶解盐的作用是改变水对聚乙烯氧化物链的溶解能力，降低θ温度，使之处于水溶液所能达到的范围内。在所有情况下发现在水溶液中临界絮凝温度（c.f.t.）与θ温度近似相等，如表3.1所示。

表 3.1　临界絮凝温度与 θ 温度的比较

电　解　质	c.f.t. /℃	θ 温度/℃
2mol/L LiCl	86	90
2mol/L NH$_4$Cl	76	76
2mol/L NaCl	59	60
0.45mol/L K$_2$SO$_4$	32	34

在非水介质中，空间稳定常被发现属于熵稳定型，所以在冷却条件下可发生絮凝。其主要效应是稳定链同溶剂混合时熵的增加，而不是构型熵变。在甲醇中，聚乙烯氧化物链起到熵稳定作用。

虽然目前已经建立了空间稳定作用的理论，但它们仅能适用于终端吸附的稳定链，即使在这样相对简单的情况下，完整的理论也难于得到，必须做出某些简化的假设。在最简单的模式中，吸附层里高分子链段的密度被假设为均匀的，在做更细致处理时，必须假定某些链段密度分布函数。

实际上，对于许多高分子，终端吸附链的假设是不适宜的。例如，线型均聚物在界面上吸附时，以沿链的许多链段接触，造成线环的分布及伸向溶液的尾巴。已经发现，即使在比θ溶剂差得多的溶剂中，这种类型的吸附也可导致空间稳定作用。也就是说此种类型的吸附具有更强的空间稳定作用。

对于实际的应用，可以假设，当吸附层轻微重叠时，空间排斥力V_s就以相当的强度出现，当进一步"混合"时，V_s会非常迅速地上升。从定性的角度看，"cut-off"模型是正确的，按此模型，当分离距离大于某临界值时，排斥作用假定为零，分离距离较小时，可变为无穷大，此临界值定为吸附层厚度的两倍2Δ，即当吸附层刚一接触，排斥作用就会变得无限大。

作为能有效地稳定胶体粒子的吸附层，它必须能够提供一个空间障碍，而此空间障碍应具有足够的厚度使得粒子不可能接近到 van der Waals 成为主要作用，因而不能生成强度很高的聚集体。为了简易起见，可假定吸附层具有与分散介质同样的 Hanmerk 常数，因而吸附层仅起空间障碍作用。具有吸附层的粒子的稳定性由以下因素决定：

① 吸附层的厚度；

② 被吸附物的溶剂化；

③ 被包裹的粒子的（有效）Hanmerk 常数；

④ 粒子体积的大小。

如果粒子有一定的大小和一定的 Hanmerk 常数及良好溶剂化的吸附层，吸附层厚度 Δ 的影响示于图 3.6。如果吸附层较薄，粒子可以充分接近，以致使它们保持在很深的 van der Waals 能谷处，因此分散体系是不稳定的。如果吸附层厚得多，则粒子被完全保护，并被保持在很浅的 van der Waals 能谷处，形成很弱的聚集体。

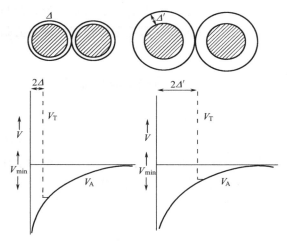

图 3.6　吸附层厚度对粒子相互吸引作用的影响

粒子的体积对于稳定性应具有很重要的影响，因为对于一定大小的 Δ，在距离 2Δ 处，van der Waals 引力随粒子体积的增大而增大，因此要得到同样程度的稳定性，较大的粒子应具有较厚的吸附层。

空间稳定剂常被用在实际中，特别是用于那些改变其稳定性非常困难的非水分散介质的分散体系中。当需要得到粒子浓度很高的水分散系时，空间稳定作用是很有用的。带电粒子的浓分散系由于电黏度效应而具有很高的黏度。这可以用增加盐的浓度来克服。但这样一来会增加粒子的不稳定性，甚至会引起絮凝。如果应用合适的空间稳定剂，就可以允许使用高浓度的盐而不发生絮凝，这样就可以制备出具有适宜流变性质且固含量高的分散体系。

空间稳定作用的基本要求是围绕着粒子的吸附层能牢固地附着在粒子的表面上并具有

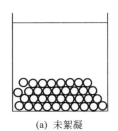

(a) 未絮凝

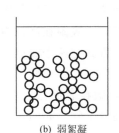

(b) 弱絮凝

图 3.7　粒子的沉降

良好的溶剂化性能。它的厚度足够造成所需的稳定性，但一般并不要求达到完全阻止微粒的聚集。理想的情况是吸附层具有适宜的厚度能使微粒保持在较浅的能谷处，而形成微弱的絮凝结构。这种结构能被缓慢的搅动所粉碎，在沉降后形成具有松散敞开结构的沉淀物（见图 3.7），若轻轻摇动又可使之再分散。对于稳定性较高的粒子（如吸附层较厚），单个粒子沉淀时生成坚固密实的沉淀物，很难使之再分散。从理论上讲，以上两种情况都可以通过改变吸附层厚度来控制。

如果有一原本不稳定的溶胶被高分子所稳定，就可以说该溶胶被保护了。在实际中，就有一些废水中的溶胶微粒被高分子牢固保护，这类废水的净化处理是一个非常扰人的难题，在这些废水中，生物高分子常常作为保护剂而发生作用。

高分子的稳定作用在工业循环冷却水处理中得到了广泛的应用。在化工、电力等工业生产中，常用敞开式循环冷却水系统来冷却工艺介质，但在敞开式循环冷却水系统中会产生结垢、腐蚀和菌藻滋生三大弊病，为防止这些弊病的产生，广泛使用了阻垢分散剂、缓蚀剂和杀菌灭藻剂。一些聚羧酸类高分子就是重要的阻垢分散剂，如水解聚马来酸酐、聚丙烯酸均聚物及以马来酸为主的共聚物等，常与其他种类的阻垢缓蚀剂复配使用，发挥协同作用。这些聚羧酸的阻垢分散作用机理主要是高分子对胶体的稳定作用。

3.2 有机高分子絮凝剂对胶体的絮凝作用

以上论述了高分子对胶体的稳定作用，即保护作用。但若加入的高分子的数量小于起保护作用所需要的数量时，不但对胶体无保护作用，而且往往使溶胶对电解质的敏感性大大增加，因而使聚沉值减小，这就是所谓的敏化作用。后来的研究表明，许多高分子聚合电解质能直接引起聚沉，被称作高分子絮凝剂。高分子在絮凝中往往承担两种角色，高分子与无机盐絮凝剂配合使用时是助凝剂，单独使用时是主絮凝剂，如图 3.8 所示。

稳定胶体 —无机盐絮凝剂→ 不稳定胶体 —相互作用→ 絮体 —聚合电解质→ 大絮体

稳定胶体 —聚合电解质→ 大絮体

图 3.8　高分子絮凝剂的两种作用

3.2.1　高分子絮凝剂的架桥作用

早期使用的高分子絮凝剂多是聚合电解质，它们的作用被认为是简单的电性中和作用。如果高分子电解质的大离子与胶体所带的电荷相反，则能发生互沉作用，或称为异体凝聚。但后来发现，起敏化或絮凝作用的并不仅限于电荷与胶体相反的高分子电解质，一些非离子型高分子（如聚氧乙烯、聚乙烯醇），甚至某些带同号电荷的高分子电解质，对胶体也能起敏化甚至絮凝作用。因此电中和绝非高分子絮凝作用的唯一原因。

现在一般认为，在高分子物质浓度较低时，吸附在微粒表面上的高分子长链可能同时吸附在另一个微粒的表面上，通过"架桥"方式将两个或更多的微粒联在一起，从而导致絮凝，这就是发生高分子絮凝作用的"架桥"机理。架桥的必要条件是微粒上存在空白表面，倘若溶液中的高分子物质的浓度很大，微粒表面已完全被所吸附的高分子物质所覆盖，则微粒不再会通过架桥而絮凝，此时高分子物质起的是保护作用，如图 3.9 所示。

由架桥机理知道，高分子絮凝剂的分子要能同时吸附在两个微粒上，才能产生"架桥"作用，因此作为絮凝剂的高分子多是均聚物。它们的分子量和分子上的电荷密度对其作用有重要影响。

一般来说，分子量大对架桥有利，絮凝效率高。但并不是越大越好，因为架桥过程中吸附链环也会发生链段间的重叠，从而产生一定的排斥作用。分子量过高时，这种排斥作

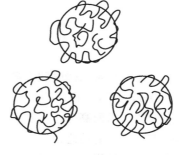

(a) 絮凝(低浓度)　　　　　　　　　(b) 保护(高浓度)

图 3.9　高分子的絮凝与保护作用

用可能会削弱架桥作用，使絮凝效果变差。另一个是高分子的带电状态。高分子电解质的离解程度越大，电荷密度越高，分子就越扩展，这有利于架桥，但另一个方面，倘若高分子电解质的带电符号与微粒相同，则高分子带电越多，越不利于它在微粒上的吸附，就越不利于架桥，因此往往存在一个最佳离解度。

如前所述，高分子物质的加入量对絮凝效果有显著影响，实验证明，对于絮凝的发生，存在一个最佳加入量，超过此量时，絮凝效果会下降，超过太多则会起相反的保护作用。从理论上 La Mer 等根据絮体形成和破坏的速度关系式，求得平衡时絮体的半径 R_e 如下：

$$R_e = \frac{K_1}{K_2} N_0^2 \theta^2 (1-\theta)^2 \tag{3.6}$$

式中，N_0 为单位体积中粒子的数目；K_1 和 K_2 分别为絮体形成和破碎的速度常数；θ 为覆盖率。由上式可见，当 $\theta = 0.5$ 时，R_e 为最大，这时高分子的浓度就为高分子的最佳浓度。对此结果的解释是：由于架桥理论要求被吸附的高分子的链段同其他粒子表面的空位相接触，所以只有当乘积 $\theta(1-\theta)$ 最大时，效果才最佳，这就相当于 $\theta = 0.5$，即所谓半表面覆盖条件。

事实上要达到最佳絮凝所需的高分子浓度都很小，往往小于 1mg/L，而且此最佳高分子浓度与溶胶中粒子的浓度成正比例关系，严格地讲是正比于粒子的总表面积。除此之外，凡是影响到表面覆盖率的其他因素也会影响此最佳高分子浓度，如粒子的带电性质、高分子的种类、搅拌条件等，由这些因素的变化可推知最佳高分子浓度的变化。

高分子同微粒表面的作用即高分子吸附理论近年来得到了飞速的发展，这里涉及的仅是吸附作用力的类型。据研究，这些作用中最强的要算是微粒表面上的荷电吸附位与带相反电荷的高分子链段之间的离子键作用。例如负电粒子表面和阳离子聚电解质之间。但常常发现，聚电解质有时吸附在具有相同电荷的粒子上，所以必定有专属作用力克服了静电斥力，这方面的内容已在本书 2.3.3.1 Stern 层的吸附部分从能量的角度做了讨论，此处对它们可能的种类做如下讨论。

① 疏液结合。非极性基在某些表面上的吸附可能与之有关，例如聚乙烯醇在碘化银胶体上的吸附。

② 氢键。当表面和高分子具有合适的吸附位时，常常可发生氢键作用。许多氧化物

粒子表面上有—MOH基团，可提供生成氢键的机会，例如它与聚丙烯酰胺之间的氢键如下：

$$—M—O—H\cdots NH—C— \qquad 或 \qquad —M—HO\cdots H—N—C—$$
$$\qquad\qquad\qquad\quad \| \qquad\qquad\qquad\qquad\qquad\qquad \|$$
$$\qquad\qquad\qquad\quad O \qquad\qquad\qquad\qquad\qquad\qquad O$$

氢键生成的另一个证明是聚丙烯酰胺在硅氧化物表面上的吸附。充分水合的硅氧化物表面具有硅醇基 Si—OH，它可与相邻的水分子发生氢键，在这种情况下聚丙烯酰胺的氨基是不能与之发生键合的，因而高分子不被吸附，无絮凝发生。但如果对硅氧化物表面进行控制条件下的热处理，就可能使之部分脱水，留下自由的硅醇基。在这样处理之后将其分散于水中，聚丙烯酰胺的吸附就可以发生，但长时间与水接触后，此现象就会失去，这是因为硅醇基又重新水合。类似的情形也发生于氧化聚乙烯在硅氧化物表面的吸附。

③ 高分子上的偶极基团可能与离子晶体表面的静电场相作用，例如聚丙烯酰胺在萤石表面的吸附就属于此种机理。

④ 当高分子与表面具有相同符号电荷时，如果没有盐的加入，吸附架桥是不会发生的。要发生吸附，电解质浓度需达到一个临界浓度。这些电解质常是二价金属盐类。虽然离子强度在此处起了某些作用，但更可能的是如 Ca^{2+} 这样的离子起了促进吸附的作用，这是因为它们可以将高分子上的带电基团结合到微粒表面上的带电位置上。

假如带电微粒被高分子桥联，则高分子必须能够跨越双电层的排斥作用范围。为方便起见，可考虑微粒相互接近的一个最短距离 d_c，在定性讨论时可设此距离为扩散层厚度

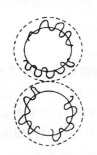 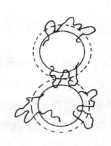

的 2 倍，即 $d_c = 2/\kappa$，κ 为 Debye-Hükel 倒数长度。据此，d_c 就是两粒子扩散层开始相互重叠时粒子间相隔距离，所以只有当高分子能充分伸展其分子，至少跨越此距离时，才能作为两粒子间的桥梁。电解质浓度增大会压缩双电层，缩短此距离，有利于架桥。此原理示于图 3.10 中，虚线表示扩散层的范围，在高离子强度下，扩散层较薄，架桥成为可能。因此在实际中，如果有充足的盐存在，架桥絮凝常显得非常有效。

(a) 低离子强度，静电斥力阻碍架桥　　(b) 高离子强度，架桥通过有效排斥范围而发生

图 3.10　高分子架桥絮凝机理

对于不同分子量的非离子型絮凝剂（如聚乙烯醇，PVA），在不同的无机盐存在下，负电碘化银溶胶的絮凝与上述原理相符（但还存在一些复杂的因素）。

实际上，当溶胶微粒与聚电解质电荷相同时，盐的作用是不易说明的，因为离子强度的升高一方面可以引起以上所讨论的情况，从而增大架桥的可能性。另一方面由于电荷的屏蔽，高分子的伸展程度降低，链段之间的排斥作用减弱，从而减小架桥的可能性。目前对负电荷溶胶和阴离子高分子所取得的数据还不能说明哪种更为主要。

3.2.2　高分子絮凝剂的电中和作用

许多应用实例表明，高分子如带有与粒子相反的电荷，则是最有效的絮凝剂。它们常常与异电荷粒子强烈作用，且定量吸附于其上，至少在电中和点之前是如此。这里专属吸附和溶解盐的帮助并非必须，而架桥和表面电荷中和是主要作用，但二者的相对重要性可

能不同。

对于电中和，最直接的实验方法就是测定带有吸附高分子的微粒的电泳淌度值，以确定其 ζ 电位，并用一些简单技术确定絮凝和重新稳定的临界高分子浓度（分别为 cfc 和 csc）。将实验结果与 DLVO 理论所预计的值相比较，如果电中和是主要作用的话，絮凝就应发生于 ζ 电位降低到能消除粒间斥力时。如果是在较高的 ζ 电位下发生絮凝，就意味着这是属于穿过排斥障碍的"架桥作用"，如图 3.10 所示。而图 3.11 则表示负电乳胶用两种阳离子高分子絮凝的结果，一种分子量较低（约 2×10^4），另一种分子量较高（约 2×10^6），电解质是 1mmol/L 的 $NaNO_3$。此乳胶的 ζ 电位临界值应约为 $\pm 12mV$，相当于电泳淌度为 $1\mu m \cdot s^{-1}/(V \cdot cm^{-1})$。图中箭头指示每

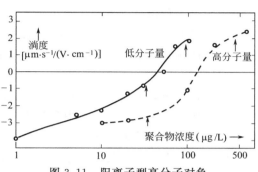

图 3.11　阳离子型高分子对负电乳胶的电泳淌度的影响

一种高分子的 cfc 和 csc。很清楚，对于低分子量的高分子，絮凝发生于 DLVO 理论所预计的 ζ 电位处，这表示以电中和作用为主。然而在高分子量聚合物情况下，当絮凝开始发生时，粒子还显示相当强的负电性，$\zeta \approx -30mV$。此结果很显然是通过高分子量聚合物的架桥作用而达到的。但是根据下述实验事实还有另一种解释：对于每一种高分子，只要投加量达到中和粒子电荷所需剂量时就可引起絮凝，这指出了电中和的重要性，而要使电泳淌度为零，两种高分子所需浓度是不同的，这是由于两种高分子电荷密度不同。测定作为投药量函数的絮凝速度，也可说明此观点。当絮凝速度最高时，聚合物浓度定为最佳浓度，所用絮凝剂为阳离子表面活性剂（十六烷基三甲胺溴化物），分子量分别为 5×10^3、1.5×10^5、1×10^6，三者阳离子电荷均产生于季铵的氮原子。

由于当聚电解质分子所带的电荷符号与分散体系颗粒所带电荷符号相反时，架桥机理不能普遍适用，Kasper 和 Gregory 曾提出局部静电斑块机理予以解释。该机理认为聚电解质分子并不是仅以少数吸附部位吸附在颗粒表面且其余分子链以闭合链环伸向溶液，而

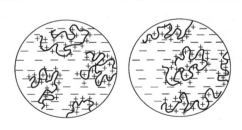

图 3.12　局部静电模型

是完全吸附在颗粒表面。被完全吸附的聚电解质分子在颗粒表面上形成正电荷斑块，与未被吸附的表面负电荷斑块交替分布成为马赛克状，即使吸附了足够量的高分子使表面净电荷为零，仍有正电区与负电区同时存在，如图 3.12 所示。当相邻颗粒的正电区和负电区对准产生强烈吸引时，体系发生脱稳。由于聚电解质链节在具有相反电荷的颗粒表面上的吸附能相当高，通过长链环或链尾架桥的作用被认为是不可能的。

在聚电解质链环被吸附到颗粒表面的初始阶段至吸附构型达到平衡之间存在一定的时段，在此时段聚电解质链环可能会伸展至溶液与相邻颗粒发生架桥，这将受到颗粒碰撞频率的很大影响，因此受到颗粒物浓度的很大影响。当颗粒物浓度较高时，一个处于链环伸展状态的颗粒会与许多颗粒相碰撞，产生架桥絮凝。当体系中颗粒浓度较低时，碰撞频率降低，脱稳的机理应由静电斑块模型描述，此时由于架桥机理可以忽略，聚电解质的分子

量并非重要因素，加上高分子量产品难于溶解的缺点，低分子量聚电解质更为合适，此时因电荷作用起主要作用，使用高电荷密度的聚电解质更为有效。当体系中颗粒浓度较高时，例如在污泥调理的情况下，架桥效应非常显著，因而高分子量的阳离子聚电解质就更为有效。

阳离子型聚合物对负电粒子的絮凝有时可以看作是"架桥"与"电中和"同时发挥了作用。带负电的悬浮粒子可因静电作用而吸附高聚物并通过表面电荷中和而使双电层受到压缩，从而使粒子间距离缩短，因而阳离子型聚合物即使分子量比较低，也可在粒子间架桥。

综上所述，阳离子型聚合物对负电微粒的絮凝机理与阴离子型或非离子型是不同的。它们有时以架桥为主，有时以电中和为主，有些情况下是二者相辅相成，同时发挥作用。但目前所制备的阳离子絮凝剂一般分子量都比较小，分子型态比较接近于悬浮粒子，因而常常以电中和为主，所以其絮体化能力较差，澄清化程度较高。

一些研究指出，对一些负电的胶体粒子，可以先加入阳离子型分子量较低絮凝剂从而通过电中和作用使之形成小絮体，然后再加入少量和离子类型无关的高分子絮凝剂，通过吸附架桥作用使上述小絮体成为粗大絮体，这样可获得很好的净水效果。

3.3 高分子絮凝剂的吸附对絮凝效果的影响

3.3.1 同电荷高分子的吸附对絮凝效果的影响

当高分子絮凝剂所带的电荷与悬浮粒子的电荷相同时，称为同电荷絮凝剂。如果把高分子絮凝剂投加到悬浊液中，高分子就会被吸附至微粒表面上。如果一个高分子同时被吸附在两个以上的微粒上，则发生架桥作用，产生絮体。如果絮凝剂和胶体都带有负电荷，因同电性相斥，吸附量可能会降低。但更重要的是，在高分子的某一链段被吸附的同时，其余部分由于粒子表面同性电荷的相斥很难被吸附上去，粒子则不会被高分子覆盖，高分子可能成为缓慢蠕动的自由链端，或者最终形成一种疏松链环，如图 3.13 所示。

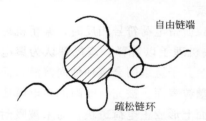

图 3.13　同电荷高分子的吸附

假设一个胶体粒子上所吸附的高分子链段数与高分子的分子量无关，而且每个分子中仅有一个链段被吸附，其余部分为自由链端的话，那么当絮凝剂浓度一定时，单位质量的胶体粒子上吸附的絮凝剂的质量 Q 就应与絮凝剂的分子量 M 成正比。但通常絮凝剂分子在胶体粒子上形成疏松链环的可能性大，因而 Q 与 M 的关系就不那么严格了。进一步假设胶体粒子的表面被高分子所覆盖的比率为 θ，则 θ 随高分子浓度 c 的增大而增大。若吸附物是低分子物质，其吸附等温式即为下式 Langumuir 型：

$$\frac{\theta}{1-\theta}=kc \tag{3.7}$$

如果吸附物是高分子，则其吸附量可达到意想不到的那样高。据报道，其吸附等温式类似于式(3.7)，但严格地讲并不符合该式。Frisch 提出如下关系式：

$$\frac{\theta}{n(1-\theta)^n} = K'c \tag{3.8}$$

这里认为每一个被吸附的高分子在胶粒表面上被"碰系住"（anchor）n 个链段，并假设一个链段占据一个（理想化）吸附位。即：

$$\theta = nN'/N_s \tag{3.9}$$

式中，N' 为被吸附的高分子数；N_s 为吸附位数总和。当 $n=1$ 时，式(3.8) 就被还原为式(3.7)。由于 n 不是常数而随分子量的增大而增大（Frisch 等预计 n 等于聚合度的平方根），故 θ 值也随分子量而变化。

但即使是式(3.7) 也不一定能与实验很好取得一致结果。还必须考虑的是：分子量越大，高分子链团的惯性半径也就越大，由于空间障碍，对高分子的有效吸附点也就少了。同时胶体粒子的表面也未必是平滑的，如果其孔穴空闲，小分子就容易被吸附，因而大分子就难于进入孔穴，不易被吸附。正由于实际情况的复杂性，特别是关于吸附量与分子量之间的依赖关系，尽管过去曾发表了许多高分子吸附理论，但可以说没有一个是完善的。

此外，每单位质量粒子所吸附的高分子质量 Q 与其分子量之间的关系可以用下列经验式表示：

$$Q = K_1 M^{\nu_1} \tag{3.10}$$

式中，K_1 和 ν_1 均为常数。它们因微粒及溶剂的类型而异。同时要看是在固定的高分子浓度下进行比较，还是在最大吸附量下进行比较。对于非离子型高分子，当以有机物作溶剂时，ν_1 值在 0.1～0.4 之间。如果胶体粒子带负电，高分子也是阴离子型的，则可以设想，如果有一个链段被吸附，其他部分会因排斥力与胶体粒子相分离，因而 ν_1 值或许要大一些，但因分子量增大时，所带电荷也就增大，这时因排斥力起作用，ν_1 未必会增大，可见问题会更复杂。

高分子所带电荷越多，与胶体粒子间的排斥力就越强，所以当 pH 值和盐浓度改变时，高分子电解质的吸附量就会有较大的改变。例如聚丙烯酸和部分皂化的聚丙烯酰胺在高岭土上吸附时，或是巴豆酸共聚物在锐钛矿上吸附时，都可发现吸附量随 pH 值的升高而降低，如图 3.14 所示。

若胶体溶液中投加的高分子絮凝剂量过多，则胶体粒子就会被高分子覆盖而稳定。但若高分子投加量适当，则一个高分子可被两个以上的胶体粒子所吸附，那么就会发生所谓架桥现象而使胶体粒子形成絮体。

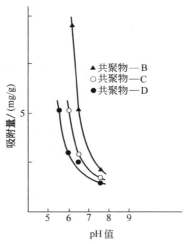

图 3.14　乙酸乙烯酯-巴豆酸共聚物在锐钛矿上的吸附

当然，正如所预料到的，如果高分子链端距大，即伸展度大，则其絮凝效果就好。

链状高分子的均方根末端距 $(h^2)^{1/2}$ 与分子量之间有如下关系：

$$(h^2)^{1/2} = K_2 M^{\nu_2} \tag{3.11}$$

式中，K_2 和 ν_2 均为常数，ν_2 的值在 0.5～0.6 之间，其数值大小与高分子的电荷量、离子强度、温度等因素有关。

$\nu_2 = 1$ 只有对棒状高分子才成立。如果高分子的电荷密度大而介质离子强度小，则由于高分子呈伸展构型，因此 ν_2 值会增大并趋于 1。但最大不会到 1。反之，如果电荷密度小而介质离子强度大，ν_2 值就趋于 0.5。即使是高分子电解质，也仍然存在理想状态（即 θ 状态），并已查明，在 θ 溶液中 $\nu_2 = 0.5$。

链状高分子在溶液中所占的体积大致可以用下式来近似表示：

$$V_c = k_1 (h^2)^{3/2} \tag{3.12}$$

式中，V_c 为一个高分子链团的体积；k_1 为常数。

同时，溶液中的高分子个数 N 与高分子浓度 c（以质量浓度计）之间有如下关系：

$$N = k_2 \frac{c}{M} \tag{3.13}$$

式中，k_2 为常数。因此，在浓度为 c 的溶液中，高分子所占的总体积 V_t 为：

$$V_t = k_3 (h^2)^{3/2} \frac{c}{M}$$

代入式(3.11) 得：

$$V_t = K_3 M^{\nu_3} c \tag{3.14}$$

式中，$\nu_3 = 3\nu_2 - 1$。因此，ν_3 的理论值为 0.5～0.8，高分子电解质的 ν_3 约在 0.5～1.0 之间。因而高分子絮凝剂的分子量越大，其效果就越好。

如前所述，絮凝剂的效果有个最佳浓度问题。即在某浓度范围内，多投加高分子絮凝剂就会提高絮凝效果，但是如果投加量超过了最佳浓度范围，不管是絮体生成量还是沉降速度反而都开始降低。这里由于各个胶体粒子分别被单独覆盖，因而使胶体粒子开始稳定。同时，该最佳浓度还随絮凝剂分子量而异。在最佳浓度下，可以肯定，在上清液中几乎不会残留有絮凝剂。因此，实际上可以假设所有胶体粒子都可被架桥，全部高分子也都用于架桥。

在最佳浓度 c_0 下，假设一个高分子只在两个微粒间架桥，并把絮凝所需的高分子数量换算成其分子个数，该数值应该是一个恒定值，即：

$$c_0/M = 定值 \tag{3.15}$$

然而这一假设有点片面性，如果高分子链很长，那么一个高分子链就可能在两个以上的微粒间架桥，又可能在两个粒子间几次架桥，因此按以下假设可能较妥：

$$c_0/M^{\nu_4} = 定值 \tag{3.16}$$

ν_4 也与高分子的电荷及溶液的离子强度有关，若按 Linke 和 Booth 的数据求解，ν_4 为 0.6。

如果高分子的电荷密度增大，其均方根末端距 $(h^2)^{1/2}$ 就会明显地增大，其结果可根据该溶液的特性黏度 $[\eta]$ 的变化来判断。

$$[\eta] = \phi \frac{(h^2)^{3/2}}{M} \tag{3.17}$$

此即 Flory 方程，式中 ϕ 是 Flory 是常数。对于高分子物质，ϕ 不是一个恒定的常数，对于一般的高分子，其 ϕ 值大约等于 2.0×10^{21}，对于高分子电解质，推荐值为 1.0×10^{21} 左右。将式(3.11)代入上式得：

$$[\eta] = K_5 M^{\nu_5} \tag{3.18}$$

对于高分子电解质，ν_5 约在 0.5～1.0 之间。

高分子的电荷密度增大，则 $[\eta]$ 也增大。当中和度 $i=0.6$ 左右时，聚丙烯酸、聚甲基丙烯酸的 $[\eta]$ 几乎趋于一恒定值，也就是说当 $i=0.6$ 左右时，高分子几乎达到了最大伸长度。此时即使所带的电荷进一步增加，其均方根末端距也不会再增大。因此为提高高分子絮凝剂的效果，当电荷密度达 0.6 以上时继续提高 i 值则没有什么意义了。考虑到进一步提高电荷密度会降低高分子的吸附量，所以对于市售聚丙烯酰胺，水解度都控制在 $0.3\sim0.4$ 的范围内。但是如果所投加的惰性盐的浓度提高时，则均方末端距就会缩短，所以如果增加离子强度，絮凝效果就会下降。同时由于高分子电解质的特性黏度 $[\eta]$ 与 $1/\sqrt{c_s}$ 呈线性关系（c_s 为所投加的 1-1 型电解质的浓度），因此絮凝剂的絮凝效果或许是 $1/\sqrt{c_s}$ 的函数。

3.3.2　异电荷高分子的吸附对絮凝效果的影响

如果高分子絮凝剂是阳离子型的，而胶体粒子带负电，情况就和上述推论完全不同。这是因为胶体粒子和絮凝剂之间除了上述氢键等非离子子型作用之外，还存在静电引力的作用。

目前所使用的阳离子型絮凝剂有两类，一类是聚酰胺和多元胺的缩合物及聚乙烯亚胺等，其分子量都比较低；另一类是甲基丙烯酸二甲胺乙酯类，分子量可高达二百万左右。

就前者低分子量的阳离子型絮凝剂而言，由于它与胶体粒子间存在着静电引力，所以难以认为絮凝剂分子会形成自由链端和疏松链环。胶体粒子可以全面地被絮凝剂分子所覆盖，而且吸附量 Q 和分子量之间不存在什么依赖关系。

所以在这种情况下，几乎不可能在胶体粒子之间产生架桥作用。这时若发生絮凝的话，主要由于它吸附了带相反电荷的絮凝剂分子，而丧失了相互间的排斥力。因此对于这种絮凝剂，所需投加的量会随着悬浮粒子浓度的增大而增大，其分子量的影响是不大的。如果在絮凝剂质量浓度一定的条件下进行比较，一般认为胶体粒子和絮凝剂分子之间的静电引力随着分子量的增大而增大，因为分子量越大，每一个分子所带的电荷量就越多，故吸附量或许随分子量升高而升高。实际上当使用这种类型的絮凝剂时，存在着一个最佳浓度，其值随分子量增大而降低。如果吸附量与分子量无关，那么最佳浓度也应与分子量无关。更有趣的是，就此最佳浓度与分子量之间的关系而言，阴离子型絮凝剂与阳离子型絮凝剂是截然相反的。当采用低分子量阳离子型絮凝剂时，由于絮凝实际上是按凝聚原理进行，所以沉降速度可能不会太快。若聚合物中的阳离子基团是伯胺、仲胺、叔胺、季铵时，其离解度是不同的，当采用仲胺或叔胺时，随着 pH 值的提高，絮凝性能是下降的，但采用季铵盐时，下降很少。因此当悬浊液的 pH 值在碱性范围内或容易波动时，宜采用季铵盐絮凝剂。

反之，高分子量的阳离子絮凝剂会产生上述电荷中和所引起的凝聚和架桥引起的絮凝两种作用，因而分子量的影响较大。高分子量的阳离子型絮凝剂因电荷中和作用使澄清度提高，因架桥作用而使粒子絮体化，从这两方面来讲，它们是理想的絮凝剂。为强化粒子间的吸附架桥作用，应尽量提高絮凝剂的分子量，分子量越大，粒子的沉降速度就越高。

阳离子型高分子絮凝剂和胶体粒子所带电荷往往是相反的，因此当投加量超过一定浓度后，悬浮粒子所带的电荷会由负变正，其絮凝性能就会变得很差，甚至导致重新分散，这种絮凝-再分散的现象在投加阴离子型絮凝剂时也会发生，但其原因不同。

3.3.3 阳离子型高分子与水中溶解性物质的反应

阳离子型高分子的絮凝性能不仅表现在可通过电荷中和及架桥作用而使悬浮粒子絮凝，而且还可通过与带负电荷的溶解物进行反应生成不溶性盐，起到絮凝沉淀的作用。

① 与带有—SO_3H 或—SO_4H 基团的物质作用，例如：木质素磺酸、琼脂、阴离子表面活性剂等：

$$R'—SO_3H + NH_2—R \longrightarrow R'—SO_4NH_3—R \tag{3.19}$$

② 与带有—COOH 基团的物质发生反应，例如果胶、藻朊酸及其他羧酸：

$$R'—COOH + N^+(CH_3)_3—R + I^- \longrightarrow R'—COON(CH_3)_3—R + HI \tag{3.20}$$

③ 与带有—OH 基团的酚类物质作用，例如单宁、腐殖酸、硫代木质素等：

$$—OH + N^+(CH_3)_3—R + I^- \longrightarrow —O—N(CH_3)_3—R + HI \tag{3.21}$$

由于阳离子型聚合物的这些反应性能，使它们在作为絮凝剂应用时，既具有除浊的功能，又具有脱色的功能，因而它们特别适用于含有机胶体多的废水，如染色、造纸、纸浆、食品、水产加工与发酵等工业废水，此外还可以作为含油工业废水的破乳剂等。以染色废水为例，阳离子型有机高分子絮凝剂和无机絮凝剂相比、具有用量少、产生的污泥量也少、脱色及除 COD 的效率高等优点。但应用它们从有机质悬浮液中絮凝形成的絮体，一般来说，密度较小，因此需采用上浮法进行分离。

第4章

疏水作用力与疏水絮凝

4.1 疏水絮凝与水处理

　　经典 DLVO 理论提出后就被广大研究者所接受，成为现代凝聚-絮凝科学的基础，但之后的研究发现在具有疏水表面的微粒之间存在更强的吸引作用，其强度超过了 van der Waals 吸引力，因而综合作用力（能）与经典 DLVO 理论的预计值不符，其超过部分被认为是由表面的疏水性所引起，称为疏水作用力。由疏水作用力引起的絮凝被称为疏水絮凝。

　　疏水作用力和疏水絮凝在选矿工业领域首先得到了承认，并获得了广泛的应用，成为矿物加工领域 20 世纪最有代表性的创新成果。其最主要的具体做法是：在浮选前的预处理中，往矿物微粒的水悬浊体系中加入非极性油以强化矿粒的疏水性，或加入表面活性剂在矿粒表面形成疏水性吸附层，从而增强疏水作用力，引起疏水絮凝，产生疏水絮体，为后续选择性浮选创造条件。遗憾的是迄今在水处理领域，涉及絮凝机理时，疏水作用力及疏水絮凝却未被提及。尽管在水环境和水处理中疏水絮凝的发生是一个事实，如在天然水环境中悬浮物及胶体颗粒吸附腐殖质、表面活性剂和碳氢化合物分子后发生的絮凝沉降，在水处理中胶束的形成、气浮法去除杂质、隔油池除油、粗粒化聚结除油及疏水缔合絮凝剂的研究开发等均有疏水作用力及疏水絮凝机理的参与，但研究人员和工程师并没有认识到其中疏水作用力和疏水絮凝所起的作用。这种现状可能会影响到水处理絮凝理论及技术的发展，鉴于此，下面就疏水作用力及疏水絮凝作一简要的介绍和讨论，希望能对现今的水处理絮凝理论作一补充，对水处理絮凝实践提供有益的参考。

4.2 疏水絮凝和疏水作用力的发现

　　疏水絮凝现象可以通过一个简单的实验清楚地观察到：将纯净的石英微粒投入水中制成悬浊液，此时石英颗粒表面是完全亲水的，悬浊液处于稳定的分散状态，但是将这些石英微粒置于二氯二甲基硅烷蒸气中，就会在其表面上覆盖一层甲基硅烷，使其表面具有很强的疏水性。这种疏水性微粒在水中会产生剧烈的团聚现象，迅速沉向容器底部。

　　根据颗粒表面疏水化的起因，疏水絮凝可分为以下两种。

　　① 天然疏水絮凝，指天然疏水颗粒在水中产生团聚的现象。如细微油滴、聚四氟乙烯颗粒、石墨微粒、煤炭微粒等，这种疏水絮凝可以在不添加任何药剂的情况下发生；

② 诱导疏水絮凝，由表面活性剂分子在颗粒表面吸附导致颗粒疏水化，进而发生疏水絮凝，被称为诱导疏水絮凝。例如加十二胺于石英微粒悬浊液、加油酸钠于锡石微粒悬浊液等都可以导致其中的微粒发生团聚沉降。

疏水絮凝存在的另一个证据可以从絮凝发生时的 zeta 电位看出。对多种矿物微粒悬浮体系，在没有任何表面活性剂加入的情况下，颗粒的聚结现象出现在 zeta 电位绝对值很小处，而在 zeta 电位绝对值大的地方，体系保持稳定的分散状态，这恰恰是经典DLVO 理论能够很好解释的现象。然而一旦油酸钠被加入矿物微粒悬浮体系，这种现象就不复存在，体系的聚结不是在等电点附近，而是在颗粒的 zeta 电位很高处出现，显然诱导疏水絮凝与电解质凝聚是完全不同的聚结现象，此时经典 DLVO 理论不适用于疏水絮凝。实验证明，矿物微粒诱导絮凝的 Ea（聚结效率）-pH 曲线与颗粒 θ（接触角）-pH 曲线有非常好的一致性，在诱导疏水颗粒具有最大接触角的 pH 处，会出现聚结效率的最大值。

疏水絮凝的存在说明了疏水作用力的存在。Israelachvili 和 Pashley 测定了以阳离子表面活性剂十六烷基三甲基溴化胺（CTAB）包覆的圆柱形微小云母片之间的总相互作用力，分别以其对表面曲率半径标化后的值对表面间隔距离作曲线得图 4.1。

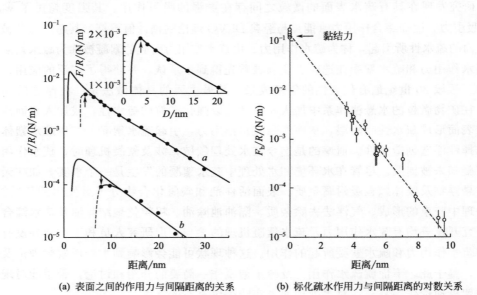

(a) 表面之间的作用力与间隔距离的关系　　　(b) 标化疏水作用力与间隔距离的对数关系

图 4.1　两圆柱形疏水表面之间的相互作用力与间隔距离的函数关系

图中 F 为表面之间的作用力；R 为表面曲率半径；实线为经典 DLVO 理论预测值；虚线为实验测定值。图中 $\dfrac{F_h}{R}$ 称为标化的疏水作用力，按照 Derjaguin 近似关系，对平板型微粒有 $\dfrac{F_h}{R} = \pi E$，对圆柱形微粒有 $\dfrac{F_h}{R} = 2\pi E$。式中，E 为微粒单位表面积上的相互作用自由能，因此 $\dfrac{F_h}{R}$ 代表疏水作用能的大小，图中实线为做了同样标化处理的经典 DLVO 理论的预测值，以供比较。

图 4.1(a) 显示了表面之间的作用力为表面间隔距离的函数，其中的曲线 a 和曲线 b

分别表示表面具有不同电荷密度的情况，插图为对未包覆表面活性剂的石英片所测得的作用力。可以看出，在间隔距离较远处测定值与 DLVO 预测值能很好吻合，随着距离的减小，测定值逐渐偏离了 DLVO 预测值，最后大大超过了预测值，显示了更强的吸引作用。插图中对未包覆表面活性剂的石英片所测得的作用力与 DLVO 理论预测值有极好的符合性。Israelachvili 和 Pashley 认为在包覆表面活性剂的石英片之间所测得的作用力超过 van der Waals 吸引力的额外部分即为疏水作用力，从 DLVO 理论值减去实测值就得到疏水作用力 F_h。这种作用力的作用范围比普通共价键的作用要长，也比经典 van der Waals 作用力要长，约在 $1 \sim 10nm$ 之间，某些情况下在大于 100nm 的间距处都可测得，因而被称为长程作用力。以 F_h 对表面曲率半径做标化计算得 $\dfrac{F_h}{R}$，并对间隔距离作对数图，如图 4.1（b）所示。可以看出，疏水作用按指数规律下降至 10nm 的间距处，由此得到以指数函数规律随距离衰减的疏水作用力的经验式：

$$\frac{F_h}{R} = C_0 \exp\left(\frac{-H}{D_0}\right) \tag{4.1}$$

式中，F_h 为圆柱状云母片之间的疏水作用力；R 为云母片的曲率半径；H 为云母片之间的最短距离；C_0 及 D_0 为拟合参数，C_0 数值的大小决定着疏水作用力的强弱，D_0 具有长度单位，其大小决定疏水作用力作用距离的范围，被称为衰减长度。Claesson 及 Roe-Hoan Yoon 发现当使用不溶性双碳氢链表面活性剂包覆小云母片时，产生的疏水作用力更强，衰减距离范围更长，此时采用以下双指数函数能够更好地符合实验数据：

$$\frac{F_h}{R} = C_1 \exp\left(\frac{-H}{D_1}\right) + C_2 \exp\left(\frac{-H}{D_2}\right) \tag{4.2}$$

式中，C_1、C_2、D_1、D_2 与式（4.1）中 C_0、D_0 含义相同，但数值不同。

也有一些研究者主张采用幂函数的经验公式描述疏水作用力随间隔距离的变化规律：

$$F_h = \frac{-KR}{6H^2} \tag{4.3}$$

式中，K 为单一拟合参数。该式与 van der Waals 吸引力计算式有相同的形式，研究者可以直接将 K 与 van der Waals 式中的 Hamaker 常数的数值进行比较。以十八烷基三氯硅烷包覆硅片进行的试验得到的 K 值在 $(0.11 \sim 3.5) \times 10^{-16}J$ 之间，比硅片在水中的 Hamaker 常数（$\approx 10^{-20}J$）大几个数量级，由此同样可说明疏水作用力的存在。

基于疏水作用力的发现，传统的 DLVO 理论应修正为扩展的 DLVO 理论，其数学表达式为：

$$F_t = F_e + F_d + F_h \tag{4.4}$$

式中，F_t 为微粒之间的总相互作用力，等于静电作用力 F_e、van der Waals 作用力 F_d 及疏水作用力 F_h 三者之和。

4.3 疏水作用力产生的机理

4.3.1 热力学机理

尽管疏水作用力在实验上得到了证实，但迄今对它产生的机理还不甚清楚，尚存在一些争论。从热力学上讲可以解释如下：水分子间氢键的破坏是导致疏水作用力产生的原因。当疏水颗粒或非极性分子进入水中时，水分子间的氢键结构遭到部分破坏而断裂，那些与疏水颗粒表面或非极性分子相邻的水分子不能与之形成氢键，因而能量会升高，按照热力学定律，能量高的体系是不稳定的，必然会向能量低的状态转化，因此疏水颗粒或非极性分子周围的水分子总是企图将其周围的疏水颗粒或非极性分子排斥开，或自身从疏水表面之间的范围流出进入本体相，以恢复氢键缔合的结构，由此形成所谓"疏水作用力"，迫使疏水颗粒或非极性分子相互聚结或逃离水体内部而在气液界面集结，以减小疏水颗粒或非极性分子与水的接触面积，使体系的自由能降低。

由于水分子在水中以氢键缔合方式形成网状结构，所以疏水颗粒在疏水界面上发生的扰动会从界面向水中传播，传播范围大于数个水分子直径，因此疏水作用力被称为长程作用力。目前对疏水作用力产生的微观机理的解释主要有空化作用机理和偶极相互作用机理，分别介绍如下。

4.3.2 空化作用机理

Bérard 等对限制于刚性平滑疏水表面之间的液体采用 Monte Carlo 方法作了数值模拟。Monte Carlo 方法适合于寻找两相平衡共存点，可以用来研究超过平衡共存点的亚稳态液相，找出临界亚稳态点。模拟结果表明，疏水作用力是由疏水表面的微小间隔距离所导致的相变所引起：一种液体虽然在处于主流体中或被限制于间隔距离较大的两刚性平滑表面之间时为液相，但当表面相互接近到间隔距离极小时，则会变为亚稳态，此亚稳态水发生毛细蒸发成为气体（恰与毛细凝结现象相反），形成空穴，即空化作用，由此造成密度减小，也造成 Laplace 压力差，导致两表面之间的相互吸引力，其作用强度数倍于 van der Waals 力，属长程作用力，并在两表面接近至亚稳态间距时迅速增大。另据平均场分析，由于疏水表面的导入，极性液体被惰性表面代替，当表面接近至一定程度时，表面之间的液体的化学势开始降低，相变随之发生，由化学势开始降低点可以确定临界亚稳态间距。Bérard 由平均场分析和 Monte Carlo 模拟得到的净压力的数学表示式如下：

$$P(h) \approx \frac{-A}{(h-h_0)^2} e^{-\alpha(h-h_0)h} \qquad h \to h_0 \qquad (4.5)$$

式中，A、α 为常数；h 为两疏水表面间距；h_0 为达到临界压稳态时的间距。模拟结果如图 4.2 和图 4.3 所示。

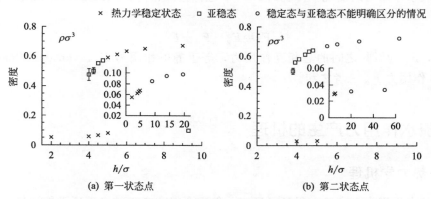

图 4.2　疏水表面之间与主流体平衡的流体的 Monte Carlo 平均密度

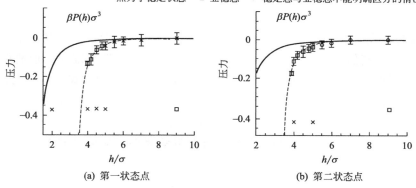

(a) 第一状态点　　　　　　　　　(b) 第二状态点

图 4.3　刚性平滑表面之间的净压力

图 4.2 中插图是对图下方气体行为的放大；σ 为分子直径，纵坐标物理量代表密度大小。图 4.2 表示密度变化，其表达式为

$$\overline{\rho} = \frac{\langle N \rangle}{hL^3}$$

式中，$\overline{\rho}$ 为平均密度，N 为质点数目，hL^3 为模拟单元的体积。

图 4.2(a) 表示在第一状态点（$\beta\mu^{conf} = -3.29$，$T^* = \dfrac{k_B T}{\in} = 1.0$，式中，$\mu$ 为化学势，$\in$ 为势能井深度），两表面之间的平均密度是表面间距的函数。可以看出，在间距较大处流体呈现出较高的密度，而在间距较小处流体呈现出较低的密度，二者在 $\approx 5\sigma$ 处共存，在 4σ 处近似液体，处于临界亚稳态，发生空化现象。从图中插图看出，可以将气体亚稳态模拟至 $\approx 14\sigma \sim \approx 19\sigma$。图 4.2(b) 表示在第二状态点（$\beta\mu^{conf} = -3.84$，$T^* = \dfrac{k_B T}{\in} = 0.9$）即高密度低温度时，两表面之间的平均密度同样是表面间距的函数。在间距较大处，液相和主流体保持稳定，而气相处于亚稳态。在 $5.5\sigma \leqslant h \leqslant 50\sigma$ 的范围内，Monte Carlo 方法不能区分稳态和亚稳态，所以两相共存的间隔距离不能确定，液体临界亚稳态间隔距离为 3.9σ，略小于第一状态点的值。

图 4.3 表示压力变化，其中图 4.3(a) 为第一状态点（$\beta A\sigma = 0.15$，$\alpha\sigma^2 = 0.02$，$h^0 = 3.0\sigma$）的情况，图 4.3(b) 为第二状态点（$\beta A\sigma = 0.13$，$\alpha\sigma^2 = 0.02$，$h^0 = 3.0\sigma$）的情况。从图 4.3 看出，两表面之间的净压力为负值，表明是吸引力，并随表面间隔距离的增大而减弱。此处净压力等于总压力减去主流体的压力。在气液两相共存的间隔距离处，当液体蒸发气体时，表现为很强的吸引作用。图中 P 为压力；β 和 σ 均为常数；虚线表示液体的实验数据拟合平均场理论式(4.5) 的结果；实线表示 van der Waals 作用力的计算值。可以看出，DLVO 理论的 van der Waals 作用力的计算值大大低估了亚稳态液体所导致的吸引力。

综上所述，空化作用理论认为，当液体中惰性表面相互接近时，其间隔距离变小会导致液体变为亚稳态，亚稳态液体通过毛细蒸发形成气穴，即空化作用，由此产生密度差和 Laplace 压力差，从而导致疏水颗粒聚结的疏水作用力，此疏水作用力为长程作用力，其值随着空化距离的临近迅速增大。

4.3.3　偶极相互作用机理

Yoon 认为，表面活性剂分子在浓度低于临界胶束浓度（CMC）的情况下可以形成有序排列的半胶束，它们以—CH_3 朝向水中的方向垂直吸附在微粒表面，形成单分子层的偶极膜块，而邻近水分子由于失去了氢键会以单一定向平行排列方式吸附于此膜块上，与之共同形成大偶极。这样形成的大偶极会与相邻颗粒上同样生成的大偶极相互吸引而产生疏水作用力。根据此理论，疏水作用力本质上应属于静电力。

Pazhianur 根据上述理论针对硅烷化的硅片与硅烷化的玻璃球之间的疏水作用力提出了如下计算式：

$$\frac{F_h}{R} = -\frac{\mu^2}{2A_D \varepsilon_0 \varepsilon} \left\{ \frac{1}{H^3} + \sum_{k=1}^{\infty} \frac{4}{\left[(2kR_d)^2 + H^2 \right]^{\frac{3}{2}}} + \sum_{s=1}^{\infty} \sum_{t=1}^{\infty} \frac{4}{\left[(2sR_d)^2 + (2tR_d)^2 + H^2 \right]^{\frac{3}{2}}} \right\}$$

(4.6)

式中，$\dfrac{F_h}{R}$ 为以玻璃球半径作标化处理后的疏水作用力；μ 为大偶极的偶极矩；ε_0 为真空介电常数；ε 为相对介电常数；A_D 为每一个偶极膜块的面积；$2R_d$ 为长方形偶极膜块的长度；H 为玻璃小球距膜块的距离。式中花括号项为圆球到各膜块距离的加合项，推导过程可查阅相关文献。

此后 Pazhianur 等以十八烷基三氯硅烷对硅片及玻璃小球做了表面硅烷化处理，使硅片的前进接触角分别为 0°、75°、83° 和 92°，并以原子力显微镜（AFM）测定了这些硅烷化硅片与硅烷化玻璃球之间在不同距离的吸引力，将所得吸引力数据以玻璃球半径标化后按扩展的 DLVO 理论式(4.4)拟合，此处式(4.4)中 F_h 按公式(4.6)计算，得图 4.4(a)。图中 θ_a 为前进接触角；虚线表示将数据拟合为 DLVO 理论的曲线；实线表示将数据拟合为扩展的 DLVO 理论的曲线。

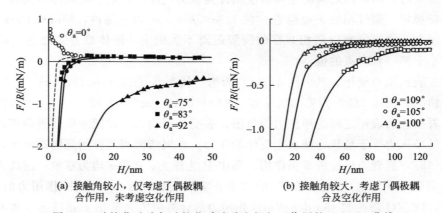

(a) 接触角较小，仅考虑了偶极耦　　(b) 接触角较大，考虑了偶极耦
　　合作用，未考虑空化作用　　　　　合及空化作用

图 4.4　硅烷化硅片与硅烷化玻璃球之间相互作用的 $F/R\text{-}H$ 曲线

在图 4.4(a) 中，由于硅烷化处理不影响表面热力学电位，上述 4 种前进接触角情况下的 DLVO 理论拟合线相同，均以同一虚线代表。3 条实线则分别代表除 0° 外的 3 种前进接触角的情况下扩展的 DLVO 理论拟合曲线，其中 F_h 按公式(4.6)计算。结果表明，每一种接触角情况下的测定值都与经典 DLVO 计算值不同，其中，在前进接触角为 0° 时

表现出额外的近距排斥力，这是由表面水化层所导致，而其他 3 种前进接触角的情况下，均可以很好地拟合为扩展的 DLVO 理论，比经典 DLVO 理论预见值有更强的吸引力，此额外的吸引力即未被经典 DLVO 理论所考虑的疏水作用力。

在研究了前进接触角小于 90°的情况后，Pazhianur 再次使用十八烷基三氯硅烷对玻璃小球和硅片做了表面硅烷化处理，得到了前进接触角大于 90°的小球和小片，对前进接触角为分别为 109°、105°和 100°的情况，以原子力显微镜（AFM）测定了它们之间在不同间隔距离处的吸引力，但得到了与接触角小于 90°的情况不同结果：在较远的间距处，数据依然能很好地拟合为公式(4.4)，但在较近处却产生了较大的偏差，实验测得的吸引力显著大于公式(4.4)的预见值，表明不但不符合经典 DLVO 理论，也不符合扩展的 DLVO 理论。

对于较近间隔距离处实验值与扩展的 DLVO 理论值之间的较大偏差，Pazhianur 等认为在近距离处必有另一种作用力存在，这种作用力在扩展的 DLVO 公式(4.4)和式(4.6)中没有被考虑，而引起这种作用力的原因是在疏水表面附近形成的气穴，即发生了空化作用。基于此，Pazhianur 和 Yoon 在公式(4.6)中加上了气穴贡献项，如式(4.7)所示：

$$\frac{F_h}{R} = C_0 \exp\left(\frac{-H}{D_0}\right) - \frac{\mu^2}{2A_D \varepsilon_0 \varepsilon}\left\{\frac{1}{H^3} + \sum_{k=1}^{\infty}\frac{4}{\left[(2kR_d)^2 + H^2\right]^{\frac{3}{2}}}\right.$$
$$\left. + \sum_{s=1}^{\infty}\sum_{t=1}^{\infty}\frac{4}{\left[(2sR_d)^2 + (2tR_d)^2 + H^2\right]^{\frac{3}{2}}}\right\} \tag{4.7}$$

式中，第一项（即指数项）表示空化作用的贡献；第二项表示表面膜块大偶极的贡献。根据此式，将原子力显微镜（AFM）测定所得硅烷化的硅片与硅烷化的玻璃球之间在不同距离的吸引力数据拟合为式(4.4)，其中 F_h 按公式(4.7)计算，得图 4-4(b)。

可以看出，扩展的 DLVO 理论在加上了空化作用的贡献项后能够在全程衰减范围内非常好地与实验数据符合，所以对于较大的接触角，偶极相互作用与空化作用均应给予考虑。

空化机理和偶极相互作用机理的研究进一步说明疏水作用是存在的，它既不是化学键力，也不是分子间力。目前关于疏水作用产生的微观机理尚不完善，还有不同的看法，但偶极相互作用和空化作用应该是目前的主流观点。无论机理如何，众多研究者的工作说明疏水作用力的存在是不可否认的事实。

4.4 疏水作用力的特性及影响因素

4.4.1 疏水作用力的作用范围

疏水作用力的范围远较 van der Waals 作用力长，所以常被称为长程吸附作用力，但其本身也分为短程作用力和长程作用力。图 4.1 中的跳入聚结距离显示疏水作用力发生在距表面约 10nm 的距离内，称为短程作用力。Aston 等的研究表明，疏水作用力发生的范围主要依赖于疏水表面的类型及制备方式。改变用来包覆微粒表面的表面活性剂的类型，可以使作用范围延长至 15nm、30nm、80nm，甚至超过 100nm。

当表面活性剂为二甲基双十八烷溴化铵（DDOA）时，实验规律如图 4.5(a)所示。

图中实心圆代表在测试仪器弹簧的刚性较弱的条件下得到的数据；实心方块代表在测试仪器弹簧刚性较强的条件下得到的数据；实线表示疏水作用力完全不存在，仅有 van der Waals 作用力的情况；H 为颗粒间隔距离；t 为时间。可以看出，当微粒相互接近时，在弹簧刚性较弱和较强的两种情况下，在间隔距离分别达到 70nm 和 10nm 时出现了加速现象，意味着疏水作用力分别在间隔距离为 70nm 和 10nm 处开始发生。

图 4.5(b) 中三角形表示流体动力作用；空心圆表示实验微粒之间的作用力；实心圆代表疏水作用力；F 为颗粒间的作用力；R 为颗粒表面的曲率半径；D 为颗粒间隔距离。由图 4.5(a) 左边的曲线计算得到，显然疏水作用力发生在颗粒间隔距离约为 70nm 之内。图 4.5(a) 和图 4.5(b) 说明以 DDOA 包覆颗粒时疏水作用力发生的范围更长，强度更大，属于长程作用力。

图 4.5(c) 表明水中有不同数量的十二烷醇存在时，盐酸十二烷胺（DAHCl）阳离子表面活性剂吸附在云母片上产生的疏水作用力。图中上部实线是在 DAHCl 浓度为 5×10^{-6} mol/L 时 DLVO（恒电荷模式）的拟合曲线，其计算式中 $A = 2.2 \times 10^{-20}$ J，$\psi_0 = 35$mV，$\kappa^{-1} = 68$nm，在跳入聚结点 $H = 14.0$nm 处分离出的点线是扩展的 DLVO 理论式（4.4）拟合结果，其中疏水作用以单指数函数（式 4.1）表示，其 $D_0 = 1.3$nm。可以看出，扩展的 DLVO 理论拟合结果远大于 DLVO 理论的预见值，意味着疏水作用力的存在，且为短程作用力。当水中存在 10^{-7} mol/L 十二烷醇时，DLVO（恒电荷模式）理论曲线以下方实线表示，分离出的点线和短划线为扩展的 DLVO 理论式（4.4）拟合结果，其中点线代表疏水作用以双指数函数拟合的结果，其 $C_1 = -45$/mN/m，$D_1 = 1.2$nm，$C_2 = -1.2$mN/m，$D_2 = 6.8$nm，短划线代表疏水作用力以幂函数拟合的结果，其 $K = 1.5 \times 10^{-19}$ J，是 Hamaker 常数的 7 倍。

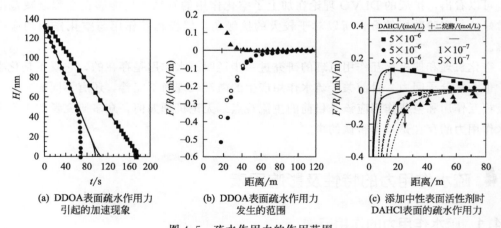

(a) DDOA表面疏水作用力引起的加速现象　(b) DDOA表面疏水作用力发生的范围　(c) 添加中性表面活性剂时DAHCl表面的疏水作用力

图 4.5　疏水作用力的作用范围

H—颗粒间隔距离；t—时间；F—颗粒之间的作用力；R—颗粒表面的曲率半径

可以看出，在较远的间距处综合作用排斥力几乎减弱为零，在 0~40nm 范围呈现为净吸附作用力，显著超过了 DLVO 理论对应的 van der Waals 吸引力的强度，其跳入聚结点出现在更远的 18nm 处，意味着作用范围更大，为长程作用。同样看出，当十二烷醇浓度增加至 5×10^{-7} mol/L 时，以扩展的 DLVO 拟合，分离出的点线代表疏水作用力以双指数函数拟合，其 $D_1 = 1.2$nm，$D_2 = 9.0$nm，分离短划线代表疏水作用力以幂函数规律表示，$K = 3.3 \times 10^{-19}$J。可以看出，相互作用力甚至在远至 70nm 处都显示为吸引，跳入聚结点出现在 24nm 处，为长程作用。

综上所述，疏水作用力在一些条件下表现为短程作用力，即出现在疏水颗粒的间隔距离较近的范围内，而在另一些条件下表现为长程作用力，即出现在疏水颗粒间隔距离较远的范围内。Yoon 等指出，当云母颗粒表面上吸附有水溶性单碳链阳离子型表面活性剂时，疏水作用力出现在相对短的间隔距离 0~15nm 的范围内，衰减规律可用单指数衰减规律式（4.1）表示，其衰减长度值通常在 1~2nm 范围内。当不溶性双碳链阳离子型表面活性剂沉淀于云母颗粒表面时，疏水作用力可以在长达 100nm 的间隔距离内出现，其衰减长度 D_1 在 1~2nm 范围，D_2 在 10~26nm 范围。

对短程和长程疏水作用力的解释是：阳离子表面活性剂以其阳离子端吸附于颗粒表面，以碳链垂直伸向水中，形成表面活性剂分子并排的疏水表面层。吸附在云母片表面的水溶性单碳链表面活性剂分子排列较为稀疏，疏水性较弱，疏水作用力范围较短，而吸附在云母片表面的双碳链表面活性剂分子排列较为紧密，疏水性较强，疏水作用力范围较长。当在长碳链阳离子型单链表面活性剂中添加碳链较短的中性表面活性剂时，也可以显现出长程疏水作用力，原因是中性表面活性剂可与阳离子表面活性剂分子发生共吸附，穿插在长链表面活性剂分子之间，增大了吸附层密度及有序性，造成了更强的疏水性。

4.4.2　疏水作用力的粒度界限

有关疏水微粒的尺度对疏水作用力的影响近期已有研究报道。Sun 等认为，当疏水微粒被分散于水中时，水合自由能应包括水-水（water-water）和溶质-水（solute-water）两个作用项：

$$\Delta G_{水合} = \Delta G_{水-水} + G_{溶质-水} = \Delta G_{水-水} + \frac{8\Delta G_{DDAA} r_{H_2O}}{R} \tag{4.8}$$

式中，ΔG_{DDAA} 为 DDAA 氢键的自由能 DDAA 即双配体-双受体（double donor-double acceptor）；r_{H_2O} 为水分子半径；R 为微粒半径；$\Delta G_{水-水}$ 及 $\Delta G_{溶质-水}$ 均为负值。当疏水颗粒的粒径增大时，水合自由能随之升高，负值减小，如图 4.6(a) 所示，R 为微粒半径，R_c 为微粒的临界半径，在 293K 和 0.1MPa 下等于 3.25×10^{-10}m。

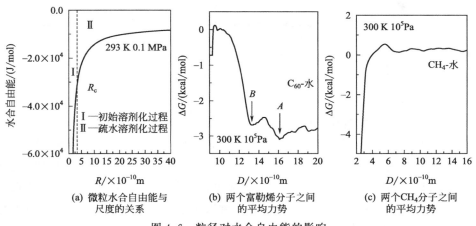

(a) 微粒水合自由能与　　(b) 两个富勒烯分子之间　　(c) 两个 CH$_4$ 分子之间
　　尺度的关系　　　　　　　的平均力势　　　　　　　的平均力势

图 4.6　粒径对水合自由能的影响

当微粒半径等于临界半径时，式（4.8）中 $\Delta G_{水-水}$ 与 $\Delta G_{溶质-水}$ 相等，当粒径小于临界半径时 $\Delta G_{溶质-水}<\Delta G_{水-水}$，为使体系自由能更低，微粒倾向于与水发生水合作用而被分散于水中，因此微粒间无相互吸引力，但当微粒的粒径大于临界半径时，$\Delta G_{溶质-水}>\Delta G_{水-水}$，为使体系自由能更低，微粒倾向于相互聚结，导致更多水分子之间的作用，表现为相互吸引即疏水作用力。Sun 等以分子动力学模拟分别研究了富勒烯 60 和 CH_4 之间的相互作用的平均力势 ΔG，证明了上述观点，如图 4.6(b)、4.6(c) 所示。

由于富勒烯 60 的半径为 5.0×10^{-10} m，大于 R_c，相互靠近时平均力势为负值，表示它们之间相互吸引，即存在疏水作用力，由于 CH_4 的半径为 1.9×10^{-10} m，小于 R_c，相互靠近时平均力势为正值，表示它们之间为相互排斥，不存在疏水作用力。Zangi 等认为当疏水微粒的尺度小于 1nm 时，围绕着微粒的水分子会形成由扭曲氢键形成的网状结构，但仍然能维持氢键网状结构。对于尺度大于 1nm 的微粒，这种具有扭曲氢键的网状结构不再能维持而遭到破坏，使自由能升高，由此产生疏水作用力。

4.4.3　接触角对疏水作用力的影响

本书 4.3.3 偶极相互作用一节中 Pazhianur 等的研究即微粒表面接触角对微粒间疏水作用力的影响的例证之一，此例说明疏水作用力的强度与微粒表面的疏水性强弱相关，疏水作用力随接触角的增大而进一步增强。还可以举出的离子是，Yuhei 等以十八烷基三氯硅烷（OTS）溶液浸泡包覆微小硅片和微小硅颗粒，通过改变 OTS 浓度和浸泡时间改变表面疏水性强弱，得到不同接触角的微小硅颗粒及硅片，以原子力显微镜（AFM）测定了当它们分散于水中时表面之间的相互作用力与间隔距离的关系，结果如图 4.7 所示。

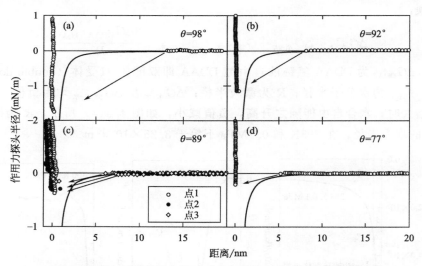

图 4.7　具有不同接触角的表面之间的相互作用力及作用范围
（a）前进接触角 $\theta=98°$；（b）前进接触角 $\theta=92°$；（c）前进接触角 $\theta=89°$；（d）前进接触角 $\theta=77°$

图中箭头指跳入聚结距离，实线表示由理论计算得到的 van der Waals 吸引力曲线，以供比较。可以看出，当接触角 $\theta>90°$ 时显现出较远的跳入聚结距离，说明疏水作用力具有较大的作用范围；随着接触角 θ 的减小，跳入聚结距离变近，疏水作用范围变短，当 $\theta=89°$ 时疏水作用力的存在已不十分清楚。图 4.7(c) 显示，测定共在硅片表面上 3 个不同点上进行，微粒间的作用在测定点 1 和 2 处得到的作用范围较 van der Waals 吸引力长，说明尚有疏水作用力存在，在测定点 3 上与 van der Waals 吸引力相当。当 $\theta = 77°$ 时表面作用力可完全拟合为 van der Waals 吸引力曲线，无疏水作用力显现。

综上所述，微粒表面的疏水作用强度及作用范围随着微粒表面接触角的增大而增大，当前进接触角大于 90° 时微粒之间的疏水作用力更为显著。

4.4.4　电解质对疏水作用力的影响

Parker 等通过共价反应将十三烷基氟代四氢辛基二甲基一氯硅烷〔（tridecafluoro-1,1,2,2-tetrahydrooctyl）dimethylchlorosilane，$FSCl_1$〕和十三烷基氟代四氢辛基甲基二氯硅烷〔（tridecafluoro-1,1,2,2-tetrahydrooctyl）methyldichlorosilane，$FSCl_2$〕分别包覆在表面积为 $2nm \times 2nm$ 的玻璃小圆柱表面上，得到了电中性且表面疏水的微粒，然后用表面力测定仪（SFA）分别测定了介质为水和不同浓度电解质溶液时这些微粒之间的相互吸引力，如图 4.8 所示。

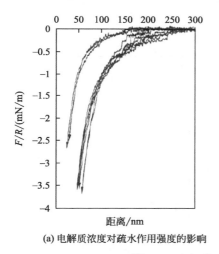

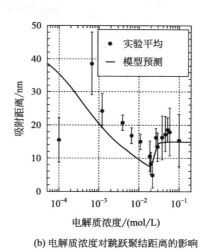

(a) 电解质浓度对疏水作用强度的影响　　　(b) 电解质浓度对跳跃聚结距离的影响

图 4.8　电解质对疏水作用力的影响

图 4.8(a) 中相互吸引力为负值，且作用范围远超 van der Waals 作用力范围，意味着存在疏水作用力。左上方的两条曲线分别为 $FSCl_2$ 覆盖表面的小柱在纯水和 $1mol/L$ 的 KBr 溶液中的相互吸引力，右下方的一组曲线是 $FSCl_1$ 覆盖表面的小柱在纯水和 NaCl 溶液中的相互吸引力，其中 NaCl 溶液的浓度分别为 $2 \times 10^{-3}\,mol/L$、$1 \times 10^{-1}\,mol/L$、$0.1mol/L$、$1.0mol/L$ 和 $5.0mol/L$，由此可以看出，随着电解质浓度的增大小柱间的吸引力略有增强，也可以说加入电解质仅有很小的影响。

Aston 等以辛烷基三乙氧基硅烷（octyltriethoxysilane，OTES）包覆玻璃微球和微小石英薄片，以原子力显微镜（AFM）测定了此硅烷化疏水小球和疏水薄片之间在一价电解质中的相互作用力，以电解质滴定法研究了电解质浓度改变时原子力显微镜悬臂的跳入聚结距离的动力学特征，如图 4.8(b) 所示。图中实线为以扩展的 DLVO 理论计算得出的跳入聚结距离，可以看出跳入聚结距离随着电解质浓度的增大而缩短，当一价电解质的浓度超过 $2 \times 10^{-2}\,mol/L$ 时达到极小值 7nm，如果电解质浓度再略有升高，疏水作用力则成为占优势的作用力，跳入聚结距离迅速升高至渐进值 15nm，形成一个平台，不再随电解质浓度的增大而变化，与图中小点所表示的实验值十分吻合。如图所示，在电解质浓度较低时，实验得到的跳入聚结距离大得多，DLVO 模型不能与之相符合，Aston 等认为这是由于在低电解质浓度时，微粒间还存在静电相关作用。当电解质浓度升高至一定值时，静电作用消失，疏水作用力成为占优势的作用力，由于疏水作用力不受电解质的影响，所以跳入聚结距离也不受电解质浓度的影响，在图中表现为一个平台。

Philipp 等通过烷基硫醇与金的共价结合反应修饰原子力显微镜悬臂的金质尖端和微小金片，在其表面形成电中性的单分子疏水薄膜，然后以原子力显微镜（AFM）测定两疏水表面之间的作用力，研究了电解质对疏水作用力的影响。电解质对疏水作用力的影响如图 4.9 所示。

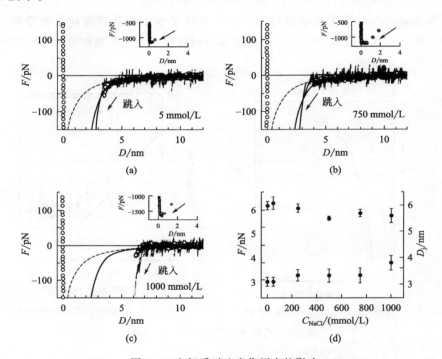

图 4.9　电解质对疏水作用力的影响

（a）～（c）电解质对疏水作用强度的影响；（d）电解质对表面黏附力及跳跃聚结距离的影响

（实心小圆表示表面黏附力，实心正方形表示跳跃聚结距离）

图 4.9(a)～(c) 显示了两个疏水表面相互接近，且介质中 NaCl 的浓度从 5mmol/L 升高至 1000mmol/L 时，疏水表面之间作用力与间隔距离之间的关系，图中虚线是由范德华力公式得到的曲线，实线是以范德华力公式和疏水作用力公式的加和式对实测数据拟合得到的曲线，表明用包括了范德华力和疏水作用力的总作用力公式拟合实验数据，可以很好地描述 NaCl 浓度从 5mmol/L 升高至 750mmol/L 时疏水表面之间的相互作用力（省略了 NaCl 的浓度为 50mmol/L、250mmol/L 及 500mmol/L 的图示），其值随间隔距离增大按指数规律衰减，并随电解质浓度的增大略有减小，作用范围略有增加，但当 NaCl 的浓度升高至 1000mmol/L 时，则出现了显著的偏差，以跳入聚结距离所表现出的不稳定性移至更远处，也得不到清晰的疏水作用力拟合曲线。

图 4.9(d) 显示了在不同浓度的 NaCl 介质中将两个疏水表面分开时所测得的表面黏附力和表面相互接近时表现出的平均跳入聚结距离。可以看出当 NaCl 的浓度从 5mmol/L 升高至 750mmol/L 时，表面黏附力微弱下降约 6.6%，平均跳跃聚结距离有微弱增大，但在 1000mmol/L 的 NaCl 介质中跳跃聚结距离显著增大，意味着溶解盐的影响显著增大，研究者认为这是由离子吸附或离子相互作用引起的。综上所述，可以认为电解质对疏水作用力基本无影响。

4.4.5　温度对疏水作用力的影响

迄今关于温度对疏水作用力的影响尚未得到统一的认识，不同的研究者采用不同的理论处理和不同的实验得到过不同的结果。一些研究报道，微粒间的疏水作用强度随温度的升高而增大，而另一些研究却得出了相反的结果。

Parker 等将十三烷基氟代四氢辛基甲基二氯硅烷［(tridecafluoro-1,1,2,2-tetrahydrooctyl)methyldichlorosilane，$FSCl_2$］通过共价反应包覆在玻璃小圆柱（2nm×2nm）表面上，赋予其表面疏水性，然后测定了 22℃和 41℃下这些疏水小柱之间的标化疏水作用力（F/R），如图 4.10(a) 所示，当温度从常温升高至 41℃时，小柱之间的相互吸引力强度有显著的增强，跳入聚结距离有明显增大，即疏水作用范围增大。但当测试体系被冷却至室温时，相互吸引力却不能立即恢复至室温时的强度，如中间曲线所示，经 24h 室温保存后，仍然高于升温之前的强度。

Philipp 等的研究表明，通过烷基硫醇与金的共价结合反应包覆原子力显微镜的金质悬臂尖端和待测试微小金片，形成电中性单分子层烷基疏水表面，然后以原子力显微镜（AFM）测定两疏水表面之间的作用力，研究了介质温度对疏水作用力的影响，结果如图 4.10(b) 所示，R_{eff} 是有效半径。可以看出，当温度从 23℃升高至 60℃时，跳入聚结距离约增大 10%，意味着疏水作用力范围随温度的升高略有增大，但标化黏附力约减小 20%，意味着疏水作用力随温度的升高而减小。

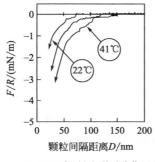
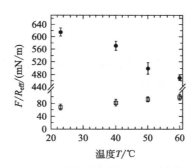

(a) $FSCl_2$ 表面之间的疏水作用力　(b) 烷基硫醇表面之间的疏水作用力及作用范围

图 4.10　温度对疏水作用力的影响

一般实验研究中最大的困难在于将疏水作用力与其他种类的作用力清楚地分离或区别开来，否则会带来较大的误差，甚至导致错误结论，或许理论方法能避免此问题。Zangi 等以分子动力学模拟（molecular dynamics simulations）研究了大尺度疏水表面（>1nm）的聚结热力学，如图 4.11(a) 所示。

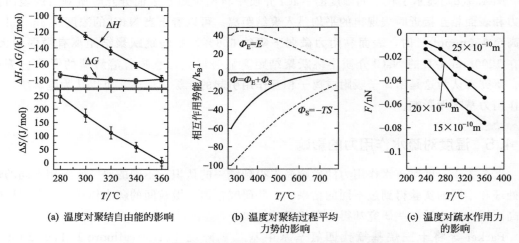

(a) 温度对聚结自由能的影响	(b) 温度对聚结过程平均 力势的影响	(c) 温度对疏水作用力 的影响

图 4.11　温度对疏水聚结自由能和疏水作用力的影响

当两微小平板从相距 1.44nm 相互接近至相距 0.36nm 时所发生的体系自由能变化 ΔG、熵变 ΔS 及熔变 ΔH，可以看出，在所研究的温度范围内，聚结过程的熵变（正值）及 ΔH（负值）均具有较强的温度依赖关系，随着温度的升高，呈现迅速降低，根据热力学公式 $\Delta G = \Delta H - \Delta S$ 二者的作用可相互抵消，因此自由能 ΔG 的变化呈现出较弱的温度依赖关系，即温度对疏水表面之间的作用影响不显著，但自由能显示出的较大的负值表明表面之间有较强的结合强度。

Djikaev 等提出了一个概率氢键模型（probabilistic hydrogen bond model），用来模拟微小疏水平板微粒相互接近时的相互作用，模型认为当两平板微粒相互接近至一定距离时，位于表面附近的水分子氢键网状结构相互重叠，产生了对微粒间平均力势（potential of mean force）的贡献，由于平均力势从本质上属于自由能，按照亥姆霍兹自由能的热力学式 $F = E - TS$，可以将平均力势 Φ 分为能量分量 E 和熵分量 $-TS$。该研究考察了温度对此平均力势贡献的影响。图 4.11(b) 表示当两个疏水平板微粒相互接近至其间距离为水分子氢键长度的两倍时，温度对平均力势贡献 Φ 及其能量分量 Φ_E、熵分量 Φ_S 的影响。图中短虚线表示熵分量，长虚线表示能量分量，实线表示二者的加和，即温度对平均力势贡献。可以看出，疏水表面相互聚结时熵分量为主导变量，导致平均力势为负值，有利于微粒的聚结，但当温度升高时平均力势绝对值减小，削弱了微粒的聚结。

Tuhin 等也以分子动力学模拟（molecular dynamics simulations）方法研究了温度对石墨烯表面疏水作用力的影响，如图 4.11(c) 所示，曲线旁的数值表示两疏水表面之间的距离。疏水表面之间的有效疏水作用力 F（即疏水压力乘以表面面积得到的作用力）随温度的降低而减弱，随温度的升高而增强。其机理可解释为当温度降低时，表面对水分子的亲和力增强，导致疏水表面之间的疏水作用力减弱，反之亦然。

综观本节所述，不同研究所得到的结果尚有较大差异，但可以得到以下结论：

(1) 疏水作用力在一些条件下表现为短程作用，即出现在疏水微粒的间隔距离较近的范围内，一般不超过 10nm，而在另一些条件下表现为长程作用力，即出现在疏水微粒间隔距离较远的范围内，可达 80～100nm；

(2) 当疏水微粒的半径大于临界半径时微粒间产生疏水作用力，小于临界半径时无疏水作用，有相互排斥作用；

（3）疏水作用力随接触角的增大而增大，当前进接触角大于 90°时，微粒之间的疏水作用力更为显著；

（4）电解质对疏水作用力基本无影响；

（5）迄今关于温度对疏水作用力的影响尚未得到统一的认识，一些研究表明，微粒间的疏水作用强度随温度的升高而增大，而另一些研究却得出微粒间的疏水作用强度随温度的升高而减小的结果，也有研究认为温度对疏水作用力的影响不大。

4.5 水处理中的疏水絮凝

尽管疏水絮凝是一个普遍存在的现象，但长期以来人们没有认识到它，而是把它与电解质凝聚及高分子絮凝混为一谈，严重影响了疏水絮凝在科学技术领域中的应用。特别是在水处理领域，一些科研工作者没有能认识到疏水絮凝与电解质凝聚和高分子絮凝的本质区别，耗费精力去寻找电解质对疏水絮凝的影响，或牵强附会地将疏水絮凝解释为高分子架桥作用，因而一无所获。20 世纪 80 年代以后，人们对疏水颗粒在水中产生团聚的现象及其原理的认识进入了一个新的阶段，使疏水絮凝在许多领域得到了普遍的重视和越来越多的应用，例如在选矿界开发了以诱导疏水絮凝原理为基础的微细矿粒分选工艺，取得了显著的效益。

与电解质凝聚和高分子絮凝相比，疏水絮凝有诸多优点，例如产生的絮体结构比较密实，空隙较小，强度较高，絮凝过程具有可逆性，被外力破坏的絮体可在适当的水力条件下重新聚结成团，絮体的水分含量较低，有利于污泥脱水作业等，都是水处理絮凝单元力求达到的效果。事实上在水处理的许多已有方法中已经涉及疏水絮凝原理。

4.5.1 气浮法中的疏水絮凝

在工业废水的处理中，经常遇到一类废水，其中所含的悬浮颗粒或胶体污染物的直径很小，密度接近或小于水，如果用沉降法去除这些悬浮物，往往效果很差。对于这类废水，气浮法是一种有效的固液或液液分离手段，被广泛地用来去除水中的某些污染物，如天然水中的藻和植物残体，印染废水中的染料颗粒，造纸化纤工业废水中的短纤维，炼油化工废水中的细微油滴，生活污水中的油脂及蛋白质等，污水处理产生的活性污泥，工业废水中的重金属离子、阴离子、表面活性剂、橡胶、树脂等。

对这些污染物去除的气浮工艺实际是絮凝和浮上的组合，在絮凝单元要加入某种无机或有机高分子絮凝剂，在浮上单元以某种方法（如空气压缩机、真空泵）在水中产生细小分散的气泡。加入的无机或有机高分子絮凝剂使污染物颗粒聚结形成絮体，由于高分子絮凝剂一般具有疏水碳氢链，所以疏水絮凝对絮体的形成有一定的贡献，形成的絮体又具有一定的疏水性，疏水性絮体易黏附于微气泡上，随之上浮至水面而被分离。这里有机高分子絮凝剂具有疏水链段是有利条件，但有机高分子絮凝剂常常同时具有亲水基团（如阴离子型和阳离子型聚丙烯酰胺），所以絮体的疏水性相对较弱。

在矿物分选工艺中一般是加入表面活性剂，表面活性剂具有碳氢链较短和疏水性较强的特点，其分子以其极性基吸附于污染物颗粒之上，以其疏水碳氢链伸向水中，在疏水链段的疏水作用力下，矿物微粒发生诱导疏水絮凝成为较大的絮体，有利于进一步吸附和截留气泡，碳氢链的疏水性越强，就越容易被气泡黏附，这实际上是固气间的疏水作用力引起的一种疏水絮凝。Moreno-Atanasio 考察了实际数据后，提出了三种模式来描述气固间的疏水作用力随间隔距离的变化规律。若以 d 表示微粒与气泡的间距，第一种模式中疏水作用力随间距的增大按 $1/d$ 规律衰减，第二种模式按 $1/d^2$ 规律衰减，第三种按指数规律 $\exp(-d/\lambda)$ 衰减，其中 λ 为衰减长度。

4.5.2 粗粒化法及隔油池中的疏水絮凝

含油废水中的油有四种形态，即溶解油、乳化油、分散油及浮油。含油废水的预处理方法常采用粗粒化法和隔油池法。粗粒化法和隔油池法处理的对象主要是水中的分散油。

在粗粒化法除油过程中，分散油珠在聚结器内发生聚结，然后在油水分离器内被分离。聚结过程中废水中的油珠颗粒发生凝并，形成较大颗粒，从而提高油水分离的效率，其机理分为碰撞聚结和润湿聚结。碰撞聚结指油珠在液相中相互碰撞合并成为大的油珠，润湿聚结是液相中的油珠与疏水亲油介质黏附后发生聚结，或与已黏附在介质表面的油珠或油膜发生碰撞后产生凝并，无论是碰撞聚结还是润湿聚结，其驱动力都是疏水作用力，实际都应属于疏水絮凝的范畴。

在隔油池中，废水以较低的流速在池中做水平流动，密度小于水的油珠杂质将逐渐上升至水面，在流动过程中逐渐凝并为浮油，在到达隔油池末端后进入集油管而被分离。在隔油池中分散油的凝并也是在疏水作用力的驱动下发生的，应属于疏水絮凝的范畴。

4.5.3 疏水缔合型絮凝剂及其疏水絮凝机理

自 21 世纪初，高分子疏水基团的缔合作用引起了众多研究者的兴趣。研究指出，疏水缔合作用是疏水基团在疏水作用和亲酯作用下发生的碳氢链之间的簇集，在此研究的启发下，国内水处理工作者开始研究开发疏水缔合絮凝剂。

迄今国内学者报道的疏水缔合絮凝剂有以疏水性单体丙烯酸丁酯与丙烯酰胺、二甲基二烯丙基氯化铵等合成的疏水改性阳离子型高分子絮凝剂；以疏水缔合作用强且耐酸碱的丁基苯乙烯为疏水单体，与丙烯酰胺、二甲基二烯丙基氯化铵合成的丙烯酰胺-丙烯酸丁酯-二甲基二烯丙基氯化铵共聚物 PAM-BS-DMDAAC 共聚物 PBAD、以含有多个—CF$_3$ 基团的甲基丙烯酸十二氟庚酯为疏水单体对聚丙烯酰胺阳离子絮凝剂改性得到的疏水性高分子絮凝剂；以疏水单体 C$_x$-甲基丙烯酰氧乙基三甲基氯化铵及丙烯酰胺、甲基丙烯氧乙基三甲基氯化铵为原料，制备的疏水缔合阳离子絮凝剂（PAM-DMC-C$_x$DMC）；以疏水单体全氟辛基乙基丙烯酸酯及 2-丙烯酰胺基-2-甲基丙磺酸、丙烯酰胺和甲基丙烯酰氧乙基三甲基氯化铵等为原料，通过自由基胶束共聚合成的（PFM-AMPS-AM-DMC）四元共聚物，即氟碳型两性聚丙烯酰胺絮凝剂；在糊化淀粉上引入疏水单体甲基丙烯酰氧乙基二甲基十六烷基溴化铵，与丙烯酰胺、二甲基二烯丙基氯化铵和纳米 SiO$_2$ 制备的疏水缔合阳离子改性淀粉-纳米 SiO$_2$ 复合絮凝剂；以环氧氯丙烷、乙二胺和十六烷基二甲基叔胺为原料，合成的以聚环氧氯丙烷-乙二胺为亲水主链，长链叔胺为疏水侧链的聚环氧氯丙烷胺类疏水缔合型絮凝剂等。实验证明在絮凝剂分子上引入疏水基团增强了其絮凝性能，使聚合物分子链之间的作用加强，使聚合物与有机物之间的作用加强，使絮体的亲水性减弱，因而可以得到较好的絮凝效果。

总结国内疏水缔合高分子絮凝剂的研究情况可以发现，一些国内研究者认为疏水缔合高分子絮凝剂的作用机理是高分子中引入的疏水基团增强了其吸附架桥作用，笔者认为这种解释可能欠妥。决定吸附架桥作用的因素有二，一是高分子上具有吸附性能的极性基团；二是高分子链的长度及伸展度，而不是疏水基团的存在。原因是疏水基团不能在亲水性高岭土等微粒上发生吸附，也不伸入水中，而在分子内缔合不利于其伸展，因而不利于架桥作用。由于以上高分子絮凝剂的链长对架桥作用已足够，所以分子间缔合对增强架桥作用的影响是有限的。研究者应该认识到疏水缔合高分子絮凝剂的絮凝增强机理应该有疏水作用力引起的疏水絮凝的贡献，疏水缔合高分子絮凝剂的作用机理是聚合物分子在疏水缔合作用下相互缠结，形成大块絮团，快速沉降而使水澄清。

第**5**章

絮凝动力学

絮凝动力学讨论絮凝的速度问题。只有具有一定速度的絮凝过程才能满足水处理对出水水量的要求，因而才具有实际意义，所以对絮凝动力学的讨论是水处理絮凝学的重要方面。自本书对 DLVO 理论的介绍可知，胶体之所以稳定是由于总位能曲线上有势垒存在。倘若势垒为零，每次碰撞必导致聚沉，称为快速絮凝；若势垒不为零，则仅有一部分碰撞会引起聚沉，称为慢速絮凝。无论是对快速絮凝还是对慢速絮凝，微粒之间的相互碰撞是首要条件，而它们的相互碰撞是由其相对运动引起的。造成这种相对运动的原因可以是微粒的布朗运动，也可以是产生速度梯度的流体运动。前者称为异向絮凝，后者称为同向絮凝。本章将对异向絮凝、同向絮凝、快速絮凝和慢速絮凝的动力学分别展开讨论。

5.1 异向絮凝

在异向絮凝中微粒的碰撞由其布朗运动造成，碰撞频率决定于微粒的热扩散运动。Smoluchowski 将扩散理论用于聚沉，首先讨论了球形微粒的聚沉速度。

将某一微粒看作是静止不动的，称为扑集者（j 微粒），然后计算由布朗运动引起的其他微粒（i 微粒）向扑集者扩散的速度。由于 i 微粒被 j 微粒扑集而形成一个自 j 微粒始的辐射状浓度梯度。在迅速建立的稳态下，微粒的浓度不随时间而变，即 $\dfrac{\mathrm{d}N_i}{\mathrm{d}t}=0$，根据 Fick 第二扩散定律（见本书第 1 章胶体的扩散与布朗运动），有如下二式：

$$\frac{\partial c}{\partial t}=D\,\frac{\partial^2 c}{\partial x^2} \quad 或 \quad \frac{\partial c}{\partial t}=\frac{\partial}{\partial x}\left(D\,\frac{\partial c}{\partial x}\right) \tag{5.1}$$

式中，x 为扩散方向上一定位置处的坐标；c 为该处微粒的浓度；D 为扩散系数。对于球形捕集者有：

$$\frac{\mathrm{d}N_i}{\mathrm{d}t}=\frac{1}{r^2}\times\frac{\mathrm{d}}{\mathrm{d}r}\left(r^2 D_i\,\frac{\mathrm{d}N_i}{\mathrm{d}r}\right)=0 \tag{5.2}$$

式中，r 为离开扑集者的辐射半径；N_i 为辐射半径为 r 处的 i 微粒的个数浓度，个微粒/m^3。根据函数的积的微分法则求 r^2 与 $\mathrm{d}N_i/\mathrm{d}r$ 乘积的导数得：

$$\frac{dN_i}{dt} = D_i \left(\frac{d^2 N_i}{dr^2} + \frac{2dN_i}{rdr} \right) = 0 \tag{5.3}$$

式（5.3）的边界条件如下：在 $r = R_{ij}$ 处（$R_{ij} = \alpha_i + \alpha_j$ 即 i 微粒和 j 微粒的半径之和）$N_i = 0$，就是说，在扑集者 j 微粒的表面处，液体中 i 微粒的浓度为零。而在 $r = \infty$ 处，则有 $N_i = N_0$，就是说，在离扑集者 j 微粒无限远处，N_i 等于本体溶液中 i 微粒的浓度。由此边界条件解式（5.3）得到：

$$\frac{N_i}{N_0} = 1 - \frac{R_{ij}}{r^2} \tag{5.4}$$

和

$$\frac{dN_i}{dr} = \frac{N_0 R_{ij}}{r^2} \tag{5.5}$$

即给出了 i 微粒的局部浓度和浓度梯度，它们是辐射半径的函数。微粒向扑集者扩散的速度由 Fick 第一定律（见本书第 1 章胶体的扩散与布朗运动）得到：

$$\frac{dm}{dt} = -DA \frac{dc}{dx} \tag{5.6}$$

考虑到扩散方向与 r 的方向相反，即 $x = -r$，因而在 $r = R_{ij}$ 处就有：

$$\frac{dN_i}{dt} = D_i \times 4\pi R_{ij}^2 \left(\frac{dN_i}{dr} \right)_{r=R_{ij}} \tag{5.7}$$

式（5.6）中的 dm 是 dt 时间内通过截面积 A 的物质质量，式（5.7）中的 $\frac{dN_i}{dt}$ 是单位时间内 i 微粒同扑集者 j 的碰撞次数，当 $r = R_{ij}$ 时，将式（5.5）代入上式就得到：

$$\frac{dN_i}{dt} = 4\pi R_{ij} D_i N_{0,i} \tag{5.8}$$

由于扑集者也具有布朗运动，所以实际的扩散系数是：

$$D_{ij} = D_i + D_j \tag{5.9}$$

当 j 微粒的浓度是 N_j 时，单位体积中 i 微粒和 j 微粒的碰撞速度是：

$$\frac{dN_{ij}}{dt} = 4\pi R_{ij} D_{ij} N_i N_j \tag{5.10}$$

令 i 和 j 可分别取值 1，2，3，…，n，表示微粒的不同大小，设 i 微粒和 j 微粒碰撞生成 k 微粒（$k = i + j$），则 k 为某一取值的微粒的生成速度为：

$$\frac{dN_k}{dt} = \frac{1}{2} \sum_{\substack{i=1 \\ j=k-i}}^{i=k-1} 4\pi R_{ij} D_{ij} N_i N_j - N_k \sum_{i=1}^{\infty} 4\pi R_{ik} D_{ik} N_i \tag{5.11}$$

此式第一项为 k 微粒由 i 微粒和 j 微粒碰撞而生成的速度，第二项为 k 微粒由于同其他微粒碰撞而消失的速度。第一项前的系数 $1/2$ 是由于重复计算的结果，因为这里对每一微粒的碰撞的计数实际为 2，一次是作为 i 微粒，一次是作为 j 微粒。

根据 Einstein-Stokes 公式

$$D = \frac{K_B T}{6\pi \eta \alpha} \tag{5.12}$$

可以看出，扩散系数与微粒的半径 α 成反比，故 R_{ij} 和 D_{ij} 的乘积可以表示为最初的单分散微粒（设 $i=1$）的扩散系数 D_i 的函数：

$$R_{ij}D_{ij}=(\alpha_i+\alpha_j)(D_i+D_j)=(\alpha_i+\alpha_j)\left(D_1\frac{\alpha_1}{\alpha_i}+D_1\frac{\alpha_1}{\alpha_j}\right)=(\alpha_i+\alpha_j)\left(\frac{1}{\alpha_i}+\frac{1}{\alpha_j}\right)D_1\alpha_1$$

$$(5.13)$$

如果 i 微粒与 j 微粒大小相同，上式就成为：

$$R_{ij}D_{ij}=4D_1\alpha_1 \tag{5.14}$$

在 $1<\dfrac{i}{j}<2$ 的情况下，式（5.14）的近似程度尚好，若 $\dfrac{i}{j}$ 的比值增大，系数就会变大，所以大小不等的微粒之间的碰撞频率比相等微粒之间的要高。将式（5.14）代入式（5.11），对全体微粒有：

$$\frac{\mathrm{d}\sum\limits_{k=1}^{\infty}N_k}{\mathrm{d}t}=8\pi D_1\alpha_1\left[\sum_{i=1}^{\infty}\sum_{j=1}^{\infty}N_iN_j-2\sum_{k=1}^{\infty}\sum_{i=1}^{\infty}N_iN_k\right] \tag{5.15}$$

考虑所有组合，k 微粒在整个范围内也包括 i 微粒和 j 微粒，则有：

$$\frac{\mathrm{d}\sum\limits_{k=1}^{\infty}N_k}{\mathrm{d}t}=8\pi D_1\alpha_1\left[\left(\sum_{k=1}^{\infty}N_k\right)^2-2\left(\sum_{k=1}^{\infty}N_k\right)^2\right]$$

$$=-8\pi D_1\alpha_1\left(\sum_{k=1}^{\infty}N_k\right)^2 \tag{5.16}$$

负号表示在絮凝过程中微粒总数是减少的。当 $t=0$ 时，$\sum\limits_{k=1}^{\infty}N_k=N_0$；当 $t=t$ 时，$\sum\limits_{k=1}^{\infty}N_k=N_t$，方程（5.16）表示为：

$$\frac{\mathrm{d}N_t}{\mathrm{d}t}=-8\pi D_1\alpha_1 N_t^2 \tag{5.17}$$

这是一个二级反应方程，积分得：

$$\int_{N_0}^{N_t}\frac{\mathrm{d}N_t}{N_t^2}=-8\pi D_1\alpha_1\int_0^t\mathrm{d}t$$

$$N_t=\frac{N_0}{1+8\pi D_1\alpha_1 N_0 t} \tag{5.18}$$

当 $N_t=\dfrac{1}{2}N_0$ 时 $t=t_{1/2}$，由式（5.18）得：

$$t_{1/2}=\frac{1}{8\pi D_1\alpha_1 N_0}$$

代入 Einstein-Stokes 公式（5.12）得：

$$t_{1/2}=\frac{3\eta}{4K_BTN_0} \tag{5.19}$$

方程（5.18）就成为：

$$\frac{N_t}{N_0} = \frac{1}{1 + \dfrac{t}{t_{1/2}}} \tag{5.20}$$

根据式 (5.19) 可以算出，在 25℃ 的水溶液中，胶体微粒的 $t_{1/2}$ 为 $1.63 \times 10^{17}/N_0 \text{s}$，若每毫升水中含 10^4 个病毒时 $t_{1/2}$ 几乎为 200d，这就是说即使在完全脱稳的情况下，异向絮凝也是极其缓慢的。

5.2 同向絮凝

由上面的计算知道，依靠布朗运动的异向絮凝速度太慢，不能单独应用，特别是当微粒相互碰撞聚集变得较大后，布朗运动就会减弱甚至停止，絮凝作用就会减弱甚至不再会发生。但是，长期以来人们观察到，缓慢的搅动会助长絮凝，这是因为搅动会引起液体中速度梯度的形成，从而引起微粒之间的相对运动而造成微粒的相互碰撞。

对具有恒定速度梯度的均匀液体的切变场，可以导出絮凝动力学的简单理论，然而在实际中这样的恒定速度梯度是很难找到的，因此这一理论被扩展到了湍流条件下的情况。以下先介绍层流条件下的均匀切变场，进而讨论湍流条件下的情形。

5.2.1 均匀切变场絮凝

由于相对运动是碰撞的原因，所以再次将一个微粒作为在介质中静止不动的扑集者 (j)，如图 5.1(a) 所示。

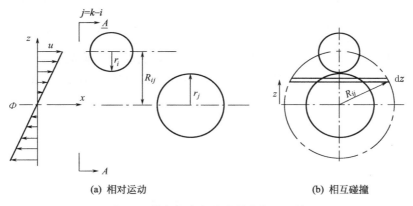

(a) 相对运动　　　　　　　　(b) 相互碰撞

图 5.1　均匀切变场中微粒的相互碰撞

假如均匀切变场不被微粒的存在扰乱，微粒的路径则为直线型的，正如在异向絮凝中一样，由于是快速絮凝，所以每次碰撞均引起聚结。按照图 5.1，位于中心线上方的 i 粒子按 x 方向移动，如果其中心处在单侧柱体半径 $R_{ij}(r_i + r_j)$ 以内，则会同 j 粒子碰撞。i 粒子相对于 j 粒子的速度与它离开 x 平面距离有关，如果以 Z 表示此距离，$\mathrm{d}v/\mathrm{d}z$ 表示速度梯度，此相对速度就表示为 $Z(\mathrm{d}v/\mathrm{d}z)$。单位时间内流过柱体上半侧的流体流量就是单位时间内流过柱体上半侧断面的流体流量，如图 5.1(b) 所示。此断面上高度为 $\mathrm{d}z$ 的单元断面的面积可表示为 $2(R_{ij}^2 - Z^2)^{1/2}\mathrm{d}z$，则单位时间内流过此单元断面的流量为：

$$dQ = 2(R_{ij}^2 - Z^2)^{1/2} dz \times Z(dv/dz) \tag{5.21}$$

单位时间内流过上半侧断面的流量即为：

$$Q_{1/2} = 2(dv/dz) \int_0^{R_{ij}} Z(R_{ij}^2 - Z^2)^{1/2} dZ$$

在柱体的下半侧按 x 的反方向有相对于 j 微粒同样的流动，所以相对于 j 微粒的总流量就为：

$$Q = 4(dv/dz) \int_0^{R_{ij}} Z(R_{ij}^2 - Z^2)^{1/2} dZ \tag{5.22}$$

积分后得：

$$Q = \frac{4}{3}(dv/dz)R_{ij}^3 \tag{5.23}$$

因为单位体积中有 N_i 个微粒，故 i 微粒与 j 微粒碰撞的速度是：

$$J = \frac{4}{3}N_i(dv/dz)R_{ij}^3 \tag{5.24}$$

如果单位体积中有 N_j 个 j 微粒，则碰撞速度为：

$$J = \frac{4}{3}N_i N_j(dv/dz)R_{ij}^3 \tag{5.25}$$

正如在异向絮凝中一样，微粒大小为 $k(=i+j)$ 的聚集体，其变化速度由两部分造成，一是由 i 与 j 相碰而增加的速度；二是由 k 与其他微粒碰撞而消失的速度，因而 k 微粒的变化速度可由式（5.26）表示。式中第一项前面的系数是由于重复计算的结果。

$$\frac{dN_k}{dt} = \frac{1}{2}\sum_{i=1}^{i=k-1}\frac{4}{3}N_i N_j(dv/dz)R_{ij}^3 - N_k\sum_{i=1}^{\infty}\frac{4}{3}N_i(dv/dz)R_{ik}^3 \tag{5.26}$$

碰撞半径 R_{ij} 可以与初级粒子的半径 r_1 相联系，设微粒的聚结属于相互融合，因而一个 i 粒子的体积 X_i 是 $i=1$ 的初级粒子的体积的 i 倍，它的半径以 r_i 表示则有：

$$X_i = i\frac{4}{3}\pi r_1^3 = \frac{4}{3}\pi r_i^3$$

于是：

$$ir_1^3 = r_i^3$$

因为 $R_{ij} = r_i + r_j$，所以：

$$R_{ij}^3 = r_1^3(i^{1/3} + j^{1/3})^3 \tag{5.27}$$

应用式（5.27）并用 G 代替 dv/dz，对于各种尺度的微粒的总数，式（5.26）就成为如下形式：

$$\frac{d\sum_{k=1}^{\infty}N_k}{dt} = \frac{2Gr_1^3}{3}\left[\sum_{i=1}^{\infty}\sum_{j=1}^{\infty}N_i N_j(i^{1/3} + j^{1/3})^3 - 2\sum_{i=1}^{\infty}\sum_{k=1}^{\infty}N_i N_k(i^{1/3} + k^{1/3})^3\right]$$

$$\tag{5.28}$$

由于考虑了所有可能的组合，k 粒子也包括 i 粒子和 j 粒子，如果认为 $i \approx j \approx k$，则有：

$$\frac{d\sum\limits_{k=1}^{\infty} N_k}{dt} = \frac{16Gr_1^3}{3}\left(\sum_{k=1}^{\infty} N_k^2 k - 2\sum_{k=1}^{\infty} N_k^2 k\right) = -\frac{16Gr_1^3}{3}\sum_{k=1}^{\infty} N_k^2 k \tag{5.29}$$

式中，负号表示在絮凝过程中粒子总数是减少的。

设在絮凝初期体系为单分散系，$t = 0$ 时，$k = 1$，$N_k = N_0$，上式就成为简单的二级反应的动力学方程式：

$$-\frac{dN_1}{dt} = \frac{16}{3}Gr_1^3 N_0^2$$

即

$$-\frac{dN}{dt} = \frac{16}{3}Gr^3 N^2 \tag{5.30}$$

上式说明颗粒数减少的速率对颗粒数 N 为二级反应。由于 N 个半径为 r 的颗粒在 $t = 0$ 时的总体积是一常数，所以

$$\Phi = N\left(\frac{4}{3}\pi r^3\right) \tag{5.31}$$

注意 Φ 实际是单位体积液体中颗粒的总体积，因而是一个无量纲的数，以式(5.31)代入式(5.30) 得一级反应式如下：

$$-\frac{dN}{dt} = \frac{4}{\pi}\Phi G N \tag{5.32}$$

积分后得：

$$-\ln\frac{N}{N_0} = \frac{4}{\pi}\Phi G t \tag{5.33}$$

对该一级反应，半衰期应为：

$$t_{1/2} = \frac{0.693}{\frac{4}{\pi}\Phi G} \tag{5.34}$$

上式给出下列重要概念：

① 增大速度梯度可以缩短半衰期，但实际所能采用的最大速度梯度值是有限的，因而这样做所能起的作用并不大；

② 结合式(5.31) 可以得出，同样数目的大颗粒和小颗粒的半衰期之比：

$$\frac{t_{1/2(大)}}{t_{1/2(小)}} = \frac{\Phi_小}{\Phi_大} = \left(\frac{r_小}{r_大}\right)^3 \tag{5.35}$$

因而半径为 $10\mu m$ 的颗粒的半衰期仅为半径为 $1\mu m$ 的颗粒的 $1/1000$，这说明在絮凝过程中，随着颗粒的不断长大，半衰期也就迅速缩短，更重要的是还可以推知，如果在搅拌开始时就有较大的颗粒存在，颗粒总数的下降必然是很快的。

在方程(5.28) 和方程(5.29) 中，粒子体积的上限是无穷大的，这在任何一个过程中都是不可能的，原因是当剪切强度达到某一极限值时，絮体会分裂破碎，因而将表征粒径大小的数值极限定为 p，所以方程(5.28) 和方程(5.29) 可以从 $i = 1$，$j = 1$ 和 $k = 1$ 到

$k = p$ 的范围内积分。当时间为 t 时，$\sum\limits_{k=1}^{p} N_k = N_t$，式（5.29）就成为：

$$-\frac{\mathrm{d}N_t}{\mathrm{d}t} = \frac{16Gr_1^3}{3} \sum_{k=1}^{p} N_k^2 k \tag{5.36}$$

式（5.36）中的求和项是粒径分布函数，应用式（5.28）至式（5.32），Ives 和 Bhole 对初始为球形单分散粒子的单位体积悬浊液进行了计算，得到其粒径分布曲线。图 5.2 就是在连续絮凝一段时间后的一些分布曲线，其横坐标表示粒子的大小，纵坐标为单位体积悬浊液中所含絮体的体积，并以单位体积的倍数表示，称为粒数浓度。对该体系，絮体所能达到的最大值是 $p = 49$，假设更大的絮体在形成后就破碎分裂为两个相等的部分，后者又可再参加絮凝。可以看出，该分布逐渐趋向一个极限值 $p = 36$ 的新单分散系，该值为原极限值的 3/4，目前尚未对此做出解释。

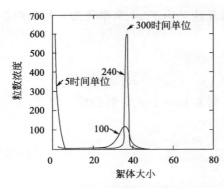

图 5.2　初始为单分散悬浊液的粒径分布曲线（粒径极限 $p = 49$）

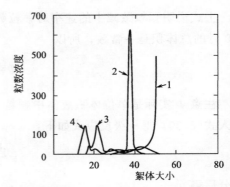

图 5.3　初始为单分散悬浊液的粒径分布曲线（$p = 49$，分裂模式 1、2、3、4）

如果对絮体破碎的模式做不同的假设，粒径分布就趋向于不同的极限值，图 5.3 所示的粒径分布曲线，其絮凝条件与图 5.2 相同，且仍有 $p = 49$，不同的是分裂模式有如下 4 种：

① 可以发生 $i + j > 49$ 的聚集；
② 任何 $i + j > 49$ 的絮体会分裂为两个相等的部分，它们会重新参加絮凝；
③ 与②相同，但分裂为三个相等的部分；
④ 与②相同，但分裂为四个相等的部分。

可以发现模式①趋向于 49 的极限，模式②趋向于 36 的极限，模式③趋向于 21 的极限，模式④趋向于 18 的极限。此原因尚不清楚。虽然这四个极限值依次减小，但原始粒子减少的效率却依次升高，如表 5.1 所示。

表 5.1　初始为单分散的悬浊液经同向絮凝后的效率

分裂模式 （分裂的个数）	絮体极限 （p）	初级粒子数与原始粒子数之比 （N_1/N_0）
1	49	43×10^{-6}
2	36	30×10^{-6}
3	21	17×10^{-6}
4	18	11×10^{-6}

5.2.2 非均匀切变场絮凝

在速度梯度并非均匀和恒定不变的情况下，同向絮凝方程中的 G 不能用 $\mathrm{d}v/\mathrm{d}t$ 代替。通常被大家所接受的 G 的定义是 Camp-Stein 的方法，此法以非均匀切变流体耗散在单位体积液体中的功率来计算 G 值，理由如下。

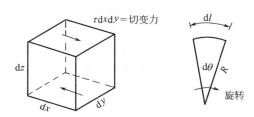

图 5.4 非均匀切变场中 G 值的推导

如图 5.4 所示，考虑一个微单元立方液体 $\mathrm{d}x\mathrm{d}y\mathrm{d}z$ 在某一瞬间受到一个强度为 τ 的切变作用，于是就有扭转功产生，其功率为：

$$P = \frac{W}{t} = 扭矩 \times 角速度$$

$$= (\tau\mathrm{d}x\mathrm{d}y)\mathrm{d}z\,\frac{\mathrm{d}\theta}{\mathrm{d}t} \tag{5.37}$$

式中，$\tau\mathrm{d}x\mathrm{d}y$ 为剪切力。对于一个微小的转动，弧长为：

$$\mathrm{d}l = R\,\mathrm{d}\theta \tag{5.38}$$

式中，R 为转动切变中流体小扇形的半径，所以有：

$$\frac{\mathrm{d}\theta}{\mathrm{d}t} = \frac{\mathrm{d}l}{R\,\mathrm{d}t} = \frac{v}{R} = \frac{\mathrm{d}v}{\mathrm{d}z} \tag{5.39}$$

代入式(5.37) 得：

$$P = (\tau\mathrm{d}x\mathrm{d}y)\mathrm{d}z\,\frac{\mathrm{d}v}{\mathrm{d}z} \tag{5.40}$$

因为微单元立方液体的体积 $\mathrm{d}V = \mathrm{d}x\mathrm{d}y\mathrm{d}z$，所以有：

$$\frac{P}{\mathrm{d}V} = \tau\,\frac{\mathrm{d}v}{\mathrm{d}z}$$

对于牛顿流体，$\tau = \eta\,\dfrac{\mathrm{d}v}{\mathrm{d}z}$，$\eta$ 为流体的动力黏度，因而得到：

$$\frac{P}{\mathrm{d}V} = \eta\left(\frac{\mathrm{d}v}{\mathrm{d}z}\right)^2$$

所以有：

$$\frac{\mathrm{d}v}{\mathrm{d}z} = \left(\frac{P}{\mathrm{d}V\eta}\right)^{1/2} = G \tag{5.41}$$

对于整个反应器，上式写成：

$$\overline{\frac{\mathrm{d}v}{\mathrm{d}z}} = \left(\frac{P_\mathrm{v}}{V\eta}\right)^{1/2} = \left(\frac{P}{\eta}\right)^{1/2} = G \tag{5.42}$$

式中，$\overline{\dfrac{\mathrm{d}v}{\mathrm{d}z}}$ 和 P_v 分别为池中的平均速度梯度和施加于整个池子中的搅拌功率；P 为施加于单位体积流体的搅拌功率。在利用水流的紊动作用进行搅拌时，公式(5.42) 中的 P_v 可用下式计算：

$$P_v = Q\rho gh \tag{5.43}$$

式中，Q 为水的流量，m^3/s；ρ 为水的密度，取 $1000kg/m^3$；h 为水经过反应池的水头损失，m。

Camp 和 Stein 的上述理论发表后，成了反应池的一个最基本的理论公式，得到了广泛的应用，但在推导式(5.42)时，以层流的黏度公式应用于紊流的情形，尚值得加以研究。巴宾科夫认为"这是可以理解的，因为速度梯度值和造成颗粒碰撞的湍流脉冲尺度都决定于同一类参数，即单位体积液体吸收的机械能和液体的黏度。"

在工业规模的絮凝反应设备中，流体的流态是以湍流占优势的，并非层流状态，不存在整体和恒定不变的速度梯度，因而将层流条件下得到的 Smoluchowski 公式或将 Camp 和 Stein 提出的计算式代入 Smoluchowski 层流公式，应用于工业生产是有问题的。因而半个多世纪以来，Camp-Stein 理论一直受到专家学者的质疑。以后的研究说明反应设备中实际存在的速度梯度远低于按 Camp-Stein 理论计算所得的值，特别是近年来发展起来的网格絮凝反应设备的絮凝效果远远超过了其他絮凝设备，但在网格后面一定距离处为均匀各向同性湍流，其速度梯度为零，更加与速度梯度的理论不相符。实际上在一般情况下，由于湍动涡旋的作用，大大增加了湍流中的动量交换，均化了湍流中的速度分布，所以其速度梯度远小于按 Camp-Stein 理论计算的结果。此外，由于在 Smoluchowski 公式中用能量项替代了速度梯度，所以不能反映湍流中涡和速度梯度的大小、数量及分布等，无法揭示湍流条件下颗粒碰撞的微观本质，不利于絮凝动力学的进一步发展。

5.2.3 微涡旋理论

近年来，许多学者曾尝试直接从湍流理论探讨湍流条件下的絮凝动力学，其中较为典型的是 Levich 的工作。根据 Kolmogoroff 局部各向同性理论，湍流是一种不规则的复杂运动，是由各种尺度不同的涡旋叠加而成的流体运动。在湍流条件下搅拌混合输入的能量主要用于一级尺度的大涡旋的形成，一级尺度的涡旋逐级分解为次一级尺度的涡旋，能量通过逐级递减的涡旋进行传递，直到涡旋达到某种尺度时，所有能量会被黏性阻力完全耗散，此时涡旋的尺度被称为 Kolmogorov 微尺度。一般以雷诺数 $Re=1$ 为分界线将湍流分为两个区域，它们是惯性区和黏性区。所对应的两区交界处涡旋的尺度即 Kolmogorov 微尺度，以 η 表示。在惯性区涡旋的尺度大于 η，液体的黏性对涡旋的运动无影响，在黏性区涡旋的尺度小于 η，液体的黏性对涡旋运动的影响不可忽视。Levich 认为在这些大小不等的涡旋中，大涡旋往往使颗粒做整体运动而不会使之相互碰撞，尺度过小的涡旋其强度往往不足以推动颗粒碰撞，只有与颗粒尺度相近的涡旋才会引起颗粒间的相互碰撞，类似于异向絮凝中布朗运动引起的颗粒碰撞。根据此项假设，应用布朗运动引起的异向絮凝的碰撞速率公式，并代入脉动流速表示式，得到了各向同性湍流条件下颗粒的碰撞速率，具体推导如下。

根据异向絮凝式(5.10)，考虑碰撞次数的重复计算，$D_{ij}=2D$ 及每次碰撞减少 2 个微粒，可以得到颗粒减少的反应速率为：

$$N_0 = 8\pi dDn^2 \tag{5.44}$$

式中，d 为微粒直径；n 为微粒的数目浓度；D 为微粒的扩散系数，此处应等于湍流扩散和布朗扩散系数之和。但在湍流中布朗扩散远小于湍流扩散，故 D 可以作为湍流扩散系数。湍流扩散系数可用下式表示：

$$D = \lambda u_\lambda \tag{5.45}$$

式中，λ 为涡旋的脉动尺度；u_λ 为相应于 λ 尺度的脉动速度。从流体力学知，在黏性区的各向同性湍流中，脉动速度用下式表示：

$$u_\lambda = \frac{1}{\sqrt{15}} \sqrt{\frac{\varepsilon}{\mu}} \lambda \tag{5.46}$$

式中，ε 为单位时间内单位体积流体中的有效能耗；μ 为水的运动黏度系数。设涡旋的尺度与微粒的尺度相等，将式（5.45）和式（5.46）代入式（5.44）得：

$$N_0 = \frac{8\pi}{\sqrt{15}} \sqrt{\frac{\varepsilon}{\mu}} d^3 n^2 \tag{5.47}$$

式中，N_0 为颗粒减少的反应速率；ε 为单位时间内单位体积流体的有效能耗，也是脉动流速所耗功率，而不是 Camp-Stein 公式中的单位体积流体所耗总功率；μ 为水的运动黏度系数；d 为颗粒的直径；n 为颗粒的粒数浓度，此即微涡旋理论的动力学方程。将此方程与同向絮凝的式（5.30）对比，如果令 $G = (\varepsilon/\mu)^{1/2}$，则两式仅仅是系数不同。除此之外 $(\varepsilon/\mu)^{1/2}$ 与公式（5.42）也相似，不同的是 P 代表单位体积流体所耗总功率，其中包括平均流速和脉动流速所耗总功率，而 ε 为脉动流速所耗功率；η 为流体的动力黏度系数；μ 为运动黏度系数。由此可以说在湍流条件下，Camp-Stein 的速度梯度仍可应用。沿用习惯，仍将 $(\varepsilon/\mu)^{1/2}$ 称作速度梯度 G。

以上理论分析说明，如果能在絮凝池中大幅度地增大湍流蜗旋的比例，就可以大幅度地增加颗粒碰撞次数，有效地改善絮凝效果。一般来说，水中微粒的尺度都不会大于 η，因此对微粒碰撞有效的涡旋应当处于黏性区。图 5.5 表达了微尺度涡旋模型的大意。

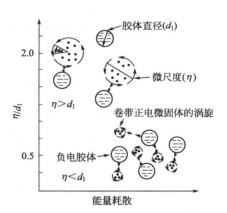

图 5.5　微尺度涡旋模型

该模型的假设如下：

① 湍流微尺度为 η（Kolmogorov 微尺度）的微涡旋可以看作是与直径为 d_1 的粒子相碰撞的微粒，其直径用 d_2 表示，即 $d_2 = \eta$；

② 微涡旋的直径 $d_2 = \eta$，可以由能量输入来计算，即 $\eta = (\mu^3/p)^{1/3}$，式中 μ 为运动黏度系数，p 为单位质量流体中能量的输入和耗散，所以按照微涡旋尺度（即颗粒的尺度）所对应的能量指标对絮凝设备中所输入的能量进行合理的分配和控制，根据絮体逐渐长大的资料，按照与其相近的微涡旋尺度，可计算出絮凝设备各阶段相应的输入能量；

③ 涡旋内卷带有带正电荷的各种形态的絮凝剂离子或微小固体。

按照 η 对 d_1 的相对比值可将模型做进一步划分，当胶体微粒（d_1）小于涡旋的微尺度（η 或 d_2）时，处于黏性区，这种情况发生于能量耗散较低的条件下，示于图 5.5 左上方。当胶体微粒大于涡旋微尺度时，处于惰性区。理论指出，在黏性区当涡旋的微尺度为胶体直径的两倍时，脱稳速度达到最小，对于惰性区，脱稳速度的极小值出现于涡旋微尺度为胶体直径的 1.33 倍时。由于湍流场具有连续的涡旋尺寸，而 η 只是一个特殊尺寸，所以在 $\eta > d_1$ 的范围内求得一个惰性区的极小值并不能有损模型的结论。因此，对于电中和脱稳，快速混合应当能避免使 η 约为 d_1 的 1.33~2.0 倍的湍流混合条件。一般来说，水中微粒的尺度都不会大于 Kolmogorov 微尺度，因此对微粒碰撞有效的涡旋应当处于黏性区。同多年来设计工作的实际工作经验结合起来可以指出，反混式反应器的平均速度梯度的推荐值为 700~1000s^{-1}。如果应用单向式混合器，平均速度梯度的推荐值为 3000~5000s^{-1}。为获得有效的电中和脱稳，1500~3000s^{-1} 之间的范围应予以避免。该理论的缺点是有效功率 ε 在实际中也很难确定，因而其局限性是明显的。

王焱等从另一个角度对微涡旋的作用做了解释。他们认为，涡旋半径越大，其惯性作用越强，黏性作用越弱，甚至可以完全忽略，其速度梯度很小；涡旋半径越小，则反之，当达到最小涡旋特征尺度时，涡旋的速度梯度很大。另一方面，涡旋半径越小，离心作用越强。微小涡旋由于离心作用强，絮体颗粒径向离心加速度大，运动快，越靠近中心，切向速度越小；越靠近涡旋外侧，切向速度越大。在离心惯性作用下，沿径向进入新区域的絮体颗粒的切向速度小于新区域中原絮体颗粒的切向速度，这一速度差及持续离心作用造成的涡旋外侧絮体颗粒的增密作用，为径向进入新区域的絮体颗粒与原运动的絮体颗粒的碰撞提供了条件。对于大尺度涡旋，由于其离心作用微弱，速度梯度小，其产生的颗粒碰撞几率就小。因此在絮凝中若能有效地消除大尺度涡旋，增大微小涡旋的比例，就能有效地提高絮凝效果。

如果在絮凝反应池的流道上设置多层网格反应设备就可以具备上述功能。湍动水流流过网格之后，由于惯性作用，大尺度的涡旋破碎变成较小尺度的涡旋，小尺度涡旋数量增加，湍动能量衰减。水流中湍流度 ε' 定义为三个方向脉动速度均方值的相对数值如下：

$$\varepsilon' = \frac{\sqrt{\frac{1}{3}(v_x'^2 + v_y'^2 + v_z'^2)}}{v} \tag{5.48}$$

式中，ε' 为流场中某点的紊流度；v_x'、v_y'、v_z' 为该点沿 x、y、z 三个方向的脉动速度；v 为该点沿水流方向的时平均流速。湍流度与涡旋尺度大小直接相关，通常涡旋尺度越大，湍流度越高。以 σ 表示脉动速度的均方根，则有：

$$\sigma = \sqrt{\frac{1}{3}(v_x'^2 + v_y'^2 + v_z'^2)}$$

如果以 K 表示单层网格水头损失系数，以 σ_1、σ_2 分别表示一层网格前、后脉动速度的均方根，根据近似理论，经过一层网格后脉动速度的变化为：

$$\frac{\sigma_2}{\sigma_1} = \frac{1}{(1+K)^{1/2}} \tag{5.49}$$

由式(5.49) 可以看出，$\sigma_2 < \sigma_1$。根据式(5.48) 可知，由于主流时平均速度不变，所以经过网格后湍流度降低。设有 n 层疏网格，每层水头损失系数为 K_1，则水流经过 n 层疏网格后的湍流度变化为：

$$\left[\frac{\sigma_2}{\sigma_1}\right]_{疏网格} = \frac{1}{(1+K_1)^{n/2}} \tag{5.50}$$

另有一层密网格，其损失系数为 K_2，若保持 $K_2 = nK_1$，则水流经过该层密网格后，湍流度变化为：

$$\left[\frac{\sigma_2}{\sigma_1}\right]_{密网格} = \frac{1}{(1+K_2)^{1/2}} \tag{5.51}$$

由于 $K_2 = nK_1$，所以：

$$\left[\frac{\sigma_2}{\sigma_1}\right]_{密网格} = \frac{1}{(1+K_2)^{1/2}} = \frac{1}{(1+nK_1)^{1/2}} \tag{5.52}$$

显然

$$(1+K_1)^{n/2} \geqslant (1+nK_1)^{1/2}$$

对比式(5.50) 和式(5.52) 可知

$$\left[\frac{\sigma_2}{\sigma_1}\right]_{疏网格} < \left[\frac{\sigma_2}{\sigma_1}\right]_{密网格}$$

由此可见，通过 n 层疏网格后水流的脉动速度要比通过同一阻力的一层密网格更小一些，即通过 n 层疏网格后水流的湍流度要比通过同一阻力的一层密网格更小一些，其涡旋尺度也较后者小，湍流的无效耗散能也就更小一些，因此在絮凝池中设置多层网格可以产生出较多的小涡旋，也就可以更有效地利用现有水头压能。

综上所述，速度梯度理论和 Camp-Stein 理论并未揭示湍流絮凝的本质。一些学者认为，速度梯度理论可以用于指导机械搅拌絮凝池的设计，但对网格絮凝池、折板絮凝池等池型的设计却是没有理论意义的，只具有经验指导意义。而现有湍流絮凝理论的尝试尚存在较大局限性和疑问，所以可以说湍流条件下导致水流中微小颗粒絮凝的动力学致因一直未能搞清楚，迄今尚未找到令人满意的答案，这种状况限制了絮凝动力学理论的发展及对现有絮凝工艺及设备的进一步改进，尚需继续进行研究。

5.2.4 关于 GT 值的讨论

由式(5.33) 可以得到：

$$G = \frac{\ln\frac{N_0}{N}}{\frac{4}{\pi}\Phi t} \tag{5.53}$$

由于 Φ 是一个常数，当 t 一定时，如果速度梯度 G 增大，N 值必然减小，即颗粒粒度增大。但 G 值太大时，生成的大颗粒有被剪切而破碎的可能。如果将上式中的 t 与 G 相乘，并将 t 改为 T，就得到一个无量纲的 GT 值：

$$GT = \frac{\ln\frac{N_0}{N}}{\frac{4}{\pi}\Phi} \tag{5.54}$$

该 GT 值通常被称为 Camp 准数，可以反映颗粒浓度 N 值，实际也就反映了颗粒的粒度。因而，要达到一定的絮凝效果，可以适当延长停留时间而减小速度梯度，从而避免大颗粒由于速度梯度过大而破碎。由此可见 GT 值可以作为控制和衡量反应效果的尺度，它在一定程度上反映了絮凝反应的过程。

根据实际给水处理反应池的资料统计，G 值可在 $20\sim70\mathrm{s}^{-1}$ 之间，而 GT 值可在 $10^4\sim10^5$ 之间，文献中报道的最大 G 值范围在 $1500\sim2000$ 之间。Andreu-Villegas 和 lettman 通过实验研究提出如下经验表达式：

$$(G^*)^{2.8}T=K \tag{5.55}$$

式中，G^* 为速度梯度的最适宜值；T 为停留时间；K 为常数。也可以根据实验将上式写成：

$$(G^*)^{2.8}T=\frac{44\times10^5}{c} \tag{5.56}$$

式中，c 为絮凝剂投加浓度。

G 和 GT 值作为絮凝指标已经在水处理领域沿用了半个多世纪，但这一理论对改善现有的絮凝工艺并没有重要意义。在指导实际生产时，主要存在如下问题：

① 在生产运行中，规范长期建议采用平均 G 值为 $20\sim70\mathrm{s}^{-1}$。在水厂实际运行中，平均 G 值变化范围更大。这是因为 G 值为在层流态下导出的速度梯度，在湍流态下虽作为水流功率大小的量度，但其值由输入单位体积水流的总功率决定。絮凝池流态复杂，有效功率在总功率中占的比例无法确定，相同的 G 值也不一定对应相同的有效功率，絮凝效果随之不同。还有 G 值变化范围大且没有考虑反应后期絮体破碎，作为絮凝效果控制指标指导作用不大。

② 给水处理中，GT 值一般建议控制在 $10^4\sim10^5$ 之间。资料显示，在高浊度的原水处理中，国内采用 $GT\approx2\times10^3$，这说明 GT 值因缺少水中颗粒浓度项而存在不小缺陷。同时 GT 与 G 值一样没有考虑絮体破碎问题。此外，GT 值变化幅度相差一个数量级，控制意义也不大。

③ 速度梯度理论与工程实践存在一个悖谬。按照速度梯度理论，速度梯度越大颗粒碰撞次数越多，而网格絮凝反应池速度梯度为零，其反应效率应最差。事实恰好相反，网格反应池的絮凝反应效果却优于所有传统反应设备。这充分说明了速度梯度理论远未揭示絮凝的动力学本质。

基于对以上传统絮凝控制指标的分析，有必要提出更准确的新型絮凝控制指标用以指导生产实践。近年来，国内外的水处理工作者对此做了大量的研究。有人建议用 $Et^{2/3}$（Et 为输入功率）作为絮凝指标，还有人主张用 GTC_o（C_o 为原水浊度）替代 GT 值作为控制指标。王晓昌建议以 $GT/Re^{1/2}$（Re 为雷诺数）作为衡量絮凝效果的准数，以作为小型絮凝实验推广放大的依据。而王乃忠指出，$GT/Re^{1/2}$ 作为絮凝综合指标数值幅度（10^2 数量级以内）仍然很宽，控制意义不大。他认为絮凝作用主要发生在惯性区域，且认为在惯性区域内，紊流的性质与单位体积水流所消耗功率或能量消耗 P 的 $1/3$ 次方有关，而与水的黏度系数 η 无关，即以 $P^{1/3}$ 代替 $G=(P/\eta)^{1/2}$ 值作为絮凝准数可能改善 GT 存在的缺陷和问题。通过实验测定，王乃忠认为，较为合理的 $P^{1/3}t$ 在 $1000\sim1500$ 之间。其变化范围较窄，控制作用显著，但要运用到折板絮凝或其他絮凝工艺中有待进一步细化与检验。通过研究折板絮凝，谭章荣等提出单位造涡强度 F_s 这一新指标，他认为与速度梯度 G 值相比，用单位造涡强度 F_s 控制更为简便，在一定流量下只要折板长度、宽度及间距确定，则必有与之相对应的 F_s，调整折板单元的参数组合使 F_s 在最优范围内，即可达到理想的絮凝效果，并建议折板絮凝第一档 $F_s=(0.35\sim0.50)\mathrm{s}^{-1}$，第二

档 $F_s=(0.25\sim0.35)\mathrm{s}^{-1}$，第三档 $F_s=(0.10\sim0.20)\mathrm{s}^{-1}$。当然，$F_s$ 作为絮凝控制指标仍需商榷与检验。以上研究成果都是一家之言，各有长短，就目前来说都不足以指导实际生产。只有在深入研究絮凝机理的基础上，经过具体细化和大量工程实践验证之后才能逐步推广并提出规范。

5.2.5　湍流絮凝的扩散模型

Argaman 和 Kaufman 提出了湍流中的同向絮凝的扩散模型，这个模型类似于 Smoluchowski 异向絮凝的方程，建立在设想"悬浮于湍流中的颗粒发生着如气体分子一样的混乱运动"之上。在他们的分析中，假设了絮体尺度分布的简单双峰模型，其中一个峰代表初始微粒，另一个峰代表大的絮体，并从实验测定证实了该模型的正确性，得到的初始颗粒和絮体碰撞的速度表达式如下：

$$N_{1\mathrm{F}}=4\pi K_SR_{\mathrm{F}}^3n_1n_{\mathrm{F}}u^2 \tag{5.57}$$

式中，K_S 为湍流能谱对有效扩散系数影响的比例系数；R_{F} 为絮体的半径；n_1、n_{F} 分别为初始颗粒和絮体的数目浓度；u^2 为均方速度涨落，与速度梯度的均方根 G 相关，是湍流强度的量度。虽然式(5.57)是应用湍流扩散的概念导出的同向絮凝方程，但在形式上与应用层流速度梯度概念得到的 Smoluchowski 方程相似。Argaman 和 Kaufman 认为在絮凝中，下列两个相反的过程与颗粒的浓度有关：一个是初始微粒的聚结和小絮体凝结并形成大絮体；另一个是絮体破碎成碎片。破碎的速率被表示为初始微粒从絮体表面剪切下来形成的速率：

$$\frac{\mathrm{d}n_1}{\mathrm{d}t}=BR_{\mathrm{F}}^2\frac{n_{\mathrm{F}}}{R_1^2}u^2 \tag{5.58}$$

式中，B 为破碎常数。合并式(5.57)与式(5.58)得到：

$$\frac{\mathrm{d}n_1}{\mathrm{d}t}=-4\pi\alpha K_SR_{\mathrm{F}}^3n_1n_{\mathrm{F}}u^2+B\frac{R_{\mathrm{F}}^2}{R_1^2}n_{\mathrm{F}}u^2 \tag{5.59}$$

式中，α 为产生持久凝结的碰撞分数。

5.2.6　同向絮凝速度与异向絮凝速度的比较

将式(5.12)所示 Einstein-Stokes 公式代入异向絮凝速度方程(5.17)，可以看出絮凝速度与粒子的大小无关：

$$\left(\frac{\mathrm{d}N_t}{\mathrm{d}t}\right)_{\mathrm{P}}=\frac{-4K_{\mathrm{B}}TN_t^2}{3\eta} \tag{5.60}$$

式中，下注 P 表示异向絮凝。此式表明，当 N_t 由于粒子聚结而减少时，絮凝速度会显著降低。

同向絮凝速度由式(5.36)表示，加注下标 O 表示同向絮凝：

$$\left(\frac{\mathrm{d}N_t}{\mathrm{d}t}\right)_{\mathrm{O}}=-\frac{16Gr_1^3}{3}\sum_{k=1}^{p}N_k^2k \tag{5.61}$$

与异向絮凝相似，絮凝速度对粒子浓度为二级，并与初级粒子的大小有强烈依赖关系，与速度梯度有线性关系，但与温度无关。由以上两式可求得同向絮凝与异向絮凝的速

度之比:

$$\frac{\left(\dfrac{dN_t}{dt}\right)_O}{\left(\dfrac{dN_t}{dt}\right)_P}=\frac{4G\eta r_1^3}{K_B T}\frac{\sum\limits_{k=1}^{p}N_k^2}{N_t^2} \tag{5.62}$$

在絮凝开始时, $t=0$, $N_t=N_0$, $k=1$, $N_1=N_0$, 则有:

$$\frac{\left(\dfrac{dN_t}{dt}\right)_O}{\left(\dfrac{dN_t}{dt}\right)_P}=\frac{4G\eta r_1^3}{K_B T}=\frac{G\eta d_1^3}{2K_B T} \tag{5.63}$$

或

$$d_1^3 G=\frac{\left(\dfrac{dN_t}{dt}\right)_O}{\left(\dfrac{dN_t}{dt}\right)_P}\left(\frac{2K_B T}{\eta}\right) \tag{5.64}$$

式中, d_1 为初级粒子的直径。若温度一定(例如 25℃),则上式右边括号内为一定值。现将 $\dfrac{\left(\dfrac{dN_t}{dt}\right)_O}{\left(\dfrac{dN_t}{dt}\right)_P}$ 作为参考,设它分别等于 10^{-1}、1 和 10 的三种情况,就可以求得粒子直径和速度梯度的关系。若以横轴表示粒子直径 d(cm),纵轴表示速度梯度 G(s^{-1}),则两者的关系如图 5.6(a) 所示。此外,当 $\dfrac{\left(\dfrac{dN_t}{dt}\right)_O}{\left(\dfrac{dN_t}{dt}\right)_P}=1$ 时,若以温度作为参考,对 10℃、20℃、25℃、30℃、40℃五种情况下按式(5.63)计算粒子直径和速度梯度 G 的关系如图 5.6(b) 所示。

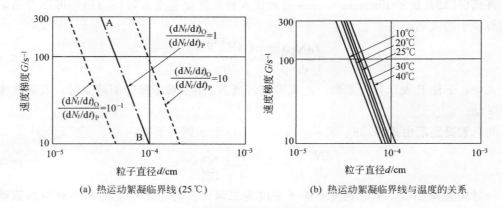

(a) 热运动絮凝临界线 (25℃)　　　　(b) 热运动絮凝临界线与温度的关系

图 5.6　热运动絮凝临界线

一般认为 $\dfrac{\left(\dfrac{\mathrm{d}N_t}{\mathrm{d}t}\right)_{\mathrm{O}}}{\left(\dfrac{\mathrm{d}N_t}{\mathrm{d}t}\right)_{\mathrm{P}}}=1$ 的直线表示因热运动引起的异向絮凝的速度与同向絮凝速度大

体相等的位置，因而称为热运动絮凝临界线。图 5.6(a) 中 $\dfrac{\left(\dfrac{\mathrm{d}N_t}{\mathrm{d}t}\right)_{\mathrm{O}}}{\left(\dfrac{\mathrm{d}N_t}{\mathrm{d}t}\right)_{\mathrm{P}}}=10^{-1}$ 的直线表示同

向絮凝速度为异向絮凝的 $\dfrac{1}{10}$，而 $\dfrac{\left(\dfrac{\mathrm{d}N_t}{\mathrm{d}t}\right)_{\mathrm{O}}}{\left(\dfrac{\mathrm{d}N_t}{\mathrm{d}t}\right)_{\mathrm{P}}}=10$ 的直线表示异向絮凝速度为同向絮凝速度

的 $\dfrac{1}{10}$。这说明，在热运动絮凝临界线的左侧，异向絮凝占优势，而在其右侧，同向絮凝占优势。如果把速度梯度限制在 $10\sim100\mathrm{s}^{-1}$，则热运动絮凝的极限范围内粒子直径大约为 $0.4\sim1\mu\mathrm{m}$。另外由图 5.6(b) 可见，即使温度在 $10\sim40℃$ 内变化，热运动絮凝临界线的位置却没有多大的变化，换言之，异向絮凝占优势还是同向絮凝占优势，基本上取决于粒子直径，当粒径在 $0.1\mu\mathrm{m}$ 以下时，同向絮凝基本上不起作用。所以一般认为，同向絮凝在时间上不会发生在异向絮凝之前。

5.3 慢速絮凝动力学

在建立快速絮凝理论时，假定每一次粒子间的碰撞均能导致聚结，这就是说粒子全部是脱稳的。但实际上粒子可能是部分脱稳的，因而仅有一部分碰撞是有效的，这部分碰撞可用系数 α 来表征。当 $\alpha=1$ 时即为快速絮凝的情形，而 $\alpha<1$ 时就是慢速絮凝的情形，在引入 α 值后，异向絮凝的速度方程(5.65) 就成为：

$$-\frac{\mathrm{d}N_t}{\mathrm{d}t}=8\alpha\pi D_1 a_1 N_t^2 \tag{5.65}$$

而且有：

$$t_{1/2}=\frac{3\eta}{4\alpha K_{\mathrm{B}}TN_0} \tag{5.66}$$

而同向絮凝的速度方程(5.36) 就成为：

$$-\frac{\mathrm{d}N_t}{\mathrm{d}t}=\frac{16\alpha Gr_1^3}{3}\sum_{k=1}^{p}N_{\mathrm{k}}^2 k \tag{5.67}$$

如前所述，分散体系的稳定性是由粒子间的势垒所引起，当粒子间有势垒存在时，Fuchs 设想势垒的作用相当于粒间的一斥力 $(\mathrm{d}V/\mathrm{d}x)$，在此力的作用下，粒子向彼此远离的方向扩散。因此表示向一捕集者粒子扩散的 Smoluchowski 公式(5.7) 应修改为：

$$\frac{\mathrm{d}N_i}{\mathrm{d}t}=D_i\times4\pi R_{ij}^2\left(\frac{\mathrm{d}N_i}{\mathrm{d}r}\right)_{r=R_{ij}}+\text{阻力校正项} \tag{5.68}$$

由于在稳定状态时，进入每个同心球面的粒子数都相同，故上式也可以写成：

$$\frac{dN_i}{dt} = 4\pi r^2 D_i \left(\frac{dN_i}{dr}\right)_{r \geqslant R_{ij}} + 阻力校正项 \tag{5.69}$$

式中，阻力校正项代表了在斥力作用下，单位时间内离开捕集者粒子的粒子数。计算了此校正项与粒子间相互作用位能 V 之间的关系，并考虑捕集者粒子也在做布朗运动后，Fuchs 得出：

$$\frac{dN_t}{dt} = \frac{4\pi D_{ij} N_{0,i}}{\int_{R_{ij}}^{\infty} \exp(V/K_B T) r^{-2} dr} \tag{5.70}$$

式中，V 为两粒子相距 r 时的相互作用能。当考虑捕集者也有布朗运动时，可由式 (5.8) 得：

$$\frac{dN_i}{dt} = 4\pi R_{ij} D_{ij} N_{0,i} \tag{5.71}$$

将式 (5.70) 同式 (5.71) 相比可得到：

$$W = \alpha^{-1} = \frac{K_r}{K_s} = R_{ij} \int_{R_{ij}}^{\infty} \exp(V/K_B T) r^{-2} dr \tag{5.72}$$

式中，W 为稳定性比，即存在势垒时的聚沉速度 K_s 比快聚沉速度 K_r 减慢的倍数，是碰撞系数 α 的倒数。稳定性比是表征胶体稳定程度的重要数量。自式 (5.72) 知道，W 的数值取决于粒子间相互作用位能如何随距离变化，若自 DLVO 理论得出粒子间总位能曲线，则可由以上两式求出其聚沉速度。图 5.7 是在指定的 A 与 ψ_d 下计算的 $\lg W$-$\lg c$ 曲线，c 为电解质浓度。对于恒定的 ψ_d，$\lg W$ 与 $\lg c$ 几乎在整个聚沉区均呈大致直线关系，实验结果证实了这一点。

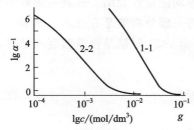

图 5.7 α^{-1} 对电解质浓度的依赖性

$A = 2 \times 10^{-19}J$，$R_0 = 10nm$，$\psi_d = 76.8mV$

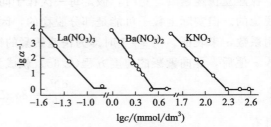

图 5.8 AgI 溶胶（52nm）的

$\lg \alpha^{-1}$-$\lg c$ 的实验结果

图 5.8 是 Reerink 与 Overbeek 对平均半径 52nm 的 AgI 溶胶所得的结果，图中的转折点即各电解质的聚沉值。

对于 25℃的单分散胶体水溶液，Reerink 和 Overbeek 从理论上导出了一个很有用的近似公式：

$$\frac{d\lg W}{d\lg c} = -2.15 \times 10^9 r_i \gamma_0 Z^2 \tag{5.73}$$

式中，γ_0 的意义见式 (2.27)，r_i 为粒子半径，Z 为电解质电荷。根据此式，从实验得到的 $\lg W$-$\lg c$ 关系可求出粒子的 Stern 电位或扩散层电位 ψ_d。除此之外，Gregory 也揭示了电解质减小势垒和增大 α 值的作用，给出了 W 对最大相互作用位能的依赖关系，如

表 5.2 所示。对 25℃ 下含 10^9 个/mL 粒子的悬浊液，当 $\alpha=1$ 时，即最大位能值为零时，半衰期 $t_{1/2}=163s$，当最大位能值仅 $5K_BT$ 时，W 为 40，根据式(5.66)，其半衰期几乎为 2h，而当最大位能为 $25K_BT$ 时，W 为 10^9，半衰期长得可以使悬浊液成为稳定体系。

表 5.2　W 对最大 V 的依赖关系

$V_{最大}(K_BT)$	5	15	25
W	40	10^5	10^9

对于异向絮凝，Fuchs 理论考虑了 van der Waals 力和双电层的排斥力，但没有考虑介质流体的黏性力。现代分析认识到，悬浮于黏性流体间的两个微粒的相对运动与它们二者孤立运动的叠加是不同的，影响因素应包括来自流体力学的作用力，该作用力在本质上是阻止颗粒相互碰撞的，其相对扩散系数小于二者扩散系数的加和（D_1+D_2），所以实际的碰撞效率系数小于式(5.72)中的 α。

对于同向絮凝，van de Ven 和 Mason 认为当微粒间的排斥力占优势时，可认为 $\alpha=0$。当排斥力小到可以忽略时，发现二聚体生成的速率并不是如 Smoluchowski 公式所预示的严格正比于速度梯度 G，而是正比于 $G^{0.82}$。当吸引力与排斥力均显著时，理论预示在高剪切速度下微粒在势能曲线的第一极小值处形成很强的聚集体；而在低剪切速度下，微粒在势能曲线的第二极小值处形成较弱的聚集体。因而可能的是：悬浊液在高剪切和低剪切下是不稳定的，但在中度剪切下是稳定的。在某些情况下当吸引力项和排斥力项比值足够大时，α 值随着速度梯度 G 的增大而增大。

5.4 高分子絮凝动力学

在把高分子聚合物加入悬浊体系的瞬间，以下与速率有关的过程随即发生：
① 聚合物分子在颗粒间混合；
② 聚合物发生扩散并附着在颗粒上（吸附）；
③ 吸附高分子链在颗粒表面重新排布以形成平衡构型（重构）；
④ 被高分子包覆的粒子相互碰撞，引起聚结。

为简单起见，假设加入的高分子会迅速均匀地分布在悬浊体系中，如此完美的混合在实际中是不可能达到的，但是可以用合适的技术达到十分近似的效果。其余三个过程发生的速度取决于许多因素，而它们的相对速度也会显著影响絮凝的效能。

可以将高分子在颗粒表面的吸附当做异向絮凝来处理。假设在单位体积中有 N_1 个颗粒，有 N_2 个聚合物分子，且每一次接触均可导致附着，则吸附速度可以表示为：

$$-\frac{dN_2}{dt}=k_A N_1 N_2 \tag{5.74}$$

式中，k_A 为颗粒与高分子的碰撞速率常数。在颗粒浓度 N_1 保持不变的条件下积分得：

$$\ln\frac{N_{2,0}}{N_2}=k_A N_{1,0}t \tag{5.75}$$

式中，$N_{1,0}$ 和 $N_{2,0}$ 分别为颗粒和高分子的初始浓度；N_2 为在 t 时间液相中尚未被吸附的高分子浓度。假设在有效架桥作用发生之前，就有部分高分子吸附发生。从式(5.75)可以得到吸附高分子分数达到 x 的时间为：

$$t_A = -\frac{\ln(1-x)}{k_A N_{1,0}} \tag{5.76}$$

对给定颗粒体系，在碰撞发生之间存在一个平均时间间隔，称为特征絮凝时间 t_f：

$$t_f = \frac{1}{k_f N_{1,0}} \tag{5.77}$$

式中，k_f 为絮凝速度常数，将以上时间进行比较：

$$\frac{t_A}{t_f} = -\frac{\ln(1-x)}{k_f/k_A} \tag{5.78}$$

假设颗粒和高分子都是球形颗粒，半径分别为 a_1 和 a_2，速率常数可以用 Smoluchowski 计算得到，以上比值就可表示为：

$$\frac{t_A}{t_f} = -4\frac{[\ln(1-x)]a_1 a_2}{(a_1+a_2)^2} \tag{5.79}$$

对尺度近似相等的颗粒和高分子，假设 $x=0.5$，则有 $t_A/t_f \approx 0.7$。当 a_1 和 a_2 差别较大时吸附步骤将会更快。虽然这是一个非常简单的分析，但指出吸附速度相对于碰撞速度并不是足够快，可能影响絮凝过程，在实际中常常会观察到在聚合物加入和絮凝开始之间存在一个"延迟"时间，就是这一计算结果的一个说明。

对于重构步骤，目前所能获得的信息还不够多，对高分子达到其平衡构型所需要的时间的估算在相当大的程度上属于猜测。秒、分钟，甚至小时都可能涉及。聚合物高分子吸附的计算机模拟指出，在一些情况下，真正的平衡是不可能达到的，吸附高分子链处在相互缠结，不确定的亚稳态。直观地考虑，可以认为架桥作用很可能发生在吸附高分子处在伸展的非平衡态时，而不是处在高分子链平铺于表面的平衡态时。对于絮凝的发生，不但需要高分子链从表面伸向液相，还需要表面留有未被占据的空白表面，以便与其他微粒相附着。可以设想，高分子链伸向液相处于非平衡构型可引发絮凝，但高分子链处于平衡态则引发微粒的重新稳定。关键问题是颗粒间的碰撞是否快到能利用聚合物伸展所提供的架桥机会。这其实是与颗粒浓度相关的问题。在较高的 N_1 时，碰撞频率高，相当多的碰撞发生在高分子吸附到分子重构的时间之内。在较低的 N_1 时，重构可能发生在较多的碰撞之前。

与之相似，被剪切作用所破坏的絮体在除去剪切作用后不会重新恢复，是因为吸附高分子已经采取了平铺的吸附构型。所以虽然聚合物与悬浮物之间好的混合是必要的，但剧烈的搅拌不应持续过长的时间。

在利用有机聚合物絮凝剂使颗粒脱稳时，其原理有电中和及粒间絮桥。对于有机聚合物，由于不存在无机金属絮凝情况下所发生的吸附和沉淀之间的竞争反应，因此高强度的混合并非必需，强度过高反而会导致絮体破碎。低分子量阳离子聚合物的快速混合标准是平均速度梯度为 $400 \sim 800 \mathrm{s}^{-1}$，有研究者曾提出，相应的混合时间在 $60\mathrm{s}(\overline{G}=400\mathrm{s}^{-1}) \sim 30\mathrm{s}(\overline{G}=800\mathrm{s}^{-1})$ 之间，因此 $\overline{G}T$ 值在 $15000 \sim 30000$ 之间。在某些情况下，这样的混合强度会导致絮体过分破碎，这应当用絮体的显微分析以絮体的破碎作为一个重要的限制标准。

5.5 特殊形式絮凝的动力学

5.5.1 絮体毯絮凝

絮体毯絮凝（floc blanket flocculation）可提供一种特殊的同向絮凝，属于接触絮凝。假定在悬浊液中仅有两种大小的粒子，一种是初级粒子，其 $r_i = r_1 < 1\mu m$；另一种是絮体，即絮凝生成物，其 $r_j \approx 1000\mu m$，这两种粒子相互碰撞生成 k 粒子，由于 $i \ll j$，所以 $k \approx j$。若絮体的粒子数不变，即 $N_j \approx N_k \approx$ 常数，所以各种尺度粒子数的变化速率就等于初级粒子的变化速率：

$$\frac{\mathrm{d}\sum_{k=1}^{\infty} N_k}{\mathrm{d}t} \approx \frac{\mathrm{d}N_1}{\mathrm{d}t}$$

将式（5.28）中的 i 忽略后就可得到：

$$\frac{\mathrm{d}N_1}{\mathrm{d}t} = \frac{2Gr_1^3}{3}(N_1 N_j j - 2N_1 N_j j)$$

$$-\frac{\mathrm{d}N_1}{\mathrm{d}t} = \frac{2Gjr_1^3}{3}N_1 N_j \tag{5.80}$$

由式（5.27）得：

$$jr_1^3 = r_j^3 \tag{5.81}$$

代入体积浓度 $\phi = \frac{4}{3}\pi r_j^3 N_j$，得：

$$-\frac{\mathrm{d}N_1}{\mathrm{d}t} = \frac{G\phi}{2\pi}N_1 \tag{5.82}$$

积分：

$$\int_{N_0}^{N_t} \frac{\mathrm{d}N_1}{N_1} = -\int_0^t \frac{G\phi}{2\pi}\mathrm{d}t$$

得到：

$$\frac{N_t}{N_0} = \exp\left(-\frac{G\phi t}{2\pi}\right) \tag{5.83}$$

结果絮凝效果由无量纲的积所决定，ϕ 因子的存在可以说明絮体毯澄清器的成功应用。在絮体毯中，絮体物的体积浓度可达到 $\phi = 0.05 \sim 0.2$，因而速度梯度 G 可以较低（$<5s^{-1}$），停留时间可以较少（$10 \sim 20min$），但在水平式流动澄清器中 GT 值一般高达 $10^4 \sim 10^5$。

絮体毯絮凝理论在澄清器中得到了应用，可参见本书第 10 章相关内容。

5.5.2 差速沉降絮凝

差速沉降絮凝也可以看作是一种特殊形式的同向絮凝。如果分散系中的粒子以不同的速度沉降，较快沉降的粒子就会与较慢沉降的粒子碰撞，而导致聚集。由于聚集使粒子质量增大，聚集体就会更快地沉降，并可能与其他粒子进一步碰撞和聚集。图 5.1 同样也可作为差速沉降絮凝的动力学基础，不同的是重力方向即 x 方向，平均相对速度 $v = v_i - v_j$，由于所有粒子均在层流条件下运动，所以 v_i 和 v_j 可参照本书1.4节沉降平衡与高度分布定律，由 Stokes 定律求得。

$$v_i = \frac{2g}{9} \times \frac{(\rho_i - \rho_0)r_i^2}{\eta} \tag{5.84}$$

而流过中心是 j 粒子，半径为 R_{ij} 的柱体截面的粒子量为：

$$N_i \frac{\mathrm{d}v_l}{\mathrm{d}t} = N_i \pi R_{ij}^2 v \tag{5.85}$$

或

$$N_i \frac{\mathrm{d}v_l}{\mathrm{d}t} = N_i \pi (r_i + r_j)^2 (v_i - v_j) \tag{5.86}$$

以上两式中 $\mathrm{d}v_l/\mathrm{d}t$ 为体积流速即流量。由于单位体积中 j 粒子的数目是 N_j，碰撞速率就是：

$$N_i N_j \frac{\mathrm{d}v_l}{\mathrm{d}t} = N_i N_j \pi (r_i + r_j)^2 (v_i - v_j) \tag{5.87}$$

设 $\rho_i = \rho_j = \rho_s$（常数），将式（5.84）代入上式则有：

$$N_i N_j \frac{\mathrm{d}v_l}{\mathrm{d}t} = N_i N_j \frac{2\pi g}{9\eta} (\rho_s - \rho_0)(r_i + r_j)^2 (r_i^2 - r_j^2) \tag{5.88}$$

即：

$$N_i N_j \frac{\mathrm{d}v_l}{\mathrm{d}t} = N_i N_j \frac{2\pi g}{9\eta} (\rho_s - \rho_0)(r_i + r_j)^3 (r_i - r_j) \tag{5.89}$$

若 $i > j$，按式（5.25）～式（5.28）的方法，粒子总数的变化速度为：

$$\frac{\mathrm{d}\sum_{k=1}^{\infty} N_k}{\mathrm{d}t} = \frac{2\pi g}{9\eta}(\rho_s - \rho_0) r_1^4 \left[\sum_{j=1}^{\infty} \sum_{i=2}^{\infty} N_i N_j (i^{1/3} + j^{1/3})^3 (i^{1/3} - j^{1/3}) - \right.$$
$$\left. 2\sum_{i=2}^{\infty} \sum_{k=3}^{\infty} N_i N_k (i^{1/3} + j^{1/3})^3 (i^{1/3} - j^{1/3}) \right] \tag{5.90}$$

此方程不能进一步化简，因为令 $i = j = k$ 则导致速度为零，同样也不能应用于一个初始单分散系，因为所有的粒子会以相同的速度运动，故不存在相对运动。但如果体系受到异向絮凝作用，初始的单分散系就会成为多分散系，由此会引起沉降絮凝的发生。

5.5.3 絮凝的多级串联

普通机械搅拌反应池多采用多格或多级串联形式，以提高絮凝效率。以下阐明其理论根据。

根据式（5.61），设在絮凝初期体系为单分散系，$t = 0$，$k = 1$，$N_k = N_0$，同向絮凝时颗粒减少的基本方程可写成下式：

$$-\frac{\mathrm{d}N}{\mathrm{d}t} = \frac{16}{3} \alpha G r^3 N^2 \tag{5.91}$$

以 $t = 0$，$N = N_0$，$t = t$，$N = N$ 分别为上下限条件积分：

$$\int_{N_0}^{N} \frac{dN}{N^2} = -\frac{16}{3}\alpha G r^3 \int_0^t dt \qquad (5.92)$$

得：

$$\frac{N_0}{N} = 1 + \frac{16}{3}\alpha G r^3 N_0 t$$

代入体积分数 $\phi = \frac{4}{3}\pi r^3 N_0$ 则有：

$$\frac{N_0}{N} = 1 + \frac{4}{\pi}\alpha G \phi t \qquad (5.93)$$

若在絮凝过程中原水悬浮颗粒的总体积不变，而且颗粒脱稳程度一定，则可以认为 ϕ 和 α 均为常量，于是上式可写成：

$$\frac{N_0}{N} = 1 + KGt \qquad (5.94)$$

式中，$K = 4\alpha\phi/\pi$，为无量纲数，称为絮凝系数，上式表明絮凝效果与速度梯度、絮凝时间有关。该式可用于机械搅拌絮凝池的粗略计算。

设有三个絮凝池串联使用，其容积相等，搅拌强度相等，各池絮凝时间均为 t，根据式(5.94) 可以写出：

第一絮凝池： $\qquad \frac{N_0}{N_1} = 1 + KGt$

第二絮凝池： $\qquad \frac{N_1}{N_2} = 1 + KGt$

第三絮凝池： $\qquad \frac{N_2}{N_3} = 1 + KGt$

三式相乘得：

$$\frac{N_0}{N_3} = (1 + KGt)^3$$

式中，N_1，N_2，N_3 分别表示各絮凝池出水的颗粒浓度。对 m 个絮凝池串联，可表示为：

$$\frac{N_0}{N_m} = (1 + KGt)^m \qquad (5.95)$$

式中，N_0/N_m 表示 m 个絮凝池的总絮凝效果。若以 T 表示总的絮凝时间，上式则成为：

$$\frac{N_0}{N_m} = \left(1 + KG\frac{T}{m}\right)^m$$

或：

$$T = \frac{m}{GK}\left[\left(\frac{N_0}{N_m}\right)^{1/m} - 1\right] \qquad (5.96)$$

在实际应用中，由于絮凝系数 K 或颗粒有效碰撞系数 α 难以测定，并且变化的范围也很大，因此，上式只能用来判断控制絮凝池工作性能的各项参数之间的相对影响，为设计计算提供一定的理论基础。对于天然水，ϕ 值大致在 10^{-4} 左右，在水的絮凝过程中，

速度梯度约在 $10\sim100s^{-1}$ 范围内，絮凝时间一般不超过 30min。α 值的确定比较困难，有关资料报道也不多，某些实验数据在 $0.01\sim0.448$ 的很大范围内变化，初步计算时，可按 $\alpha=0.1$ 考虑。例如对于天然水的絮凝，$\phi=2\times10^{-4}$，$G=50^{-1}$，$T=30min$，则有：

$$K=\frac{4}{\pi}\alpha\phi=\frac{4}{\pi}\times10^{-1}\times2\times10^{-4}\approx2.546\times10^{-5}$$

对于一个大的絮凝池，其絮凝效果可表示为：

$$\frac{N_0}{N}=1+KGt=1+2.546\times10^{-5}\times50\times30\times60=3.29$$

在同样条件下，若选用三个小容积的絮凝池串联运行，其絮凝絮凝效果为：

$$\frac{N_0}{N}=\left(1+KG\frac{T}{3}\right)^3=\left(1+\frac{2.546\times10^{-5}\times50\times30\times60}{3}\right)^3=5.48$$

明显可以看出，三个串联絮凝池絮凝效果要比总体积相等的一个絮凝池的效果提高 1.67 倍。其原因可以从反应器分析中得到解释：机械搅拌絮凝池类似于连续搅拌反应器，式(5.91) 表示的颗粒浓度减少的速率相当于二级反应。对于 m 个串联的反应器而言，每一个反应器反应物的平均浓度高于单一反应器的浓度，因而反应速率较高，反应效果（即絮凝效果）亦较好。由此可知，在相同的最终出口浓度或相同絮凝效果的条件下，串联级数越多，系统所需反应总容积越小，总停留时间亦越短，所以在水处理中应采用多个串联絮凝池以提高絮凝效果。

不少研究者曾确认如下两个事实：①絮体大小有一定极限，并与速度梯度有反比关系；②高速度梯度下所形成的絮体，粒度较小，但较密集。这些事实表明，在絮凝过程中应考虑同时存在着絮凝和破碎两个机理。据此 Argaman 和 Kaufman 提出了如下的絮凝效果的表达式：

$$\frac{N_0}{N}=\frac{\left(1+K_A G\frac{T}{m}\right)^m}{\left[1+K_B G^2\frac{T}{m}\sum_{i=0}^{i=m-1}\left(1+K_A G\frac{T}{m}\right)^i\right]} \tag{5.97}$$

式中，K_A 为凝聚速率常数，若以铝盐作絮凝剂，其值等于 $10^{-4.3}$；K_B 为破碎速率常数，对铝盐其值等于 10^{-7}，式(5.97) 的图示见图 5.9。

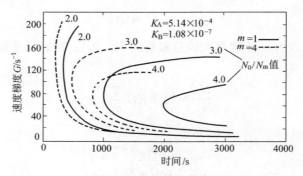

图 5.9　絮凝效果曲线

实验研究表明，串联絮凝池如逐级降低 G 值，可提高絮凝效果，亦即降速絮凝比恒速絮凝更为有效。例如，在絮凝过程中，开始 $2\sim3min$，采用 $G=50\sim70s^{-1}$，随后约

$2\sim3\mathrm{min}$，采用 $G=30\sim50\mathrm{s}^{-1}$，最后约 $15\mathrm{min}$，采用 $G=20\sim30\mathrm{s}^{-1}$。

现将絮凝反应池所需要的功率以及速度梯度值的计算说明如下。对于隔板式混合反应池，设池的长度为 l，截面积为 A，水的流速为 v，流量为 Q，水头损失为 h，则单位容积所消耗的功率 P 为：

$$P=\frac{Q\gamma h}{Al}=\frac{v\gamma h}{l}=\frac{\gamma h}{t}=\frac{\rho g h}{t}=v\rho gs \tag{5.98}$$

式中，γ 为水的重度，$\mathrm{N/m^3}$，即容重；s 为水面的坡度，h/l；t 为停留时间，s。所以速度梯度值可表示为：

$$G=\sqrt{\frac{\gamma h}{\eta t}}=\sqrt{\frac{gh}{\mu t}}=\sqrt{\frac{vgs}{\mu}} \tag{5.99}$$

式中，μ 为水的运动黏度系数，$\mathrm{m^2/s}$。

对于桨板式机械搅拌反应池，单位容积所消耗的功率等于桨板的拖曳力与桨板相对于水的运动速度的乘积除以容积，即：

$$P=\frac{Dv}{V} \tag{5.100}$$

式中，D 为桨板的拖曳力，N；v 为桨板相对于水的圆周线速度，$\mathrm{m/s}$；V 为反应池的容积。桨板的拖曳力等于水流所给予的阻力，由下式表示：

$$D=C_\mathrm{D}A\rho\frac{v^2}{2} \tag{5.101}$$

式中，C_D 为桨板的拖曳系数；A 为桨板垂直于运动方向的投影面积，$\mathrm{m^2}$；其余同上。将上式代入式（5.100）及式（5.42）得：

$$P=\frac{C_\mathrm{D}A\rho v^3}{2V} \tag{5.102}$$

及

$$G=\sqrt{\frac{C_\mathrm{D}Av^3}{2\eta V}} \tag{5.103}$$

用于水处理的机械搅拌反应池设计参考数据列于表 5.3 中。

表 5.3 机械搅拌反应池设计参考数据

指　　　标	数　　　据
停留时间	$20\sim30\mathrm{min}$
混合强度 G	$10\sim75\mathrm{s}^{-1}$（$25\sim60\mathrm{s}^{-1}$ 最常用）
GT	$20000\sim200000$
桨板外缘线速度	轻度絮凝，小于 $0.61\mathrm{m/s}$
	强度絮凝，小于 $1.22\mathrm{m/s}$
桨板面积	小于 $15\%\sim20\%$ 的桨板旋转平面面积
水对桨板的相对速度	相当于桨板速度的 $75\%\sim$ 约 100%
平板桨板的拖曳系数	雷诺数大于 1000，平板的长宽比为 $1,5,20$ 和 ∞ 时，分别为 $1.16,1.20,1.50$ 和 1.90

5.5.4　颗粒多分散性增强絮凝

分散系中粒子大小完全均一的体系称为单分散系，而粒子大小不均一的体系即为多分散系。体系的多分散性对絮凝动力学有显著的影响，这种影响实质上是因对粒子间碰撞速率的影响而引起。我们已经知道粒子间的碰撞发生于三种不同的过程：布朗运动、流体切变和差速沉降。由本章内容可以看出，多分散粒子的这三种絮凝方程非常复杂，难于处理为显明易见，此处仅考虑直径为 d_1 和 d_2 的两种大小的粒子，从而得到统一的速度方程：

$$F_j(d_1, d_2) = K_j(d_1, d_2)N_1 N_2 \tag{5.104}$$

式中，$F_j(d_1, d_2)$ 为碰撞速率，即在单位体积单位时间里的碰撞次数；$K_j(d_1, d_2)$ 为"双分子"速度常数，量纲为体积/时间；j 指示上述三种碰撞机理之一；N_1 和 N_2 分别为直径是 d_1 和 d_2 的两种粒子的粒数浓度，量纲为体积$^{-1}$，其速度常数可由本章公式导出分别为：

布朗运动
$$K_b = \frac{2}{3}\frac{K_B T}{\eta}\frac{(d_1+d_2)^2}{d_1 d_2} \tag{5.105}$$

层流切变
$$K_{sh} = \frac{(d_1+d_2)^3}{6}G \tag{5.106}$$

差速沉降
$$K_s = \frac{\pi g(\overline{S}-1)}{72\mu}(d_1+d_2)^3(d_1-d_2) \tag{5.107}$$

式中，K_B 为 Boltzmann 常数；T 为热力学温度；μ 为运动黏度系数；η 为绝对黏度系数；G 为速度梯度；$\overline{S}$ 为固体相对密度，并假定它对所有固体均相等；g 为重力加速度。

在两种水处理情况下，对这些速度常数可进行计算，结果示于图 5.10 中。图 5.10(a) 代表冬季沉降池中的条件，考虑 d_2 在 $0.01\sim100\mu m$ 范围内变化，$d_1=1\mu m$，$T=5℃$，$\rho=1.02$，$G=0.1s^{-1}$。可以看出，最小碰撞速率发生于粒子直径相等时，此时 $d_1=d_2=1\mu m$；也可以看出，当 d_2 较小时，以布朗运动引起的絮凝为主，但该絮凝作用随着颗粒的增大而下降；还可以看到，在任何粒度范围内，流体切变均不起主要作用，但在较大的粒度范围内，差速沉降起主要作用。因此可以认为，在沉降池这样不做搅拌的体系中，如果粒子具有多分散性，且脱稳程度足够高，则可发生明显絮凝。图 5.10(b) 代表夏季沉

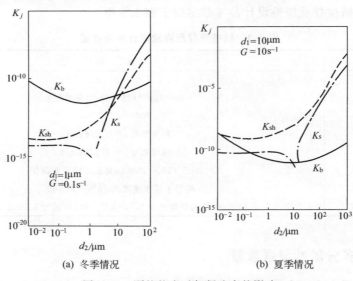

(a) 冬季情况　　　　　　　(b) 夏季情况

图 5.10　颗粒粒度对絮凝速度的影响

降池的条件，计算采用的数据为：d_2 在 $0.01\sim1000\mu m$ 较大范围内变化，$d_1=10\mu m$，$T=20℃$，$\overline{S}=1.02$，$G=10s^{-1}$。由图可以看出，同样存在一个碰撞速度的极小值，而且在 $0.01\sim100\mu m$ 的粒度范围内，流体切变起主要作用。因此可以认为，如果粒子具有多分散性，并含有较大微粒，则沉降池中的小粒子可以被流体切变作用有效地絮凝。在水处理中，这种多分散性可由加入黏土或铝盐的絮体而造成，而在废水中足够大的粒子可能本已存在，因而可以在脱稳程度足够高时，以流体切变作用使微小粒子发生有效的絮凝。

据有关计算，人们早已知道要使每立方厘米中含有 10^4 个病毒微粒的水分散系的浓度减少一半，所需时间为 200d，这种计算的假定条件是粒子完全脱稳，并无其他粒子存在，此时布朗运动是最有效的传送方式。同样也可以计算，每立方厘米含 10^4 个大肠杆菌的分散系受到 $10s^{-1}$ 的速度梯度作用，即使体系的化学脱稳很充分，其半衰期亦长达 120d 之久。在以上两种情况下由差速沉降引起的絮凝也很弱，实际上不能对粒子的去除起作用。

假如在每立方厘米中含有 10^4 个病毒微粒的水分散系中加入膨润土，使之达到 10mg/L 的浓度，病毒微粒的直径为 $0.01\mu m$，而膨润土微粒的直径为 $1\mu m$，相对密度 2.6，温度 25℃，搅拌速度梯度 $G=10s^{-1}$，让我们忽略膨润土微粒间的相互作用，估算在 1h 之后自由病毒微粒的浓度，根据式（5.105）～式（5.107）得：

$$K_b=3.12\times10^{-10}cm^3/s（主要作用）$$

$$K_{sh}=1.72\times10^{-12}cm^3/s$$

$$K_s=7.85\times10^{-13}cm^3/s$$

10mg/L 的膨润土相当于每毫升含有 7.34×10^6 个微粒，在方程（5.94）中使用 $K_b=3.12\times10^{-10}cm/s$，$N_1=7.35\times10^6mL^{-1}$，积分后可以发现 1h 接触之后，自由病毒的浓度仅为 2.6 个/cm^3。此例说明了许多助凝剂对低浊度所起的作用。可见微粒的多分散性可以大大提高絮凝速度。

5.6 各种水体的动力学条件及其絮凝沉淀效果

颗粒的传输和颗粒间的碰撞在很大程度上对天然水和水处理中颗粒物的絮凝沉淀起着决定性的作用。其基本动力学方程已如前所述：

$$-\frac{dN}{dt}=\frac{4}{\pi}\alpha G\phi N \tag{5.108}$$

或

$$\ln\frac{N}{N_0}=-\frac{4}{\pi}\alpha G\phi t \tag{5.109}$$

这就是说，颗粒物聚结的效率取决于一个无量纲的乘积 $\alpha G\phi t$。Werner Stumm 用图 5.11 表示在不同天然水系及水处理过程中，该乘积及其各个变量如何影响着颗粒物的絮凝沉淀效率，从而对天然水系各种条件下的絮凝现象及人工水处理絮凝过程做出了统一的动力学解释。

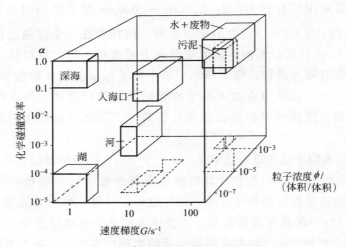

图 5.11　影响絮凝效率的重要参数

　　如图 5.11 所示，在天然水中，尽管碰撞效率很小（G 和 ϕ 很小），但较长的滞留时间可以提供足够的接触机会。在淡水中，碰撞效率是很低的，$\alpha \approx 10^{-4} \sim 10^{-6}$，即仅有万分之一到百分之一的碰撞可导致聚结。在海水中，胶体较不稳定，$\alpha \approx 0.1 \sim 1$，这是因为高盐量压缩了粒子的双电层。在江河入海口，由于含盐量梯度和潮汐运动，形成了一个巨大的天然絮凝池，来自江河的绝大部分胶体物质在此沉降下来。在水和废水的处理系统中，可以减小停留时间（即减小池子的体积），而加入适当量的絮凝剂（$\alpha \rightarrow 1$），输入适当的能量（G）。如果粒子的体积浓度 ϕ 太小，则可以加入一定量的所谓"助凝剂"。

第 **6** 章

絮凝剂及其效能

正如本书第 1 章所述，分散在水中的微粒因具有聚结稳定性和沉降稳定性而不能有效地与水分离。为破坏其聚结稳定性从而破坏其沉降稳定性，必须借助于投加絮凝剂。在水处理中使用的絮凝剂可分为无机盐类絮凝剂、无机高分子絮凝剂、天然有机高分子絮凝剂、人工合成有机高分子絮凝剂等几大类，分述如下。

6.1 无机盐类絮凝剂

6.1.1 无机盐絮凝作用机理

在天然水中存在的无机盐的离子或者在水处理中作为絮凝剂加入水中的无机盐可以通过数种方式影响微粒的稳定性。一是提供反离子而达到压缩双电层厚度并降低 ζ 电位的作用；二是水解产生的各种离子与微粒表面发生专属化学作用而达到电荷中和作用；三是由水解金属盐类生成的沉淀物发挥卷扫网捕作用使微粒转入沉淀。

6.1.1.1 压缩双电层厚度，降低 ζ 电位

在分散体系中加入盐类电解质，将使扩散层中的反离子浓度增大，同时一部分反离子会被挤入 Stern 层，双电层电位由此会较迅速地降落，从而引起扩散层厚度被压缩和 ζ 电位下降。这种情况可由图 6.1 说明。

带电粒子周围的电位由 Gouy-Chapman 提出，如第 2 章所述。对于扩散层电位 ψ_d 较低的情形，将式（2.26）中的 γ_0 以 γ_d 代替就有：

$$\gamma(x) = \gamma_d \exp(-\kappa x) \qquad (6.1)$$

式中，x 为离开 OHP 平面的距离；κ 为德拜-尤格尔长度的倒数。按照式（2.21），对于 25℃ 的水溶液：

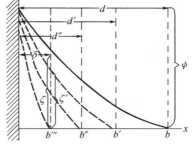

图 6.1 电解质对双电层的影响

$$\kappa = 3.29 \times 10^9 \left(\sum c_i Z_i^2\right)^{1/2} \qquad (6.2)$$

式中，c_i 和 Z_i 分别为 i 离子的摩尔浓度和电荷数。

κ^{-1}是一个特征长度。由方程（6.1）看到，κ 的大小影响着电位随距离下降的快慢，因而 κ^{-1} 被称为扩散层厚度。由于它可有效地控制带电粒子间静电力的作用范围，所以是一个极其重要的量。根据式(6.2)，κ 随离子浓度和电荷数增加，因此在浓溶液特别是多价离子的溶液中，扩散层的厚度 κ^{-1} 会变得非常小，如表 6.1 所示。

表 6.1　不同情况下的扩散层厚度 κ^{-1}　　　　　　　　　　　　　单位：nm

蒸馏水	NaCl/(10^{-4}mol/L)	MgSO$_4$/(10^{-4}mol/L)	泰晤士河	海水
900	31	15	4	0.4

由于扩散层厚度的减小，静电排斥作用的范围随之减小，微粒在碰撞时可以更加接近。又因为 van der Waals 作用为近距作用力，在短距离处它将变得很大，因而排斥势能显得相对较小，引起综合位能曲线上的势垒左移并降低高度（见图 2.34）。如此当势能降低到一定程度时，胶体将失去其稳定性而发生絮凝。

事实上，以上所述从稳定到絮凝的转变常发生在一个相当窄的电解质浓度范围内。对于一定的盐类可以确定出一个临界絮凝浓度，称为聚沉值（CCC）。所谓聚沉值即引起溶胶明显聚沉所需电解质的最小浓度。由 DLVO 理论可证明离子的聚沉值与其电荷的六次方成反比（式 2.78）。如果以聚沉值的倒数表示聚沉能力并记为 Me，则有：

$$Me^+ : Me^{2+} : Me^{3+} = 1^6 : 2^6 : 3^6 \tag{6.3}$$

此即叔采-哈迪实验规则，可见离子的电荷对其聚沉能力影响之大。由于除了电荷之外，聚沉能力还受其他许多因素的影响，因而这只是一个比较粗略的近似规律。在实际中，最简单的方法是准备一系列试管，每支试管中含有相同浓度的胶体粒子，但所含电解质的浓度依次增加，在一定时间后，盐浓度大于 CCC 的试管中将出现浑浊，即发生了絮凝，小于 CCC 的试管中则无变化，直观的目测即能满足需要，由此可确定 CCC 的值。但还有一种办法，就是经沉淀之后测定上澄液的浊度也可确定 CCC，如图 6.2 所示。对应于临界聚沉浓度 CCC，存在着一个临界电位，它是溶胶开始聚沉时的 ζ 电位。

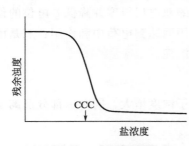

图 6.2　CCC 的确定

同价数的反离子，其聚沉值虽然相近，但仍有一定的差异，其中一价离子的差异最为明显。若将一价离子的聚沉能力依此排序，对于正离子，大致为：

$$H^+ > Cs^+ > Rb^+ > NH^+_4 > K^+ > Na^+ > Li^+$$

对于负离子是：

$$F^- > IO_3^- > H_2PO_4^- > BrO_3^- > Cl^- > ClO_3^- > Br^- > I^- > CNS^-$$

同价离子的聚沉能力的这种次序称为感胶离子序（lyotropic series）。从表 6.2 可以看出，它和离子水化半径由小到大的次序大致相同。因此，同价离子聚沉能力的差异可能是水化后离子体积的差异引起的。水化层的存在削弱了静电引力，水化半径越大，离子越不易被微粒吸附，或者说越不易进入微粒的双电层，聚沉能力就越弱。对于高价离子，价数的影响是主要的，离子大小的影响就不那么明显了。

表 6.2　离子半径对其聚沉值的影响（负电 AgI 溶胶）

电解质	聚沉值/(mmol/dm³)	离子半径/Å②	
		水化后①	水化前
LiNO₃	165	2.31	0.78
NaNO₃	140	1.76	1.00
KNO₃	135	1.19	1.33
RbNO₃	126	1.13	1.48
Mg(NO₃)₂	2.6	3.32	0.75
Zn(NO₃)₂	2.5	3.26	0.83
Ca(NO₃)₂	2.4	3.0	1.05
Sr(NO₃)₂	2.38	3.0	1.20
Ba(NO₃)₂	2.26	2.78	1.38

① 水化半径系由极限电导及 Stokes 定律算出，绝对值可能有较大出入，但相对次序是正确的。

② 1Å＝0.1nm。

感胶离子序是对无机小离子而言的，至于大的有机离子，因其与粒子间有很强的 van der Waals 吸引，易被吸附，所以与同价小离子相比，其聚沉能力要大得多。以表 6.2 中负的 AgI 溶胶为例，$C_{12}H_{25}(CH_3)_3N^+$ 的聚沉值约为 0.01mol/L，远小于同价的 K^+、Na^+ 等小离子。

如上所述，电解质如仅能以压缩双电层厚度并降低 ζ 电位的方式而使溶胶脱稳聚沉，这种电解质习惯上被称为惰性电解质，或者说惰性电解质仅能以静电作用使胶体脱稳。除此之外，还有一类离子与微粒间可发生所谓"专属作用"而使之脱稳。

6.1.1.2　专属吸附作用

当反离子能与胶粒表面发生"专属作用"时，会使粒子的表面电荷得到中和，同时引起 ζ 电位降低，从而引起絮凝的发生。所谓"专属作用"是指非静电性质的作用，已在第 2 章中介绍，如疏液结合、氢键、表面络合、范德华力等。在加入过量电解质时，常常发生表面电荷变号的现象，这是"专属作用"最明显的证据。很明显，在"专属作用"发生的初期，静电吸引起了促进作用，但是当表面电荷变号后，反离子的进一步吸附是在克服静电排斥下发生的，这证明存在着某种更强的"专属作用"。

"专属作用"对胶体稳定性的影响实际是通过对表面电荷的影响而发生的。当足够数量的反离子由于"专属作用"而吸附在表面上时，可以使粒子电荷减少到某个临界值，这时静电斥力不再足以阻止粒子间的接触，于是发生絮凝。反离子的进一步吸附不但会使粒子表面电荷变号，并有可能使表面电位变的足够高，以致引起胶体的重新稳定。由专属吸附引起絮凝所需要的反离子在溶液中的浓度也称为临界絮凝浓度，记作 cfc，以区别于 CCC。由专属吸附引起重新稳定所需反离子的浓度称为临界稳定浓度，记作 csc。再进一步加入电解质，又可观察到絮凝的发生，这是由于离子强度的增大而引起双电层的压缩所致，此时所需电解质的浓度即上文所述临界絮凝浓度 CCC，记作 c_f，如惰性电解质情形一样。如此可发生一系列絮凝现象，如图 6.3 所示。

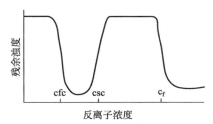

图 6.3　"专属作用"对胶体
稳定性的影响

由专属吸附引起的絮凝的一个重要特点是 cfc 和 csc 依赖于粒子的浓度，准确地讲是依赖于粒子的总表面积。反离子如对表面有很高的亲合性时，cfc 正比于溶胶的浓度，Stumm 和 Omelia 曾应用"化学计量关系"描述 cfc 与溶液浓度间的这一线性关系。当反离子在表面吸附较弱时，反离子必须在溶液中达到一定的浓度即所谓"临界吸附密度"，在此"临界吸附密度"以上时，被吸附离子的数目依赖于粒子的浓度，因此 cfc 与粒子浓度间不存在任何简单关系，只有当粒子浓度很高时才存在正比关系。与此相反，对于上文所述的由惰性电解质引起的絮凝，临界絮凝浓度与溶胶的浓度无关。

由"专属作用"引起絮凝的实际例子很多，一些简单金属离子 Mg^{2+}、Ca^{2+} 等可在多种表面上发生专属吸附引起絮凝。如 Ca^{2+} 能够以非常低的浓度使二氧化锰溶胶聚沉。其cfc 比它作为惰性电解质而起作用时的 CCC 要低 10 倍，其专属吸附的本质可由 cfc 和粒子浓度之间的"化学计量关系"证实。再如 Ba^{2+} 可引起赤铁矿（Fe_2O_3）溶胶的电荷变号及重新稳定发生。

6.1.1.3　卷扫（网捕）絮凝

在水处理中投加水解金属盐（如硫酸铝或三氯化铁）类絮凝剂进行絮凝时，若投量很大，则可能产生大量的水解沉淀物，在这些沉淀物迅速沉淀的过程中，水中的胶粒会被这些沉淀物所卷扫（或网捕）而发生共沉降，这种絮凝作用称为卷扫絮凝。要使卷扫絮凝能够发生，除了要有较高的电解质投量外，尚需较高的 pH 值和碱度。在发生卷扫絮凝时，若胶体粒子的浓度较小，则需要投加较多的水解金属盐类；若胶体粒子的浓度较大，则需要较少的水解金属盐类。

6.1.2　铝（Ⅲ）盐的水溶液化学及絮凝的设计操作图

水处理中最常用的絮凝剂是铝（Ⅲ）盐，如 $Al_2(SO_4)_3$、$AlCl_3$ 等。不论以何种化合态投加，它们在水中都是以三价铝的各种化合态存在。为掌握它们的絮凝机理，首先要简单地考虑这些盐类的水溶液化学，进而讨论其絮凝作用。

6.1.2.1　水解和聚合

由于铝（Ⅲ）的水解反应速度很快，此处一般情况下考察其反应平衡，不考虑反应速度。在水溶液中，即使铝（Ⅲ）以单纯离子状态存在，也不是裸露的 Al^{3+} 形式，而是有 6 个配位水分子的配离子 $Al(H_2O)_6^{3+}$，称为水合铝离子，当 pH 值小于 3 时，这种水合铝离子是最主要的形态。如果 pH 值升高，水合铝离子就发生配位水离解，即水解过程，生成各种羟基铝离子。第一级水解反应常被表示为：

$$Al(H_2O)_6^{3+} + H_2O \Longrightarrow Al(H_2O)_5OH^{2+} + H_3O^+ \tag{6.4}$$

为了简单起见，上式中配位水分子可以不写，如 $Al(H_2O)_5OH^{2+}$ 可写作 $AlOH^{2+}$，H_3O^+ 可写作 H^+。如果 OH^- 配体依次取代配位水分子，则可以假设生成一系列水解形态如下：

$$Al(H_2O)_5OH^{2+} \xrightarrow{-H^+} Al(H_2O)_4(OH)_2^+ \xrightarrow{-H^+} Al(H_2O)_3(OH)_3 \xrightarrow{-H^+}$$
$$Al(H_2O)_2(OH)_4^- \xrightarrow{-H^+} Al(H_2O)(OH)_5^{2-} \xrightarrow{-H^+} Al(OH)_6^{3-} \tag{6.5}$$

以上各种形态中的配位水分子均可略去不写。

实际上，反应过程和生成物要复杂得多，当 pH 值在 4 以上时，羟基铝离子增多，各离子的羟基由于配位能力未达饱和，即还有剩余孤电子对，因而可与其他离子发生架桥结合，称为羟基桥联，如：

$$2AlOH^{2+} \Longrightarrow \left[Al \begin{array}{c} OH \\ OH \end{array} Al \right]^{4+}$$

如果进一步发生羟基桥联，还可生成更高级的化合物，如：

$$\left[Al \begin{array}{c} OH \\ \\ OH \end{array} Al \begin{array}{c} OH \\ \\ OH \end{array} Al \begin{array}{c} OH \\ \\ OH \end{array} Al \right]^{6+}$$

如果把这些反应看作是配位反应，这些生成物可称为多核羟基配合物，也可以看作是无机高分子聚合物。经各研究者分析测定，曾经提出过以下一些反应：

$$2Al^{3+} + 2H_2O \Longrightarrow Al_2(OH)_2^{4+} + 2H^+ \tag{6.6}$$

$$6Al^{3+} + 15H_2O \Longrightarrow Al_6(OH)_{15}^{3+} + 15H^+ \tag{6.7}$$

$$7Al^{3+} + 17H_2O \Longrightarrow Al_7(OH)_{17}^{4+} + 17H^+ \tag{6.8}$$

$$8Al^{3+} + 20H_2O \Longrightarrow Al_8(OH)_{20}^{4+} + 20H^+ \tag{6.9}$$

$$13Al^{3+} + 34H_2O \Longrightarrow Al_{13}(OH)_{34}^{5+} + 34H^+ \tag{6.10}$$

以上反应中生成的这些复杂产物可以看作是 Al(Ⅲ) 离子在水中经水解转化为氢氧化铝沉淀的过程中出现的一系列动力学中间产物。这一过程可以看作是由水解和聚合两个反应交替进行而构成的。水解反应的结果可降低水解形态的电荷，增多其羟基，为进一步聚合创造条件，而聚合的结果使离子电荷增大，因而静电斥力增大，阻碍进一步聚合，有待于发生进一步水解，如此交替进行，最后可得到难溶的氢氧化铝沉淀。此过程以下式表示：

$$2AlOH^{2+} \longrightarrow \left[Al \begin{array}{c} OH \\ OH \end{array} Al \right]^{4+} \xrightarrow{-H^+} \left[Al \begin{array}{c} OH \\ \\ OH \end{array} Al \begin{array}{c} OH \\ \\ OH \end{array} Al \begin{array}{c} OH \\ \\ OH \end{array} Al \right]^{6+}$$

$$\xrightarrow{-H^+} \cdots \cdots \longrightarrow [Al(OH)_3]_n \downarrow \tag{6.11}$$

6.1.2.2 水解聚合形态的稳定性

金属离子 Al(Ⅲ) 等的水解聚合形态的形成可以用金属离子的一系列配位平衡常数描述。设 T_{Me} 表示金属离子的各种形态的浓度总和，T_L 表示配体的加权总浓度：

$$T_{Me} = [Me] + [MeL_1] + \cdots + [MeL_N] = \sum_{i=0}^{N} [MeL_i] \tag{6.12}$$

$$T_L = [L] + [MeL_1] + 2[MeL_2] + \cdots + N[MeL_N] = [L] + \sum_{i=1}^{N} i[MeL_i] \tag{6.13}$$

此外还有

$$K_1 = \frac{[MeL]}{[Me][L]} \cdots K_N = \frac{[MeL_N]}{[MeL_{N-1}][L]} \tag{6.14}$$

式中，K 为稳定常数，且：

$$\beta_1 = K_1; \beta_2 = K_1 \cdot K_2; \beta_N = K_1 \cdot K_2 \cdots K_N = \frac{[MeL_N]}{[Me][L]_N} \tag{6.15}$$

式中，β 为累计稳定常数。铝（Ⅲ）的一些水解反应的平衡常数列于表 6.3。

表 6.3 铝（Ⅲ）的水解平衡常数

反 应 式	平衡常数
$Al^{3+} + H_2O \rightleftharpoons Al(OH)^{2+} + H^+$	1×10^{-5}
$2Al^{3+} + 2H_2O \rightleftharpoons Al_2(OH)_2^{4+} + 2H^+$	5.4×10^{-7}
$6Al^{3+} + 15H_2O \rightleftharpoons Al_6(OH)_{15}^{3+} + 15H^+$	1×10^{-47}
$7Al^{3+} + 17H_2O \rightleftharpoons Al_7(OH)_{17}^{4+} + 17H^+$	1.6×10^{-49}
$8Al^{3+} + 20H_2O \rightleftharpoons Al_8(OH)_{20}^{4+} + 20H^+$	2×10^{-69}
$13Al^{3+} + 34H_2O \rightleftharpoons Al_{13}(OH)_{34}^{5+} + 34H^+$	4×10^{-98}
$Al^{3+} + 3H_2O \rightleftharpoons Al(OH)_3(固) + 3H^+$	8×10^{-10}
$Al(OH)_3(固) \rightleftharpoons Al^{3+} + 3OH^-$	1.3×10^{-33}
$Al(OH)_3(固) + H_2O \rightleftharpoons Al(OH)_4^- + H^+$	1.8×10^{-3}
$Al(OH)_3(固) + OH^- \rightleftharpoons Al(OH)_4^-$	20

由这些平衡常数可以计算得到溶液中每一种形态在平衡条件下的浓度。图 6.4 和图 6.5 表明在不同浓度的溶液中，铝（Ⅲ）的一些形态随溶液 pH 值变化的规律。

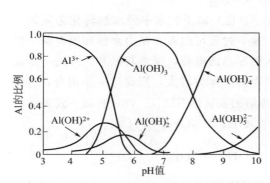

图 6.4 铝（Ⅲ）形态的变化（10^{-4} mol/L）

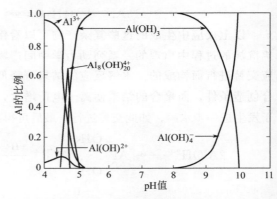

图 6.5 铝（Ⅲ）形态的变化（5×10^{-4} mol/L）

由图 6.4 可以观察到，氢氧化铝大约在 pH＝5 左右即开始出现，并随着 pH 值升高而逐步增多。当 pH 值达到 6 以上时，它就成为铝的主要形态，到 pH＝8 时，氢氧化铝又重新溶解而成为带负电的配合阴离子，在 pH＞8.5 时，这些阴离子成为铝（Ⅲ）的主要形态。图 6.5 反映了在溶液浓度较高时多核羟基配合物的存在。可以看出，当 pH 值在 4.5～5.0 之间时，$[Al_8(OH)_{20}]^{4+}$ 为主要形态。实际情况是在每个 pH 值时都存在若干不同的离子形态，其中一些是量较多的主要形态，另一些则是量较少的一般形态，它们之间按一定的平衡关系分布，各占不同的数量比例，并存在一个平均配位数：

$$\bar{n} = \frac{\text{与金属离子结合的配体浓度}}{\text{总金属离子浓度}} = \frac{T_L - [L]}{T_{Me}} \tag{6.16}$$

式中，$[L]$ 为自由配体的浓度；T_L 为加入配体的浓度；T_{Me} 为总金属离子浓度。平均配位数可以由碱滴定的实验方法求出。

现以 $Al(ClO_4)_3$ 为例说明：在 $Al(ClO_4)_3$ 溶液中逐渐加入 $NaOH$ 溶液，在每一次加入后测定 pH 值，可以得到溶液中的氢离子浓度。设溶液中除了有 Al^{3+} 离子外，还形成了单核配离子 $Al(OH)^{2+}$、$Al(OH)_3$ 及多核配离子 $Al_n(OH)_x^{3n-x}$，则在一定的 pH 值下，总铝浓度为：

$$Al_T = [Al^{3+}] + [Al(OH)^{2+}] + [Al(OH)_3] + \sum n[Al_n(OH)_x^{3n-x}] = \frac{[ClO_4^-]}{3}$$

$$(6.17)$$

根据电中和关系，则有：

$$3[Al^{3+}] + 2[Al(OH)^{2+}] + \sum(3n-x)[Al_n(OH)_x^{3n-x}] + [Na^+] + [H^+] = [ClO_4^-] + [OH^-]$$

$$(6.18)$$

因为

$$[Na^+] = [OH^-]_{已加入的} \qquad (6.19)$$

联立方程（6.17）和方程（6.18）可得：

$$[OH^-]_{已加入的} + [H^+] - [OH^-] = [Al(OH)^{2+}] + 3[Al(OH)_3] + \sum x[Al_n(OH)_x^{3n-x}]$$

$$(6.20)$$

上式右边每一项都代表与该项铝形态所结合的氢氧根的摩尔数，所以与铝结合的 OH^- 离子的浓度可以按上式右边给出，因而也可以用上式左边表示。所以平均配位数可以表示为：

$$\bar{n} = \frac{[OH^-]_{被结合的}}{[Al_T]} = \frac{[OH^-]_{已加入的} + [H^+] - [OH^-]}{[Al_T]} \qquad (6.21)$$

铝形态的比电荷则为：

$$比电荷 = 3 - \bar{n} \qquad (6.22)$$

可以认为随着 pH 值的升高，平均配位数 $\bar{n}$ 逐渐升高，比电荷（电荷量/摩尔铝）降低，而聚合度升高。当 pH 值较低时，平均配位数较低，高电荷而低聚合度的多核配离子为主要成分，pH 值升高时，平均配位数升高，它们逐渐转化为低电荷而高聚合度的无机高分子物质，并进一步发展成为电中性的聚合度极高的难溶氢氧化铝沉淀。在这一过程中，生成不同形态物质所需要的时间是不同的，其中复杂多核配合物所需时间最长。以平均配位数对 pH 值作图，得图 6.6，即平均配位数随 pH 值的变化情况。

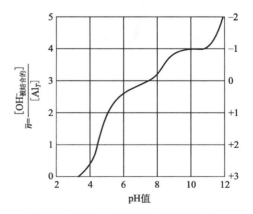

图 6.6 不同 pH 值时的平均配位数

如上所述，金属盐絮凝剂在从金属水合离子转变为不溶性金属氢氧化物沉淀的过程中经历了一系列的水解聚合反应。实验研究很明显地说明，金属离子的水解产物在疏液胶体上的吸附要比水合金属离子容易得多，水解程度越高，吸附越强。事实上，以羟基取代水合金属离子中至少一个配合水分子，就会大大提高金属离子的吸附性能，但目前人们对此现象还不能很好地理解，其原因尚需进一步研究解决。从第 2 章可知，静电作用对反离子吸附的贡献可以忽略。有学者认为，疏水胶体颗粒不会吸附水分子，由于同样原因也不会吸附未水解的水合金属离子。以羟基替代金属离子配合层中的水分子，在一定程度上增强了配合物的疏水性，从而可导致吸附的发生。

6.1.2.3 溶解-沉淀平衡

铝（Ⅲ）离子及其各种水解形态，包括多核羟基配离子均与沉淀物 $Al(OH)_3$ 有溶解-沉淀平衡关系。在它们的饱和溶液中，各种形态离子的饱和浓度即最大浓度直接决定于溶液的 pH 值。例如：

$$Al(OH)_3(固) \Longleftrightarrow Al^{3+} + 3OH^- \tag{6.23}$$

按照溶度积规则有：

$$[Al^{3+}][OH^-]^3 = K_{sp} = 1.3 \times 10^{-33} \tag{6.24}$$

式中，K_{sp} 为溶度积常数。若 K_w 表示水的离子积常数，以 $K_w/[H^+]$ 代替上式中的 $[OH^-]$，并取对数，则有其对数浓度与 pH 值之间的关系如下：

$$\lg[Al^{3+}] = \lg K_{sp} - 3\lg K_w - 3pH \tag{6.25}$$

对于下列平衡：

$$Al(OH)_3(固) \Longleftrightarrow Al(OH)^{2+} + 2OH^- \tag{6.26}$$

$$Al(OH)_3(固) + H_2O \Longleftrightarrow Al(OH)_4^- + H^+ \tag{6.27}$$

$$8Al(OH)_3(固) \Longleftrightarrow Al_8(OH)_{20}^{4+} + 4OH^- \tag{6.28}$$

如已知 K_{sp} 值，可求出各种形态的对数浓度与 pH 值的函数关系式，从而可绘出相应

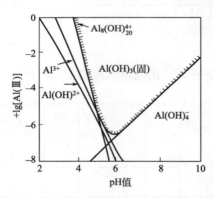

图 6.7　铝（Ⅲ）盐的溶解-沉淀平衡区域图

的对数浓度线如图 6.7 所示。图中直线分别表示在饱和溶液中各种溶解性化合态在不同 pH 值时的饱和浓度，超过这些浓度时，这些溶解性化合态就会变为沉淀，因此，它们也是各种溶解化合态转入沉淀状态的分界线。综合这些直线可以得到图 6.7 中包围着阴影区域的一条综合曲线，它代表饱和溶液中各种溶解化合态中溶解度最高者的浓度，也就是铝（Ⅲ）溶解物中的最大饱和浓度，在此浓度之上所有溶解物形态将变为沉淀。因此，这条综合曲线就是各种铝（Ⅲ）溶解物总量的溶解和沉淀两种状态的分界线，它所包围的阴影区域就是发生固体沉淀的区域，该图可称为溶解沉淀平衡区域图。

由图可以看出，溶解区域存在某最低溶解度区段，在此区段右侧，随着 pH 值升高，溶解度反而上升，因此不能认为金属氢氧化物总是随 pH 值的升高而降低其溶解度，或者总是保持固定的溶解度。产生这种现象的原因在于：许多金属氢氧化物不但可以是配合阳离子，而且可以是配合阴离子，这些配离子的产生都可使金属氢氧化物的溶解度增大。随着 pH 值的升高，配合阳离子的作用逐渐下降，而配合阴离子的作用逐渐上升，因而在某 pH 值区段会出现最低溶解度。

6.1.2.4 设计操作图

本节考虑铝盐的絮凝反应速率，即 Al（Ⅲ）的水解聚合产物与悬浮粒子之间的相互作

用的速度。水处理中用于絮凝反应的快速混合装置或设备的类型就决定于絮凝反应的速度，因而对絮凝反应速度的研究分析具有极其重要的意义。

在以铝盐为絮凝剂的絮凝过程中，主要的絮凝机理有两种，一是溶解性水解聚合形态物质吸附于胶体粒子上，使胶体脱稳，即所谓"专属作用"或"专属吸附"；二是胶体粒子被氢氧化铝沉淀物网捕的"卷扫絮凝"。这两种作用示于图 6.8 中。在吸附脱稳之前发生的产生溶解性水解聚合形态的反应是非常快的，据研究单体水解形态在数微秒之间就会出现，而聚合形态在 1s 内就可产生。在卷扫作用之前发生的氢氧化铝沉淀的生成则比较缓慢，大约在 1～7s 之间。对上述两种脱稳模式的分析指出：对于吸附脱稳机理，胶体粒子与瞬间形成的水解聚合形态物质间的相互接触非常重要，絮凝剂必须以很快的速度（小于 0.1s）在絮凝剂水解聚合反应完成后和氢氧化物沉淀生成之前被分散于水中，以便在 0.01～1s 期间生成的水解形态物能吸附在粒子上以引起胶体的脱稳。超过 1s，溶解性水解聚合形态将变为沉淀物，而不能起到专属吸附的作用。对于卷扫絮凝，由于絮凝剂过饱和度较高及氢氧化铝沉淀物形成在 1～7s 之间，极短的混合时间及高强的搅拌并非关键。

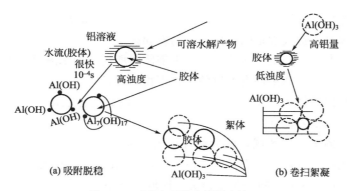

图 6.8　两种主要的絮凝作用机理

由于未能认识到这两种情况的区别，许多文献的建议常相互矛盾。某些文献根据吸附脱稳的化学理论建议使用瞬时搅拌混合（小于 1s）；而另一些文献则提出快速混合反应应连续进行数分钟，以利于形成具有良好絮凝和沉降特性的絮体；还有些人主张快速混合时间最长为 90s。这些主张既不能满足吸附脱稳的要求，也不能满足卷扫絮凝所需延长的时间。从今天的理论看，这些建议都是不佳的。

Amiirtharajah 认为快速混合设备的类型应决定于絮凝作用机理的主要模式。为了对每一种絮凝作用机理的模式设计出适用的快速混合操作，首先应确定出每一种絮凝作用模式发生的条件，以便在投加剂量和 pH 值的坐标系中，划分出每一种絮凝作用的模式发生的范围或边界。Rubin、McCook 和 West 等广泛考察了铝矾絮凝的文献，其中包括 Matijevic、Rubin、Omelia、Black、Pacham、Stol、McCook 和 West 等的重要工作，将他们的实验结果绘在同一图中，Amiirtharajah 等又将铝矾的溶解-沉淀平衡区域图（见图 6.7）与之相结合，产生了一幅很有意义的图，这就是图 6.9 的铝矾絮凝区域图。

图中纵坐标表示铝矾的投加剂量，为方便起见，同时以 $\lg[Al]$（mol/L）和铝矾（mg/L）表示，横坐标为 pH 值。但是构成溶解-沉淀平衡图的各水解形态的热力学平衡

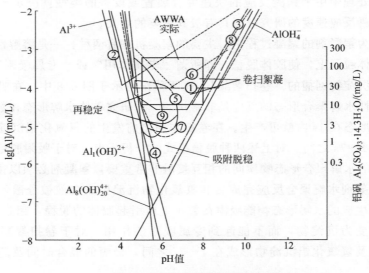

图 6.9　铝矾的絮凝区域图

线却意味着纵坐标应该表示与固相 $Al(OH)_3$ 达平衡时铝矾的最终浓度，这就是说溶解性水解形态浓度仅仅是所加入剂量的一部分，初看起来这似乎是一个矛盾，但是仔细分析图中的各条线就能解释这一问题。在建立水解平衡图时所用到的水解反应模式、水解平衡常数及稳定线均是在假设平衡条件占上风的条件下得到的，同时由稳定线构成的边界实际是一种极限状态，所以固体 $Al(OH)_3$ 仅仅是以无限小的数量存在的，因此每一种主要水解形态的浓度就等于总投入浓度。

　　考察图 6.9 中的每一个区域，就会使许多由容器实验得到的相互矛盾的资料联系起来。图中线 1 代表在无胶体存在下 $Al(OH)_3$（固）的沉淀线，它表示在 pH 值等于 4.5～8.8 之间铝矾投量为 30mg/L 的一条线为沉淀区域的下限，虽然热力学平衡指出铝矾投量低至 0.03mg/L 时，也可能产生沉淀，但由于缺乏沉淀核心，所以在这样低的浓度下，动力学过程十分缓慢，使沉淀的下限变为 30mg/L。显然絮凝如果发生在线 1 以上时，其机理应为卷扫絮凝，则该区域称为卷扫絮凝区，其中线 6 代表最佳卷扫絮凝区的下限。图中线 5、线 7、线 9 代表另一个区域即重新稳定区域的下限，它们与胶体的表面积有直接的关系，表现出胶体浓度与絮凝剂投量之间存在的化学计量关系。重新稳定区的上限与 $Al(OH)_3$ 沉淀区的下限即 30mg/L 相吻合。关于重新稳定区域有两个事实需要强调指出。一是该区域只对稀的胶体溶液才存在；二是阴离子 SO_4^{2-}、PO_4^{3-} 的背景浓度较高时，重新稳定区的界线会消失。因为在重新稳定区的边界上有电荷的变号，所以在此边界之外必存在一个零电荷及低电荷区，该区的机理为吸附脱稳机理，并且应有非常好的絮凝效果。与电泳淌度为零相对应的一条线的准确位置，与为达到电中和所需水解铝的量有关，也与稳定性背景离子的浓度有关。由此看来，发生在这一区域和重新稳定区的作用是正电荷离子如 Al^{3+}、$Al_8(OH)_{20}^{4+}$ 等与负电胶体粒子之间的专属吸附作用。

　　发生在重新稳定区上限即铝矾投量为 30mg/L，pH 值为 5.0～6.5 之间的脱稳被认为是两种机理起了作用，Rubin 和 Kovac 认为是重新稳定的带正电荷的粒子在负电反离子 SO_4^{2-} 的作用下而脱稳。荷兰学者认为是形成了外轨型硫酸根配合物 $[Al(OH)SO_4^+]$ 或

Al(OH)₃（固）的网捕作用引起絮凝。De Her 等认为铝（Ⅲ）的硝酸盐和硫酸盐的基本水解沉淀过程是相同的，但硫酸根离子形成外轨型络合物，降低了势垒，像一种催化剂一样助长了沉淀的生成。

另外一个重要的事实是：当 pH＞8.0 时，形成的 Al(OH)₃（固）带较弱的负电，而在 pH＜7.0 时，带强正电，这意味着当 pH＝7～8，铝矾投量约为 30mg/L 时，沉淀物是带正电的，因而负电溶胶和正电 Al(OH)₃（固）之间的相互絮凝或称异体絮凝则会加强 Al(OH)₃（固）的网捕作用或卷扫絮凝，因而这一区域絮凝效果最佳。

除以上区域外，还有这样一个区域，其上限低于 10～20mg/L，左边界为线 5、7、9，右边界为 Al(OH)₄⁻ 线，这一区域中的作用机理可能属混合型，水解形态带负电，固体 Al(OH)₃ 带正电，卷扫絮凝随着铝矾投量的逐渐减少而削弱其效率。

在精心分析考查了图 6.8 的基础上，建立了铝矾絮凝的设计操作图，如图 6.10 所示。此图的目的是为铝矾絮凝的设计和操作提供方便。图 6.10 显示出若干个专门的区域，它们是卷扫絮凝区与最佳卷扫絮凝区、吸附脱稳区、重新稳定区、卷扫吸附联合区等。在这些区域中均可发生絮凝，但絮凝机理不同。重新稳定区可能随着胶体及背景阴离子的不同而发生变化。最佳卷扫絮凝区的范围是铝矾投量 20～50mg/L，pH 值 6.8～8.2，在此范围内可以用最低的絮凝剂投量产生最佳的凝絮沉降效果。

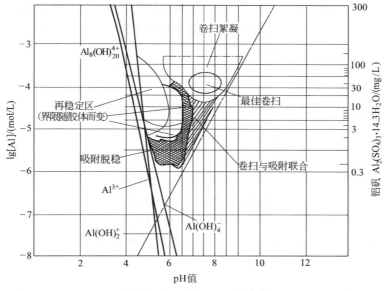

图 6.10　铝矾絮凝的设计操作图

Amirtharajah 等进行了许多实验研究，以比较三种不同的快速混合装置在设计及操作图上不同区域的同一点的絮凝效果，其目的是分析在絮凝机理不同的区域，絮凝剂的传送和分散是否会影响絮凝速度。这三种混合器的性能如表 6.4 所示。

表 6.4　三种快速混合器的性能

快速混合器	G/s^{-1}	t/s	GT
A	300	60	18000
B	1000	20	20000
C	16000	1	16000

图 6.11 是在吸附脱稳区某点（铝矾剂量为 5mg/L，pH＝7.0）的实验结果。所得絮体的电泳淌度（EM）为零，同时由图中剩余浊度看到，瞬时高强度快速混合的絮凝效果比其余两种优越得多。

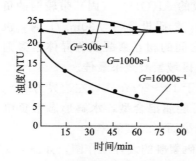

图 6.11　吸附脱稳区速度的影响
铝矾剂量为 5mg/L，pH＝7.0，EM＝0

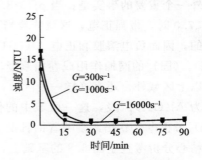

图 6.12　卷扫区速度梯度的影响
铝矾剂量为 30mg/L，pH＝7.8，EM＝0

图 6.12 是对最佳卷扫区中的一点（铝矾剂量为 30mg/L，pH＝7.8）的实验结果。可看到在三种 G 值的混合条件下，絮凝效果并无区别。因此可以说，在卷扫絮凝发生的情况下，快速混合期间的胶体与絮凝剂之间的传送作用远不如在其他过程中更重要，高强度的混合并非必要。除此而外，该区显示了很低的剩余浊度，说明此种条件下得到的絮体具有优越的沉降特性，由于所得絮体中一些粒子的电泳淌度为零，一些粒子的电泳淌度为正，另一些粒子的电泳淌度为负。这进一步说明在最佳卷扫区，卷扫和异体絮凝两种机理共存。实验证明，对重新称定区和联合脱稳区，三种混合强度并不产生明显的差别。

6.1.3　铁（Ⅲ）盐的水溶液化学及絮凝的设计操作图

6.1.3.1　水解和聚合

铁（Ⅲ）盐在水溶液中电离生成 Fe^{3+}。与铝（Ⅲ）相似，简单的 Fe^{3+} 在水溶液中并不存在，而是以水合离子 $Fe(H_2O)_6^{3+}$ 的形态存在。如果溶液的 pH 值升高，水合铁（Ⅲ）离子也会发生配位水分子的离解，即水解生成各种羟基铁（Ⅲ）离子，如：

$$Fe(H_2O)_6^{3+} + H_2O \Longrightarrow Fe(H_2O)_5OH^{2+} + H_3O^+ \tag{6.29}$$

为了简单起见，上式中配位水分子可以不写。如果 OH^- 配体依次取代配位水分子，则可以假设生成一系列水解形态如下：

$$Fe(H_2O)_5OH^{2+} \xrightarrow{-H^+} Fe(H_2O)_4(OH)_2^+ \xrightarrow{-H^+} Fe(H_2O)_3(OH)_3 \xrightarrow{-H^+}$$

$$Fe(H_2O)_2(OH)_4^- \xrightarrow{-H^+} Fe(H_2O)(OH)_5^{2-} \xrightarrow{-H^+} Fe(OH)_6^{3-} \tag{6.30}$$

在水解过程中同时发生着聚合反应：

$$2FeOH^{2+} \Longrightarrow \left[Fe \genfrac{}{}{0pt}{}{OH}{OH} Fe\right]^{4+} \xrightarrow{-H^+} \left[Fe \diagup^{OH} Fe \diagup^{OH} Fe \diagup^{OH} Fe\right]^{6+} \xrightarrow{-H^+}$$

$$\cdots\cdots \xrightarrow{-H^+} \left[Fe \diagup^{OH}_{O} Fe \diagup^{OH}_{O} Fe \diagup^{OH}_{O} Fe\right]_n \tag{6.31}$$

最后的产物为 γ-FeOOH 的沉淀物。上式中的多核羟基配离子可以看作是铁（Ⅲ）

在向 γ-FeOOH 转化过程中出现的动力学中间产物，曾经提出过如下反应式：

$$2Fe^{3+} + 2H_2O \Longleftrightarrow Fe_2(OH)_2^{4+} + 2H^+ \tag{6.32}$$

$$3Fe^{3+} + 4H_2O \Longleftrightarrow Fe_3(OH)_4^{5+} + 2H^+ \tag{6.33}$$

表 6.5 列出了铁（Ⅲ）的一些水解反应的平衡常数。

表 6.5　铁（Ⅲ）的水解平衡常数

反　应　式	平衡常数
$Fe^{3+} + H_2O \Longleftrightarrow Fe(OH)^{2+} + H^+$	6.8×10^{-3}
$2Fe^{3+} + 2H_2O \Longleftrightarrow Fe_2(OH)_2^{4+} + 2H^+$	1.4×10^{-3}
$3Fe^{3+} + 4H_2O \Longleftrightarrow Fe_3(OH)_4^{5+} + 2H^+$	1.7×10^{-6}
$Fe(OH)^{2+} + H_2O \Longleftrightarrow Fe(OH)_2^+ + H^+$	2.6×10^{-5}
$Fe^{3+} + 3H_2O \Longleftrightarrow Fe(OH)_3(固) + 3H^+$	1×10^{-6}
$Fe(OH)_3(固) \Longleftrightarrow Fe^{3+} + 3OH^-$	3.2×10^{-38}
$Fe(OH)_3(固) \Longleftrightarrow Fe(OH)^{2+} + 2OH^-$	6.8×10^{-25}
$Fe(OH)_3(固) \Longleftrightarrow Fe(OH)_2^+ + OH^-$	1.7×10^{-5}
$Fe(OH)_3(固) \Longleftrightarrow Fe(OH)_3(液)$	2.9×10^{-7}
$Fe(OH)_3(固) + OH^- \Longleftrightarrow Fe(OH)_4^-$	1×10^{-5}

图 6.13 和图 6.14 表明在不同浓度的溶液中，Fe（Ⅲ）的一些形态随溶液 pH 值变化的规律。

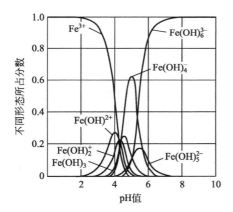

图 6.13　Fe（Ⅲ）形态的变化（10^{-5} mol/L）

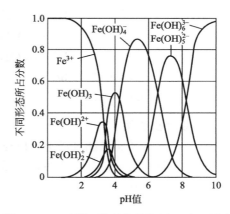

图 6.14　Fe（Ⅲ）形态的变化（10^{-4} mol/L）

6.1.3.2　溶解-沉淀平衡

与铝（Ⅲ）离子相似，铁（Ⅲ）的羟基配合物或其水解产物对其溶解度也有显著影响，也可以表示在溶解-沉淀平衡的区域图中，即 $\lg c$-pH 图中。为此水解方程必须重新被安排以便在每一种水解形态与 $Fe(OH)_3$（固）之间建立平衡关系。例如：

$$Fe^{3+} + H_2O \Longleftrightarrow Fe(OH)^{2+} + H^+ \qquad (\lg K_{1,1} = -2.16) \tag{6.34}$$

$$Fe(OH)_3(固) \Longleftrightarrow Fe^{3+} + 3OH^- \qquad (\lg K_{sp} = -38) \tag{6.35}$$

$$H^+ + OH^- \Longleftrightarrow H_2O \qquad (\lg K_w = -14) \tag{6.36}$$

将以上三式相加可得 $Fe(OH)^{2+}$ 与 $Fe(OH)_3$（固）之间的平衡关系：

$$Fe(OH)_3(固) \Longleftrightarrow Fe(OH)^{2+} + 2OH^- \tag{6.37}$$

$$\lg K_{sp,1} = -26.16$$

如此可以推导出 $Fe(OH)_2^+$、$Fe(OH)_4^-$ 和 $Fe_2(OH)_2^{4+}$ 分别与 $Fe(OH)_3$（固）的关系如下：

$$Fe(OH)_3（固）\rightleftharpoons Fe(OH)_2^+ + OH^- \tag{6.38}$$

$$\lg K_{sp,2} = -16.74$$

$$Fe(OH)_3（固）+ OH^- \rightleftharpoons Fe(OH)_4^- \tag{6.39}$$

$$\lg K_{sp,4} = -5$$

$$2Fe(OH)_3（固）\rightleftharpoons Fe_2(OH)_2^{2+} + 4OH^- \tag{6.40}$$

$$\lg K_{sp,2,2} = -50.8$$

式（6.37）到式（6.40）可以画在 $\lg c$-pH 图上。例如对方程（6.37）有：

$$K_{sp,1} = \frac{[Fe(OH)^{2+}][OH^-]^2}{[Fe(OH)_3（固）]} = [Fe(OH)^{2+}][OH^-]^2$$

取对数得：

$$\lg K_{sp,1} = \lg[Fe(OH)^{2+}] + 2\lg[OH^-]$$

或

$$\lg[Fe(OH)^{2+}] = 2pOH - 26.16$$

因为 pOH + pH = 14，所以有：

$$\lg[Fe(OH)^{2+}] = 1.84 - 2pH \tag{6.41}$$

如此可以推出：

$$\lg[Fe(OH)_2^+] = -2.74 - pH \tag{6.42}$$

$$\lg[Fe(OH)_4^-] = pH - 19 \tag{6.43}$$

$$\lg[Fe_2(OH)_2^{4+}] = 5.2 - 4pH \tag{6.44}$$

$$\lg[Fe^{3+}] = 4 - 3pH \tag{6.45}$$

将式（6.41）~式（6.45）画在 $\lg c$-pH 图上得图 6.15 所示的溶解平衡区域图。

6.1.3.3　设计操作图

在广泛考察有关文献的基础上，Patric 和 Amirtharjah 在铁（Ⅲ）的溶解平衡区域图上建立了铁（Ⅲ）盐的设计操作图，如图 6.16 所示。图中包括了三个主要区域即重新稳定区、吸附脱稳区和卷扫絮凝区。

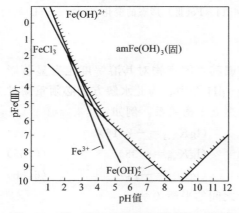

图 6.15　铁（Ⅲ）的溶解-沉淀平衡区域图

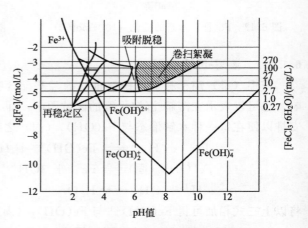

图 6.16　铁（Ⅲ）的絮凝设计操作图

在吸附脱稳区域，发生的是胶体表面对水解金属离子的吸附，结果是表面电荷被中和。当胶体表面的电荷被中和至接近于中性时，絮凝就会发生。在这一区域，以少量的絮凝剂投加量可以获得良好的絮凝效果。但是胶体一旦吸附了过量的带有相反电荷的金属水解离子，因而电荷变号时，重新稳定现象就会出现。从图的左边可以看出，重新稳定区的边界即吸附脱稳区的上限随胶体表面积的大小而变化。这种絮凝与表面积的依赖关系意味着在絮凝剂投加量与胶体浓度之间存在着化学计量关系。增大胶体的浓度就会使吸附总表面积增大，需投入的絮凝剂的量就需有一个相应的增加，从而使发生电荷变号现象所需要的金属离子的量增大。絮凝区的下限可能取决于絮凝剂的数量及与之有关的动力学因素，当溶液中絮凝剂水解金属离子的数量太少时，会造成不利的动力学条件，絮凝和沉淀将不会在沉降允许的时间内发生。图的右边是卷扫絮凝区，在此区中生成氢氧化铁的沉淀物。当大量氢氧化铁从溶液中沉降时，就会卷扫除去溶液中的胶体。这一区域的右边界随 pH 值的升高而升高，意味着在此边界之外，体系是稳定的，这可能是由于 $Fe(OH)_3$ 本身的电荷变号造成的。

6.1.4 储备溶液的化学组成及其对絮凝效果的影响

尽管铝（Ⅲ）盐和铁（Ⅲ）盐在加入到被处理的水中时会发生一系列的水解聚合反应，从而产生不同机理的各种絮凝作用，但加入前储备溶液的组成也具有明显的差别和影响，不能忽视。在制作储备溶液时，当铝矾 $Al_2(SO_4)_3 \cdot 18H_2O$ 被加入到水中后，所形成的各种形态与铝矾的浓度有着强烈的依赖关系，这些形态主要有羟基配合物、硫酸根配合物、氢氧化铝及质子等。对这样的多组分平衡体系可以应用由 Morel 和 Morgan 提出的方法进行平衡组成的计算，其结果示于图 6.17。图的纵坐标表示各种形态所占百分含量，横坐标为铝矾的浓度，以 $-\lg[Al_T]$ 即 pAl_T 表示，其中 Al_T 是加入体系的铝的总量 (mol/L)。图中所示的形态有羟基配合物、硫酸根配合物、$Al(H_2O)_6^{3+}$ 及 H^+。可以看出，在 pAl_T 为 1～3 的范围内，即 Al_T 为 10^{-1}～10^{-3} 的范围内，储备溶液中大部分铝均成为 $Al(H_2O)_6^{3+}$ 形态。实验室中容器实验所用的储备溶液一般每升含有 1g 铝，即 $pAl_T=2.52$，这实际上相当于 $Al(H_2O)_6^{3+}$ 曲线的峰值。从图也可以看出较浓的储备液含有较多的

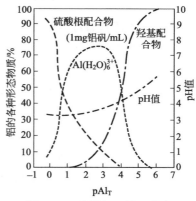

图 6.17 硫酸铝（Ⅲ）储备
溶液的形态组成

硫酸根配合物，而较稀的储备液含有较多的羟基配合物。根据计算在任何情况下也无固体 $Al(OH)_3$ 沉淀存在。当储备溶液被加入水或废水中后，所形成的作为絮凝剂形态的羟基铝聚合物与储备溶液中的组成形态有关，亦即与储备溶液的浓度有关。水处理厂中所用的溶液可能与此计算有所不同，例如它们可能含有较多的硫酸，具有较低 pH 值或含有较多的硫酸根配合物，将固体铝矾与含有碱度和其他配体种类的水相混合时，得到的溶液会具有较高的 pH 值并会含有较多的羟基配合物。

对氯化铁和硫酸铁也可以作相似的计算，其结果分别示于图 6.18 和图 6.19。在这些

体系中，可能生成固体的 $Fe(OH)_3$ 沉淀。事实上，对于硫酸铁（Ⅲ）溶液在任何浓度下都可以计算出有一些沉淀的 $Fe(OH)_3$ 固体。自由水合金属离子 $Fe(H_2O)_6^{3+}$ 在溶液中所能达到的最高浓度远小于铝矾溶液中 $Al(H_2O)_6^{3+}$ 所能达到浓度。此外氯化铁（Ⅲ）能形成的 $Fe(H_2O)_6^{3+}$ 和溶解羟基配合物的浓度远高于硫酸铁（Ⅲ）所能形成的 $Fe(H_2O)_6^{3+}$ 和溶解羟基配合物的浓度。似乎可以认为总铁（Ⅲ）浓度相等的 $Fe_2(SO)_4$ 和 $FeCl_3$ 的储备溶液在絮凝时会产生不同的絮凝形态。事实上也曾报道过，有时 $FeCl_3$ 的絮凝值低于 $Fe_2(SO)_3$ 的絮凝值的情况。正如铝矾的情形一样，铁（Ⅲ）盐储备溶液的形态分布也会受到铁（Ⅲ）盐中所含过量酸的影响，也会受到用于配制溶液的水中所含碱度和其他配合物形成体的影响。

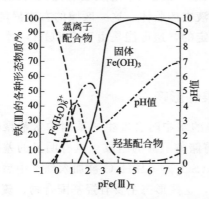

图 6.18　氯化铁（Ⅲ）储备溶液的形态组成

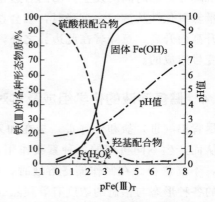

图 6.19　硫酸铁（Ⅲ）储备溶液的形态组成

常青、汤鸿霄曾经发现，对高岭土悬浊水体系以 $FeCl_3$ 作絮凝剂时，以较浓的储备溶液不经稀释而直接投加所得的效果要比以稀溶液投加好。前苏联 Кульский 等用硫酸铁作絮凝剂时，也发现提高投加溶液的浓度会得到较优的效果。这说明在储备溶液浓度与其组成形态分布之间的关系会对其絮凝机理产生一定影响。

6.1.5　铝（Ⅲ）盐和铁（Ⅲ）盐的性能比较

铝（Ⅲ）盐和铁（Ⅲ）盐都是传统的絮凝剂。无论从其水溶液化学还是从其絮凝作用来讲，二者具有许多共性，例如水解、聚合、吸附脱稳、卷扫絮凝等。但是它们之间还存在许多差异。这充分体现在铝（Ⅲ）盐和铁（Ⅲ）盐的水解、聚合及沉淀的一系列平衡常数上，例如，$Fe(OH)_3$ 的 $K_{sp}=3.2\times10^{-38}$ 远小于 $Al(OH)_3$ 的 $K_{sp}=1.9\times10^{-33}$。

从上文溶解沉淀平衡区域图 6.7 和图 6.15 可以看出，铁（Ⅲ）的沉淀区域远较铝（Ⅲ）的宽广，这说明铁（Ⅲ）盐比铝（Ⅲ）盐具有更强的水解、聚合及沉淀的能力。

如果从原子结构上研究其原因，发现铁（Ⅲ）离子和铝（Ⅲ）离子具有不同的电子构型。铝（Ⅲ）离子为惰气型，电荷高而体积小，因而变形性小，按照软硬酸碱理论它属于硬酸，与硬配体 OH^- 生成电价型配合物。铁（Ⅲ）离子也是硬酸，且与铝（Ⅲ）离子具有相同的电荷，但它是过渡金属离子，属非惰气型，具有 $3d^5$ 的电子构型，因而变形性强，极化能力显著，与配体发生较强的相互极化，产生牢固的结合。

铝（Ⅲ）盐和铁（Ⅲ）盐由于容易制得，所以作为絮凝剂有其通用性，得到了广泛的应用，成为传统的絮凝剂。但其共同的缺点是产生的絮体较脆弱，在水中受到扰动时容易破碎，并且沉降速度较小，例如采用硫酸铝时，在快速絮凝沉淀装置中，絮体的沉降速度仅有 $2.4 \sim 3.6 \text{m/h}$，其更大的缺点是产生的污泥难于进行浓缩和脱水，因而污泥处理的费用就比较高。

铝（Ⅲ）盐絮凝剂在使用中潜在的问题是其对生物体的影响。近年来的研究表明，铝经各种渠道进入人体后，通过蓄积和参与许多生物化学反应，能将体内必需的营养元素和微量元素置换流失或沉积，干扰破坏各部位的生理功能，导致人体出现诸如铝性脑病（老年痴呆）、铝性骨病、铝性贫血等中毒病症。此外还发现，水中铝含量大于 $0.2 \sim 0.5 \text{mg/L}$ 就可使鲑鱼致死。世界卫生组织对水中残留铝含量的限制标准为 0.2mg/L，美国定为 0.05mg/L。我国也在 2000 年暂行水质目标中，增加了铝的标准值为 0.2mg/L。

利用铝盐净水剂的水厂可造成输送管网内水中残余铝含量的增加和形态分布的改变。美国自来水协会调查统计自来水中残留铝含量的平均值为 0.12mg/L，而我国部分水厂的自来水铝含量的平均值约为 0.29mg/L，其偏高的原因可能与药剂的质量及絮凝过程不完善有关，导致部分铝以氢氧化铝微粒存于水中。要降低自来水中铝的含量，可以采用如下方法。

① 开发和采用能减少铝投加量的无机高分子絮凝剂。例如使用聚合氯化铝可在同等药耗条件下减少铝投加量，有助于出水铝含量得到控制。

② 通过添加无毒的有机高分子絮凝剂降低铝含量。近期的实验发现，聚合氯化铝（PAC）絮凝处理后的水中铝含量为 0.23mg/L，而以 PAC 和有机絮凝剂复合絮凝处理后水中铝含量降为 0.12mg/L，表明通过高分子絮凝剂的吸附架桥作用，降低了水中的铝含量。

③ 以新型的无铝絮凝剂代替单铝盐、复合铝盐或聚铝盐。铁盐和铝盐在净水过程中起着相似的絮凝作用，它们都能使水中的微细胶体絮凝成较大颗粒后共同沉降，使浑水变清。铁盐比铝盐的絮凝沉降速度快，沉渣量少，pH 值适用范围广。如果能解决铁盐腐蚀性较强和造色的问题，以铁盐代替铝盐是可行的，优质聚合硅酸铁被认为是有应用前景的药剂。

④ 改进絮凝沉淀技术。不同自来水厂的出水中铝含量可能差别很大，这与处理技术有很大关系。应根据实际情况，改进絮凝的工艺和技术，尤其要注意选择适宜的药剂和合理的搅拌速度与时间，促进絮体长大，通过强化絮凝来降低水中残留铝的含量。

由于环境医学界关于铝对生物体影响的报道，铁系絮凝剂越来越受到重视。铁系絮凝剂对生物体不产生毒害，且具有在低温下絮凝效果良好的优点，因而水处理厂在冬季常使用铁系絮凝剂替代铝系絮凝剂。铁系絮凝剂 pH 值的适应范围较广，受原水 pH 值和碱度波动的影响较小，但是铁系絮凝剂对金属的腐蚀性较强，且在絮凝操作条件不佳时，常使出水带有浅黄色，这些都限制了它们的应用。

6.1.6　主要铝盐和铁盐絮凝剂的生产原理及检测方法

无机盐絮凝剂在工业上得到了非常普遍的应用，这不仅由于它们具有很高的絮凝效能，也由于它们容易获得及价格相对较低。工业上通常所使用的无机盐絮凝剂主要是两个系列的絮凝剂，一是铝系絮凝剂；二是铁系絮凝剂。前者有硫酸铝、硫酸铝钾、氯化铝、铝酸钠等，后者有硫酸铁、硫酸亚铁、氯化铁等。现将其中最为常见的絮凝剂生产原理及检测方法做一简介。

6.1.6.1 硫酸铝

（1）硫酸分解铝土矿法

硫酸铝是应用最广泛的无机盐絮凝剂。将铝土矿石粉碎后，在加压条件下与 $50\%\sim60\%$ 的硫酸反应（铝土矿的加入量宜略高于其化学计量，目的是避免产品中游离酸的存在），然后经沉降、分离、中和、蒸发、结晶等过程，制得硫酸铝产品。其反应式为：

$$Al_2O_3 + 3H_2SO_4 \longrightarrow Al_2(SO_4)_3 + 3H_2O \tag{6.46}$$

工艺流程如图 6.20 所示。

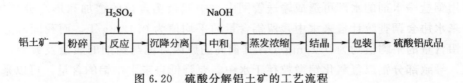

图 6.20 硫酸分解铝土矿的工艺流程

（2）硫酸中和氢氧化铝法

用氢氧化铝与硫酸反应，经过滤、浓缩、结晶等步骤后制得产品。反应式如下：

$$2Al(OH)_3 + 3H_2SO_4 \longrightarrow Al_2(SO_4)_3 + 6H_2O \tag{6.47}$$

工艺流程如图 6.21 所示。

图 6.21 硫酸分解氢氧化铝的工艺流程

经蒸发干燥得到的产品分子式为 $Al_2(SO_4)_3 \cdot 14H_2O$，铝含量在 $7.4\%\sim9.5\%$ 之间（常常接近于 9%），通常换算为 Al_2O_3 的含量，9% 的铝含量相当于含 17% 的 Al_2O_3。在蒸发之前收回的液体产品一般含铝 4.2%，相当于干燥产品 50% 的溶液。铝含量测定的简要原理如下：试样中的铝与过量的 EDTA 二钠反应，生成配合物。在 pH 值约为 6 时，以二甲酚橙为指示剂，以锌标准溶液滴定过量的 EDTA 二钠，从而求得产品中铝的含量。

6.1.6.2 硫酸铝钾

硫酸铝钾俗称明矾，分子式为 $KAl(SO_4)_2 \cdot 12H_2O$，以天然明矾石（$3Al_2O_3 \cdot K_2O \cdot 4SO_3 \cdot 6H_2O$）为原料制取，工艺流程如图 6.22 所示。

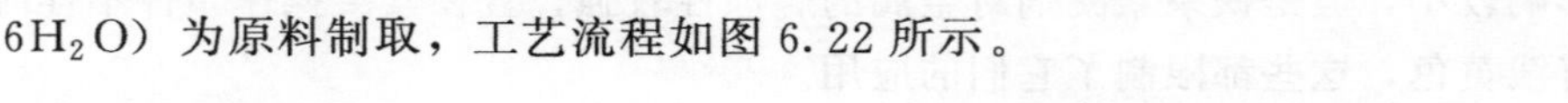

天然明矾石 → 破碎 → 焙烧脱水 → 分化 → 蒸汽浸取 → 沉降 → 结晶 → 粉碎 → 硫酸铝钾

图 6.22 生产硫酸铝钾的工艺流程

硫酸铝钾含量测定的简要原理如下：在酸性介质中，EDTA 与铝形成络合物。用硝酸铅返滴定过量的 EDTA，从而确定硫酸铝钾的含量。

6.1.6.3 氯化铝

氯化铝的分子式为 $AlCl_3 \cdot 6H_2O$，可用铝矾土或煤矸石为原料，与盐酸反应制取，反应方程式如下：

$$Al_2O_3 + 6HCl + 9H_2O \xrightarrow{\hspace{1cm}} 2\,AlCl_3 \cdot 6H_2O \tag{6.48}$$

工艺流程如图 6.23 所示。

图 6.23　生产氯化铝的工艺流程

结晶氯化铝含量测定的简要原理如下：试样中的铝与已知过量的乙二胺四乙酸二钠（EDTA 二钠）络合。在 pH 值约为 6 时，以二甲酚橙为指示剂，用氯化锌标准滴定溶液回滴过量的 EDTA 二钠，从而求得产品中铝的含量。

6.1.6.4 三氯化铁

固体三氯化铁产品采用氯化法、低共熔混合物反应法和四氯化钛副产法制取，液体产品采用盐酸法和一步氯化法制取。

（1）氯化法　以废铁屑和氯气为原料，在立式反应炉内反应，生成的三氯化铁蒸气和尾气由炉的顶部排出，进入捕集器冷凝为固体结晶，得成品。尾气中含有少量未反应的游离氯和三氯化铁，用氯化亚铁溶液吸收氯气，得到三氯化铁作为副产品。生产操作中，三氯化铁蒸气与空气中水分接触后强烈发热，并放出盐酸气，因此管道和设备要密封良好。反应式如下：

$$2Fe + 3Cl_2 \xrightarrow{\hspace{1cm}} 2FeCl_3 \tag{6.49}$$

工艺流程如图 6.24 所示。

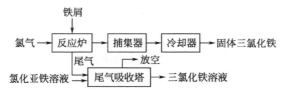

图 6.24　氯化法制取三氯化铁的工艺流程

（2）低共熔混合物反应法（熔融法）　在带有耐酸衬里的反应器中，令铁屑和干燥氯气在三氯化铁与氯化钾或氯化钠的低共熔混合物（例如 70％的 $FeCl_3$ 和 30％的 KCl）内反应。首先，铁屑溶解于共熔物（600℃）中，并被三氯化铁氧化成二氯化铁，后者再与氯气反应生成三氯化铁，升华后被收集在冷凝室中。该法制得的三氯化铁纯度高。

（3）三氯化铁溶液的制备方法　将铁屑溶解于盐酸中，先生成二氯化铁，再通入氯气氧化成三氯化铁。冷却三氯化铁浓溶液，便产生三氯化铁的六水物结晶。

目前商业上可以获得的三氯化铁主要为晶体产品、无水产品和液体产品，但液体产品更为普遍。液体产品常含有 $40\%\sim43\%$ 的 $FeCl_3$。水中氯化铁的测定一般采用碘量法。方法提要：在酸性条件下，三价铁和碘化钾反应析出碘，以淀粉作指示剂，用硫代硫酸钠标准溶液滴定。

6.1.6.5 硫酸铁

（1）Fe_2O_3 溶于硫酸

将 Fe_2O_3 溶解于浓度为 $75\%\sim80\%$ 的沸腾硫酸中：

$$Fe_2O_3 + 3H_2SO_4（浓）== Fe_2(SO_4)_3 + 3H_2O \tag{6.50}$$

（2）硝酸氧化黄铁矿

$$2FeS_2 + 10HNO_3 == Fe_2(SO_4)_3 + H_2SO_4 + 4H_2O + 10NO \tag{6.51}$$

可用常规方法测定硫酸根和三价铁离子。

6.1.6.6 硫酸亚铁

（1）**硫酸法**　在加热下令硫酸与铁屑反应，经过沉淀、结晶、脱水，制得硫酸亚铁，反应式为：

$$Fe + H_2SO_4 == FeSO_4 + H_2 \uparrow \tag{6.52}$$

工艺流程如图 6.25 所示。

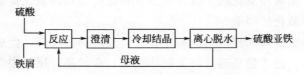

图 6.25　硫酸法制取硫酸亚铁的工艺流程

（2）**钛白副产法**　在硫酸法制钛白（二氧化钛）的过程中硫酸亚铁作为副产物而被制得。其反应方程式如下：

$$5H_2SO_4 + 2FeTiO_3 == 2FeSO_4 + TiOSO_4 + Ti(SO_4)_2 + 5H_2O \tag{6.53}$$

$$Fe_2O_3 + 3H_2SO_4 == Fe_2(SO_4)_3 + 3H_2O \tag{6.54}$$

$$Fe_2(SO_4)_3 + Fe == 3FeSO_4 \tag{6.55}$$

（3）**从酸洗液中制取**

酸洗时采用 $20\%\sim25\%$ 的稀硫酸。酸洗后的废洗液中含有 $15\%\sim20\%$ 的硫酸亚铁。利用冷却结晶法将硫酸亚铁分离出来，而含硫酸的母液则返回酸洗槽。冷却温度为 $-10\sim-5℃$。

硫酸亚铁的测定一般采用碘量法。方法提要：在酸性介质中，用高锰酸钾溶液滴定，使二价铁氧化为三价铁，以滴定液自身指示滴定终点。

当 $pH<8.5$ 时，Fe^{2+} 在水中的溶解度较大，无法沉淀完全，出水中残余铁会氧化成 Fe^{3+}，进而形成 $Fe(OH)_3$ 沉淀，使水显色。当原水色度较高时，Fe^{2+} 能与水中腐殖酸等作用生成腐殖酸亚铁化合物，使水变为黑水。氯可以在广泛的 pH 值范围（pH4.0～11.0）内将亚铁氧化为高铁，在使用硫酸亚铁作絮凝剂时，可以将硫酸亚铁和氯分别加入水中，或在絮凝之前将它们混合后加入水中。理论上每毫克/升硫酸亚铁需要 $0.13mg/L$ 氯，但一般会加入过量的氯，一方面为保证完全反应，另一方面为消毒提供所需氯。在那些需要预氯化的情况下，以氯化硫酸亚铁为絮凝剂是特别有用的。

6.1.7 其他无机盐絮凝剂

6.1.7.1 循环使用的絮凝剂——碳酸镁

在给水处理中常用的絮凝剂，如铝矾和铁盐，会产生大量的黏液状污泥，难于处置和利用，成为水体污染控制的内容之一。而另一方面石灰苏打法水质软化产生的污泥中除含有石灰外尚有氢氧化镁未加以回收利用。因此在美国出现了以碳酸镁为絮凝剂的实验研究，并提出了再生回流循环使用的工艺方案，经过实际应用，获得了成功。

在以碳酸镁为絮凝剂的时候，需要同时向水中投加石灰以提高 pH 值，再经水解反应生成絮凝作用物质，即氢氧化镁絮体，从而发挥除浊和除色效果。在沉淀排出的污泥浆中，可以通入二氧化碳气体使其碳酸化，氢氧化镁即转化为重碳酸镁而溶于水，可以回流循环使用。如果原水中有一定量的镁，经过几次循环后，就可以不再加入新絮凝剂，构成一个封闭循环系统。对于含镁量甚少的一些地面水，则需补充投加部分絮凝剂，与循环回流的溶液共同使用。

在污泥浆中，除再生回收镁盐外，所含黏土可以容易地用浮选法分离出来，作为土地填充料。所含固体碳酸钙沉淀物，可以分离出来加以焙烧制成质量良好的生石灰。焙烧过程中还产生二氧化碳，石灰和二氧化碳都可以循环使用。如果不进行石灰再生，镁再生后的污泥可作为农业土壤 pH 值调整稳定剂。

一般在大型给水处理厂中可设置包括石灰再生的全面循环系统，但在许多中小型水厂，独自进行石灰再生在经济上不一定有吸引力。这时应该找到二氧化碳废气的固定廉价的来源，其类型可以是内燃机或天然气发动机的废气，燃烧炉或能源厂以及其他工业发动机的废气等。

碳酸镁的絮凝效果可以与铝矾相媲美，已被证明在去除有机色度、浊度方面完全同铝矾一样有效，形成的絮体颗粒粗大沉重，沉降速度快，而且在较高的 pH 值下进行处理，可以同时收到消毒和稳定的效果。更重要的是通过再生回流循环使用，最终解决了给水厂污泥浆的处置问题。长期以来，以铝矾或铁盐为絮凝剂的水处理厂将其絮凝操作产生的大量污泥排入地面水，加剧了当今的水体污染，因此，从减轻污染的角度看，碳酸镁法更具有积极的意义。

6.1.7.2 锌盐絮凝剂

在日本的工业废水处理中，有时使用锌盐作为絮凝剂，或单独使用，或同时投加石灰配合使用。锌盐主要是 $ZnCl_2$，有时用 $ZnSO_4$。对于某些工业废水，其效能超过铝盐和铁盐，生成的絮体沉淀性能好，絮凝后生成的沉淀比其他氢氧化物易浓缩、过滤和脱水，比较适合于高浓度、沉泥量大的工业废水处理。锌盐絮凝剂的应用实例有以下几方面。

对屠宰场废水，单独使用 $ZnCl_2$ 可有助于去除血色，但絮凝沉降性能不良，若与氢氧化钙合用则效果甚优，超过其他絮凝剂。对各种食品工业废水，$ZnCl_2$ 与氢氧化钙合用，去除 COD 有最佳效果。对含汞废水，在 pH 9～11 的条件下，NaHS 与 $ZnCl_2$ 合用，可将汞去除到极微量，例如含汞 70mg/L 的废水，用 20mg/L 的 NaHS 和 45mg/L 的 $ZnCl_2$ 可把汞含量降到 0.0075mg/L。此外，锌盐絮凝剂还曾用于染色、颜料、油脂、造纸等工业废水的处理。

需要特别提出加以注意的是一项污泥利用的实例：某丙烯纤维造纸厂生产流程中循环使用氯化锌水溶液，因而在排出的工业废水中含有一定量的氯化锌，若用石灰中和法控制 pH 值，可使锌成为氢氧化锌沉淀而进入污泥。污泥经过加热浓缩后，其水分降到 41%，成凝胶状，因为其中含有共沉的硅酸化合物。这时用一般的方法进一步脱水则比较困难。其中的氢氧化锌若在碱性溶液中溶解为锌酸盐，再以酸中和就可得微粒状氢氧化锌，易于分离脱水。如将污泥焙烧，所得主要成分为锌盐，可利用作絮凝剂。将污泥用硫酸溶解，在 pH 值等于 3 左右可得硫酸锌浓度为 15% 的溶液，以水稀释到约 3%，可作为液体絮凝剂。

6.2 无机高分子絮凝剂

无机高分子絮凝剂是在传统的铝盐和铁盐絮凝剂的基础上发展起来的一类新型水处理药剂。由于这类药剂比原有传统药剂具有适应性强，无毒，并可成倍提高效能而相对价廉等优点，因而在近年得到了迅速发展和广泛应用，并已逐步发展成为水处理絮凝过程的主流药剂。目前在日本、俄罗斯、西欧、中国等国家或地区都已有相当规模的生产和应用。在美国，这类药剂的研究和开发也已受到越来越多的重视。曾经提出并研究过的无机高分子絮凝剂主要有聚合氯化铝（PAC）、聚合氯化铁（PFC）、聚合硫酸铝（PAS）、聚合硫酸铁（PFS）、聚合磷酸铝（PAP）、聚合磷酸铁（PFP）、聚硅酸（PSI）、聚合氯化铝铁（PAFC）、聚合硫酸铝铁（PAFS）、聚合硅酸硫酸铝（PASS）及聚合硅酸硫酸铁（PFSS）等絮凝剂。但目前得到广泛应用的主要是聚合氯化铝（PAC）、聚合硫酸铁（PFS）、聚硅酸（PSI）和聚合硅酸硫酸铝（PASS）。

6.2.1 聚合氯化铝及其优点

自 20 世纪 30 年代以来，在美国、德国、前苏联、日本等国就陆续有化学家研究铝的碱式盐，不少人在实验室内以各种方法制造出了碱式铝盐，研究了它们的组成和特性，先后提出"碱式铝""羟基铝""络合铝""氧化铝溶胶"等名称，并发现这种制品有更高的絮凝能力。到了 60 年代，日本的前田稔提出了几种碱式铝盐的工业制造流程，肯定了碱式铝盐的絮凝效能高于硫酸铝。此后，碱式氯化铝（BAC）在日本水处理技术中迅速发展了起来，并进一步以无机高分子理论出发探讨其作用机理，开始定名为聚合铝，其中包括聚合氯化铝（PAC）、聚合硫酸铝（PAS）等主要类型。目前得到广泛应用的主要是聚合氯化铝（PAC）。

聚合氯化铝作为一种新型絮凝剂，根据国内外的生产实践，总结出如下优点。

（1）在一般原水条件下，絮凝效果优于常用的无机絮凝剂，如硫酸铝、硫酸亚铁、三氯化铁等。例如与硫酸铝比较：在低浊度时（致浊物质含量小于 500mg/L），按氧化铝投加量计，效果为 1.25～2.00 倍，如按固体投加量计为 3.75～6.00 倍（比较时固体聚合氯化铝中 Al_2O_3 含量按 45% 计，固体硫酸铝中 Al_2O_3 含量按 15% 计，下同）；高浊度时（致浊物质含量大于 500mg/L），按氧化铝投加量计为 2.0～5.0 倍，如按固体投加量计为 6.0～15.0 倍。与三氯化铁比较：按固体投加量计（三氯化铁以无水 $FeCl_3$ 的分析含量的 100% 计，下同），在原水致浊物质含量小于 100mg/L 时，效果略低，为 0.7～0.9 倍。原水致浊

物质含量在 100mg/L 以上时，效果为 2.0～
5.0 倍。处理后出水的浊度、色度均低于各
种无机剂。图 6.26 为聚合氯化铝和硫酸铝絮
凝效果对比。聚合氯化铝与硫酸铝加助凝剂
的絮凝效果的比较见图 6.27。

（2）絮体形成快，沉淀速度高。因而反
应、沉淀时间可缩短，在相应条件下可提高
处理能力 1.5～3.0 倍。

（3）沉淀泥渣的脱水性能高于硫酸铝，
低于三氯化铁。

（4）在等投加量下，聚合氯化铝消耗的

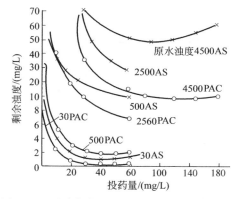

图 6.26　聚合氯化铝和硫酸铝絮凝效果的比较
——×——：硫酸铝　—○—：聚合氯化铝

水中碱度小于各种无机絮凝剂消耗的水中碱度，处理后出水的 pH 值降低也少。因而处理
水时，特别处理高浊度水时，可不加或少加碱性助剂及助凝剂。各种絮凝剂投加量与处理
后出水 pH 值的关系见图 6.28。

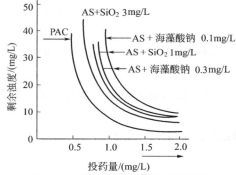

图 6.27　聚合氯化铝与加助凝剂的
硫酸铝絮凝效果的比较

原水浊度 100NTU，水温 14℃，碱度 31mg/L，pH 7.4

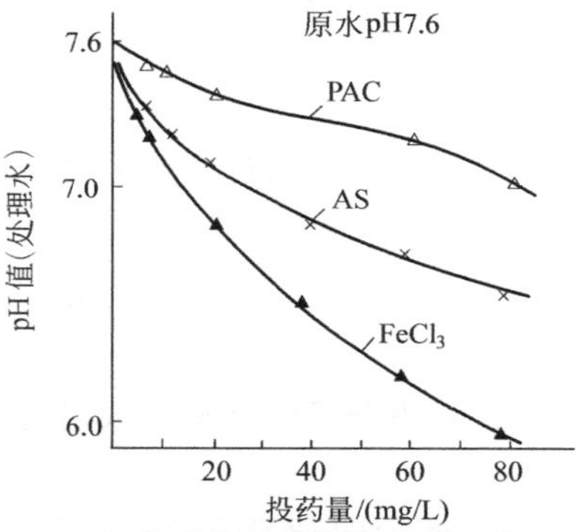

图 6.28　絮凝剂投加量与出水 pH 值的关系

（5）适宜的投加范围宽，过量投加后不易产生水质恶化作用，因而有利操作管理和提
高净水安全性。聚合氯化铝与硫酸铝、三氯化铁适宜投加范围比较见图 6.29。

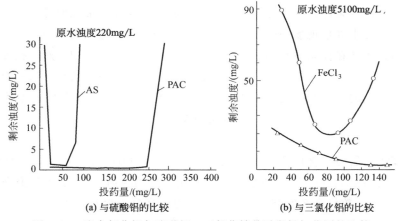

(a) 与硫酸铝的比较　　　　　　(b) 与三氯化铝的比较
图 6.29　聚合氯化铝与硫酸铝、三氯化铁的适宜投加范围的比较

（6）适宜的原水 pH 值范围比硫酸铝宽，见图 6.30。

（7）对原水温度适应性比硫酸铝强，见图 6.31。

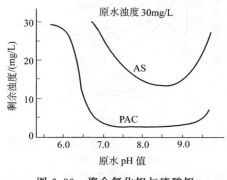

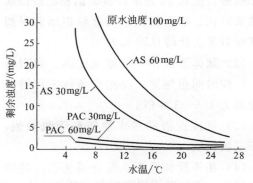

图 6.30　聚合氯化铝与硫酸铝
对原水 pH 值的适应性比较

图 6.31　聚合氯化铝与硫酸铝
对原水温度的适应性比较

（8）对浊度、碱度、有机物含量的变化适应性强。

（9）处理水中盐分增加少，因而对于制药工业、轻工业、纯水制取的预处理等较为有利。

（10）处理水成本低于现有各种无机絮凝剂，与硫酸铝和三氯化铁比较，制水药剂成本可降低 40%～75%。

（11）有效成分（固体）为硫酸铝的 2.5～3.0 倍，投加量又少，因而对运输、贮存有利，可减轻投药系统的劳动强度。

（12）对投药系统及操作人员皮肤、衣物腐蚀性小，改善了劳动条件。

6.2.2　聚合氯化铝的组成和基本形态

在铝盐的絮凝原理中已叙述过，铝盐的凝聚、絮凝作用主要是以投入水中后产生的带适当电荷而聚合度较高的无机高分子形态进行的，它们实质上是铝盐在水解-聚合-沉淀的动力学过程中的中间产物，其化学形态属于多核羟基配合物。向原水中投加絮凝剂时，溶液中的影响因素错综复杂，诸如铝盐浓度，其他离子组成，悬浊物的性质和数量、吸附作用、温度、搅拌混合条件，反应时间等都会对生成无机高分子最优形态的铝化合物产生影响和干扰，所以在水处理现场一般投加铝盐并不能经常保证达到最佳的絮凝效果。可以设想，如果能够把铝盐在控制适宜的条件下预先制成最优形态的产物，然后投加到被处理的水中，可能会迅速发挥优异的絮凝作用，聚合铝絮凝剂的出现正是符合这一设想的。按照这一设想采取预制的方法制得的聚合氯化铝（PAC），不但能够更有保证地达到现场投加铝盐所能达到的最优形态，而且可以制出现场投加后不能达到的更优异产物。由此可见，聚合铝的基本形态应该是多核羟基配合物形成的无机高分子。人们对聚合氯化铝的组成和形态进行了多年的研究，被广泛接受的化学式为 $[Al_2(OH)_nCl_{6-n}]_m$，该化学式实际上是把羟基配合物 $Al_2(OH)_nCl_{6-n}$ 看成是高分子化合物的单体，而 m 为其聚合度。这种表达方式既考虑了 Al 数目为 2 的基本结构，又考虑了高分子聚合物的发展形态。近年来对 PAC 形态的研究取得了长足进展，简述如下。

6.2.2.1 ^{27}Al NMR（核磁共振）对 PAC 的研究

　　核磁共振波谱法是当代应用最广的仪器鉴定方法。不同的原子核具有不同的结构，因而有不同的磁矩和自旋量子数。在很强的磁场下原子核可以分化出不同量子化的能级。如果用能量恰等于相邻两能级只差的电磁波来照射，原子核就可能吸收能量发生能级跃迁，从而产生核磁共振信号，得到核磁共振谱。处于不同化学环境中的核由于外层电子的屏蔽效应不同而向高场或低场偏移。偏移的程度称为化学位移 δ，在谱图上表现为与零点的距离，以百万分之一为单位。化学位移可反映出原子核存在的不同化学状态。根据化学位移所在的信号峰的强度（高度和面积）可与已知标准值对照，定性定量地判断它所代表的化合态的特征及强度（浓度和比例）。

　　^{27}Al 核具有四级矩，其自旋量子数 $I=5/2$，因此可以产生核磁共振现象。^{27}Al 核磁共振法（NMR）是近年来广泛用于测定铝水解溶液中铝（Ⅲ）形态分布特征的有效方法。用 ^{27}Al NMR（核磁共振）对 PAC 样品进行测定后得图 6.32 所示的图谱。

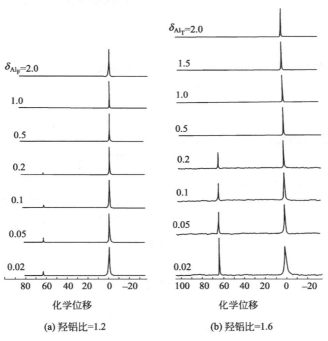

(a) 羟铝比=1.2　　　　(b) 羟铝比=1.6

图 6.32　不同浓度 PAC 的 ^{27}Al NMR 谱

　　图中显示了 0.0 和 62.9 两个共振峰。对这两个共振峰所代表的铝离子水解聚合组分的解释，是与用其他实验方法获得的结果进行比较后得到的。一般的看法是：0.0 共振峰是 $Al(H_2O)_6^{3+}$ 及其他单核羟基配离子的特征峰；62.9 共振峰是由多核组分 $Al_{13}O_4(OH)_{24}(H_2O)_{12}^{7+}$（简写为 Al_{13}）引起的。该组分由 12 个铝氧八面体（AlO_6）围绕着 1 个铝氧四面体（AlO_4）形成，成为一个近似球状的笼状结构（Keggin）原子团。实质上 62.9 共振峰是由 Al_{13} 中的 AlO_4 产生的，12 个 AlO_6 能产生共振峰，其位置在 10.0 附近，因峰过于扁平而不能看出。图 6.33 是 Al_{13} 笼式结构图。图 6.34 是 Al_{13} 笼式结构的聚集模型。

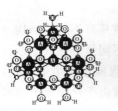  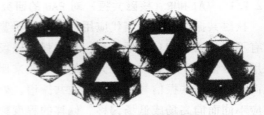

图 6.33　Al$_{13}$笼式结构　　　　　　　图 6.34　Al$_{13}$的聚集模型

多年来在絮凝化学领域中的重要进展当属对上述羟基聚十三铝的研究。羟基聚十三铝是碱化水解铝溶液中最重要的组分，它有较高的分子量和正电荷，成为聚合氯化铝中最有效的成分。聚合氯化铝作为无机高分子絮凝剂的主要品种，其发展的方向应是尽量提高聚十三铝在其制品中的主导成分地位。但是 Al$_{13}$ 的生成条件却一直是争论焦点。近年提出 Al$_{13}$ 生成需有前驱物（precursor）的论点得到较多赞同。由于 Al$_{13}$ 的笼状结构（Keggin）的核心是 AlO$_4$ 四面体配位，不符合其沉淀物以八面体配位的热力学规律，从而经实验研究，提出在部分中和的铝溶液内已存在 Al(OH)$_4^-$ 四面体结构作为前驱物的观点。目前认为，向铝溶液中加入碱液的界面上存在较大的 pH 差值，会生成 Al(OH)$_4^-$ 及随后的 Al$_{13}$。这时有影响的因素除 Al 液的浓度和当时的水解度外，还有碱液的浓度和注入速度、混合搅拌强度、Al(OH)$_4^-$ 与 Al$_{13}$ 生成速度匹配等。各种条件的最佳组合才能生成最多量的聚十三铝。

6.2.2.2　Ferron 逐时络合比色法对 PAC 的研究

由于铝盐无机高分子溶液中的各种羟基配合物形态的多样性和动力学不稳定性，其分布鉴定十分困难，目前虽有核磁共振（NMR）、小角度 X 射线衍射（SAXS）、激光光子相关光谱（PCS）等大型仪器可用，但均只反映部分信息，尚不能全面准确地加以鉴定。目前比较实用的是 Ferron 逐时络合比色法。此方法的原理是利用高铁试剂 Ferron 与羟基络合物的络合动力学差异，根据络合反应完成的时间把 Al 化合物在溶液中水解聚合的形态分为三类：

① Al$_a$，包括快速络合的自由离子、单体及初聚物，瞬间（0～1min）即可与 Ferron 络合；

② Al$_b$，包括慢速络合的低聚合及中等聚合物，120～150min 之内完成与 Ferron 络合；

③ Al$_c$，包括长时间内难以络合的高聚物及溶胶。

总铝量等于以上三部分的加和，即 Al$_T$＝Al$_a$＋Al$_b$＋Al$_c$。

近年来许多研究者认为可将 Al$_b$ 进一步分为两种，即 Al$_{b1}$，水解低聚形态部分，与 Ferron 络合较迅速；Al$_{b2}$，水解中聚合形态部分，与 Ferron 络合较缓慢。具体做法是应用分光光度计在 370nm 测定反应液的吸光度随反应时间的变化情况，并绘制曲线（见图 6.35）。

这种分类法虽较粗略，时间段的划分也较随意，但可分别求得各种形态的含量及比例。而且一般认为 Al$_b$ 部分是凝聚絮凝能力最强的，应用此概念和方法对絮凝理论研究和絮凝剂研制都很有益，因而得到较广泛采用。以下对该法的基本原理和试验方法做一简介。

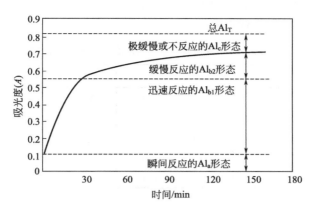

图 6.35　逐时络合比色法测定 PAC 的曲线

（1）基本原理　Ferron 是一种显色剂，俗名试铁灵，最初是作为铁的分析试剂被应用，后来发现它与 Al 也可发生络合反应，而且与不同形态的 Fe 或 Al 的反应速率有明显差异。借此特性可以用逐时分光光度法做 Fe 或 Al 的形态分布的定量鉴定。

Ferron 的化学成分是 7-碘-8-羟基喹啉-5-磺酸。其化学结构及酸碱平衡如下式：

$$\tag{6.56}$$

可以看出，Ferron 属于一种二元酸，以 H_2A 表示。它的存在形态及化学反应与溶液的 pH 值有关，在 Al、Fe 化合态测定中，规定在 pH 值为 5.2 的缓冲溶液中进行，此时 Ferron 的存在形态以式（6.56）的中间形态 HA^- 为主。Ferron 与 Al 化合态生成的络合物在 363~370nm 波长有最大吸收。

聚合铝溶液中不同形态的铝与 Ferron 络合反应主要是 Ferron 试剂上的磺酸基与聚合铝中的羟基竞争铝离子的解离-络合反应，因此其逐时络合反应速率能在一定程度上反映出聚合铝溶液中分子离子的大小及羟基结构状况。Ferron 与单核 Al 化合态的反应可在瞬时完成，其结果表现为 Al_a，与中等聚合态的反应比较缓慢而延续 30~150min，其结果表现为 Al_b，与高聚合态或溶胶的反应极为缓慢或不反应，经计算得 Al_c。这样应用逐时记录测试液的吸光度，再以标准铝溶液制作的标准曲线换算，可以得到 Al_a、Al_b 和 Al_c 的含量。

图 6.35 中，横坐标是反应进行时间，纵坐标是吸光度，可以换算为 Ferron-Al_T 的浓度，即 $(Al_a + Al_b)_T$ 的逐时变化浓度。把测试曲线起始端的斜率延长线与纵轴的交点作为单核铝与 Ferron 反应的终点，认为此反应是瞬时完成的，从而得到 Al_a。在图中条件下，反应接近 150s 时曲线接近水平，从而得到 $(Al_a + Al_b)$，扣除其中的 Al_a 得 Al_b。从铝的总量 Al_T 中扣除 $(Al_a + Al_b)$ 得 Al_c 的含量。Al_T 是投入溶液的总浓度，也可以用原子吸收分光光度法测定得到。

进一步的研究指出，在人工加碱强制水解的铝盐纯溶液中，一定条件下生成的 Al_b 基

本上等于 Al_{13}，如表 6.6 所示。表中 Al_T 表示总量，Al_m 表示单体＋二聚体，Al_u 表示 NMR 未能测定部分，B 表示碱化度。

表 6.6 Ferron 法与 ^{27}Al NMR 法测定结果的比较

| $Al_T/(mol/L)$ | B | Ferron/% | | | NMR/% | | | Al_{13}/Al_b |
		Al_a	Al_b	Al_c	Al_m	Al_{13}	Al_u	
0.100	1.0	66.83	32.68	0.49	61.43	32.88	5.69	1.01
0.125	1.5	48.92	50.42	0.66	39.28	51.18	9.54	1.01
0.111	2.0	22.81	73.39	3.80	16.46	74.76	8.78	1.02
0.100	2.5	12.48	82.85	4.67	9.75	82.92	7.33	1.00

（2）实验方法

① 溶液配制

a. 铝标准溶液的配制。取 0.2698g 纯度为 99.99％的纯金属铝片，以 200mL 1∶1 的盐酸溶解，加去离子水稀释定容为 1.0L，其浓度为 0.0100mol/L，作为储备液。取其中 5mL，再稀释至 50mL，即成为浓度为 0.0010mol/L 的铝标准溶液。

b. 比色-缓冲溶液的配制。为掩蔽 Fe 的干扰，需加入盐酸羟胺和邻菲罗啉试剂。另外为保证 Ferron 与铝的最佳络合，应保持反应在 pH＝5.2 左右的溶液中进行，因而需加入醋酸钠缓冲溶液，为此配制比色-缓冲溶液。有两种方法，一种是比色液和缓冲液分别加入的方法；另一种是两种溶液混合后一次加入的方法。如果测定的是不含铁的纯铝溶液，则可以省去掩蔽液以简化操作。

分加时需要配置三种溶液，即：500mL 0.2％ Ferron 及 0.01％邻菲罗啉溶液；200mL 35％醋酸钠缓冲溶液；10％盐酸羟胺溶液（将 20g $NH_2OH \cdot HCl$ 溶于水，加入 8mL 1∶1 的盐酸，定容至 200mL），将此三种溶液分别置于冰箱中保存备用。

合加时将以上三种溶液混合，用去离子水稀释定容至 1.0L，在室温下静置 4～5d 后置于冰箱中保存备用。

② 曲线的制作

a. 标准曲线的制作。分加时，按顺序加入 4mL Ferron-邻菲罗啉溶液，2mL 醋酸钠缓冲溶液，2mL 盐酸羟胺溶液，到 0.0mL、0.5mL、1.0mL、2.0mL、3.0mL、4.0mL 的系列浓度的铝标准溶液中，迅速混合，定容至 50mL，以刚果红试纸测试为红色，立即用分光光度计测定吸光度。如果用普通分光光度计，波长用 370nm。若用扫描光度计，可根据扫描结果求出最大吸收峰处的波长。

合加时，将 10mL 比色-缓冲混合溶液加入每份铝标准溶液中，混合定容至 50mL，即可一次测定。

以分加及合加两种方法测定同一系列铝标准溶液，用所得数据经回归计算做出吸光度 Abs 对铝浓度（10^{-5} mol/L）的直线图或求出铝浓度的直线方程，例如：

用分加法得到 $\qquad [Al] = 0.009480 + 0.07532Abs \qquad$ (6.57)

用合加法得到 $\qquad [Al] = -0.0001754 + 0.10753Abs \qquad$ (6.58)

b. 工作曲线的制作。将聚合铝溶液的浓度调整到分光光度法所适用的范围，例如取 0.125mol/L，$B＝2.0$ 的 PAC 样品 20μL 加入 50mL 容量瓶中，以分加法或合加法加入比色-

缓冲溶液，操作步骤与标准曲线的制作相同，然后稀释到刻度，此时 $[Al]=5\times10^{-5}\,mol/L$，在分光光度计上于 370nm 波长处测定吸光度的逐时变化，测定时间一般为 90~120min，若以时间为横坐标，以吸光度为纵坐标，可得类似于图 6.35 的曲线。根据标准曲线将吸光度换算为 $[Al]$，则可得 Al_a、Al_b、Al_c 在 Al_T 中的百分比。

实验证明，合加法和分加法所得的结果有一定的差异。合加法所得的 Al_a 值较低，而 Al_b 值较高。由于 Al_a 应反映 Ferron 与 Al 的瞬时反应，而分加法延长了首批反应的时间，可能使 Al_a 增大，因而合加法较合理。

6.2.2.3　羟基聚十三铝的生成机理

聚十三铝的组成是两类化合态的结合，一是其核心即四面体化合态；二是其周围的八面体化合态即二聚体或三聚体。后者是酸性 Al 溶液中经自发水解已存在的，而四面体化合态则是由于溶液 pH 值突然升高形成不平衡界面，在此界面上生成 $Al(OH)_4^-$ 构成其核心。向酸性 Al 溶液中加入 NaOH 或 Na_2CO_3 符合此条件。此外 $Al(OH)_4^-$ 与八面体配位 Al 作用时，Al_{13} 的生成相当迅速。在实验室中，其最大浓度是在合成后立即观测到，这表明 Al_{13} 的生成很快，并且只在合成时直接生成，而不是经过中间物聚合熟化生成。

Bertsch 对 $Al_T=3.34\times10^{-4}\sim1\times10^{-1}\,mol/L$ 的溶液进行了多组不同条件下的注碱实验，在三种加碱比 $n(OH/Al)$ 及不同注碱速度下 Al_{13} 占 Al_T 的百分数如图 6.36 所示。

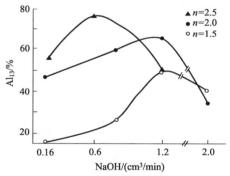

图 6.36　不同条件下 Al_{13} 的生成量

由图可以看出，对于 $n=1.5$、2.0、2.5 的三个溶液，Al_{13} 的生成量都是注碱速度的函数，注入速度增大，Al_{13} 的量先达到最大点，然后在更大的注碱速度时转而下降。Al_{13} 的最大生成量向较高的注碱速度和较低的 n 值迁移。n 值小者，碱液浓度也小，Al_{13} 的最大生成量在最快的注碱速度时出现，但 Al_{13} 的百分含量也小。这三个溶液的 Al_{13} 含量均未达到理想程度。在理想的 Al 浓度、n 值和注碱速度时，可达到总铝量的近 90%。Bertsch 根据实验结果提出 Al_{13} 生成的机理模型见图 6.37。

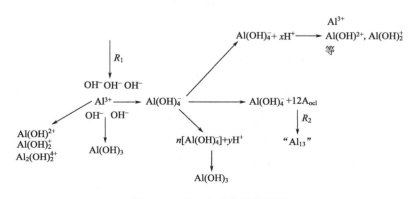

图 6.37　Al_{13} 生成的机理模型

如图所示，R_1 表示碱液注入的速率，R_2 表示 Al_{13} 生成的速率。对于一定的 n 值和 Al 浓度，当 R_1 足够大使得 $Al(OH)_4^-$ 的生成速度接近 R_2 时，可以得到 Al_{13} 的最大浓度。当 R_1 降低使 $Al(OH)_4^-$ 的生成速度低于 R_2 时，Al_{13} 的生成就会受到限制而减少。相反，当 R_1 增大到超过最佳值时，生成 $Al(OH)_4^-$ 的量大于 R_2 反应所消耗的量，多余的 $Al(OH)_4^-$ 将生成胶体沉淀物。

6.2.2.4　羟基聚十三铝的絮凝除浊效果

徐毅对高岭土悬浊液，以 3 种絮凝剂 B_0（$AlCl_3$）、B_{22}（碱化度为 2.2 的 PAC，表示为 PAC_{22}）和 Al_{13} 在不同 pH 值和投药量的情况下，结合水中颗粒物 ζ 电位的变化，考察了上清液残余浊度（RT）的变化情况。此处仅以 pH5.0 的情形为例做一说明，如图 6.38 所示。

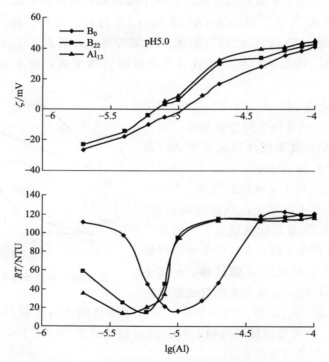

图 6.38　Al_{13} 与不同絮凝剂的絮凝除浊效果对比

如图所示，颗粒物的 ζ 电位随着投药量的增大而迅速上升，在较低总铝浓度下，颗粒即发生电荷逆转。投药量继续增大，ζ 电位持续升高并逐渐趋于一稳定值。可以看出，不同絮凝剂表现出不同的电中和性能，使一定量的颗粒发生电中和所消耗的铝量由少到多的顺序为 Al_{13}、PAC_{22}、$AlCl_3$。由于 Al_{13} 电中和能力很强，就很容易使颗粒电荷变性，在很低的投药量下，表现出十分显著的除浊性能。随着投药量的继续增大，体系会进入再稳定的除浊效果恶化区域。相对于 $AlCl_3$、Al_{13} 和 PAC_{22} 的再稳定区域要更早出现，絮凝区域要窄一些，这也是因为它们的电性更强，因此聚合类絮凝剂用量要少而准，在最佳投药量时实现絮凝。

研究者认为，提纯后的 Al_{13} 样品中 Al_{13} 及聚集体含量达到 95% 以上，Al_a 和 Al_c 含量均甚微，在所有 pH 值范围内都表现出比 PAC_{22} 更优异的絮凝效能。如果能以纳米技术制备出更高级的聚集形态，将会有更突出的表现。

6.2.3 聚合氯化铝的主要指标及物化性质

（1）冻结温度

表 6.7 为聚合氯化铝和硫酸铝（液体）的冻结试验结果，可以看出，聚合氯化铝的析出温度比硫酸铝低，这对冬季和低温地区的使用和贮存十分有利。

表 6.7　冻结试验结果

项　目	聚合氯化铝			硫酸铝		
Al_2O_3/%	9.53	10.06	10.47	7.84	8.12	8.16
析出温度/℃	<−18.0	<−18.0	<−18.0	−14.1	−15.6	−16.2
溶解温度/℃	—	—	—	−9.8	−11.8	−12.4

（2）盐基度和 pH 值

根据铝（Ⅲ）盐水解聚合的观点，聚合氯化铝可以看作是氯化铝中的 Cl 逐步被 OH 所代换的产物，也就是铝（Ⅲ）盐逐步羟基化或碱化的各种产物。聚合氯化铝中某种形态的羟基化程度或碱化的程度称为盐基度或碱化度。例如，$AlCl_3$ 的盐基度为 0，$Al(OH)_3$ 的盐基度为 100%。对聚合氯化铝的盐基度曾提出过许多表示方法，如羟铝摩尔比 $B'=[OH]/[Al]$，但得到广泛使用的盐基度一般用如下百分率来表示。

$B=([OH]/3[Al])\times100\%$。例如，$Al_2(OH)_3Cl_3$ 的 $B=([OH]/3[Al])\times100\%=(3\times1)/(3\times2)\times100\%=50\%$，$Al_2(OH)_5Cl$ 的 $B=(5\times1)/(3\times2)\times100\%=83.3\%$，$Al_{13}(OH)_{34}Cl_5$ 的 $B=([OH]/3[Al])\times100\%=(34\times1)/(3\times13)\times100\%=87.2\%$ 等。如果化学式采用 $[Al_2(OH)_nCl_{6-n}]_m$，也可以把盐基度写成 $B=(n/6)\times100\%$。

盐基度是聚合铝的最重要的指标之一，无论是在基本特性的试验研究中，还是在制造和使用中，都必须把它作为一项主要指标来考虑。聚合铝的许多其他特性都同盐基度有关，例如聚合度、电荷量、絮凝效能、制造时的工艺参数、制成品的 pH 值、使用时的稀释率、储存稳定性等。

每一种聚合铝的制品，其组成成分的基本形态并不是单一的，而是各种不同形态不同比例相混合的体系，所以盐基度所代表的形态只是各种存在形态的统计平均的结果，并且即使有同样的盐基度，如果原料和制造工艺方法不同，制品的基本形态和组成也会有所不同，其特性也随之有所差异。但是，无论如何，盐基度代表聚合铝中主要部分的形态，即使作为一种统计特性，正如高分子物质的聚合度一样，并不失去其基本意义和应用价值。

聚合铝液体的 pH 值也是一项重要指标，它同盐基度有密切的关系和类似之处，但不能把二者混淆起来。盐基度表达聚合铝中结合羟基的数量比，而 pH 值则表达溶液中游离状态的 OH^- 数量。聚合铝液体的 pH 值一般随盐基度升高而增大，但对于不同组成的液体，其 pH 值与盐基度之间并不存在绝对固定的对应关系。具有同样盐基度的液体，当浓度不同时，其 pH 值也不相同。图 6.39 表示某聚合铝液体在不同盐基度和不同浓度时 pH 值的变化。

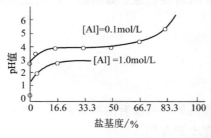

图 6.39　盐基度和 pH 值的关系

图中的盐基度以羟铝摩尔比（$B'=[OH]/[Al]$）表示。可以看出聚合铝液体的 pH 值在 $B'=0\sim0.5$ 范围内有急剧上升，而在 $B'=0.5\sim2.0$ 范围内大致为一定值，这时候溶液中增加的 OH^- 几乎全部都进入聚合铝分子结构。当 $B'=2.0\sim2.5$ 范围内时 pH 值又急剧上升。溶液的浓度不同时，虽然变化的规律基本相同，但具体数值不同，浓度越大，pH 值越低。

聚合氯化铝的稳定性和盐基度也有密切关系，从表 6.8 可看出，一次投料制作的盐基度在 76.6％以下的液体产品，贮存半年时间是稳定的。同样盐基度，但操作条件不一致，储存温度不同时，其稳定性也有差异。

表 6.8　聚合氯化铝的稳定性

储存时间 /d	盐基度/%						
	25.6	36	50.5	72.6	76.6	82.5	85
30	透明无沉淀	透明无沉淀	透明无沉淀	透明无沉淀	透明无沉淀	浑浊	浑浊
180	透明无沉淀	透明无沉淀	透明无沉淀	透明无沉淀	透明无沉淀	全部为海绵状沉淀	全部为海绵状沉淀

盐基度与絮凝效果有十分密切的关系，图 6.40 为原水致浊物质含量为 100mg/L 时，盐基度与絮凝效果的关系。表 6.9 为不同盐基度的聚合氯化铝，在不同原水浊度下的絮凝效果的比较。从表 6.9 看出，对同一浊度的原水，在相同投药量下，不同盐基度的产品絮凝效果各不相同。并且不同原水浊度，规律性也各不相同。表中有底纹的范围是絮凝效果最佳的区间。这个范围表明，原水浊度越高，聚合氯化铝的盐基度越高，则絮凝效果越好。归纳起来，在原水致浊物质含量为 86～10000mg/L 的范围内，聚合氯化铝的相应最佳盐基度为 40％～85％。

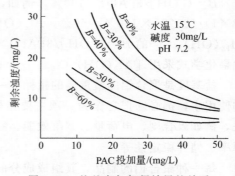

图 6.40　盐基度与絮凝效果的关系

表 6.9　盐基度与剩余浊度的关系

原水				盐基度/%							
浊度/NTU	pH 值	温度/℃	投药量/(Al₂O₃mg/L)	0	25.6	36.0	50.5	72.6	76.6	82.4	84.2
86	7.9	12.5	4	10	8	5.5	5	5.5	10	10	11
500	7.9	12.5	10	19	13	12	9	8		14	16
1000	8.0	12.5	16	9.5	9	8	7	7	12	11.5	12
2000	7.9	12.5	25	32	30	28	24	13	18	19	19
3000	7.9	12.5	35	69	15	14	11.5	10	7	8	13.5
4500	8.0	15.0	50	384	88	32	18	6.5	6.5	6	8
6000	8.0	12.5	65	300	180	70	11.5	7.0	6.5	5.5	9
10000	8.0	12.5	80	200	148	132	104	46	13	12	13
原水浊度 3000～10000NTU 时絮体的大小				最小	小	小	中	大	大	大	最大

考虑到制作工艺水平、原材料消耗、多价阴离子的比例及产品的稳定性，也结合日本水源特征，日本将聚合氯化铝的盐基度定为 45%～60%。从絮凝效果看，对于各种浊度原水，效果不一定是最佳，作为改进措施，日本又规定了产品中含有 3.5%以下的硫酸根离子，以增加产品的聚合度，从而提高絮凝效果。

由于生产工艺的改进，可以在经济节省的条件下制造盐基度高于 60%的稳定产品，而盐基度高于 60%的产品的絮凝效果优于盐基度低于 60%的引入硫酸根的产品，因而可以免去引进硫酸根离子的复杂工序。日本聚合氯化铝的发展经历了由纯聚合氯化铝到含硫酸根的聚合氯化铝，又到高盐基度的聚合氯化铝的过程。

我国用铝灰为原料的"酸溶一步法"生产聚合氯化铝产品，在对不同工艺条件和净水效果优选的基础上，从 1971 年开始试生产起，基盐基度就控制在 60%以上，不含硫酸根，具有较高的净水效果和较低的原料消耗。

（3）外观和一般性质

聚合氯化铝的外观与盐基度、制造方法、原料、杂质成分及含量有关。纯液体聚合氯化铝的色泽随盐基度的大小而变，盐基度在 40%～60%范围内时，为淡黄色透明液体，盐基度在 60%以上时，逐渐变为无色透明液体。固体聚合氯化铝的色泽与其液体类似，其形状也随盐基度而变，盐基度在 30%以下时为晶状体，盐基度在 30%～60%的范围内时为胶状物，盐基度在 60%以上时，逐渐变为玻璃体或树脂状。

用铝土矿或黏土矿制造的聚合氯化铝，色泽为黄色至褐色透明液体，色泽的深浅随铁含量大小而变。用铝灰或铝屑"酸溶一步法"制得的产品为灰黑色至灰白色。

聚合氯化铝味酸涩，加温到 110℃以上时发生分解，陆续放出氯化氢气体，最后分解为氧化铝。

聚合氯化铝与酸反应，发生解聚反应，使聚合度和盐基度降低，最后变为正铝盐，所以絮凝效果也随之降低；聚合氯化铝与碱反应，使聚合度和盐基度提高，可生成氢氧化铝沉淀或铝酸盐；聚合氯化铝与硫酸铝或其他多价酸盐混合时，易生成沉淀，一般会降低或完全失去絮凝性能。

（4）氧化铝含量与相对密度的关系

聚合氯化铝中氧化铝含量是产品有效成分的衡量指标，它与溶液的相对密度有一定的关系。一般来说。相对密度越大，则氧化铝的含量越高，但二者的关系随温度、杂质、制造方法、盐基度等因素而变。图 6.41 是以氢氧化铝为原料制得同一产品在不同温度下氧化铝含量与相对密度的关系。

聚合氯化铝溶液中含有的杂质直接影响相对密度与氧化铝含量的关系，例如，铝灰酸溶一步法的产品由于含有悬浮杂质，在相同氧化铝含量和盐基度下，相对密度大于铝屑酸溶一步法的产品；以矿物为原料氢氧化铝凝胶调整法制得的产品，相对密度小于碱直接中和法的产品。

盐基度对氧化铝含量与相对密度的关系有着更

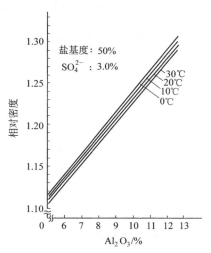

图 6.41　不同温度下氧化铝含量与相对密度的关系

直接的影响，氧化铝含量相同，盐基度不同的产品相对密度也不相同，盐基度越低，相对密度越大。所以不能用相对密度来定量地衡量产品的有效成分，仅能在生产控制中作为一个快速简便的分析指标。

（5）氧化铝含量和黏度的关系

图 6.42 为氧化铝含量与聚合氯化铝和硫酸铝的黏度的关系。在相同氧化铝含量条件下，聚合氯化铝黏度较低，对输送和使用有利。

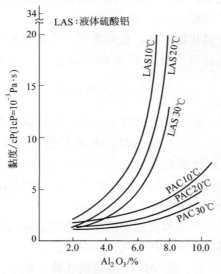
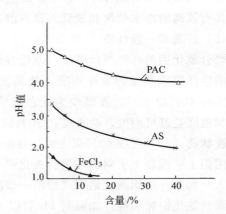

图 6.42　氧化铝含量与黏度的关系　　　图 6.43　几种絮凝剂的含量与 pH 值的关系

（6）浓度和 pH 值的关系

图 6.43 为几种絮凝剂的含量与 pH 值的关系。可以看出，在同样浓度下，聚合氯化铝 pH 值最高。因此，其腐蚀性最小，消耗碱度及降低水的 pH 值也最小。

6.2.4　聚合氯化铝的制作方法

从 20 世纪 60 年代开始，我国聚合氯化铝的实验室制作及工业生产方法得到了迅速的发展，经历了从利用废弃原料的小规模生产到工业化生产，再到稳定发展和提高的三个阶段，针对不同原料研究出了多种不同的方法。到了 20 世纪 90 年代，以氢氧化铝凝胶和铝酸钙为原料生产聚合氯化铝的工厂遍及全国。以下是对这一发展过程的一个总结。

6.2.4.1　含铝原料

可用来生产聚合氯化铝的含铝原料很多，按照来源的不同可分为三类：一类为直接从矿山开采得来的含铝矿物原料；一类为来自工矿部门的废渣；另一类是化工、冶金产品或半成品。

（1）含铝矿物

铝在地球元素中所占的丰度很高，约占地壳总成分的 8.8%，仅次于氧和硅。由于铝的化学性质极为活泼，故在自然界中并无单质铝存在。现已查明的含铝矿物约有 250 种之多，其中各种铝硅酸盐约占 40%。常见的含铝较丰富的矿物是长石、霞石等。常见的铝土矿、高岭土、明矾石、绢云母等则是上述矿物在外力作用下，生成的次生矿。自然界的含铝矿物成分见表 6.10。

表 6.10　自然界的含铝矿物成分

名　称	成分/%			密度 /(g/cm³)	硬度 （莫氏）
	Al_2O_3	SiO_2	Na_2O+K_2O		
刚玉	100	—	—	4.00～4.10	9
一水软铝石	85	—	—	3.01～3.06	3.5～4
一水硬铝石	85	—	—	3.30～3.50	6.5～7
三水铝石	65.4	—	—	2.35～2.42	2.5～3.5
蓝晶石	63.0	37.0	—	3.56～3.68	4.5～7
红柱石	63.0	37.0	—	3.15	7.5
硅线石	63.0	37.0	—	3.23～3.25	7
高岭石	39.5	46.4	—	2.58～2.60	1
白云母	38.5	45.2	9.7	—	2
绢云母	38.5	45.2	11.7	—	—
明矾石	37.0	—	11.3	2.60～2.80	3.5～4.0
霞石	32.3～36.0	38.0～42.3	19.6～21.0	2.63	5.5～6

①　铝土矿。铝土矿（铝矾土）是一种含铝水合物的土状矿物，通式为 $Al_2O_3 \cdot nH_2O$，其中主要矿物有三水铝石、一水软铝石、一水硬铝石或这几种水合物的混合物等，提取铝的难度依次递增。铝土矿中 Al_2O_3 含量一般在 40%～80% 之间，主要杂质成分有硅、铁、钛的氧化物，Al_2O_3、Fe_2O_3、SiO_2 三种氧化物的含量约在 81%～83% 之间，还含有少量钙、硫、镁的化合物，以及微量元素钾、钠、钒、镓、锗等。生产絮凝剂的铝土矿原料多为铝硅比低的一水软铝石，铝硅比较高的铝土矿一般用在有色冶金工业中提取金属铝。铝土矿相对密度一般为 2.5～3.5，硬度为 5～9，结构有粗糙状、致密状、豆状、鲕状等；颜色十分复杂，有白色、灰色、灰白、灰绿、黄绿、红褐、灰黑等，但多数为灰白、褐红色。

我国三水铝土矿仅在福建、海南岛、台湾等地有少量分布。在常压下，即可用酸、碱溶出三水铝石所含的氧化铝，用于生产聚合氯化铝。该法具有工艺流程短、能源消耗少等优点。

一水软铝矿在我国分布不多，四川省广元县上寺所产铝土矿即为一水软铝石矿，该矿氧化铝含量高且含铁低，是生产聚合氯化铝和硫酸铝的优良原料。一水软铝石矿的化学活性不及三水铝石，但在合理的焙烧条件下，在盐酸中也有很高的溶出率，是生产聚合氯化铝的好原料。

一水硬铝石矿在我国分布较广，现主要用于生产氧化铝、制水泥及耐火材料等。由于其氧化铝在常压下不能用酸、碱溶出，用碱石灰烧结法虽能溶出氧化铝，但是工艺流程复杂、设备投资大，成本高，所以目前一般还不能直接用于聚合氯化铝的生产。

②　黏土和高岭土。黏土矿和高岭土矿的分布几乎遍及全国，蕴藏丰富。黏土矿和高岭土矿主要成分为高岭石，化学式为 $Al_2O_3 \cdot 2SiO_2 \cdot 2H_2O$，结构式为 $Al_4(OH)_8(Si_4O_{10})$，成分组成见表 6.11。

表 6.11　高岭石的成分组成

成　分	Al_2O_3	SiO_2	H_2O
含量/%	39.50	46.54	13.96

高岭土具有层状构造，根据 X 射线衍射数据，它是依各种方式由原子层的相互叠加而成，即由 Al—O、OH 八面体层和 Si—O 四面体层组成，Al—O、OH 八面体和 Si—O 四面体在它们相互连接的顶角上具有共存的氧原子，如图 2.1 所示。

高岭土和黏土之间的区别在于石英、氧化钙、氧化镁、氧化铁等杂质的含量不同，在黏土中这些杂质含量较多，在高岭土中这些杂质含量很少。黏土的物理特征为厚层块状，色泽为灰色或灰黑色、黑色等，表面光滑、柔软，指甲能划痕。黏土分为软质和硬质两种，遇水变松软者叫软质黏土，不变者为硬质黏土。

黏土和高岭土焙烧后，在酸中一般都能有 80% 以下的氧化铝溶出率，所以虽然矿物中氧化铝含量不太高，但仍是一种易于取材的制聚合氯化铝的好原料。用于生产聚合氯化铝的黏土或高岭土矿应选择含铁量较低者。

③ 明矾石。明矾石是硫酸复盐矿物。我国明矾石资源较丰富，浙江、安徽、福建等地均有矿藏，其中明矾含量在 40%～80% 之间。明矾石在提取氧化铝、硫酸、钾盐的同时，尚可综合利用制取聚合氯化铝，是一种利用价值较高的矿物。

④ 霞石。霞石分子式为 $[(K,Na)_2O \cdot Al_2O_3 \cdot 2Si_2]$，其中氧化铝含量在 30% 左右，用霞石生产聚合氯化铝可以采用烧结法，其副产品为纯碱或钾碱。

（2）工业废弃物

① 铝灰。铝灰是电解铝、铝和铝合金熔炼以及废铝材精炼、加工回收时产生的熔渣。铝及铝合金的牌号繁多，因而不同牌号的铝和铝合金产生的铝灰，其成分也各不相同。

电解铝生产中产生的铝灰含有大量的冰晶石（Na_3AlF_6）和 α-Al_2O_3，因而含氟较高，常常还含有一些重金属。在铝的熔炼温度下，铝液与空气中的氮（或净化铝液而引入的氮）化合而生成氮化物，带入铝灰中，而且铝灰中还含有少量作为精炼熔剂而加入的氯化物，如氯化钠、氯化钾、氯化镁等，这些都会影响聚合氯化铝的品质，此外盐酸的溶出率不高。

铝制品厂、电线厂和铝加工厂生产工业纯铝材（L_1～L_6）时产生的铝灰是纯铝灰，其中其他金属含量极微，是生产聚合氯化铝的主要原料。

各种牌号合金铝，如防锈铝（LF）、硬铝（LY）、锻铝（LD）、超硬铝（LC）等，在熔炼过程中掺入了不同数量的铁、硅、镁、铜、锰、锌、钛等元素，因而铝灰中也相应含有这些元素，在生产聚合氯化铝时应采取净化措施。有极少数牌号的铝合金，如 LF6、LY4，含有微量的铍，这种铝灰由于毒性大，应禁止使用。

② 煤矸石、粉煤灰。煤矸石是采煤过程中的废料，一般为煤层的顶板、底板和夹层，是含炭和岩石的混合物，矿物成分主要是高岭石。粉煤灰是煤中夹带的含铝矿物的烧烬物。煤矸石和粉煤灰中的氧化铝的含量随矿源而变，一般在 10%～30% 之间。我国东北地区的北票、南票等地的煤矸石熟料的氧化铝含量高达 40% 以上，适于综合利用制取聚合氯化铝。

普通燃煤锅炉中，燃烧中心温度高达 1400～1700℃，在此条件下产生的粉煤灰中的铝多以富铝红柱石 $3Al_2O_3 \cdot SiO_2$ 形态存在，因而不易为酸溶出，也不易为碱溶出。用碱石灰烧结法虽可溶出部分氧化铝，但工序较多，原料和能量消耗甚高，目前一般不宜用于聚合氯化铝的生产。

（3）化工冶金产品

① 氧化铝厂的中间产品铝酸钠和结晶氢氧化铝。这两种中间产品是生产聚合氯化铝的优良原料。由于它们是氧化铝厂以铝土矿为原料，大规模工业化生产出的半成品，所以原材料消耗和成本都很低，产品纯度较高。以铝酸钠或结晶氢氧化铝为原料生产聚合氯化铝，具有流程短、投资少、无废渣、产品纯度高等优点，与目前所使用的各种原料相比，具有技术上和经济上的无可比拟的优越性，从发展方向看很有价值。

② 三氯化铝和硫酸铝。在日本有以这两种化工产品为原料生产聚合氯化铝的工艺。我国有人用热分解法制聚合氯化铝，这也可以认为属于以结晶三氯化铝为原料的生产流程。

6.2.4.2 实验室制作方法概述

聚合氯化铝的实验室制作法由各国研究者提出过许多种，现在把各方面的资料综合起来，简要介绍如下。

① 加碱于铝盐溶液。在铝的强酸盐如氯化铝、硝酸铝的浓溶液（0.1～1.0mol/L）中，按照预定的盐基度徐徐加入浓碱液（4mol/L），充分搅拌，不使生成氢氧化铝沉淀物。然后在一定温度下进行数小时的聚合反应，使其熟化后得到制成品。

② 加铝酸钠于铝盐溶液。以铝灰为原料，使它分别与盐酸和烧碱反应，制备出三氯化铝和铝酸钠，在制得的三氯化铝的浓溶液（含 3%～15% 的 Al_2O_3）中加入制得的铝酸钠（Na_2O/Al_2O_3 比值为 1.0～2.5）浓溶液，充分搅拌混合，若有少量氢氧化铝生成，则需要在短时间内加热溶解。达到一定的盐基度后，在一定温度下经相当时间反应熟化后，得到制成品。本法亦称为中和法。

③ 金属铝溶解于盐酸。把金属铝碎屑或者薄片溶于盐酸中，盐酸对铝的摩尔数之比小于 3，经过在一定温度下（80～90℃）数小时到十余小时的反应熟化而得到制成品。铝量和酸量的比例不同，制品的盐基度也不同。本法是不足量酸溶法。

④ 金属铝溶解于铝盐溶液。在氯化铝溶液中加入较纯的铝箔，进行数小时到若干日的长时间静置溶解，把过剩的铝箔分离出来，溶液即为制成品。

⑤ 氢氧化铝溶解于盐酸。向氯化铝溶液中加入氨水，可以生成氢氧化铝沉淀物，分离出来洗净以后，在盐酸中溶解，盐酸对氢氧化铝的摩尔数之比小于 3，以得到适宜的盐基度。溶解液经过反应熟化后可得制成品。

⑥ 氢氧化铝溶解于铝盐溶液。制取氢氧化铝的方法同上法。将制得的氢氧化铝分离洗净后，加入到氯化铝溶液（1.0mol/L）中，煮沸数分钟，达到溶解，再经反复熟化可得制成品。根据氢氧化铝和氯化铝的不同比例可得到不同盐基度的制成品。

⑦ 氯化铝溶液以离子交换树脂处理。把氯化铝（0.6mol/L）溶液滤过 R—OH 型阴离子交换树脂，或者把树脂置于氯化铝溶液中反应相当时间（48h）再加分离，树脂把一部分 Cl^- 代换为 OH^- 从而得到聚合氯化铝溶液制成品。

⑧ 以离子交换树脂隔层进行电解。在 U 形管电解槽中装入阴阳离子交换树脂，设铂电极通电，对氯化铝水溶液进行电解。需进行数十小时，在阴极附近所得溶液即为制成品。这种装置中的隔层也可以利用离子交换膜构成。

⑨ 含铝矿石以盐酸处理。铝矾土或高岭土等含铝矿石粉碎后，用浓盐酸蒸煮而溶出铝，酸可循环，回流，盐酸对可溶出铝的摩尔数之比小于 3，而得到一定盐基度的制成品。可用过量的盐酸溶出铝，再加氨中和生成氢氧化铝，分离后以不足量的盐酸溶解而制成成品。

⑩ 由炼铝中间液制取。在用铝矿石冶炼生产金属铝的过程中有中间产物如铝酸钠溶液、氢氧化铝沉淀等，其中含有硅等杂质。经过分离净化，再与适量的盐酸反应，可制成聚合氯化铝产品。

⑪ 废铝灰以盐酸处理。以熔铝或铝加工生产中的废铝灰即熔炼尾渣为原料，洗净后与盐酸（浓度 1∶1）进行反应，铝溶出后进行分离净化，适当熟化可得成品。如果盐酸对可溶出铝的摩尔数之比小于 3，控制得当，可直接得到一定盐基度的产品或可用稍多量的酸溶出铝后，再加碱液调配到预定盐基度。

⑫ 废铝灰以碱液处理。废铝灰洗净后以浓碱液蒸煮，溶出铝后分离净化，按一定盐基度加盐酸进行调制，经过除盐，进行适当的反应熟化，可得制成品。另外，碱溶铝灰的溶出液也可同酸溶铝灰的溶出液按一定盐基度的比例进行混合调制，这样可以大大降低调制盐酸的用量。

上面列举的是现有各种制造聚合铝方法的原理，其中一些既可用于实验室也可用于工业制造过程，无论何种制造方法，归根结底，其目的是要形成含 Cl 或 NO₃ 总摩尔数对 Al 总摩尔数之比小于 3 的化合物。此差值部分即为羟基化部分，以盐基度控制，盐基度适宜时，絮凝能力强。一般工业化生产，盐基度控制在 50%～60%。此外比较关键的是反应熟化过程，是否能制出高效能的无机高分子形态，此过程有很重要的作用，应给予充分重视。

用上述方法制成的聚合氯化铝，其净化效果相仿，但采用金属铝为原料，成本高昂。采用存放很久失水的氢氧化铝为原料不仅成本高，而且反应活性低，因此，综合利用含铝和氧化铝的物质是较经济合理的。就其加工工艺而言，酸法较常用，所用设备流程简单，适于土法上马，但原料利用率低，杂质难以分离；中和法和碱法比酸法工艺流程长，设备多，但原料中有效成分利用率高，对含铁量较高的高岭土宜用碱法。离子交换法、电渗析法等多见于专利报道，工业生成尚未推广。

6.2.4.3 铝灰酸溶一步法制造聚合氯化铝

铝灰酸溶一步法制聚合氯化铝是国内采用最广、成本最低、设备最简单的制造方法之一。

（1）反应原理和工艺流程

化学分析和物相分析表明，铝灰的主要成分是铝，新鲜铝灰中铝主要有两种形态，一种为分散度较大的金属铝细粒；一种为非晶型 Al_2O_3 和 γ-Al_2O_3 的混合物。两种形态的铝均能与盐酸进行激烈的放热反应，反应可分为溶出、水解、聚合三个过程。一些铝灰中含有 α-Al_2O_3，这部分铝的活性很低，在盐酸中很难溶出，因而使溶出率降低。

随着铝的溶出和盐酸的消耗，pH 值逐步升高，促使配位水发生水解，水解产生的盐酸又促使铝的溶出反应继续进行。在水解不断进行中，又发生着在相邻两个铝水解形态间的 OH 架桥聚合，聚合的结果减少了水解产物的浓度，从而促使水解继续进行。溶出、水解、聚合互相交替促进，使反应向高铝浓度、高盐基度、高聚合度方向发展。控制反应投料配比和反应时间，就能制得氧化铝含量和盐基度合格的聚合氯化铝溶液。

铝的溶出反应为放热反应，如果控制盐酸浓度、投料顺序和投料速度，就能合理利用反应热，使反应不需热源而进行自热反应。通过自热反应，产品的盐基度可以直接达到 60% 以上，因而也就不必耗碱来进行盐基度调整。

根据反应原理，人们对制造工艺进行不断研究改进，确定了图 6.44 所示的铝灰酸溶一步法工艺流程。

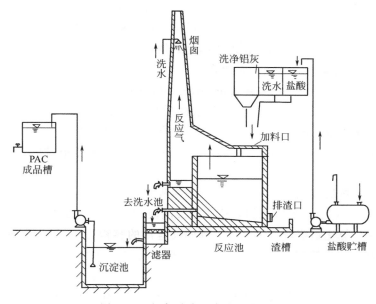

图 6.44 铝灰酸溶一步法工艺流程

（2）生产设备

由于利用了反应生成热进行自热反应，所以铝灰酸溶一步法的生产设备十分简单，分述如下。

① 反应器。生产规模较小时可采用耐酸缸作反应器，规模大的可以采用反应池。池体材料可用砖石，也可用钢筋絮凝土。反应池内壁须作防腐处理，防腐处理可以采用瓷砖、铸石板衬里，也可采用酚醛玻璃涂层。实践表明，50～100mm 厚的铸石絮凝土防腐层的效果较好，而且造价较低。反应池应设排气烟囱，烟囱内应设置喷淋吸收装置，以排除有害气体和吸收回流氯化氢气体。

② 过滤介质。可以采用石英砂和滤网等。

③ 沉淀池。沉淀池容积可按停留时间 1～3d 来计算，防腐处理可略低于反应池的标准。

④ 提升泵。采用玻璃钢泵和陶瓷泵等耐腐蚀泵。

⑤ 成品高位槽。可以用塑料槽或做防腐处理的钢槽。

（3）生产操作

① 铝灰的管理和预处理。铝灰是一种工业废渣，为不使它与其他废渣混杂，要求在铝灰的产生过程中进行严格的管理。购入厂内的铝灰也应按铝和铝合金的牌号和质量的等级分类保管，以便生产使用和净化处理。

铝灰中含有的氮化铝，当遇水或吸潮后，发生水解反应，放出氨：

$$AlN + 3H_2O \Longrightarrow Al(OH)_3 + NH_3 \tag{6.59}$$

这样一方面污染环境，另一方面造成碱性条件，促使铝灰中铝的水解，生成氢氧化铝，并随时间的增长而陈化。这样铝灰将失去或降低它与盐酸反应时的反应活性，同时生成氢氧化铝糊状物，给聚合氯化铝的生产造成数量和质量上的损害。因此，铝灰应避免室外堆放和室内长期贮存，最好放在干燥室内保管，及时使用。铝灰在使用前应进行筛分，去除杂物，将块状铝渣和铝灰分别使用。使用前进行水洗，一方面可以除去水溶性的氯化钠、氯化钾、氯化镁等盐；另一方面还能降低盐酸耗量和产品的氨氮含量。但是，水洗后的铝灰不能再贮存，应随洗随用。粉末铝属易爆物，贮存和使用时应注意。

② 反应控制。反应投料可按下式计算：

$$Q = 0.069A\eta K(100-B) \tag{6.60}$$

式中，Q 为每吨铝灰需用 31% 工业盐酸的质量，t；A 为铝灰的氧化铝含量，%；η 为铝灰的氧化铝溶出率，与操作条件和铝灰质量有关，其值约为 $0.5 \sim 0.85$；B 为成品预期的盐基度，根据水源水质而异，可选用 $40\% \sim 80\%$；K 为考虑盐酸挥发损失的系数，其值约为 $1.1 \sim 1.2$。

反应开始前，按反应池总容积计算盐酸和铝灰总投量，投料的总体积一般不得超出反应池总容积的 50%（包括稀释水量），或者按反应池的总容积（m³）数的 1/2 来确定每池可生产的成品聚合氯化铝溶液数量（t），例如反应池的容积为 10m³，则每次每池的聚合氯化铝产量约为 5t，再按产量计算投量，以免投料过多反应物料溢出。将计算好的盐酸量一次用洗水稀释至适当浓度，放入反应池中，再将洗净的铝灰加入池中，搅拌均匀，留出加料口和观察孔，盖上池盖板（注意没有良好排气烟囱时，不得密封反应，以防氢气聚集，发生爆炸）。数分钟后，反应激烈，氢气与氯化氢混合气体从烟囱排出，这时开启喷淋洗水阀门，用洗水吸收氯化氢气体，一定时间以后，氯化氢气体停止溢出，即可关闭喷淋洗水阀门。

反应过程中应补充水分（洗水），为避免铝灰在池底结块，应勤加搅拌。整个反应过程约经 $6 \sim 14h$ 后开始变慢，且 pH 值达适当数值，这时可加入洗水，使反应物料稀释到相对密度约为 $1.25 \sim 1.30$，让其保温自然反应、聚合熟化。为了置换出产品中由于采用合金铝灰而带入的重金属杂质和砷，可在这时加入少量铝块和铝屑。

③ 粗滤和沉淀。反应物料约经 10h 的自然反应、置换和聚合熟化之后，溶液 pH 值会略有上升。原料带进来的重金属被置换于铝块或铝屑上，将铝块或铝屑取出，用水冲去吸附杂质，留待下次继续使用。将反应溶液抽入过滤器内进行粗滤，再放入沉淀池。为进一步去除重金属杂质，可以加入硫化钠溶液，搅拌均匀，沉淀。反应残渣用水洗涤二次，第一次洗水合并入原液，第二次洗水供作稀释和补充水用。最后的反应残渣视铝含量大小，或做第二次继续反应、或取出供综合利用。

④ 储存。聚合氯化铝溶液在沉淀 $1 \sim 3d$ 后，经检验合格，用泵抽入高位槽，供作液

体成品出售或生产固体聚合氯化铝用。

（4）操作注意事项

① 防爆安全措施。防爆安全措施十分重要。反应场地应通风良好，严禁烟火，电气及照明设备应采用防爆型产品；某些铝灰在反应时，有自燃现象，这对产品质量虽无不良影响，但应考虑厂房的相应防火、防爆、防静电、防雷电措施。

② 避免氯化氢大量挥发。若反应前盐酸浓度配制太高，或反应初期铝灰加入太多或过急，往往使反应过于激烈，产生大量氯化氢气体，不仅恶化环境，而且容易自产品中析出氢氧化铝，降低产品质量。盐酸的浓度应根据铝灰质量、反应容器大小、散热条件等因素进行调整。

③ 加水量适当。反应过程中，特别是在反应前期，水分挥发损失较大，若水分大量减少，将使反应过激，不仅酸挥发量增大，而且有可能造成产品的全部失效，故应及时补充水分。但水分加入太多，又会使酸浓度偏低，反应不易进行，因而成品 pH 值、盐基度和氧化铝含量达不到产品标准。

④ pH 值控制。反应体系的 pH 值是产品生产控制的重要质量指标，pH 值太高时产品稳定性和净水效果降低，pH 值太低，净水效果不佳。

⑤ 反应时间控制。反应周期可以控制在 24h 左右，时间太短，产品熟化聚合不够，净水效果降低。

（5）固体聚合氯化铝的生产方法

用铝灰酸溶一步法制得的聚合氯化铝溶液的 pH 值和盐基度较高，因而干燥容易，不易吸潮液化，适于生产固体产品。固体聚合氯化铝与液体产品比较，有效成分高，氧化铝含量可达 35%～45%，因而运输和贮存较为方便，并可保持较长时期，稳定性强。

目前，国内中小规模生产厂广泛采用滚筒干燥法将液体聚合氯化铝加工为固体聚合硫酸铝。滚筒干燥法制造固体聚合氯化铝的流程见图 6.45。

滚筒的下方浸入液体聚合铝中，滚筒被蒸气加热并缓慢旋转，经过液体槽时在桶表面形成液体聚合铝黏附薄层，在旋转过程中被烘干，当旋转至另一方时，被刮刀刮下，再破碎成为颗粒状固体产品。

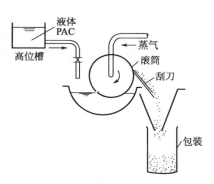

图 6.45　滚筒干燥法制造固体聚合氯化铝的流程

每台产量为 800～1500kg/d，耗蒸气量约为 100～200kg/h。这种产品因在远高于 100℃ 的温度下被烘干，有相当部分成为氢氧化铝固体而失去聚合铝的活性，而且能耗高，存在腐蚀及酸气挥发的问题。滚筒干燥法制造固体聚合氯化铝具有设备简单、操作容易的优点，但热效率还有待提高。

除了滚筒干燥法制造固体聚合氯化铝的方法外，还有喷雾干燥法。喷雾干燥法与滚筒干燥法比，具有热效率较高、产量较大的优点，适宜于使用液体或气体燃料的地方。喷雾造粒的粉状产品达到国际市场标准，但价格低于国际市场。国内一些化工厂已采用喷雾干燥法制造固体聚合氯化铝。喷雾干燥塔的塔体用不锈钢制造，内径 6.5m，圆柱部分高 5.2m，锥度 55°，总高 8m 以上，上设高速离心雾化圆盘，直径 1.5m，转速 $1.5×10^4$r/min。液体聚合铝由储液槽泵入雾化器,在高速离心力作用下分散成雾滴,在干燥塔内洒下。塔内通入热风,使雾滴快速脱水,在落下过程中即干燥成粉状,由旋风分离器连续排出,在塔下方收集入袋。

喷雾干燥法缺点:塔体及附属设备过于庞大,因盐酸气体腐蚀,需要不锈钢材料,特别是雾化圆盘需要用特殊材料制成,喷雾造粉的粒度过小,容易飞扬等。

(6) 反应残渣的综合利用

质量较好的铝灰可连续与盐酸反应 2~3 次,每次反应后将水洗残渣再与新加入的盐酸反应,反应后期再补充部分新铝灰。最后不能与盐酸反应的残渣还可用来制造聚合硫酸铝或硫酸铝。

聚合硫酸铝的制作方法是将水洗后的滤干铝灰残渣与浓度为 60%~70% 的硫酸掺合,搅拌均匀,呈不流动状,堆置 6~10h 后粉碎,用热水溶出,加聚丙烯酰胺沉淀,即得盐基度为 20%~40% 的聚合硫酸铝溶液。聚合硫酸铝可作为聚合氯化铝的掺合剂或聚合促进剂,能使净水效果提高。掺合比例应通过试验决定,一般按 SO_4^{2-} 计算,不得大于聚合氯化铝中氧化铝含量的 30%。聚合硫酸铝也可单独作净水剂使用,但净水效果低于聚合氯化铝。如果加大硫酸的用量,可制得硫酸铝溶液,因铝灰残渣中含有氯离子,不易制得合格固体硫酸铝,但可作为液体产品,供造纸或水处理部门使用。

含铜较多的铝灰残渣,可经焙烧后与硫酸反应,制造硫酸铜。铝灰残渣还可用来提炼镓等稀有金属。

(7) 与其他方法的比较

以铝灰为原料制造聚合氯化铝的方法,除酸溶一步法外,还有碱溶法、中和法。

国内有关单位曾进行了碱溶铝灰制聚合氯化铝的试验,其方法是将铝灰与氢氧化钠反应,制得铝酸钠溶液,再用盐酸中和,制得聚合氯化铝溶液。用这种方制得的产品中水不溶物杂质(悬浮杂质)较少,外观较好。但是氧化铝含量很低、原材料消耗高,氯化钠杂质含量高,无法投入商品化生产,经试用一段时间后,已为酸溶一步法所取代。

中和法制造聚合氯化铝的方法是分别用盐酸、氢氧化钠与铝灰反应,制得三氯化铝和铝酸钠,将两种溶出液进行中和调制,得到聚合氯化铝溶液。这种方法制得的产品中水不溶物杂质较少,但是原材料消耗和成本高于酸溶一步法。

碱溶法、中和法制得的聚合氯化铝除氧化铝含量较低外,盐基度一般也不高,如要增加盐基度,势必要增加原材料消耗和杂质含量。

总之,铝灰酸溶一步法制造聚合硫酸铝的方法,具有设备简单、原材料消耗越少、成本低、氧化铝含量和盐基度高、氯离子含量低、净水效果好等优点。

(8) 铝灰酸溶一步法存在的问题及改进措施

铝灰酸溶一步法也存在一些缺点,如产品中悬浮杂质多、产品质量易受原料影响等。由于铝灰酸溶一步法产品黏度大,所以即使采用沉淀、过滤等分离净化手段,也不能将其中的铝灰杂质彻底除去,因而在水厂使用过程中,有时会引起投药系统堵塞。此外也造成外观不佳。

为了进一步提高产品质量,充分发挥铝灰原料的有利条件,曾提出过如下工艺改革措施。

① 控制反应中反应物系的 pH 值,使生成易于分离而盐基度尽可能高的半成品溶液,

然后利用热分解法、电渗析法等方法将盐基度提高到要求数值。

② 用铝灰分别制得硫酸铝、铝酸钠、低盐基度半成品溶液，再得到成品聚合氯化铝溶液。

以上改进方法可克服产品悬浮杂质较多和产品质量易受原料影响的缺点。此外应特别重视的是在有些生产设备简陋的地方，铝灰酸溶一步法还存在废气污染环境的问题，应采取有效的尾气吸收处理措施。

用铝灰生产 PAC 时一般会产生废渣，此废渣含有氟化物和氰化物，其环境危险性及其处置效果影响到 PAC 产品开发的可行性，因此需要做前期的相关研究。废渣的处置方法一般为分别加石灰乳和次氯酸钙，目的是将氟离子固化且将氰化物氧化。

废铝灰作为原料生产聚合氯化铝在一个时期成为主要的水处理剂，其技术和产品质量也不断改进和提高，对水处理行业的发展做出了贡献，为后来絮凝剂的更新换代打下了基础。

6.2.4.4 黏土矿和铝土矿酸法制取聚合氯化铝

（1）原理和流程

以黏土矿或一水软铝石矿为原料，用酸溶法制造聚合氯化铝，原理和流程基本与用铝灰酸溶一步法的前部反应有类似之处。但是，也有以下明显差异。

① 在黏土矿中铝以铝硅酸盐形态存在，一水软铝石中铝以氧化铝的水合物形态存在。它们与盐酸的反应活性极低，因而必须在一定条件下进行处理，使其变为活性较大的无定性体或晶体。

将高岭石类黏土矿物进行加热焙烧时，在不同温度下发生晶型和矿物结构的不同改变，因而使黏土矿中氧化铝在酸中溶出率也随之改变。一般高岭石类黏土矿物在温度550～700℃之间发生强烈的吸热效应，这是由矿物的脱水作用所决定的，各种矿物均不一样。图 6.46 为高岭石的焙烧脱水曲线，其反应式如下：

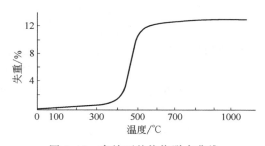

图 6.46 高岭石的焙烧脱水曲线

$$Al_2O_3 \cdot 2SiO_2 \cdot 2H_2O \xrightarrow{500\sim700℃} Al_2O_3 \cdot 2SiO_2 + 2H_2O \qquad (6.61)$$
$$\text{高岭石} \qquad\qquad\qquad\qquad \text{变高岭石}$$

生成的变高岭石为非晶质或半晶质，在酸中具有一定的反应活性，随着温度的提高，变高岭石发生如下反应：

$$Al_2O_3 \cdot 2SiO_2 \xrightarrow{500\sim1050℃} \gamma\text{-}Al_2O_3 + 2SiO_2 \qquad (6.62)$$

一水软铝矿物在焙烧时发生类似的反应：

$$Al_2O_3 \cdot H_2O \xrightarrow{500\sim850℃} \gamma\text{-}Al_2O_3 + H_2O \qquad (6.63)$$

$\gamma\text{-}Al_2O_3$ 在酸中具有很好的化学活性，但是随着温度的提高，一方面由于 $\gamma\text{-}Al_2O_3$ 晶体成长、组织压缩使颗粒加大而表面积减少，因而活性降低。另一方面，对于高岭石而言还生成针状晶型较发育的富铝红柱石：

$$3\gamma\text{-}Al_2O_3 + 2SiO_2 \xrightarrow{850\sim1350℃} 3Al_2O_3 \cdot 2SiO_2 \qquad (6.64)$$
富铝红柱石

温度在 850℃ 以上时，γ-Al_2O_3 逐步过渡到 α-Al_2O_3，使反应失去活性。以上的因素促使黏土中氧化铝在酸中溶出率急骤降低。

黏土矿物和一水软铝石矿物的氧化铝最高溶出率的焙烧温度一般在 600~800℃ 的范围。但是，即使对于同一类型的矿物，由于矿物的组分和杂质的差异，其最佳焙烧温度值也不尽相同。所以，为了求得某种矿物的最高氧化铝溶出率，应作焙烧溶出试验，以确定最佳焙烧条件。以一水软铝石为原料时，经粉碎磨细焙烧后，把熟矿粉在反应釜中加温加压溶出铝液，釜内温度为 120~130℃，压力为 2.0~2.2kg/cm^2 时，Al_2O_3 的溶出率可达 90% 以上。溶出可以采用一段法或再加矿粉的二段法。二段法溶出铝液的 Al_2O_3 含量在 10% 以上。但盐基度在 30%~40% 之间。

② 黏土矿、一水软铝石矿中氧化铝与盐酸的反应放热远小于铝灰与盐酸的反应热，所以溶出过程必须进行适当加热，并且要提高盐酸浓度，因而反应设备较复杂。

③ 三氯化铝的水解不易进行，即使在强制条件下，一般也只能得到盐基度在 40% 以下的溶出液，而且盐基度越高，溶出液与矿渣的分离越困难。这就决定了黏土矿、一水软铝石矿不能用一步法制得产品，因而在流程上较为复杂。

为了减少原材料的消耗，必须尽量提高溶出液的盐基度。为了提高盐基度，可采用两种强制溶出方法。其一为两段溶出，即一次溶出的澄清液再与新加入的矿粉进行第二次溶出，在过量氧化铝存在条件下，促进氧化铝继续溶出和水解；其二是加压溶出，使反应温度比常压溶出大大提高，因而盐酸的总摩尔数不应大于溶出的氧化铝摩尔数的 6 倍，生成带 OH^- 的低盐基度聚合氯化铝溶液。

因此为了得到盐基度大于 45% 的合格聚合氯化铝成品，有时需要增加盐基度调整工序。其方法与本章介绍的以三氯化铝为原料的制造方法相同。在国内聚合氯化铝的生产中，盐基度的调整通常采用以下三种方法：碱（酸）直接调整法、氢氧化铝凝胶调整法、热分解法。

图 6.47 为铝土（黏土）矿制造聚合氯化铝曾采用的工艺流程。原料采用一水软铝石矿或黏土矿。工艺流程为：矿石经破碎、球磨后进入回转窑焙烧，熟矿粉与盐酸在搪瓷反应釜中反应，澄清后的溶出液一部分与氨水中制备凝胶，再将凝胶溶入另一部分溶出液中，得到成品聚合氯化铝溶液。

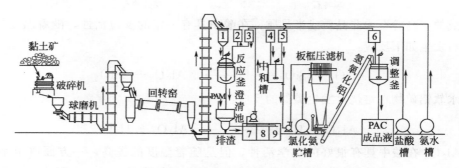

图 6.47　铝土（黏土）矿制造聚合氯化铝的工艺流程

1—熟粉；2—盐酸；3—洗液；4,6—半成品液；5—氨水；7,8,9—半成品液贮槽

$$Al_2(OH)Cl_5 + 5NH_4OH \Longrightarrow 2Al(OH)_3 + 5NH_4Cl \qquad (6.65)$$
（低盐基度聚合氧化铝）　　　　　（凝胶氢氧化铝）

$$(2n-2)Al(OH)_3 + (6-n)Al_2(OH)Cl_5 \Longrightarrow 5Al_2(OH)_nCl_{6-n} \qquad (6.66)$$

这一流程因地制宜地利用了附近化工厂的副产氨水，制备凝胶氢氧化铝后还可得到用作肥料的氯化铵，降低了成本。若利用硫酸制备部分硫酸铝，中和生成凝胶氢氧化铝，成本可进一步降低。

（2）生产条件的控制

① 矿石加工。为了使含铝矿物与盐酸的液固相反应有较大的接触表面，块状矿石应加工成一定粒度的粉体，加工粒度对氧化铝溶出率及反应残渣的分离效果有较大影响。虽然矿粉粒径越小，氧化铝溶出率越高，但残渣分离则越困难，所以粒径也不宜过小。表 6.12 为矿粉粒径与氧化铝溶出率的关系。从表中可看出，矿粉加工粒度可选用通过 60 目的粒径。

表 6.12　矿粉粒径与氧化铝溶出率的关系

筛　号	20 目筛余	40 目筛余	60 目筛余	过 60 目	过 80 目
粒径/mm	＞0.841	＞0.37	＞0.25	＜0.25	＜0.177
溶出率/％	80.8	83.0	90.4	96.5	97.7

矿石加工分中碎及细碎两个加工步骤。中碎是将块状矿石预先破碎成 20～40mm 的粒径的颗粒，以适应细碎设备的进料要求。适于中小规模聚合氯化铝制造厂的中碎设备，一般可选用颚式破碎机或锤式破碎机。细碎是将中碎的矿石加工成 40～60 目的细粉体，常用的细碎设备有球磨机和雷蒙磨（悬辊式粉碎机）。适于聚合氯化铝厂用的国产破碎设备规格见表 6.13。

表 6.13　常用破碎设备规格

形式	规　格	工作部分尺寸/mm	最大进料尺寸/mm	出料口调整范围/mm	产量/(t/h)	外形尺寸/mm	配套电机 型号	配套电机 功率/kW
颚式破碎机	100×60	100×60（装料口长×宽）	45	6～10	0.23～0.40	355×330×373	JO₂22-4	1.5
颚式破碎机	250×150	250×150（装料口长×宽）	125	10～40	1～3	875×745×935	JO₂42-4	5.5
颚式破碎机	400×250	400×250（装料口长×宽）	200	20～80	5～20	1410×1310×1386	JO₂71-6	17.0
锤式破碎机	250×600	250×600（转子直径×长度）	150	5～30		5		28.0
锤式破碎机	PCB600×400	600×400（转子直径×长度）	100	15～35	12～15	1055×1012×1122	JO₃160-M-4	18.5
锤式破碎机	PCB400×175	400×175（转子直径×长度）	50	3	0.5	808×1045×1310	JO₃140S-6	5.5
球磨机	MQG900×900	900×900（筒体直径×长度）	≤60	0.15～0.83	0.23～0.74	2415×3668×1745	JO₃-180M-8	15.0
球磨机	MQG900×1800	900×1800（筒体直径×长度）	≤60	0.14～0.89	0.58～2.0	3510×3668×1745	JO₃-200M-8	22.0
球磨机	1100×3000	1100×3000（筒体直径×长度）	≤30～50		1～1.5	4783×3100×1929	JO₂86-6	40.0

② 矿粉焙烧。焙烧停留时间和焙烧温度是影响溶出率的主要因素。某黏土矿的焙烧溶出曲线见图 6.48。

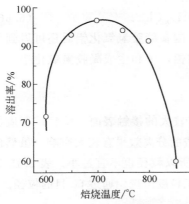

图 6.48　黏土矿的焙烧溶出曲线

不同类型的矿石和同类型不同产地的矿石有不同的最佳焙烧温度，各种矿在最佳焙烧条件下的溶出率也各不一样。焙烧黏土、铝土矿的设备，目前在聚合氯化铝的生产中采用的有四种形式，即立窑、反射炉、回转窑、沸腾炉。立窑设备简单，用于焙烧块料，由于矿物受热不均匀，因而氧化铝溶出率不高，适于同时产煤和黏土矿的地区采用。反射炉以前在中小规模硫酸铝厂采用较多，优点是设备简单、造价低、焙烧矿粉溶出率高，因而适用于在小规模的聚合氯化铝厂采用。反射炉的缺点为劳动强度大、劳动条件差。回转窑的优点是焙烧效率高，焙烧条件好、劳动强度低等，适宜于用气体或液体作燃料的地区。缺点为投资较大，需要有良好的收尘系统。沸腾炉是效率较高的新型焙烧设备，具有焙烧温度均匀、停留时间短，产量高等优点。缺点是对操作水平的要求较高、设备较复杂。在硫酸的生产中曾有较多采用。

③ 溶出。溶出是用矿物原料生产聚合氯化铝的重要工序之一。影响溶出率的因素较多，它们是：矿物类型、粒径、焙烧条件、盐酸浓度、加酸量、溶出时间等，分述如下。

a. 盐酸浓度。氧化铝溶出率随盐酸浓度的增高会有所增高。但是盐酸浓度大于 20% 之后，挥发量大大增加，对操作、环境、收率均有不利影响。但浓度太低时，一方面氧化铝溶出率降低，另一方面氧化铝浓度也相应降低，使成品中的氧化铝含量达不到产品标准。考虑溶出率和盐酸的挥发因素，以选用盐酸在恒沸点附近时的浓度 20% 为宜（盐酸的恒沸点为 108.58℃，相对密度为 1.096，浓度为 20.22%）。

b. 加酸摩尔比。氧化铝的溶出率随加酸摩尔比的增加而增加，溶出液的盐基度则随加酸摩尔比的增加而减少。当加酸摩尔比在 4.8 以上时，溶出率增加幅度很小，而盐基度则下降很快。因此，为了得到具有一定氧化铝溶出率和一定盐基度的溶出液，应将加酸摩尔比控制在 6.0 以下，图 6.49 为加酸摩尔比与氧化铝溶出率和盐基度的关系。

c. 反应时间。氧化铝溶出率随反应时间的增长而增加，但反应时间过长，例如在 1h 以上，溶出率随反应时间的增长幅度不大，为了提高设备利用率，反应时间可选用 1～2h。

d. 氟离子对溶出率的影响。日本早期的聚合氯化铝制造专利中曾提到，采用含氟盐酸，不仅能提高氧化铝溶出率，而且能得到有盐基度的半成品溶液。采用普通盐酸，仅能得到含游离酸的氯化铝溶液。经过反复试验

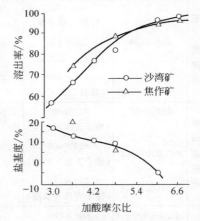

图 6.49　加酸摩尔比与氧化铝溶出率和盐基度关系

表明，焙烧不良的一水软铝石矿在溶出过程中，若采用含氟盐酸，溶出率能提高 20%。但是，对于黏土矿及焙烧正常的一水软铝石矿，氟离子并无明显效果，而且不用含氟盐酸

也可得到低盐基度溶出液。

溶出按反应设备内的压力状况，可分为常压溶出和加压溶出。在常压溶出中可以分为一段溶出和二段溶出。

一段溶出是盐酸和含铝矿物进行的氧化铝一次性溶出。在常压条件下，为了得到较高的氧化铝溶出率，只有采用较高的加酸量，因而溶出液中一般含有游离酸，结果使盐基度调整原材料消耗增加。如欲得到具有一定盐基度的溶出液，则要采用较低的加酸量，结果使溶出率降低。为了既得到较高的氧化铝溶出率，又得到较高的盐基度，可以采用二段溶出法。

二段溶出是使一段溶出澄清液与新加入的熟矿粉反应，促使氧化铝强制溶出，因而溶出液中铝氯摩尔比（Al/Cl）小于3，得到低盐基度聚合氯化铝半成品液。二段溶出中的一段溶出，氧化铝溶出可达80%以上，二段溶出中溶出液的盐基度可达10%～40%，二段溶出中矿粉氧化铝溶出率一般在50%以下，沉淀矿渣需回流到一段溶出中继续溶出。所以，在二段溶出中，一段溶出的目的是为了得到尽量高的氧化铝溶出率，使矿粉得到充分利用，二段溶出的目的是为了得到尽量高的溶出液盐基度，使盐酸得到充分利用。因此，二段溶出的原材料消耗，比仅用一段溶出时大大降低。

在一段溶出液氧化铝含量一定的条件下，影响二段溶出液盐基度的主要因素有：新加入的矿粉与一段溶出液氧化铝含量之比（矿粉投加比）$A = Al_2O_{3,矿}/Al_2O_{3,液}$以及反应时间。图6.50为矿粉投加比$A$与二段溶出液盐基度的关系。从图中可看出，二段溶出液盐基度随A值增加而增加。但是，A值大于1.0之后增加幅度不大，同时，A值太大后对分离及矿渣回流量均有不利影响，故一般A值控制在1.0～1.5之间。

反应时间与二段溶出液盐基度的关系见图6.51。从图中可看出，二段溶出液盐基度随反应时间延长而增加，但是在3～4h以上时，盐基度的增加很少，故二段溶出反应时间可选用2～4h。

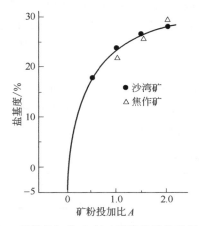

图6.50　矿粉投加比A与二段溶出液盐基度的关系

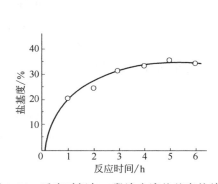

图6.51　反应时间与二段溶出液盐基度的关系

一段溶出液盐基度对二段溶出液盐基度几乎没有影响，不同盐基度的一段溶出液，进行二段溶出后的溶出液盐基度都很接近。因此，进行一段溶出时，可适当提高加酸量。

常压反应设备可以采用搪瓷反应釜，也可采用非金属防腐材料现场加工的反应容器。常用搪瓷反应釜规格见表6.14。由于加热反应时盐酸挥发性较大，常压反应釜一般设置冷凝器，回流氯化氢尾气，或采用吸收塔吸收氯化氢气体。

表 6.14　常用搪瓷反应釜规格

容积/L	减速机			内径/mm	导热面积/m²	质量/kg	罐总高/mm
	规格	电机型号	功率/kW				
50	A100-380	JO₂21-4	1.1	500	0.54	350	1620
100	A100-380	JO₂21-4	1.1	600	0.86	450	1775
200	A100-443	JO₂21-4	1.1	700	1.45	700	2060
300	A100-443	JO₂21-4	1.1	800	1.95	800	2155
500	A120-590	JO₂32-4	3.0	900	2.7	1300	2700
1000	A120-590	JO₂32-4	3.0	1100	4.35	1800	2955
1500	A150-630	JO₂41-4	4.0	1200	5.70	2200	3480
2000	A150-630	JO₂41-4	4.0	1300	6.60	2700	3600
5000	A150-630(b)	JO₂41-4	4.0	1600	14.92	6000	4670

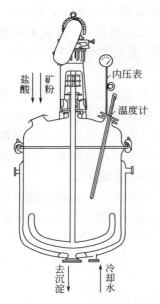

图 6.52　搪瓷反应釜加压溶出设备

加压溶出是在反应设备内进行的密闭加热反应，图 6.52 为搪瓷反应釜加压溶出设备图。加压溶出比常压溶出具有氧化铝溶出率和盐基度高、反应时间短的优点。加压溶出还可省尾气回流或吸收的装置。但是，加压溶出也存在设备密封处理较麻烦、操作管理要求较严格、间断性操作等缺点。如能采用耐盐酸腐蚀、传热性能好的材料，利用管道进行加压连续溶出，将具有较大优越性。

用搪瓷反应釜进行加压反应，采用较低加酸量，适当延长反应时间，可将两段溶出减为一段溶出，能得到氧化铝溶出率和盐基度均较高的效果，使溶出过程加以简化，如表 6.15 所示。

④ 溶出液的分离。反应后的溶出液中悬浮物含量较高，例如黏土矿溶液的悬浮物含量可达 200g/L 以上。其沉淀属于界面分离，若采用自然沉淀，沉降速度极小且分离液仍然浑浊。溶出液有盐基度时，沉降速度更小。为提高沉速，可以采用絮凝沉淀法，絮凝剂可用各种型号的聚丙烯酰胺或动物胶。其中阴离子型的聚丙烯酰胺的效果最好。对于一段溶出液，聚丙烯酰胺的投加量可控制在 5～15mg/L；对于二段溶出液，聚丙烯酰胺的投加量可控制在 10～20mg/L。

表 6.15　反应釜加压一段溶出

焙烧温度/℃	焙烧时间/h	盐酸浓度/%	加酸摩尔比	反应时间/h	釜内温度/℃	釜内压力/(kg/cm²)	Al₂O₃含量/%	Al₂O₃溶出率/%	盐基度/%
800	0.5	15.30	3.6	2	120～129	2.0～2.9	8.57	66.70	18.64
800	0.5	15.30	3.6	3	120～135	2.0～2.2	8.94	67.30	22.98
800	0.5	15.30	3.6	4	130～140	2.5～3.0	8.91	74.60	26.45

⑤ 盐基度调整。二段溶出所得到的澄清溶出液，氧化铝含量较高，一般可超出产品标准 10% 以上，但是盐基度仅有 10%～40%，为了达到产品标准 45% 以上，必须进行盐基度调整。采用中和法调整盐基度较为简单易行。用碱性物质直接进行盐基度调整时，碱用量可按式(6.67) 计算：

$$G = K_1 K_0 (A/100) P (B-b) / 100\eta \tag{6.67}$$

式中，G 为碱用量，kg；K_0 为实际耗碱与理论耗碱之比，一般为 1.05；K_1 为碱与氧化铝（$\frac{1}{6}Al_2O_3$）摩尔之比，对于 NaOH，$K_1 = 40/17 = 2.35$；对于 $\frac{1}{2}Na_2CO_3$，$K_1 = 53/17 = 3.11$；对于 $\frac{1}{2}CaCO_3$，$K_1 = 50/17 = 2.94$；对于 NH_3，$K_1 = 17/17 = 1.0$；A 为被调整液的氧化铝含量，%；P 为被调整液的质量，kg；B 为成品液的盐基度，%；b 为被调整液的盐基度，%；η 为碱的有效含量系数。

采用凝胶氢氧化铝法调整盐基度时，先用碱中和溶出澄清液，制备凝胶氢氧化铝。中和用碱的浓度调配成 $3\sim5mol/L$，溶出液用洗涤水稀释至氧化铝含量 $4\%\sim5\%$，按照中和后的 pH 值为 $6.4\sim7.0$ 比例投加，进行均匀搅拌混合。为了制得具有较高活性的氢氧化铝，中和反应应在常温或降温条件下进行。

氢氧化铝的过滤和洗涤，最好是在板框压滤机内进行。板框压滤机具有滤饼含水率低（滤后凝胶氢氧化铝含水率一般为 $60\%\sim75\%$）、占地面积小、管理简便可靠等优点。但是，也具有滤板装卸劳动强度大、效率低等缺点。国内有的化工机械厂生产的自动板框压滤机，克服了上述缺点，滤板的装卸、滤饼的吹洗均采用自动控制。应用表明，自动板框压滤机的效率为相同过滤面积的普通板框压滤机的 $3\sim5$ 倍，劳动强度大为减轻，用于凝胶氢氧化铝过滤较为理想。BAJZ15/800-50 型自动板框压滤机的主要性能如下。

a. 过滤面积：$15m^2$；

b. 装料容积：$0.3m^3$；

c. 最大过滤压力：$\leqslant 6kgf/cm^2$；

d. 内腔最大压缩空气压力：$6\sim8kgf/cm^2$；

e. 最大滤饼厚度：20mm；

f. 滤布尺寸：$36m\times(0.90\sim0.93m)$；

g. 滤布运行一周期时间：$6'25''$；

h. 滤板尺寸：$800mm\times800mm$；

i. 外形尺寸：$4140mm\times1380mm\times1715mm$；

j. 自重：5756kg。

制备氢氧化铝凝胶时，碱用量按式（6.68）计算：

$$G = K_1 K_0 \frac{A}{100} P (100-b) / 100\eta \tag{6.68}$$

式中，符号同式（6.67）。

进行盐基度调整时，氢氧化铝的用量可按式（6.69）计算：

$$P_H = \frac{AP(B-b)}{A_H(100-B)_H} \tag{6.69}$$

式中，P_H 为氢氧化铝凝胶用量，kg；A_H 为氢氧化铝凝胶的氧化铝含量，%；P 为被调整液的质量，kg；A 为被调整液的氧化铝含量，%；B 为要求的成品盐基度，%；b 为被调整液的盐基度，%。

若用铝酸钠溶液进行调整时，铝酸钠的用量可按式（6.70）计算：

$$P_N = \frac{AP(B-b)}{42.5N + A_N(100-B)} \tag{6.70}$$

式中，P_N 为盐基度调整时，铝酸钠溶液的用量，kg；N 为铝酸钠中折算的 NaOH 含量，%；A_N 为铝酸钠中氧化铝含量，%；P 为被调整液的质量，kg；A 为被调整液中氧化铝含量，%；B 为要求的成品盐基度，%；b 为被调整液的盐基度，%。

盐基度调整应在反应釜内进行。先在常温下调整，进行强烈搅拌，然后加热使氢氧化铝凝胶全部溶解，再保温熟化 1h 以上，即得聚合氯化铝成品溶液，成品盐基度可达 45%～80%。

6.2.4.5 煤矸石制聚合氯化铝

煤矸石是洗煤和选煤过程中排出的固体废物，随着煤炭开采量和对原煤洗选比率的增加，煤矸石的排放量以原煤产量 10%～20% 的速度增加。大量的煤矸石长期裸露堆存，不仅侵占大量耕地，矸石的淋溶水污染地下水源和江河地表水，而且，当矸石硫含量高（＞3%）含碳物质多（＞20%）在温度达到一定程度时容易自燃，放出大量的 H_2S、SO_2 和 CO 等有害气体，严重污染大气，破坏生态平衡，给人类造成危害。当这些气体得不到有效释放时，又可引起矸石山爆炸，造成人员伤亡事故。由于矸石的大量堆积，崩塌、滑坡和泥石流等地质灾害也时有发生，威胁着人民生命财产的安全。解决煤矸石问题的最佳方案应该是对其进行综合利用，既可解决问题又可变废为宝，创造出经济效益。综合利用的方法之一就是用煤矸石制作无机高分子絮凝剂。

煤矸石一般含有 16%～36% 的 Al_2O_3、2.28%～14.63% 的 Fe_2O_3 和 51%～65% 的 SiO_2，利用煤矸石为原料可制得聚合氯化铝，自 60 年代研制以来，已进入大规模的商业化生产。它在絮凝效果上优于传统絮凝剂，且制备比较简单。

（1）原理和流程　煤矸石含碳量可达 20%～30%，发热量一般可达 4000～13000kJ/kg。因此，煤矸石可以作为沸腾燃烧炉的燃料，在氧化铝含量较高的情况下，沸腾炉渣可以用来制取聚合氯化铝。因此与黏土矿和铝土矿比较，以煤矸石为原料具有不另耗能源的优点。以煤矸石为原料制取聚合氯化铝的工艺流程见图 6.53。

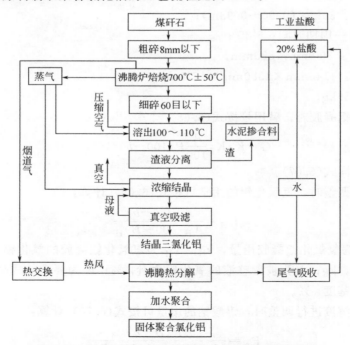

图 6.53　以煤矸石为原料制取聚合氯化铝的工艺流程

（2）生产条件的控制

① 原料准备。原料的准备包括煤矸石的破碎、球磨、燃烧等过程，基本与黏土矿、铝土矿类似。燃烧炉的温度控制在（700±50）℃。

② 溶出。常压溶出，反应温度为100～110℃，原为搪瓷反应釜单罐间断反应，现已改为多罐串联连续反应，其流程见图6.54。与单罐间断反应比较，连续反应具有溶出率高、劳动强度低、操作安全等优点。但也具有酸雾大、反应容积利用率低等缺点。

③ 溶出液的分离。为间断絮凝沉淀方式，沉淀池承接反应釜连续流入的溶出液，待沉淀池充满后，加絮凝剂混合后静置沉淀4h，清液转入贮存池。沉渣用水、压缩空气洗涤3次。此种分离方式效率低、操作麻烦、环境污染严重，应改为连续密闭分离装置。

④ 浓缩结晶。浓缩是在搪瓷反应釜内减压加热蒸发进行的，浓缩周期约为15h，经2h冷却后即出现三氯化铝结晶，用真空吸滤，即得结晶三氯化铝。

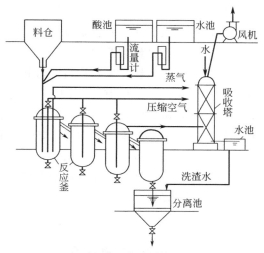

图6.54　连续溶出流程

⑤ 沸腾热分解。用结晶三氯化铝热分解法制造聚合氯化铝，日本专利分为回转窑热分解和沸腾热分解两种。我国南票矿务局采用沸腾炉热分解，产量较大、防腐易解决，但是热效率较低。沸腾热分解法制造聚合氯化铝流程见图6.55。

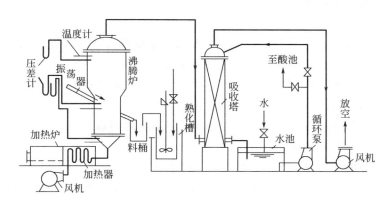

图6.55　沸腾热分解法制造聚合氯化铝的流程

热分解温度控制在170～180℃，成品盐基度控制在70%～75%。热分解产生的氯化氢气体，由吸收塔循环吸收，重复使用。

还有单位用煤矸石制造液体聚合氯化铝，溶出、分离及前部工艺流程与南票矿务局相同。盐基度调整采用氢氧化钠直接中和，利用自备食盐电解装置产生的液体氢氧化钠，流程较为简单。但是成品氧化铝含量仅有3.5%左右，酸、碱消耗大、氯化钠杂质含量较高，工艺有待进一步提高。

6.2.4.6 利用氢氧化铝凝胶制备聚合氯化铝

以矿石制备聚合氯化铝时，为提取铝液要经过粉碎、球磨、焙烧、浸取等繁重的工艺过程，对于独立的絮凝剂工业，很难承担此全部过程。为此许多絮凝剂生产企业开始寻求更便捷的原料及工艺，出现了用氢氧化铝凝胶制备聚合氯化铝的工艺。

我国所用氢氧化铝凝胶是炼铝工业的中间产物，颗粒状，含 Al_2O_3 64%左右。方法是一步法，即不足量酸溶法。在反应釜中以盐酸对铝的摩尔数之比小于 3 的条件下在加温加压下溶出，铝液经分离熟化后，得到聚合氯化铝产品。氢氧化铝凝胶法的工艺流程和操作参数在不同的生产厂有所不同，一般在系列反应罐中以浓盐酸加温加压溶出，温度为 $130\sim140℃$，压力为 $3.2\sim3.5kgf/m^2$，Al_2O_3 溶出率在 85%以上，溶出铝液的浓度在 17%以上，但产品的重金属含量远较铝灰酸溶制品低，碱化度也比较低，在 45%～50%之间。尽管如此，该法的流程简单，因而得到了迅速的推广，成为我国制备聚合氯化铝的主要工艺之一。为提高碱化度逐渐发展到两步法，在一步法溶铝液中加入铝酸钠或者铝酸钙把碱化度可以提高到 70%以上，但铝酸钠价格较高，会使产品成本上升，因而用氯酸钙的情况较多。

6.2.4.7 加铝酸钙制备聚合氯化铝

铝酸钙是富含 Al_2O_3 但难以溶出的铝矿石（如一水硬铝石等）加石灰石烧结的产物，还有一些是烧结法生产 Al_2O_3 中产生的固体废渣，其化学式可以写成 $Ca(AlO_2)_2$，或者 $CaO \cdot Al_2O_3$，含铝矿石要经过破碎、焙烧、细磨后与石灰石等在 $1200\sim1400℃$ 煅烧才能成为较易溶出的铝酸钙。它原来是水泥工业的中间产物，市场价格仅为氢氧化铝凝胶的约三分之一，因此对聚合铝工业有很大的吸引力，用来作为原有工业的混加料。在当前生产中常采用铝酸钙两段法，第一段类似酸溶一步法，在反应罐中用经焙烧活化的铝土矿或氢氧化铝凝胶与盐酸反应溶出铝液；第二段在反应罐中加入铝酸钙粉，在不足 100℃ 的常压下反应，一方面提高了反应液中的铝含量，也提高了盐基度，经稀释和过滤后成为产品。目前中国普遍采用铝矾土与铝酸钙两步法生产聚合氯化铝。山东、河南、江苏等地的大型企业都是采用这种工艺。产品的盐基度为 60%～90%，氧化铝质量分数为 25%～31%。酸溶法可以采用常压溶出法，也可以采用加压溶出法。前者溶解时间长，溶出率低，但是可以大批量生产，例如一批可生产 50t 产品；后者溶解时间短，溶出率高，但是一般采用 $5m^3$ 的反应釜，产量不及前者。

铝酸钙的成分除含有 Al_2O_3 和 CaO 外，还有 Fe_2O_3、SiO_2 以及 Ti、Mg、Zn、Pb、F 等多种成分。在第二段中加入铝酸钙粉可能使产品中的不溶物含量提高，在液体制品中，在 pH＝3.5～5 的条件下，除 Ca^{2+} 外，还可能有 Ca^{2+} 与 OH^-、HCO_3^- 以及其他阴离子的配离子。在固体制品中可能生成 $Ca(OH)_2$、$CaCO_3$ 等沉淀物。国家标准中对于不溶物有严格的要求。为了降低不溶物的含量，一步法或者两步法生产聚合氯化铝后的混合液体一般要放置 4～10d，或者采用板框压滤机过滤。同济大学环境学院开发成功一种新型聚丙烯酰胺，在 1t 悬浮液中加 1～3kg 改性聚丙烯酰胺水溶液，就可以迅速降低不溶物含量，一般静置 1d 后，不溶物含量可以达到国家标准，液体处理成本一般在 2～3 元/t。这一技术已经在山东淄博、河南巩义等地得到应用。如果铝酸钙中重金属离子比较高，则必须采取措施进一步降低重金属。

Ca^{2+} 对聚合氯化铝的影响还有以下几个方面：

① 对碱化度的测定结果产生影响，羟基络合铝以外的其他金属离子的羟基化合态及碳酸根都会使碱化度的测定值增大，从而使人们对产品的聚合度产生误判；

② 较多 Ca^{2+} 的存在可能影响聚合铝的水解聚合，从而影响聚合铝的质量；

③ 在絮凝过程中 Ca^{2+} 可起到压缩双电层的作用，有利于絮凝的发生，但因为它的存在实质上取代了更为有效的聚合铝成分，所以会使投药量增大。

6.2.5 聚合氯化铝的质量标准和检测方法

聚合氯化铝的质量标准和检测方法均按国家标准 GB 15892—2009 执行。

6.2.5.1 聚合氯化铝的质量标准

用于饮用水处理的标准见表 6.16，用于非饮用水处理的标准见 6.17。检测中所用试剂均为分析纯试剂。

表 6.16　用于饮用水处理的聚合氯化铝的质量标准

指 标 名 称		指 标			
		液　体		固　体	
		优等品	一等品	优等品	一等品
相对密度(20℃)	≥	1.12	1.19	—	—
氧化铝(Al_2O_3)含量/%	≥	12.0	10.0	32.0	29.0
盐基度/%		60.0～85.0	50.0～85.0	60.0～85.0	50.0～85.0
水不溶物含量/%	≤	0.2	0.5	0.5	1.5
硫酸根(SO_4^{2-})含量/%	≤	3.5		9.8	
氨态氮(N)含量/%	≤	0.01	0.03	0.03	0.09
砷(As)含量/%	≤	0.0005			
锰(Mn)含量/%	≤	0.0025	0.015	0.0075	0.045
六价铬(Cr^{6+})含量/%	≤	0.0005		0.0015	
汞(Hg)含量/%	≤	0.00002			
铅(Pb)含量/%	≤	0.001		0.003	
镉(Cd)含量/%	≤	0.0002		0.0006	
pH 值(1%的水溶液)		3.5～5.0			

表 6.17　用于非饮用水处理的聚合氯化铝的质量标准

指 标 名 称		指 标			
		液　体		固　体	
		一等品	合格品	一等品	合格品
相对密度(20℃)	≥	1.19	1.18	—	—
氧化铝(Al_2O_3)含量/%	≥	10.0	9.0	29.0	27.0
盐基度/%		50.0～85.0	45.0～85.0	50.0～85.0	45.0～85.0
水不溶物含量/%	≤	0.5	1.0	1.5	3.0
pH 值(1%的水溶液)		3.5～5.0			

6.2.5.2 聚合氯化铝的检测方法

（1）相对密度的测定（密度计法）

① 方法提要。由密度计在被测液体中达到平衡状态时所浸没的深度读出该液体的相对密度。

② 仪器、设备

a. 密度计（或波美比重计）：刻度值为 $0.001g/cm^3$；

b. 恒温水浴：可控制温度（20 ± 1）℃；

c. 温度计：分度值为 1℃；

d. 量筒：$250\sim500mL$。

③ 测定步骤。将聚合氯化铝试样（液体）注入清洁、干燥的量筒内，不得有气泡。将量筒置于（20 ± 1）℃的恒温水浴中，待温度恒定后，将密度计缓缓地放入试样中，待密度计在试样中稳定后，读出密度计弯月下缘的刻度（标有读弯月面上缘刻度的密度计除外），即为20℃试样的密度。

（2）三氧化二铝的测定

① 方法提要。在试样中加酸使试样解聚。加入过量的乙二胺四乙酸钠溶液，使其与铝及其他金属络合。用氯化锌标准溶液滴定剩余的乙二胺四乙酸钠，再用氟化钾溶液解析出铝离子，用氯化锌标准滴定溶液滴定解析出的乙二胺四乙酸钠。

② 试剂和材料

a. 硝酸：1：12 溶液。

b. 乙二胺四乙酸二钠：$c(EDTA)$ 约 $0.05mol/L$ 溶液。

c. 乙酸钠缓冲溶液：取乙酸钠 272g 溶于蒸馏水中，稀释成 1000mL，混匀。

d. 氟化钾溶液：$500g/L$ 溶液盛于塑料瓶内保存。

e. 硝酸银：$1g/L$。

f. 氯化锌：$c(ZnCl_2)=0.02mol/L$ 标准滴定溶液。称取 1.308g 高纯锌（纯度在99.99%以上），精确至 0.0002g，置于 100mL 烧杯中，加入 $6\sim7mL$ 盐酸，加热溶解，在水浴上加热蒸发至接近干涸，然后加水溶解，移入 1000mL 容量瓶中，用水稀释至刻度，摇匀。

g. 二甲酚橙：$5g/L$ 溶液。

③ 分析步骤。称取 $8.0\sim8.5g$ 液体试样或 $2.8\sim3.0g$ 固体试样，精确至 0.0002g，加水溶解，全部移入 500mL 容量瓶中，稀释至刻度，摇匀。用移液管移取 20mL，置于250mL 容量瓶中，加 2mL 硝酸溶液，煮沸 1min，冷却后加 20mL 乙二胺四乙酸二钠溶液，再用乙酸钠缓冲溶液调节 pH 值约为 3（用精密 pH 试纸检验），煮 2min，冷却后加入 10mL 乙酸钠缓冲溶液和 $2\sim4$ 滴二甲酚橙指示液，用氯化锌标准滴定溶液滴定至由淡黄色变为微红色为止。

加入 10mL 氟化钾溶液，加热至微沸。冷却，此时溶液应呈黄色，若溶液呈红色，则滴加硝酸至溶液呈黄色，再用氯化锌标准滴定溶液滴定，溶液颜色由淡黄色变为微红色即为终点。

④ 分析结果的表述。以质量分数表示的氧化铝（Al_2O_3）的含量 X_1 按式（6.71）

计算：

$$X_1 = \frac{VC \times 0.05098}{m \times \frac{20}{500}} \times 100 = \frac{VC}{m} \times 127.45 \tag{6.71}$$

式中，V 为第二次滴定消耗的氯化锌标准滴定溶液的体积，mL；C 为氯化锌标准滴定溶液的实际浓度；m 为试料的质量，g。

（3）盐基度的测定

① 方法提要。在试样中加入定量盐酸溶液，再加氟化钾掩蔽铝离子，然后以氢氧化钠标准滴定溶液滴定剩余盐酸。

② 试剂和材料

a. 盐酸溶液：$c(HCl)$ 约 0.5mol/L 溶液。

b. 氢氧化钠溶液：$c(NaOH)$ 约 0.5mol/L 标准滴定溶液。

c. 酚酞：10g/L 乙醇溶液。

d. 氟化钾：500g/L 溶液。称取 500g 氟化钾，以 200mL 不含二氧化碳的蒸馏水溶解后，稀释到 1000mL，加入 2mL 酚酞指示剂，并用氢氧化钠溶液或盐酸溶液调节溶液至微红色，滤去不溶物后贮存于塑料瓶中。

③ 分析步骤。称取约 1.8g 液体试样或约 0.6g 固体试样，精确至 0.0002g，用 20～30mL 水溶解后移入 250mL 锥形瓶中，用移液管准确加入 25mL 盐酸溶液，盖上表面皿，在沸水浴上加热 10min，冷却至室温，再加入氟化钾溶液 25mL，摇匀，加 5 滴酚酞指示剂，立即用氢氧化钠标准滴定溶液滴定至淡红色为终点。同时用煮沸后冷却的蒸馏水代替试样做空白试验。

④ 分析结果的表述。以质量分数表示的盐基度 X_2 按式(6.72) 计算：

$$X_2 = \frac{(V_0 - V)C}{\frac{mX_1}{100} \times \frac{1000}{16.99}} \times 100 = \frac{(V_0 - V)C \times 0.01699}{\frac{mX_1}{100}} \times 100 = \frac{(V_0 - V)C \times 169.9}{mX_1} \tag{6.72}$$

式中，V_0 为空白实验消耗氢氧化钠标准滴定溶液的体积，mL；V 为测定试样消耗氢氧化钠标准滴定溶液的体积，mL；C 为氢氧化钠标准滴定溶液的实际浓度，mol/L；m 为试料的质量，g；X_1 为测得的氧化铝含量，%；16.99 为氧化铝（$\frac{1}{6}Al_2O_3$）的摩尔质量 M；0.01699 为 1.00mL 氢氧化钠标准滴定溶液 $[c(NaOH) = 1.000mol/L]$ 相当的以克表示的氧化铝（Al_2O_3）的质量。

⑤ 允许差。取平行测定结果的算术平均值作为测定结果；两次平行测定结果的绝对差值不大于 2.0%。

（4）水不溶物含量的测定

① 仪器、设备。电热恒温干燥箱：10～200℃。

② 分析步骤。称取约 10g 液体试样，或约 3g 固体试样，精确至 0.01g，移入 1000mL 烧杯中。加入约 500mL 水，充分搅拌，使试样最大限度地溶解。然后在布氏漏斗中用恒重的中速定量滤纸抽滤。将滤纸连同滤渣于 100～105℃ 干燥至恒重。

③ 分析结果的表述。以质量分数表示的不溶物含量 X_3 按式(6.73) 计算：

$$X_3 = \frac{m_1 - m_2}{m} \times 100 \qquad (6.73)$$

式中，m_1 为布氏漏斗过滤器连同残渣的质量，g；m_2 为布氏漏斗过滤器的质量，g；m 为试料的质量，g。

④ 允许差。取平行测定结果的算术平均值作为测定结果；平行测定结果的绝对差值：液体样品不大于 0.03%，固体样品不大于 0.1%。

（5）pH 值的测定

① 试剂和材料

a. pH＝4 的邻苯二甲酸氢钾缓冲溶液。

b. pH＝9.18 的四硼酸钠缓冲溶液。

② 仪器、设备

a. 酸度计：精度 0.1pH。

b. 玻璃电极。

c. 甘汞电极。

③ 分析步骤

a. 试样溶液的制备。称取 1.0g 试样，精确至 0.01g，用水溶解后，全部转移到 100mL 容量瓶中，稀释到刻度，摇匀。

b. 测定。用 pH＝4 的缓冲溶液和 pH＝9.18 的缓冲溶液对酸度计定位后，将试样溶液倒入烧杯，将甘汞电极和玻璃电极浸入被测溶液中，至 pH 值稳定时（1min 内 pH 值的变化不大于 0.1）读数。

（6）硫酸根（SO_4^{2-}）含量的测定

① 方法提要。在 0.04~0.07mol/L 的盐酸介质中，硫酸盐与氯化钡反应，生成硫酸钡沉淀，将沉淀灰化灼烧后，称重即可求出硫酸根的含量。

② 试剂和材料

a. 盐酸：1∶23 溶液。

b. 氯化钡：50g/L 溶液。

c. 硝酸银：1g/L 溶液。

③ 分析步骤。称取约 1.8g 液体试样或约 0.6g 固体试样，精确至 0.0002g，置于 400mL 烧杯中，加入 200mL 水和 35mL 盐酸，煮沸 2min，趁热缓慢滴加 10mL 氯化钡溶液，继续加热煮沸后冷却放置 8h 以上，用慢速定量滤纸过滤，用热蒸馏水洗涤至滤液无氯离子（用硝酸银溶液检验），将滤纸与沉淀置于已在 800℃ 下恒重的坩埚内，在电炉上灰化后移至高温炉内，于（800±25）℃ 下灼烧至恒重。

④ 分析结果的表述。以质量分数表示的硫酸根（SO_4^{2-}）含量 X_4 按式(6.74) 计算：

$$X_4 = \frac{(m_1 - m_2) \times 0.4116}{m} \times 100 = \frac{(m_1 - m_2) \times 41.16}{m} \qquad (6.74)$$

式中，m_1 为硫酸钡沉淀和坩埚的质量，g；m_2 为坩埚的质量，g；m 为试料的质量，g；0.4116 为硫酸钡换算成硫酸根的系数。

⑤ 允许差。取平行测定结果的算术平均值作为测定结果；平行测定结果的绝对差值不大于 0.1%。

（7）氨态氮（N）含量的测定

① 方法提要。在试样中加入碳酸钠溶液，使试样 pH 值小于 7 的条件下均相沉淀，取其上层清液，用纳氏比色法测定氨态氮。

② 试剂和材料

a. 硫酸：1：35 溶液。

b. 碳酸钠：30g/L 溶液。

c. 酒石酸钾钠：50g/L 溶液。

称取 50g 酒石酸钾钠（$KNaC_4H_4O_6 \cdot 4H_2O$）溶于 100mL 水中，加热煮沸以除去氨，放冷，定容至 100mL。

d. 无氨蒸馏水。

e. 氨态氮标准储备溶液：1.00mL 溶液含有 0.1mgN。

称取 0.3819g 经 100℃ 干燥过的优级纯氯化铵（NH_4Cl），溶于水中，移入 1000mL 容量瓶中，稀释至标线。

f. 氨态氮标准溶液：1.00mL 溶液含有 0.010mgN。

用移液管移取 10mL 氨态氮标准储备溶液，置于 100 容量瓶中，用无氨蒸馏水稀释至刻度，摇匀，此溶液用时现配。

g. 纳氏试剂。

③ 仪器、设备：分光光度计。

④ 分析步骤

a. 工作曲线的绘制

ⅰ. 在 6 只 50mL 比色管中，依次加入氨态氮标准溶液 0.00mL、2.00mL、4.00mL、6.00mL、8.00mL、10.00mL，用无氨蒸馏水稀释至刻度。

ⅱ. 加入 1mL 酒石酸钾钠溶液，塞紧摇匀。然后再加入 2mL 纳氏试剂，塞紧摇匀，静置 10～15min。

ⅲ. 在波长 425nm 处用 1cm 吸收池以试剂空白为参比，测定吸光度。

ⅳ. 以氨态氮含量（μg）为横坐标，对应的吸光度为纵坐标，绘制工作曲线。

b. 测定。称取约 10g 液体试样或约 3.3g 固体试样，精确至 0.01g。用无氨蒸馏水溶解后移入 100mL 容量瓶中，用无氨蒸馏水稀释至刻度，摇匀。用移液管吸取 5mL 此溶液，置于 100mL 容量瓶中，加入硫酸溶液和 20mL 无氨蒸馏水，摇匀。加入 5mL 碳酸钠溶液，再摇匀，用无氨蒸馏水稀释至刻度，摇匀后倒入干净干燥的 100mL 量筒内静置 2h。

移取量筒内 50mL 上层清液置于 50mL 比色管中，按工作曲线绘制中的步骤操作，测定吸光度。

⑤ 分析结果的表述。以质量分数表示的氨态氮（N）含量 X_5 按式（6.75）计算：

$$X_5 = \frac{n \times 10^{-6}}{m \times \dfrac{5}{100} \times \dfrac{5}{100}} \times 100 = \frac{0.04n}{m} \tag{6.75}$$

式中，n 为从工作曲线上查得的氨态氮（N）含量，μg；m 为试料的质量，g。

⑥ 允许差。取平行测定结果的算术平均值作为测定结果；平行测定结果的绝对差值，

液体样品不大于 0.001%，固体样品不大于 0.02%。

（8）砷含量的测定

① 方法提要。在酸性介质中，将砷还原成砷化氢气体，用二乙基二硫代氨基甲酸银-三乙基胺三氯甲烷吸收液吸收砷化氢，形成紫红色物质，用光度法测定。

② 试剂和材料

a. 无砷锌。

b. 三氯甲烷。

c. 硫酸：1∶1 溶液。

d. 碘化钾：150g/L 溶液。

e. 氯化亚锡盐酸溶液：将 40g 氯化亚锡溶于 100mL 盐酸中，保存时可加入几粒金属锡，储于棕色瓶中。

f. 二乙基二硫代氨基甲酸银-三乙基胺三氯甲烷吸收液：称取 1.0g 二乙基二硫代氨基甲酸银，研碎后，边研边加入 100mL 三氯甲烷，然后加入 18mL 三乙基胺，再用三氯甲烷稀释至 1000mL，摇匀，静置过夜。用脱脂棉过滤，保存于棕色瓶中，置冰箱中保存。

g. 砷标准储备溶液：1.00mL 溶液中含 0.1mgAs。

称取三氧化二砷（于 110℃烘 2h）0.1320g 置于 50mL 烧杯中，加 20%的氢氧化钠溶液 2mL，搅拌溶解后，再加 1mol/L 的硫酸 10mL，转入 1000mL 的容量瓶中，用水稀释至标线，混匀。

h. 砷标准溶液：1.00mL 溶液中含 0.0025mgAs。

取此溶液稀释成每毫升含 0.0025mgAs 的标准使用液。

i. 乙酸铅脱脂棉。

③ 仪器、设备

a. 分光光度计。

b. 定砷器：符合 GB/T 6102 规定。

④ 分析步骤

a. 工作曲线的绘制

ⅰ. 在 6 只干燥的定砷瓶中，依次加入 0mL、1.00mL、2.00mL、3.00mL、4.00mL、5.00mL 砷标准溶液，再依次加入 30mL、29mL、28mL、27mL、26mL、25mL 水使溶液总体积为 30mL。

ⅱ. 在各定砷瓶中加入 4mL 硫酸溶液，2mL 碘化钾溶液和 2mL 氯化亚锡盐酸溶液，摇匀。静置反应 20min。再各加入（5±0.1）g 无砷锌，立即将塞有乙酸铅脱脂棉并盛有 5.0mL 二乙基二硫代氨基甲酸银-三乙基胺三氯甲烷吸收液的吸收管装在定砷瓶上，反应 50min。取下吸收管（液面倒吸），用三氯甲烷将吸收液补充至 5.0mL，混匀。

ⅲ. 在波长 510nm 处，用 1cm 吸收池，以试剂空白为参比，测定吸光度。

ⅳ. 以砷含量（μg）为横坐标，对应的吸光度为纵坐标，绘制工作曲线。

b. 试样溶液的制备。称取约 10g 液体试样或约 3.3g 固体试样，精确至 0.01g，置于 100mL 蒸发皿中。加入 10mL 硫酸溶液，水浴上蒸至近干。冷却，以热水溶解（如有不溶物应过滤除去），再移入 100mL 容量瓶中，用水稀释至刻度，摇匀。此保留液可用于锰、六价铬、汞的测定。

移取 10mL 试样溶液于定砷瓶中，加入 20mL 水，然后按工作曲线的绘制中的步骤测定吸光度。

⑤ 分析结果的表述。以质量分数表示的砷含量 X_6，按式(6.76) 计算：

$$X_6 = \frac{n \times 10^{-6}}{m \times \frac{10}{100}} \times 100 = \frac{n \times 0.001}{m} \tag{6.76}$$

式中，n 为从工作曲线上查得的砷含量，μg；m 为试料的质量，g。

⑥ 允许差。取平行测定结果的算术平均值作为测定结果；平行测定结果的绝对差值：液体样品不大于 0.0001%，固体样品不大于 0.0002%。

（9）锰含量的测定

① 原子吸收分光光度法

a. 方法提要。在盐酸介质中，铝基体中的微量锰可用火焰原子吸收法测定。

b. 试剂和材料

ⅰ. 盐酸：1∶1 溶液。

ⅱ. 硝酸：1∶1 溶液。

ⅲ. 锰标准储备溶液：1mL 溶液含 1.00mgMn。

称取 1.000g 高纯锰（纯度 99.9% 以上），精确至 0.0002g，置于 200mL 烧杯中。加入 2mL 硝酸溶液及 100mL 水，加热溶解，冷却后移入 1000mL 容量瓶中，用水稀释至刻度，摇匀。

ⅳ. 锰标准溶液：1mL 溶液含 0.01mg Mn。

移取 5mL 锰标准储备溶液，移入 500mL 容量瓶中，用水稀释至刻度，摇匀。此溶液用时现配。

c. 仪器、设备

ⅰ. 原子吸收分光光度计。

ⅱ. 光源：锰空心阴极灯。

ⅲ. 火焰：空气-乙炔。

ⅳ. 波长：297.5nm。

d. 分析步骤

ⅰ. 工作曲线的绘制。在 6 只 100mL 容量瓶中依次加入 1.00mL、3.00mL、6.00mL、9.00mL、12.00mL、15.00mL 锰标准溶液，再各加 2mL 盐酸溶液，用水稀释至刻度，摇匀。以试剂空白为参比，按 GB/T 9723—2007 规定测定吸光度。以锰含量（μg）为横坐标，对应的吸光度为纵坐标，绘制工作曲线。

ⅱ. 试样溶液的制备。称取约 10g 液体试样或约 3.3g 固体试样，精确至 0.01g，置于 200mL 烧杯中，加入 20mL 盐酸溶液、100mL 水，使试样溶解后移入 1000mL 容量瓶中，用水稀释至刻度，摇匀。

ⅲ. 测定。以试剂空白为参比，按 GB/T 9723—2007 规定测定其试样溶液的吸光度。

e. 分析结果的表述。以质量百分数 X_7 表示的锰含量按式(6.77) 计算：

$$X_7 = \frac{n \times 10^{-6}}{m \times \frac{100}{1000}} \times 100 = \frac{n \times 0.001}{m} \tag{6.77}$$

式中，n 为从工作曲线上查得的锰含量，μg；m 为试料的质量，g。

f. 允许差。取平行测定结果的算术平均值作为测定结果；平行测定结果的绝对差值：液体样品不大于 0.0005%，固体样品不大于 0.0015%。

② 高碘酸钾光度法

a. 方法提要。在硫酸-硝酸-磷酸介质中，用高碘酸钾氧化显色，在波长为 525nm 处测其吸光度。

b. 试剂和材料

ⅰ. 硝酸。

ⅱ. 磷酸。

ⅲ. 硫酸：1：1 溶液。

ⅳ. 高碘酸钾：5.0g/L 溶液。

称取 5.0g 高碘酸钾，用 50mL 水溶解。加入 20mL 硝酸，用水稀释至 100mL，摇匀。储于棕色瓶中，有效期 5d。

ⅴ. 亚硝酸钠：1：20 溶液。

ⅵ. 锰标准溶液：制备如上法。

ⅶ. 无还原剂水：在 1000mL 水中缓慢加入 10mL 硫酸溶液，煮沸，加入高碘酸钾，再微沸 10min，放置冷却。

c. 仪器、设备：分光光度计。

d. 分析步骤

ⅰ. 工作曲线的绘制

在 6 只 250mL 锥形瓶中，依次加入 0.00mL、0.50mL、1.00mL、1.50mL、2.00mL、2.50mL 锰标准溶液。再各加入 15mL 硫酸溶液、10mL 硝酸、5mL 磷酸，稀释至 70mL。加入 10mL 高碘酸钾溶液，煮沸至出现红色，并保持微沸 20min，冷却，分别移入已用无还原剂水洗涤过的 100mL 容量瓶中，用无还原剂水稀释至刻度，摇匀。

在波长 525nm 处，用 1cm 吸收池，以蒸馏水为参比，测定各标准试液的吸光度 A_0'、A_1'、A_2'、A_3'、A_4'、A_5'。

在各容量瓶中滴入 2 滴亚硝酸钠溶液，摇匀。试液褪色后，在波长 525nm 处，用 1cm 吸收池，以蒸馏水为参比，测定各标准试液的吸光度 B_0、B_1、B_2、B_3、B_4、B_5。

计算各标准试液的吸光度

$$A_1 = (A_1' - B_1) - (A_0' - B_0)$$
$$A_2 = (A_2' - B_2) - (A_0' - B_0)$$
$$A_3 = (A_3' - B_3) - (A_0' - B_0)$$
$$A_4 = (A_4' - B_4) - (A_0' - B_0)$$
$$A_5 = (A_5' - B_5) - (A_0' - B_0)$$

以锰含量（μg）为横坐标，对应的吸光度为纵坐标，绘制工作曲线。

ⅱ. 测定。移取 10mL 由测定砷得到的保留液，移入 250mL 锥形瓶中。按工作曲线的绘制中锰标准溶液的步骤操作，测出试样溶液的吸光度。

e. 分析结果的表述。以质量分数表示的锰含量 X_7 按式(6.78) 计算：

$$X_7 = \frac{n \times 10^{-6}}{m \times \frac{10}{100}} \times 100 = \frac{n \times 0.001}{m} \qquad (6.78)$$

式中，n 为从工作曲线上查得的锰含量，μg；m 为测定砷时试样溶液制备中的试料质量，g。

f. 允许差。取平行测定结果的算术平均值作为测定结果；平行测定结果的绝对差值：液体样品不大于 0.0005%，固体样品不大于 0.0015%。

（10）六价铬含量的测定

① 方法提要。在硫酸介质中，六价铬能与二苯基碳酰二肼生成稳定的紫红色络合物，可在最大吸收波长 540nm 处进行光度测定。三价铁离子的干扰可用硫酸盐消除。

② 试剂和材料

a. 硫酸：1∶6 溶液。

b. 二苯基碳酰二肼：2.5g/L 乙醇溶液。

称取 0.25g 二苯基碳酰二肼，溶于 94mL 无水乙醇，加入 6mL 冰乙酸，摇匀，储于棕色瓶中，放置阴凉避光处，贮存期 3 个月。

c. 磷酸-磷酸二氢钠溶液：称取 100g 磷酸二氢钠溶于 450mL 水中，加入 40mL 磷酸，混匀。

d. 无还原剂水：见本书锰的测定。

e. 六价铬标准储备溶液：1mL 溶液含 1.00mg Cr^{6+}。

称取于 120℃ 干燥 2h 的重铬酸钾（$K_2Cr_2O_7$，优级纯）2.829g，用水溶解后，移入 1000mL 的容量瓶中，用水稀释至标线，摇匀。

f. 六价铬标准溶液：每毫升溶液含 0.01mg Cr^{6+}。

移取 10mL 六价铬标准储备液移入 1000mL 容量瓶中，用无还原剂水稀释至刻度，摇匀，此溶液用时现配。

③ 仪器、设备：分光光度计。

④ 分析步骤

a. 工作曲线的绘制。在 6 只 100mL 容量瓶中依次加入 0.00mL、1.00mL、2.00mL、3.00mL、4.00mL、5.00mL 六价铬标准溶液和 2mL 磷酸二氢钠溶液、2mL 硫酸溶液，2mL 二苯基碳酰二肼乙醇溶液。用无还原剂水稀释至刻度，摇匀，静置显色 10～15min，在波长为 540nm 处，用 1cm 的吸收池，以试剂空白为参比，测定吸光度。

以六价铬含量（μg）为横坐标，对应的吸光度为纵坐标，绘制工作曲线。

b. 测定。将 20mL 由测定砷得到的保留液移入 100mL 容量瓶中，按工作曲线绘制中加入铬标准溶液的步骤进行操作，测定吸光度。

⑤ 分析结果的表述。以质量分数表示的六价铬含量 X_8 按式（6.79）计算：

$$X_8 = \frac{n \times 10^{-6}}{m \times \frac{20}{100}} \times 100 = \frac{n \times 0.005}{m} \qquad (6.79)$$

式中，n 为从工作曲线上查得的六价铬含量，μg；m 为测定砷时试样溶液制备中的试料质量，g。

⑥ 允许差。取平行测定结果的算术平均值作为测定结果；平行测定结果的绝对差值：

液体样品不大于 0.0005%，固体样品不大于 0.0001%。

(11) 汞含量的测定

① 方法提要。在酸性介质中，将试样中的汞氧化成二价汞离子，用氯化亚锡将汞离子还原成汞原子，用冷原子吸收法测定汞。

② 试剂和材料

a. 硫酸-硝酸混合液：将 200mL 硫酸（优级纯）缓慢加入 300mL 水中，同时不断搅拌。冷却后，加入 100mL 硝酸，混匀。

b. 硫酸（优级纯）：1∶71 溶液。

c. 盐酸（优级纯）：1∶11 溶液。

d. 高锰酸钾（优级纯）：10g/L 溶液。

e. 盐酸羟胺：100g/L 溶液。

f. 氯化亚锡：50g/L 溶液。

称取 5.0g 氯化亚锡，置于 200mL 烧杯中。加入 10mL 盐酸溶液及适量水使其溶解，稀释 100mL，摇匀。

g. 汞标准储备溶液：1mL 溶液含 1.00mg Hg。

移称取 1.354g 氯化汞，精确至 0.001g。置于 400mL 烧杯中，加入 200mL 盐酸溶液使溶解。移入 1000mL 容量瓶中，用盐酸溶液稀释至刻度，摇匀。

h. 汞标准溶液：1mL 溶液含 0.1μg。

移取 10mL 汞标准储备溶液，移入 1000mL 容量瓶中，用硫酸溶液稀释至刻度，摇匀。移取 10mL 移入 1000mL 容量瓶中，用硫酸溶液稀释至刻度，摇匀。此溶液用时现配。

③ 仪器、设备

a. 原子吸收分光光度计或测汞仪。

b. 光源：汞空心阴极灯。

c. 波长：253.7nm。

④ 分析步骤

a. 工作曲线的绘制。在 6 只 50mL 容量瓶中，依次加入 0.00mL、1.00mL、2.00mL、3.00mL、4.00mL、5.00mL 汞标准溶液，加水至 40mL，加入 3mL 硫酸-硝酸混合液和 1mL 高锰酸钾溶液，摇匀静置 15min。再滴加盐酸羟胺溶液至试液红色恰好消失，用水稀释至刻度，摇匀。在波长 253.7nm 处，以氯化亚锡溶液还原后的试剂空白所产生汞蒸气为参比，测定以氯化亚锡溶液还原后的各标准溶液所产生汞蒸气的吸光度。以汞含量（μg）为横坐标，对应的吸光度为纵坐标，绘制工作曲线。

b. 测定。移取 10mL 由测定砷得到的保留液，移入 50mL 容量瓶中。按工作曲线的绘制中加标准溶液的步骤进行操作，测出以氯化亚锡溶液还原后试样溶液所产生汞蒸气的吸光度。

⑤ 分析结果的表述。以质量分数 X_9 表示的汞含量按式(6.80) 计算：

$$X_9 = \frac{n \times 10^{-6}}{m \times \frac{10}{100}} \times 100 = \frac{n \times 0.001}{m} \tag{6.80}$$

式中，n 为从工作曲线上查得的汞含量，μg；m 为测定砷时试样溶液制备中的试料质量，g。

⑥ 允许差。取平行测定结果的算术平均值作为测定结果；平行测定结果的绝对差值：液体样品不大于 0.000002%，固体样品不大于 0.000005%。

（12）铅含量和镉含量的测定

① 方法提要。在基体溶液中加入 Fe^{3+}，调节 pH 值使其生成的絮状氢氧化铁沉淀将铅和镉富集。再调节 pH 值至 $11.5\sim12$，将沉淀中的铝转化成可溶性盐，可与絮状氢氧化铁沉淀分离，用硝酸将分离后的沉淀溶解，形成的溶液含铁量约为 1500mg/L，可用火焰原子吸收法测定其中的铅和镉。

② 试剂和材料

a. 硝酸（优级纯）：1∶1 溶液。

b. 硫酸（优级纯）：1∶3 溶液。

c. 三价铁共沉淀剂：称取 1.00g 高纯铁粉（纯度 99.9％以上），精确至 0.001g，加入 50mL 水，再加入 20mL 硝酸溶液，加热溶解，冷却后移入 100mL 容量瓶中，用水稀释至刻度，摇匀。此溶液 1.00mL 含 10.00mg 铁。

d. 氢氧化钠（优级纯）：400g/L 溶液。

e. 氢氧化钠（优级纯）：4g/L 溶液。

f. 铅、镉标准储备溶液：称取 1.000g 高纯铅（纯度 99.9％以上）和 0.100g 高纯镉（纯度 99.9％以上），精确至 0.001g。置于 200mL 烧杯中，加入 50mL 水，再加入 20mL 硝酸溶液，将其加热溶解。冷却后移入 1000mL 容量瓶中，用水稀释至刻度，此溶液 1.00mL 含 1.00mg 铅、0.10mg 镉。

g. 铅、镉标准溶液：取 10mL 铅、镉标准储备溶液，移入 100mL 容量瓶中，用水稀释至刻度，摇匀。此溶液 1.00mL 含 100μg 铅、10μg 镉，用时现配。

③ 仪器、设备：原子吸收分光光度计。

测定铅时的仪器条件：

a. 光源：铅空心阴极灯。

b. 火焰：乙炔-空气。

c. 波长：283.3nm。

测定镉时的仪器条件：

a. 光源：镉空心阴极灯。

b. 火焰：乙炔-空气。

c. 波长：228.8nm。

④ 分析步骤

a. 工作曲线的绘制。在 6 只 50mL 容量瓶中，依次加入铅、镉标准溶液 0.00mL、1.00mL、2.00mL、3.00mL、4.00mL、5.00mL 和 5.00mL 三价铁共沉淀剂、10mL 硝酸溶液，用水稀释至刻度，摇匀。在波长 283.3nm 处，以试剂空白为参比，按照 GB/T 9723—2007 规定测定吸光度。以铅含量（μg）为横坐标，对应的吸光度为纵坐标，绘制工作曲线（1）。在波长 228.8nm 处，以试剂空白为参比，按照 GB/T 9723—2007 规定测定吸光度。以镉含量（μg）为横坐标，对应的吸光度为纵坐标，绘制工作曲线（2）。

b. 试样溶液的制备。称取约 10g 液体试样或约 3.3g 固体试样，精确至 0.01g。置于 100mL 烧杯中，加入 40mL 水和 10mL 硫酸溶液，煮沸 2min。冷却（如有白色沉淀应过滤除去），加入 5.0mL 三价铁共沉淀剂。在搅拌下加入氢氧化钠溶液 400g/L，先生成红棕色沉淀又出现乳白色沉淀，最后，乳白色沉淀逐渐减少，只剩下红棕色沉淀，这时停止滴加。将烧杯中的溶液和红色沉淀全部移入量筒中，静置 4h 后将上清液全部清除。再在量筒中加入 100mL 氢氧化钠溶液 e，混匀，静置 2h。将上清液全部清除。滴加硝酸溶液，使量筒中红棕色沉淀全部溶解。置于 50mL 容量瓶中，用水稀释至刻度，摇匀。

c. 测定。在波长 283.3nm 处，以试剂空白为参比，按照 GB/T 9723—2007 规定测定试样溶液中铅的吸光度。在波长 228.8nm 处，以试剂空白为参比，按照 GB/T 9723—2007 规定测定试样溶液中镉的吸光度。

⑤ 分析结果的表述。以质量分数 X_{10} 表示的铅含量按式(6.81)计算：

$$X_{10} = \frac{n \times 10^{-6}}{m} \times 100 \tag{6.81}$$

式中，n 为从工作曲线上查得的铅含量，μg；m 为试料的质量，g。

以质量分数 X_{11} 表示的镉含量按式(6.82)计算：

$$X_{11} = \frac{n \times 10^{-6}}{m} \times 100 \tag{6.82}$$

式中，n 为从工作曲线上查得的铅含量，μg；m 为试料的质量，g。

⑥ 允许差。取平行测定结果的算术平均值作为测定结果；平行测定结果的绝对差值：对于液体样品，铅不大于 0.0002%，镉不大于 0.00002%；对于固体样品，铅不大于 0.0006%，镉不大于 0.00006%。

6.2.6 聚合硫酸铁及其性能

铁盐和铝盐都是传统的无机盐类絮凝剂，二者具有相似的水解-沉淀行为，因而在聚合铝的启发下，日本于 20 世纪 70 年代开始研究了聚合铁絮凝剂，80 年代已形成工业生产规模，并在水处理中得到了广泛应用，取得了良好的效果。

已研究过的聚合铁絮凝剂种类有聚合硫酸铁和聚合氯化铁，目前得到实际应用的是聚合硫酸铁，其化学式表示为 $[Fe_2(OH)_n(SO_4)_{3-0.5n}]_m$，简写为 PFS。与聚合硫酸铝相似，聚合硫酸铁实际上即铁（Ⅲ）盐水解聚合过程的动力学中间产物，其本质是多核羟基配合物或羟基桥联的无机高分子化合物，如式(6.83)：

$$[>Fe\langle^{OH}_{OH}\rangle Fe\langle^{OH}_{OH}\rangle]^{n+}_{n/2} \tag{6.83}$$

在某些情况下也存在氧桥化的多核配合物，如式(6.84)：

$$[>Fe\langle^{OH}_{O}\rangle Fe\langle^{OH}_{OH}\rangle]_{n/2} \tag{6.84}$$

已经证实聚合硫酸铁水溶液中存在着 $Fe_2(OH)_2^{4+}$、$Fe_3(OH)_4^{5+}$、$Fe_4O(OH)_4^{6+}$ 等以 OH^- 作为架桥形成的多核配离子及大量的无机高分子化合物 $[Fe_2(OH)_n(SO_4)_{3-0.5n}]_m$，分子量可高达 10^5，硫酸根的存在使它们易于生成更大的分子。

聚合铁的上述各种形态能够强烈吸附于胶体颗粒及悬浮物表面之上，中和其表面电荷，降低其 ζ 电位，使胶体粒子由原来的相斥变成相互吸引，促使胶体颗粒相互凝聚。此外还可以通过黏附架桥、卷扫网捕作用，产生絮凝沉淀。沉淀的表面积可达 200～

$1000m^2/g$，极具吸附能力，所以对 COD、BOD、色度、悬浮物等有较好的去除效果。聚合硫酸铁对水温和 pH 值适应范围更广，所形成的絮体密实，沉降速度高。所以聚合硫酸铁比其他无机絮凝剂絮凝能力更强，絮凝效果更好。图 6.56（a）是聚合硫酸铁（PFS）对 $500mg/L$ 高岭土悬浊液的处理效果，其除浊效果在同等条件下明显高于硫酸铝（AS）和含铁硫酸铝（AFS）。图 6.56（b）是在 pH＝5 条件下的脱色效果，表明各絮凝剂的脱色率由高到低的顺序为：聚合硫酸铁、聚合氯化铝（PAC）、硫酸铝。图 6.56（c）是在 pH＝5 条件下去除 COD 的效果对比，去除率由高到低的顺序为：聚合硫酸铁、聚合氯化铝、硫酸铝。

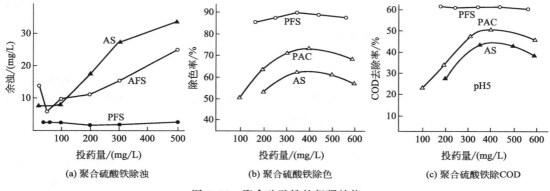

(a) 聚合硫酸铁除浊　　　　(b) 聚合硫酸铁除色　　　　(c) 聚合硫酸铁除COD

图 6.56　聚合硫酸铁的絮凝效能

目前工业上生产聚合硫酸铁的原料一般为钛白粉生产的副产物硫酸亚铁和工业生产的废弃硫酸，也有用铁的硫酸酸洗废液为原料的，所以聚合硫酸铁的另一优势是制造成本低于聚合氯化铝，售价较低，因此从经济角度讲，水处理行业应用聚合硫酸铁比聚合氯化铝更为合理。但另一方面，由于硫酸废液中常含有重金属，工业制备方法采用亚硝酸钠为催化剂，所以聚合硫酸铁一般不适合于给水处理，只能用于生活污水和工业废水的处理。

6.2.7　聚合硫酸铁的制作方法

由于铁（Ⅲ）盐比铝盐的水解-聚合倾向更大，所以在制备聚合铁时，其碱化度不宜控制过高，过高则易得到高聚合度但电荷低的聚合物，使它在某些场合下的絮凝效果可能降低。根据研究，在以部分中和法制备聚合氯化铁时，加碱比 OH/Fe（摩尔比）最好控制在 0～0.4 的范围内。

6.2.7.1　聚合硫酸铁的实验室制备方法

实验室制备聚合硫酸铁常采用直接氧化法。直接氧化法是采用氧化剂直接将亚铁氧化为高铁，然后进行水解、聚合。该方法采用的氧化剂有过氧化氢、硝酸、次氯酸钠和氯酸钠等强氧化剂。该法工艺简单，操作方便，反应时间短，但氧化剂用量大，价格高。例如当用过氧化氢为氧化剂时，产品成本为催化氧化法的 3～4 倍。因此该法只能用于实验室制备。此外，一些小型净水剂厂及自产自用的厂家也往往采用氯酸钠为氧化剂生产聚合铁。制备的反应式如下：

（1）聚合硫酸铁的过氧化氢合成法

$$2FeSO_4 + H_2O_2 + (1-n/2)H_2SO_4 \Longrightarrow Fe_2(OH)_n(SO_4)_{3-n/2} + (2-n)H_2O$$
(6.85)

（2）聚合硫酸铁的氯酸钾（钠）合成法

$$6FeSO_4 + KClO_3 + 3(1-n/2)H_2SO_4 \Longrightarrow 3[Fe_2(OH)_n(SO_4)_{3-n/2}] + 3(1-n/2)H_2O + HCl$$
(6.86)

（3）聚合硫酸铁的次氯酸钾钠合成法

$$2FeSO_4 + NaClO + 9(1-n/2)H_2SO_4 \Longrightarrow Fe_2(OH)_n(SO_4)_{3-n/2} + (1-n/2)H_2O + NaCl$$
(6.87)

6.2.7.2 聚合硫酸铁的工业生产法

（1）反应原理

最早提出聚合硫酸铁制作方法的是日本的三上八州家等人。工厂排出的废硫酸中，铁成分主要为亚铁盐，它成为公害的来源之一，可从此废硫酸回收硫酸和硫酸亚铁，然后制取聚合硫酸铁。制备时首先设法将硫酸亚铁氧化为高铁。根据下式：

$$FeSO_4 \longrightarrow Fe(SO_4)_{1.5}$$
(6.88)

当硫酸亚铁氧化为高铁时，硫酸根的不足量为 0.5mol/mol，此不足量如果以加入硫酸供给，则得到硫酸高铁，如不加入硫酸或加入的硫酸在 0.5mol/mol 以下，则得到盐基度在 0~33％之间的聚合硫酸铁。硫酸亚铁的氧化可采用亚硝酸钠为催化剂，以空气或氧气为氧化剂将硫酸亚铁氧化为高铁，然后发生水解、聚合。

从热力学上考虑，氧气能够将 Fe^{2+} 氧化为 Fe^{3+}，但是在酸性溶液中 $E^{\ominus}(Fe^{3+}/Fe^{2+})=0.771V$，在碱性溶液中 $E^{\ominus}(Fe^{3+}/Fe^{2+})=-0.56V$，因此在 pH 值较低时，$Fe^{2+}$ 较稳定，不易被氧化；在 pH 值较高时，Fe^{3+} 较稳定，Fe^{2+} 易被氧化。又从动力学考虑，此反应在酸性条件下非常缓慢。综合热力学和动力学上的原因，为了使 Fe^{2+} 能尽快转化为 Fe^{3+}，似乎应尽可能增大其 pH 值。

但是在合成聚合硫酸铁的反应中，由于 Fe^{3+} 的浓度高于 160g/L，并且其反应是在加热中进行，pH 值过高会促使反应过程中产生的 Fe^{3+} 发生强烈水解，析出热稳定性强，且难溶于酸性溶液的黄色沉淀物，所以在合成中必须控制好溶液的酸度，一般控制 pH<1.6。如上所述，在这样低 pH 值的条件下反应很慢，为加快反应，引入了亚硝酸钠为催化剂。但制备 PFS 时仍需长达 17h 的反应时间，难以在工业上得到应用。为进一步加快反应，人们对催化氧化法的工艺进行了不断的改进，反应时间已能够减少到几个小时，甚至 1~2h。这在节能降耗上取得了很大的成功，并最终使催化氧化法制备 PFS 达到了产业化。

硫酸亚铁在采用 $NaNO_2$ 为催化剂时的催化、氧化、水解及聚合过程的机理如下：

$$NO_2^-(aq) + H^+(aq) \Longrightarrow HNO_2(aq)$$
(6.89)

$$2HNO_2(aq) \Longrightarrow N_2O_3(aq) + H_2O$$
(6.90)

$$N_2O_3(aq) \Longrightarrow NO(aq) + NO_2(aq)$$
(6.91)

$$NO(aq) \Longrightarrow NO(g)$$
(6.92)

$$2NO(g) \Longrightarrow N_2O_2(g)$$
(6.93)

$$N_2O_2(g) + O_2(g) \Longrightarrow 2NO_2(g)$$
(6.94)

$$NO_2(g) \Longrightarrow NO_2(aq) \tag{6.95}$$

$$Fe^{2+}(aq) + NO_2(aq) \Longrightarrow Fe^{3+}(aq) + NO_2^-(aq) \tag{6.96}$$

$$2m Fe^{3+} + 2m SO_4^{2-} + (1-0.5n)_m H_2SO_4 + mn H_2O \Longrightarrow$$
$$[Fe_2(OH)_n(SO_4)_{3-0.5n}]_m + mn H^+ \tag{6.97}$$

式（6.89）～式（6.91）表示，$NaNO_2$ 在被加入溶液后，与 H^+ 反应，生成 NO 和 NO_2。式（6.92）～式（6.94）表示，产生的 NO 从液相进入气相，并被 O_2 氧化为 NO_2。由此产生的 NO_2 再从气相进入液相，将 Fe^{2+} 氧化为 Fe^{3+}，自身被还原为 $NO_2^-(aq)$，如式（6.95）～式（6.96）所示。由此产生的 $NO_2^-(aq)$ 进入下一循环。式（6.97）表示生成的 Fe^{3+} 部分水解并聚合而成为 PFS。

（2）动力学方程

① NO_2 的迁移速率。NO_2 的迁移速率方程可以按"双膜模型"导出，见图6.57。

图中 c 是 NO_2 在气相主体或在液相主体中的浓度，c' 是 NO_2 在边界层中的浓度。由于在气相主体区存在湍流以及在液相主体区有强烈的搅拌作用，NO_2 在气相主体或液相主体中的浓度是处处均匀的，但是在边界层却是沿着迁移方向逐渐减小的。当迁移发生时，NO_2 首先从气相主体进入气相边界层，然后经过液相边界层，最终来到液相主体区。在边界层，由于

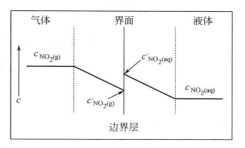

图 6.57 双膜模型

迁移是靠扩散进行的，所以按照 Fick 第一定律就有：

$$J_g = -D_g A[dC_{NO_2(g)}/dX_g] = D_g A[c_{NO_2(g)} - c'_{NO_2(g)}]/X_g \tag{6.98}$$

$$J_1 = -D_1 A[dC_{NO_2(aq)}/dX_1] = D_1 A[c'_{NO_2(aq)} - c_{NO_2(aq)}]/X_1 \tag{6.99}$$

式中，J_g 为 NO_2 在气相边界层中的迁移速度；J_1 为 NO_2 在液相边界层中的迁移速度；D_g 为 NO_2 在气相边界层中的扩散系数；D_1 为 NO_2 在液相边界层中的扩散系数；X_g 为气相边界层的厚度；X_1 为液相边界层的厚度；A 为气液两相的界面面积。

如果 Henry 适用于此，则有

$$c'_{NO_2(g)} = Hc'_{NO_2(aq)} \tag{6.100}$$

$$c_{NO_2(g)} = Hc^*_{NO_2(aq)} \tag{6.101}$$

式中，H 为 Henry 常数；$c^*_{NO_2(aq)}$ 为气液两相达到平衡时 NO_2 在液相主体区的浓度。如果迁移达到稳态，则有：

$$J = J_g = J_1$$

式（6.98）和式（6.99）就成为：

$$J = D_g A[Hc^*_{NO_2(aq)} - Hc'_{NO_2(aq)}]/X_g \tag{6.102}$$

$$J = D_1 A[c'_{NO_2(aq)} - c_{NO_2(aq)}]/X_1 \tag{6.103}$$

或：

$$JX_g/D_g AH = c^*_{NO_2(aq)} - c'_{NO_2(aq)} \tag{6.104}$$

$$JX_1/D_1 A = c'_{NO_2(aq)} - c_{NO_2(aq)} \tag{6.105}$$

式（6.104）＋式（6.105），并以 $c'_{NO_2(g)}/H$ 代替 $c^*_{NO_2(aq)}$ 得：

$$J = D_g D_1 A [c_{NO_2(g)} - H c_{NO_2(aq)}] / [X_g D_1 + X_1 D_g H] \quad (6.106)$$

由于液相主体受到强烈的搅拌作用，所以 X_1 的值非常小，$X_1 D_g H$ 可以被忽略，式 (6.106) 就成为：

$$J = D_g A [c_{NO_2(g)} - H c_{NO_2(aq)}] / X_g \quad (6.107)$$

由此式看出，界面面积越大，NO_2 穿过界面的速度就越高；NO_2 在气相的分压越高，NO_2 穿过界面的速度也就越高。

② NO_2 在液相的浓度。NO_2 一旦进入液相，就会迅速与 Fe^{2+} 反应。NO_2 在液相的浓度可以用稳态处理得到：

$$\begin{aligned} dc_{NO_2(aq)} / dt &= J - V K_{94} c_{Fe^{2+}} c_{NO_2(aq)} \\ &= D_g A [c_{NO_2(g)} - H c_{NO_2(aq)}] / X_g - V K_{94} c_{Fe^{2+}} c_{NO_2(aq)} = 0 \quad (6.108) \end{aligned}$$

式中，V 为溶液相的体积；K_{94} 为方程 (6.94) 的反应速率常数。

由式 (6.108) 可以得下列方程：

$$c_{NO_2(aq)} = D_g A c_{NO_2(g)} / [X_g (D_g A H / X_g + V K_{94} c_{Fe^{2+}})] \quad (6.109)$$

由于气相未受到搅拌作用，X_g 相对较大，所以 $D_g A H / X_g$ 可以被忽略，则有：

$$c_{NO_2(aq)} = D_g A c_{NO_2(g)} / X_g V K_{94} c_{Fe^{2+}} \quad (6.110)$$

③ 反应速率方程。按照式 (6.96)，Fe^{2+} 的氧化速率可表示为：

$$-dc_{Fe^{2+}} / dt = K_{94} c_{Fe^{2+}} c_{NO_2(aq)} \quad (6.111)$$

将式 (6.110) 代入式 (6.111) 得：

$$-dc_{Fe^{2+}} / dt = D_g A c_{NO_2(g)} / (X_g V) = K A c_{NO_2(g)} \quad (6.112)$$

式中，$K = D_g / (X_g V)$。

于是得到重要的结论：反应对 Fe^{2+} 为零级；对 $NO_2(g)$ 为一级；对界面面积 A 为一级。所以，为缩短反应时间，可以增大 $NO_2(g)$ 分压，但这会使设备腐蚀加重，并需要采用耐压反应装置。同样也可以看出，增大气液界面面积，也可以缩短反应时间。

如果 $c_{NO_2(g)}$ 和 A 保持不变，方程 (6.112) 则成为：

$$-dc_{Fe^{2+}} / dt = K \quad (6.113)$$

积分式为：

$$c_{Fe^{2+}} = -Kt + B \quad (6.114)$$

式中，B 为积分常数。该式表明，在反应中 Fe^{2+} 的浓度随时间线性减小。

从以上讨论可以看出，NO_2 和 NO 在气液相之间的迁移，即式 (6.92)、式 (6.95)，为整个过程的速率控制步骤，而气液界面是影响反应速率重要因素。

(3) 两种反应釜的比较　催化氧化法制备聚合硫酸铁时可以采用传统反应釜 (TR) 或隔板式反应釜 (SR)，图 6.58 为这两种反应釜的示意图。

在采用传统反应釜时，反应物料受到搅拌桨板的强烈搅拌；在采用隔板式反应釜时，通过一个提升泵使反应物料不断循环，以延长流程和扩大气液接触面积。

由图 6.59 看出，无论采用何种反应釜，亚铁离子的浓度都随着时间线性降低。但当采用传统反应釜时，液面的更新仅依靠桨板的搅拌作用，由于搅拌速度有限及气液接触面积较小，反应速率很慢，要完成整个反应需 10h 以上的时间；当采用隔板式反应釜时，气液接触面积被扩大了，NO_2 通过气液界面的迁移速度被大大提高，故反应大大加快，完成整个反应仅需 2~3h。

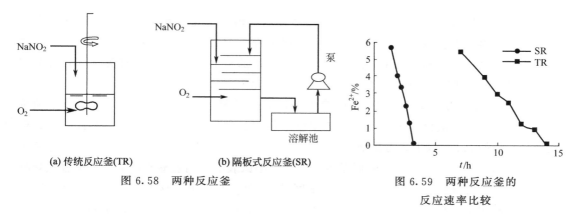

图 6.58　两种反应釜　　　　　图 6.59　两种反应釜的
反应速率比较

以上事实与反应动力学讨论的结果相符，证实了理论的正确性。

（4）研究进展　在催化氧化法制备聚合硫酸铁时，因有亚硝酸钠参与反应，所以在反应过程中有氮氧化物产生，并有一部分被排放。这既污染环境，又增加亚硝酸钠的消耗。为减少污染和降耗，人们对 PFS 的生产工艺和方法等又进行了深入研究，取得了一定的进展，例如在密闭的容器中进行催化氧化反应，在 $55\sim90℃$ 和 $2.94\times10^5\sim14.7\times10^5\text{Pa}$ 的条件下，控制 SO_4^{2-} 与 Fe^{3+} 浓度的比值在一定范围内，并强烈搅拌 $1.5\sim2h$ 即得产品。这既避免了氮氧化物的排放，也缩短了反应时间。当用雾化法制备 PFS 时，在常压和加热的条件下，使氮氧化物和雾化态的硫酸亚铁液滴循环接触。该法大大提高了气液间的接触面积，加快了反应速度。此外可采用一步法制备 PFS，直接制得固体产品，更为快速和节能。这些新方法为 PFS 的生产开辟了新路。

在上述催化氧化法生产 PFS 的过程中，氧化反应速度是关键。因此选择合适的催化剂和助催化剂，缩短氧化反应时间是人们关注的焦点。研究表明，在一定条件下选用 NaI 作为助催化剂可减少 $NaNO_2$ 的用量，加速亚铁氧化。这是因为 I^- 阻止了 HNO_2 的歧化反应，提高了 $NaNO_2$ 的利用率，从而加快了亚铁的氧化反应。同时反应中产生的碘也可促进氧化反应。

近年来研究成的新型高效无毒催化剂和改性剂用于亚铁催化氧化时，可避免亚硝酸盐的影响，同时还进一步加快了反应速度和提高了产品的絮凝性能。目前这些催化剂和改性剂尚未公开。

总之，在 PFS 的生产中，$NaNO_2$ 作为催化剂已被普遍采用。但因其属致癌物，所以它在 PFS 中的残留，将会对处理水尤其是饮用水产生一定的影响，同时在生产过程中氮氧化物的排放也造成二次污染。为简化工艺、降低成本和减少二次污染，催化氧化法生产 PFS 的发展方向，应是进一步研究和改进生产工艺，研制和开发性能优良、高效无毒和廉价易得的催化剂及助催化剂，并使其尽快产业化。

6.2.7.3　用含铁废矿渣制备聚合硫酸铁

（1）用硫酸矿烧渣制备聚合硫酸铁　在硫铁矿生产硫酸的过程中，产生大量的废渣即硫铁矿烧渣，一个中型的硫酸厂年排放废渣在 $1\times10^5\sim2\times10^5\text{t}$。我国硫酸厂家较多，废渣排放量惊人。由于实行综合利用，约 80% 的烧渣用于水泥助焙剂。该废渣主要成分是氧化铁和少量氧化硅等，总铁含量在 $45\%\sim56\%$，其中三价铁可达到总铁含量的 96% 左右。当烧渣被酸溶解后，可直接经水解、聚合制备 PFS。这为硫铁矿烧渣的综合利用开辟了另一途径。该方法工艺简单，产品成本低。

用硫铁矿烧渣制备 PFS 的过程，可以概括为酸溶、氧化、水解、聚合。当亚铁含量较低时，酸溶后可直接进行水解和聚合。酸溶过程是生产 PFS 的关键所在，它决定了铁的溶出率、反应时间和产品中游离酸的含量。这些都与 PFS 的产业化有关。尽管有关用硫铁矿烧渣研制 PFS 的报道较多，但真正的工业化生产却甚少。

在生产 PFS 的过程中，提高铁的溶出率是关键步骤之一。研究表明溶出率与硫酸浓度，反应温度和固液比有关。在适宜的实验条件下，烧渣中铁溶出率可达 92% 以上，亚铁占总铁量的 3.5% 以下，溶出液无须氧化即可直接水解、聚合制得产品。这不仅避免了氮氧化物的污染，而且进一步降低了生产成本。中试表明，用硫酸矿烧渣生产聚合铁絮凝剂的成本比催化氧化法低 30%～40%，浓度可达 200g/L 以上，这大大提高了产品的竞争力。将产品用于造纸中段废水、油田注水、炼油、污染、再生纸造纸、选矿和糖精钠等废水处理时，表现出良好的絮凝效果。尤其在处理高浓度、高悬浮的黄板纸、瓦楞纸废水和含油废水时，聚合铁的絮凝性能远优于 PAC 和硫酸铝等铝盐絮凝剂。

为进一步提高聚合铁的絮凝性能并降低成本，在上述制备 PFS 的工艺基础上，采用在酸溶和水解聚合过程中分别加入助溶剂和助聚改性剂，不仅可以显著地加快了反应速度，而且所制得的复合改性聚铁的絮凝除浊性能也明显得到提高。

（2）用其他含铁矿渣制备聚合硫酸铁　除硫铁矿烧渣外，菱铁矿、铁泥、平（转）炉尘、天然铁沙等含铁矿（废）渣也能用于制备 PFS。平炉尘被碱溶除杂后，铁氧化物的含量大于 99.5%，经酸溶、水解和聚合可制得优级 PFS，其中不含有有害离子，适用于饮用水原水的处理。另外，天然铁沙作为大别山区的一种矿产资源，储量极为丰富。其全铁含量为 59.6%，三价铁的含量为 44.1%，经酸浸、氧化和水解聚合，可制得高浓度的 PFS。天然铁沙的储量大，含量高，将其作为 PFS 的原料，有很好的发展前景。

总之，以含铁废渣作原料制备 PFS 是一种变废为宝的好方法，该法成本低，工艺简单，经济和社会效益明显。

6.2.8　聚合硫酸铁的质量标准和检测方法

聚合硫酸铁的质量标准和检测方法按国标 GB/T 14591—2016 执行。检测中所用试剂除注明者外均为分析纯试剂。

6.2.8.1　聚合硫酸铁的质量标准

聚合硫酸铁的质量标准见表 6.18。

表 6.18　聚合硫酸铁的质量标准

项　　目		指　　标	
		液　　体	固　　体
密度/(g/cm³)(20℃)	≥	1.45	
全铁含量/%	≥	11.0	18.5
还原性物质(以 Fe^{2+} 计)含量/%	≤	0.10	0.15
盐基度/%		9.0～14.0	9.0～14.0
pH 值(1% 的水溶液)		2.0～3.0	2.0～3.0
砷(As)含量/%	≤	0.0005	0.0008
铅(Pb)含量/%	≤	0.0010	0.0015
不溶物含量/%	≤	0.3	0.5

6.2.8.2 聚合硫酸铁的检测方法

（1）密度的测定

① 方法提要。由密度计在被测液体中达到平衡状态时所浸没的深度读出该液体的密度。

② 仪器、设备

a. 密度计：刻度值为 $0.001g/cm^3$。

b. 恒温水浴：可控制温度（20 ± 1）℃。

c. 温度计：分度值为 1℃。

d. 量筒：$250\sim500mL$。

③ 测定步骤。将聚合硫酸铁试样（液体）注入清洁、干燥的量筒内，不得有气泡。将量筒置于（20 ± 1）℃的恒温水浴中，待温度恒定后，将密度计缓缓地放入试样中，待密度计在试样中稳定后，读出密度计弯月下缘的刻度（标有读弯月面上缘刻度的密度计除外），即为 20℃试样的密度。

（2）全铁含量的测定

① 重铬酸钾法

a. 方法提要。在酸性溶液中，用氯化亚锡将三价铁还原为二价铁，过量的氯化亚锡用氯化汞予以除去，然后用重铬酸钾标准溶液滴定。反应方程式为：

$$2Fe^{3+} + Sn^{2+} = 2Fe^{2+} + Sn^{4+} \tag{6.115}$$

$$SnCl_2 + 2HgCl_2 = SnCl_4 + Hg_2Cl_2 \tag{6.116}$$

$$6Fe^{2+} + Cr_2O_7^{2-} + 14H^+ = 6Fe^{3+} + 2Cr^{3+} + 7H_2O \tag{6.117}$$

b. 试剂和材料

ⅰ. 氯化亚锡溶液：250g/L。称取 25.0g 氯化亚锡置于干燥的烧杯中，溶于 20mL 盐酸，冷却后稀释到 100mL，保存于棕滴瓶中，加入高纯锡粒数颗。

ⅱ. 盐酸：1∶1 溶液。

ⅲ. 氯化汞：饱和溶液。

ⅳ. 硫-磷混酸：将 150mL 硫酸注入 500mL 水中，再加 150mL 磷酸，然后稀释到 1000mL。

ⅴ. 重铬酸钾标准滴定溶液：$c\left(\dfrac{1}{6}K_2Cr_2O_7\right) = 0.1mol/L$。

ⅵ. 二苯胺磺酸钠溶液：5g/L。

c. 分析步骤。称取液体产品约 1.5g 试样，或称取固体产品约 0.9g 试样，精确至 0.001g，置于锥形瓶中，加水 20mL，加盐酸溶液 20mL，加热至沸，趁热滴加氯化锡溶液至溶液黄色消失，再过量 1 滴，快速冷却，加氯化汞溶液 5mL，摇匀后静置 1min，然后加水 50mL，再加入硫-磷混酸 10mL，二苯胺磺酸钠指示液 4～5 滴，用重铬酸钾标准滴定溶液滴至紫色（30s 不褪）即为终点。

d. 分析结果的表述。以质量分数表示的全铁含量 X_1 按式(6.118)计算：

$$X_1 = \frac{Vc \times 0.05585}{m} \times 100 \tag{6.118}$$

式中，V 为试样所消耗的重铬酸钾标准滴定溶液的体积，mL；c 为重铬酸钾标准滴定溶液的浓度，mol/L；m 为试料的质量，g；0.05585 为与 1.00mL 重铬酸钾标准滴定溶液 $\left[c\left(\dfrac{1}{6}K_2Cr_2O_7\right)=1mol/L\right]$ 相当的、以克表示的铁的质量。

② 三氯化钛法

a. 方法提要。在酸性溶液中，滴加三氯化钛溶液将三价铁离子还原为二价，过量的三氯化钛进一步将钨酸钠指示液还原成"钨蓝"，使溶液呈蓝色。在有铜盐的催化下，借助水中的溶解氧，氧化过量的三氯化钛，待溶液的蓝色消失后，即以二苯胺磺酸钠为指示液，用重铬酸钾标准滴定溶液滴定。

反应方程式为：

$$Fe^{3+} + Ti^{3+} = Fe^{2+} + Ti^{4+} \tag{6.119}$$

$$6Fe^{2+} + Cr_2O_7^{2-} + 14H^+ = 6Fe^{3+} + 2Cr^{3+} + 7H_2O \tag{6.120}$$

b. 试剂和材料

ⅰ. 盐酸溶液：1∶1。

ⅱ. 硫酸溶液：1∶1。

ⅲ. 磷酸溶液：15∶85。

ⅳ. 硫酸铜溶液：5g/L。

ⅴ. 三氯化钛溶液：量取 25mL 15％的三氯化钛溶液，加入 20mL 盐酸，用水稀释至 100mL，混匀，贮于棕色瓶中，溶液上面加一薄层液体石蜡保护，可用 15d 左右。

ⅵ. 钨酸钠溶液：25g/L。称取 2.5g 钨酸钠，溶解于 70mL 水中，加入 7mL 磷酸，冷却后用水稀释至 100mL，混匀贮于棕色瓶中。

ⅶ. 重铬酸钾标准滴定溶液：$c\left(\dfrac{1}{6}K_2Cr_2O_7\right)=0.015mol/L$。

ⅷ. 二苯胺磺酸钠：5g/L。

c. 分析步骤。称取约 0.2～0.3g 试样，精确至 0.0001g，置于 250mL 锥形瓶中，加盐酸溶液 10mL、硫酸溶液 10mL 和钨酸钠指示液 1mL。在不断摇动下，逐滴加入三氯化钛溶液直至溶液刚好出现蓝色为止。用水冲洗锥形瓶内壁，并稀释至约 150mL，加入 2 滴硫酸铜溶液，充分摇动，待溶液的蓝色消失后，加入磷酸溶液 10mL 和 2 滴二苯胺磺酸钠指示液，立即用重铬酸钾标准滴定溶液滴定至紫色（30s 不褪）即为终点。

d. 分析结果的表述。以质量分数表示的全铁含量 X_2 按式(6.121) 计算：

$$X_2 = \frac{Vc \times 0.05585}{m} \times 100 \tag{6.121}$$

式中，V 为化学计量点时试样所消耗的重铬酸钾标准滴定溶液的体积，mL；c 为重铬酸钾标准滴定溶液的浓度，mol/L；m 为试料的质量，g；0.05585 为与 1.00mL 重铬酸钾标准滴定溶液 $\left[c\left(\dfrac{1}{6}K_2Cr_2O_7\right)=1mol/L\right]$ 相当的，以克表示的铁的质量。

e. 允许差。取平行测定结果的算术平均值作为测定结果，两次平行测定结果的绝对差值不大于 0.1％。

（3）还原性物质（以 Fe^{2+} 计）含量的测定

① 方法提要。在酸性溶液中用高锰酸钾标准滴定溶液滴定。反应方程式为：

$$MnO_4^- + 5Fe^{2+} + 8H^+ \Longrightarrow Mn^{2+} + 5Fe^{3+} + 4H_2O \qquad (6.122)$$

② 试剂和材料

ⅰ. 硫酸。

ⅱ. 磷酸。

ⅲ. 高锰酸钾标准滴定溶液 A：$c\left(\dfrac{1}{5}KMnO_4\right)=0.1mol/L$。

ⅳ. 高锰酸钾标准滴定溶液 B：将高锰酸钾标准滴定溶液 A 稀释 10 倍，随用随配，当天使用。

③ 仪器设备。微量滴定管：1mL。

④ 分析步骤。称取约 5g 试样，精确至 0.001g，置于 250mL 锥形瓶中，加水 50mL，加入硫酸 4mL，磷酸 4mL，摇匀。用高锰酸钾标准滴定溶液 B 滴定至微红色（30s 不褪）即为终点，同时做空白试验。

⑤ 分析结果的表述。以质量分数表示的还原性物质（以 Fe^{2+} 计）含量 X_3 按式 (6.123) 计算：

$$X_3 = \frac{(V-V_0)c \times 0.05585}{m} \times 100 \qquad (6.123)$$

式中，V 为化学计量点时试样所消耗的高锰酸钾标准滴定溶液 B 的体积，mL；V_0 为化学计量点时空白所消耗的高锰酸钾标准滴定溶液 B 的体积，mL；c 为高锰酸钾标准滴定溶液 B 的浓度，mol/L；m 为试料的质量，g；0.05585 为与 1.00mL 高锰酸钾标准滴定溶液 $\left[c\left(\dfrac{1}{5}KMnO_4\right)=1.00mol/L\right]$ 相当的，以克表示的铁的质量。

⑥ 允许差。取平行测定结果的算术平均值作为测定结果，两次平行测定结果的绝对差值不大于 0.01%。

（4）盐基度测定

① 方法提要。在试样中加入定量盐酸溶液，再加氟化钾掩蔽铁，然后以氢氧化钠标准滴定溶液滴定。

② 试剂和材料

ⅰ. 盐酸溶液：1∶3。

ⅱ. 氢氧化钠溶液：$c(NaOH)=0.1mol/L$。

ⅲ. 盐酸溶液：$c(HCl)=0.1mol/L$。

ⅳ. 氟化钾溶液：500g/L。称取 500g 氟化钾，以 200mL 不含二氧化碳的蒸馏水溶解后，稀释到 1000mL，加入 2mL 酚酞指示剂并用氢氧化钠溶液或盐酸溶液调节溶液至微红色，滤去不溶物后贮存于塑料瓶中。

ⅴ. 氢氧化钠标准滴定溶液：$c(NaOH)=0.1mol/L$。

ⅵ. 酚酞乙醇溶液：10g/L。

③ 分析步骤。称取约 1.5g 试样，精确至 0.001g，置于 250mL 锥形瓶中，用移液管准确加入 25mL 盐酸溶液，加 20mL 煮沸后冷却的蒸馏水，摇匀，盖上表面皿。在室温下放置 10min，再加入氟化钾溶液 10mL，摇匀，加 5 滴酚酞指示剂，立即用氢氧化钠标准滴定溶液滴定至淡红色（30s 不褪）为终点。同时用煮沸后冷却的蒸馏水代替试样做空白

试验。

④ 分析结果的表述。以质量分数表示的盐基度 X_5 按式（6.124）计算：

$$X_5 = \frac{\dfrac{(V_0 - V)c \times 0.0170}{17.0}}{\dfrac{mX_4}{18.62}} \times 100$$

$$= \frac{(V_0 - V)c \times 0.01862}{mX_4} \times 100 \tag{6.124}$$

式中，V_0 为化学计量点时空白试验所消耗的氢氧化钠标准滴定溶液的体积，mL；V 为化学计量点时试样所消耗的氢氧化钠标准滴定溶液的体积，mL；c 为氢氧化钠标准滴定溶液的浓度，mol/L；m 为试料的质量，g；X_4 为试样中三价铁的质量分数，$X_4 = X_1 - X_3$ 或 $X_4 = X_2 - X_3$；0.0170 为与 1.00mL 氢氧化钠标准滴定溶液 $[c(NaOH) = 1.00mol/L]$ 相当的、以克表示的羟基（—OH）的质量；18.62 为铁的摩尔质量 $M\left(\dfrac{1}{3}Fe\right)$，g/mol。

⑤ 允许差。取平行测定结果的算术平均值作为测定结果，两次平行测定结果的绝对差值不大于 0.2%。

（5）pH 值的测定

① 试剂和材料

ⅰ．pH＝4 的邻苯二甲酸氢钾缓冲溶液。

ⅱ．pH＝6.86 的磷酸二氢钾-邻苯二甲酸氢钾缓冲溶液。

② 仪器、设备

ⅰ．酸度计：精度 0.1pH。

ⅱ．玻璃电极。

ⅲ．饱和甘汞电极。

③ 测定步骤

ⅰ．试样溶液的制备：称取 1.0g 试样，置于烧杯中，用水稀释，全部转移到 100mL 容量瓶中，稀释到刻度，摇匀。

ⅱ．测定：用 pH＝4 的邻苯二甲酸氢钾缓冲溶液和 pH＝6.86 的磷酸二氢钾-邻苯二甲酸氢钾缓冲溶液定位后，将试样溶液倒入烧杯，将饱和甘汞电极和玻璃电极浸入被测溶液中，至 pH 值稳定时（1min 内 pH 值的变化不大于 0.1）读数。

（6）不溶物含量的测定

① 试剂和材料

盐酸溶液：1∶49。

② 仪器、设备

ⅰ．电热恒温干燥箱：温度可控制为 105～110℃。

ⅱ．坩埚式过滤器。

③ 分析步骤。于干燥洁净的称量瓶中称取约 20g 液体试样，或 10g 固体试样，精确至 0.001g，移入 250mL 烧杯中。对液体试样，用水分次洗涤称量瓶，洗液并入盛试样的

烧杯中,加水至约 100mL,搅拌均匀;对固体试样,用盐酸溶液分次洗涤称量瓶,洗液并入盛试样的烧杯中,加入盐酸溶液至总体积约 100mL,搅拌溶解,在 (50 ± 5)℃水浴中保温 15min。用已于105~110℃干燥至恒重的坩埚式过滤器抽滤,用水洗涤残渣至滤液中不含氯离子(用硝酸银溶液检查)。把坩埚放入电热恒温干燥箱内,于 105~110℃下烘至恒重。

④ 分析结果的表述。以质量分数表示的不溶物含量 X_6 按式(6.125)计算:

$$X_6 = \frac{m_1 - m_2}{m} \times 100 \tag{6.125}$$

式中,m_1 为坩埚式过滤器连同残渣的质量,g;m_2 为坩埚式过滤器的质量,g;m 为试料的质量,g。

(7) 砷含量的测定

① 方法提要。本法为二乙基二硫代氨基甲酸银光度法。样品中砷化物在碘化钾和酸性氯化亚锡作用下,被还原成三价砷。三价砷与锌和酸作用产生的新生态氢生成砷化氢气体。通过乙酸铅浸泡的棉花去除硫化氢的干扰,然后与二乙基二硫代氨基甲酸银作用成棕红色的胶体溶液,于 530nm 下测其吸光度。

② 试剂和材料

a. 硫酸溶液:1:9。

b. 硫酸溶液:1:1。

c. 氢氧化钠溶液:100g/L。

d. 氯化亚锡盐酸溶液:400g/L。称取 4g 氯化亚锡 $(SnCl_2 \cdot 2H_2O)$ 加盐酸 10mL 溶解,用水稀释至 100mL,加入数粒金属锡粒,贮于棕色试剂瓶中。

e. 无砷锌粒。

f. 乙酸铅溶液:100g/L。溶解 10g 乙酸铅 $[Pb(CH_3COO)_2 \cdot 3H_2O]$ 于 100mL 水中,并加入几滴 $c(CH_3COOH) = 6mol/L$ 的乙酸溶液。

g. 乙酸铅棉花:取脱脂棉花,用乙酸铅溶液浸泡 2h 后,使其自然干燥或于 100℃烘箱中烘干后,保存于密闭的瓶中。

h. 二乙基二硫代氨基甲酸银-三乙醇胺三氯甲烷溶液(下称吸收液):称取二乙基二硫代氨基甲酸银,用少量三氯甲烷溶解,加入 2mL 三乙醇胺,用三氯甲烷稀释至 100mL,静置过夜,过滤,贮于棕色瓶中,置冰箱中于 4℃保存。

i. 砷标准贮备液:准确称取 0.1320g 于硫酸干燥器中干燥至恒重的三氧化二砷,温热溶于 1.2mL 浓度为 100g/L 的氢氧化钠溶液中,移入 1000mL 容量瓶中,稀释至刻度。此贮备液每 1mL 含有 0.1g 砷。

j. 砷标准溶液:吸取 10mL 砷标准贮备液于 100mL 容量瓶中,加入 1mL 浓度为 1:9 的硫酸溶液,加水稀释至刻度,混匀。临用时吸取此溶液 10mL 放于 100mL 容量瓶中加水稀释至刻度,此溶液每 1mL 含有 0.001g 砷。

③ 仪器、设备

a. 定砷器。

b. 分光光度计。

④ 分析步骤

a. 准确称取液体试样 1.000g 或固体试样 0.600g，精确至 0.0002g，放入定砷器的锥形瓶中，在另一定砷器的锥形瓶中，准确放入 5.00mL 砷标准溶液，分别加入 3mL 浓度为 1：1 的硫酸溶液，加水稀释至 100mL 后，加碘化钾溶液（150g/L）2mL，静置 2～3min，加氯化亚锡溶液 1.0mL，混匀，放置 15min。

b. 于带刻度的吸收管中分别加入 5.0mL 吸收液，插入塞有乙酸铅棉花的导气管，迅速向发生瓶中倾入预先称好的 5g 无砷锌粒，立即塞紧瓶塞，勿使漏气。室温下反应 1h，最后用三氯甲烷将吸收液体积补充至 5.0mL，在 1h 内于 530nm 波长下，用 1.0cm 吸收池分别测样品及标准溶液的吸光度。样品吸光度低于标准溶液吸光度为符合标准。同时，用试剂空白调零。

（8）铅含量的测定

① 双硫腙光度法

a. 方法提要。试样用氨水调节 pH 为 8.5～9.0，加入氰化钾掩蔽剂，用双硫腙三氯甲烷萃取和硝酸反萃取的方法去除干扰离子，最终与双硫腙生成砖红色配合物，然后测其吸光度。

b. 试剂和材料。配制试剂和稀释水等，均需用无铅蒸馏水。

ⅰ. 无铅蒸馏水：将水通过阳离子交换树脂以除去水中铅。

ⅱ. 铅标准贮备液：称取 0.1598g 经 110℃ 烘烤过的硝酸铅 [$Pb(NO)_2$] 溶于含有 1mL 浓硝酸的水中，并用该水稀释至 1000mL，此溶液 1.00mL 含 0.100mg 铅。

ⅲ. 铅标准溶液：吸取 10.00mL 铅标准贮备液，用含有 1mL 浓硝酸的水稀释至 500mL，此溶液 1mL 含 0.002mg 铅。现用现配。

ⅳ. 苯酚红指示液：1.0g/L 乙醇溶液，称取 0.1g 苯酚红，溶于 100mL 95% 的乙醇中。

ⅴ. 双硫腙三氯甲烷贮备液：0.1% 溶液。称取 0.05g 双硫腙，精确至 0.01g，溶于 50mL 三氯甲烷中，每次用 20mL 氨水（1：9）提取双硫腙数次，此时双硫腙进入水相，合并提取液于分液漏斗中，每次用 10mL 三氯甲烷洗涤提取液两次后，加入 100mL 三氯甲烷，用硫酸（1：9）溶液将其调至微酸性后进行萃取，此双硫腙重新溶入三氯甲烷中，静置分层，取出三氯甲烷层，置于棕色瓶保存于冰箱中。

ⅵ. 吸光度为 0.15 的双硫腙三氯甲烷溶液：取适量双硫腙三氯甲烷贮备液，用三氯甲烷稀释至吸光度为 0.15（波长 510nm，1cm 比色皿），现用现配。

ⅶ. 柠檬酸铵溶液：50% 溶液。称取 50.0g 柠檬酸铵 [$(NH_4)_3C_6O_7$]，加水使之溶解，并稀释至 100mL，加入 5 滴酚红指示液，摇匀。再滴加浓氨水至玫瑰红色，将溶液移入分液漏斗中，每次用 5mL 双硫腙三氯甲烷溶液萃取，至有机相呈绿色为止，弃取有机相，每次用 10mL 三氯甲烷萃取，除去水中残留的双硫腙，直至三氯甲烷无色为止，弃取有机相，将水相经脱脂棉滤入试剂瓶中。

ⅷ. 盐酸羟胺溶液：200g/L。称取 20g 盐酸羟胺（$NH_2OH·HCl$）溶于无铅蒸馏水并稀释至 100mL，加入 5 滴酚红指示液，摇匀。再滴加浓氨水至玫瑰红色，将溶液移入分液漏斗中，每次用 5mL 双硫腙三氯甲烷溶液萃取，至有机相呈绿色为止，弃取有机相，每次用 10mL 三氯甲烷萃取，除去水中残留的双硫腙，直至三氯甲烷无色为止，弃取有机相，将水相经脱脂棉滤入试剂瓶中。

ⅸ．氰化钾溶液：100g/L．称取 10g 氰化钾（KCN）溶于无铅蒸馏水中，并稀释至 100mL。注意：氰化钾为剧毒品。

ⅹ．氨水溶液：1∶1。

ⅺ．硝酸溶液：3∶97。

ⅻ．硝酸溶液：1∶9。

ⅹⅲ．三氯甲烷。

ⅹⅳ．硝酸。

c．仪器、设备。所用玻璃仪器均需用硝酸溶液（1∶9）浸泡过夜，再用水洗涤。

ⅰ．分液漏斗：125mL。

ⅱ．刻度比色管：10mL，具塞。

ⅲ．分光光度计。

d．分析步骤

ⅰ．称取液体试样 1.0g 或固体试样 0.6g，精确至 0.001g，放入 200mL 烧杯中，加水 50mL，硝酸 1.0mL 于电炉上煮沸 3min，冷却后，放入 100mL 容量瓶中，加无铅蒸馏水，稀释至刻度。

ⅱ．准确吸取上述溶液 50.0mL 于第一只分液漏斗中，加入浓度为 50％柠檬铵溶液 10.0mL，盐酸羟胺溶液 10.0mL，苯酚红指示液 3 滴，摇匀，用氨水溶液调至 pH＝ 8.5～9.0，加入氰化钾溶液 4.0mL，摇匀，加双硫腙三氯甲烷溶液 10.0mL，振摇 1min，静置分层；将三氯甲烷层放入第二只分液漏斗中，再向第一只分液漏斗中加入 10.0mL 双硫腙三氯甲烷溶液，振摇 1min，静置分层，三氯甲烷层再并入第二只分液漏斗中，在第二只分液漏斗中加入 30.0mL 硝酸溶液（3∶97）振摇 1min，静置分层，弃去三氯甲烷层，加无铅蒸馏水 20mL，摇匀，加柠檬酸铵溶液 10mL，盐酸羟胺溶液 10mL，苯酚红批示液 1 滴，摇匀，加氨水溶液 2.0mL，加氰化钾溶液 1.0mL，摇匀；加双硫腙三氯甲烷溶液 10.0mL，振摇 1min，静置分层，在分液漏斗颈内塞入少量脱脂棉，将三氯甲烷层放入干燥的比色管中，用吸光度 0.15 的双硫腙三氯甲烷溶液稀释至刻度。

ⅲ．另取分液漏斗 1 只，加入铅标准溶液 2.5mL，加入柠檬酸铵溶液 10.0mL，盐酸羟胺溶液 2.0mL，苯酚红指示液 1 滴，摇匀，用氨水溶液调至 pH＝8.5～9.0，加氰化钾溶液 4.0mL，摇匀。加双硫腙三氯甲烷溶液 10.0mL，振摇 1min，静置分层；在分液漏斗颈内塞入少量脱脂棉，将三氯甲烷层放入干燥的比色管中，用吸光度 0.15 的三氯甲烷溶液稀释至刻度。

ⅳ．在 510nm 波长下，用 1.0cm 吸收池，以双硫腙三氯甲烷溶液调零点，测定试样和标准样的吸光度。试样吸光度低于标准样吸光度为符合标准。将试验含氰废液收集于 500mL 烧杯中，加入漂白精，边加边搅拌，直至不再有气泡发生为止，所用药剂为工业级，如此处理后排放。

② 原子吸收光谱法（仲裁法）

a．方法提要。向试样中加入硝酸和过氧化氢，使试样中的铅溶解，然后用原子吸收光谱法测定铅含量。

b．试剂和材料

ⅰ．硝酸溶液：优级纯，1∶1。

ⅱ．硝酸溶液：优级纯，1∶199。

ⅲ．过氧化氢：优级纯。

ⅳ．铅标准溶液：1mL 溶液含有 0.1mg Pb，按 GB/T 602—2002 配制。

ⅴ．铅标准溶液：1mL 溶液含有 0.0010mg Pb，用移液管移取 5mL 铅标准溶液，置于 500mL 容量瓶中，加入硝酸溶液（1∶99）至刻度，摇匀。此溶液现用现配。

c. 仪器、设备。所用玻璃仪器需经硝酸溶液（1∶1）清洗，再用无铅蒸馏水清洗。

ⅰ．氩气钢瓶。

ⅱ．原子吸收光谱仪：带有石墨炉控制装置，铅空心阴极灯，氘灯或塞曼背景扣除装置，200μL 微量定量取样器。原子化参数以表 6.19 为参考。

表 6.19　原子化参数

项　　目	干　　燥	灰　　化	原 子 化	清　　除
温度/℃	200	600	2300	2500
斜坡升温/s	20	10	1	1
保持/s	10	20	5	2
氩气流量/(mL/min)	300	300	50	300

d. 分析步骤

ⅰ．工作曲线的绘制：用移液管分别移取 0.0mL、1.0mL、3.0mL、5.0mL、7.0mL、9.0mL 铅标准溶液（1mL 溶液含有 0.0010mgPb），置于 6 个 100mL 容量瓶中，加硝酸溶液（1∶199）至刻度，摇匀。

按仪器说明书，把原子吸收光谱仪的各种条件调至最佳状态。用试剂空白调零后，分别测定每个标准溶液的吸光度，以铅含量为横坐标，对应的吸光度为纵坐标绘制工作曲线。

ⅱ．测定：称取约 3g 试样，精确至 0.01g，转移至 1000mL 容量瓶中，加水稀至刻度，摇匀。用移液管准确移取 50.0mL 上述溶液，置于 250mL 烧杯中，加水至 100mL，小心加入过氧化氢和 2.0mL 硝酸溶液（1∶1），加热蒸发至溶液体积约为 40mL，冷却至室温，将溶液完全转移至 100mL 容量瓶中，加水至刻度，摇匀。用与测定标准溶液相同的工作条件测其吸光度，同时做试剂空白试验。

e. 分析结果的表述。以质量分数表示的铅含量 X_7 按式（6.126）计算：

$$X_7 = \frac{2(m_1 - m_0)}{m \times 1000} \times 100 \tag{6.126}$$

式中，m_1 为根据测定的试料溶液的吸光度，从工作曲线上查得的铅质量，mg；m_0 为根据测定的试剂空白溶液的吸光度，从工作曲线上查出的铅质量，mg；m 为试料的质量，g。

f. 允许差。取平行测定结果的算术平均值作为测定结果，两次平行测定结果的绝对值不大于 0.0003%。

6.2.9　聚合氯化铁

鉴于聚合氯化铝的流行，聚合氯化铁也被认为应该有良好的发展和应用前景。但实际上它受到沉淀问题的困扰，尚不如聚合硫酸铁更早地进入生产应用。

聚合氯化铁的实验室制备是在三氯化铁溶液中加入氢氧化钠完成。碱化度宜控制在0.6以下，超过0.6后除浊效果随碱化度升高而下降。三氯化铁溶液经加工制成聚合氯化铁后，除浊性能并无明显优提升，但其他性能得到了进一步改善。例如：

① 酸性减弱，腐蚀性降低；

② 低温适应性更强；

③ 残余色度减轻；

④ 投加过量时絮体电荷反号，絮凝效果恶化，水质返浑的倾向减弱。但存在的最大问题是液体产品的稳定性较差，容易产生沉淀，碱化度越高，越严重。商业产品由于市场运作的需要，应该至少保持2～3个月的稳定性，因此稳定化应是聚合氯化铁进一步发展的需要。

为比较聚合氯化与其他絮凝剂的絮凝效能，汤鸿霄等进行了系列的絮凝实验。聚合铁（PFC）是加碱预制 $B=0.6$ 的溶液，浓度为 0.3mol/L，直接投加，同时有 $FeCl_3$ 溶液浓度 0.3mol/L 和 0.01mol/L 直接投加。其他絮凝剂则有日本产聚合铝（PAC）、$AlCl_3$ 和 $Al_2(SO_4)_3$，都以 0.3mol/L 直接投加。高岭土悬浊液为 100mg/L，按操作程序进行混凝搅拌实验，并在快速搅拌 1min 后测定电泳度，慢速搅拌 3min 沉淀 10min 后测定剩余浊度。在 pH 值为 6 的条件下，得到的混凝实验结果如图 6.60 所示。

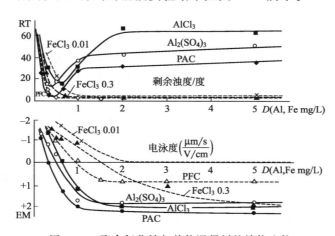

图 6.60　聚合氯化铁与其他混凝剂的效能比较

由图可见，碱化度 0.6 的聚合氯化铁和 0.3mol/L 的 $FeCl_3$ 都使絮体电荷变号，并有良好絮凝效果。浓度 0.01mol/L 的 $FeCl_3$ 不能使絮体电荷变号，在较大剂量下才促成絮凝效果。聚合铝（PAC）、硫酸铝、三氯化铝都具有比铁盐更强的使絮体电荷变号的表现，并且在加大剂量时都呈现絮凝效果恶化。其中聚合铝有最强的电荷和最佳的絮凝效果，硫酸铝和三氯化铝则絮凝效果相对较差。如果把铁与铝两种絮凝剂加以比较，在 pH 值为 6 的悬浊液条件下，铁絮凝剂的电中和能力均比铝絮凝剂的低，但均未出现絮凝效果恶化的情况，絮凝效果则以聚合的铝、铁制品最好，0.3mol/L $FeCl_3$ 溶液直接投加次之。硫酸铝和三氯化铝的强电荷及絮凝效果恶化表现，可能是由于以 0.3mol/L 的浓度直接投加的结果，可见浓液直接投加对铝盐也有影响，这方面还缺少针对性的研究。根据实验，在水的 pH 值为 6 时碱化度 0.6 的聚合氯化铁比 0.3mol/L 的 $FeCl_3$ 具有较高的除浊效能，在水的 pH 值不为 6（如 4 和 7）时，碱化度 0.6 的聚合氯化铁和 0.3mol/L 的 $FeCl_3$ 具有相似的除浊效能。

经过大量研究，发现磷酸根具有使聚合氯化铁稳定化的作用，原理是磷酸根可以与羟基竞争铁化合态的一部分结合位，生成复杂络合物或聚合物，从而延缓 Fe(Ⅲ) 的水解-聚合-沉淀的过程，提高聚合氯化铁稳定性。研究表明，加入磷酸根使磷铁比值 P/Fe 在 $0.04 \sim 0.15$ 范围就可以使 3.0mol/L 的聚合氯化铁稳定一年以上，不发生沉淀。$FeCl_3$ 在聚合和稳定化后，混凝除浊效果也能得到明显提高。

6.2.10　聚硅酸及聚硅酸盐复合絮凝剂

聚硅酸（即活化硅酸）是一种传统的助凝剂，具有悠久的现场应用历史。聚硅酸盐是一类新型无机高分子絮凝剂，是在聚硅酸及传统的铝盐、铁盐等絮凝剂的基础上发展起来的聚硅酸与金属盐的复合产物。由于该类絮凝剂同时具有电中和及吸附架桥作用，絮凝效果好，且易于制备，价格便宜，引起了水处理界的极大关注，聚硅酸盐类絮凝剂的研制与发展大致经历了以下两个阶段：一是聚硅酸；二是在聚硅酸中引入金属离子（Al 或 Fe）。

6.2.10.1　聚硅酸

聚硅酸一般用作助凝剂，即与其他絮凝剂复配使用。它是由水玻璃经活化过程制成，实质上属于一种阴离子型无机高分子絮凝剂。

水玻璃的组成可表示为 $Na_2O \cdot 3SiO_2 \cdot xH_2O$，有效成分即硅酸钠。向一定浓度的水玻璃溶液中加入各种强酸、强酸弱碱盐等中和其碱度，就可以分解出游离的硅酸单体。投加的这种活化剂有硫酸、硫酸铵、碳酸氢钠、二氧化碳、氯气、硫酸铝等。反应方程式可以举例如下：

$$\underset{\substack{|\\ \text{OH}}}{\overset{\substack{\text{OH}\\|}}{\text{NaO—Si—ONa}}} + H_2SO_4 \Longrightarrow \underset{\substack{|\\ \text{OH}}}{\overset{\substack{\text{OH}\\|}}{\text{HO—Si—OH}}} + Na_2SO_4 \tag{6.127}$$

硅酸单体在溶液中产生缩聚过程，产生聚硅酸，也是氧基桥联的结果。例如：

$$\underset{\substack{|\\ \text{OH}}}{\overset{\substack{\text{OH}\\|}}{\text{HO—Si—OH}}} + \underset{\substack{|\\ \text{OH}}}{\overset{\substack{\text{OH}\\|}}{\text{HO—Si—OH}}} \xrightarrow{\text{聚合}} \underset{\substack{|\\ \text{OH}}}{\overset{\substack{\text{OH}\\|}}{\text{HO—Si—O—Si—OH}}} + H_2O \tag{6.128}$$

无定形硅的溶解度在 pH＞9 时随 pH 值的增大则显著增大，在 pH＜9 时与 pH 值无关，溶解度约为 2×10^{-3} mol/L。在制备活化硅酸时，水玻璃溶液的 pH 值约为 12，其浓度超过 2×10^{-3} mol/L，加活化剂中和使其 pH 值降到 9 以下，溶液中即可游离出硅酸单体。

聚硅酸分子中的硅醇基电离后就形成了无机高分子的阴离子。根据电子显微镜观察，聚硅酸是四面体状的高分子聚合物，可以发展成为线状、分支链状或球状颗粒等形状。生成物的形态和特性决定于硅酸的初浓度、反应 pH 值、反应进行时间等条件。在活化以后，溶液尚需进行熟化，实际上这就是反应聚合过程。这时溶液对不定形硅而言是过饱和的，因此，聚合硅酸产物也同铝和铁的水解聚合产物一样，是趋向于沉淀的动力学中间产物，反应进行时间过长便会成为凝胶。为了延缓或中断聚合反应，在熟化适当时间后就把溶液稀释，并在一定时间内投加使用。由于聚硅酸的聚合反应十分强烈，不能长期贮存而必须在现场制备，这是这种絮凝剂的主要缺点。

聚硅酸是阴离子型聚合物，对水中负电胶体仅能起到架桥絮凝作用，而不能起凝聚作用。聚硅酸在用量不大时就能大大强化絮凝过程，减少絮凝剂用量，改善低温、低碱度下的效果，因此常作为助凝剂配合铝盐和铁盐作用。此外它还具有原料便宜、不缺乏，对人体健康完全无害的优点。

（1）活化条件的控制　活化条件强烈影响活化硅酸制品的性能。一般考虑以下诸点。

① 中和程度。水玻璃碱度的中和程度和溶液的最终 pH 值是评价用酸性药剂活化的主要指标。采用无机酸时，最佳中和程度为 $80\% \sim 85\%$，采用 $Al_2(SO_4)_3$ 时，最佳中和程度为 $70\% \sim 75\%$，有人建议保持 $SiO_2 : Al_2O_3$ 的比值等于 $6:1$，并证明这时所形成的铝硅酸盐具有最好的絮凝性质。中和程度与水玻璃溶液的 pH 值有关，在以不同药剂中和 2%（以 SiO_2 计）的水玻璃时，中和程度与 pH 值的关系如图 6.61 所示。

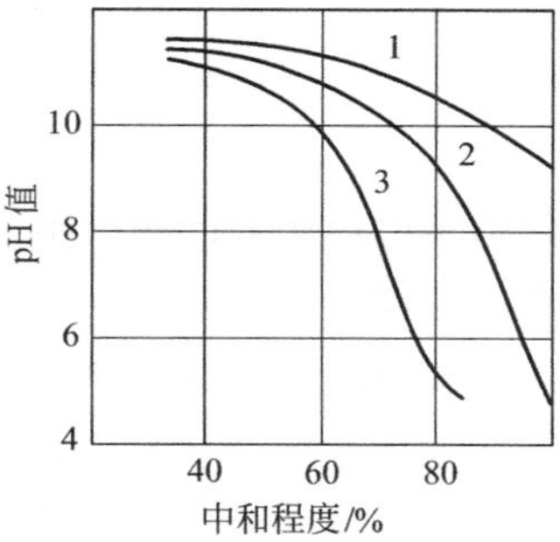

② 水玻璃原液浓度。水玻璃原液浓度（按 SiO_2 计）一般在 $0.5\% \sim 3.5\%$ 之间，常采用 $1.5\% \sim 2\%$ 的原液与活化剂搅拌完成后，保持 $0.5 \sim 2h$ 的熟化而制得成品，此熟化时间相当于完全凝结和形成凝胶时间的 $20\% \sim 80\%$。如果 SiO_2 的浓度提高，聚合作用会加快。若改变硅酸钠溶液被中和的程度或选择相应的活化剂，则可调节聚合过程。若选用氯作活化剂时，活化时间可缩短至 $20 \sim 40min$。

图 6.61　用不同药剂中和 2%
（以 SiO_2 计）水玻璃的程度
与介质 pH 值的关系
1—$NaHCO_3$ 或 CO_2；2—Cl_2 或 HCl
或 H_2SO_4；3—$Al_2(SO_4)_3$

③ 其他。在 pH 值 $5 \sim 8$ 时，溶胶聚合速度最大。随着温度从 $0^\circ\!C$ 提高到 $50^\circ\!C$，凝结大约加快 4 倍。搅拌方式也具有重要的影响。制备溶液所用水中含有的离子，特别是 Ca^{2+}、Mg^{2+} 和 Fe^{3+} 会使凝结速度加快，然而当采用硬水时，聚硅酸的絮凝性质会恶化，这大概与生成难溶的硅酸盐有关。

为了降低投药设备费，也为了恰在活化硅酸处在活性最高时使用，活化硅酸的制备已由间歇方式（分批）改为连续方式，还有人建议直接在管道中进行活化，然后紧接着送往处理构筑物使用。

（2）使用活化硅酸的经验和效果　在对天然水和某些类型的污水进行处理时，在个别情况下，可以把聚硅酸单独用作絮凝剂。为了强化絮凝效果，可用聚硅酸与其他絮凝剂配合使用。聚硅酸和水解絮凝剂配合使用有下列优点：

① 增加絮体的密度，从而加速其沉淀；

② 使悬浮澄清池的工作更为稳定，缩短悬浮泥渣层的形成时间；

③ 处理低色度浑浊水时，可降低絮凝剂需要量达 $10\% \sim 40\%$；

④ 当水中原有碱度过低时，投加聚硅酸可免去投加碱性药剂；

⑤ 能改善絮体的黏附性质，并提高其强度；

⑥ 当被处理水的温度较低时，采用聚硅酸特别有效，因而适合于高寒地区的水处理；

⑦ 最佳 pH 值范围较宽广；

⑧ 处理后的水几乎不含剩余硅。

聚硅酸属于阴离子型聚合物，对水中带负电的胶体颗粒不具有电中和作用，其絮凝性能仅表现为对胶体的吸附架桥作用。在处理因含有腐殖质而具有较高色度的水时，聚硅酸与水解絮凝剂配合使用，不仅不能促进水的脱色，相反会损坏水解产物的作用，给去除腐殖质造成困难，此时聚硅酸仅能起到加速絮体沉淀和降低水的剩余浊度的作用。但是如果在活化时采用氯或氧作为活化剂，则可获得较好的效果，这是因为剩余氯量可改善脱色作用。在处理有色水时，聚硅酸应在一种絮凝剂投加后 10s～3min 后加入，处理低温水时应在更长的时间后加入，如果在投加絮凝剂之前就加入聚硅酸，处理效果较低，这可能由于硅酸覆盖了絮凝剂水解产物，因而降低了色度物质在其上的吸附。或者说硅酸颗粒可以结合阳离子铝，结果影响了分散污染物的脱稳。投加聚硅酸最有利的时机是在色度物质与絮凝剂水解产物之间达吸附平衡之后。在使用以接触絮凝原理工作的过滤构筑物时，应当在水与絮凝剂混合之后，即在水流向滤料的入口处或在滤层中投加聚硅酸。

聚硅酸的聚合反应要比 Al(Ⅲ) 等强烈得多，不能制备出像聚合铝那样浓度的溶液且较长期贮存而保持稳定。实验表明，聚硅酸的保存期只有 4～12h，至今仍必须在现场制备，用多少则制多少。制备聚硅酸时，要求操作技术熟练，偶有失误，易于胶凝而失败，因此，预制贮存或现场机械化连续生产是这方面一直在探索的问题。有实验资料表明，以 SiO_2 含量为 2% 的水玻璃为溶液，当用 1∶1 的硫酸把 pH 值从 11.6 调到 1.0 以下时，制成的聚硅酸可以储存 1 个月以上而不胶凝。根据电泳研究，聚硅酸在 pH＝2 时达等电点，在 pH＜2 时带正电荷。因此在 pH＝1 以下制备的聚合物带正电，可以在投加前与硫酸铝预先混合。这种混合液储存 1 个月以上并无胶凝变质的迹象。混合比即 $Al_2(SO_4)_3 \cdot 18H_2O∶SiO_2$ 为 10∶4 时，絮凝效果最好。

6.2.10.2 聚硅酸金属盐复合絮凝剂

最初研究聚硅酸金属盐絮凝剂的目的：一是为了增强聚硅酸的稳定性，延长其使用寿命，同时赋予其一定的电中和能力；二是为增强聚合硫酸铝的稳定性。目前研发出的聚硅酸金属盐复合絮凝剂有聚合硅酸硫酸铝（PASS）、聚合硅酸氯化铝（PASC）、聚合硅酸硫酸铁（PFSS）及聚合硅酸氯化铝铁（PAFSC）等。聚硅酸金属盐复合絮凝剂中所谓复合的概念应理解为包括了混合和反应两种情况。事实上长期以来在聚硅酸（活化硅酸）的制备及复配使用中早已出现了聚硅酸金属盐复合型无机高分子絮凝剂，只是近年来的研究使这一概念更加明确，更为系统化，从而促使人们将其作为一类絮凝剂进行了专门、深入、广泛的研究。

这类絮凝剂是把铝盐或铁盐引入到聚硅酸中而制成，在做法上可以预先羟基化聚合后再混合，也可以先混合再聚合。实际上它们是 Si(Ⅳ) 与 Al(Ⅲ) 或 Fe(Ⅲ) 的羟基（或氧基）聚合物。其中硅是阴离子型，荷负电；铝或铁是阳离子型，荷正电。它们在水溶液中单独存在时的分子量约为数百到数千，相互结合后，成为具有分形结构的聚集体，平均分子量高达 200 万，比 PAC 的分子量高出 2 个数量级。这类絮凝剂可以把聚硅酸和聚铝或聚铁的优点结合起来，充分发挥二者的长处，它们的絮凝脱稳性能远超过单独的聚硅酸或聚金属离子。同聚硅酸相比，不但提高了稳定性，且增加了电中和能力，同聚金属离子相比，则增强了黏结架桥效能。高宝玉等应用核磁共振技术及透射电镜手段研究了铝离子与聚硅酸之间的相互作用情况，表明聚硅酸对 Al^{3+} 具有一定的螯合（络合）和吸附作用，作用量随 Al^{3+} 量的增加而增加，但不存在定量关系。电镜摄像观察证明了聚硅离子与聚铝离子之间存在着一种非离子性键合作用。X 射线衍射分析证明 Al^{3+} 和 SO_4^{2-} 均已参加了聚合反应，与聚硅酸生成了无定型高聚物。

聚硅酸铝（铁）絮凝剂的电荷量高低是影响絮凝效果的重要因素。在相同 pH 值情况下，聚硅酸铝（铁）的 ζ 电位值高于聚硅酸而低于聚金属盐，$Al(Fe)/SiO_2$ 摩尔比越小，聚硅酸金属盐的 ζ 电位值越趋于聚硅酸，反之，ζ 电位值越趋于聚金属盐。由于 $Al(Fe)/SiO_2$ 摩尔比不同而导致聚硅酸金属盐的 ζ 电位值不同，并使其适应的最佳絮凝 pH 值范围发生变化。一般而言，$Al(Fe)/SiO_2$ 摩尔比较高的聚硅酸铝（铁）絮凝剂在较高 pH 值范围内有最佳絮凝效果，而 $Al(Fe)/SiO_2$ 摩尔比较低的聚硅酸铝（铁）絮凝剂更适于架桥和卷扫作用，在较低 pH 值范围内有良好的絮凝作用。

聚硅酸铝盐的开发研制在国外始于 20 世纪 80 年代，加拿大汉迪化学品公司首先报道了聚合硅酸硫酸铝（PASS）的研制成功，并于 1991 年投产，年产能力 600 万磅（1 磅＝453.59237 克），此后英国和日本也分别建立了年产 2×10^4 t 的工厂。国内的研究始于 20 世纪 90 年代初期，研制方法主要分为 3 种：

① 以矿石、废矿渣、粉煤灰等作原料进行制备；

② 以铝盐引入到聚硅酸溶液中进行制备；

③ 用硅酸钠、铝酸钠和硫酸铝等作原料在高剪切工艺条件下进行制备。

结果发现，聚合硅酸硫酸铝特别适合于低温低浊水的处理。这种产品是一种碱式多核羟基硅酸硫酸铝复合物，其平均化学组成为 $Al_A(OH)_B(SO_4)_C(SiO_x)_D(H_2O)_E$，其中 $A=1.0$，$B=0.75 \sim 2.0$，$C=0.30 \sim 1.12$，$D=0.05 \sim 0.1$，$0 \leqslant x \leqslant 4.0$，$E>8$（产品为水溶液），或 $E<8$（产品为固体），产品的碱化度范围为 $25\% \sim 66\%$，液体产品中 Al_2O_3 的含量为 $7\% \sim 14\%$，固体产品中 Al_2O_3 的含量为 $24\% \sim 31\%$。PASS 处理水时具有用量少、生成絮状物密度高、沉降迅速、出水残留铝量低，十分适宜于饮用水处理。

PASS 的生产采用高剪切专利技术，于速度梯度 $3000s^{-1}$ 以上的高剪切混合条件下，将硅酸钠、铝酸钠、硫酸铝等混合，并在一定的温度下反应可制备出具有良好储存稳定性能的产品。向铝盐溶液中引入硅酸盐不是一件容易的事情，必须有特殊的高剪切设备及严格的控制手段。原因是：

① 在制备 PASS 的酸性溶液中（pH＝3.0～3.5），SiO_2 的溶解度很低，所以结合到聚合铝中硅酸盐含量是有限的；

② Al^{3+} 或多铝多羟基离子与硅酸根阴离子很容易形成硅酸铝沉淀。

聚硅酸铁盐的研制始于 20 世纪 90 年代初期，日本研究的较多，且均以专利形式报道。国内以硅酸钠、硫酸和硫酸铁为原料制备了聚硅酸硫酸铁（PFSS），性能研究表明，Fe/SiO_2 摩尔比达 1.5 左右时，该药剂的絮凝除浊效果最佳。聚硅酸铁盐同聚硅酸铝盐相比，具有凝聚沉降速度快，沉渣量少，pH 值适用范围广、安全无毒等优点，若能解决造色问题，必将有很好的推广应用价值。

关于聚硅酸铝铁絮凝剂，在一些综述性文献中曾提及，极少见有专门的研究报道。众所周知，铝盐絮凝剂的特点是形成的絮体大，有较好的脱色作用，但絮体松散易碎，沉降速度慢；铁盐絮凝剂的特点形成的絮体密实，沉降速度快，但絮体较小，卷扫作用差，处理后水的色度较深。若在聚硅酸中同时引入两种金属离子（Al 和 Fe），制成聚硅酸铝铁絮凝剂，则药剂不仅具有吸附架桥和电中和作用，而且能充分发挥铝、铁絮凝剂的优点，减弱彼此的弱点。

在制备聚硅酸铝铁絮凝剂的过程中应首先要考虑到铝和铁在聚合反应中反应速度的差异，铁具有极强的亲 OH^- 能力，能以非常快的速度聚合形成多核聚合物；而铝的亲 OH^- 能力较弱，聚合反应进行缓慢，为使铁盐和铝盐能交替共聚，制备过程中应先引入聚合铝，而后再引入铁。国内研究者曾以硅酸钠、氯化铝、硫酸铁为原料，采用将铝盐、铁盐引入到聚硅酸溶液中的方法，制备出了具有不同 $Al/Fe/SiO_2$ 摩尔比的聚硅酸铝铁絮凝剂（简称 PAFS），研究结果表明，$Al/Fe/SiO_2$ 摩尔比是影响絮凝剂效果的主要因素。

目前，对聚硅酸铝（铁）絮凝剂的研究还处于初级阶段，研究工作多偏重于实际应用，在制备工艺、铝（铁）与硅间的相互作用、形态特征、功能特性以及絮凝作用机理等许多方面尚缺乏系统而深入的研究，从而影响了此类絮凝剂向更高阶段的发展。

虽然从聚硅酸发展到聚硅酸金属盐复合型无机高分子絮凝剂，絮凝剂的稳定性虽有了大幅度提高，但仍不能满足实际需要，在这方面尚需做不断的努力。

6.3 有机高分子絮凝剂

6.3.1 有机高分子絮凝剂概况

远在公元前 2000 年的梵文中已有使用某种植物汁液净水的记载，这就是已知最早的对天然有机高分子絮凝剂的应用。近代工业技术中以淀粉、蛋白质、纤维素等天然产物或其人工改性制品作为絮凝剂，在采矿、化工等方面的应用也早有先例。但是把它们作为聚合电解质来研究，在水处理中具体应用，特别是人工合成的有机高分子絮凝剂的出现和发展，却是 20 世纪 50 年代以来的事情。由于高分子絮凝剂的优异性能，它们在工业废水处理中的应用有了急剧扩展。反过来，各种工业废水的复杂性和多样性又推动了高分子絮凝剂向具有各种特性的多种品种发展。现在在这方面发明的专利已达数百种之多，形成了种类繁多性能各异的庞大絮凝剂系列。

高分子絮凝剂一般是水溶性的线性聚合物，分子呈链状，由大量的链节组成。分子中链节结构都相同的叫均聚物，它们由同一种单体聚合而成；分子中链节结构不相同，由两种或两种以上的单体聚合而成的叫共聚物。高分子絮凝剂多为均聚物。聚合物分子量是各链节质量的总和，链节重复的次数叫聚合度。高分子絮凝剂的聚合度一般在 1000～5000之间，分子量在聚合度较低时从 1000 到数万，聚合度较高时可达数十万到数百万，甚至上千万。链状分子的长度为 400～800nm，而截面宽度为 0.3～0.7nm，分子长与宽的不对称系数可达到 1000。链节间的结合有刚性和柔性的区别，刚性分子不易弯曲，而柔性分子可以绕结成团。当柔性分子可绕结成团时，分子的不对称系数只有数十。

高分子聚合物的链节含有可离解基团时，沿链状分子就分布有大量的带电基团，这就是被称为聚合电解质的原因。常见的可离解基团有—SO_3H、—$COOH$、—PO_3H_2、—NH_3OH、—NH_2OH 等。某些聚合电解质具有数种可离解基团。聚合电解质在水中可以有一部分或大部分可离解基团电离，而成为复杂的高离子。根据高离子的电荷类型，聚合电解质可分为阴离子型、阳离子型、非离子型和两性型。其中非离子型是指不含有可离解基团的高分子聚合物。在水处理中使用较多的是阴离子型、阳离子型聚合电解质、非离子型的高分子聚合物，两性聚合电解质使用较少。

聚合电解质的物理性状是其重要的商品特征。分子量较高的产品一般为固体，其原因是它们的溶液很黏，只要浓度高于1%，就不能用泵来输送。目前，高分子量聚电解质有颗粒状、片状和珠状三种状态。固态高分子聚电解质在使用中的问题是溶解产生所谓"鱼眼"、溶解速率过慢、液体过黏不易操作等。分子量较低的聚合电解质一般是液体，浓度不超过50%，液态聚合电解质的主要问题是易水解、菌类生长、聚合物分子产生交联等。表6.20是不同物理性状聚电解质的优缺点比较。

表6.20　不同物理性状聚电解质的优缺点比较

物理性状	优　点	缺　点
固态	活性高，运输费用少，产品性能稳定，选择余地大	产生灰尘，溶解时有"鱼眼"，易潮解，进料系统复杂，混合时间长(1h)
液态	易稀释，易混合进料，产品均匀，生产过程简单	活性低，储存期短(<1日)，会冻解，黏度与温度有关，产品分子量低，易受微生物作用
乳液	易用泵输送，生产过程简单，产品分子量高，浓度大，产品选择余地大，可自动进料	使用前要破乳，储存期短(<6个月)，易受冻结-融化的影响，储存时油水会分层，使用前要混合
胶状	活性高，分子量大，干燥不使产品聚合度下降	进料系统复杂，混合时间长(1h)，设备只能用于胶状聚电解质

6.3.2　天然有机高分子絮凝剂

天然有机高分子絮凝剂在水处理中的应用历史可以追溯到2000年以前的古代中国、印度和古代埃及。那时的梵文中记载了利用Nirmali树、Strychnos potatorum Linn的压碎果实净水的事例。Nirmali树生长在印度和东南亚，从这种树的树籽中提取的液体属于一种阴离子聚电解质，其官能团是主要来自此材料中蛋白质成分的羟基、羧基。Tripathi等分析了Nirmali树籽的提取物，成分为52.5%的碳水化合物、16.3%的蛋白质、9%的脂肪及其余次级组分。树种的准备很简单，在制备水溶液前需要捣碎它。

此外，还有许多从自然界获取的材料被用于人类用水的净化。有证据表明，在古埃及、苏丹、突尼斯、莱索托、南非、波托西及玻利维亚等地，曾利用压碎的杏仁、桃核净水。在秘鲁、智利及海地曾利用仙人掌类植物的汁液生产阴离子型聚合电解质用于净化水，但该类产品作为助凝剂时更加有效。Red Sorrela植物在印度被广泛种植，并证明其具有絮凝效果。将它的豆荚干燥后压碎释放出种子，去除纤维物质，压碎成粉末，过筛后按9:1的质量比与碳酸钠混合，此混合物按照2g/L的浓度与水混合，由此制备的溶液在净化高浊度水时表现得很有效。

天然有机高分子作为絮凝剂的优点是无毒，在自然环境中可以降解，可以就地取材，来源方便。在近代水处理中，天然有机高分子化合物仍是一类重要的絮凝剂，不过它的使用远少于人工合成的高分子絮凝剂。其原因是天然有机高分子絮凝剂的电荷密度较小，分子量较低，且易发生生物降解而失去活性。天然有机高分子作为絮凝剂并不是总有效，要做具体分析，例如Patel和Shah指出天然高分子，例如从Nirmali、瓜尔胶、葫芦巴及

Red Sorrela 籽制取的天然高分子仅对高浊度水有效，对浊度低于 300NTU 的水则效果不佳。但是当它们的浓度为 2～20mg/L 时，作为助凝剂与金属絮凝剂联合使用时，表现得很有效。目前天然有机高分子絮凝剂的主要品种有淀粉类及其衍生物、半乳甘露聚糖类、纤维素衍生物类、动物骨胶类等五大类。

天然淀粉的来源十分丰富，土豆、玉米、木薯、藕、小麦等均有高含量的淀粉，不过从这些不同来源获得到的淀粉在粒度、胶化温度、在溶剂中的膨胀率、直链与支链组合的比例方面有所不同。通常支链淀粉在淀粉中的比例较大，分子量可高达 10^6，但直链淀粉的絮凝性能远高于支链淀粉。在淀粉分子结构中引入带电基团能减少其在水处理中的投放量，改善其分子在水中的伸展及分散情况，例如，使淀粉与 N,N-二乙基氨基乙基氯化物或 2,3-氧基丙基三甲基氯化铵反应，即可制得阳离子型淀粉，但其带电基团在淀粉结构中的取代程度一般较低（≤0.05）。将淀粉与阳离子型单体作用，也能制得阳离子型淀粉絮凝剂。阴离子型淀粉可以通过淀粉与氢氧化钠的作用，或者使干淀粉与磷酸钠在 100℃以上的反应来制备。苛化淀粉曾被大量用于选矿业，但目前正逐渐被人工合成聚电解质所代替。Campos 等研究了以氢氧化钠预胶化的竹芋淀粉的应用，在圣卡洛斯水厂做了放大实验。在使用 0.5mg/L 活化竹芋淀粉的情况下，铝矾的投加量可减少 20%，与单独使用铝矾相比，可以达到更好的沉降水质和过滤水质。

半乳甘露糖是带支链的多糖，由 D-半露糖和 D-甘露糖组成，存在于豆类作物的胚乳中。不同来源的半乳甘露糖中半露糖和甘露糖的含量不一样，在瓜尔（guar）树胶中为 1∶2，在刺槐豆胶中为 1∶4，在刺云实中为 1∶3。在水和废水处理中最重要的是瓜尔树胶。瓜尔树胶的衍生物包括羟丙基、羟乙基、羟甲基、羟甲基羟丙基等阳离子瓜尔树胶。瓜尔树胶是 20 世纪 50 年代开始进入水处理市场的。由于机械化播种及大面积丰产，使其获得广泛应用。瓜尔树胶本身是非离子型的，因而适用于很宽的 pH 值范围及离子强度很高的溶液。瓜尔树胶在储存时会在酶的作用下发生降解，但可以加入柠檬酸或草酸防止降解。瓜尔树胶与螯合剂作用后可避免在水溶液中发生生物降解。

纤维素是以失水葡萄糖为重复单元（经验式为 $C_6H_{10}O_5$）的糖类聚合物，它是树木等植物细胞壁的主要组分。纤维素的衍生物包括硝酸纤维素、醋酸纤维素、甲基纤维素、羧甲基纤维素（CMC）和羟丙基纤维素等。在水和废水处理中，以羧甲基纤维素用途最广。

微生物多糖是在含有非病原细菌、酶、营养物、氧和微量金属催化剂的水溶液里将葡萄糖发酵后制得的。微生物多糖的组成与微生物的菌种有关。

动物胶和明胶由存在于动物的皮、腱和骨中的骨胶原制备，属蛋白质类物质。骨胶原是多肽结构，多股分子束成卷曲螺旋状。多肽腱含有多种氨基酸，含量高的有甘氨酸、脯氨酸及羟基脯氨酸等。明胶是由骨胶原水解而成，多股分子束分解成单股，链节内的肽键发生断裂，产生水溶性的蛋白质。动物胶和明胶均是多肽的水解产物，不同之处是其纯度及分子量分布。动物胶分子量为 $3.0×10^3～8.0×10^4$，而明胶为 $1.5×10^4～2.5×10^5$。动物胶或明胶这类蛋白质絮凝剂含氨基及羧基，因而含有阳离子基团及阴离子基团为两性型絮凝剂。

除了上面提到的五类天然高分子絮凝剂外，在水处理中用到的天然高分子絮凝剂还有海藻酸钠、壳聚糖及单宁等。海藻酸钠是多糖类絮凝剂，可以认为是 $(1-4)$-β-甘露糖醛酸和 L-古罗糖醛的均聚物或共聚物，从棕色藻类植物在碱性条件下提取制得。提取物形成一种负电性聚电解质，作为助凝剂很有效，投加量一般在 0.1～0.6mg/L 之间。自 20

世纪 50 年代起作为助凝剂在英国和日本得到了广泛应用。

壳聚糖由甲壳素即 (1-4)-2-酰氨基-2-脱氧-β-D-葡萄糖在碱性条件下经脱乙酰作用制得，见本章 6.3.9。甲壳素是甲壳类动物（如蟹类、龙虾及基围虾）的甲壳骨骼物质，被描述为高含氮线性胺多糖聚合物，分子量达数十万，是自然界除纤维素外最为丰富的生物聚合物。由甲壳素制得的壳聚糖为水溶阳离子多糖，分子量约为 10^6。Vogelsang 等证实壳聚糖可以有效地去除挪威地表水中的腐殖质。他们观察到高电荷的壳聚糖分子更为有效，说明对于腐殖质的絮凝，电中和是其重要的机理。架桥机理和静电斑块机理可能也是重要的，但是增大壳聚糖分子量并未提高其絮凝效果，因而不能支持此二机理。加入少量 Fe^{3+} 离子可以改善絮凝，减少壳聚糖用量。

作为絮凝剂的丹宁是复杂的多糖丹宁衍生物，包括鞣酸、间苯二酚、间苯三酚、连苯三酚等多酰化合物，广泛应用于饮用水、污水和工业废水的处理。它们一般在酸性条件下非常有效。因为它们会发生降解反应，所以需要长期储存时要特别加以关注。其中一种商业产品是棕色糖浆状液体，由两性分子构成，其阴离子或阳离子特征决定于 pH 值。

许多种野生植物也可以用来作絮凝剂，它们可提高铝盐或铁盐的絮凝效果，如马齿苋全草、贯众根、仙人掌和霸王鞭的茎、榆树皮、木棉树皮、梧桐树皮、泡花树木质部，木槿和肉桂樟叶等都有絮凝作用。使用时一般是将新鲜植物捣碎后配成 1%～5% 的水浸泡液备用，以当天配为宜，放置时间长了就会腐败变质而失败。如用仙人掌来澄清水，可切取一片仙人掌（约 10～30g），捣碎后加入少许清水稀释，然后加入约 45L 水浑水中，搅拌数分钟，见有"蛋花样"絮体出现即可停止，静置数分钟，水可澄清。如净水时先加铝盐或铁盐，搅拌 1min 后再加适量的植物稀释胶液，效果比单加铝盐或铁盐要好。

考虑到有些野生植物有毒，在野外切勿使用不知其药性的黏性植物来净水，以免中毒。

6.3.3 人工合成的有机高分子絮凝剂

近年来人工合成的高分子絮凝剂得到了迅速发展和广泛应用，人工合成的阴离子型和非离子型的有机高分子絮凝剂有聚丙烯酰胺及其衍生物、聚丙烯酸钠、聚磺基苯乙烯、聚氧化乙烯、脲醛树脂、聚乙烯醇等。

其中的脲醛树脂及聚乙烯醇等属于低分子量的高聚物，絮凝性能也差一些。而其他聚合物可通过聚合反应而得到五百万以上较高分子量的粉末聚合物，絮凝性能也很好。此外阴离子型聚合物所带的电荷可随取代基团的种类和数量而改变。阴离子型聚合电解质分子中所含的可电离基团常常是—COOM(其中 M 为氢离子或金属离子)、—SO_3H、—PO_3H_2 等。作为水处理絮凝剂用的阴离子型聚合电解质，只能选用分子量高的种类（分子量 $M_w > 10^6$）。低分子量（$M_w < 10^5$）阴离子聚电解质不是絮凝剂，而是胶体稳定剂。由于羧基电离度不大，已水解的聚丙烯酰胺中—COO^- 基团含量不高，因而负电荷密度不大，但磺酸基电离度很大，因而聚磺基苯乙烯的负电荷密度较高。

阳离子型聚合物的种类比阴离子型和非离子型的要多。它们分子中含有的带电基团常常是氨基（—NH_3^+）、亚氨基（—NH_2^+—）或季氨基（N^+R_4）。由于水中胶体粒子一般带负电荷，所以阳离型聚合电解质不论分子量大小均起絮凝作用。由于阳离子单体价格较高，因而在合成阳离子聚合电解质时引入的带正电荷的单体的数目有所限制，造成分子中正电荷密度不是很高。

由乙烯基聚合型或高分子反应型所得到的阴离子型聚合物，可因合成时官能团的摩尔比不同而不同。与缩合型阴离型相比，一般来说其分子量较高，电荷密度较低，产品形态为粉末状或液态。而缩合反应所得到的阳离子型聚合物的性质取决于主链中含氮的分子型态，其特点是分子量比较低，电荷密度高、产品型态几乎都是液态的。其分子中的氮可形成伯、仲、叔氨基及季铵盐等不同的形态。由于阳离子型聚合物可通过多种不同的合成方法获得各种不同的分子型态，同时，聚合物结构的不同还会微妙地影响其絮凝性能，因此就聚合物结构和絮凝性能间的关系所开展的研究也很多。目前，作为水处理剂比较常用的阳离子型聚合物有含甲基丙烯酸二甲胺乙酯等阳离子型单体的聚合体或共聚体、聚丙烯酰胺的曼尼希反应产物、聚二甲基二烯丙基氯化铵（PDADMAC）等。一般高分子量阳离子聚电解质由自由基加聚反应制得，低分子量阳离子聚合物由自由基缩聚反应合成。

人工合成的聚电解质商品形态可以是能够自由流动的珠状或细粉末状，也可以是液态，包括乳胶态和溶液态，分别介绍如下：

（1）干态聚合物产品　许多商品是以干态聚合物形式提供的。其优点是活性成分含量高，达 80%～95%，因而可以降低运输成本。此外，储存时间较长，如果储存方法得当，一般可以储存 2 年而不变质。某些干态产品属于细粉颗粒状，该种剂型存在的问题是由于微细粉末飞扬，作业环境差，如果处置方法不当，会对人体健康和生产安全造成危害，此外还有溶解速度慢，导致溶解设备庞大的缺点。珠状产品虽然价格较贵，但具有许多优点，可以使粉尘造成的问题得到相当程度的抑制。因为其具有均匀的粒度分布，溶解和药液制备可以得到改善。干态聚合物易吸湿，所以应储存在凉且干燥的地方，如果水分渗透到聚合物中，其效能则会降低，而且由此形成的凝胶将会很难溶解。

（2）乳液态聚合物产品　在一些聚合物（如聚丙烯酰胺）的生产中，干燥过程是一项非常困难且投入费用很高的工艺操作，所以一些生产厂家只生产乳状液形态的产品。乳状液产品由分散于矿物油中的微米级聚合物粒子和水构成。在制造乳状液产品时，加入表面活性剂以保持聚合物微粒在矿物油中的稳定性和储藏寿命，这种做法对聚合物的絮凝效能并无影响，但会使表面活性剂和矿物油释放到被处理的水中，造成不利的环境影响。所使用的表面活性剂是烷基酚聚氧乙烯醚（APEOs），它会分解为壬基酚，而壬基酚是一种内分泌干扰物，对水生生物具有诱变作用。

乳液态聚合物所含聚合物活性成分一般在 25%～60% 之间。如果储存时间过长，聚合物就趋于分层，所以在使用之前需要用滚筒混合器或循环泵使之混合均匀。目前一种新方法被用来制造一种新的水溶性乳状液。该法的基本做法是放弃使用矿物油和表面活性剂，将聚合物溶解到硫酸铵水溶液中，加入一种低分子量分散剂聚合物，阻止聚合物链的聚结。由于聚合物以稳定的胶体水溶液存在，所以用这种产品稀释制备药液是非常容易的。

（3）溶液态聚合物产品　这种产品一般是含有 10%～50% 活性聚合物的水溶液，分子量较低，约在 5000～200000 之间，是含有胺基的阳离子型聚合物，最广泛使用的是PDADMAC，易溶于水。

6.3.4　聚丙烯酰胺类有机高分子絮凝剂

在人工合成的有机高分子絮凝剂中，最重要的是聚丙烯酰胺（polyacrylamide），以缩写 PAM 表示，代表一类线性高分子化合物的总称。在我国 PAM 被称为 3# 絮凝剂，与美国的 Seporn，日本的 Sanfloc，美国的 Magnafloc 等牌号属同类产品。在各类高分子絮凝剂中，聚丙烯酰胺及其衍生物在实际中得到了最为广泛的应用。原因有以下几方面：

① 可以比较容易地制造出超高分子量的聚合物。通过高分子反应或共聚反应可以比较容易地制得适用于不同废水的产品。

② 由于支链上有酰氨基，而该基团对悬浮粒子具有较强的吸附能力，所以表现出较强的絮凝能力。

③ 相对于大多数阳离子单体，价格较低。

6.3.4.1 聚丙烯酰胺类絮凝剂的制备原理

非离子型聚丙烯酰胺的结构式为：

$$\begin{array}{c}\text{┤CH—CH}_2\text{—CH—CH}_2\text{├}_n\\ |\qquad\qquad|\\ \text{CONH}_2\qquad\text{CONH}_2\end{array} \tag{6.129}$$

聚丙烯酰胺常采用溶液聚合法制备。该法是在丙烯酰胺单体的水溶液中加入引发剂，在适当的温度下进行自由基聚合反应而得到产品。根据对产品性能和剂型的要求，可分为低浓度、中浓度和高浓度聚合的三种聚合方法。在低浓度聚合时，单体在水中的含量控制在 8%～12%，主要用于生产水溶胶。在中浓度聚合时，单体在水中的含量控制在 20%～30%，在高浓度聚合时，单体在水中的含量大于 40%，中浓度聚合和高浓度聚合主要用于生产粉状产品。所用引发剂有过氧化物、过硫酸盐和偶氮化合物等。

在聚合过程中，单体浓度、引发剂的种类和浓度、链转移剂、电解质浓度及温度等均影响聚合物的分子量。Fe^{3+} 为阻聚剂，如果存在微量的 Fe^{3+}，则难以得到高分子量的聚合物。为此应注意聚合反应釜不应用铁制品，最好用搪瓷反应釜或不锈钢反应釜。由于氧也是阻聚剂，故在聚合时应充氮气保护。为减少单体的残余量，还须加入少量亚硫酸氢钠溶液，使聚合反应进行完全。为制得干粉固体产品，可加入甲醇使聚合物沉淀析出。

聚丙烯酰胺的制备方法除上述溶液聚合法外，还有悬浮聚合和乳液聚合等方法。这些方法具有聚合速度快、产品分子量高、残余单体少、反应体系黏度低因而利于散热和易于控制等优点。

聚丙烯酰胺分子中若有部分氨基水解可成为阴离子型：

$$\begin{array}{c}\text{┤CH—CH}_2\text{—CH—CH}_2\text{├}_n + n\text{OH}^- \longrightarrow \text{┤CH—CH}_2\text{—CH—CH}_2\text{├}_n + n\text{NH}_3\\ |\qquad\qquad|\qquad\qquad\qquad\qquad\qquad\qquad|\qquad\qquad|\\ \text{CONH}_2\qquad\text{CONH}_2\qquad\qquad\qquad\qquad\text{CONH}_2\qquad\text{COO}^-\end{array} \tag{6.130}$$

即使所谓"非离子型"聚丙烯酰胺往往也能发生轻微水解，而含有少量的阴离子团，完全水解则生成聚丙烯酸盐。也可以由丙烯酰胺和丙烯酸共聚来制得阴离子型聚丙烯酰胺。阳离子聚合物也可以由聚丙烯酰胺制得，但步骤较为复杂。一种可能的方法是使聚丙烯酰胺同一种合适的阳离子单体发生聚合，如此可以产生出分子量很高的阳离子聚合物，如胺甲基聚丙烯酰胺：

$$\begin{array}{c}\text{┤CH—CH}_2\text{—CH—CH}_2\text{├}_n\\ |\qquad\qquad\qquad|\\ \text{CONH}_2\qquad\text{CONHCH}_2\text{N(CH}_3)_2\end{array} \tag{6.131}$$

PAM 絮凝剂由于应用范围十分广泛，而各种应用对其所要求的性能各不相同，为满足各类用途的需要，世界各国研制了非常复杂的品种和规格，现已形成了比较齐备的产品系列。

6.3.4.2　聚丙烯酰胺絮凝剂的性质

聚丙烯酰胺按其产品形态分类，有干粉状、水溶液胶体状和油包水乳液状态。聚丙烯酰胺干粉为白色粉末或不规则鳞片状聚合物，胶体为无色透明胶状体。无臭、无毒、无腐蚀性，但水解体有轻微氨味。聚丙烯酰胺能以任何比例溶于水，几乎不溶于一般有机溶剂（苯、甲苯、乙醇、乙醚、丙酮、酯类等），仅在乙二醇、甘油、冰醋酸、甲酰胺、乳酸、丙烯酸等溶剂中能溶解1%左右。受热时，若温度在100℃以内，则很稳定，130～150℃以上发生降解或分解反应，干粉在200℃以上软化。聚丙烯酰胺非离子型为中性，阴离子型为碱性，阳离子型为酸性。在强酸强碱等化学物质、光照、机械应力作用下，高聚物会降解，分子量降低，使用效果有所下降。高聚物水溶液在长期放置时黏度降低，称为陈化。据研究，分子量高、浓度低、温度高的PAM，其陈化程度越高，黏度降低得越快，絮凝性能就越差。但添加某些试剂会有利于稳定，如氨水、异丙醇、亚硝酸钠、硫脲、三乙醇胺等。陈化对水解度影响不大。

PAM还可按平均分子量分类。低分子量：$1 \times 10^3 \sim 1 \times 10^5$；中等分子量：$1 \times 10^5 \sim 1 \times 10^6$；高分子量：$1 \times 10^6 \sim 5 \times 10^6$；特高分子量：$> 5 \times 10^6$。

据报道，目前PAM的分子量已能达到1.8×10^7，但适用于水处理絮凝用的PAM分子量宜在$4 \times 10^6 \sim 6 \times 10^6$之间。PAM的分子量常用黏度法测定。其特性黏度与分子量的关系由Mark-Houwink公式$[\eta] = K \overline{M}^a$给出：

重均分子量
$$[\eta] = 3.73 \times 10^{-4} \overline{M}_w^{0.66} \tag{6.132}$$
（1mol NaNO$_3$/L，30℃）

数均分子量
$$[\eta] = 6.8 \times 10^{-4} \overline{M}_n^{0.66} \tag{6.133}$$
（水，25℃）

Z均分子量
$$[\eta] = 6.31 \times 10^{-5} \overline{M}_z^{0.80} \tag{6.134}$$
（水，25℃）

以上各式中特性黏度的单位均为100mL/g。对水解聚丙烯酰胺，为消除电黏度效应的影响，应以NaNO$_3$溶液为溶剂进行测定。

如图6.62所示，即使在很低的浓度下，PAM也具有很高的黏度，并且随着浓度和分子量的提高，其黏度会急剧上升，由于在某一浓度以上要出现凝胶弹性，因此为保持液体处于溶液状态，目前一般控制溶液的浓度在5%～7%左右。

从产品运输和贮存的经济性或从操作效率的观点看，产品状态为粉末状较好，但是对于高分子量且又为粉末状的聚合物，要担心的是由于高分子链的高度缠绕卷曲而引起的溶解度降低。但如能在聚合或干燥工序中加入无机盐，则可以提高其溶解度，在这方面已发表了某些专利。

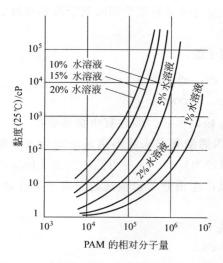

图6.62　PAM水溶液的黏度与相对分子量的关系

6.3.4.3 聚丙烯酰胺絮凝剂的使用方法

（1）聚丙烯酰胺的水溶液配制方法 使用 PAM 时，困难是不易使之溶解，如果操作不当，易生成所谓"鱼眼"，即胶凝化的固体，"鱼眼"在后续处理流程中实际上是不能溶解的。如果生成的溶液黏度很高，则不利于投加。由于在很低的浓度下溶解也是比较困难的，所以在配制 PAM 时应力求做到以下各点：

① 使用中性而不含盐类和夹杂物的水为宜；

② 使用 40℃ 左右，但不超过 60℃ 的温水可加速絮凝剂溶解；

③ 溶解时应将 PAM 缓慢撒入水中，一次撒过多会出现难溶胶团；

④ 溶解搅拌时不能过猛，否则会使聚合物降解，搅拌应以 100～300r/min 为宜；

⑤ 溶解度按干基控制于 0.1%～0.5%，在使用前再稀释到 0.05% 的浓度；

⑥ 使用多少溶解多少，稀溶液易发生降解。

（2）聚丙烯酰胺的投加方法

① 向水中投加聚丙烯酰胺溶液，应该配成多高的浓度需考虑两个方面的问题，一是力求获得较高的絮凝效果；二是要在生产中切实可行。从理论上说，当投加剂量相同时，投加液的浓度越低，絮凝效果就越好。这是因为浓度越低，聚丙烯酰胺的活性基团与水中粒子的接触与结合就越强、越均匀。这样一来越能使水中粒子都进入架桥作用的范围内。若投加液的浓度过高，就会在短时间内出现局部浓度过高，使部分微粒占有过多的活性基团，造成微粒被高分子所封闭包围，使架桥作用难于发生。实验证明，水的浊度越小，投加液浓度对絮凝效果的影响亦越小，当水中含沙量和投药量增高时，投加液浓度对絮凝效果的影响亦随之升高，变得十分显著。但在生产中，不可能将投加液配得很稀，否则会使投药设备变得十分庞大。一般来说，投加液浓度小于 1% 在生产中已不是切实可行的了。对于含沙量在 $100kg/m^3$ 以下的高浊度水，可将溶液配成 2% 的浓度，絮凝效果将不会有显著的下降。

② 当聚丙烯酰胺被投入水中后应尽快搅拌，使药剂与水迅速而充分混合。在投加过程中和投加后应适度搅拌，絮凝剂投加点应避开强机械搅拌和泵。

③ 在可能条件下，采用分步投加将更有利于絮凝剂的均匀分布。所谓分步投加，就是将投药剂量分为两部分或多部分投入水中，每投入一部分药剂后，使之与水迅速混合，然后立即加入另一部分药剂，再使之与水迅速混合。分步投药这一措施是为了避免药剂局部浓度过高而使活性基被封闭而设想的。实验证明，分步投加可大大提高聚丙烯酰胺的絮凝效果，并减少投药量。

（3）聚丙烯酰胺絮凝剂的水解 欲使聚丙烯酰胺充分发挥其架桥作用，必须创造能使其分子中酰氨基与水中悬浮粒子接触的良好条件。聚丙烯酰胺分子虽呈线状，但此线状链是卷曲成螺旋形的，其上酰氨基不能充分暴露，甚至在自身分子内互相结合，结果使对絮凝有效的活性基团不能被充分利用，因而絮凝效果不高。为充分发挥其作用，必须使其分子链张开，使酰胺基充分暴露出来，因而非离子型聚丙烯酰胺在使用前须进行加碱水解。如式（6.130）所示，水解聚丙烯酰胺（HPAM）分子上带有羧酸基，羧酸基电离使之带负电，根据同性电相斥的原理，分子链上的羧酸基互相排斥，使卷曲的分子链伸展开来，达到暴露酰胺基的目的，同时也可达到架桥作用发生所需的足够链长。

由于羧酸基与悬浮粒子的亲合力较酰氨基小，加上其所带的负电荷与天然水中带负电的悬浮粒子产生相斥作用，所以聚丙烯酰胺的碱性水解不能过度，应该有一个最佳水解度。在此最佳水解度下，既能使活性基团充分暴露，又不使过多的活性基团水解而导致与粒子间太强的斥力，这样才能使聚丙烯酰胺发挥最大的絮凝效能。一般认为该最佳水解度以 30% 为宜。

决定聚丙烯酰胺水解度的主要控制因素有：加碱比、溶液浓度、水解时间、水解温度等。这些因素互相影响。当其他因素固定时，水解度随时间的延长而增大，也就是说不能保持水解度不变。假如根据测得的最佳水解度来规定加碱比，则达不到最佳水解度，因为在常温下欲使聚丙烯酰胺与碱完全作用需要很长的时间。经实验测定，任何一种加碱比的聚丙烯酰胺即使经过一年多的时间水解，仍有未作用完的碱。另一种办法是通过加温使聚丙烯酰胺在较短的时间内与碱完全作用，但由于生产中使用大量的聚丙烯酰胺，采用加温的办法是不现实的。鉴于上述原因，在生产中应根据实际情况找出一个适宜的加碱比。在这个加碱比下，经一定时间的常温水解，能得到较接近于最佳水解度的聚丙烯酰胺，同时又能使水解液有一定的稳定性，能够在足够长的时间内保持其絮凝性能。因此这一加碱比应比按完全作用所作的计算值稍大。恰当的加碱比（氢氧化钠与 PAM 的质量比），可以按下法确定：

在数份浓度为 10% 的聚丙烯酰胺溶液中，依次递增量地加入氢氧化钠，配成加碱比分别为：0.01:1、0.012:1、0.014:1、0.016:1、0.018:1、0.02:1、0.05:1、0.1:1 的水解液，然后隔一定时间后测定每一个水解液的絮凝效果。图 6.63 是高浊度水处理中得到的关系图，其中絮凝效果以纵坐标所表示的混液面沉速表示。

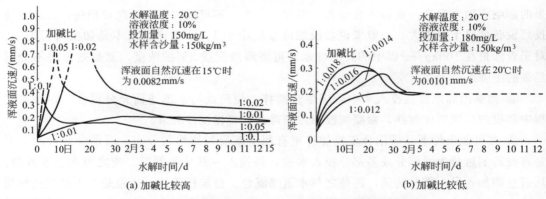

图 6.63　高浊度水投加 PAM 时水解时间与絮凝效果的关系

图 6.63 证明：

① 各水解液的絮凝效果随水解时间的增长呈现一峰值，即随着水解时间的增长，絮凝效果先上升，当时间过长水解过度时则下降。

② 加碱越多，峰值出现得越早，持续时间也越短。加碱较少时，高峰出现得较迟，持续时间亦较长，或峰值不明显，可在较长的时间内保持稳定。在生产上最理想的情况当然是在药液的絮凝效果达到峰值时使用，但在实际中由于高峰持续时间很短，加上水质的变化难于预测，所以很难做到。生产上采用的办法，常常是配制能在较长时间内保持较好絮凝效能的水解液，故加碱比被控制在较低的范围内。但这样做时则需要较长的时间才能达到峰值，其值可达数月以上，因此需要庞大的储药设备，这对多数水厂是得不偿失的。

所以常采用适当提高加碱比的办法来解决。

水解作用的进程还决定于聚丙烯酰胺溶液的浓度。浓度越高，在加碱比一定时，碱在溶液中的浓度就越高，水解作用就进行得越迅速，也越完全。提高浓度可以缩小储液池的容积，但过高的浓度会造成配制溶液时搅拌的困难，在平衡这些因素之后，建议采用10％的浓度较为适宜。

水解作用的进程又决定于温度。温度越高，水解越快，但温度过高会促使聚丙烯酰胺解聚，分子量降低。同时加温会给生产造成不便，这些问题均须进行考虑。

6.3.4.4　聚丙烯酰胺絮凝剂的毒性问题

美国道化学公司的 Mccollister 等 1965 年发表了由丙烯酰胺和丙烯酸合成的高聚物的毒理学的研究报告。他们采用牌号为 Separan NP10（分子量约为 100 万，含丙烯酰胺单体 0.08％）和 Separan NP30（分子量约为 300 万，含丙烯酰胺单体 0.02％）的高分子化合物，对老鼠进行了一次口服和连续两年口服试验。其结果表明，即使饲喂 5％～10％浓度的 PAM 高聚物，也并未发现任何影响。对老鼠，半数致死量 LD_{50}（使 50％被检动物死亡的药剂量）为 4000mg/kg 体重。此外还应用 C^{14} 示踪的聚丙烯酰胺做了试验，结果表明，只有 1％以下很少的剂量能被吸收到动物体内。用鱼所做的实验也没有发现明显的副作用。美国氰胺公司（American Cyanamid）于 1960 年发表了该公司中心医药部以较低分子量的聚合物对狗和老鼠进行两年实验的结果。他们采用阿柯斯特林格斯树脂（分子量 30 万～50 万，含丙烯酰胺单体 0.15～0.05）对狗和老鼠进行了两年实验，根据一般观察和病理检查，在饲料中加 2.5％及 5％的该树脂进行喂养，在病理学上未发现任何变化。

关于高分子絮凝剂对水产生物的影响问题也有报道。聚丙烯酰胺非离子型及丙烯酰胺与丙烯酸共聚阴离子型聚合物对鱼的 48h 的半数耐受极限 TL_m（在含有急性毒物的水中饲养鱼类 48h，鱼类存活率为 50％时该毒物的浓度）大部分在 1000mg/L 以上的低毒范围内。

虽然聚丙烯酰胺的聚合物本身可以认为是无毒的，但其单体的毒性却是被肯定的。各个国家对高分子絮凝剂中丙烯酰胺单体的含量都制定了相当严格的控制指标。McCollister 等对老鼠等多种动物进行了丙烯酰胺的皮肤刺激试验、眼球点滴、口服、腹腔注射和静脉注射等，并研究了所表现出的症状和病理学现象。

从口服丙烯酰胺的急性毒理学试验中可以看到其毒性是缓和的。对于老鼠、豚鼠、兔子来说，其 LD_{50} 值为 150～180mg/kg，对于鼠、猫、猴，以单独的形式或聚合物中夹杂物的形式或人为掺合于聚合物中形式进行了大规模的连日口服试验，在被试验的动物中，猫最为敏感。试验证明，该单体对皮肤有一定的刺激作用，其水溶液容易被皮肤吸收。对猫及猴进行腹腔注射、静脉注射或是口服所显示的毒性是缓和的，只是在施用剂量高的情况下，会出现神经系统的中毒症状、进行性后肢硬化和蜕化、后肢平衡控制机能丧失、尿潴留、前肢运动失调、不能起立等。

关于丙烯酰胺单体在自然水域中的分解问题，学者们也做了有关研究，日本的永泽·满等的实验证明，1g 该单体相当于 1.3g BOD_5，可见它在水溶液中氧化还是较容易的。有人向未被污染的天然水中投加丙烯酰胺单体，在适当补充微生物营养物的条件下曝气，结果所有单体都被分解。如按 10mg/L 浓度投加单体，在初期十余天内由于微生物尚未被驯化，其分解曲线较平缓。在微生物驯化之后，单体迅速分解而消失。日本的研究表明，含 0.01~0.05mg/L 单体的地面水在 24h 内其单体含量就能降低到 0.001mg/L 以下。但在经过杀菌消毒后的自来水中，即使在 30d 之后，还残留 50% 的单体。由此可见，天然水中丙烯酰胺单体的分解是由于微生物作用的结果。

聚丙烯酰胺聚合物中残留的丙烯酰胺单体的毒性问题受到了世界各国的广泛关注。例如，美国食品和药物管理局根据上述资料规定了其单体含量≤0.5%，并允许在规定范围内使用。日本聚丙烯酰胺的质量标准规定单体含量≤0.05%，并禁止在给水处理中使用。中国国家标准对净水剂聚丙烯酰胺中丙烯酰胺单体的含量做出了如下规定：优等品为 0.02%~0.04%；一级品为 0.05%~0.09%；合格品为 0.1%~0.2%。

6.3.4.5 阳离子型聚丙烯酰胺絮凝剂的研究进展

阳离子型聚丙烯酰胺（CPMA）是一种水溶性聚电解质，其分子链上带有氨基，可以通过改变氨基含量而改变阳离子度，广泛运用于污水处理、污泥调节。絮凝机理主要是通过电中和及架桥作用使微粒脱稳，所以既是凝聚剂又是絮凝剂。CPMA 一般通过聚丙烯酰胺的化学改性和丙烯酰胺与阳离子单体共聚两种方法制备。

（1）聚丙烯酰胺的化学改性

① 化学改性制备胺甲基聚丙烯酰胺。通过 Mannich 反应可实现聚丙烯酰胺的化学改性，制备胺甲基聚丙烯酰胺。聚丙烯酰胺与甲醛、仲氨反应，生成二甲氨基 N-甲基丙烯酰胺聚合物，如下式所示：

$$\left[\!\!\begin{array}{c}\text{CH}_2\!-\!\text{CH}\\|\\\text{CONH}\end{array}\!\!\right]_n + \overset{\overset{H\ H}{|\ |}}{\underset{|\ |}{\underset{H\ O\ \ H}{C}}} + \text{N(CH}_3)_2 \longrightarrow \left[\!\!\begin{array}{c}\text{CH}_2\!-\!\text{CH}\\|\\\text{CONHCH}_2\text{N(CH}_3)_2\end{array}\!\!\right]_n \tag{6.135}$$

该产物是叔胺型聚电解质，再与硫酸二甲酯反应生成季铵盐。制备方法可采用以下两种之一。

a. 先将甲醛和二甲胺混合，使反应生成羟甲基二甲胺，然后加入到聚丙烯酰胺溶液中，于 40℃反应 2h，然后降温到 20℃，加入硫酸二甲酯，直到体系 pH 值降至 5.0，即得季铵型胺甲基聚丙烯酰胺溶液。为防止存放过程中出现凝胶化，可加入 SO_2、SO_3^{2-}、乙酸羟胺混合物或磷酸盐作稳定剂。

b. 将 10% 的非离子 PAM 水溶液与 0.1mol 的甲醛在 pH 值为 10.0~10.5 和以磷酸钠作缓冲剂的条件下首先发生羟甲基化反应，然后再加二甲胺，在 70~75℃下胺化 20~30min 得到胺甲基聚丙烯酰胺产品。该产品浓度较低，且仅含阳离子改性剂 10%~15%，若要提高浓度和阳离子基含量，则产品中的甲醛和二甲胺残留量将升高。为此提出过多种改进方法，例如将 Mannich 胺用氯甲烷或硫酸二甲酯进行季铵化，并加入亚磷酸作稳定剂。

② 化学改性制备聚乙烯亚胺。聚丙烯酰胺可以和次氯酸盐在碱性条件下反应制得聚乙烯亚胺阳离子絮凝剂。为使反应顺利进行，需要加过量的碱。为了抑制—COONa 生成，必须在很低的温度下进行。例如将 40 份 5.25% 的 NaOCl 溶液和 2.3% 的 NaOH 溶液在 20min 内加到 335 份 20% 的 PAM 水溶液中，反应体系温度由 35℃升到 37℃，保持

0.5h，用盐酸中和 pH 值到 8，可得产物。

（2）聚丙烯酰胺与阳离子单体共聚

多种单体共聚是目前发展最快的方法，也是用的最多的方法。

① 二甲基二烯丙基氯化铵-丙烯酰胺共聚物。可参阅本章 6.3.7 聚二甲基二烯丙基氯化铵类絮凝剂。

② 丙烯酰胺-丙烯酸二甲氨基乙酯共聚物。在温度为 30～70℃，混合单体中丙烯酸二甲氨基乙酯占 25％，总单体浓度为 20％ 的条件下进行水溶液共聚，采用复合引发体系，反应前期以氧化还原引发剂起主导作用，后期以偶氮引发剂起主导作用。该产品在废水处理中应用效果良好，在污泥脱水中可取代进口絮凝剂。

③ 丙烯酰胺-甲基丙烯酰氧乙基氯化铵共聚物。采用水溶液聚合法可以制备丙烯酰胺-甲基丙烯酰氧乙基氯化铵共聚物。方法是：在反应器中加入丙烯酰胺、甲基丙烯酰氧乙基氯化铵和去离子水，搅拌均匀，通氮气 15min，在 25℃ 时加入复合引发体系，当反应液变黏稠时停止通氮气，继续反应 2.5h 后取出，造粒、烘干、粉碎。较佳的制备条件是：复合引发体系中的 $(NH_4)_2S_2O_8$ 和 $CH_3NaO_3S \cdot 2H_2O$ 的总质量分数为 0.0150％，偶氮类引发剂 2,2-偶氮[2-(2-咪唑啉-2-基)丙烷] 二氢氯化物的质量分数为 0.0125％，单体质量分数为 40％，阳离子度为 40％，产物特性黏数为 13.1dL/g。

6.3.5 聚丙烯酰胺的质量标准和检测方法

聚丙烯酰胺的质量标准和检测方法按国标执行。检测中所用试剂除注明者外均为分析纯试剂。

6.3.5.1 聚丙烯酰胺的质量标准

聚丙烯酰胺的质量标准按 GB/T 13940—1992 执行，如表 6.21 和表 6.22 所示。

表 6.21　粉状聚丙烯酰胺的质量标准

项　目		指　标	级　别		
			优 级 品	一 级 品	合 格 品
外观			白色或浅黄色粉末		
特性黏度[η]/(mL/g)			300～1540,根据聚丙烯酰胺命名的规定,按标准值进行分档;小于 300 或大于 1540,标准值容许偏差在 ±10% 以内		
水解度			根据聚丙烯酰胺命名的规定,按标准值进行分档		
粒度/%	2mm(10 目)筛余物		0		
	0.64mm(20 目)筛余物　<		10		
	0.11mm(120 目)筛余物　>		90		
固含量/%		≥	93	90	87
残留单体/%	普通	非离子型　≤	0.2	0.5	1.5
		阴离子型　≤	0.2	0.5	1.0
	食品卫生级　≤		0.02	0.05	0.05
溶解速度/min	普通型　≤		30	45	60
	速溶型　≤		5	10	15

项 目	指 标		级 别		
			优 级 品	一 级 品	合 格 品
黑点数/(颗/g)	≤		14	40	80
不溶物/%	[η]≥ 1400mL/g	非离子型 ≤	0.3	2.0	2.5
		阴离子型 ≤	0.3	1.5	2.0
	[η]<1400mL/g		0.3	0.7	1.5

表 6.22　胶状聚丙烯酰胺的质量标准

项 目	指 标		级 别		
			优 级 品	一 级 品	合 格 品
外观			无色或浅黄色胶状物		
特性黏度[η]/(mL/g)			300~1540,根据聚丙烯酰胺命名的规定,按标准值进行分档;小于300或大于1540,标准值容许偏差在±10%以内		
水解度			根据聚丙烯酰胺命名的规定,按标准值进行分档		
固含量/%	≥		指定值±0.5		
残留单体/%	普通	非离子型 ≤	0.5	1.5	2.5
		阴离子型 ≤	0.5	1.0	2.0
	食品卫生级	≤	0.02	0.05	0.05

6.3.5.2　聚丙烯酰胺的检测方法

根据中国国家标准 GB 12005，聚丙烯酰胺的分子量用特性黏度法测定；水解度用中和法测定；残余单体的含量大于 0.01% 时用气相或液相色谱法测定，大于 0.5% 时用溴化法测定。

（1）特性黏度的测定及分子量计算

① 测定原理。按规定条件制备浓度为 0.0005~0.001g/mL 的试样溶液，该溶液以氯化钠溶液为溶剂，$c(NaCl) = 1.00mol/L$。用气承液柱式乌式毛细管黏度计分别测定溶液和溶剂的流经时间，根据测得值计算特性黏度。本方法适用于不同聚合方法制备的粉状和胶状非离子型聚丙烯酰胺和阴离子型聚丙烯酰胺。

② 仪器

a. 玻璃毛细管黏度计：采用 GB 1632 规定的稀释型乌氏毛细管黏度计，如图 6.64 所示，技术要求如下：

ⅰ. 应使浓度为 1mol/L 的氯化钠水溶液在 30℃ 下的流经时间在 100~130s 范围内；

ⅱ. 型号为 4-0.55 和 4-0.57，其中 4 表示定量球的容积（单位 mL），0.55 和 0.57 表示毛细管内径（单位 mm）。

b. 恒温水浴：控温精度±0.05℃。

c. 秒表：分度值 0.1s。

d. 分析天平：感量 0.0001g。

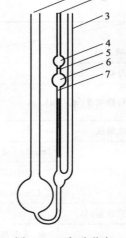

图 6.64　乌氏黏度计的结构

1—注液管；2—测量毛细管；3—气悬管；4—缓冲球；5—上刻线；6—定量球；7—下刻线

e. 容量瓶：容积 25mL、50mL、100mL、200mL。

f. 移液管：容积 5mL、10mL、50mL。

g. 具塞锥形瓶：容积 250mL。

h. 玻璃砂芯漏斗：G-2 型。

i. 烧杯：容积 100mL。

j. 量筒：容积 50mL。

k. 注射器、乳胶管、洗耳球等。

③ 试剂和溶液。本分析方法所用的试剂和水，均为分析纯试剂和蒸馏水。

a. 氯化钠溶液：将氯化钠用蒸馏水配制成 $c(NaCl) = 1.00mol/L$ 和 $c(NaCl) = 2.00mol/L$ 的溶液。

b. 铬酸洗液。

④ 试样溶液的配制

a. 粉状聚丙烯酰胺：在 100mL 容量瓶中称入 0.05～0.1g 均匀的粉状试样，准确至 0.0001g。加入约 48mL 的蒸馏水，经常摇动容量瓶。待试样溶解后，用移液管准确加入 50mL 浓度 2.00mol/L 的氯化钠溶液，放在 (30±0.05)℃ 水浴中。恒温后，用蒸馏水稀释至刻度，摇匀，用干燥的玻璃砂芯漏斗过滤，即得试样浓度约 0.0005～0.001g/mL 且氯化钠浓度为 1.00mol/L 的试样溶液，放在恒温水浴中备用。

b. 胶状聚丙烯酰胺：在已准确称重的 100mL 烧杯中，称入固含量为 8%～30% 的胶状试样 0.66～1.25g，精确至 0.0001g。加入 50mL 蒸馏水，搅拌溶解后，转移入 200mL 容量瓶中。加入 100mL 浓度为 2.00mol/L 的氯化钠溶液，放在恒温水浴中。恒温后，用蒸馏水稀释至刻度，摇匀，用干燥的玻璃砂芯漏斗过滤，即得试样浓度约为 0.0005～0.001g/mL，且氯化钠浓度 1.00mol/L 的试样溶液，放在恒温水浴中备用。

注：按 a. 和 b. 配制的试样溶液适用于特性黏度约 700～1500mL/g 的稀释法测定；不论哪种试样，各点的相对黏度应在 1.2～2.5 范围内。

⑤ 测定步骤

a. 将恒温水浴的温度调节在 (30±0.05)℃。

b. 在恒温水浴中固定一个 250mL 具塞锥形瓶，在其中加入经干燥的玻璃砂芯漏斗过滤的浓度 1.00mol/L 的氯化钠溶液，恒温 30min 备用。

c. 在乌氏黏度计的测量毛细管、气悬管的管口接上乳胶管。将黏度计垂直固定在恒温水浴中，水面应高过缓冲球 2cm。

d. 用移液管吸取 10mL 试样溶液，由注液管加入黏度计，应使移液管口对准注液管的中心，避免溶液挂管壁上。待溶液自然流下后，静止 10s，用洗耳球将最后一滴吹入黏度计，恒温 10min。

e. 紧闭气悬管上的乳胶管，慢慢用注射器将溶液抽入缓冲球，待液面升至缓冲球一半时，取下注射器，先放开气悬管上的乳胶管，再放开测量毛细管上的乳胶管，让溶液自由下落。

f. 当液面下降至上刻线时，启动秒表，至下刻线时，停止秒表，记录时间。启动和停止秒表的时刻，应是溶液弯月面的最低点与刻线相切的瞬间，观察时应平视。

g. 按 e 和 f 重复测定 3 次，各次流经时间的差值应不超过 0.2s。取 3 次测定结果的算术平均值为该溶液的流经时间 t。

h. 用移液管从锥形瓶中吸取 5mL 已经恒温的 1.00mol/L 的氯化钠溶液，由注液管加入黏度计。紧闭气悬管的乳胶管，用洗耳球从测量毛细管打气鼓泡 3～5 次，使之与原来的 10mL 溶液混合均匀。并使溶液吸上、压下 3 次以上。此时溶液的浓度为 c_0 的 2/3，按 e 和 f 测得流经时间 t_2。

i. 按 h 再逐次加入 5mL、10mL、10mL 浓度 1.00mol/L 的氯化钠溶液。分别测得浓度为 $\frac{1}{2}c_0$，$\frac{1}{3}c_0$，$\frac{1}{4}c_0$ 时的流经时间 t_3，t_4 和 t_5。

j. 洗净黏度计。干燥后，在其中加入经干燥的玻璃砂芯漏斗过滤的，浓度为 1.00mol/L 的氯化钠溶液 10～15mL。恒温 10min 后，按 e 和 f 测得流经时间 t_0。

⑥ 黏度计的洗涤和干燥。在使用黏度计前后以及在测定中出现读数相差大于 0.2s 又无其他原因时，应按如下步骤清洗黏度计：

a. 自来水冲洗；

b. 铬酸洗液清洗；

c. 蒸馏水冲洗。

d. 将洗净的黏度计置于烘箱内干燥。

⑦ 结果表示

a. 按式（6.136）和式（6.137）计算试样溶液的相对黏度和增比黏度：

$$\eta_r = \frac{t}{t_0} \tag{6.136}$$

$$\eta_{sp} = \frac{t - t_0}{t_0} = \eta_r - 1 \tag{6.137}$$

式中，η_r 为相对黏度；η_{sp} 为增比黏度；t 为试样溶液的流经时间，s；t_0 为 1.00mol/L 氯化钠溶液的流经时间，s。

b. 用 $t_0 \sim t_5$ 按式（6.136）和式（6.137）分别计算各浓度下的 η_r 和 η_{sp}，由对应的相对浓度（各点的实际浓度与初始浓度 c_0 的比值，即 c_r，分别为 1、2/3、1/2、1/3、1/4），分别计算各点的 η_{sp}/c_r 和 $\ln\eta_r/c_r$，将计算结果填入表 6.23 中。

表 6.23　数据处理

c_r	流经时间/s				η_r	η_{sp}	η_{sp}/c_r	$\ln\eta_r/c_r$
	1	2	3	平均值				
1								
2/3								
1/2								
1/3								
1/4								

c. 以 c_r 为横坐标，分别以 η_{sp}/c_r 和 $\ln\eta_r/c_r$ 为纵坐标，在坐标纸上作图，通过两组点各做直线，外推至 $c_r = 0$，求得截距 H，见图 6.65。若图上两条直线在纵轴上不能交于

一点，则取两截距得平均值 H。

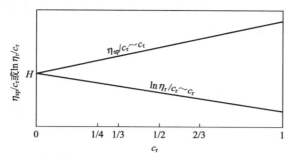

图 6.65 η_{sp}/c_r 或 $\ln\eta_r/c_r$ 与 c_r 的关系

d. 按式(6.138)计算特性黏度：

$$[\eta] = H/c_0 \tag{6.138}$$

式中，$[\eta]$ 为特性黏度，mL/g；c_0 为试样溶液的初始浓度，g/mL。

c_0 按式(6.139)计算：

$$c_0 = \frac{ms}{V} \tag{6.139}$$

式中，m 为试样质量，g；s 为试样固含量，%；V 为制备的试样溶液体积，mL。

⑧ 分子量计算。分子量按式(6.140)计算，该式由式(6.141)导出：

$$M = 802[\eta]^{1.25} \tag{6.140}$$

$$[\eta] = 4.75 \times 10^{-3} M^{0.80} \tag{6.141}$$

式中，M 为分子量；$[\eta]$ 为特性黏度，mL/g。

(2) 固含量的测定

① 方法提要。将一定量的试样，在一定的温度和真空条件下烘干至恒重，干燥后试样的质量占干燥前试样质量的百分数即为聚丙烯酰胺的固含量。

② 仪器

a. 称量瓶：内径 40mm，高 30mm；

b. 涤纶膜：长 120mm，宽 60mm，厚 0.1mm；

c. 玻璃棒：直径 3～4mm，长 100～120mm；

d. 分析天平：感量 0.0001g；

e. 真空烘箱；

f. 干燥器。

③ 测定步骤

a. 粉状试样的测定步骤

ⅰ. 取 3 个洁净的称量瓶，在 (105±2)℃下干燥至恒重，记录其质量，准确至 0.0001g。

ⅱ. 在已恒重的 3 个称量瓶中，分别称入 0.6～0.8g 试样，准确至 0.0001g。

ⅲ. 将称好试样的称量瓶置于 (105±2)℃，真空度为 5300Pa 的真空烘箱内，加热干燥 5h。

ⅳ. 取出称量瓶，放在干燥器内，冷却 30min 后称量，准确至 0.0001g。

b. 胶状试样的测定步骤

ⅰ. 取洁净的 3 片涤纶膜及 3 根玻璃棒，在 (105±2)℃下干燥至恒重，并分别记录每片涤纶膜连同一根玻璃棒的质量，准确至 0.0001g。

ⅱ. 在每片涤纶膜上，用各自的玻璃棒分别取试样，连同玻璃棒一起快速称量，准确至 0.0001g。

ⅲ. 用玻璃棒将试样均匀地涂成薄层。

ⅳ. 将涂好试样的涤纶膜连同玻璃棒一起放在真空烘箱内，于 (105±2)℃，真空度为 5300Pa 的真空烘箱内，加热干燥 4h。

ⅴ. 取出烘干试样连同玻璃棒一起放在干燥器内，冷却 15min 后称量，准确至 0.0001g。

④ 结果表示。固含量分数按式(6.142)计算：

$$s = \frac{m}{m_0} \times 100 \qquad (6.142)$$

式中，s 为试样固含量，%；m 为干燥后的试样质量，g；m_0 为干燥前的试样质量，g。

将 3 个试样平行测定值修约到小数点后第二位，取其算术平均值报告结果，当粉状试样单个测定值与平均值偏差大于 1% 时，胶状试样单个测定值与平均值偏差大于 5% 时，重新取样测定。

(3) 聚丙烯酰胺中残留丙烯酰胺含量的测定——溴化法

① 方法提要。在试样溶液中加入过量的溴酸钾-溴化钾溶液，在酸性介质中溴酸钾-溴化钾反应生成的溴与试样中的丙烯酰胺双键加成。反应完后，加入过量的碘化钾还原未反应的溴而生成碘，用硫代硫酸钠标准溶液回滴析出的碘。本法适用于用不同聚合法制得的粉状和胶状非离子型和阴离子型聚丙烯酰胺中残留丙烯酰胺含量的测定。残留丙烯酰胺含量高于 0.5% 的聚丙烯酰胺，适用于采用水溶液法制备试样进行测定，残留丙烯酰胺含量高于 0.05% 的聚丙烯酰胺，适用于采用提取法制备试样进行测定。

② 试剂。本法所用试剂及水均为分析纯试剂及蒸馏水或同等程度的水。

a. 盐酸。

b. 甲醇-水提取液：体积比为 8：2。

c. 溴酸钾-溴化钾溶液：$c\left(\frac{1}{6}KBrO_3\right) = 0.1mol/L$，按 GB/T 601—2016 配制。

d. 碘化钾溶液：20%。

e. 盐酸水溶液：体积比 1：1。

f. 淀粉指示剂：按 GB/T 603—2002 配制。

g. 硫代硫酸钠标准溶液：$c(Na_2S_2O_3) = 0.05mol/L$，按 GB/T 601—2016 配制。

③ 仪器

a. 碘量瓶：容积 250mL。

b. 锥形瓶：容积 250mL。

c. 量筒：容积 10mL、50mL、100mL、500mL。

d. 移液管：容积 10mL、20mL、50mL。

e. 容量瓶：容积 1000mL。

f. 棕色细口瓶：容积 1000mL。

g. 滴定管：25mL。

h. 分析天平：感量 0.0001g。

i. 托盘天平：感量 0.1g。

j. 康氏振荡器。

④ 试样溶液制备

a. 水溶液法。称取 0.3～0.5g 粉状试样或相当于 0.5g 固含量的胶状试样，精确至 ±0.0001g，置于 250mL 碘量瓶中，加入 100mL 蒸馏水，振荡至试样完全溶解。

b. 提取法。称取 14～16g 粉状试样，精确至 ±0.0001g，置于 250mL 锥形瓶中，用移液管加入 150mL 提取液，用胶塞盖紧瓶口，在高于 15℃ 的室温下放置 20h 后，在康氏振荡器上振荡 4h。用移液管准确吸取上层清液 10～40mL，根据残留丙烯酰胺的大致含量确定吸取量，使式（6.143）中试样和空白试验所耗硫代硫酸钠标准溶液的体积之差约为 2～4mL，放入 250mL 碘量瓶中，加入蒸馏水使总体积为 100mL。

⑤ 实验步骤。在④的试样溶液中，用移液管在碘量瓶中准确加入 20mL 溴酸钾-溴化钾溶液、10mL 盐酸水溶液，立即盖紧塞子，水封、摇匀，置于暗处 30min 后迅速加入 10mL 碘化钾溶液，立即用硫代硫酸钠标准溶液滴定。滴定至浅黄色时，加入 1～2mL 淀粉指示剂，继续滴定至蓝紫色消失时即为终点。记录滴定所耗硫代硫酸钠标准溶液的毫升数。同时做空白试验。

注：在滴定过程中应避免阳光照射，滴定速度要适当快些，不要剧烈摇动。在滴定④中 b 条试样溶液时，若室温高于 20℃，应将碘量瓶置于冷水中滴定。

⑥ 结果计算。聚丙烯酰胺中的残留丙烯酰胺含量按式（6.143）计算：

$$\omega(AM) = \frac{(V_1 - V_2)c_1 \times 0.03554}{ms} \times 100 \tag{6.143}$$

式中，$\omega(AM)$ 为丙烯酰胺含量，%；V_1 为空白试验所耗硫代硫酸钠标准溶液的体积，mL；V_2 为试样所耗硫代硫酸钠标准溶液的体积，mL；c_1 为硫代硫酸钠标准溶液的浓度，mol/L；0.03554 为与 1.00mL 硫代硫酸钠标准溶液 $[c(Na_2S_2O_3) = 1.000mol/L]$ 相当的以克表示的丙烯酰胺的质量；m 为试样质量，g；s 为试样固含量，%。

当用提取法制备试样溶液时，试样质量按式（6.144）计算：

$$m = \frac{m_0 V}{V_0} \tag{6.144}$$

式中，m_0 为称取的试样质量，g；V_0 为加入的提取液总体积，mL；V 为吸取的提取液的体积，mL。

做 3 个平行试验，以其算术平均值，取 2 位有效数字报告结果。

水溶液法制样时单个测定值与平均值的最大偏差不大于 ±5%，提取法制样时单个测定值与平均值的最大偏差不大于 ±10%。如超过最大偏差，应重新测定。

（4）聚丙烯酰胺中残留丙烯酰胺含量的测定——液相色谱法

① 方法提要。用规定体积和浓度的甲醇水溶液浸取聚丙烯酰胺试样至浸取平衡。以阳离子交换树脂为色谱柱固定相，水为流动相，对所得浸取液进行液相色谱分离，用紫外

检测器测定丙烯酰胺的色谱峰,利用外标法计算残留丙烯酰胺的含量。本法适用于丙烯酰胺含量 0.01％以上的粉状和胶状聚丙烯酰胺。

② 试剂。本方法所用试剂均为分析纯试剂。

a. 甲醇。

b. 液相色谱流动相:蒸馏水经阳离子及阴离子交换树脂混合床处理的去离子水。

c. 苯。

③ 仪器

a. 液相色谱仪。

b. 平流泵。

ⅰ. 流量范围:0.01～5mL/min。

ⅱ. 工作压力:2.45×10⁷Pa。

ⅲ. 压力波动:±1％。

ⅳ. 流量稳定性:±1％(流量应大于 0.15mL/min,小于 5mL/min)。

c. 紫外检测器。

ⅰ. 波长:200～800nm。

ⅱ. 波长精度:±2nm。

d. 六通阀。具有定量取样管,体积约为 0.1mL。

e. 色谱柱。

ⅰ. 色谱柱类型:填充柱。

ⅱ. 色谱柱的特征:

材料:钛钢管。

长度:300mm。

内径:6mm。

形状:直形。

固定相:38～48μm(300～400 目) 的 001×7 阳离子交换树脂。

f. 记录器:量程 1mV～5V;走纸速度 0.015～5mm/s。

g. 分析天平:感量 0.0001g。

④ 试样溶液制备

a. 称取 0.1～0.15g 粉状或胶状聚丙烯酰胺试样精确至 0.0001g,放入已干燥的 50mL 磨口具塞锥形瓶中。用移液管吸取 10mL 体积比为 8∶2 的甲醇水溶液浸泡试样,轻轻摇动,使其散开。浸泡 6h 以后,可间断摇动 3～4 次,浸泡 24h 后,待测定。

b. 分子量过大及粒度较大的非离子型聚丙烯酰胺试样,用体积比 7.5∶2.5 的甲醇水溶液浸泡。其他操作同 a 条。

c. 胶状聚丙烯酰胺试样,在称样前将其剪成小碎块,再进行称样。如不能剪碎者,浸泡 6h 后,用不锈钢小勺将试样捣碎,再继续浸泡 24h。其他操作同 a 条。

⑤ 操作步骤

a. 调整仪器

ⅰ. 色谱柱温度:常温。

ⅱ. 流动相流速:1.3mL/min。

ⅲ. 紫外检测器波长：210nm。

ⅳ. 记录仪量程及走纸速度根据要求的色谱峰大小进行适当选择。

b. 校准

ⅰ. 外标法：按 GB 4946—2008 规定。

ⅱ. 丙烯酰胺标准样品的制备：工业品或化学纯的固体丙烯酰胺经苯二次重结晶，得含 99% 以上的丙烯酰胺标准样品。

ⅲ. 丙烯酰胺标准样品溶液的配制：称取丙烯酰胺标准样品（0.1000±0.0001)g 放入 10mL 烧杯中，加入去离子水使其完全溶解，定量转移至 100mL 容量瓶中，再用去离子水稀释至刻度，该溶液为 1mg/mL 的丙烯酰胺溶液。

用移液管吸取 1mg/mL 的丙烯酰胺溶液 5mL，放入 50mL 容量瓶中，用去离子水稀释至刻度，该溶液为 0.1mg/mL 的丙烯酰胺溶液。

用吸量管吸取 0.1mg/mL 的丙烯酰胺溶液 0.1mL、0.5mL、1.0mL、2.0mL、3.0mL，分别加入 10mL 容量瓶中，用去离子水稀释至刻度，该溶液分别为 0.001mg/mL、0.005mg/mL、0.01mg/mL、0.02mg/mL、0.03mg/mL 的丙烯酰胺标准样品溶液。

注：标准样品溶液采用与测定试样相同的色谱条件进行测定，得色谱图，计算峰面积，绘制曲线。检查各标准样品溶液与测得的峰面积是否成线性关系，若不成线性关系应重新配制标准样品溶液。

c. 进样

ⅰ. 通过六通阀使试样溶液进入色谱柱，得色谱图 6.66，计算峰面积。

ⅱ. 取一个色谱峰高与试样色谱峰高相近的标准样品溶液，经六通阀进入色谱柱，得标准样品色谱图，计算峰面积。

⑥ 结果表示。按式（6.145）计算残留丙烯酰胺含量：

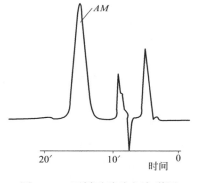

图 6.66　丙烯酰胺液相色谱图

$$\omega(AM) = \frac{Ac_2}{A_0 ms \times 1000} \times 100 \qquad (6.145)$$

式中，$\omega(AM)$ 为残留丙烯酰胺含量，%；A 为试样的峰面积，mm^2；c_2 为丙烯酰胺标准样品溶液浓度，mg/mL；m 为试样质量，g；s 为试样固含量 [按（2）测定]，%。

取 2 个试样测定结果的算术平均值，修约到小数点后第 3 位报告结果。单个试样测定值与算术平均值的相对偏差不大于 5%，否则应重新取样测定。

（5）聚丙烯酰胺中残留丙烯酰胺含量的测定——气相色谱法

① 方法提要。用规定体积和浓度的甲醇-水溶液浸取聚丙烯酰胺至平衡，用气相色谱法测定浸取液中丙烯酰胺色谱峰面积，并将其与丙烯酰胺标准样品的工作曲线比较，即可得到聚丙烯酰胺中残留丙烯酰胺含量。本法适用于用不同聚合法制得的粉状和胶状非离子型和阴离子型聚丙烯酰胺中残留丙烯酰胺含量的测定。本法适用于丙烯酰胺含量高于 0.01%，特别是高于 0.05% 的试样的测定。

② 试剂和材料。本方法所用试剂和蒸馏水均为分析纯试剂和蒸馏水。

a. 甲醇。

b. 混合溶剂：甲醇-水，体积比 8∶2。

c. 氮气：纯度 99.99%。

d. 载体：Chromosorb W-HP 型，粒度 180～250μm(60～80 目)。

e. 固定液：聚乙二醇，分子量 20000。

③ 仪器

a. 气相色谱仪：具有氢火焰离子化检测器，敏感度小于或等于 $1×10^{-10}$ g/s。

b. 进样器：2μL 或 5μL 微量注射器。

c. 色谱柱：长 2m，内径 3mm 的不锈钢柱，装填表面涂有与其质量比为 20% 聚乙二醇固定液的 Chromosorb W HP 载体。使用前该色谱柱需在 175～180℃，以 20mL/min 的氮气流老化处理 12h 以上。

d. 记录器：满标量程 5mV。

e. 分析天平：感量 0.0001g。

f. 康氏振荡器或电磁搅拌器。

④ 试样溶液制备

a. 粉状聚丙烯酰胺试样：在已经干燥好的 100mL 磨口具塞锥形瓶中称量 2.9～3.1g 试样，准确至 0.0001g，用移液管吸取 30mL 混合溶剂于其中，盖好瓶塞。摇动锥形瓶，使试样分散均匀，在室温下放置 20h。然后将锥形瓶妥善地固定在康氏振荡器上，勿使瓶塞松动，于室温下振荡 4h。静置后取上层清液作为试样溶液。

注：除用康氏振荡器外，也可以用电磁搅拌器，以能将试样搅动为宜。

b. 胶状聚丙烯酰胺试样：在已干燥的 250mL 磨口具塞锥形瓶中称量 9～11g 试样，准确至 0.0001g。往其中加入相当于试样含水体积 4 倍的甲醇。盖好瓶塞，按 a 操作。

⑤ 操作步骤

a. 调整仪器

ⅰ. 气化室温度：230℃。

ⅱ. 柱温：165℃。

ⅲ. 检测器温度：230～240℃。

ⅳ. 气体流速：氮气流速 20mL/min；氢气流速 50mL/min；空气流速 550mL/min。

ⅴ. 柱前压：约 0.16MPa。

ⅵ. 记录仪走纸速度：根据要求和色谱峰宽窄适当选择。

b. 校准

ⅰ. 外标法：按 GB 4946—2008 中的 5.15 进行。

ⅱ. 丙烯酰胺标准样品的制备：将工业品或化学纯的固体丙烯酰胺经二次重结晶处理，即得含量为 99% 的丙烯酰胺标准样品。

ⅲ. 丙烯酰胺标准样品溶液的配制：称取 (0.1000±0.0001)g 丙烯酰胺置于 100mL 容量瓶中，加入约 15mL 混合溶剂溶解。将溶解好的丙烯酰胺溶液定量转移到 50mL 容量瓶中，用混合溶剂稀释至刻度，得含量为 2.00mg/mL 丙烯酰胺标准样品溶液 B。

用移液管分别吸取 5mL 及 10mL 溶液 B，加入 20mL 容量瓶中，用混合溶剂稀释至刻度，得含量为 0.50mg/mL 及 1.00mg/mL 的丙烯酰胺标准样品溶液。

用移液管吸取 5mL 溶液 B，加入 50mL 容量瓶中，用混合溶剂稀释至刻度，得含量为 0.20mg/mL 的丙烯酰胺标准样品溶液 F。

用移液管吸取 1mL、2mL、5mL、10mL 溶液 F，分别加入 4 个 20mL 容量瓶中，用混合溶剂稀释至刻度，得含量分别为 0.01mg/mL、0.02mg/mL、0.05mg/mL、0.10mg/mL 的丙烯酰胺标准样品溶液。

ⅳ. 工作曲线的绘制：按照 a 调节色谱仪使之稳定一段时间，待记录仪基线呈直线后，用微量注射器分别吸取含量为 0.01mg/mL、0.02mg/mL、0.05mg/mL、0.10mg/mL、0.20mg/mL、0.50mg/mL、1.00mg/mL、2.00mg/mL 的丙烯酰胺标准样品溶液 2μL，注入气相色谱仪内，并适当调节衰减，使色谱峰出现在记录纸上适当位置。

根据记录仪记录的不同丙烯酰胺标准样品溶液的色谱峰大小计算面积。

在双对数坐标纸上，以上述各丙烯酰胺标准样品溶液的含量为横坐标，以相应含量的色谱峰面积为纵坐标，得线性工作曲线。该工作曲线可绘制 2 条：由丙烯酰胺含量等于和小于 0.20mg/mL 的各点对应的各色谱峰面积作图得一条直线；由丙烯酰胺含量大于 0.10mg/mL 的各点对应的各色谱峰面积作图得一条直线。

c. 测定：在 a 的条件下，吸取 2μL 试样溶液注入气相色谱仪内，并对试样溶液做 3 次平行实验，相应得 3 个色谱峰。根据记录仪得到的试样溶液中丙烯酰胺的色谱峰大小计算面积。

d. 色谱图：见图 6.67。

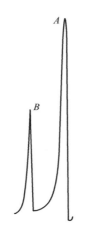

(a) 丙烯酰胺标准样品色谱　　　　　　　(b) 试样溶液中丙烯酰胺色谱

A— 甲醇峰；B— 丙烯酰胺标准样品色谱峰　　　　A'— 甲醇峰；B'— 试样溶液中丙烯酰胺色谱峰

图 6.67　丙烯酰胺气相色谱

⑥ 结果表示。按式（6.146）计算残留丙烯酰胺含量：

$$\omega(AM) = \frac{\alpha V}{ms \times 1000} \times 100 \tag{6.146}$$

式中，$\omega(AM)$ 为残留丙烯酰胺含量，%；α 为工作曲线查得的丙烯酰胺含量，mg/mL；m 为试样质量，g；s 为试样的固含量（按 6.3.5.2（2）测定），%；V 为试样溶液中甲醇与水的体积之和，mL。

将计算结果的数值修约到小数点后第二位。

(6) 部分水解的聚丙烯酰胺水解度的测定方法

① 方法提要。部分水解聚丙烯酰胺是强碱弱酸盐，它与盐酸反应形成大分子弱酸，体系的 pH 值由弱碱性转变成弱酸性。用盐酸标准溶液滴定，选用甲基橙靛蓝二磺酸钠为指示剂。用所消耗盐酸标准溶液的体积计算试样的水解度。本法适用于用不同聚合法制得的粉状和胶状水解聚丙烯酰胺的水解度测定。

② 试剂和溶液。本方法所用试剂及水均为分析纯试剂及蒸馏水。

a. 盐酸标准溶液：按 GB/T 601 配成 $c(HCl)=0.1mol/mL$ 的溶液。

b. 甲基橙溶液：用蒸馏水配成 0.1% 的溶液，贮存于棕色滴瓶中，有效期为 15d。

c. 靛蓝二磺酸钠溶液：用蒸馏水配成 0.25% 的溶液，贮存于棕色滴瓶中，有效期为 15d。

③ 仪器

a. 微量滴定管：容积 1mL，最小刻度 0.01mL。

b. 锥形瓶：容积 250mL。

c. 称量瓶：直径 20mm，高 15mm。

d. 量筒：容积 100mL。

e. 电磁搅拌器。

f. 分析天平：感量 0.0001g。

g. 真空干燥箱。

h. 铁支架、表面皿、玻璃板等。

④ 试样溶液的配制

a. 粉状试样溶液的配制

ⅰ. 用称量瓶采用减量法称取 0.028～0.032g 试样，精确至 0.0001g，3 个试样为一组。

ⅱ. 将盛有蒸馏水的锥形瓶放在电磁搅拌器上，打开电源，调节搅拌磁子转数使液面旋涡深度达 1cm 左右，将试样缓慢加入锥形瓶中。

ⅲ. 待试样完全溶解后，可直接进行水解度的测定。

b. 胶状试样溶液的配制

ⅰ. 当固含量在 20%～30% 时，取 2～3g 胶状试样，用剪刀剪成小碎块，置于表面皿上。当固含量在 10% 以下时，取 8～10g 胶状试样，平涂在 15cm×15cm 的玻璃板上。将试样置于真空干燥箱中，在 60℃、真空度 5300Pa 下干燥。

ⅱ. 将干燥后的试样按 a 条的方法配成溶液。

ⅲ. 测试后所余固体试样按 6.3.5.2 (2) 测定试样的固含量。

⑤ 测定步骤

a. 用 2 支液滴体积比为 1∶1 的滴管向试样溶液中加入甲基橙和靛蓝二磺酸钠指示剂各 1 滴，试样溶液呈黄绿色。

b. 用盐酸标准溶液滴定试样溶液，溶液由黄绿色变成浅灰色即为滴定终点。记下消耗盐酸标准溶液的毫升数。

⑥ 结果表示。试样水解度按式(6.147) 计算：

$$HD = \frac{cV \times 71 \times 100}{1000ms - 23cV} \qquad (6.147)$$

式中，HD 为水解度，%；c 为盐酸标准溶液的浓度，mol/L；V 为试样溶液消耗的盐酸标准溶液的毫升数，mL；m 为试样的质量，g；s 为试样的固含量，%；23 为丙烯酸钠与丙烯酰胺链节质量的差值；71 为与 1.00mL 盐酸标准溶液 $[c(HCl) = 1.00mol/L]$ 相当的丙烯酰胺链节的质量。

每个试样至少测定 3 次，取 2 位有效数字，以算术平均值报告结果。单个测定值与平均值的最大偏差在 5% 以内，如果超过最大偏差，应重新取样测定。

6.3.6　淀粉-丙烯酰胺接枝共聚物絮凝剂

自 1962 年井本稔发现淀粉在水中能与某些单体发生接枝共聚以来，许多研究者就淀粉与丙烯酰胺的接枝共聚（St-g-PAM）反应进行了研究。Varmal 等发现在有淀粉存在的条件下，丙烯酰胺的接枝速率是均聚的 3 倍。刘晓洪等以硝酸铈铵（CAN）为引发剂，研究得出 St-g-PAM 高分子絮凝剂制备的最佳工艺条件为：CAN 的浓度 1.0×10^{-3} mol/L，丙烯酰胺浓度 1.4mol/L，聚合反应温度 50℃，聚合反应时间 3h。邱广明等采用乳液聚合技术，以水为分散介质，十二烷基苯磺酸钠（SBNS）为乳化剂和分散稳定剂，以过硫酸钾（KPS）作引发剂，St-g-PAM 的接枝效率达到 90%，接枝率达到 60.9%，显著地改善了淀粉的糊化特性，使其在冷水中就具有良好的分散性，并确定了适宜的合成条件：$w_{(KPS)} = 0.7\% \sim 1.05\%$，$p_{(SBNS)} = 0.53$g/L，温度 60～65℃，反应时间 8h，考察了 St-g-PAM 对纸浆的絮凝和助留效果的影响，共聚物中丙烯酰胺的接枝率越高，纸浆的絮凝速度和留着率就越大，接枝率为 60.9% 的共聚物可使纸浆的网上留着率提高 12.3%。李琼等详细研究了 St-g-PAM 制得的絮凝剂 CGB-A 在不同条件下处理高浓度表面活性剂废水的絮凝净化性能，实验结果表明，CGB-A 与聚合氯化铝（PAC）复配使用处理效果明显优于 PAC 与阴离子聚丙烯酰胺（HPAM）复配使用的效果，产生的絮体沉降速度快，适用的 pH 值范围宽，COD 去除率高，减少了 PAC 投加量，从而减少了废水中游离状态铝离子二次污染的可能性，具有较大的应用价值。郝学奎等以环氧氯丙烷与淀粉反应，研究了交联淀粉接枝丙烯酰胺共聚物。淀粉交联的功能及作用是增大分子链，降低膨胀度。淀粉经过交联之后，黏度比原淀粉高，具有更好的抗剪切强度，耐热性和对酸碱的稳定性提高，不易糊化，能适应各种相应的用途。作为合成絮凝剂的基体，交联淀粉应有一定的交联度，以保证在后续的固液分离过程中淀粉形成的絮体沉降性好，同时，交联淀粉的交联度不宜过高，否则会降低产品的水溶性。

6.3.6.1　淀粉-丙烯酰胺接枝共聚原理

淀粉能否与丙烯酰胺单体发生反应，除与单体的结构、性质有关外，还取决于淀粉大分子上是否存在活化的自由基。自由基可由物理或化学的方法产生。但最常用的还是化学引发方法，一般用 Ce^{4+}、H_2O_2-Fe^{2+}、$K_2S_2O_8$/$KHSO_3$、$(NH_4)_2S_2O_8$/$NaHSO_3$、$KMnO_4$、偶氮二异丁腈等引发剂。本书主要讨论 Ce^{4+} 和 H_2O_2-CS_2 引发的接枝反应机理。

（1）Ce^{4+} 引发机理

Mino 和 Kaizerman 首次提出铈盐能有效引发淀粉与乙烯类单体进行接枝共聚合。

Ce^{4+} 引发淀粉与丙烯酰胺的接枝共聚合反应可分为：链引发、链增长和链终止三个阶段。最初 Ce^{4+} 和淀粉络合导致电子的转移，Ce^{4+} 被还原成 Ce^{3+} 并在淀粉主链上有一个自由基的生成，淀粉主链上的自由基接着引发极性的丙烯酰胺单体接枝共聚，在淀粉分子链上形成聚丙烯酰胺侧链。交联淀粉与丙烯酰胺接枝共聚反应如下。

① 链引发

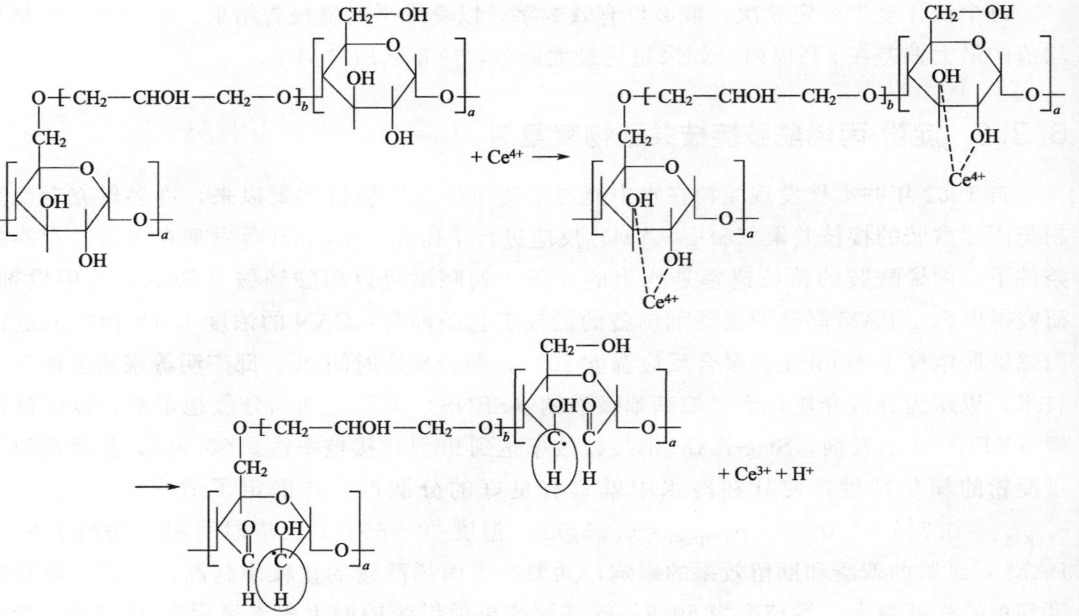

$$(6.148)$$

② 链增长

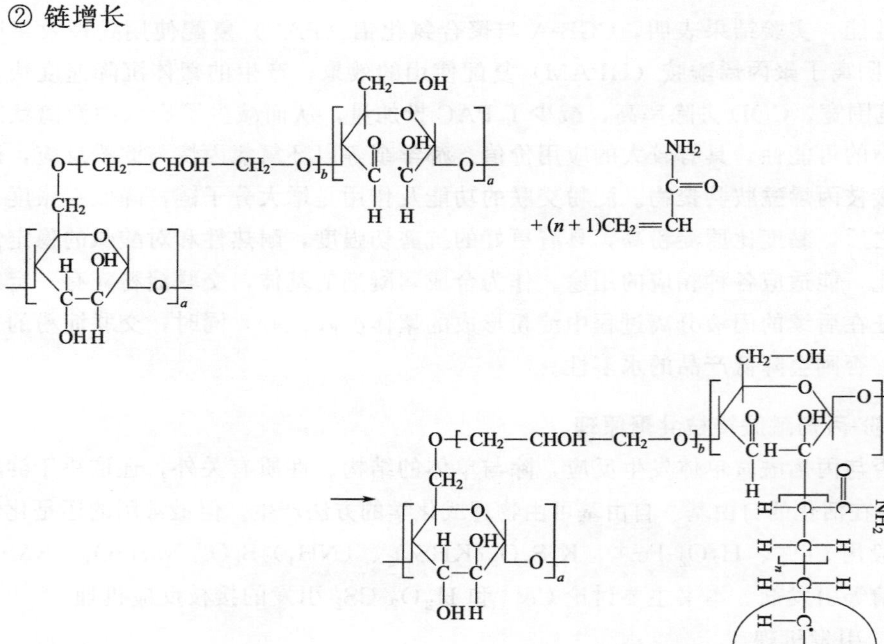

$$(6.149)$$

③ 链终止

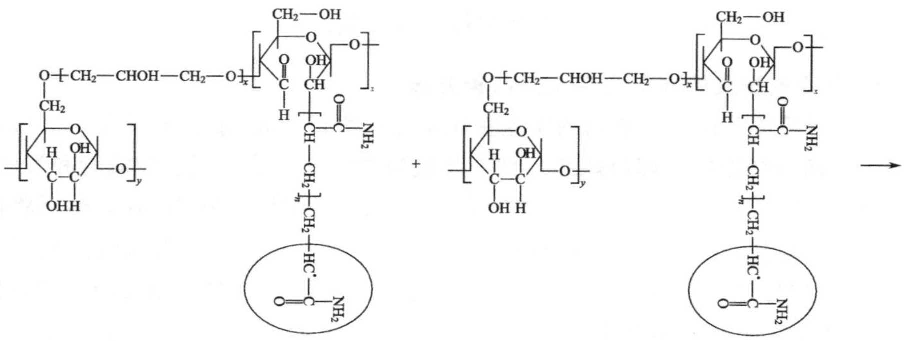

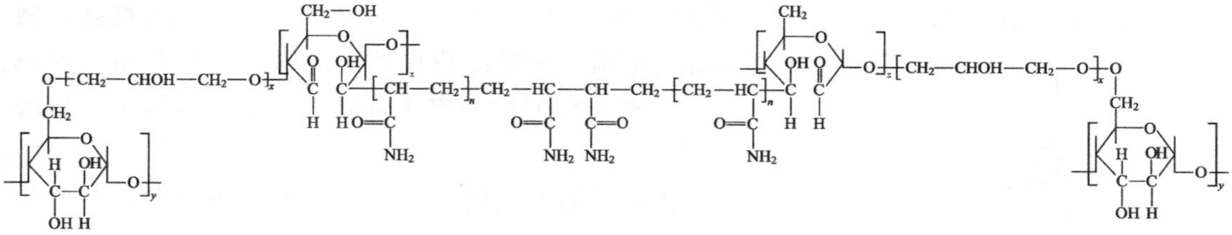

(6.150)

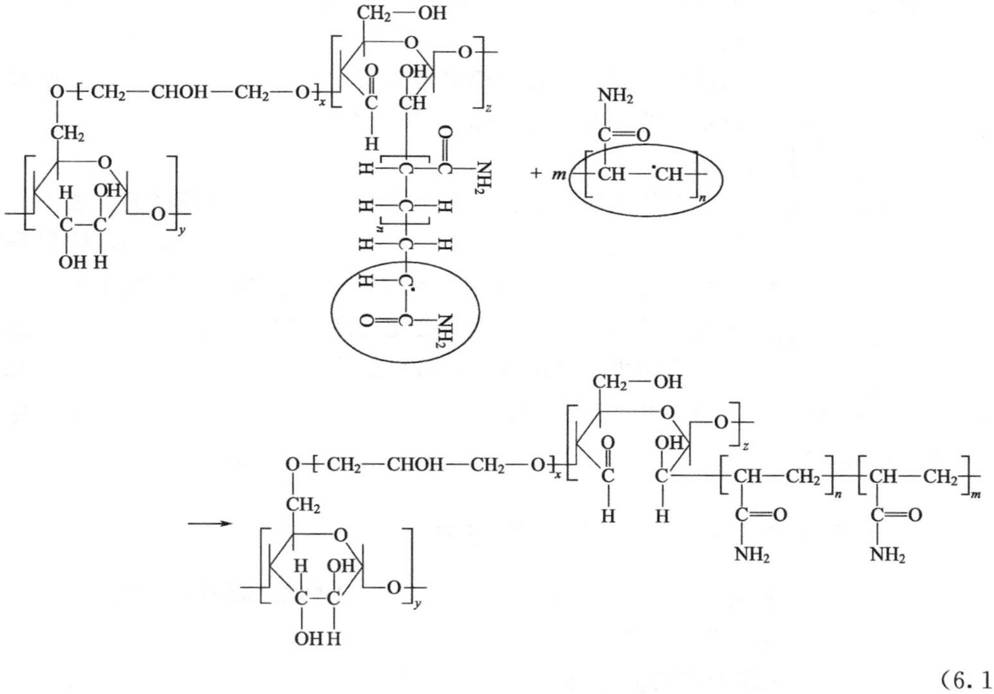

(6.151)

（2）H_2O_2-CS_2 引发机理

张一烽等首次提出 H_2O_2-CS_2 引发体系，并在碱性条件下以该体系合成了淀粉与丙烯酰胺的接枝共聚物，反应式如下：

$$STOH + CS_2 + NaOH \longrightarrow STOCSS^- Na^+ + H_2O \qquad (6.152)$$

$$STOCSS^- Na^+ + 8H_2O_2 + 6OH \longrightarrow STO\cdot + CO_3^{2-} + 2SO_4^{2-} + 11H_2O \qquad (6.153)$$

在 H_2O_2-CS_2 引发体系中，淀粉（STOH）在碱性条件下先与 CS_2 发生反应生成淀粉黄原酸钠（STOCSS$^-$Na$^+$），然后 STOCSS$^-$Na$^+$ 在碱性条件下与 H$_2$O$_2$ 发生氧化还原反应生成淀粉自由基（STO·），STO· 引发单体接枝反应。

6.3.6.2　淀粉-丙烯酰胺接枝共聚物实验室制备方法

以交联淀粉-丙烯酰胺接枝共聚物的实验室制备方法为例。将 2g 交联淀粉和 20mL 蒸馏水置于 250mL 四口烧瓶中，四口烧瓶分别安装机械搅拌、气体装置、冷凝管和温度计，在室温下将交联淀粉搅拌成均匀的糊状，再投加 40% 的丙烯酰胺溶液 40mL，然后将四口烧瓶浸入 45℃的恒温水浴锅中，均匀机械搅拌并从四口烧瓶的底部吹入氮气。通氮气的主要目的是排除反应体系中的氧，因为氧有显著的阻聚作用，氧和自由基反应，形成比较不活泼的过氧自由基，过氧自由基本身或与其他自由基歧化或偶合终止。待恒温之后（大约 15min），逐滴滴加 0.1mol/L 硝酸铈铵溶液，聚合反应进行 3h 后，停止机械搅拌，撤除氮气，并冷却至室温。交联淀粉接枝丙烯酰胺的粗产品用丙酮洗涤 3 次，过滤后放入 60℃的真空干燥箱中，烘干至恒重，研磨并用 200 目筛子筛分以备后用。

在交联淀粉接枝丙烯酰胺的粗产物中含有如下成分：交联淀粉接枝聚丙烯酰胺共聚物、丙烯酰胺的均聚物、未参加接枝反应的淀粉/交联淀粉和其他残留的小分子（如丙烯酰胺、溶剂和引发剂等添加物质），因此，接枝粗产物的有效分离提纯将是不可缺少的研究步骤，也是后续定量分析所必需的。本书用索氏提取器提取烘干的接枝共聚物粗产品，索氏提取器的实验装置如图 6.68 所示。

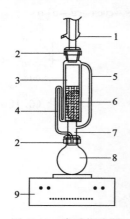

图 6.68　索氏提取器
1—冷凝器；2—铁钳；3—滤纸筒；4—虹吸管；5—蒸汽侧管；6—聚合物；7—提取器；8—烧瓶；9—加热器

具体方法如下：用电子天平称取 1.000g 粗产品，放入索氏提取器中，用冰醋酸和乙二醇混合液作溶剂（60：40，体积分数），连续回流提取 8h，用萃取剂分离去除丙烯酰胺的均聚物。提取器中剩余的固体物，用甲醇沉淀洗涤 3 次，过滤后放入 60℃的真空干燥箱中烘干至恒重。定量称取该产物，加入一定量的 0.5mol/L NaOH 溶液，在 50℃下用磁力搅拌 3h，以溶解未接枝的淀粉。接枝产物用布氏漏斗过滤，用无水乙醇、丙酮沉淀洗涤 3 次，烘干即得纯的接枝共聚产物。

6.3.7　聚二甲基二烯丙基氯化铵类絮凝剂

聚二甲基二烯丙基氯化铵（PDMDAAC）是一种具有特殊功能的水溶性阳离子型高分子材料，可用于石油开采、造纸、水处理、医药、纺织及食品工业等。20 世纪 60 年代美国 George B.Butler 博士曾对其单体的合成及聚合做过研究，随后美国 Calgon 公司、Nalco 化学公司又对其合成方法做了改进并投入工业生产。80 年代，苏联、西德、波兰、日本等国家针对该材料在石油开采方面的应用前景，也做了积极开发，并发表了不少专利和论文。长期以来，国内对该产品的研究并不多，且仅限于石油开采方面。据文献报道，二甲基二烯丙基氯化铵的均聚物或共聚物用于水处理方面作为絮凝剂，能获得比目前常用的絮凝剂更好的处理效果。在水和废水的处理中，水中污染物常带有负电荷，但目前所使用的有机高分子絮凝剂多为阴离子型，其中大量使用的聚丙烯酰胺还存在残留单体的毒性问题，使其应用正在受到越来越多的限制。二甲基二烯丙基氯化铵的均聚物和共聚物为一类新型的阳离子型有机高分子絮凝剂，其分子中含有季铵基阳离子，正电性强，不易受pH值等因素的影响。当作为絮凝剂用于水和废水处理时，既可发挥"电中和"作用，又可发挥"架桥"作用，无毒无害，因而是一种理想的絮凝剂，是我国絮凝剂的更新换代产品，代表着我国絮凝剂发展的方向。

6.3.7.1 聚二甲基二烯丙基氯化铵的性质

① PDMDAAC 具有较好的溶解性。HPAM 的溶解时间一般为 2～4h，而 PDMDAAC 在 0.5h 内就可完全溶解。因而使用 PDMDAAC 可以解决使用 PAM 时溶解困难的问题。

② PDMDAAC 中含有季铵阳离子，其正电性强，不易受到介质条件的影响，对 pH 值不敏感。使用效果证明对高浊度水的净化处理有很好的效果。

③ PDMDAAC 产品无毒无害，对人体无不良反应。是美国公共卫生署批准用于饮用水净化的唯一人工合成的阳离子絮凝剂，使用安全可靠。

④ 由于原料烯丙基氯的市场价格较高，因而产品 PDMDAAC 的市场售价较高。但它的投加量远比 HPAM 要小。

⑤ PDMDAAC 的特性黏度与分子量之间的 Mark-Hauwink 关系如下式所示：

$$[\eta] = 3.98 \times 10^{-4} \times \overline{M}^{0.66} (0.1 \text{mol/dm}^3 \text{NaCl}, 20℃) \tag{6.154}$$

6.3.7.2 单体的制备原理

PDMDAAC 的单体 DMDAAC 的制备可采用两步法，该法用二甲胺和烯丙基氯反应可制备出纯度很高的单体，实验原理和方法如下：

$$2(CH_3)_2NH + CH_2 = CH—CH_2Cl \longrightarrow$$
$$(CH_3)_2NCH_2CH = CH_2 + (CH_3)_2NH_2Cl \tag{6.155}$$

由该反应生成的二甲胺盐酸盐与氢氧化钠中和而恢复为二甲胺：

$$(CH_3)_2NH_2Cl + NaOH \longrightarrow (CH_3)_2NH + NaCl + H_2O \tag{6.156}$$

生成的叔胺经分离后再经以下反应而成为 DMDAAC：

$$(CH_3)_2NCH_2—CH = CH_2 + CH_2 = CH—CH_2Cl \longrightarrow$$
$$[(CH_3)_2N(CH_2—CH = CH_2)_2]^+ Cl^- \tag{6.157}$$

除两步法外尚可采用一步法，即用二甲胺和烯丙基氯在强碱性条件下一次反应完成。该法的产率较高，但所得单体溶液中含有大量副产物如氯化钠、烯醇、烯醛、叔胺盐及未反应完的烯丙基氯等，虽经减压蒸馏也不能完全去除或完全不能去除，这将影响后续聚合步骤和作为给水絮凝剂的卫生性能。

6.3.7.3 均聚物的制备原理

用上述方法制得的单体 DMDAAC 配成一定浓度的水溶液，以复合引发剂引发，在氮气保护下以自由基溶液聚合法使之聚合：

$$n \begin{bmatrix} CH_2=CH—CH_2 \\ CH_2=CH—CH_2 \end{bmatrix} N \begin{matrix} CH_3 \\ CH_3 \end{matrix} \Bigg]^+ Cl^- \xrightarrow{引发剂} \cdots + nCl^- \tag{6.158}$$

在制备过程中单体浓度、引发剂种类、引发剂用量、反应温度、反应时间等因素均影响产品的分子量、电荷密度，因而影响产品的絮凝性能，必须对它们进行仔细的研究，找出其最佳值。

在 DMDAAC 的溶液聚合中，释放出大量的热。如何使反应热有效地散出是中试和工业化生产成败的关键。为解决这一问题，目前已有人研究用乳液聚合的方法制备 PDMDAAC。

6.3.7.4　共聚物的制备原理

在二甲基二烯丙基氯化铵均聚物絮凝剂的制备和工业化生产中，目前尚存在如下问题。

① 由于 DMDAAC 单体的活性较低，在聚合反应中，当单体浓度较低时，得不到分子量较高的聚合物；但当单体浓度较高时，随着聚合反应的进行，体系黏度升高，因而聚合反应热不易散出，体系温度上升，导致分子量下降，甚至发生爆聚而使聚合失败。

② 原料成本较高，约为目前一般所用高分子絮凝剂聚丙烯酰胺的 2.5~3 倍。

考虑到丙烯酰胺（AM）单体具有较强的自聚和共聚能力，且单体成本较低，如果以 DMDAAC 与 AM 共聚来制取阳离子型絮凝剂，既可降低成本，又可提高产品的分子量，因而是解决上述问题方法之一。

共聚反应中不同单体的相对活性以竞聚率 γ 表示。不同温度时 DMDAAC 和 AM 在溶液聚合条件下的竞聚率如表 6.24 所示，可以看出 AM 的活性远高于 DMDAAC。

表 6.24　不同温度时 DMDAAC 和 AM 在溶液聚合条件下的竞聚率

反应温度/℃	γ_{DMDAAC}	γ_{AM}
20	0.58	6.7
35	0.22	7.14

另有共聚物组成微分方程如下：

$$F_1 = \frac{\gamma_1 f_1^2 + f_1 f_2}{\gamma_1 f_1^2 + 2 f_1 f_2 + \gamma_2 f_2^2} \tag{6.159}$$

式中，F_1 为单体 1 在共聚物中的瞬时组成（摩尔分数），f_1 和 f_2 分别为单体 1 和单体 2 在反应混合物中的瞬时组成（摩尔分数）。设 AM 为单体 1，DMDAAC 为单体 2，代入上表数据，得共聚物组成与反应物配比的关系。当反应温度为 20℃时，欲得到摩尔组成为 1:1 的共聚物，即阳离子度（共聚物分子中 DMDAC 所占摩尔分数）为 50% 的共聚物，则在制作过程中应保持活泼单体 AM 在单体混合物中的摩尔分数 $f_1 = 0.22$，当反应温度为 35℃时，欲得到组成为 1:1 的共聚物，则要保持 $f_1 = 0.1$。从提高产物分子量及避免发生爆聚考虑，反应温度宜低不宜高。

与均聚时类似，在制备过程中单体配比及浓度、引发剂种类、引发剂用量、反应温度、反应时间等因素均影响产品的分子量、电荷密度，因而影响产品的絮凝性能，必须对它们进行仔细研究，找出其最佳值。

6.3.8　聚乙烯亚胺絮凝剂

聚乙烯亚胺（PEI）是高支化带有伯、仲和叔胺的近似球形的聚合物，各种胺在聚合物中的含量大约是伯胺30%、仲胺40%、叔胺30%。结构式如下：

$$\begin{array}{c} +(CH_2)-N-(CH_2)_2NH + \\ | \\ (CH_2)_2NH_2 \end{array}$$ (6.160)

在水处理中基于其阳离子特性，早已作为絮凝剂用于污泥浓缩和脱水、生物污泥的脱水，以及过滤调节剂和澄清助剂。

6.3.8.1 聚乙烯亚胺的性质

聚乙烯亚胺分子链上含有大量的伯胺、仲胺和叔胺基团，因此它有很好的水溶性。当pH＜10时，其分子链上的氨基多处于质子化状态。但作为一种阳离子絮凝剂，聚乙烯亚胺存在一个严重的缺点，那就是其阳离子型受pH值影响很大，在酸性溶液中，PEI分子链上70%的氮是质子化的，在中性溶液中氮的质子化率约为60%，在pH值为9的碱性溶液中，约为32%，在pH值为10.5时氮的质子化程度为零。

聚乙烯亚胺为弱碱性，在水中的pH值随聚合度不同而不同，容易与酸、酰基氯异氰酸和羰基化合物反应，生成的盐一般溶于水。聚乙烯亚胺的热稳定性好，甚至在空气中加热至200℃时减量也很少。

工业品聚乙烯亚胺在无水状态下是高黏稠、高吸湿性溶液，有氨味，外观呈黄色或无色，溶于水和低级醇，但在酸性介质中可形成凝胶。由于聚乙烯亚胺含有胺和亚胺基团，容易吸收二氧化碳，因此应尽量减少与空气接触。

6.3.8.2 聚乙烯亚胺的制造方法

如本章6.3.4.5所述，聚丙烯酰胺可以和次氯酸盐在碱性条件下反应制得聚乙烯亚胺阳离子絮凝剂。此外，以1,2-亚乙基胺为原料，于水或各种有机溶剂中进行酸性催化聚合而成。聚合温度90～110℃，引发剂可选用二氧化碳、无机酸或二氯乙烷。如制取高分子量产品，可使用双官能团的烷基化剂，如氯甲基环氧乙烷或二氯乙烷；要生成低分子量产品，则可使用低分子量胺如乙二胺进行聚合。举例如下：

将12.2kg水、1.22kg氯化钠和200mL二氯乙烷加入反应器内，反应器底部设有齿轮泵，逐渐升温至80℃，并在2h内将5.9kg 1,2-亚乙基胺加入进行聚合反应。在加料的同时开动齿轮泵使反应液循环，每循环一次大约10min。在不停搅拌下反应4h，当测定反应液的黏度达到最大值时停止。

6.3.9 壳聚糖及其改性絮凝剂

6.3.9.1 壳聚糖絮凝剂的制备及应用

壳聚糖是甲壳素的脱乙酰产物，为白色或淡黄色片状固体，或青白色粉粒。别名：壳糖胺、甲壳胺、几丁聚糖、脱乙酰甲壳质、可溶性甲壳素。英名：Chitosan，简称CTS。化学名称：聚葡萄糖胺［(1-4)a-氨基-a-脱氧-β-D-葡萄糖］。不溶于水、乙醇和丙酮，可溶于稀酸溶液中。壳聚糖是由一种自然资源十分丰富的线性聚合物——甲壳素（Chitin，［(1-4)-2-乙酸氨基-2-脱氧-β-D-葡萄糖］经40%～60%浓碱液加热至80～120℃处理数小时，脱去N-乙酰基的衍生物。作为原料的甲壳素也称几丁质、壳多糖、聚乙酰胺基葡萄糖，是N-乙酰-2-氨基-2-脱氧-D-葡萄糖以β-1,4糖苷键形式连接而成的多糖，广泛分布于自然界甲壳纲动物（虾、蟹、昆虫）的甲壳中，化学结构式如下：

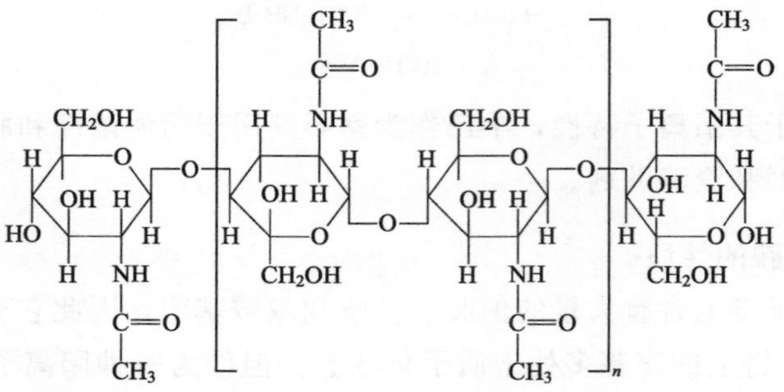

$$\tag{6.161}$$

壳聚糖的结构式如下：

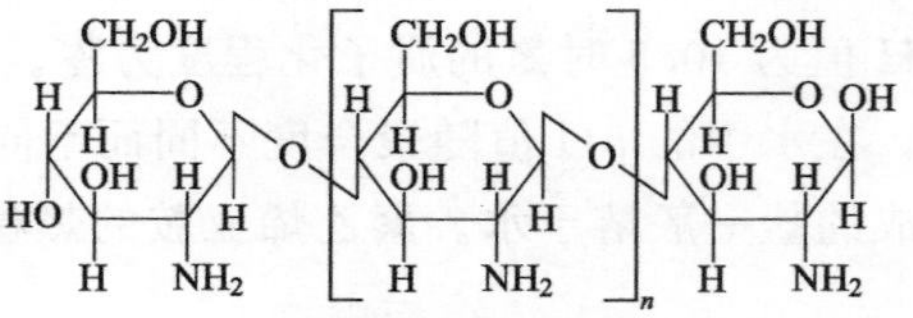

$$\tag{6.162}$$

在酸性介质中，壳聚糖的分子中的—NH_2被质子化为（R—NH_3^+）$_n$，产生酸性溶解；而未脱 N-乙酰基的甲壳质无溶解性。因此，壳聚糖的溶解性与脱乙酰度密切相关。脱乙酰度在 60% 以下的壳聚糖只有部分离析溶解于稀醋酸溶液中；脱乙酰度为 60%～80% 的呈絮凝悬浮于稀醋酸溶液中；脱乙酰度为 80% 以上的则以油性状清澈地溶于稀醋酸溶液中。壳聚糖经稀醋酸的溶解，可实现其不同脱乙酰度的分离。滤液在加碱过程中控制不同的工艺条件，可制备如粉粒、凝胶、多孔粒状等不同状态的青白色的壳聚糖纯品。壳聚糖由于分子的基本单元是带有氨基的葡萄糖，分子中同时含有氨基和羟基，性质比较活泼，可修饰、活化和偶联。表现如下：

① 壳聚糖分子中的活性侧基—NH_2，可酸化成盐类，导入羧基官能团，取代合成侧链铵盐、混合醚、聚氧乙烯醚等，制备具有水溶性、醇溶性、有机溶剂溶解性、表面活性以及纤维性等各种衍生物。

② 壳聚糖分子中—OH 和—HN_2 具有配位螯合功能。

③ 壳聚糖分子中—OH 和—NH_2 均可与交联剂进行交联接枝改性成网状聚合物。

④ 壳聚糖分子中—NH_2 先与过渡金属离子形成配合物，再与交联剂进行交联，具有"模板剂"的"记忆力"和选择吸附性能。

⑤ 壳聚糖在适当条件下进行酰基化，可制备具有低碳数水溶性衍生物和高碳数疏水性衍生物。

近年来国外壳聚糖絮凝剂在水处理中应用已逐渐普遍，日本每年用于水处理的壳聚糖约 500t，主要用于水处理及污泥处理，美国主要用于给水及饮用水净化，我国尚处于起步开发阶段。陈亮等对壳聚糖在水处理方面的应用进行了系统的研究，指出壳聚糖絮凝剂在给水及饮用水处理、废水处理及污泥脱水处理中显示出优越的性能，最大的优点是可生物降解，不带来二次污染。我国壳聚糖的资源非常丰富，探索其在水处理中的应用技术，开发水处理或污泥处理的系列产品将有十分广阔的市场。

壳聚糖在偏酸性的水中絮凝效果较好，这与偏酸性条件下，壳聚糖溶解性较好，且其上的氨基易与 H$^+$ 离子配位显正电荷有关。但随着 pH 值升高，除浊效率会有所下降。实验室中以高岭土配水，在 pH＝7.8，浊度为 98NTU 条件下分别以相对分子质量为 40 万和 100 万的壳聚糖做絮凝试验，结果如图 6.69 所示，可见壳聚糖在此条件下除浊效果尚好。

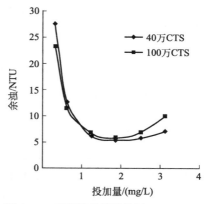

图 6.69　壳聚糖的除浊效果（pH＝7.8）

6.3.9.2　壳聚糖的化学改性

壳聚糖（CTS）作为甲壳素脱乙酰化得到的阳离子型天然高分子化合物，不但保持了甲壳素的生物兼容性，而且应用性能比甲壳素明显改善。但由于壳聚糖只能溶于如乙酸等少数有机溶剂和 pH＜3～4 的水中，且在一般天然水 pH 值条件下，絮凝效果尚不够理想，为其广泛的应用带来了限制，例如，CTS 水溶性较差使得其在水处理中难以作为絮凝剂直接投加，因此对壳聚糖进行化学改性以改善其溶解性和拓宽其应用范围成为多年来有关壳聚糖研究的重要课题。2-羟丙级三甲基氯化铵壳聚糖（HTCC）是壳聚糖经阳离子醚化剂 3-氯-2-羟丙基三甲基氯化铵（CTA）改性后得到的高分子阳离子絮凝剂，当用于水和废水处理时，既可发挥"电中和"作用，又可发挥"架桥"作用，无毒无害，表现了良好的絮凝性能。

（1）HTCC 的制备原理

制备 HTCC 的主要反应式如下：

① CTA 环化

$$CH_2-CH-CH_2-N^+Me_3Cl^- \xrightarrow{OH^-} CH_2-CH-CH_2-N^+Me_3Cl^- \tag{6.163}$$

② 壳聚糖季铵化

$$\tag{6.164}$$

（2）HTCC 的实验室制备

由正交试验得 HTCC 的最佳合成条件为：质量比 $m_{CTS}:m_{CTA}:m_{NaOH}=1:2:1.2$，反应温度为 60℃，反应时间为 7h。具体制法为：取 4g 壳聚糖置于 150mL 三颈烧瓶中，加入 8.23mL 40% 的 NaOH 水溶液和 75mL 异丙醇，搅拌下加热至 50℃，开始滴加 16mL 500g/L 的 CTA 水溶液，控制滴加速率使物料温度不高于 50℃；完毕后升温至 60℃，在恒温磁力搅拌器上恒温反应 7h 后出料；料浆用 10% 的盐酸调节 pH 值至 7.0 后抽滤，滤饼用 60mL 甲醇浸泡洗涤并抽滤（反复 3 次），再用 55mL 无水乙醇浸泡洗涤并抽滤（反复3次），在温度不高于90℃下干燥至质量恒定，即得壳聚糖季铵盐（HTCC），将产物置于干燥皿内备用。

（3）HTCC的性质

在以上条件下所得产物的取代度为67.22%，完全溶解时pH值为5.23，较原料壳聚糖完全溶解时pH值（pH=1.89）有了较大的提高。

以HTCC和PAC复配使用取得了良好的絮凝效果。采用液-液复配方式，测定HTCC/PAC对高岭土悬浊液的絮凝效果，不同复合比条件下HTCC/PAC的除浊效果见图6.70。由图可知，当$m_{HTCC}:m_{PAC}=1:0.8$时，在投药范围内最佳投药量在1.875mg/L HTCC+1.499mg/L PAC处出现，此时浊度去除率达到93%以上，余浊<6NTU；而当$m_{PAC}:m_{HTCC}\geqslant1.6$时，在投药范围内浊度去除率均较好，投药范围较宽，且在投加量为1.875mg/L HTCC+3mg/L PAC时絮凝效果最佳，浊度去除率达到96%以上，余浊<4NTU；综合考虑浊度去除率与药剂成本之间的关系，当HTCC投加量一定且浊度去除率基本相同时，应选择另一种絮凝剂PAC的投加量尽可能小，故选择HTCC/PAC的最佳复配比为$m_{HTCC}:m_{PAC}=1:1.6$。

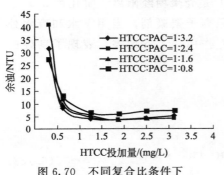

图6.70 不同复合比条件下
HTCC/PAC除浊效果比较

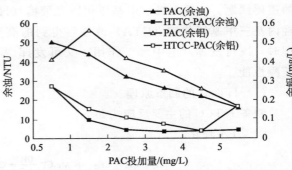

图6.71 HTCC/PAC与PAC单独投
加处理后水样中余铝含量的比较

投加液-液复配的HTCC/PAC，$m_{HTCC}:m_{PAC}=1:1.6$，HTCC/PAC与PAC单独投加絮凝高岭土悬浊液后水样中余铝含量的比较见图6.71。

铝是一种慢性毒物，随水进入人体后会积蓄在脑细胞等组织中，长期饮用铝混凝剂处理的自来水会引发老年痴呆症、心血管病、骨质疏松等多种顽症。由图6.71可知，经HTCC/PAC处理过的水样中铝（Al^{3+}）残余量明显低于PAC处理过的水样。具体表现为：PAC投加量为5mg/L时，浊度去除率达到83%，余浊<17NTU，铝残余量为0.1670mg/L；HTCC/PAC在投加量1.875mg/L HTCC+3mg/L PAC时，浊度去除率达到96%以上，余浊<4NTU，铝残余量仅为0.0750mg/L，在投加量为2.5mg/L HTCC+4mg/L PAC时，铝残余量仅为0.0388mg/L。原因可能为：将HTCC与PAC进行复配时，由于HTCC具有较强的吸附架桥作用，形成的絮体大，空隙率和比表面积高，吸附能力强，因而水样中的残余铝被其吸附发生沉降，因此使得水样中的铝残余量较PAC单独投加时低。故将HTCC与PAC进行复配不仅投药量比传统混凝剂低，而且处理过的水样中铝（Al^{3+}）残余量明显低于PAC处理过的水样，同时也低于国家饮用水水质标准中铝的允许含量0.2mg/L。

6.3.10 两性高分子絮凝剂

两性高分子絮凝剂是指在高分子链节上同时含有正、负两种电荷基团的水溶性高分子絮凝剂。与仅含有一种电荷的水溶性阴离子或阳离子聚合物相比，两性高分子絮凝剂的性能较为独特，例如，适用于阴阳离子共存的污染体系、pH 值适用范围宽及抗盐性好等，主要用作絮凝剂（尤其是染料废水的脱色）、污泥脱水剂及金属离子螯合剂等。世界各国研制的两性高分子水处理剂按其原料来源可分为天然高分子改性和化学合成两大类。

6.3.10.1 带有磺酸基团的两性高分子聚合物

将 2-丙烯酰胺-2-甲基丙磺酸（AMPS）、N-乙烯基-N-甲基乙酰胺和二烯丙基二甲基氯化铵（DADMAC）悬浮于丁醇中，在氮气保护下用偶氮二异丁腈（ABIN）于 $75 \sim 80$℃聚合 2h，合成了带有磺酸基和强碱性基团的两性高分子聚合物，如式（6.165）所示。

$$
\begin{array}{l}
CH_2{=}CH \\
\quad CONHC(CH_3)_2CH_2SO_3H
\end{array}
+
\begin{array}{l}
CH_2{=}CH \\
\quad NCOCH_3 \\
\quad\ CH_3
\end{array}
+
\begin{array}{l}
CH_2{=}CH\ \ CH{=}CH_2 \\
\quad CH_2\ \ \ \ \ CH_2 \\
\quad\ \ N^+ \\
\quad\ CH_3\ CH_3 \quad Cl^-
\end{array}
\xrightarrow[ABIN]{N_2} 共聚物
\tag{6.165}
$$

6.3.10.2 带有羧酸基团的两性高分子聚合物

带有季铵盐基团的单体与丙烯酸（甲基丙烯酸）共聚可合成带有强碱性基团和弱酸性基团的絮凝剂。丙烯酸在离解状态下与季铵盐单体混合时，形成季铵盐离子络合物，得不到共聚物。因此应该使其在丙烯酸不发生离解的 pH 值范围内聚合。将丙烯酸三甲胺乙酯氯化物和 80% 的丙烯酸的水溶液的 pH 值调节到 2.5，在 2,2-偶氮双-2-脒基丙烷盐酸盐等聚合物引发剂的作用下，使之共聚得两性高分子聚合物，如式（6.166）所示。

$$
\begin{array}{l}
CH_2{=}CH \\
\quad COOCH_2CH_2N^+(CH_3)_3Cl^-
\end{array}
+
\begin{array}{l}
CH_2{=}CH \\
\quad COOH
\end{array}
\xrightarrow[pH2.5]{} 共聚物
\tag{6.166}
$$

季铵盐有二烷基氨基乙基甲基丙烯酸酯及二烷基氨基乙基丙烯酸酯两种，可与丙烯酸聚合，得到两性高分子聚合物。

6.3.10.3 两性聚丙烯酰胺的性质和用途

在以上例子中，改变酸性基团、碱性基团和它们之间的比例，可以合成各种两性高分子聚合物。以部分水解的聚丙烯酰胺为原料，通过 Mannich 改性可制备两性聚丙烯酰胺絮凝剂。两性聚丙烯酰胺不同于聚丙烯酰胺，除了分子中含有酰胺基外，还含有正、负电荷基团，因而具有良好的水溶性，但它的水溶性还取决于溶液的 pH 值。正负电荷基团使分子内的静电作用力既可以是排斥力，也可以是吸引力，通过调整 pH 值可以对正负电荷的相对数目进行控制。在强酸强碱溶液中，两性分子中存在大量净电荷，分子链扩展，聚合物表现出良好的水溶性。但在等电点时两性分子发生收缩，其水溶性变差。

两性聚丙烯酰胺作为絮凝剂有很好的应用前景。现阶段水处理中使用的高分子絮凝剂是在聚丙烯酰胺的组成中含有酯类型的季铵盐或盐酸盐的阳离子絮凝剂。但是这类絮凝剂对于有机物含量高的污泥通常难以获得充分的脱水效果，滤饼含水率高，絮体强度弱，悬浮物回收率低。两性聚丙烯酰胺分子中带有阳离子基团和阴离子基团，其阳离子基团可以捕捉带负电荷的有机悬浮物，阴离子基团可以促进无机悬浮物的沉降，因而脱水效果更好。作为混合污泥和消化污泥的脱水剂，通常阳离子基团比例大的两性高分子絮凝剂比阴离子基团比例大的两性高分子絮凝剂的脱水效果更佳。两性聚丙烯酰胺因其结构特点而比较适用于处理其他絮凝剂难于处理的情况，而且可以在 pH 值的大范围内使用，其综合性能高于高效粉状阳离子型聚丙烯酰胺。

6.3.11 其他人工合成的有机高分子絮凝剂

目前，世界各国使用的高分子絮凝剂的品种十分繁多，表 6.25 列出了其他常用高分子絮凝剂的种类。

表 6.25 其他常用高分子絮凝剂的种类

名　称	分　子　式	类　型	特　点
聚氧乙烯(DEO)	$-(CH_2CH_2O)_n$	非	对某些情况有效
聚乙烯吡咯酮	$-(CH_2-CH)_n$ ⋯	非	
聚乙烯磺酸盐(PSS)	$-(CH_2-CH)_n$ ⋯	阴	负电性强，电荷对 pH 值不敏感，M 为金属离子
聚乙烯胺	$-(CH_2CH_2N)_n$ H	阳	电荷与 pH 值有关
聚羟基丙基一甲基氯化铵	$-(CH_2CHCH_2N^{(+)}Cl^{(-)})_n$ OH CH_3 H	阳	电荷与 pH 值有关
聚羟基丙基二甲基氯化铵	$-(CH_2CHCH_2N^{(+)}Cl^{(-)})_n$ OH CH_3 CH_3	阳	电荷对 pH 值不敏感，正电性强
聚二甲基氨甲基丙烯酰胺	$-(CH_2-CH)_n$ CNHCH_2N(CH_3)(CH_3) O	阳	电荷与 pH 值有关，主要属阳离子型
聚二甲基氨基丙基丙烯酰胺	$-(CH_2C)_n$ CH_3 C-NHCH_2CH_2N(CH_3)(CH_3) O	阳	水解后形成稳定阳离子丙烯酰胺衍生物

由于合成阳离子聚电解质的应用性能很好，因而在这方面开展了十分广泛的研究，较普遍的研究方向有聚丙烯酰胺的改性、环氧氯丙烷与胺类的反应产物、聚亚胺类、聚季铵类等，如表 6.26 所示。

表 6.26 　人工合成阳离子型有机高分子絮凝剂的研究类型

类型	主要反应物或产物	代　号	特点和用途
聚丙烯酰胺的改性	氨基甲基化聚丙烯酰胺	AMPAM	丙烯酰胺与甲醛反应
	丙烯酰胺/氨基乙基丙烯酸	AM/AEA	
	丙烯酰胺/二甲基二烯丙基氯化铵	AM/DMDAAC	
	丙烯酰胺/2-丙烯酰氧化乙基三甲基甲酯硫酸盐	AM/AETAMS	
	丙烯酰胺/二甲氨基乙基丙烯酸	AM/DMAEMA	
	丙烯酰胺/2-甲基丙烯酰氧化乙基三甲基氯化铵	AM/METAC	电中和与絮凝
	丙烯酰胺/3-甲基丙烯酰氧化-2-羟基丙基三甲基氯化铵	AM/MATAC	阳离子度较低
	丙烯酰胺/硫酸 β-甲基丙烯酰氧化乙基三甲基铵甲酯	AM/MTMMS	用于污泥脱水
环氧氯丙烷与胺反应	烷基二胺/环氧氯丙烷	AD/EDI	
	氨水/环氧氯丙烷	AD/EDI	絮凝低浊度水
	甲胺/环氧氯丙烷	MA/EDA	
	二甲胺/环氧氯丙烷	DMA/EDA	污水污泥处理
	三甲胺/环氧氯丙烷	TMA/EDA	澄清原污水
	多烷基多胺/环氧氯丙烷		澄清浑浊水
聚亚胺	聚丙烯亚胺		控制冷却水中泥沉层
	二氯乙烯/NH	EDC/AD	
	聚酰亚胺		沉降无机粒子
	烷基亚胺聚合物		纸浆絮凝剂
	N-取代乙基亚胺聚合物		絮凝低浊度水
聚季铵	聚二甲基二烯丙基氯化铵	PDMDAAC	处理污水污泥
	聚 2-羟基丙基-N-二甲基氯化铵		
	聚苯乙烯四甲基氯化铵		
聚环脒	氰醇与多元胺反应		澄清天然水
	氰一级化后的多元胺间的反应		澄清污水
聚乙烯咪唑啉	2-乙烯基咪唑啉-乙胺的聚合物	MF	去除水中阴离子物质
	三聚氰酰胺/甲醛		炼油厂废水处理

6.3.12　有机高分子絮凝剂与无机类絮凝剂的比较

6.3.12.1　有机高分子絮凝剂与无机盐絮凝剂的比较

从去除水中浊度的角度来看，无论是絮凝-沉淀工艺还是直接过滤工艺，作为主絮凝剂有机高分子即聚合电解质絮凝剂一般都能达到比无机盐絮凝剂更好的去除效果，投加量低，出水残余浊度低，其中阳离子型聚合电解质效果更为显著。阳离子聚合电解质除浊的机理主要属于静电斑块作用，其分子量并非关键因素，分子上的电荷密度更为重要，最佳投加量与浊度物质浓度间有化学计量关系。

当使用阳离子聚合电解质和无机盐絮凝剂作为主絮凝剂除浊时，阳离子聚合物和铝矾的剂量-响应特点不同，如图 6.72 所示。

由图 6.72 可以看出，阳离子聚合物 PDADMAC 的最佳投加量范围很窄，过高的投加量会导致胶体电荷反号和再稳现象发生，絮凝效果恶化。相反，铝矾不需要如此精确地控制，高投加量会改善除浊效果。

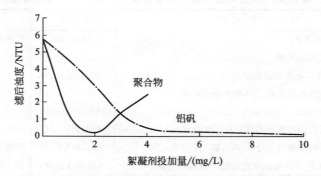

图 6.72　阳离子聚合物和铝矾的剂量-响应特点

6.3.12.2　有机高分子絮凝剂与无机高分子絮凝剂的比较

无机高分子絮凝剂和有机高分子絮凝剂是现时被广泛使用的两大类絮凝剂，各自发展为庞大的产品系列，并具有不同的特性和适用对象。由于水质情况的多样性和复杂性，对某一种特殊的水质，为取得优良的处理效果，一般均需对絮凝剂进行筛选。因此有必要对这两类絮凝剂的基本特性做一比较，见表 6.27。

表 6.27　无机高分子絮凝剂与有机高分子絮凝剂性能的比较

项　目	效　果　比　较		项　目	效　果　比　较	
	有机高分子絮凝剂	无机高分子絮凝剂		有机高分子絮凝剂	无机高分子絮凝剂
悬浮物	架桥吸附优	架桥吸附优	沉淀容积	小	一般
有机物	凝聚絮凝优	略差	沉淀压缩性	良好	一般
无机物	略差	凝聚絮凝优	过滤速度	快	一般
胶体粒子	一般	极为有效	过滤效果	良好	良好
粗大粒子	极为有效	一般	稀释稳定性	稀释液稳定性差	一般
澄清度	较差	极为有效	稳定性	残余液不稳定	原液保存 6 个月
絮体粒度	巨大	较大	搅拌强度	避免强搅拌	先强后弱
絮体强度	低	甚大	投加浓度	0.1%～0.01%	原液或 10%
絮体吸附活性	强	略差	投加位置	多点	一点
絮体生成速度	甚大	较大	投加量	小	大
絮体沉降速度	甚大	较差	市场售价	价高	价廉
过滤速度	大	一般			

在给水处理、工业用水处理、工业废水处理、生活污水处理、污泥处理及有价值物质回收等不同方面使用絮凝剂进行选择时，应考虑悬浮杂质的种类、电荷、化学组成、表面结构特点、来源、粒度、浓度、温度、pH 值、共存物等因素。在有些情况下，有机高分子絮凝剂与无机高分子絮凝剂的联合使用，可能会更好地适应不同的情况。其相加效果的主要优点在于：

① 保证澄清度；

② 增大絮体的体积、强度和吸附活性；

③ 提高浓缩、过滤和离心分离的效率；

④ 加快絮体形成、沉淀、过滤等过程的速度，从而提高构筑物的处理能力；

⑤ 改善污泥的可压缩性，减小其沉淀容积；

⑥ 节省处理所需的药剂费用；

⑦ 扩大絮凝的有效 pH 值范围。

6.4 微生物絮凝剂

微生物絮凝剂是 20 世纪 80 年代开发出的第三代絮凝剂，它是利用现代生物技术经微生物的发酵、提取、精制等工艺从微生物或其分泌物中制备的具有凝聚性的代谢产物，如DNA、蛋白质、糖蛋白、多糖、纤维素等，是一种安全、高效、能自然降解的新型水处理剂。至今发现具有絮凝性的微生物，包括霉菌、细菌、放线菌和酵母菌等。这些物质能使悬浮物微粒连接在一起，并使胶体失稳，形成絮凝物，广泛应用于医药、食品、化学和环保等领域。微生物絮凝剂不存在二次污染，具有使用安全、方便、絮凝效果好等特点，且微生物絮凝剂的另一特点是来源广，价格低廉，因此，微生物絮凝剂的开发与应用日益引人注目，应用前景极为广阔。但是由于目前生物技术的限制，以及未能有完善的培养、制备方法，成本较高，还不能有效地进行广泛的研究和应用。

6.4.1 微生物絮凝剂的絮凝机理

目前关于微生物絮凝剂的絮凝机理主要有荚膜学说、菌体外纤维素纤丝学说、电中和作用、疏水学说和胞外聚合物架桥学说等。荚膜学说认为细胞在生长过程中形成了黏性荚膜，它可以黏结颗粒使之形成絮体；纤维素纤丝学说认为菌体外的纤丝直接参与絮凝，把颗粒连接到一起，形成絮体；疏水学说认为颗粒与细胞表面的疏水作用对细菌的黏附作用非常重要；胞外聚合物架桥学说认为细菌体外的聚合物是絮凝产生的物质基础，这些物质与颗粒相互作用导致了絮凝。无论何种学说，微生物絮凝剂与颗粒物之间的作用可归结为三种，即电中和作用、桥联作用和化学键作用。

（1）电中和作用

生物絮凝剂一般是带电荷的生物大分子，它可以借助于离子键、氢键等和水中带有相反电荷的颗粒发生电中和作用，使胶粒脱稳。

（2）桥联作用

生物絮凝剂大分子借助于离子键、氢键及范德华力可以同时结合多个悬浮粒子，通过架桥方式形成絮体。

（3）化学键作用

生物絮凝剂大分子的某些活性基团，如—OH、—COOH、—COO$^-$ 等与颗粒表面可以发生化学键结合，如氢键、表面络合等。

由于微生物絮凝剂的化学性质不同，温度对它们絮凝效果的影响存在很大的差异。以蛋白质或肽链为主的微生物絮凝剂一般都是热不稳定的，高温会导致这些物质变性，使其絮凝活性下降。但那些以糖类为主的微生物絮凝剂是热稳定的，对抗环境温度改变的能力较强，絮凝活性不随温度的改变而改变。

6.4.2 微生物絮凝剂的种类

微生物絮凝剂主要包括如下几类：

① 直接利用微生物细胞的絮凝剂，如某些细菌、霉菌、放线菌和酵母。它们大量存在于土壤、活性污泥和沉积物中。

② 从微生物细胞壁中提取的絮凝剂，如酵母细胞壁的葡萄糖、蛋白质等。

③ 微生物细胞的代谢产物，主要是细胞的荚膜和黏液质，其主要成分为多糖、蛋白质脂类及其复合物。

目前已见报道的微生物絮凝剂产生菌很多，至今发现的具有絮凝性能的微生物有 32种，其中细菌 18 种，真菌 9 种，放线菌 5 种，如表 6.28 所示。

表 6.28　已见报道的微生物絮凝剂

生物絮凝剂产生菌菌类	产 生 菌 名 称	生物絮凝剂产生菌菌类	产 生 菌 名 称
细菌	粪产碱菌属（*Alcaligenes faecalis*） 协腹产碱杆菌（*Alcaligenes latus*） 渴望德莱菌（*Alcaligene cupidus*） 芽孢杆菌属（*Bacillus* sp.） 棒状杆菌（*Corynebacterium brevicale*） 暗色孢属（*Dematium* sp.） 草分枝杆菌属（*Mycobacterium phlei*） 红平红球菌（*Rhodococcus erythropolis*） 铜绿假单胞菌属（*Pseudomonas aeruginsa*） 荧光假单胞菌属（*Pseudomonas faecalic*） 粪便假单胞菌属（*Pseudomonas faecalic*） 发酵乳杆菌（*Lactobacillus fermenturn*） 嗜虫短杆菌（*Brevibacterium insectiphilum*） 黄金色葡萄球菌（*Staphylococcus aureus*） 土壤杆菌属（*Agrobacterium* sp.） 环圈项圈蓝细菌（*Anabaenopsis circularis*） 厄式菌属（*Oerskwvia* sp.） 不动细菌属（*Acinetobacter* sp.）	真菌	酱油曲霉（*Aspergillus sojae*） 棕曲霉（*Aspergillus ochraceus*） 寄生曲霉（*Aspergillus parasiticus*） 赤红曲霉（*Monacus anka*） 拟青霉属（*Paecilomyces* sp.） 棕腐真菌（*Brown rot fungi*） 白腐真菌（*White rot fungi*） 白地霉（*Georrichum candidum*） 粟酒裂殖酵母（*Schizosaccharomyces pombe*）
		细菌	椿象虫诺卡菌（*Nocardia restriea*） 红色诺卡菌（*Nocardia rhodnii*） 石灰壤诺卡菌（*Nocardia calcarca*） 灰色链霉菌（*Streptomyces griseus*） 酒红链霉菌（*Streptomyces vinaceus*）

6.4.3 微生物絮凝剂产生菌的筛选和微生物絮凝剂产品的提取

微生物产生菌按图 6.73 所示的流程筛选。

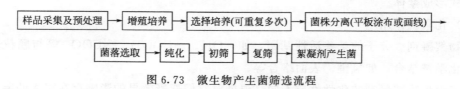

图 6.73　微生物产生菌筛选流程

首先将样品富集培养，采用平板稀释法和平板划线法得到单菌落并编号。一般情况下，在 30℃的温度和 150r/min 的震荡条件下培养 24h。其中增殖培养基的成分为：29g可溶性淀粉、0.5g K_2HPO_4、0.5g $MgSO_4 \cdot 7H_2O$、0.5g NaCl、1.0g KNO_3、1000mL

H_2O，pH＝7.0、在 115.0℃灭活 30min。选择培养基的成分为：4000mg/L 邻苯二甲酸丁二酯、0.6g K_2HPO_4、0.6g $MgSO_4 \cdot 7H_2O$、0.12g$(NH_4)_2SO_4$、1000mL H_2O，pH＝7.2、在 125.0℃灭活 30min。发酵培养基的成分：20g 酵母膏、1.0g K_2HPO_4、1.0g $MgSO_4 \cdot 7H_2O$、1000mL H_2O，pH＝7.0、在 115.0℃灭活 30min。

微生物生长需要的营养物质有水、碳源、氮源、无机盐及生长因子。不同的微生物产絮凝剂所需要的培养条件各不相同，营养物质的种类及浓度都会对微生物絮凝剂的合成产生影响，所以对微生物培养基的优化有利于提高絮凝剂产量。

培养基 pH 值一方面会影响微生物对营养物的吸收和酶促反应，另一方面还会影响到微生物絮凝剂的带电状态和氧化还原电位，因此培养基的 pH 值也是影响微生物絮凝剂合成的一个重要因素。

温度是影响微生物生长和生物絮凝剂合成的另一重要影响因素。不同絮凝剂产生菌有各自最适宜的培养温度。在适宜的温度范围内，微生物的增值代谢速率快，絮凝剂的合成速率也相对快。

初筛方法：在 50mL 量筒内加入 0.2g 高岭土，1mL 1%的 $CaCl_2$ 水溶液，1mL 发酵液，加水至 50mL，摇匀静置 15min，同时以不加菌培养基高岭土悬浊液为对照，目测找出絮凝效果较好的菌。复筛方法：在数个烧杯中分别加入 1000mL 5g/L 高岭土悬浊液，取其中一个加入 10mL 不接菌培养基作为空白对照，其余加入 10mL 发酵液，所有的烧杯中均加入 1.5mL 10%的 $CaCl_2$ 水溶液作为助凝剂，在六联搅拌器上做絮凝试验，经快搅拌、慢搅拌和静置后，用浊度仪测其上清液的浊度，计算发酵液的浊度去除率，从而筛选出适宜的菌种，然后对上法筛选出的菌种做生化和生理鉴定。

目前微生物絮凝剂产品的提取，常采用的方法首先是去除菌体，通常采用的方法对于霉菌采用过滤法，对于细菌和酵母菌采用离心法，去除菌体后根据絮凝剂产品成分的不同，采用硫酸铵进行盐析或丙酮等有机溶剂进行沉淀，再用乙醇洗涤后真空干燥就可获得絮凝剂粗产品。对于含有多种成分的絮凝剂还需要用酸、碱、有机溶剂反复溶解和沉淀得到粗产品。将粗产品溶解到水或缓冲溶液中，再通过离子交换、凝胶色谱纯化、真空或冷冻干燥才可得到絮凝剂精制品。

6.4.4 微生物絮凝剂的效能和应用举例

6.4.4.1 废水的脱色

通常传统的絮凝剂对有色废水中有色物质的去除效果不太理想，而用 2%的 *Alcaligenes latus* 培养物处理某造纸厂的有色废水时，脱色率可达 94.6%，而下层清水的透光率几乎与自来水相近。

6.4.4.2 废水悬浮颗粒的去除

在含有大量极细微悬浮固体颗粒（SS 的质量浓度为 370mg/L）的焦化废水中，加入 2%的 *Alcaligenes latus* 培养物，并加入钙离子，废水中即形成肉眼可见的絮凝体。这些絮凝体可以得到有效的沉降去除，沉降后上清液的 SS 的质量浓度为 80mg/L，SS 的去除率为 78%。

6.4.4.3 废水有机物的去除

畜产废水中含有较高浓度的总有机碳（TOC）和总氮（TN），试验表明，微生物絮凝剂可有效地去除畜产废水中的 TOC 和 TN。在 80mL 畜产废水中加入 100mL 质量分数为 1％的 Ca^{2+} 溶液和 5mL *Rhodococcus erythropolis* 的培养物，可以使 TOC 从原来的 1420mg/L 下降到 425mg/L，使 TN 的质量浓度从 420mg/L 下降到 215mg/L，去除率分别为 70％和 40％。

6.4.4.4 乳化液油水分离

用 *Alcaligenes latus* 培养物可以很容易地将棕榈酸从其乳化液中分离出来。向 100mL 含有 0.25％的乳化油中加入 10mL *Alcaligenes latus* 培养物和 1mL 聚氨基葡萄糖后，在细小均一的乳化液中即形成明显可见的油滴。这些油滴浮于废水表面，有明显的分层，下层清液的 COD 从原来的 450mg/L 下降到 235mg/L，去除率为 48％。

6.4.4.5 污泥沉降性能的改善

活性污泥处理系统的效率常因污泥的沉降性能变差而降低。微生物絮凝剂能有效地改善污泥的沉降性能，提高整个处理系统的效率。将从 *Rhodococcus erythropolis* 中分离出的絮凝剂 NOC-1 加入已发生膨胀的活性污泥中，可以使污泥体积指数（SVI）从 290 下降到 50，消除了污泥的膨胀，恢复了污泥的沉降能力。

第7章

絮凝的实验方法

絮凝是一个非常复杂的现象，影响因素很多。一般来讲，絮凝的效能决定于许多变量，包括：

① 所使用的絮凝剂种类；

② 絮凝剂投加量；

③ 最终 pH 值；

④ 絮凝剂投加液的浓度；

⑤ 化学添加剂（例如聚电解质）的类型和剂量；

⑥ 化学品投加的顺序及投加点之间的延时；

⑦ 快速混合阶段混合的强度和延时；

⑧ 快速混合设备的类型；

⑨ 絮凝阶段的速度梯度；

⑩ 絮凝阶段的延时；

⑪ 所用搅拌设备的类型；

⑫ 絮凝池的几何形式。

为了评估对整个絮凝过程适宜的最佳条件，实验室实验是非常必要的。一般需要在实验室中用实验步骤确定每一个参数的最佳值，然后在实际絮凝过程中保持其不变。此外，在实验室实验中，除了可以对絮凝的基本现象进行研究外，还可以对实际过程的效率进行预估。

在一系列实验步骤之前，如果可能，应通过对水质进行分析了解水中的杂质。在许多情况下，人们关注的杂质是有机物和浊度，但在另一些情况下，残余磷、铁、微生物也是人们关注的关键指标。在实际生产中水质常常会发生变化，特别是天然来源的原水的水质会随着季节而变化，对这些水质的变化均需要进行实验室实验。本章分别介绍稀悬浊液和浓悬浊液的实验方法和技术。

7.1 稀分散体系的实验方法

在稀分散体系中，分散系的流动性并不受微粒存在的影响，例如可以认为分散系具有与其分散介质同样的牛顿流体的特征。稀分散系的实验包括：不施加切应力的异向絮凝、桨板搅拌的同向絮凝（如传统容器实验和 Couette 絮凝）。在絮凝过程中，分散体系的变化常常以浊度计进行评定。有时也用肉眼，但结果不便做出定量说明。对于严格的粒子悬浮体系，Coulter 粒子计数器可以用来研究絮凝的动力学过程，但结果必须被谨慎地加以说明，特别是粒子的大小。而粒子的稳定性可以通过测定其电泳淌度并由此计算出的电动电位做出估计。以下分别做介绍。

7.1.1　异向絮凝实验

在异向絮凝中，微粒的相互碰撞由其布朗运动造成。在稳定的胶体分散系中，异向絮凝可以通过加入电解质以减弱或消除粒子间的排斥势垒而引起。但在加入并混合时，要避免任何同向絮凝却是很困难的。如果要想得到完全的异向絮凝，甚至对流也不能允许存在。为保证异向絮凝，最简单的方法是使用胶体大小的分散系（小于 $0.1\mu m$），这样即使在较小的速度梯度下，同向絮凝的作用也是可以忽略的（见本书絮凝速度理论）。

在某些情况下，不稳定溶胶的异向絮凝是非常缓慢的，这是由于粒子的浓度很低所致。如果加入大量其他粒子，则可提高絮凝速度。

在进行异向絮凝实验观察时，除了需要保温套和专门的混合装置外，并不需要其他特殊仪器。保温套的使用是为了防止对流，而此专门混合装置则是为了分散体系与絮凝剂之间的迅速接触。

浊度的变化可以用来评估絮凝进行的程度。可以用浊度计（光散射）测定，也可以用吸收仪（光透过）测定。某些显微记数技术也可以应用。

7.1.2　同向絮凝实验

在同向絮凝中，微粒的碰撞由施加于水中的搅拌作用或水体的流动造成，同向絮凝中存在着速度梯度。常用的实验方法有容器实验、Couette 絮凝器等。

7.1.2.1　容器实验（jar testing）

由于絮凝过程的复杂性，对于某一种水质采用什么絮凝剂及多少剂量等，目前只能靠实验来确定，在烧杯中进行桨板搅拌实验，即所谓容器实验，被广泛用来评价并模拟生产中快速沉降的效能。

容器搅拌实验装置见图 7.1。该装置设置有一排以同一马达所驱动的搅拌器，搅拌器可采用叶片式。在搅拌器下放置一排 600mL，最好是 1L 的烧杯，不要使用容积小于 600mL 的烧杯，原因是容积太小时，难于准确投加所需要的絮凝剂和助凝剂，使实验结

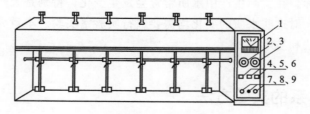

图 7.1　容器搅拌实验装置

1—转速表；2—自动定时调节旋钮；3—转速调节旋钮；4、5、6—指示灯；

7—讯响开关；8—照明开关；9—电源开关

果的重现性降低。

使用较大烧杯的另一原因是当以聚合电解质为主絮凝剂或助凝剂时，烧杯的内表面会吸附该聚合电解质，造成误差。当烧杯较小或浊度较低时，这种影响会加重，因为在这种情况下水中胶体的总表面积与烧杯内表面积会达到相同的数量级。当实验的内容与测定沉降速度有关时，使用较高的大容积烧杯装置较好。该容器实验装置可以是六联或四联，四联仪器适宜于用 0.618 优选法确定加药量。搅拌叶片的转速可以在 $25 \sim 200 \text{r/min}$ 范围变化，在加入絮凝剂时采用快速搅拌，在絮凝阶段采用慢速搅拌。在烧杯的上方或下方设置光源，黑暗的烧杯背景有利于对絮体的观察。在装置的上方还需对应每个烧杯设置一排能同时投药的注射器或小离心试管，保证能同时将絮凝剂投入到各个烧杯中。

（1）容器实验方法

实验时先用 4 个或 6 个烧杯各取一定的水样，将它们分别置于每个叶片之下，并将叶片伸入到水中一定位置，然后按快速混合转速开动搅拌器，当搅拌稳定后，利用投药装置同时向各水样投入不同剂量的药剂。在快速混合完成后改为慢速搅拌，当慢速搅拌持续一段时间后停止搅拌，静置沉淀，立即观察絮体的状态和沉降速度。比较各烧杯中生成的絮体的大小，沉降速度的快慢，测定沉降后上清液的澄清度即浊度和透明度，必要时还要测定上清液的生化需氧量（BOD）、化学需氧量（COD）、pH 值及色度等，最后做出总评价。进行容器实验时应注意以下几点：

① 每个烧杯内所盛水样的水质应完全一样。包括它们的温度、浊度及色度等。这样才能做到在相同基础上对实验结果进行比较。

② 应该在搅拌器开动后且搅拌达稳定时再投药。

③ 应该做到全部烧杯的水样在同一瞬间投药。

④ 对现有混合反应设备进行研究时，搅拌速度和时间不能任意选用，必须先找出模拟现有设备的快慢转速和相应的搅拌时间。可以按如下方法进行：在本书所介绍的范围内，分别选不同的快转和慢转的速度及搅拌时间，按现有设备加药的种类、剂量及加药顺序（指两种药剂以上的情况）进行实验。将实验结果与生产设备运营的结果做比较。如果某一实验的絮体粒度及沉淀性能与生产设备相似，那么这一实验的快慢转速和搅拌时间即为混合反应设备的模拟参数。然后，现有设备的加药剂量实验及改变药剂种类的实验均可按此模拟参数进行。

⑤ 当发现现有设备的模拟参数不能获得最佳絮凝效果时，需要对生产设备做改造。首先在容器实验中改变搅拌的速度和时间，找出最佳的絮凝效果，然后依此改变生产的操作参数，使生产设备产生出与最佳絮凝实验一致的结果。

⑥ 对新水源的絮凝实验，搅拌速度和时间可以在本书所介绍的范围内选用，因为该范围已经反映了生产中的 GT 值及其他一些要求。

（2）容器实验的速度梯度

虽然容器实验所用的仪器大多数是相同的，但并非完全一致，尚无标准设计，也不存在标准方法。图 7.2 所示为桨板和烧杯的典型设计。其典型操作如表 7.1 所列。

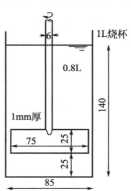

图 7.2 桨板和烧杯的
典型设计
注：所有长度单位均为 mm

表 7.1 容器搅拌实验的典型操作

快速混合	120r/min	1min
慢速搅拌	40r/min	10min
沉降	0r/min	10min

由于容器实验在设计和操作上的不一致，因此可以将平均速度梯度 G 作为相互比较的基础：

$$G = \left(\frac{P_v}{V\eta}\right)^{1/2}$$

这已在第 5 章中做了介绍。式中，P_v 为在搅拌中耗散在水中的功率，V 为分散体系的体积，η 为动力黏度系数。如果再导入时间 t，那么无量纲量 Gt 就成了对絮凝过程的一个量度。根据同向絮凝的速度理论，乘积 $Gt\phi$ 更具有代表性，其中 ϕ 是絮凝体系中粒子的体积浓度。但在容器实验中除特殊情况外，ϕ 不可能是一个重要变量。

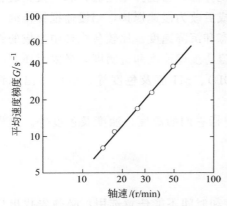

图 7.3 速度梯度与桨板旋转速度的关系

有两种方法可以用来测定由搅拌器叶片传输到水中的功率。第一种方法需要在驱动轴上安装一个灵敏的扭矩计（0.01～0.2N·mm），于是就有 $P_v = T_q\omega$，此处 T_q 是由测定得到的扭矩，ω 是旋转角速度（弧度/s）。Bhole 应用这项技术对图 7.2 中的桨板搅拌器做了标定，得到了速度梯度与桨板旋转速度的关系，如图 7.3 所示。

由图 7.3 可以看出，40r/min 的转速相当于 $G = 25s^{-1}$ 的速度梯度，此即一般容器实验条件。

第二种方法是叶片上的拖曳力乘以叶片相对于分散系的速度而求得 P_v，拖曳力即 Bernoulli 动压力 $\rho(v_p-v)^3/2$ 乘以面积 A_p 及拖曳力系数 C_d，因此有：

$$P_v = \frac{C_d A_p \rho(v_p-v)^3}{2} \tag{7.1}$$

式中，A_p 为叶片在运动方向的法平面上的面积，m^2；ρ 为水的密度，kg/m^3；v_p 为平均桨板速度，m/s；v 为分散系在桨板运动方向上的平均速度，m/s。由此得到速度梯度：

$$G = \left[\frac{C_d A_p \rho(v_p-v)^3}{2V\eta}\right]^{1/2} \tag{7.2}$$

式中，难以确定的两项为拖曳力系数 C_d 和分散系的速度 v。据许多文献的介绍，C_d 值约在 0.8～2.0 之间，但 Bhole 的实验表明，C_d 值随着 G 值而变，原因是 G 值的变化引起了流动机制（即雷诺数）由层流过渡为湍流。速度梯度和拖曳力系数的关系见表 7.2。

表 7.2 速度梯度和拖曳力系数的关系

G/s^{-1}	10	20	30	40	50
C_d	1.81	1.20	1.13	1.02	0.94

由于 40r/min 的转速相当于 $G=25s^{-1}$，所以拖曳系数一般约为 1.17。至于分散系的速度，曾经用浮子做过估计，据报道相对速度比 v/v_p 在 0.25～0.53 之间。Bhole 设计了一个零位偏斜探针，将它置于桨板上方不同高度处叶片边缘与烧杯之间，对于 $G=25s^{-1}$ 得到了一组有代表性的数据，如图 7.4 所示。可以看出，在叶片上方最大水流速度出现在与叶片边缘相同的辐射距离处，几乎与水深无关。这一最大速度与桨板最大速度（即边缘处速度）之比为 0.52，该比值适合于 G 在 10～50s^{-1} 范围内任何速度梯度。

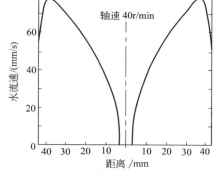

图 7.4　桨板上方水流速度的辐射分布

（3）容器实验的药液浓度

配制容器实验中药液（絮凝剂和助凝剂）时，应使它们的体积与投加计量之间具有相互对应的简单关系，以便准确方便地确定投加剂量。表 7.3 给出了一些化学品工作溶液的浓度。

表 7.3　工作溶液的浓度

化学品	工作溶液浓度	最长使用期限	注释
铝矾[$Al_2(SO_4)_3 \cdot 16H_2O$]	10g/L	1 月	在溶液呈现乳白色之前更新
硫酸铁[$Fe_2(SO_4)_3 \cdot 9H_2O$]	10g/L	1 星期	在溶液呈现乳白色之前更新
氯化铁（$FeCl_3$）	10g/L	1 星期	在溶液呈现乳白色之前更新
聚合物（聚丙烯酰胺衍生物）	0.05%	1 星期	至少陈化 1 天,使用前稀释 10 倍后立即使用
硫酸（H_2SO_4）	0.1mol/L	3 月	
氢氧化钠（NaOH）	0.1mol/L	1 月	

如果要对多个絮凝剂做出比较，则以金属离子表示浓度，并在相同的浓度下进行试验就比较方便。如果在实验室使用分析纯的试剂，在工业应用时相应的商品絮凝剂的浓度可以由制造厂家提供的金属离子所占百分比求出，例如对于浓度为 10g/L 铝矾工作溶液，可以用下列步骤确定金属浓度：

① 由产品制造者或实验室试剂瓶提供的信息确定化学式，例如 $Al_2(SO_4)_3 \cdot 16H_2O$。

② 分子量 $=2\times26.982+3\times(32.064+4\times15.999)+16\times(2\times1.008+15.999)$
　　　　$=630.384$

③ 金属离子的浓度 $=10g/L\times(2\times26.982)/630.384=0.856g/L$

一个方便的做法是调整工作溶液的浓度，例如，使 1mL 工作溶液加入 1L 的待处理水中，得到 1mg/L 的投药量。例如对于上述铝矾，工作溶液的浓度应为 11.68g/L 的 $Al_2(SO_4)_3 \cdot 16H_2O$ 或 1g/L 的 Al。

如果要以化学品质量表示溶液的浓度，则以 10g/L 为宜，这样使 1mL 工作溶液加入 1L 的待处理水中，得到 10mg/L 投药量。如果要实验更低的投药量，工作溶液的浓度需稀释后使用，例如稀释 10 倍将产生 1g/L 化学品浓度的工作溶液，这样使 1mL 工作溶液加入 1L 的待处理水中，得到 1mg/L 投药量。但是稀释后应立即使用，以免发生水解。

评价不同絮凝剂产品的另一种方法是用能反映相似经济费用的投药剂量范围进行比

较，换言之，不是以相近投药量范围的 Al、Fe 进行比较，而是以每升水花费的钱相近的投药范围进行比较，这可以直接给出不同产品的经济效益。

化学品溶液性质的稳定性取决于化学品本身的性质及其浓度。例如对于 10g/L 浓度的铝矾，溶液最长的使用期为 1 个月，但对于同样浓度的硫酸铁，溶液的使用期不应超过 1 个星期。如果溶液在尚未达到此期限时已变为乳白色，则应该废弃，最好在实验的每日配制新鲜溶液。0.1mol/L 的硫酸和氢氧化钠溶液在分别放置 3 个月和 1 个月后，应重新配制。对于助凝剂，最好参考产品说明文件。对于 0.05% 浓度的聚丙烯酰胺衍生物溶液，放置时间超过大约 1 个星期后就不应再使用，而且新配制的溶液在使用之前需要最少陈化 1d，在每日使用之前至少应稀释至 0.005% 的浓度。

（4）容器实验结果与实际生产絮凝效果的比较

在容器搅拌实验中，絮凝过程是在圆柱形反应器中以间歇方式完成的。药剂的加入与混合以及其后的沉淀也是在同一个反应空间中发生的。但在生产实际的大规模絮凝中，某一反应器或反应器的某一部分是专门用来完成整个过程中的某一步骤的，如混合室、絮凝池、沉淀池等，而且它们是在连续流动的条件下运转的。在将容器实验的研究结果应用于大规模生产设备时，假设了其主要过程变量是可以比较的，它们是反应时间、能量输入、平均溶液条件（如离子介质、药剂浓度）等。但是，由于容器实验和大规模生产之间的差异，这种比较只能是近似的。Hermann 等对容器实验数据与大规模生产设备的絮凝效能做了比较研究，也对容器实验与同样大小的连续流反应器的絮凝效能做了比较，其结果见图 7.5 及图 7.6。图中 I 表示原水污染物百分含量，J 表示容器实验，P 表示生产规模反应器，C 表示连续流反应器。

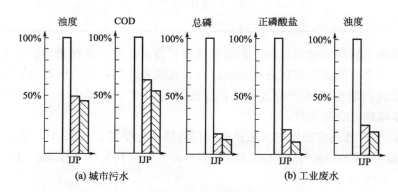

图 7.5　容器实验数据与工厂运营资料（去除率）的比较

由图可以看出在所有情况下，大规模生产中的效能或高于或等于容器实验的效能，不会低于容器实验的效能，无论是对二级出水还是原污水均是如此。而具有相同大小的连续流反应器的效能略高于容器实验（磷的去除率除外），但实际数据的统计分析表明，其数据的可信度较低，可以说在较低水平的统计显著性上其效率相当。因此可以认为，虽然它们的大小和控制参数相当，但絮凝条件明显不同。

三种类型反应器结果的比较说明容器实验的效率总是较低，至多与大规模设备相等，其差别是明显的。Hermann 等认为造成这种差别的原因有 3 个。

① 被处理的废水在反应器中的停留时间即反应时间有不同的分布。在间歇式反应器

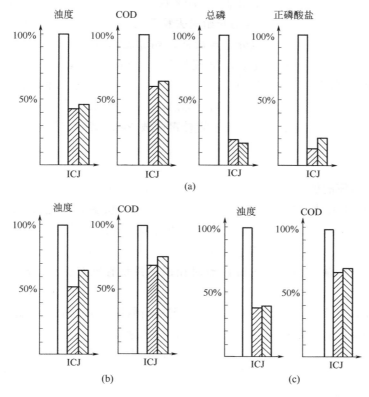

图 7.6　容器实验数据与连续流反应器数据（去除率）的比较

（a）～（c）分别为不同来源的废水

中，反应时间受到实验进行（开始和停止）的严格限制，在连续流反应器中，反应时间的理论值为反应器体积除以流体流速，但每一个反应粒子的停留时间可以比理论值长或短，即停留时间的分布较宽。反应器的几何形状也会影响到停留时间的分布，虽然平均停留时间相同，但几何形体不同时，会有不同的停留时间分布。

② 能量耗散和流动的方式不同。在对两种类型反应器的水力分析中发现，对相同的能量耗散或相同的速度梯度值，连续流反应器中的雷诺数要高于容器实验反应器，搅拌器的形状也会带来差异。

③ 浓度波动的影响。水中各组分浓度的涨落和梯度可由进水及进水成分的不同而引起，也可以由投药时间及混合程度的不同而引起，这些可造成化学条件不同，在连续流反应器中这些化学条件被认为较容器实验反应中更稳定。

7.1.2.2　Taylor-Couette 絮凝器

1923 年，Taylor 做了无限长同轴旋转圆筒之间的流态试验，发现随着两筒相对转速的增加，2 个相对旋转的同心圆筒环间隙中出现一种二次流动，产生了沿轴向排列的圆环面涡，即 Taylor 涡。Taylor 实验发现，随着 2 个同心圆筒的半径比、旋转角速度和流体介质特性的不同，会产生多种复杂的流动形态。如果外圆柱静止，内圆柱的角速度很小，则流体绕圆筒的轴线做水平圆柱运动，称为 Couette 流动。其在环隙横截面上表现为：沿径向无分速度，即径向速度为零，而圆环横截面（纬线方向）的切向速度从内筒到外筒逐渐减小，即在只有内圆柱旋转时，在低 Taylor 数下，基本 Couette 流是唯一的。当旋转速度达到某个临界值时，Couette 流动开始失去稳定性，并出现新的定常流动，这种流动是轴对称的，沿着轴线方向规则地分布着旋涡，相邻旋涡方向相反。随着 Taylor 数的增大，Taylor 涡的形态也会发生改变，出现层流 Taylor 涡流动（TWF）、波状涡流动（WVF）、调制波状涡流动（MWVF）和湍流 Taylor 涡流动（TTVF）等含涡流场，最后完全发展成为湍流。此时，涡动不再是轴对称的，并且与时间相关。这些涡的尺度与环隙的宽度近似。以上流态的转变分别出现于旋转雷诺数 Re 的某特定值。Re 定义式如下：

$$Re = \frac{\omega r_i d}{\nu} \tag{7.3}$$

式中，ω 为内筒的旋转角速度，rad/s；r_i 为内筒半径，m；$d = r_0 - r_i$ 为环隙的宽度，m；ν 为流体的运动黏度，m^2/s。自 Taylor 之后，众多学者把 Taylor-Couette 流的讨论延伸到有轴向流和径向流（渗透流）存在的情形。研究表明，当轴流存在时，流场转换的临界值会变大，也就是说轴流使 Taylor-Couette 流变得更稳定。另外，Lueptow 认为，轴向流存在时的流动机制与无轴向流时相似，只是有轴向流存在时，涡会随轴向流迁移。

此后，研究人员应用 Taylor-Couette 反应器进行絮凝实验，通过控制内筒转速，混凝剂与水中颗粒物就能在不同的环隙流场作用下形成的絮体。

以 Taylor-Couette 反应器或者说以 Couette 黏度计（转筒式黏度计）为基础的实验室絮凝器有竖轴同心圆筒式和平轴同心圆筒式两种形式。Taylor 的研究证明，如果只有外筒转动时，二维流动在速度相对较高时是稳定的。

在仅有外筒旋转的情况下，若环状间隙很窄（该间隙与外筒半径之比小于 0.05），其中的水流就如两个相对运动的平行界面（其中的一个相对于另一个运动）之间的水流一样。液体中的速度分布则可通过对 Navier-Stokes 相关方程的积分得到，由此求出通过环状间隙的平均速度梯度如下：

$$G = \frac{2\omega_2 R_2 R_1}{R_2^2 - R_1^2} \tag{7.4}$$

式中，ω_2 为外筒的角速度，内筒不动，角速度为零；R_1 和 R_2 分别为内筒和外筒的半径。

竖轴式 Taylor-Couette 絮凝器的优点是仅有一个在底座的固定端点，为克服絮凝粒子的沉降，可以用一个小泵产生内部循环而造成在垂直方向的液体流动。但这样能在循环系统中造成附加的不可测效应（絮体的形成或破碎）。如果粒子非常小，在絮凝的初期阶段，沉降效应可以忽略。

平轴式 Taylor-Couette 絮凝器的优点是粒子的沉降较弱，主要缺点是由于不动的端点而形成水流，它们对均匀的速度梯度产生影响。

许多实验者曾设计过多种不同的 Taylor-Couette 絮凝器。Ives 和 Bhole 改进了以前的设计，提供了一种连续流动，同时内筒的变化可以产生不变的 G（均匀筒体）或在流动方向上逐渐减小的 G（筒体渐细）。后者可产生逐渐变弱的絮凝，以减弱所形成的絮体被剪切作用粉碎，如图 7.7 所示。在此仪器中，环状间隙的宽度由进口处的 6.9mm 逐渐变化至出口处的 13mm，在 G 不变的型式中，环状间隙为 10mm。

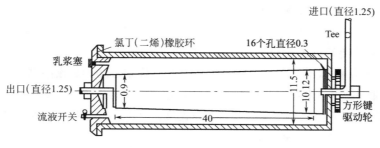

图 7.7 内筒渐细的 Taylor-Couette 絮凝器

注：长度单位均为 cm，Tee 为 T 形管

7.1.3 絮凝实验中的有关测定

为研究絮凝实验的效果及絮凝机理，常需做许多指标的测定，一般测定的指标如下。

7.1.3.1 浊度的测定

浊度测定的原理来自对胶体光散射性质的研究。光散射是指当一束光线通过介质时在入射光方向以外的各个方向上都能观察到光强的现象。最早从理论上研究光散射的是 Rayleigh，他导出的光散射公式如下：

$$I=\frac{9\pi^2}{r^2\lambda^4}\left(\frac{n_1^2-n_0^2}{n_1^2+2n_0^2}\right)^2 v^2 N_0 I_0\left(\frac{1+\cos\theta^2}{2}\right) \tag{7.5}$$

式中，I 为散射光强度；I_0 为入射光强度；r 为离开散射源的距离；θ 为散射角，即观察方向与入射光传播方向之间的夹角；λ 为入射光的波长；v 为散射质点的体积；N_0 为单位体积中散射质点的数目；n_1 和 n_0 分别为分散相和分散介质的折光指数。

从上式可以看出，$I\propto v^2$，故大质点的散射远超过小质点。此外还有 $I\propto N_0$，即散射光的强度与质点的浓度成正比。改用质量浓度 c 表示，并以 ρ 表示质点的密度，因为 $N_0 v = c/\rho$，于是上式就可以改写为：

$$I=\frac{9\pi^2}{r^2\lambda^4}\left(\frac{n_1^2-n_0^2}{n_1^2+2n_0^2}\right)^2 v \frac{c}{\rho} I_0\left(\frac{1+\cos\theta^2}{2}\right) \tag{7.6}$$

利用此式通过测定散射光的强度则可以测定质点的浓度，这就是浊度分析法的原理。但应指出，这样测得的浊度只是一种光学效应，它还与质点的体积、密度、形状等许多因素有关，并不能严格代表质点的含量。

水处理中的浊度即光线透过水层时由于光散射的发生而受到阻碍的程度。它不仅与悬浮物和胶体的含量有关，而且还与水中杂质的成分、颗粒大小、形状及其表面的反射性能有关。在对絮凝效能进行研究和评价时，浊度测定常常是必要的手段。最初浊度的单位是以不溶性硅如漂白土、高岭土等在蒸馏水中产生的光学现象为基础的，即规定 1mg/L 的 SiO_2 因发生光散射所造成的浑浊程度为 1 度。把欲测水样与配制的标准浑浊溶液按照比浊法原理进行比较，就可以测得水样的浊度。如果某水样的浊度为 n 度，即指该水样的浑浊程度相当于 n mg/L 的 SiO_2 标准浊液因光散射所造成的浑浊程度，而不管水中颗粒物的大小。目前漂白土、高岭土等的粒径是用通过一定筛孔（例如 200 号筛）作为统一标准，按照规定的操作步骤配成标准浑浊液。这种标准单位通常称为"硅单位"。

另一种值得推荐的标准浑浊液称为 Formazin 聚合物标准浑浊液，它由硫酸肼（硫酸联胺）和六次甲基四胺两种溶液混合而制得，该标准溶液制作简单，光散射性质的重现性比上述标准浑浊液要好，因此得到了广泛的应用。

Formazin 聚合物标准浑浊液制作方法如下：称取 1.000g 硫酸肼溶于水，定容至 100mL，再称取 10.00g 六亚甲基四胺溶于水，定容至 100mL。吸取以上溶液各 5.00mL 于 100mL 容量瓶中混匀，于（25±3）℃下静置反应 24h，冷却后用水稀释至标线，混匀。此溶液浊度为 400NTU，可保存 1 个月。

另有一种通用的目视比色法，就是按一定的规格用蜂蜡及鲸脑蜡制成标准烛，规定每小时燃烧量是 7.4～8.2g，在直立的玻璃管下点燃，管中注入待测水样，自上方注视，逐渐增大水柱高度，直到烛焰恰不能见到时为止，此水柱高度即称为标准烛光值。用它代表浑浊度的大小，其单位称为杰克逊浊度单位，记作 JTU，可以标定包括硅单位标准液在内的各种浑浊度标准液及浊度测量仪器。国际上认为，以乌洛托品-硫酸肼配制的浊度标准重现性较好，所以选作各国统一标准，即 FTU，而现代仪器显示的浊度是散射浊度单位 NTU，1FTU＝1NTU。水处理中常用的浊度测定方法如下所述。

（1）浊度的透射光测定法

目前，国内最常用的方法是采用光电比色计或分光光度计测定悬浊液的浊度。这种方法实际上测定的是由于浑浊物质的光散射而使透光强度减弱的程度，即消光度。若散射介质的厚度为 Δx，入射光强为 I_0，光通过介质时因散射而引起的光强减弱为 I_s，则有下式成立：

$$I_0 - I_s = I_0 \exp(-\tau \cdot \Delta x) \tag{7.7}$$

于是有：

$$\frac{I_0 - I_s}{I_0} = \exp(-\tau \cdot \Delta x)$$

$$\frac{I_0}{I_0 - I_s} = \exp(\tau \cdot \Delta x)$$

$$\ln \frac{I_0}{I_0 - I_s} = \tau \cdot \Delta x$$

$$\ln \frac{I_0}{I_t} = \tau \cdot \Delta x \tag{7.8}$$

或

$$A = \tau \cdot \Delta x \tag{7.9}$$

式中，I_t 为透过光强；$\ln \dfrac{I_0}{I_t}$ 为吸光度，在式（7.9）中以 A 表示。可以看出此式即 Lambert 吸收定律，但与分光光度分析中的真吸收不同，它的实质是假吸收。由此可以得到：

$$\tau = \frac{A}{\Delta x} \tag{7.10}$$

式（7.10）即浊度的表达式。它的意义是光束通过介质时，因散射而产生的单位光程上入射光束的能量衰减率，其单位为 m^{-1}。式（7.7）与 Lambert 吸收定律的形式非常相似，所不同的是 Lambert 公式讨论的是真吸收，而式（7.7）处理的假吸收。以此种方法测定时，入射光的波长一般选择在 680nm。

（2）球面积分散射光测定法

球面积分散射光度计如图 7.8 所示。光源中的汞灯发出的光线经过滤光片和聚光系统后形成波长为 436nm 或 546nm 的平行单色光，照射到散射池后产生散射光，被旋转的检测器中的光电倍增管接收，以测量不同角度上的散射光强，光电倍增管的输出信号用灵敏电流计或光子计数技术读出。

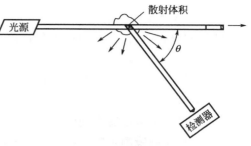

图 7.8　球面积分散射光度计

对水的浊度测量的散射光浊度仪就是根据球面积分散射光测定法的原理设计的。所测得的散射光 I_s 是将所测试样包围在内的球面上散射光的积分值。试样的光散射程度即浊度，如下式所示：

$$\tau = \frac{I_s}{I_0} \tag{7.11}$$

除上述方法外还有另一种类似方法。当平行光束通过光学非均一的悬浊液时，在悬浊液内部便产生光散射，由于散射光的角度依赖性，透过液体的光束即呈现出不均匀的散射状态，因此若像测定透明物质透光率所用的光电光度计的光学系统那样，由透射光方向性来决定受光方式，那就不能检测出正确的散射状态。要想测定非均一物质的透光率的最大值，光学系统应与透射光的方向性无关，就必须采用可以聚结全部光束的装置。这可以由图 7.9 所示积分球式浊度计完成。

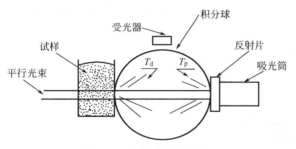

图 7.9　积分球式浊度计

将盛有试样的玻璃比色皿紧靠在光路上的积分球的光入口处，在积分球的光出口处装上反射片（比反射率约等于 100），使其全部遮住光出口，这时，试样的总透光率 T_t 等于扩散透光率 T_d 加平行透光率 T_p，并可由受光器所扑集。然后将反射片移开，这样在总透光率中就只有平行透光率 T_p 可以从积分球的光出口处透出并被后面的吸收光筒完全吸收而消失。

综上所述，装上反射片可以测定试样的总透光率 T_t，移开反射片又可以测得扩散透光率 T_d，则试样的浊度 τ 即为：

$$\tau = \frac{T_d}{T_t} \times 100\% \tag{7.12}$$

以上两种浊度计都是利用了球面积分散射光测定法，目前市面上也有一些品牌的光散射浊度计，仅测定 90° 方向的散射光的强弱，用来表示浊度的大小。

（3）目视法

另有一种比较通用的方法为目视法，这种方法是按一定的规格用蜂蜡及鲸脑蜡制成标准烛，规定每小时燃烧量是 $7.4\sim8.2g$，在直立的玻璃管下点燃，管中注入待测水样，自上方俯视，逐渐增大水柱高度，直到烛焰恰不能再见到时为止，此水柱高度即称为标准烛光值，用它代表浑浊度的大小，其单位称为杰克逊浊度单位或标准烛单位，用它可以标定包括硅单位标准液在内的各种浑浊度标准液及浑浊度测定仪器。

7.1.3.2　电泳淌度的测定

如果能测出微粒在电场中运动的速度，则能通过计算求出微粒表面的动电位即 ζ 电位，有关理论在第 2 章中已介绍。关于电泳淌度的实验测定，已有成熟方法，也有商品仪器出售，现将其中 3 种方法的基本原理介绍如下。

（1）显微镜观察法

在超显微镜下可以观察到胶体粒子，因此可以利用超显微镜直接测定胶体粒子的电泳速度。利用超显微镜测定胶体粒子的电泳速度时，须将胶体溶液装在接物镜下面的长方形溶液槽内。溶液槽是由载物玻璃 A 与盖玻璃 B 组合而成，在这两个玻璃片之间夹入两根铂丝 C，作为溶液的两个对壁。溶液槽的其他两个对壁用凡士林代替。粗铂丝的直径可以看作是上底和下底之间的距离 a，粗铂丝除了作溶液槽的两个对壁使用外，还要起电极的作用。当两极接在恒压直流电源上通电时，可用超显微镜观察胶体粒子在电场中的移动情况。粒子移动的距离可以由装在接目镜筒内的测微尺读出，此距离用时间来除，就得到粒子的移动速度。溶液槽的结构如图 7.10 所示。

在实际测定中，必须能够控制接物镜焦点的位置，使之在溶液槽的上底与下底之间任意移动。也就是说必须能够测出在胶体溶液中不同深度处粒子的电泳速度。为精确计算，须在一定深度处观察若干次，然后取其平均值，将测定结果作图，可得到一根对称形的抛物线，如图 7.11 所示。这根图线表示，贴近溶液槽上底与下底处粒子速度最慢，而在溶液槽厚度 1/2 处粒子速度最快。

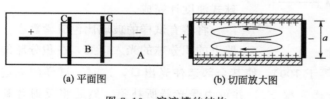

(a) 平面图　　　　　(b) 切面放大图

图 7.10　溶液槽的结构

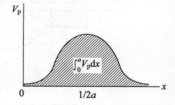

图 7.11　溶液槽深度与胶体
粒子电泳速度的关系

要解释这根图线就不能不联系到溶液槽内发生的电渗现象。溶液槽的上底与下底都是玻璃，在玻璃与水接触的界面上会形成双电层，玻璃带负电、水带正电。当溶液槽内装满胶体溶液并通电时，双电层就会在紧贴溶液槽上底与下底处发生错动，带负电的水就会由负电极一方向正电极一方移动，这就是电渗。这种现象必然会影响胶体粒子在电场内的移动速度，结果人们观察到的粒子速度就不能真正代表电泳速度。假定胶体粒子带负电，溶液槽中胶体粒子的观察速度将为水的电渗速度和电泳速度之和。令 V_p 为观测到的粒子运动速度，V_e 为粒子因电泳而运动的速度，V_1 为液体因电渗而移动的速度，则：

$$V_p = V_e + V_1 \tag{7.13}$$

公式两边乘以 dx，此处为离开底面的距离，再求积分：

$$\int_0^a V_p \mathrm{d}x = \int_0^a V_e \mathrm{d}x + \int_0^a V_1 \mathrm{d}x$$

式中，a 为溶液槽的厚度。因为电渗流动必造成一反向液流，整个液槽内的水的电渗速度为零，如图 7.10(b) 所示。所以公式右边第二项为零。又因为 V_e 为一恒定数值，所以由上式得到：

$$V_e = \frac{1}{a}\int_0^a V_p \mathrm{d}x \tag{7.14}$$

式中的积分量不必解出，可由图 7.11 所示的实验曲线直接求得。

另外一种方法是在所谓静止层处直接进行测定。由于在液槽内水的总流量为零，因此必定存在某一位置，该处的电渗流动恰与反流抵消，$V_1 = 0$，这一位置称为静止层。只有处在静止层位置上的粒子，其运动速度才代表真正的电泳速度。液槽内的流速分布与图 2.26 所示相同。对于半径为 r 的圆柱形毛细管，静止层在 $x = r/\sqrt{2}$ 处，x 为离管轴的距离。

超显微镜观察法的方法简单，测定快速，样品用量少，而且是粒子在本身所处的环境下进行测定，所以常用其确定分散体系粒子的 ζ 电位，但此法研究的是限于超显微镜下的可见粒子。如果粒子很小，或是带电大分子（如蛋白质），则必须用界面移动法。

（2）界面移动法

界面移动法被广泛用于各种带电大分子，尤其是蛋白质的分析与分离。取一支粗细均匀，且具有刻度的 U 形管，管的中部接上一个带有活塞的长颈漏斗管，管的两端插上电极，如图 2.8(b) 所示。先由漏斗管将胶体溶液装入 U 形管（只装到 U 形管的一半位置）然后再装入辅助溶液。装胶体溶液和辅助溶液时，动作要缓慢，使胶体溶液和辅助溶液之间形成清晰的界面，胶体溶液的密度应大于辅助溶液，这样胶体溶液才能很好地处于 U 形管的底部，辅助溶液才能很好地处于胶体溶液的上边，辅助溶液有时用蒸馏水代替。溶液装好后，随即关闭活塞，然后通电，数分钟之后就会观察到界面发生了移动，测量界面移动的距离及其他的一些有关的量值，就可以求出胶体粒子的电泳速度。

利用界面移动法测定电泳速度时，辅助溶液必须具备两个条件：第一，与胶体溶液接触无化学变化；第二，与胶体溶液有相同的导电能力。对于亲液溶胶，辅助溶液以浓度稀薄的氯化钾溶液较为合适；对于疏液溶胶，一般都用其超滤液（即除去胶体粒子后的分散介质）。观察界面移动时，若胶体溶液带色，那是很方便的；若胶体溶液不带色，就要用紫外光照射 U 形管，使胶体溶液现荧光，而辅助液不显荧光，借此确定界面位置，在此情况下要用水晶 U 形管代替玻璃 U 形管。

利用界面移动法测定电泳速度时，最大的困难是电解现象与电极极化，它不仅影响溶液的平静状态，使界面模糊不清，甚至还使胶体溶液发生凝结。改进的办法是将辅助溶液与电极用盐桥隔开，并将电极改为电化学上的可逆电极。这样上述困难就可以克服。

（3）化学分析法

第一个用化学分析法测定胶体粒子电泳速度的是 Duclaux，图 7.12

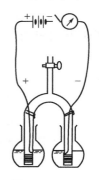

图 7.12　Paine
电泳仪

是 Paine 以此法设计的装置。其主要部件是一个∩形玻璃管，管的上部有一个带活塞的支管，∩形玻璃管的两个脚分别插在两个圆底烧杯瓶中，瓶中盛有胶体溶液。

打开活塞并抽气，使胶体溶液充满∩形玻璃管，这样就使两瓶内的溶液互相接通，∩形玻璃管的两脚用铂丝紧紧地绕成圈，就像用铂片包上一样。将线圈用铂丝接在恒压直流电源上通电，这样胶体溶液中的粒子就从一瓶移向另一瓶。所加电压以产生 1mA 以下的电流为准。通电 2~4h 后，打开支管活塞，使管内胶体溶液回归两瓶，然后进行分析，并与通电前胶体溶液的浓度相比较，即可求出在通电时间内粒子的迁移量，根据粒子的迁移量可以算出粒子的电泳速度如下。

令 c 表示通电前胶体溶液的浓度，q 表示在通电时间 t 内粒子的迁移量，ϕ 表示∩形管的截面积，v 表示粒子的速度，则下式成立：

$$q = cv\phi t \tag{7.15}$$

再令 L 表示两电极之间的距离；κ 表示溶液的电导率；R 表示溶液的电阻；E 表示外加电压；I 表示电流，则下式成立：

$$I = \frac{E}{R} = \frac{\kappa \phi E}{L} = \kappa \phi X \tag{7.16}$$

式中，X 表示电场强度。将式（7.15）和式（7.16）相结合就得到胶体粒子在单位电场强度下的电泳速度即离子的电泳淌度：

$$U = \frac{\kappa q}{tcI} \tag{7.17}$$

利用此法测定胶体粒子的电泳速度时必须注意由两瓶进入∩形管中的溶液必须仍回到瓶中，否则要引起较大的误差。其次∩形管要相当粗大，以避免电渗现象发生影响。

随着被测粒子复杂性的增加，自电泳淌度实验值计算 ζ 电位的可靠性越来越小，在这种情况下，精确的实验结果最好用电泳淌度来表示，而相应的 ζ 值只是一种近似的表示。另一方面，许多实验表明，当粒子的 ζ 电位或电泳淌度为零时，悬浊液的浊度不一定在最低点，当浊度在最低点时，ζ 电位约在 −10~+5mV 范围内。

7.1.3.3　微粒表面电荷的测定

胶体滴定法可用来测定悬浊液中微粒的表面电荷。该法被认为有可能取代电位法来估计絮凝剂的最佳投放量，但目前在水处理中的应用还很少。

胶体滴定法的原理是基于正负电荷的中和作用。水中胶体一般带负电，若在胶体溶液中投放过量的阳离子型聚电解质絮凝剂，使胶粒的表面电荷完全被中和，然后用阴离子型聚电解质返滴过量的阳离子聚电解质，其正负电和完全中和时的终点用指示剂表示，即可得知胶粒表面的负电荷为多少。

阳离子型聚电解质可用甲基乙二醇壳聚糖，阴离子型聚电解质可用聚乙烯醇的硫酸盐，指示剂可用甲苯胺蓝。图 7.13 是胶体滴定法与电泳淌度法、容器搅拌实验法的比较。

由该图可见，随着硫酸铝絮凝剂投加量的增大，水样的酸性逐渐增大，浊度由大变小，然后略有回升，粒子的 ζ 电位由 −16mV 变到 +7mV，表面电荷则由 −85meq/L 变到 +140meq/L。当硫酸铝的剂量为 170mg/L 时，浊度降到最低点，相应的 ζ 电位约为 −4mV，胶粒的电荷则为 −25meq/L。

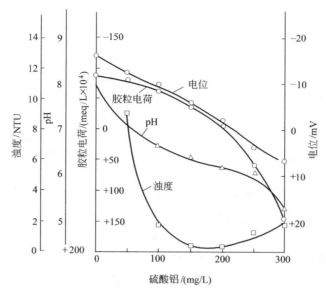

图 7.13 胶体滴定法与电泳淌度法、容器搅拌实验法的比较

水样浊度 42NTU，碱度 156mg/L，pH0.1

用胶体滴定法获得的数据估算硫酸铝的投加量可用下式：

$$D = K_1 A + K_2 C^n \tag{7.18}$$

式中，D 为硫酸铝的投加量，mg/L；A 为碱度，mg/L，以 $CaCO_3$ 计；C 为胶体的电荷值，$10^4 \, meq/L$。

7.1.3.4 悬浮物（SS）的测定

对比较清洁的地表水或地下水，对于生活污水和工业废水及受其污染较重的水体，测定浊度大多采用过滤法进行悬浮物的质量法测定。由于浊度是一种光学效应，与水中悬浮颗粒对光线的散射、吸收有关，受颗粒大小、形状和组成等的影响很大，所以浊度与悬浮物含量并不完全一致。

悬浮物指的是不能通过孔径为 $0.45 \mu m$ 的固体物，包括不溶于水中的无机物、有机物及泥砂、黏土、微生物等。测定前将聚乙烯瓶或硬质玻璃瓶用洗涤剂洗净，再依次用自来水和蒸馏水冲洗干净，在采样之前，再用即将采集的水样清洗 3 次，然后，采集具有代表性的水样 $500 \sim 1000mL$。测定时用扁嘴无齿镊子夹取微孔滤膜放于事先恒重的称量瓶里，移入烘箱中于 $103 \sim 105℃$ 烘干 0.5h 后取出，置干燥器内冷却至室温，称其质量，反复烘干、冷却、称量，直至 2 次称量的质量差$\leqslant 0.2mg$。将恒重的微孔滤膜正确地放在滤膜过滤器的滤膜托盘上，加盖配套的漏斗，并用夹子固定好。以蒸馏水湿润滤膜，并不断吸滤。量取充分混合均匀的试样 100mL 抽吸过滤。使水分全部通过滤膜。再以每次 10mL 蒸馏水连续洗涤 3 次，继续吸滤以除去痕量水分。停止吸滤后，仔细取出载有悬浮物的滤膜放在原恒重的称量瓶里，移入烘箱中于 $103 \sim 105℃$ 下烘干 1h 后移入干燥器中，使冷却到室温，称其质量。反复烘干、冷却、称量，直至 2 次称量的质量差$\leqslant 0.4mg$ 为止。悬浮物的含量利用 2 次称重结果的差计算得到。

7.1.3.5 色度的测定

色度是对黄褐色的天然水或处理后的各种用水进行颜色定量测定时所规定的指标。絮凝处理的效能之一是能降低水的色度，因此常常需要对色度进行测定，目前世界各国统一用氯铂酸钾 K_2PtCl_6 和氯化钴 $CoCl_2 \cdot 6H_2O$ 配制的混合溶液作为色度的标准溶液。这种溶液具有同天然水相似的黄褐色，规定 1L 水中含有 2.491mg 的 K_2PtCl_6 及 2.00mg 的 $CoCl_2 \cdot 6H_2O$ 时，即 Pt 的浓度为 1mg/L 时，所产生的颜色的深浅为 1 度，以此作为色度的基本单位，称为铂钴标准。在测定色度时，把欲测的水样与一系列不同色度的标准溶液进行比较，即可测得水样的色度。由于氯铂酸钾的价格甚贵，一般采用重铬酸钾 $K_2Cr_2O_7$ 和硫酸钴 $CoSO_4 \cdot 7H_2O$ 按一定比例和操作步骤配制的代用色度标准溶液。

工业废水的颜色并不一定为黄褐色，它们可以呈现出各种不同的颜色，这时只做定性的或深浅程度的一般描述，不能用上述方法进行测定。还可以用稀释倍数法表示水样的色度。取色度比色管（内径 20~25mm），放入澄清水样（一般可用离心法除去其中的悬浮物质），以蒸馏水稀释至在白色底板上观察不出颜色为止，记录稀释倍数。此稀释倍数即为水样的色度。当悬浮物难以用离心法除去时，所得色度为"表色"，注意不可用过滤法除去悬浮物，因为滤纸能除去一部分有色物质，除去悬浮物后得到的色度代表"真色"。

7.1.3.6 天然水中有机物的间接测定

在自来水生产中，通常对经过混凝—沉淀—过滤后的出水实行加氯消毒，但水中残余的腐殖质和其他有机物可能同时被氯化而成为三卤甲烷（THMs）等有机卤化合物，它们对人体的健康是非常有害的，因而，近年来人们对给水处理中产生有机卤化物的问题给予了极大的关注。天然水中存在的有机物被称为 THMs 前致物，絮凝法已成为去除水中 THMs 前致物的有效方法，为此发展了一种简易快速地测定水中有机物或三卤甲烷前致物的方法，这就是紫外吸收法。

芳香类有机化合物或含有共轭双键的有机化合物能够吸收紫外光波，而天然水中的有机物大部分为腐殖质，其中多元酚和多元醌构成了其骨架，因而紫外吸收是一项测定天然水中有机物的很好技术，目前所应用的紫外波长为 254nm。该项指标被称为 UV_{254}。这项技术已被用来对给水处理厂去除水中有机物的效能进行监测。

天然水及给水中可能含有一些不对紫外光产生吸收的物质，如脂肪酸、醇类、糖等，结果总有机碳（TOC）和紫外吸收（UV）之间的线性关系可能不通过零，即 UV 吸收为零的水样还可能含有一些 TOC，一些无机化合物如硝酸盐和溴化物会吸收紫外光，因而产生干扰，但它们在未受污染的水中含量并不高，不会影响这项技术的使用。

利用紫外吸收测定有机物的含量是一项间接测定技术。在此需要说明的是，利用间接测定技术对水处理厂效能进行监测或对水质进行测定已常见，例如浊度测定实际上也是一种间接测定。但所有的间接测定都有一定的局限性，因为它们属于代用指标，而非专项指标。尽管如此，由于间接测定快速简易或廉价，因而得到了广泛的应用。

7.1.3.7 化学需氧量（COD）的测定

化学需氧量（COD）是指在一定条件下，用强氧化剂处理水样时所消耗氧化剂的量，以氧的 mg/L 表示。化学需氧量反映水受到还原性物质污染的程度。水中还原性物质一般包括有机物、亚硝酸盐、亚铁盐、硫化物等。由于在工业废水和生活污水中有机物的污染比较普遍，因此化学需氧量一般被用来代表有机污染物的含量。水样化学需氧量的测得值受诸多因素的影响，如：加入氧化剂种类和浓度、反应液酸度、反应温度和时间、催化剂存在与否等，因此化学需氧量是一个条件性的相对指标。因此在测定时保持各水样的测定条件一致是十分必要的。

对于工业废水，我国规定用重铬酸钾法测定。测定原理是：在强酸性溶液中，以硫酸银作催化剂，在加热回流的条件下以重铬酸钾氧化水样中的还原性物质后，再以试亚铁灵为指示剂，用硫酸亚铁铵溶液回滴，根据用量算出水样中还原性物质的耗氧量。由该法测得耗氧量有时也记作 COD_{Cr}。

在强酸性介质中以硫酸银为催化剂时，重铬酸钾的氧化性很强，可氧化大部分有机物，直链脂肪族化合物可完全被氧化，而芳香族化合物则不易被氧化，吡啶不能被氧化，挥发性直链脂肪族化合物、苯等在加热回流时进入气相，不能与氧化剂接触，氯离子能被氧化，并能与硫酸银催化剂反应产生沉淀，影响测定结果，故在回流前应在水样中加入硫酸汞，使成为配合物以消除干扰。氯离子含量高于 2000mg/L 时，应将样品先做定量稀释，使含量降到 2000mg/L 以下，再做测定。

7.1.4 絮体形成过程的光学在线监控及 FI 指数

从本章浊度的透射光测定法知：
$$I_0 - I_s = I_0 \exp(-\tau \cdot \Delta x)$$

为简单起见，以 I_t 表示透过光强度，代替 $I_0 - I_s$，以 L 表示透射介质的厚度，代替 Δx 则有：
$$I_t = I_0 \exp(-\tau L) \tag{7.19}$$

式中，τ 为浊度，可表示为：
$$\tau = Nc \tag{7.20}$$

式中，N 为颗粒浓度；c 为颗粒摩尔消光系数，代入式(7.19) 得到：
$$I_t = I_0 \exp(-NcL) \tag{7.21}$$

式(7.21) 即朗白-比尔定律的表示式。根据此式让液体流经一细管，细管左右侧分别设置光源和光检测器，光学脉动如图 7.14 所示。

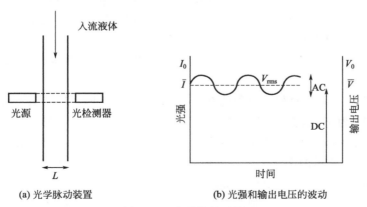

(a) 光学脉动装置　　(b) 光强和输出电压的波动

图 7.14　光学脉动示意

为了检测的方便，将 I_t 和 I_0 的信号以电压的形式输出，即平均输出电压 $\overline{V}$ 和 V_0，则有：
$$\overline{V}/V_0 = \exp(-NcL) \tag{7.22}$$

一般认为颗粒具有泊松分布，电压输出 $\overline{V}$ 必然会随之发生波动，且存在一个最大值（V_{max}）和一个最小值（V_{min}）。以 V_{rms} 表示电压波动标准偏差，经一系列推导（此处省略）可以得出：

$$\frac{V_{rms}}{\overline{V}} = (3\pi\phi L/4A)^{1/2} a^{1/2} Q$$

式中，ϕ 为颗粒在液体中的体积分数；A 为光线的有效截面积；a 为颗粒半径；Q 为无因次散射系数。当悬浊液并非单一分散体系时，颗粒具有一定的粒径分布 $f(a)$，则上式可变为：

$$\frac{V_{rms}}{\overline{V}} = \left(\frac{N_T L}{A}\right)^{1/2} \pi \left[\int_0^\infty a f(a) Q^2(a) \mathrm{d}a\right]^{1/2} \tag{7.23}$$

式中，N_T 为颗粒总数；$Q(a)$ 为粒径为 a 的颗粒的散射系数。从式(7.23) 可以看出，$V_{rms}/\overline{V}$ 比值与颗粒粒径有密切关系。

图 7.15 是当波长为 820nm 的光经过聚苯乙烯分散体系时，V_{rms} 随颗粒粒径的变化关系。图中实线为 $V_{rms}/\overline{V}$ 变化曲线，虚线为 V_{rms} 变化曲线。很明显，$V_{rms}/\overline{V}$ 随粒径增大不断出现最大值和最小值，但总趋势是增大，而 V_{rms} 随粒径增大基本呈增大趋势。对于一定的水质，当水中颗粒发生絮凝，粒径发生变化时，得到的输出也发生变化，从而可实现对水中絮凝过程的脉动监测。

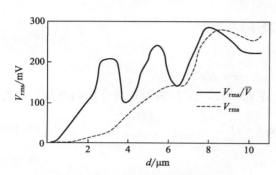

图 7.15　V_{rms} 随粒径增大的变化

Gregory 根据这一原理研究出了光散射颗粒分析仪（photometric dispersion analyzer，PDA）。该仪器的输出信号是由一个大数值的直流（DC）成分和一个小数值的脉动交流（AC）成分构成，如图 7.14 所示。仪器输出的 DC 值具有伏特数量级，测定的是透过光强的平均值，取决于悬浊体系的浊度大小。AC 成分具有毫伏数量级，是由光束中颗粒数目和大小的随机变化所造成，其信号的均方根（RMS）以电子方式被记录下来，由此得到一个比值（RMS/DC），此比值被称为絮凝指数或 FI 指数。FI 指数会受到颗粒聚集的强烈影响。当颗粒发生絮凝时，FI 指数总是增大；当颗粒聚集体或絮体被破坏时，FI 指数会减小。

根据以上原理实现了对絮凝过程的在线监测，图 7.16 即絮凝指数 FI 的 PDA 在线监测系统。图 7.17 为 FI 指数随时间的变化曲线，即 FI-t 曲线，呈现出 S 形状，其中图 7.17(a) 为模拟曲线，可以清楚显示 S 形状，图 7.17(b) 为实际测定曲线。

用图 7.17(b) 所示的图解方法，可得到 FI-t 曲线的特征参数如下：s 为 FI-t 曲线上升阶段的最大速率，代表絮凝反应的速率；t_1 为滞后时间，代表金属盐水解形态的形成、吸附及颗粒脱稳所需时间，在投加阳离子型聚合物的情况下，一般会有一个更长的滞后时间，这是聚合物在颗粒表面上的吸附较慢所致；t_2 为曲线上升到最大速率点所对应的时间；A 为曲线的波动振幅，代表絮体颗粒粒径和浓度的变化，粒径越趋于均匀振幅 A 的变化幅度越小；h 为曲线的平衡高度，代表絮体成长的平均尺寸。

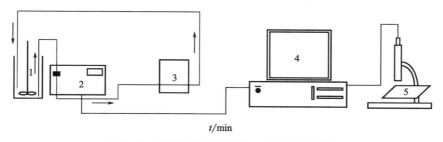

图 7.16　絮凝指数 FI 的 PDA 在线监测系统

1—搅拌器；2—PDA200；3—蠕动泵；4—电脑；5—电视显微摄影仪

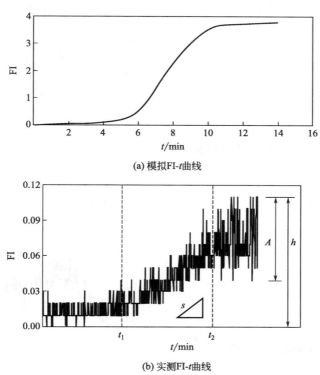

(a) 模拟FI-t曲线

(b) 实测FI-t曲线

图 7.17　FI-t 曲线

一般来讲，对于一定的原水，絮凝的化学条件直接影响絮凝的反应速度，从而决定 t_1 和 s 值，搅拌条件直接影响絮体的平衡粒径，从而决定 h 值。以下用投药量的影响说明 FI-t 曲线的特征参数的应用。

图 7.18 是 FI-t 曲线特征参数随投药量的变化关系图。可以看出，s 与 h 变化规律很相似，随着投药量增加，絮凝反应速率（s）和絮体粒径（h）呈现出增加的趋势。s 和 h 在达到最高值后，却随着投药量的增加而逐渐降低，这正是过量投药所造成的电荷反号所引起的复稳现象。在 s 与 h 达到最低点后，随着投药量的继续增大，又呈现出上升的趋势，这正是在高投药量下所发生的卷扫网捕的效果。t_1 和 t_2 随投药量的变化与 s、h 恰相反，反应速率（s）高时，滞后时间（t_1）和达到最大速率的时间（t_2）均减小，而生成的絮体粒径（h）增大。

FI 指数已被广泛应用于絮凝的化学条件和流体力学条件的研究。图 7.19 反映 PAC

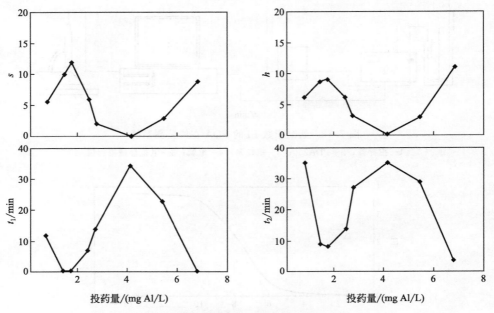

图 7.18　FI-t 曲线特征参数与投药量的关系

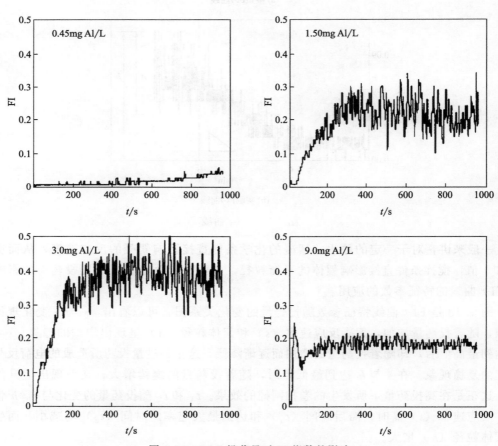

图 7.19　PAC 投药量对 FI 指数的影响

投药量对 FI 指数的影响。从图可以看出，在低投药量下，FI 曲线几乎无响应；随着投药量的增大，FI 曲线经历了上升和相对稳定两个阶段，并且随着投药量的增加，上升段变陡（s 值较大），达到相对稳定的时间缩短；继续增大投药量，平衡高度反而降低，尤其是在最大投药量的情况下，初期出现一个高峰又下降，然后趋于一个稍低的平衡高度。

图 7.20 反映在 PAC 为絮凝剂时搅拌条件对 FI 指数的影响。快速搅拌强度直接决定絮体的形成速率，但快速搅拌历时过长，会对絮体的成长过程和最终结构产生影响。一般情况下，絮凝剂的水解和初期小絮体的形成在 1min 内就可以完成。如果快速搅拌历时过长、强度过大，就会引起絮体破碎，虽然在进入慢速搅拌阶段后破碎的絮体会发生重组，但在达到稳定状态后絮体的粒径已无法恢复到 1min 快速搅拌的状态。

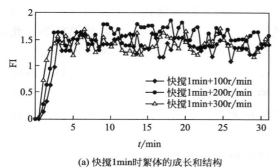
(a) 快搅1min时絮体的成长和结构

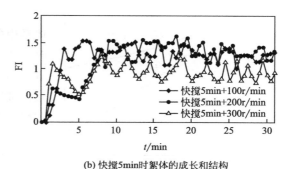
(b) 快搅5min时絮体的成长和结构

图 7.20　搅拌条件对 FI 指数的影响

FI 指数还被广泛用于研究絮体在不同絮凝剂作用下的破碎-重组的特性，揭示引起絮凝剂与絮体相互作用强弱的机理。

总之，絮体形成过程的光学在线监控及 FI 指数在絮凝机理和絮凝动力学的研究中发挥着越来越重要的作用。

7.2 浓分散体系的实验方法

絮凝的应用也包括对浓分散体系的处理，其目的是促进水处理产生的污泥的固液分离。对一般悬浊液，絮凝可分为两个步骤，一是粒子的脱稳；二是粒间的碰撞聚结。前者为一般化学过程，而后者为水力学过程。但在浓分散体系中，后者不起重要作用。在实验室中将絮凝应用于浓分散系时，首先应进行如下工作。

① 对所研究的浓分散系选择最适合的试剂，并找出最佳的应用条件，例如 pH 值、浓度等。

② 经过实验确定固液分离设备的尺寸。

多年来，人们越来越多地认识到，需要对一些性质定量化，例如絮体对切变粉碎作用的抵抗能力，在沉降和过滤中对压力的反应等。一些人对这些性质进行了基础方面的研究，使他们的实验室鉴定方法得到了相应的发展。但这些工作基本上是经验性质的实验工作，而非对基本原理的分析。这说明目前我们在处理方法和絮体性质的联系方面还缺少知识，因而在分离设备的参数方面也是欠缺的。

浓分散系的实验技术基本上可归纳为两种类型，一种与被处理体系的沉降特性有关；

另一种与泥渣层的透过性有关。此外还有一些技术是用来测定分散系的流动和屈服性质的。但是，它们更多的是与分散系的流变学有关，并且还未被大量地应用于分散系的处理。原有的理论仅能用来解释可逆的凝聚体系的流动及屈服性质，还未被扩展到不可逆的架桥絮凝体系。

7.2.1　高浓度分散体系的沉降实验

分散体系的沉降行为可以综合于图 7.21 中。图中纵坐标为分散相的浓度，而横坐标

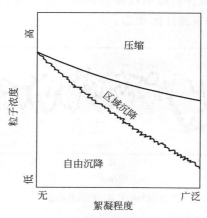

图 7.21　沉降行为的类型

为分散粒子絮凝的程度。此图表明有三种类型的沉降行为，一是在低浓度下，具有胶体稳定性的即未发生絮凝的单个粒子的沉降；二是在高浓度的絮凝体系中的沉降，称为区域沉降；三是压缩状态，此时可认为粒子停止了从流体中的降落，而是以物理方式相互接触，同时由于它们上方存在的粒子的质量而被压缩。第二种沉降的特点是粒子的沉降速度与粒子的大小无关，在沉降微粒和分散介质间存在清楚的界面，称为"浑液面"。

在区域沉降的情况下，宜采用的设备是重力浓缩器，目前 80％以上的絮凝剂都是被用于重力澄清和浓缩。压缩状态常发生于许多浓缩器中，浓缩器对流出液的浓度有重要影响。一些研究人员对锥形深筒浓缩器有浓厚的兴趣，他们采用增大沉降深度的办法以促进压缩作用。絮凝剂的正确使用对此类装置的成功运用起了重要的作用，但是压缩性的测定、处理结果与处理方法间的关系还未受到足够的重视。在传统浓缩器的设计中应用的压缩性数据方面，自 1916 年 Coe 和 Clevenger 开拓性工作以来，至今进展很少。

各种形式的容器实验是筛选絮凝剂并确定它们的应用条件的最普通的方法。将实验分散系置于圆柱形透明容器中，加入试剂，然后观察效果，最常观测的是界面的沉降速度及上清液的残余浊度。

当分散系显示区域沉降特性时，可以用图 7.22 的曲线表示界面高度与沉降时间的关系。这里可能有一个诱导期，以 $A—B$ 表示。随后出现一个速度恒定期，以 $B—C$ 表示，这段曲线的斜率就是沉降速度，它在澄清器的设计中具有实际价值，因为在保持污泥浑液面高度不变的澄清器中，它相当于分散介质向上流的速度。图中 $C—D$ 为"第一降落速度期"，根据 Kynch 理论，它可以用来计算高浓度的分散系的区域沉降速度和计算设计浓缩器。D 为压缩点，可以假设在 D 点以后，自由沉降过程停止，分散系被视为在压缩状态下的连续网

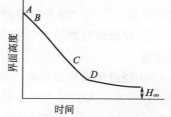

图 7.22　浑液面的下沉曲线

状粒子结构。D 点在某些浓缩器的设计步骤中是非常重要的，但它的识别较困难。如果应用 $\lg H_t$-$\lg t$ 或 $\lg(H_t - H_\infty)$-t 的曲线，此点会变得较为明显，这里 H_t 是时间为 t 时的浑液面高度，H_∞ 为时间无限长时浑液面高度。

上清液的浊度可以通过传统的浊度单位度量，例如 Jackson 或者 Formazine，并以光密度技术进行测量，这部分内容可参考稀分散系实验方法。

容器实验的目的是为获得可重复性的实验条件。当使用水解盐类为絮凝剂时，絮凝剂与水介质间发生很迅速的化学反应，当使用聚合物絮凝剂时，常常发生迅速的不可逆吸附。这些现象都要求做到迅速混合，因而实验时少量的试剂必须被加入到一个体积大得多的分散系中去。为了有利于混合，所用的聚合物一般配制为很稀的溶液，例如 0.01％的浓度。对于浓分散系，容器实验时的机械搅拌不能一直像在脱稳反应中那样快，任何过强的搅拌都会导致絮体的降解。一般的方法是迅速将试剂加入盛有分散系的试管中，封闭试管然后颠倒几次以达到混合的目的。在聚乙烯醇-碘化银溶胶体系的研究中，为了获得尽可能快的瞬时混合，Fleer 设计了一种技术：分散系被置于一封闭的圆柱形容器中，其体积为容器的三分之一。在分散系的顶部有一层稀的聚合物溶液。所有这些溶液在放上去时不能有任何混合发生，当然这是一种很困难的操作。在封口之后，迅速颠倒使之混合。以这种方法可以使絮凝剂迅速地均匀地溶解于分散系的介质中。

由于一个适宜的聚合物絮凝剂仅能在一个很狭小的浓度范围内发挥其效能，因此实验必须在一个很大的投药范围内并且以相当小的浓度间隔进行，如 1mg/L、3mg/L、10mg/L、30mg/L、100mg/L 等。

在容器实验中为了得到可靠的结果，必须做到以下几点。

① 在实验过程中圆筒形容器应该是垂直的。

② 圆筒形容器必须为真正的圆筒形，某些情况下玻璃圆筒从上到下渐渐变细，而且底面实际上是一凹面，这种情形应予避免。器壁不垂直会显著影响沉降速度。凹形的底面则使沉淀物体积的测量变得困难。如果将圆盘状薄片粘接于"Plexiglass"（普列克玻璃）、"Perspex"（皮尔斯培克塑料）或相似材料的管子上，可制得满意的圆筒形容器。

③ 体系必须能很好地进行恒温控制，使温度分布均匀以免热对流的影响。对于沉降速度适当，热对流影响较小的浓分散系，在恒温室中进行操作即可。在混合之前，所有溶液应有相同的温度。还应考虑阳光的照射，以及来自暖气、空调的热辐射和气流等影响。

在设计浓缩器的时候，往往应用固体流量的概念，即在单位时间内，固体沉降通过单位面积截面的质量，它等于沉降速度与浓度的乘积。沉降速度与分散系的浓度有关，因此在比较沉降速度的时候浓度应是一控制变量。Dell 和 Brown 使用六种不同类型的絮凝剂，研究了高岭土的固体流量。他们发现，当"絮凝剂/固体量"这一比值一定时，固体流量实际是与固体浓度无关。当以图示法表示这二者的关系时，发现固体流量随"絮凝剂/固体量"这一比值变化。最初随该比值的增大而上升，经过一极大值后缓慢地降了下来。极大值的位置大约与聚合物在固体表面的饱和吸附相对应。

絮凝的另外一个灵敏的但属于定性的指标是沉淀物的体积，经絮凝的体系比未经絮凝的体系具有较高的沉淀比容，对于弱絮凝体系，更为明显。

7.2.2 污泥调理及污泥性质的实验

7.2.2.1 污泥透过性讨论

污泥的透过性，即絮体层对流体流动的阻力，在滤饼过滤中是一项很重要的参数。按照 Darcy 方程，透过性的定义如下：

$$\mu = \frac{k}{\eta} \times \frac{dp}{dx} \tag{7.24}$$

式中，μ 为表面流速；k 为透过性的量；dp/dx 为通过多孔床的压力梯度；η 为流体的动力黏度。SI 单位制中，透过性的量纲为 m^2。Darcy 方程适用于通过多孔床体的黏性流动，一般实验和运行的条件即属此种。

Kozeny-Carman 方程可表示透过性与被压紧的絮体层的结构间的一般关系。它由通过圆柱形毛细管的 Poissenille 流动得到。在此方程中透过性为：

$$k = \frac{\varepsilon^3}{(1-\varepsilon)^2} \times \frac{1}{s^2} \times \frac{1}{K^L} \tag{7.25}$$

式中，ε 为床体中孔的体积/床的总体积，即多孔床的孔隙率；s 为粒子的表面积/粒子的体积，即粒子的比表面；K^L 为经验常数，在一般情况下其值为 5，但它与粒子大小、形状及孔隙率有关。

由上式可见，Kozeny-Carman 方程表示透过性与比表面、孔隙率之间的关系。对分散系液体，假定胶体粒子的体积和密度足够大，因而能发生沉降作用。当这种未脱稳的粒子沉降以后，就会成为一种低比容高密度的滤床。其低孔隙率和高比表面共同导致滤床的低透过性。但如果利用絮凝方法，则可以得到高透过性的絮体层。絮体生长的模拟实验证明了絮体内部的孔隙率可超过 90%，但是由于絮体具有高孔隙率及不规则的形状，絮体层却具有低孔隙率。模拟实验证明，穿孔球（或椭球）与未穿孔球（或椭球）在阻力系数上是相同无异的，因此可以认为，液体的内部流动是可以忽略的。在沉降过程中，流体通过絮体内部的流速估计为沉降速度的 5%，由此可以认为，絮体层的高透过性来自凝絮物比表面的明显减小和作为流动单元的凝絮物的外表面行为。

由于絮体具有非常疏松的结构，所以极易受到压缩和切变作用的破坏。当流体通过颗粒物滤床时，颗粒由于对流体有阻力而受力，此力被位于下方的颗粒的支撑力所平衡（忽略器壁的支撑力）。如果滤床是完全刚性的，此力则不会影响床体的均匀性，即不可压缩。如果滤床是可变形的，通过滤床的压力变化，会引起孔隙率的变化，从而导致透过性的变化，这种滤床即所谓可压缩性滤床，絮凝物床即属此类。为了计算可压缩性滤床对流体的总阻力，必须考虑局部透过性的变化，并在整个床体范围内对阻力进行积分。

前人对可压缩性滤床的过滤理论已做了充分且完备的讨论。为应用这一理论，必须测定作为压力函数的孔隙率，习惯上采用"压缩-透过性池"进行测定，以该法可以测得受到机械压力的薄层滤饼对流体的阻力。关于絮凝物床的压缩-透过性目前还没有较系统的报道。O'Gorman 和 Kitchener 研究了角砾云橄岩污泥的絮凝。角砾云橄岩污泥是一种极难脱水的物质。在水流压力作用下，用仪器测定通过滤床的压力差，得出了相对透过性是压力降的函数，并发现如以无机盐作絮凝剂，当压力在 $5 \sim 20 cmH_2O$ 柱（即 $490 \sim 1960 Pa$）范围内增大时，透过性随之减小。如果将无机盐絮凝剂与聚电解质联合使用，在 $5 cmH_2O$ 柱下，透过性可增大 4 倍。但压力增大时却有明显降低。如将聚合物的投加量从 $30 mg/L$ 升高到 $40 mg/L$，压力从 $5 cmH_2O$ 柱升至 $15 cmH_2O$ 柱，滤柱的透过性反而随之增加。当压力升至 $20 cmH_2O$ 柱时，透过性则会降低。

用来测定压力与透过性关系"压缩-透过性池"是一个圆筒形容器，它的下部有一多孔的底，而上部有一多孔的塞。滤饼就形成于它们之间。在上部多孔塞上施加负载以产生所需要的压力。为使由水头损失所产生的压缩效应可被忽略，在较小的压力下使流体强制通过滤饼。若以 α 表示比阻力（单位质量的污泥在一定的压力下过滤时，在单位面积上的阻力），P_s 表示所施加的压力，则 α 等于 P_s 与透过性之比，即 $\alpha = P_s/k$。在 $\lg\alpha - \lg P_s$ 图上常常可以看到，在某一压力 P_i 之前有一水平部分，而在其后有一区域，其中存在如下关系：

$$\lg\alpha = n\lg P_s \qquad (7.26)$$

即 $\alpha = P_s^n$，增大 n 的数值，意味着增大压缩性。P_i 相当于压缩性开始的压力，即在此压力处，滤饼开始发生屈服。根据对许多种物质的实验研究，发现 P_i 的数值在 $7 \times 10 \sim 1 \times 10^4 Pa$ 之间。由于在"压缩-透过性池"的活塞连接处的机械摩擦力、压力向池壁的传导及同池壁的摩擦等，所能得到的最小压力是有一定限制的，因而使这些实验所得数值的下限受到限制。在低压情况下若要精确测定絮凝体系的压力与透过性的关系，还需等待新技术的出现。

实验室中透过性的测量常采用一个 Büchner 或叶状过滤器（可参考本书脱水实验部分）。

7.2.2.2 污泥比阻的测定

对于测定污泥的滤过性而言，传统的实验是测定污泥的比阻力。所谓比阻力，是单位质量的污泥在一定的压力下过滤时，在单位面积上的阻力。比阻力可以用来比较不同污泥的过滤性能。污泥比阻越大，其过滤性能越差。

设过滤时液体的体积 V（mL）与推动力 P（过滤时的压降 g/cm²）、过滤面积 A（cm²）、过滤时间 t（s）成正比，而与过滤阻力 R（cm·s²/mL）、滤液动力黏度 η [g/(cm·s)] 成反比：

$$V = \frac{PAt}{\eta R} \qquad (7.27)$$

过滤阻力包括滤渣阻力 R_z 和过滤隔层阻力 R_g：

$$\frac{dV}{dt} = \frac{PA}{\eta(R_z + R_g)} \qquad (7.28)$$

一般过滤隔层阻力比较小，忽略后得：

$$\frac{dV}{dt} = \frac{PA}{\eta\alpha'\delta} = \frac{PA}{\eta\alpha'\dfrac{c'V}{A}} \qquad (7.29)$$

式中，α' 为单位体积污泥的比阻；δ 为滤渣层厚度；c' 为透过单位体积滤液所需滤渣体积。

如以滤渣干重 c 代替滤渣体积，单位质量污泥比阻 α 代替单位体积污泥比阻，则：

$$\frac{dV}{dt} = \frac{PA^2}{\eta\alpha cV} \qquad (7.30)$$

积分后得：

$$\frac{t}{V} = \frac{\eta\alpha c}{2PA^2}V \qquad (7.31)$$

由式(7.31)可知，t/V 与 V 之间为线性关系。以实验求出其斜率，可得到比阻。实验可以在真空条件下或加压条件下实施。真空法所需要的仪器如下：

① 嵌入金属筛网的布氏漏斗；

② 真空泵和计量器；

③ 刻度圆柱（250mL 为宜）；

④ 停表；

⑤ 滤纸（例如 Whatman No.17 或相似品）；

⑥ 各种管材、阀门及夹具。

首先用聚合物或其他污泥调理剂对污泥进行调理。一般需要对不加任何调理剂的空白污泥也进行实验。容器搅拌器可以用于投加调理剂，但是其他方法也可以给出良好的结果，实验方法如下：

① 将一定体积的污泥样品置于清洁的烧杯中（在使用 1L 的烧杯时，一般 500mL 污泥样品即可够用）；

② 在第 2 只 1L 清洁烧杯中放入合适体积的一定投加量的调理剂；

③ 将烧杯中的污泥迅速翻转倒入内有调理剂的烧杯；

④ 立即翻转内有污泥加调理剂的烧杯，混合倒入第 1 只烧杯中；

⑤ 重复以上步骤至少 2 次，即 4 次混合倾倒；

⑥ 注意，因不同污泥而异，如果混合倾倒的次数超过 6～7 次时，形成的絮体会开始破碎，指示此时即过度搅拌。

测定步骤如下：

① 安装好布氏漏斗后将金属网筛置于漏斗中，然后将滤纸安放在网筛之上，用蒸馏水润湿滤纸，调节真空度至 369mm 汞柱（15inch Hg）；

② 将调理污泥倾倒入布氏漏斗；

③ 逐渐开启真空，直至在 30s 内达到真空状态；

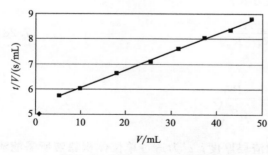

图 7.23　时间/体积-体积关系

④ 通过测定在不同时间段内收集在刻度圆柱中的滤液的体积，记录下滤速；

⑤ 当获得 10 组以上读数后，关闭真空，检查漏斗中的污泥是否仍有液体，污泥样品是否还未干燥（如还未干燥，则最终读数有误）；

⑥ 以体积（mL）为横坐标，时间/体积（s/mL）为纵坐标画图如图 7.23 所示。

⑦ 求出直线的斜率（b）。

根据式（7.31），由图 7.23 得到的斜率为：

$$b = \frac{\dfrac{t}{V}}{V} = \frac{\eta \alpha c}{2PA^2}$$

所以有：

$$\alpha = \frac{2A^2 Pb}{c\eta} \tag{7.32}$$

7.2.2.3 污泥毛细吸水时间及其测定

毛细吸水时间 (capillary suction time, CST) 实验由 Gale 和 Baskerville 提出。

其目的是评价污泥调理的效果，但由于该法具有方便的特点，因而获得了更加广泛的应用。介绍如下：

将一圆筒形容器立在一张吸附纸 (Whatman 色层分离用纸，级别 17) 上，容器中充以实验分散系，分散系中的液体就会被毛吸作用吸入纸中。CST 为液体在纸上从半径为 3.2cm 处扩展到 4.5cm 处所用的时间。在商品化的仪器中，此时间是自动记录的。其模型如图 7.24 所示。一般容器内壁高 25mm，内径为 18mm。

由于吸附纸是各向异性物质，因而被液体湿润的部分具有椭圆形状，纹理的顺方向与垂直方向不等长。为了消除由此而引起的错误，在商品仪器中所有的纸是长方形而不是正方形，

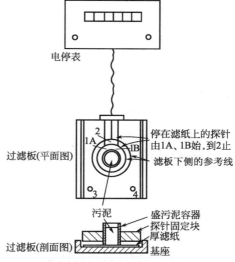

图 7.24　CST 测定仪

这样可以使每一张纸都能以正确的方向被放置。此外，所有实验均应以纸的粗面进行。

CST 能够自动测量当一定面积的滤纸暴露于悬浊体系时，单位面积的滤纸被滤液所饱和的时间。以下步骤由 Gale 提出：

① 将一张滤纸置于有机玻璃台上，粗面朝上，将探针固定块向下安放在滤纸上，以手轻压保证探针与滤纸有良好的接触；

② 选择适宜的圆柱状容器，对快速沉降污泥选择直径为 10mm 的圆柱状容器，对慢速沉降污泥选择直径为 18mm 的圆柱状容器，并将它插入到探针固定块之中，旋转此容器，轻轻施力保证它与滤纸平稳均匀接触；

③ 开启仪器；

④ 按下重置按钮，就能看到计数器处在零位，重置灯闪亮；

⑤ 将调理污泥倾倒入圆柱容器中；

⑥ 污泥中的液体就会被滤纸吸出，呈现椭圆形润湿图形。当液体前沿达到第一对探针时，计数器启动，开始计时。当液体前沿到达第三探针时，计数结束，计数器显示出以秒为单位的时间；

⑦ 必须使用新鲜滤纸；

⑧ 对脱水非常快的污泥，为降低液体前沿的移动速度，可以使用双层滤纸。

在使用标准容器时，水的 CST 约为 6~7s，并与温度有关。温度的影响主要来自温度变化而引起的黏度的变化，升高温度会降低 CST，污泥的 CST 在 10~500s 范围内变化。

Gale 和 Baskerville 认为该试验是对过滤性能的一个测量，因而其结果与以下几点有关：

① 过滤面积；

② 所选择的滤液的体积；

③ 过滤的净压力；

④ 滤液的黏度；

⑤ 悬浮固体的含量；

⑥ 在以上所述压力下的比阻力。

其中①和②受到仪器大小的限制，而③为流体静压力和毛吸压力之和。建议在流体静压力为 250Pa 时，吸附纸 Whatman17 的毛吸压力以 10^4Pa 左右为宜，但毛吸压力与滤液的表面张力有关，因而污泥的 CST 为阴离子表面活性剂浓度的函数。此关系可以用图表示，当表面活性剂浓度较低时，CST 值为 6s，在图上呈现为一平台，而在高浓度时，呈现为另一平台，其值为 16s。虽然表面活性剂的类型并不限，但 CST 升高的区域相当于该表面活性剂达临界胶束浓度的范围，在此浓度范围内，表面活性剂溶液的表面张力可达到一平台值。

Gale 还证明，CST 与悬浮固体含量有密切的关系。任意固体含量下的 CST 可以由 CST-固体含量曲线得到。此外，他还提出了 CST 与此阻力之间的关系曲线，在此阻力的约两个数量级的变化范围内，存在一个合理的关系。

虽然 CST 实验的机理比较复杂，但它的步骤简便，如果小心操作就会得到很好的重现性，而且所需实验分散系的量少，因此它正越来越多地被用来与其他方法联合起来测定絮凝的程度。

7.2.3 絮体强度及其实验

絮体强度作为表征絮体特征的参数之一，是水处理固液分离的重要控制参数。絮体的强度决定于絮体内部各组成部分的黏结力。如果作用于絮体表面的力大于絮体内部的黏结力，絮体将会发生破碎，影响水质处理效果。为了避免破碎生成更小的颗粒，絮体必须抵抗这些外力的作用。

由于在许多有絮体产生的过程中，絮体会受到切变力和压缩力的作用，所以絮体具有的强度是一个很重要的问题。一般我们希望絮体能够抵抗这些力的分裂作用，但在某些特殊情况下这种分裂作用是需要的，例如在湿法精制高岭土时，矿物产品先以絮凝法回收，然后在机械作用和化学技术的联合作用下再分散为大小不同的级份。

对于非常稀的分散系，球形粒子的分散系如果仅仅受到流体动力作用时，则会表现出 Newton 流体的特征：

$$\tau = \eta\gamma \qquad (7.33)$$

式中，τ 为切应力；η 为分散系的黏度；γ 为切变速度。

若微粒受到相互吸引作用，即发生絮凝时，情况则变得复杂起来。絮体的存在意味着一种空间结构的存在，而这种结构会因受力遭到破坏。含有结构的体系中常具有几种不同类型的流变曲线，如图 7.25 所示。图中 a 是最为简单的一种，称为 Bingham 塑性体。

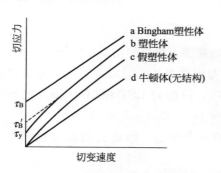

图 7.25　不同类型的流变曲线

$$\tau = \tau_B + \eta_P \gamma \tag{7.34}$$

式中，τ 为切应力；τ_B 为 Bingham 屈服值；η_P 为塑性黏度；γ 为切变速度。一个 Bingham 塑性体在未超过其屈服值时是不会流动的，这意味着在达到某一临界作用力值前，结构不会被破坏，当达到此临界作用值时，结构将被破坏，τ_B 就是此结构强弱的反映。而超过此一临界作用力值时分散系将以 Newton 体的方式流动。实际中更为常见的是 b 和 c，在这两种情况中，结构对黏度的贡献减小。

絮体强度的理论预计常有两种，一种是对其结构进行模拟设计，然后计算为破坏该结构所需输入的能量，以及由此能量决定的速度和力；另一种是对体系做出其能量平衡模式，以此计算切应力和切变速度的关系曲线，或以外推法求其屈服值。

Van der Tempel 和 Papenhuizen 应用结构模型计算了黏弹性（即含有结构的）分散系发生非常小的形变时的模量。该理论的困难在于需要设定一个絮体结构的模型，这些模型可以是任意规则的几何体，也可以是任意的聚集体。

Michatls 和 Bolger 主张采用能量平衡模式，即要引起分散系流动所需要做的功为：

$$E_{tot} = E_n + E_{cr} + E_v \tag{7.35}$$

式中，E_{tot} 为每单位体积中所耗散的功；E_n 为以较低的切变速度使网状结构发生形变所需要的能量；E_{cr} 为将网状结构分裂为单个的"流动单元"所需要的能量；E_v 为维持这些"流动单元"黏性流动所需要的能量。

E_n 不是一个容易得到的量，对它的表示决定于网状结构的模型。如果考虑在足够大的切变速度下一个体系的行为，而且假设网状结构的弛豫时间较长，网状结构可以被认为被完全粉碎，E_n 就可被忽略。

E_{cr} 是根据将二聚体"流动单元"分解为其单体所需要的能量计算的。流动单元即存在于体系中的最小聚集体。流动单元的平衡尺寸是切变速度的函数。由于流动单元中含有不动流体，因而具有比单个粒子高的有效体积分数，所以须将非牛顿（Newton）项代入流动方程。在大多数 E_{cr} 的计算中，在假设二元碰撞的条件下，得出了切应力 τ、屈服力 τ_y，或储存模量（storage modulus）与 Φ^2（Φ 为分散相所占的体积分数）的关系，这在许多 $\Phi \leqslant 0.1$ 的体系中已被证实。在较高的浓度时，例如 $\Phi = 0.45$，发现 τ_y 与 Φ^2 有依赖关系。

作为该方法的一个例子，假设流动单元是单个粒子，Akers 和 Akram 得到流动方程如下：

$$\tau = \eta_0 \gamma (1 + 2.5\Phi) + \frac{3\Phi^2}{\pi^2 \alpha^3 H_0} \left(1 + \frac{k_B T}{4\eta_0 \alpha^3 \gamma} \right) \sin^2 \{ \tan^{-1} [2\tan(3\eta_0 \gamma / 20 k_B T n)] \} E_s$$

$$\tag{7.36}$$

式中，η_0 是分散介质的黏度；E_s 为一对粒子在相隔距离为 H_0 时，势能极小值的深度；α 为粒子半径；n 为单位体积中粒子的数目。其余各项如前所述。这一方程是在考虑了粒子对的平均寿命，切变引起的粒子对形成速度、Brown 运动的迁移作用后，计算在切应力作用下粒子分离的数目而得到。

对于以上讨论的实验方面，则涉及传统的黏度测量技术。为了研究屈服值及非牛顿体的性质，需有一个能控制切变速度的体系，如圆锥和平板，但是大多数工作是采用同心转筒式黏度计进行的。在这种仪器中条件虽不够严格，但具有某些实验上的优越性，为了测定储存模量和损失模量（loss modulus）所做的黏弹性分析是应用正弦振荡圆锥和平面而进行的，也可以用同心转筒式黏度计。实验上一个严重的局限性是为粉碎絮凝体系的网状结构所需要的形变非常小，因而使用一个特制的黏度计，或采用由非线性黏弹性理论外推的方法。

Michaels 和 Bolger 还将絮凝体系的受阻沉降特征与体系在器壁上的屈服值相联系，同时与压缩力 σ_y 相联系。另一个由受阻沉降研究得到的重要参数是絮体孔隙率分数，由沉降速度计算絮体尺度是需要它的。

以上所有论据均以假设平衡絮凝状态存在为前提，即絮体可以某种速度不断进行重排组合，因而造成了一种动力学平衡状态。但是，对于聚合物架桥絮凝，情况并不一定如此，因为这样形成的絮体破碎是不可逆的。事实上这一领域还未得到充分的探讨。Akers 等在使聚合物架桥絮体经受振动形变时，发现絮体具有不可逆降解特征，并以复杂的模式由弹性体向黏性体转变。这些体系还显示出其应力与分散相体积分数有很高的依赖关系，即 $\tau^* = \Phi^n$，其中 τ^* 为复合应力，$n = 10 \sim 20$。

现有若干种实验方法用来对絮体强度进行实际测定。英国水研究中心应用标准搅拌方法对其进行测定。在经过一系列时间的搅拌后，测定出 CST 及过滤比阻力，以此法建立絮凝剂种类、投加剂量和絮体强度之间的关系。作为此工作的一部分，Colin 测定了搅拌转矩和 CST（为时间、投药量和絮凝剂分子量等因素的函数），发现搅拌转矩经历一极大值，此极大值被视为絮体强度的一个量度，而达到此极大值所需要的时间随着絮凝剂分子量的增大而增大。他发现在 CST 与搅拌时间之间存在一个比较复杂的曲线。所有这些实验均以固定的搅拌速度并以具有穿孔导流叶片的穿孔桨板搅拌器进行。

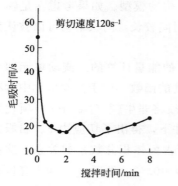

图 7.26　CST 与搅拌
时间的关系

Akers 应用同心转筒仪进行了相似的实验，在此仪器中切变速度的意义更加明确。由此实验得到了与 Colin 相似的曲线，但其意义却更为明确清楚，这可能是由于在此仪器中切变速度的分布比较狭窄。典型结果示于图 7.26 中，根据在实验期间用显微镜对样品的检验可以认为：CST 在最初的降低（切变速度增大时，降低更快）是由于不规则形状的水力学不稳定絮体的形成，这些絮体的破碎又导致了其后 CST 的增加，经过重排形成更稳定的絮凝物，因而引起 CST 值的第二次减小，最后出现的缓慢升高是由于不可逆絮凝物的消耗所致。

7.2.4　沉降污泥的体积及脱水实验

污泥在沉降后的体积也是非常重要的性质之一，因为它影响到污泥脱水的性质及排泥量的大小。

7.2.4.1　影响污泥体积的因素

污泥在经过足够长时间的静置后达到平衡时，决定污泥体积的因素一般有高分子效应、渗透压效应和水合效应，分述如下。

（1）高分子效应

由链状高分子在粒子间架桥时，粒子之间的距离取决于架桥高分子链的统计伸展度。粒子间距只要在高分子统计伸展度以内受到压缩，无论压缩多么微小，都会产生排斥力，这就是所谓链状高分子效应。

现假设将胶体溶液长时间放置，使微粒自然沉降，在实际上这种静置也许需要无限长的时间，但在理论上毕竟是可能的。假设沉降发生在具有恒定截面积的容器中，则沉降体积可以 H_0 来表示。当粒子最为密堆时，H_0 应是相等的，并与粒子的半径 r_0 成比例关系。如果认为沉降是由不带电的链状高分子絮凝剂所引起，那么粒子之间的距离就只有该链状高分子的均方根末端距 $(h^2)^{1/2}$ 那样长。这时粒子的有效半径可以由下式求出：

$$r = r_0 + k(h^2)^{1/2} \tag{7.37}$$

将式（3.11）代入上式，得到：

$$r = r_0 + k'M^{\nu_2} \tag{7.38}$$

式中，$k' = Kk_2$，ν_2 约等于 $0.5 \sim 0.6$，因此沉降 H 为：

$$H = H_0 + CM^{\nu_2} \tag{7.39}$$

式中，C 为常数。由于 $(h^2)^{1/2}$ 与高分子的特性黏度 $[\eta]$ 有如下关系：

$$(h^2)^{1/2} \propto [\eta] \tag{7.40}$$

故式（7.39）可以表示为：

$$H = H_0 + C'[\eta] \tag{7.41}$$

式中，C' 为常数。若絮凝剂属于阴离子型，上述关系仍然成立，而且电荷密度越高，特性黏度 $[\eta]$ 就越大，沉降体积就越大。相反，如果投加电解质使离子强度增大，会导致 $[\eta]$ 降低，使沉降体积减小。如果投加像 Ca^{2+} 这样的二价离子，H 缩小的效果就越显著。若絮凝剂属于阳离子型，当粒子表面电荷被中和时，上述结论则不成立，此时沉降体积接近于 H_0。需要指出，由于高岭土具有特殊的结构，阳离子絮凝剂会带来沉降体积增大的相反结果。然而当阳离子絮凝剂的分子量足够大时，由于可以产生架桥作用，上述结论依然成立。

（2）渗透压效应

当絮凝剂电离后含有负离解基团时，在该絮凝剂所引起的沉降絮体中含有相同数量的反离子，结果使污泥内的渗透压升高，导致污泥膨胀，称为渗透压效应。

如果溶液中未投加中性盐，则高分子电解质的渗透压 π 与其反离子浓度 n_c 成正比。如果是理想溶液，则有：

$$\pi = RTn_c \tag{7.42}$$

若 n_c 等于 1mol/L，则 π 就等于 $22.4\text{atm}(1\text{atm} = 1.01 \times 10^5 \text{Pa})$，但因高分子电解质溶液对理想溶液有偏差，因此还应考虑渗透压系数 g，即：

$$\pi = gRTn_c \tag{7.43}$$

对于理想溶液，$g = 1$，而高分子溶液的 g 较小。当沉降絮体中的高分子量一定时，n_c 与絮凝剂的电荷密度成比例，当电荷密度一定时，n_c 与单位体积中所含高分子的量成比例，g 与高分子的浓度几乎无关。

溶液中投加的中性盐对渗透压会带来影响。根据 Donnan 膜平衡理论：

$$\pi = K \left(\frac{n_c}{n_s} \right) n_c \tag{7.44}$$

式中，K 为常数；n_s 是投加的 1-1 型电解质的浓度。随着 n_s 的升高，π 会降低。所以平衡体积将接近不含离解基团的高分子所能得到的沉降体积。

当然，上述渗透压效应是在反离子如同碱金属离子那样完全离解的情况下才能表现出来。如果反离子与高分子电解质形成不离解的盐，如某些重金属离子，就可不考虑该效应。如果投加多价离子，不仅可以减低渗透压效应，而且可以使下述水合效应减低。所以多价离子一般可以使污泥体积减小。

如果絮凝剂属阳离子型，因吸附可导致电中和，渗透压效应只可按残余电荷考虑，所以，投加阳离子絮凝剂所得的污泥体积总要比投加阴离子絮凝剂所得的污泥体积小。在这种情况下，投加盐类物质的作用不大。

（3）水合效应

由于絮凝剂含有离解基团或亲水基团，胶体粒子一旦吸附了絮凝剂，污泥的水合量就会升高，且该水合量与离解基团的种类有关，这种效应称为水合效应。

污泥沉降后的体积大小或过滤分离的难易程度显然与污泥中所含水分的性状有关。众所周知，随着沉降条件、絮凝剂种类的改变，粒子的沉降体总会表现出不同的性状，其性状与所含水的性状间有什么关系是一个非常有意义的研究课题。

絮凝剂所含的不同离解基团对水的结构有不同的影响。—SO_3^- 对水的结构起结构破坏作用，而—COO^- 对水的结构起结构构成作用。因此聚丙烯酸钠溶液（20%）外观呈凝胶状，而浓度相同的聚苯乙烯磺酸钠却仍保持着很好的流动性。所以即使絮凝剂用量很少，含羧基絮凝剂与含磺酸基絮凝剂所产生的污泥总量是有差别的。

多价金属离子如 Al^{3+}、Fe^{3+} 对降低水合量是很有效的，如果有 Ca^{2+} 存在，水合量会大幅度地降低，其作用超过 Al^{3+}、Fe^{3+}，原因可能是 Al^{3+}、Fe^{3+} 在一般情况下，并不是以三价离子的形态存在，而是以 $[Al(OH)]^{2+}$、$[Fe(OH)]^{2+}$ 等二价离子的形态存在。

烷基胺类表面活性剂有强大的脱水合作用，一价的辛基胺、十二烷基胺的盐酸盐的脱水合作用比二价和三价金属离子的作用还要强。

絮凝剂骨架结构的差异对水合作用也有很大影响。聚甲基丙烯酸或马来酸与苯乙烯的共聚物因其分子中的憎水基团（甲基及苯环）的作用，当电荷密度比较小时，其构型就不是无规堆砌的模型，而是接近于致密的球形结构，水合作用因此而减弱。相反，对于聚丙烯酸盐，若改变其中和度，使电荷密度降低，末端距虽会缩短，但其构型仍为无规堆砌的模型，因此就降低水合性的意义来讲，含有憎水基团的絮凝剂是有利的。

实践上，常采用真空过滤机、压滤机或离心机等对污泥进行脱水，为确定污泥脱水的方法、絮凝剂种类和投加量、过滤设备的形式、过滤条件、滤料种类等，有必要做脱水实验，采用的方法如下。

7.2.4.2 叶状过滤器实验

叶状过滤器实验的装置及流程示于图 7.27。实验时先把约 60 目的滤布（如赛纶）装于图 7.27(a) 所示的叶状过滤器上。取适量水样（污泥浆液）放入 1L 烧杯中，加入絮凝剂并混合。然后关闭开关①，启动真空泵并调节至规定的真空度（400mmHg），使叶状过滤器倒置浸于试样中，打开开关①，并开始计时，在一定的时间内（如1min）平稳地启动叶状过滤器，在规定的真空度下进行吸滤。在达到规定的时间后，提出叶状过滤器并上下倒置回原来的位置，继续在规定的真空度下吸滤一定的时间，使滤布上的絮块充分脱水，然后关闭开关①，停止真空泵，测量出附着滤饼的厚度、质量、水分、剥离难易程度及滤液的数量。受到良好絮凝作用的污泥不会黏附在某些滤布上。

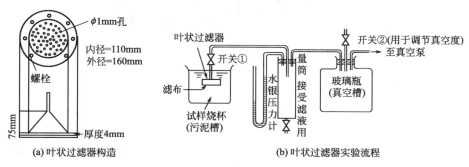

图 7.27 叶状过滤器

7.2.4.3 吸滤器实验

吸滤器实验的流程示于图 7.28。操作时，先将滤布铺在吸滤漏斗内，打开开关①，启动真空泵，将滤布紧贴于漏斗上，取适量的泥浆液于 1L 的烧杯中，加絮凝剂并混合，然后关闭开关①，接通真空泵，并调至规定的真空度，将絮凝的泥浆试样倾于漏斗中，打开开关①，当滤液量达到 10mL 左右时，开始计时，并测量过滤时间和滤液数量。

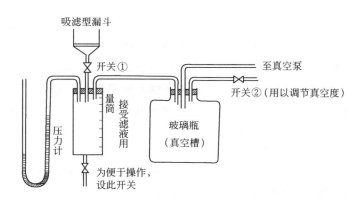

图 7.28 吸滤器实验装置

第**8**章

给水处理中的絮凝

8.1 天然水中的胶体污染物

给水处理是以天然水为水源的。在天然水中有许多种类的胶体颗粒，例如各种矿物、水合金属氧化物、水合硅氧化物、腐殖质、蛋白质、油珠、空气泡、表面活性剂半胶体及生物胶体（包括藻、细菌及病毒等），简要介绍如下。

（1）矿物颗粒

天然水中常见的胶体矿物颗粒属于硅酸盐矿物，包括石英、长石、云母及黏土矿物。黏土矿物有蒙脱石、伊利石及高岭土。石英和长石不易破碎，颗粒较大。云母、蒙脱石及高岭土易破碎，颗粒较细小。天然水中的黏土矿物具有显著的胶体化学性质，它们是在矿物分化过程中由原生矿物分化而成的次生矿物，主要为铝和镁的硅酸盐，具有层状结构。

（2）水合金属氧化物

天然水中常见的水合金属氧化物颗粒有水合氧化铁、水合氧化铝、水合氧化锰及水合氧化硅（类金属）等，它们一般被看作是多核配合物，是在水合金属从离子态向氢氧化物态转化过程中形成的中间产物。由于在水合离子的水解反应中存在酸碱平衡，许多高价金属氧化物是两性的，所以对于水合氧化物，氢离子和氢氧根离子是主要的电势决定离子，水合氧化物的电荷与介质的 pH 值密切相关。

（3）腐殖质

腐殖质被认为是天然水中天然有机物最重要的部分。多种生物材料都可以转化为腐殖质，它们是酚及具有羟基、羧基的奎宁的聚合物。腐殖质的分子量在 300～30000 之间。根据它们在酸和碱中的溶解性，与腐殖酸和腐黑物相比，富里酸具有较小的分子量和更加亲水的官能团。

（4）细菌

细菌是自然界所有生物中数量最多的一类，生物量远大于世界上所有动植物的综合。细菌一般是单细胞，细胞结构简单。细菌的长度一般在 $0.5\sim1.0\mu m$ 之间，因此多数可纳入胶体范畴。细菌的形状相当多样，主要有球状、杆状及螺旋状。不同细菌具有各自的等电点，在通常水环境条件下，细菌的表面总是带负电荷。一般而言，80% 的细菌对人是无害的，但还有一些细菌是病原体，会导致疾病的发生。

（5）病毒

病毒是由一个核酸分子（DNA 或 RNA）与蛋白质构成的非细胞形态，靠寄生生存。这些简单的生物体可以利用宿主的细胞系统进行自我复制。病毒可以感染几乎所有具有细胞结构的生命体。病毒的直径在 $10\sim300nm$ 之间，宽度只有 $80nm$。病毒的形状从螺旋形、正二十面体型到复合结构变化。大多数病毒的等电点 $pH=4.0\sim5.5$，因此在通常水环境下也带有负电荷。

天然水中的污染物主要造成了原水的浊度和有机物含量。考察以絮凝作为处理单元的各种给水处理厂，可以知道，在大部分情况下絮凝操作的目的有二，其一是去除浊度；其二是以沉淀和吸附机理去除有机物，分别叙述如下。

8.2 浊度的去除

给水处理的任务是经过对原水的处理为人类社会提供安全优质的生活饮用水及为各种不同的工业部门提供合格的工业用水。为了提供优质合格的用水，首先必须去除水中的浊度。浊度的去除一般包括去除在絮凝操作中形成的絮体及被絮体所网捕的细小悬浮颗粒及胶体物质，要求所形成的絮体应该易于被后续沉淀、气浮及过滤等工艺完全分离。我国现行生活应用水水质标准规定给水处理厂的出水浊度必须小于 1NTU，即水在过滤单元后必须达到 1NTU。对于各种不同的工业用水，可以按不同的需求对浊度做不同的要求，其中絮凝操作起到了非常关键的作用。应该注意到，为了得到高的分离效率，不同的分离工艺所产生的絮体性质应有所不同。为了进一步去除残余的颗粒物和絮体，一般厂家均在沉淀或气浮后设置过滤工艺。这种过滤工艺常常需要在滤前再次加入絮凝剂，以利于那些细小的颗粒直接吸附在相对巨大的颗粒（如砂砾）表面上，这种方法称为接触絮凝。

8.2.1 胶体浓度的影响

正如本书第 2 章所述，惰性电解质通过压缩双电层使胶体脱稳，其规律符合 Schulze-Hardy 规则，但在许多情况下，溶液中的离子会在颗粒表面发生吸附导致体系脱稳，此时 Schulze-Hardy 规则不再适用，胶体的浓度对脱稳所需絮凝剂投加量有重要影响，二者之间存在化学计量关系。Stumm 和 O'Melia 曾经证明了絮凝剂投加量与胶体浓度的关系，如图 8.1 所示。

图中胶体浓度以单位体积水中胶体的总表面积表示，阴影区表示脱稳发生的区域。此图是在某一特定的 pH 值下所得，在不同的 pH 值下可以得到多个不同的图。以下讨论适用于 $pH=4.0\sim5.0$ 的情形。

可以看到图 8.1 中有 4 个区域：

① 区域 1。在该区域所投加的絮凝剂量不足，不发生脱稳。

② 区域 2。在该区域发生脱稳。

③ 区域 3。在该区域内由于絮凝剂投加过量，先发生脱稳，然后发生再稳。

④ 区域 4。在该区域絮凝剂投加量足够高，导致絮凝剂过饱和及金属氢氧化物沉淀。

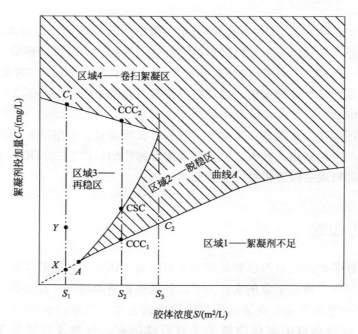

图 8.1　胶体浓度与絮凝剂投加量的絮凝区域图

对图 8.1 的解释如下：当胶体浓度很低时，如 S_1，胶体相互接触和相互作用的机会很少。当数量为 X 的絮凝剂被加入后，即使所加入的絮凝剂量符合推测的化学计量关系，但由于非均匀吸附的发生，一些微粒仍然会保持稳定，一些微粒可能会发生电荷反号，而另一些微粒可能会发生脱稳。

如果絮凝剂投加量被增加到 Y 时，虽然体系仍然是高度分散的，但是对于每一个微粒都有着充足的絮凝剂供给。相对于胶体浓度，絮凝剂浓度过高会发生过量吸附而导致体系再稳。此时要除去胶体固相的唯一办法是继续增大絮凝剂投加量，至少到 C_1，此时可以生成金属氢氧化物沉淀，导致卷扫絮凝发生。

可以看出，当胶体浓度增加至 A 点时，达到脱稳所需要的絮凝剂投加量最小，这可以通过絮凝剂各种形态与胶体微粒之间的接触机会来解释。当胶体浓度适度增大时，金属离子水解沉淀的中间产物在胶体颗粒表面上的接触机会增加，吸附会在一定程度上发生，产生电中和脱稳，导致生成沉淀核心，由此种方式形成沉淀所需要的絮凝剂量较少。据研究，对于高岭土悬浊液，A 点所对应的悬浮固体浓度约在 $50\sim100\text{mg/L}$ 范围内。

从图 8.1 可以看到，对低固体浓度的水，如果将固体总表面积扩大至某个值，如 S_2，则更容易使之脱稳，根据这一原理，在水处理的某些情况下，可以加入膨润土或活性硅。

在胶体浓度为 S_2 时，可以看出，脱稳所需的临界絮凝浓度远低于 S_1 的临界絮凝浓度，但是脱稳只能发生在一个相对狭窄的絮凝剂浓度范围，如果超过临界投加量（CSC），体系会出现再稳。只有当絮凝剂投入量远大于 CSC，足以生成沉淀时，才能发生明显的胶体去除现象。在 CCC（达到临界聚沉状态时电解质的浓度）与 CSC 之间脱稳的机理是以吸附为基础的。由于在此胶体浓度范围内吸附是主要的作用机理，人们可以预测临界絮凝剂浓度对胶体浓度有依赖关系。这一点也可以从考虑曲线 A 具有线性特征得到说明。这一化学计量关系大约在胶体浓度大于点 A 所对应的浓度（即高岭土 $50\sim$ $100mg/L$）时才会出现。

在较高的胶体浓度（S_3 或更高）下，可以看出再稳现象不会发生，这可以用溶液中金属水解形态的作用顺序来解释：如前所述，只有高浓度的金属水解形态才有利于吸附的发生，所以首先发生的应是双电层扩散部分的压缩，而不是过量的吸附。由于微粒相互之间比前面所考虑的情形更加靠近，所以在最终能导致电荷反号再稳定的过量吸附发生之前，胶体就会脱稳，生成了絮体，因此，胶体浓度大于 S_3 的区域不属于卷扫区域，而是由双电层压缩机理所导致的脱稳区域。这可以从曲线 A 的形状得到支持，因为它是一条随着胶体浓度的增大而水平渐进的曲线，即胶体浓度对脱稳所需的絮凝剂投加量基本是没有影响的，说明是属于物理性质的双电层机理。但是应该看到，如果絮凝剂浓度非常高，金属氢氧化物沉淀就会生成，但是从脱稳效率的观点看，这种做法是没有优势的。总结以上讨论可以认为：

① 当胶体的浓度低于点 A 所对应的胶体浓度时，脱稳主要由沉淀形成机理所导致。

② 当胶体处于 $A\sim S_3$ 之间的中等浓度时，脱稳的机理主要是电中和，并有可能发生电荷反号，此前介绍的 Stern 模型可用来说明这种情况。

③ 当胶体的浓度大于 S_3 时，此前介绍的 Gouy-Chapman 模型的双电层机理是主要机理。

④ 当胶体处于中等浓度和高浓度范围时，脱稳可以在絮凝剂高投加量时由氢氧化物沉淀的生成所引起。

8.2.2　pH 值和碱度的影响

pH 值表示溶液中 H^+ 浓度的大小，从本书第 6 章金属盐絮凝剂水解聚合的讨论可知，pH 值在金属盐水解聚合进程中起着非常重要的作用，在一定的条件下金属盐水解聚合形成什么样的主要形态，取决于水溶液的 pH 值。而对于一定的悬浊体系，脱稳需要一定种类的最佳絮凝剂形态，因而 pH 值是影响体系絮凝效果的关键因素之一。

碱度是指水中含有的能与强酸相作用的所有物质的含量。当以铝（Ⅲ）盐或铁（Ⅲ）盐作絮凝剂时，铝（Ⅲ）盐或铁（Ⅲ）盐发生的水解聚合过程实际上也是消耗原水碱度的过程。所以为获得良好絮凝效果必须保证原水有足够的碱度。如上所述，絮凝效果与原水的 pH 值有密切关系，而 pH 值受到水质的许多因素的影响，决定于水中缓冲体系的组成，而在该缓冲体系中碱度是最主要的成分之一，它和其他主要成分共同决定体系的pH 值。

在有些情况下，为获得满意的絮凝效果，必须增加铝盐或铁盐投加量，若原水碱度过低，势必使处理后水的 pH 值降低较多，当降低到有效 pH 值范围以下时，则不能得到满意的絮凝效果。如水中碱度较高，即使加入的铝盐或铁盐较多，pH 值也不会降低到有效pH 值范围以下，因而可达到良好的絮凝效果。在水中碱度不足时，往往利用石灰来补充。对投加硫酸铝的情况，反应如下式所示：

$$Al_2(SO_4)_3 + 3Ca(HCO_3)_2 \Longrightarrow 2Al(OH)_3 \downarrow + 3CaSO_4 + 6CO_2 \tag{8.1}$$

$$CaO + H_2O \Longrightarrow Ca(OH)_2 \tag{8.2}$$

$$Al_2(SO_4)_3 + 3Ca(OH)_2 \xlongequal{\hspace{0.5cm}} 2Al(OH)_3 \downarrow + 3CaSO_4 \tag{8.3}$$

正确的石灰用量，应根据絮凝实验中求最优 pH 值的实验得到，但一般石灰用量的估算可以根据式（8.1）～式（8.3）表示为：

$$[CaO] \xlongequal{\hspace{0.5cm}} 0.5a - b + x \tag{8.4}$$

式中，a 为 $Al_2(SO_4)_3$ 的投加量，mg/L；b 为原水碱度，mg/L（以 CaO 表示）；x 为使反应顺利进行必须增加的剂量，mg/L。

对投加铁盐的情况，反应如下式所示：

$$FeSO_4 + Ca(HCO_3)_2 \xlongequal{\hspace{0.5cm}} Fe(OH)_2 + CaSO_4 + 2CO_2 \tag{8.5}$$

$$4Fe(OH)_2 + 2H_2O + O_2 \xlongequal{\hspace{0.5cm}} 4Fe(OH)_3 \downarrow \tag{8.6}$$

$$Fe_2(SO_4)_3 + 3Ca(HCO_3)_2 \xlongequal{\hspace{0.5cm}} 2Fe(OH)_3 \downarrow + 3CaSO_4 + 6CO_2 \tag{8.7}$$

$$FeSO_4 + Ca(OH)_2 \xlongequal{\hspace{0.5cm}} Fe(OH)_2 + CaSO_4 \tag{8.8}$$

$$Fe_2(SO_4)_3 + 3Ca(OH)_2 \xlongequal{\hspace{0.5cm}} 2Fe(OH)_3 \downarrow + 3CaSO_4 \tag{8.9}$$

由于式（8.6）的反应需要在 pH>8.0 时才能完成，因此还需用石灰除去水中的 CO_2，反应如下式：

$$Ca(OH)_2 + CO_2 \xlongequal{\hspace{0.5cm}} CaCO_3 \downarrow + H_2O \tag{8.10}$$

鉴于上述原因，在以 $FeSO_4$ 为絮凝剂时，石灰的用量可按下式估算：

$$[CaO] \xlongequal{\hspace{0.5cm}} 0.37a + 1.27CO_2 \tag{8.11}$$

式中，a 为 $FeSO_4$ 的投加量，mg/L；CO_2 为水中 CO_2 的含量，mg/L。

如果水的 pH 值和溶解氧量不足以完成式（8.6）的反应，则可以用投加氯来达到 $Fe(OH)_2$ 的氧化。在以 $Fe_2(SO_4)_3$ 为絮凝剂时，石灰用量的估算可参照式（8.4）。

8.2.3 温度的影响

温度会强烈地影响金属絮凝剂化学及其絮凝反应。例如随着温度的降低，羟基铝的各种形态的最低溶解度会移至更高的 pH 值，因此最佳操作 pH 值也移向更高的 pH 值。温度对基于网捕卷扫机理的脱稳的影响显得更为显著，而对基于吸附型机理的脱稳的影响不很严重。温度对低浊度水的絮凝的影响特别严重，低温不会减小金属氢氧化物沉淀的速度。温度的不利影响与改变絮体的特性相关，在低温下生成的絮体较小，因而会削弱颗粒去除的网捕卷扫作用，特别是当浊度较低时。温度既会影响三氯化铁的絮凝，也会影响铝矾的絮凝，但对三氯化铁的影响相对较小。

Haarhoff 和 Cleasby 证明，在低温下（大约为 3℃）和在低浊度（小于 2NTU）时，三氯化铁比等摩尔数量的铝矾除浊的效能更优。对铝矾卷扫絮凝的最佳 pH 值在温度降低时移向高值的原因，Hanso 和 Cleasby 做了如下解释。

水的离子积有关系式：

$$pH + pOH = pK_W \tag{8.12}$$

其中离子积常数受温度的影响，可表示为：

$$pK_W = 0.0176T + 4470.99T^{-1} - 6.0875 \tag{8.13}$$

式中，T 为热力学温度。假设在 20℃（$T=293K$）时，最佳 pH 值为 7.5，当温度降低至 2℃（$T=275K$）时，为了保持铝离子在同样的水解条件下生成同样多的氢氧化铝沉淀，则应保持 pOH 不变。如此根据 2℃下的 pK_W 值及 20℃时的 pOH 值，可求出最佳 pH 值应该为 8.2。Hanso 和 Cleasby 得出如下结论：

① 如果保持 pOH 值不变，铁盐在 20℃和 5℃下生成的絮体具有相似的强度；

② 如果保持 pH 值不变，铁盐在 5℃下生成的絮体的强度远低于在 20℃下生成的絮体的强度；

③ 铝盐在 5℃和不变的 pOH 值下生成的絮体的强度远高于在 5℃和不变的 pH 值下生成的絮体的强度；

④ 如果保持 pOH 值不变，铝盐在 20℃生成的絮体的强度高于在 5℃生成的絮体的强度。

在北方地区的冬季，由于水温很低，水的黏度较高，微粒的沉降速度较小，加上混凝剂在水温较低时反应较慢，使水处理效果变差，特别是低温低浊水的处理更为困难。Fitzpatrick 等证明，当温度降低时，铝矾所形成的絮体的尺度会变小，由此影响其沉淀；与铝系絮凝剂不同，当温度变化时，硫酸铁所形成的絮体的尺度变化不大，不会影响絮体沉淀，因而适合于全年使用。所有铝系絮凝剂所形成的絮体的尺度都随温度的升高而增大，而聚合氯化铝（PAC）在任何温度下所形成的絮体的尺度都最大，所以 PAC 在低温下更受欢迎。

Jiang 等研究了用三种絮凝剂（聚合硫酸铁、硫酸铁、铝矾）去除腐殖质时温度的影响，其中聚合硫酸铁在 18℃下去除溶解有机碳（DOC）的效果与在 4℃下无明显差别，但温度降低会严重损坏硫酸铁和铝矾对 DOC 的去除效果。

8.2.4　共存离子的影响

天然水中常见的离子包括 K^+、Na^+、NH_4^+、Ca^{2+}、Mg^{2+}、HCO_3^-、NO_3^-、Cl^-、SO_4^{2-} 等，它们占天然水中离子总量的 95%～99%。此外铝硅酸盐的风化和结构破坏在放出大量阳离子的同时，也释放出硅酸。这些共存离子对天然水的絮凝过程存在着不同程度的影响。金属离子特别是高价金属阳离子能够参与胶体表面双电层压缩作用，例如 NH_4^+、Ca^{2+}、Mg^{2+} 等的引入可以使聚合氯化铝（PAC）的絮凝效能显著增强。除金属阳离子外，各种阴离子包括碳酸根、硫酸根和硅酸根对水中悬浊物质的絮凝也有影响。研究表明，SO_4^{2-} 能像羟基或氧桥一样在铝盐和铁盐的水解产物间产生桥联作用，促进水解聚合的进行，从而提高其絮凝效果。

考虑到 SO_4^{2-} 对金属盐水解过程的促进作用，常在 PAC 的制备过程中引入少量的 SO_4^{2-}，这种 PAC 也称为聚硫氯化铝（PACS）。SO_4^{2-} 的引入影响聚合铝的结构和稳定性。一般当 Cl^-/SO_4^{2-} 比值等于 4 左右时，PACS 既具有良好的絮凝效果，又有良好的储存稳定性。

8.2.5　助凝剂的影响

当单独使用絮凝剂不能达到预期效果时，须投加某种辅助药剂以提高絮凝效果，这种辅助药剂就称为助凝剂。骨胶、活化硅酸、海藻酸钠及聚丙烯酰胺等聚合电解质在水处理中被广泛用作助凝剂，它们常常与作为主絮凝剂的金属盐絮凝剂一同被加入水中，以达到某些所期望的效果。加入助凝剂的目的主要不是为了脱稳，而是为了起到对同向絮凝的补充作用，通过增大絮体的最终尺度、密度、渗透性、可压缩性、抗剪切强度、沉降性和过滤性等改变絮体的特点。

对某些工艺，加入助凝剂几乎是必须的。值得注意的一个例子是荷载沉淀（ballasted sedimentation）。在实施荷载沉淀时，将微砂（相对密度 2.65，尺度 0.1~0.3mm）作为荷载剂，微砂砂砾与被絮凝的物质凝并，可以使沉降速度加快。在操作中，首先加入金属盐主絮凝剂，然后加入聚合物助凝剂和微砂。主絮凝剂的投加量取决于欲处理的水质，聚合物的投加量一般小于 0.5mg/L 或 1.5mg/L。

Thompson 等曾报道应用荷载沉淀处理高有机物含量的原水的实例。该实例中强化混凝的 pH 值约为 4.7，在调节好 pH 值后，首先将主絮凝剂高铁盐加入混合池中，停留时间为 2min，然后将助凝剂和微砂加入停留时间为 2min 的闪混池中，之后水流进入停留时间为 6min 的慢速混合的絮凝-成熟池，荷载絮体的分离就会在溢流速度为 1.6m/h 的管式沉降池中发生。Young 和 Edwards 发现，无论加入微砂还是未加入微砂，在成熟期絮体的形成速度基本是一样的。然而荷载絮体抗剪切和抗破碎作用的性能更强，可能的原因是相对于未荷载絮体的分形性质，荷载絮体的结构更加紧密，形状更接近于球形。

加入微砂的时间顺序并非关键，但当聚合物加在微砂之后时，水的残余浊度会增大。一般来说，将微砂加在主絮凝剂和聚合物之后会得到最好的结果。对一定的原水及主絮凝剂和聚合物投加量，存在一个最佳的微砂加入量。过量的微砂不能凝并到絮体中，会保留未絮凝状态存在于出水中。聚合电解质应在主絮凝剂加入悬浊体系一定时间后再加入，这样一般会取得最好的结果，原因是由主絮凝剂使体系脱稳而形成的初始絮体在聚电解质加入和吸附发生之前有机会成长到适宜的尺度，从而降低对聚电解质的需求量。在一些情况下，将助凝剂在主絮凝剂之前加入，会造成出水中较高的残余铝和残余铁浓度，这可能是因为金属絮凝剂不充分的利用及沉淀所致。

在大多数情况下，将助凝剂加在金属盐主絮凝剂之后会取得最好的效果，而且作为助凝剂的聚合电解质为阴离子型聚合物时最好，这是因为在金属盐絮凝剂作用下形成的絮体颗粒一般带有正电荷。作为助凝剂的聚合电解质不一定会起到降低金属盐投加量的作用，因为它们的主要作用并非脱稳，但是由于对絮体的沉降性和过滤性的改善及对污泥体积的减小等效果足以补偿其化学品的经济投入。

8.3 有机物的去除

天然水中有机物的主要成分是腐殖质，可以说在地表水中腐殖质几乎是无处不在的。它们由地表水、沉积物及土壤中的生物化学过程所造成。以往天然水的絮凝处理只注重了对浊度的降低，而对用絮凝法去除有机物未给予足够的注意。如果让有机物通过预处理阶段以后再设法去除，那将是相当困难的，往往是事倍功半。因此如何在预处理中用絮凝法有效地尽可能多地除去天然水中的有机物，是需要认真加以研究的问题。天然水中的有机物往往造成水的色度，所以用絮凝法去除有机物对水的色度的去除具有重要意义。

8.3.1 作用机理

天然水中的腐殖质类有机物包括腐殖酸、富里酸和腐黑物。它们的组成、结构、特性等已于第 2 章中做了有关论述。概括地说，它们是一些基本类似但分子量和所含官能团的种类和比例不同的一类大分子弱有机酸，它们在水中因官能团的离解而显阴离子型，其中一部分分子大到使之显示胶体的性质，而这些胶体时常是高度分散的，能够透过 $0.45\mu m$ 的滤膜。金属盐絮凝剂使腐殖酸脱稳的机理，从理论上讲，是有色亲液胶体上的官能团与絮凝剂金属离子之间的沉淀反应，这些官能团与水分子电离生成的 OH^- 离子共同与来自絮凝剂的金属离子形成多配体配合物。这样的机理可以解释絮凝剂投加量与色度之间存在化学计量关系，也可以解释脱色的适宜 pH 值比除浊所需的 pH 值较低的事实。腐殖质中的富里酸和腐殖酸与金属盐絮凝剂形成不溶性物质而成为沉淀，伴随着浊度的去除而去除，从而可以达到更高的去除效率。

从某种意义讲，腐殖质的沉淀是一种纯化学过程，但可以在絮体的作用下达到更好的沉淀效果。腐殖质还有吸附在水合氧化物、黏土和其他表面上的强烈趋势，这种吸附可以解释为一种配体交换。富里酸和腐殖酸与金属离子发生配位反应可以分别用式(8.14) 和式(8.15) 表示：

$$\tag{8.14}$$

$$\tag{8.15}$$

富里酸和腐殖酸在水合氧化物表面的吸附作用可用式(8.16) 表示：

$$R-\overset{O}{\overset{\|}{C}}-O^- \ + HOAl \Longrightarrow R-\overset{O}{\overset{\|}{C}}-OAl \Longrightarrow \ + OH^- \tag{8.16}$$

式中，$HOAl\equiv$ 代表水合氧化铝表面。

由于富里酸结构中的空隙和空洞，并且含有易于生成氢键的官能团，所以腐殖质常能吸附和卷带其他有机物，如脂肪族烷烃、脂肪酸、邻苯二酸和碳水化合物等一同被除去。

有研究者认为，用无机盐絮凝剂，如 Al（Ⅲ）盐和 Fe（Ⅲ）盐，对天然水有机物絮凝，主要依靠三种作用：第一种是电中和作用；第二种是化学沉淀作用；第三种是固体物质表面的吸附沉淀作用。带正电荷的金属离子及其水解聚合产物因静电力和化学作用与带负电的有机胶体接触而使有机胶体的电荷减少而达到脱稳，这就是电中和脱稳作用；另一方面，这些金属离子及其水解聚合产物可能与有机物所带的官能团反应，生成不溶性腐殖酸盐或配合物，然后发生沉淀，即化学沉淀作用；此外，有机物可能混合到金属氢氧化物矾花之中或水中所含黏土矿物之中，以 van der Waals 力、氢键、疏水作用力、配体交换、离子交换、阴离子交换及偶极相互作用等吸附到金属氢氧化物表面上，被吸附而发生共沉淀。

在采用阳离子型高分子聚电解质时，除以上所述作用外，聚电解质还可以在有机物胶体之间发挥吸附架桥作用。在许多情况下，这样形成的絮体并不能沉降，但如果施加适当剂量，则可以通过过滤将它们除去。

Hundt 和 O'Melia 发现，对富里酸的去除，加入钙会降低铝的所需投加量，并扩展适宜的 pH 值范围，其原因似乎是钙可以与有机官能团配位，否则这些有机官能团就会需要金属水解形态与它们生成配合物，以完成脱稳反应。腐殖质很容易被 Ca^{2+} 和 Mg^{2+} 凝聚，因此含 Ca^{2+} 和 Mg^{2+} 浓度高（例如 $>10^{-3}mol/L$）的地面水中，几乎没有腐殖质存在。正是由于这个原因，河水和江水在流入海口时，所含的腐殖质能得以迅速有效地去除。

8.3.2 影响因素

8.3.2.1 有机物性质的影响

曾经有多位研究者报道过，无论应用铝盐絮凝剂还是应用铁盐絮凝剂，它们的最佳投加量与原水色度间都存在化学计量关系，但对于富里酸，其絮凝剂的最佳投加量要高于相同浓度的腐殖酸所需最佳投加量，这说明不同的水质尽管有相同的色度，但可能需要不同剂量的絮凝剂，这是因为富里酸其实是一个复杂的混合物，其中一些成分是难于被絮凝去除的，这一点对强化絮凝去除消毒副产物的效果有重要的影响。表 8.1 列出了以 Al(Ⅲ) 盐和 Fe(Ⅲ) 盐作絮凝剂分别使富里酸和腐殖酸的去除率达 50% 所需要的投加量 $D_C/2$。

表 8.1　Al(Ⅲ) 盐和 Fe(Ⅲ) 盐使富里酸和腐殖酸絮凝的 $D_C/2$

成分	浓度/(mg/L)	$D_C/2(mgN/L)$	
		Al^{3+}	Fe^{3+}
腐殖酸	10	0.045	0.039
腐殖酸	50	0.176	0.148
富里酸	10	0.090	0.099
富里酸	50	0.373	0.441

如果以有机高分子聚电解质和无机盐并用，则因高聚物的吸附架桥作用会使无机絮凝剂的所需剂量大大减少。

8.3.2.2 pH 值的影响

对含腐殖质类天然有机物的许多絮凝实验表明，pH 值是影响腐殖酸絮凝效果的重要因素。研究结果也表明，达到最佳效果的 pH 值趋于弱酸性。Bell-Ajy 等对美国不同地区的 16 种含天然有机物的地表水，用 $FeCl_3$、$Al_2(SO_4)_3$ 作为絮凝剂进行实验。结果表明，要达到规定的去除率要求，在絮凝操作中必须降低原水的 pH 值。虽然对于铝盐和铁盐都存在投加量-色度之间的化学计量关系，但对两种絮凝剂，所适宜的 pH 值是不同的。对铁盐最佳 pH 值一般在 $3.7 \sim 4.2$ 之间，而对于铝盐最佳 pH 值一般在 $5.0 \sim 6.0$ 之间。其原因可能是由于铁离子比铝离子有更强的对 OH^- 的亲和力。腐殖质上的官能团作为金属离子的配体形成配合物，需要较低的 pH 值，以限制 OH^- 进入配合物的机会。此外，以铁盐处理后的残余腐殖质浓度总是会低于以铝盐处理后的残余腐殖质浓度，说明铁-腐殖质之间的化学键强于铝-腐殖质之间的化学键。图8.2~图8.4表示pH值的影响。可以看出，用Fe(Ⅲ)盐作絮凝剂时，最佳值比Al(Ⅲ)盐低。随着原水有机物浓度的升高，最佳值向酸性方向偏移，同时范围变窄。此外，最佳值几乎不随絮凝剂投量的大小而变。与此相反，当pH值不同时，如想得到相同的有机物去除率，则需要较高的絮凝剂投加量。

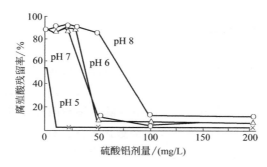

图8.2　pH值对腐殖酸残留率的影响

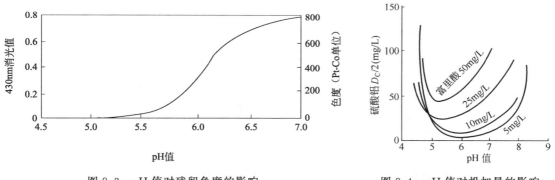

图8.3　pH值对残留色度的影响　　　　图8.4　pH值对投加量的影响

pH值之所以影响絮凝效果，是因为絮凝剂、金属离子和有机物的形态均受到pH值的影响。有学者将其归纳为以下2点：

① 在低pH值条件下，金属盐的水解产物具有高的溶解度和高的电荷密度，可强化腐殖质类的电中和与络合作用。同时腐殖质的质子化反应使其分子链上的羧基和酚羟基的负电荷减少，因而为形成不溶性络合物所需絮凝剂量就会减少。

② 在高pH值条件下，金属阳离子的水解使其正电荷减少，并进一步水解形成氢氧化物沉淀，而腐殖质因官能团电离使其表面电荷增加，相互排斥，从而降低了有机物的去除效率。

8.3.2.3　GT值的影响

絮凝处理去除水中浊度物质时，絮凝剂加入后的搅拌强度即速度梯度G值和反应时间T值是两个重要影响因素。然而以金属盐絮凝剂去除有机物时，絮凝剂的加入速度和搅拌方式对去除效能没有多大影响，快速混合时间也基本上不影响有机物的去除，可以自数秒直至数分钟变化。

有机高分子絮凝剂用于去除有机物时，要求有较高的快速混合强度，以便在极短的时间内使之均匀地分散于水中，有人提出 G 值为 $400\sim600s^{-1}$ 时效果最佳，这与除浊所要求的 G 值基本一致。对于除浊，有人建议在上述 G 值条件下快速混合时间应小于 $2\min$。生产实际中除浊和除有机物是同时进行的，由于快混时间对有机物的去除几乎无影响，所以快混时间应取决于除浊的要求。

8.3.2.4 除浊与除有机物的相互影响

有色原水中的浊度会使水的处理变得复杂。因为除色和除浊的机理是不同的。一般来说，混合水样最佳脱稳条件是按照对色度的去除效果所确定的，黏土的存在对去除色度的影响很小。然而色度的存在就像磷酸盐存在一样对浊度会产生影响，当磷酸盐的浓度或色度增大时，对黏土分散体系的脱稳最佳 pH 值会随之逐渐向酸性方向改变。在同样的原水浊度条件下，存在有机物时所需絮凝剂投加剂量比不存在有机物时要高，换言之，在同样絮凝剂投加剂量下，有机物的存在会使处理后的水有较高的浊度。图 8.5、图 8.6 是以硫酸铝分别处理富里酸溶液、高岭土悬浊液及二者混合液时的 pH 值-剂量的关系线。与此相反，有机物的去除却与浊度的存在与否没有关系。

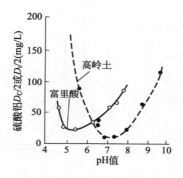

图 8.5 用硫酸铝分别处理富里
酸溶液和高岭土悬浊液

富里酸：25mg/L；高岭土：50mg/L

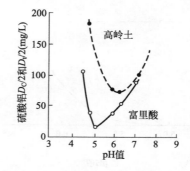

图 8.6 用硫酸铝处理富里酸溶液和
高岭土悬浊液的混合液

富里酸：25mg/L；高岭土：50mg/L

由此两图可以看出，当有机物存在时，除浊的最佳 pH 值向酸性方向移动，但浊度的存在却对去除有机物的最佳 pH 值几乎没有影响。除浊和除有机物的最佳 pH 值一般不同，前者高于后者。也有人通过实验指出，如果将絮凝剂投加剂量提高，除浊的最佳 pH 值会扩展，当剂量提高到一定程度时，除浊和除有机物的最佳 pH 值实际并无矛盾。

一些研究者认为，在决定絮凝剂类型和投加剂量时，地表水和地下水中的 DOC（溶解有机碳）含量起着至关重要的作用。这是因为天然有机物可以吸附并包裹于微粒表面上，因而控制着胶体的稳定性。由溶解有机物产生的负电荷（$5\sim100\text{meq/g}$）常远高于黏土浑浊物本身的负电荷（$0.05\sim1\text{meq/g}$），因此 DOC 常对絮凝剂投加量起着决定作用，特别是当以电中和作用实现脱稳时更是如此。当 DOC 为决定作用时，在最佳投加量和有机物浓度之间存在化学计量关系。这一规律已被许多研究者所证实。O'melia 等对三个水质特性的相对重要性做了如下概括：TOC＞温度＞浊度，这充分说明水中有机物的重要影响。

8.3.2.5 药剂投加顺序的影响

对于药剂的投加顺序，Randtke 提出了如下的建议：

① 酸应该先于金属絮凝剂投加，以利于正电荷多核水解形态的生成；

② 碱应该加在金属絮凝剂之后；

③ 用于吸附的黏土或 PAC 应加在金属盐絮凝剂之前，使它们在絮凝之前就发生吸附；

④ 在实际中常常会发生与上不同的例外，所以容器搅拌实验是必要的。

8.3.2.6 絮凝剂品种的影响

对于地表水的絮凝处理，常用絮凝剂有如下数种：铝矾、氯化铝、聚合氯化铝、氯化铁、硫酸铁等，其中铝矾是现今世界上使用最为广泛的絮凝剂。虽然氯化铝和聚合氯化铝对废水中有机酸的沉淀更为有效，但此两种絮凝剂都不如铝矾易控制，也不如铝矾便宜。有时人们还将石灰也归入絮凝剂，因为当水中含有 Mg 离子时，加入石灰可以生成沉淀性能很好的 $Mg(OH)_2$ 絮体。此外聚合电解质也常常被应用，甚至一些水厂在絮凝单元投加聚合电解质时并不投加任何水解金属盐，将它作为主要絮凝剂。选择絮凝剂时常常要考虑以下问题：

① 去除浊度和有机物的效能；

② 操作步骤和控制的难易程度；

③ 价格因素，包括运输成本和储存成本。

在既要去除浊度和又要去除有机物时，操作者常面对一个困难的抉择，原因是去除浊度和去除有机物所需的最佳 pH 值并不相同，正如图 8.5 所示，难于同时达到最佳的除浊和去除有机物的工作条件。由于要考虑经济效益，不可能大幅度地改变原水的 pH 值，因此必须以容器搅拌实验比较并选择不同种类的絮凝剂。实验证明在某些情况下，铝矾是去除 DOC 最适宜的絮凝剂。

在去除有机物时，当 pH 值较低时，去除效果较好，因而有人采取了连续两段的处理，先是以石灰调节到高 pH 值下以硫酸铝处理，然后以氯化铁在低 pH 值下处理，可以达到 55% 的溶解有机物去除，两段法使用的絮凝剂量少。不同絮凝剂效果的比较结果可以随情况的不同而不同，但一般来说，可以有如下规律参考：

① 对于去除色度和有机物的沉淀，在大多数情况下铝盐的效果要好一些，这是因为铝盐具有较低的溶解度，一般不会像铁盐一样形成配合物。

② 对于去除 DOC，$AlCl_3$ 要比 $Al_2(SO_4)_3$ 更有效，因为 SO_4^- 会进入沉淀中，从而妨害有机物的沉淀。

③ 聚合氯化铝可以预先生成稳定的絮体，所以没有必要再加入聚电解质，沉淀效果与 $AlCl_3$ 相当。

④ 由 $FeSO_4$ 氧化得到的 $Fe_2(SO_4)_3$ 价格便宜，但在某些情况下效果不佳，为了得到同样的效果，可以加大投加量。铁盐常适用于高含盐量的高缓冲水质及除浊效果非常重要时。

以上规律也有例外的情形，重要的是要应用容器搅拌实验来选取适宜的絮凝剂种类。

操作者还应知道，除了用适宜的絮凝剂外，有时也有必要同时应用助凝剂，即聚合电解质，来改善浊度的去除。

8.3.3 絮凝区域图

本书第 6 章已介绍了除浊的设计操作图，也就是絮凝区域图。对于去除有机污染物也可建立相似的絮凝区域图。Brian A. Dempsey 等通过实验建立了去除富里酸的絮凝区域图，如图 8.7 所示。图中絮凝剂投加量和 pH 值是独立变量。在黑色阴影区，沉淀出水的浓度与原水浓度之比 C/C_0 小于 0.80，在浅色区，经沉淀和过滤两个步骤之后 C/C_0 大于 0.80。以三种不同的絮凝剂做了实验，可以看出，在每一种絮凝剂的情况下，都存在 2 个黑色阴影区，分别以区Ⅰ和区Ⅱ表示。

一般来讲，区Ⅰ的 $\lg Al_t$-pH 条件即 $Al(OH)_3(s)$ 沉淀生成的必要条件。例如，在不存在富里酸的情况下，当 Al_t 为 $10^{-3.75}$ mol/L 时，$Al(OH)_3(s)$ 沉淀生成的最佳 pH 值对于铝矾、三氯化铝、PAC 分别为 5.5、6.4、6.8，而这些 pH 值相当于有富里酸存在下区Ⅰ在 Al_t 为 $10^{-3.75}$ mol/L 时的富里酸去除边界。值得注意的是在以三氯化铝或 PAC 作絮凝剂时，加入硫酸盐会降低富里酸被去除的边界。如图 8.8 所示，U 形表示在 $[SO_4^{2-}]=0$ 时富里酸被沉淀除去的边界，其余各实线则说明当硫酸根与铝离子的摩尔比达到图示数值时，富里酸去除边界向低 pH 值方向移动。虚线代表富里酸上的负电荷密度，它是 pH 值的函数。

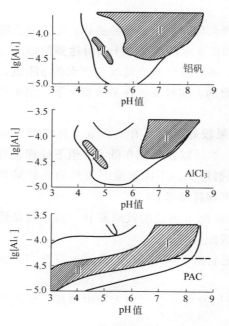

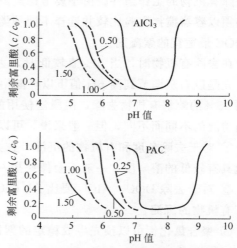

图 8.7　富里酸的絮凝区域图
原水 TOC＝3.5mg/L

图 8.8　硫酸盐对富里酸絮凝区域的影响
原水 TOC＝3.5mg/L，Al＝$10^{-3.75}$ mol/L

在区Ⅱ的 $\lg Al_t$-pH 范围内，$Al(OH)_3(s)$ 沉淀是不可能生成的，在以铝矾、三氯化铝、PAC 为絮凝剂时也不一定能生成。对于铝矾、三氯化铝，区Ⅱ具有大约－0.8 的斜率，并且位于 pH＝4.5～5.0 之间；PAC 的区Ⅱ在形状上十分不同，延伸到了很低的 pH 值，具有正斜率，并出现在低投加量下。当富里酸浓度增大时，所需絮凝剂浓度也相应增大，絮凝区域位置相应升高，这种现象无论在区Ⅰ还是区Ⅱ均会出现。

图 8.9～图 8.11 所示为去除色度的剂量-pH 值区域图。其中图 8.9 是去除腐殖酸的区域图，由 Edwards 和 Amirtharajah 于 1985 年报道；图 8.10 是去除富里酸的区域图，由 Hundt 和 O'Melia 于 1988 年报道；图 8.11 是去除天然有色水的区域图，由 Vik 等于 1985 年报道。

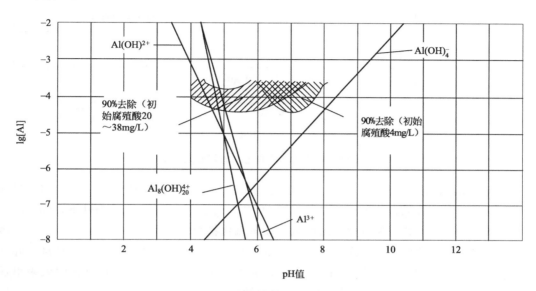

图 8.9　腐殖酸色度的絮凝区域图

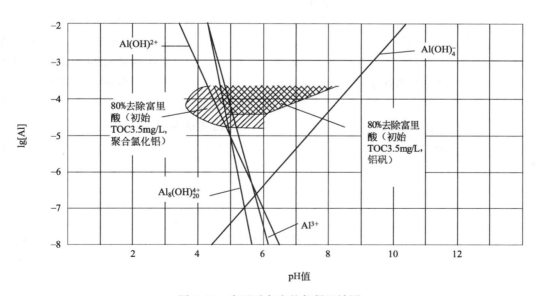

图 8.10　富里酸色度的絮凝区域图

图 8.9 显示对不同浓度的腐殖酸使用硫酸铝为絮凝剂时 90％ 的色度去除区域。可以

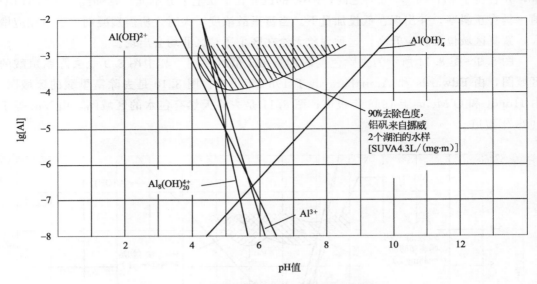

图 8.11　天然腐殖质有色水的絮凝区域图

看出，当腐殖酸浓度较低，为 4mg/L（100 色度单位）时，在 pH 值为 6～7，且铝矾投加量约为大于 12mg/L（以 mol/L 为 Al 的浓度单位，lg[Al]＝－4.4）的条件下，90%的色度可以被去除。该区域为氢氧化铝沉淀区，在氢氧化物絮体表面上的吸附可能是这个区域的去除机理。当腐殖酸浓度较高，为 20～38mg/L（450～900 色度单位）时，色度去除带向酸性方向延伸。90%的色度去除出现在 pH 值为 4.0～7.5 的范围，最佳去除效果出现在很窄的 pH 值 4.5～5.5 的范围及铝矾的投加量为 15～30mg/L（以 mol/L 为 Al 的浓度单位，lg[Al]＝－4.3～－4.0）的条件下。

图 8.10 显示对富里酸 80%的色度去除区域，该图表示富里酸的初始浓度为 TOC 3.5mg/L，絮凝剂分别为铝矾和聚合氯化铝。当使用铝矾时，在 pH 值 5.0～5.5 之间达到最高去除率，投药量最低可以是 11.4mg/L（以 mol/L 为 Al 的浓度单位，lg[Al]＝－4.42）。该区域的大都处于氢氧化铝的沉淀区，但有一部分符合电中和-沉淀机理。

图 8.11 显示了对来自挪威的 2 个湖泊的水样，絮凝法 90%的色度去除区域。在所有情况下，最佳 pH 值都在 5.5 左右，对 90%的色度去除，铝矾的最小投加量约为 3.5mg/L（以 mol/L 为 Al 的浓度单位，lg[Al]＝－3.9）。表 8.2 所示为这两个湖水的水质情况。

表 8.2　一般水质情况

参数	湖泊	
	Tjernsmotjern	Hellerudmyra
色度/(mg Pt-Co/L)	110～140	105～110
UV$_{254}$/cm^{-1}	0.53～0.65	0.50～0.52
TOC/(mg/L)	12.2～15.6	10.8～12.2
浊度/NTU	0.90	0.90
pH 值	6.0～6.5	4.3～4.9

一般来说 pH 值的影响来自金属离子水解形态与氢离子之间对有机官能团的竞争及氢氧根离子与有机阴离子对金属离子水解形态的竞争。当 pH 值升高时，天然有机化合物变得荷负电更多，金属水解形态变得荷正电更少，引起吸附强度变弱，絮凝剂投加量增大。Randtke 对所报道的实验做了如下总结：

① 天然有机物（NOM）的高分子量（MW）组分容易吸附在活化的氧化铝上（臭氧促进吸附）；

② NOM 的较高 MW 组分在氧化铝絮体上的吸附较牢固；

③ 较高 MW 的腐殖酸能较好地被铝矾絮凝去除；

④ NOM 的较高 MW 组分和较高 MW 的消毒副产物前致物（DBP）可以被铝矾絮凝较好去除；

⑤ 低 MW 的 DBP 前致物被铝矾、铁盐、聚合物及石灰的絮凝去除效果差；

⑥ 低 MW 的腐殖质对絮凝剂消耗量大，以铝矾絮凝去除的效率低；

⑦ 天然 NOM 的疏水性高 MW 组分可以被铝矾、铁盐、聚合物及石灰等的絮凝较好去除；

⑧ 在絮凝之后的出水中，NOM 的低 MW 的化合物为主要残留物；

⑨ 腐殖质的低 MW 组分可以较好地吸附在颗粒活性炭（GAC）上；

⑩ 腐殖质的高 MW 组分在 GAC 吸附效果差；

⑪ 絮凝之后的水中残余腐殖质在 GAC 上的吸附效果较好。

以传统直接过滤和软化法处理时表现出以下规律：

① 高 MW 组分可以被较好地去除；

② MW<500 的组分不能被有效去除；

③ 疏水性较强的组分较易被去除；

④ NOM 中具有高羧基酸性的组分难于被去除；

⑤ 较高 MW 的组分一般会生成高 MW 的 DBP。

8.3.4 强化混凝

自 1974 年以来，人们发现在自来水生产中，当对原水进行加氯处理时，水中的有机物可能会被氯化而生成三卤甲烷（THMs）等有机卤化物。这些有机卤化物对人体健康是非常有害的，有的甚至可以致癌或致突变。各国已制定出 THMs 在自来水中的污染极限，例如，美国为 $100\mu g/L$，加拿大为 $350\mu g/L$，德国为 $25\mu g/L$，荷兰为 $75\mu g/L$。近年来的研究表明，天然水氯化时不但能产生 THMs，而且还会产生含量更高的不挥发有机氯化物（NPTOX），已被检出的有三氯乙酸、二氯乙酸、二氯乙腈、氯代酮及 1,1,1 - 三氯丙酮等。这些物质会引起与 THMs 同样严重的后果。

饮用水中可能含有的挥发性三卤甲烷（THMs）和不挥发有机氯化合物（NPTOX）被称为饮用水氯化消毒的副产物（DBP）。研究发现 DBP 的前致物是水中天然有机物（NOM），也就是说 NOM 的氯化产生了 DBP。为了避免或控制 DBP 的生成，可以限制氯消毒工艺，代之以其他消毒剂和消毒方法，例如臭氧消毒，或者在消毒之前从水中有效去除 DBP 的前致物 NOM。由于消毒在给水处理中的极端重要性和氯系消毒剂在水中的余氯具有其他消毒剂所不能替代的持久消毒能力，鉴于絮凝法能够有效地直接去除多种有机污染物，或有效地去除吸附了有机污染物的颗粒物，20 世纪 90 年代美国环境保护署（USEPA）提出了"强化混凝"的概念，目的是在保证浊度去除的前提下，通过提高混凝剂投加量来提高 NOM 的去除率，从而最大限度地消除 DBP。

此外，水中含有机物能引起离子交换树脂的污染而使其离子交换树脂出水的水质恶化。漏过水处理系统的有机物还能引起热力设备的腐蚀损坏，从而威胁电厂的安全经济运行。因此，通过处理去除这些有机物是水处理技术面临的重要课题之一。

为了同时满足去除浊度和去除 NOM 的双重要求，就必须选择合适的絮凝剂种类、合适的絮凝剂投加量及合适的 pH 值。强化混凝中所使用的主絮凝剂一般是金属盐絮凝剂，而不是聚合电解质。较高的絮凝剂投加量可以为生成较多的絮体和配合物提供较多的金属离子，而较低的 pH 值有利于金属配合物的形成，并减低腐殖酸和富里酸的电荷密度，使它们变得更加疏水。USEPA 认识到强化混凝去除总有机碳（TOC）的效率主要取决于天然水的性质及富里酸、腐殖酸及其他成分的组成比例。较高分子量的 NOM 一般较容易被去除，同时对 DBP 的贡献也较大，因而应该被要求除去。较低分子量的 NOM 比较难于去除，同时对 DBP 的贡献较小，因而对它们的去除要求可以降低。

近年来在消除 THMs 的前致物 NOM（主要是腐殖质）的努力中，絮凝方法起到了重要作用。后来在强化混凝的概念中又纳入了 pH 值控制、絮凝剂筛选和复配、残留絮凝剂浓度控制、污泥削减和处理成本降低等内容，使强化混凝得到了优化。实践证明，与那些复杂且昂贵的设备改造和工艺改进相比，强化混凝是处理 DBP 前致物的最可行技术。

另据报道在铝的投加量和 NOM 浓度之间存在化学计量关系，但该关系与 pH 值有关。以富里酸为例，投加需要量决定于富里酸上所带电荷。由于铝水解形态上的正电荷具有 pH 值依赖性，所以此化学计量关系与 pH 值有关。根据铝水解常数可计算出，在 pH 值 5.5 的条件下铝水解形态的平均电荷约为 $+1.5[Al(OH)_{1.5}^{+1.5}]$，在 pH 值 6.5 时降低为 $+0.5[Al(OH)_{2.5}^{+0.5}]$，此时 1mg/L 溶解铝提供约 $18\mu mol/L$ 正电荷，在该 pH 值下富里酸单位碳的负电荷约为 $9\mu mol/L$。由此可以得到近似的化学计量关系：0.5mgAl/mgC，这与实际观察得到的结果基本相符。由实际观察得到，在 pH 值 7.0 时化学计量关系增加为：1.0mg Al/mgC。

以上分析可以解释为何较低 pH 值下絮凝要比较高 pH 值下更可行，为何在 pH 值 7.0 以上时絮凝变得更困难和成本更高，特别是在较高的水温下。在水温较低和 pH 值 5.5 的条件下，$Al(OH)^{2+}$ 和 Al^{3+} 的浓度较高，这会降低电中和所需投加量，但会导致残余铝升高及颗粒稳定性升高，造成不佳的澄清效果和过滤效果。

有研究者认为，以絮凝法去除 NOM 决定于以下因素：

① DOC（溶解性有机碳）浓度；

② DOC 性质；

③ 絮凝剂类型；

④ 絮凝剂投加量；

⑤ pH 值。

在 NOM 的性质中除了负电荷的官能团外，还有分子的尺度、分子量、疏水性等都很重要。单位浓度（1mg/L）的 DOC 在 254nm 的吸光度 SUVA（UV$_{254}$）可以作为操作控制指标和去除效果的指标，测定时需要对水样进行膜过滤，并表示为 L/（mg·m）。

在认识到上述规律后，USEPA 提出了根据原水的 TOC 浓度和碱度分类设定 TOC 的去除目标及水厂实施强化混凝要求的两步骤标准。

第一步：制定了对 TOC 去除要求，该要求决定于原水 TOC 和碱度，考虑了具有高碱度和低 TOC 的水中 TOC 难于去除的问题，如表 8.3 所示。根据此要求，水厂必须对原水的 TOC 进行监测，以便确定应达到的 TOC 去除率。例如，当原水 TOC>2.0～4.0mg/L，且原水碱度<60mg/L CaCO$_3$ 时，TOC 的去除率应达到 35%。水处理系统如果满足或超过表 8.3 标准的要求，则会达到强化混凝的效果。在每月的检测中如果原水的 SUVA<2L/（mg·m），就可认为水厂本月出水会达到所要求的 TOC 去除率。TOC≤2.0mg/L 的水无需进行强化混凝。

表 8.3 强化混凝：TOC 去除要求　　　　　　　　　　单位：%

原水 TOC/（mg/L）	原水碱度/（mg/L CaCO$_3$）		
	<60	60～120	>120
≤2.0	不做要求		
>2.0～4.0	35	25	10
>4.0～8.0	45	35	25
>8.0	50	25	30

第二步：TOC 是水中有机物的综合指标，不能提供有机化合物组成和分布的信息。由于一些独特的水质及其特殊的有机物组成，某些水厂可能无法达到表 8.3 的要求。如果水处理系统以现行的絮凝操作不能满足表 8.3 对 TOC 去除的要求，则可以做任何相应的改变使之达到要求。如果仍然不能达到要求，则必须用容器实验或中试研究建立另外的 TOC 操作标准。如果是以铝矾为絮凝剂，需要使投加量增加 10mg/L，并对原水及澄清水中的 TOC 做相应测定。对于铁盐絮凝剂，如果是 FeCl$_3$·6H$_2$O，需增加投量 9.1mg/L，如果是 Fe$_2$(SO$_4$)$_3$·6H$_2$O，则需增加投量 9.5mg/L。水厂可以采取任何方式的化学品与絮凝剂的联合使用，但不能超过对它们的浓度限制值，该限制是基于化学品中含有的杂质提出的。实验必须根据原水碱度在一定的 pH 值条件下进行，出水目标 pH 值如表 8.4 所示。在增加投加量后 pH 值应达到目标值，水样在一系列试验后 pH 值应等于或接近此目标值。对碱度小于 60mg/L CaCO$_3$ 的情况，需要用碱性化学品调节，维持 pH 值在 5.3～5.7 之间（如果 pH 值降低至此范围以下的话）。

表 8.4 出水目标 pH 值

原水碱度/（mg/L CaCO$_3$）	目标 pH 值
0～60	5.5
>60～120	6.3
>120～240	7.0
>240	7.5

对于消毒副产物形成势较小的水，USEPA 认为可以免除遵守以上标准，但这些水必

须符合以下条件：

    ① 原水所含 TOC 小于 2.0mg/L；

    ② 原水的比紫外吸收（SUVA）小于或等于 2.0L/(mg·m)；

    ③ 处理后的水 TOC 小于 2.0mg/L；

    ④ 处理后水的 SUVA（未加入氧化剂）小于或等于 2.0L/(mg·m)；

    ⑤ 原水的 TOC 小于 4.0mg/L，且碱度大于 60mg/L CaCO$_3$，且总三卤甲烷（TTHM）小于 40μg/L，且不同形态的卤乙酸（HAAs）小于 30μg/L；

    ⑥ 对于仅使用自由氯消毒的系统及其余配水系统，TTHM 小于 40μg/L 及 HAAs 小于 30μg/L。

以上 SUVA 与溶解有机碳 DOC 相关关系如下：

① SUVA＝UV$_{254}$/DOC[L/(mg·m)]；

② SUVA 随 DOC 类型的变化而变化，在长链腐殖酸存在时达到最高；

③ SUVA 在 4～5L/(mg·m) 的范围：DOC 主要由高疏水性、高芳香结构及高负电荷的腐殖质构成；

④ SUVA 在小于 3L/(mg·m) 的范围：DOC 主要由高亲水性、低芳香结构及低负电荷的非腐殖质构成。

研究发现，作为絮凝剂的聚合物也会在消毒过程中产生消毒副产物。对含有丙烯酰胺的水进行氯化会导致氯仿（CHCl$_3$）和 2,3-二氯丙酸的生成。CHCl$_3$ 的生成率相对较低，在 pH＝7.0 下 CHCl$_3$ 的相对产量小于 0.01mg/mg 聚合电解质。在 pH＝9.0 下，CHCl$_3$ 的相对产量升高至 0.019mg/mg 聚合电解质，保持时间达到 3d。Wilczak 等发现，当以氯胺法对含有阳离子型絮凝剂 PDADMAC 的水消毒时，会产生相当量的二甲基亚硝胺（N-nitrosodimethylamine，NDMA），所生成的 NDMA 的量随着 PDADMAC 浓度的增大和接触时间的延长而增多。但是在氯胺消毒之前如果能使自由氯接触 1～4h 就可以降低 NDMA 的生成量。

在使用自由氯消毒时，如果自由氯的浓度在水厂通常所使用的范围内，NDMA 的产生量几乎可以忽略。根据 Wilczak 等的实验，建议将 PDADMAC 的投加计量从 0.8～1.2mg/L 降低至 0.3mg/L，且在加入氨形成氯胺之前保持自由氯接触，此步骤可以将布水系统中的 NDMA 的浓度从 10ng/L 降低至 2ng/L。

8.4 絮凝的卫生效益

8.4.1 致病微生物的去除

根据许多报道，对于病毒的灭活，氯并非完全有效，主要原因是在消毒过程中病毒与消毒剂氯的接触时间不够。例如，在 0.5mg/L 游离氯存在下，要达到 99.99% 的失活，某些类型的病毒（如脊髓灰质炎）需要与氯有 40min 的接触时间。对于 20 种人类病毒，平均接触时间大约为 15min，对抵抗力最小的病毒需要 2.7min，对抵抗力最大的病毒需要 40min。

由于消毒药剂不能经常保证对水的可靠消毒，所以絮凝沉淀成了补充消毒的重要方法。虽然絮凝沉淀不能杀灭水中的致病微生物，但是能把水中大部分致病微生物凝聚起来，随同各种悬浊物沉淀下去，然后再对清水进行消毒，因此消毒效果显然会获得提高。张师鲁早在 1958 年就详细报道了这方面的研究结果。其中一篇报告讲述的是在水中加柯萨奇 A_2 病毒或白色葡萄球菌噬菌体，并加入纯氧化硅微粒悬浊物，再用硫酸铝或三氯化铁进行试验，所得的结果是：

① 加硫酸铝（40～120mg/L）可去除 86.3%～98.7% 的病毒，去除 93.5%～98% 的噬菌体；加三氯化铁（20～40mg/L）可去除 96.6%～98.1% 的病毒，去除 99.3%～99.9% 的噬菌体，增加絮凝剂量，去除率可得到相应的提高。

② 硫酸铝去除病毒的适宜 pH 值是 6.2～7.2，当 pH 值升高时，病毒的去除率也相应提高。

③ 当搅拌速度降低时，去除病毒和噬菌体的效率则稍有降低。

④ 在有重碳酸盐时（pH＝8.6～9.0），用硫酸铝凝聚沉淀物中的病毒和噬菌体，经过 1～2h 的搅动，可分别析离出 60% 和 10%～25%。

⑤ 絮凝后在水面或水面下 2/3 处取水样，其中检出的病毒和噬菌体的数目均无差异。

Thorup 等将大肠杆菌、噬菌体 T_2 和脊髓灰质杂病毒Ⅰ型加到用膨润土配制的浑水中，用硫酸铝絮凝，发现当投加量适当时，可去除 98% 的微生物。再分别加入 3 种高分子絮凝剂，发现去除率没有出现明显的提高。Manwaring 等用噬菌体 MS_2 加有机物配制水样，加三氯化铁（60mg/L）絮凝，可去除 99% 左右的噬菌体。但水中有机物含量多时，效果就要降低。Chaudhuri 等用噬菌体 T_4 代表含 DNA（deoxyribonucleic acid，脱氧核糖核酸）类的病毒，用噬菌体 MS_2 代表含 RNA（ribonucleic acid，核糖核酸）类的病毒，加硫酸铝（50mg/L）絮凝，另外又投加 4 种助凝剂和絮凝剂进行比较，其结果是：

① 化学絮凝剂可去除水中 98.0%～99.9% 的病毒。

② 水中钙和镁离子高达 50mg/L 也不影响去除效果。

③ 水中有机物会影响去除效果。

④ 阳离子型聚合电解质可以提高去除效果。

一些研究者证明，聚合电解质对微生物的脱稳及去除也是很有效的。一般来说，阳离子型聚电解质效果较好，阴离子和非离子型聚电解质效果较差。Treweek 和 Morgan 发现高分子量阳离子聚电解质聚乙烯亚胺对大肠杆菌悬浊液的脱稳很有效，脱稳的机理被认为是阳离子型聚电解质强烈吸附于细菌细胞上，属于静电斑块模型。还有一些研究者发现，应用阳离子聚合电解质可以去除某些病毒，例如 Thorup 等研究了对噬菌体 T2 和 1 型脊髓灰质炎病毒的去除效果，发现阴离子和非离子型的效果较差，而阳离子型的去除率可以达到 96%，该去除效果强烈地依赖于离子强度。

用絮凝剂对水消毒的效果决定于形成的絮状物与水的分离是否充分。根据斯特利切尔数据，原水中细菌的含量 C_u 与絮凝及中和后水中细菌的含量 C_{oc} 之间，有如下经验关系：

$$C_{oc} = \frac{C}{\lg T} C_u^n \tag{8.17}$$

如果沉淀时间 T 以 h 表示，系数 C 和 n 分别为 0.57 和 0.88。

随着絮凝剂投量增加，消毒效果提高，例如：根据实验，$Al_2(SO_4)_3 \cdot 14H_2O$ 投量从

15mg/L 增加到 50mg/L 和 100mg/L 时，对水中大肠杆菌的消除程度从 82% 分别提高到 95% 和 99.5%。

絮凝剂使水消毒的程度在多数情况下与悬浮物去除程度成正比关系。因此，水在用絮凝剂处理后的剩余浊度，可以作为消毒可靠性的大概指标。巴杰良等给出大肠杆菌从水中去除百分数 Y 和悬浮杂物去除百分数 X 之间的关系，如以下经验式所示：

$$Y = 2.98X - 170 \tag{8.18}$$

絮凝剂的最佳投量对去除悬浊物和细菌是不同的。在无机悬浮物含量从 30～150mg/L 和不同大肠杆菌数量（210 个/mL、460 个/mL 和 2400 个/mL）的两个水源水消毒的详细研究结果基础上确定出，悬浮物去除率和细菌去除率与絮凝剂投量之间的关系具有抛物线形状，如图 8.12 所示，曲线上极大值点在水平方向和垂直方向上都不重合。但可以看出，细菌的去除率随机械杂质去除率的提高而提高。当水的浊度不同时，机械杂质和细菌的不同去除程度可能是由较高浊度的水和较低浊度的水中絮凝的差异所造成。看来，微生物吸附在絮凝剂水解产物及絮体上是絮凝过程中微生物去除的主要原因。许多研究者认为，絮凝去除病毒的机理是三价金属与蛋白质的解离基团形成配合物，由于此机理与有机物脱稳的机理相似，所以可以预期它们具有相似的最佳去除的 pH 值条件。

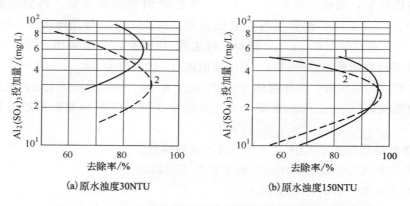

图 8.12　悬浮物去除率和细菌去除率与絮凝剂投加量的关系
1—悬浮物去除率；2—细菌去除率

值得注意的是，由于絮凝法不能使病毒完全失活，所以在最终的污泥处置中依然存在着潜在的健康风险。根据 Matsushita 等的报道，在将氢氧化铝沉淀物重新溶解后，只有部分病毒得到了恢复，说明铝具有杀灭病毒的作用，PAC 表现出比铝矾更强的对病毒的杀灭作用，但 NOM 的存在表现出能妨害对病毒的杀灭作用。

8.4.2　放射性物质的去除

用絮凝沉淀消除放射性物质的程度由放射性物质的同位素组成及其在溶液中的状态决定。如果放射性物质被吸附在机械杂质上或者本身处于胶体分散状态，则放射性可被有效地消除。在这种情况下，水的澄清度决定了放射性物质的回收程度。对于放射性物质的真溶液，絮凝沉淀的去除效果相当小。然而，在被处理水中存在分散杂质，或人工使水浑浊时，对许多同位素都可能得到良好的效果。

某实验表明当杂质的初始放射性在 $1\times10^{-5}\sim1\times10^{-9}Ci/L$ 范围时，投加 $10\sim15mg/L$ 的絮凝剂，水的放射性可降低 $70\%\sim90\%$，同悬浮物结合的放射物质可被去除 $97\%\sim100\%$。能够水解而形成难溶化合物的元素的同位素如铌、铈、钇、锆、镨、钕等可被去除 $90\%\sim98\%$。其余元素的浓度只减少 $10\%\sim60\%$。用絮凝方法难以去除的同位素有[89]Sr、[90]Sr、[131]I、[137]Cs、[140]Ba 等。[131]I 同其他离子形成的高溶度化合物，最不易去除，采用共沉淀的方法可以有效地提高它的去除率，例如先在水中加入 NaI 和 $AgNO_3$，使它形成 AgI 沉淀物，从而将水中的放射性碘带到 AgI 晶格中去，然后由絮凝沉淀作用而被除去。这可以由表 8.5 看出：在离子含量和硬度高的地下水中，[131]I 的去除率可由原来的 4.1% 提高到 55%，在硬度较低的河水中，可提高到 95%。对溶解性的放射性物质，如事先加入一些黏土于水中，尤其是加入一些阳离子交换容量较高的膨润土，可获得良好的效果，如表 8.6 所示。在天然水中加入溶解性 $^{134}Cs_2CO_3$ 或 $^{90}SrCl_2$，处理时先调节 pH 值达 10.0，再加入黏土搅拌 5min，最后加硫酸亚铁絮凝，^{34}Cs 的去除率可达 85% 以上，^{90}Sr 的去除率可达 95% 以上。

表 8.5　共沉淀辅助硫酸亚铁去除[131]I 的效果

辅助药剂量/(mg/L) NaI：$AgNO_3$	井　水			河　水		
	处理后 pH 值	原水放射强度	消除率/%	处理后 pH 值	原水放射强度	消除率/%
0：0	9.0	8056	0.0～4.1	9.8	13461	6.6～7.2
0：7.6	9.3	8391	18.9～26.5	—	—	—
5：7.6	9.0	10908	55.9～56.9	9.6	13461	95.0～95.1
5：15.2	9.0	10908	50.3～64.1	9.3	13461	95.1～95.2

注：加辅助药剂后，均加入黏土 3000mg/L，硫酸亚铁 120mg/L，加入的碘为 $Na^{131}I$。放射强度单位为脉冲/(mL·min)，井水原 pH=7.5，河水原 pH=7.4。

表 8.6　黏土辅助硫酸亚铁消除水中 ^{134}Cs 和 ^{90}Sr 的效果

加药剂量 mg/L 活性氯：黏土：硫酸亚铁	^{134}Cs 的去除			^{90}Sr 的去除		
	处理水 pH 值	原水放射强度	去除率/%	处理水 pH 值	原水放射强度	去除率/%
第 1 组						
0：3000：120	9.6	12053	84.7～94.7	9.6	16212	95.1～96.0
0：3000：240	9.0	12053	84.8～91.7	9.0	14714	96.6～97.6
第 2 组						
20：3000：120	9.3	12126	80.1～84.2	9.0	14714	96.4～97.5
60：3000：240	9.3	12126	83.2～86.8	8.8	14714	97.0～97.4
第 3 组						
20：3000：240	9.3	12126	72.6～81.6	9.0	14714	98.2～98.3
60：3000：240	9.3	12126	67.1～78.8	9.0	14714	99.3～99.5

注：原水为井水，pH=7.5。絮凝前加 NaOH 将 pH 值调至 10.0，放射性 ^{134}Cs 为 $CsCO_3$，放射性 Sr 为 $^{90}SrCl_2$，加入活性氯是为配合消除 Bc，放射强度单位为脉冲/(mL·min)。

因为许多同位素在碱性介质中（pH 值为 $8\sim11$）会发生水解，所以水的碱化能改善处理效果，当 pH≤4.4 时，以铁或铝的硫酸盐絮凝去除放射性钌，去除率仅为 $3\%\sim30\%$，而当 pH 值为 $7.5\sim8.4$ 时，去除率可达 $74\%\sim98\%$。正是由于同样原因，碳酸盐和磷酸盐作絮凝剂时，可以达到高的放射性去除率。石灰和铝盐或铁盐合用可保持较高的 pH 值。

由于溶解性放射性物质是依靠配合和吸附而结合在絮凝剂水解产物上，所以放射性物质的去除具有选择性。例如，靠硫酸铝可以去除水中所含锶和钌的一半左右，去除铯只能达 20%，而放射性磷可被降低 96.8%。根据消除放射性的效率，一些研究者认为用含铁絮凝剂较好，这可能是由于铁生成难溶水解产物的 pH 值范围比铝更宽广。

8.4.3 地下水中砷的去除

砷是一种常见有毒元素，长期暴露于砷对人体健康有害。色素沉着、皮肤癌和肝癌及循环系统异常可归因于长期砷暴露。自然界中的砷常出现在高地热活动区域，但冶炼、石油炼制、农药、除草剂生产及其他一些工业活动也会导致有毒砷进入环境。据调查，孟加拉国地下水砷污染浓度为 $15 \sim 2500 \mu g/L$；印度孟加拉邦地下水砷的浓度为 $10 \sim 3200 \mu g/L$；克罗地亚东部地下水富含 Fe、Mn、As 等污染物，浓度范围在 $10 \sim 610 \mu g/L$。我国高砷地下水主要分布于台湾、新疆、云南、湖南、贵州、山西、内蒙古等省和自治区，内蒙古河套平原高砷地下水中 As 的含量为 $15.5 \sim 1093 \mu g/L$。可见，地下水砷污染是世界上绝大数国家普遍存在且急于解决的问题。

砷在水中不同的氧化还原条件下可以有几种稳定存在的氧化态。在地下水中，砷多以 As(Ⅲ) 的亚砷酸盐和 As(Ⅴ) 的砷酸盐存在，都溶于水，但以 As(Ⅲ) 为主，归因于地下水的厌氧环境。在好氧水环境中 As(Ⅴ) 较常见。砷的毒性随其氧化态的变化而变化。As(Ⅲ) 的毒性比 As(Ⅴ) 强很多。无论是 As(Ⅲ) 还是 As(Ⅴ)，其毒性都比砷的有机物强，1993 年世界卫生组织将饮用水中对砷的限制浓度从 $50 \mu g/L$ 降低至 $10 \mu g/L$；2002 年美国也将饮用水中砷的最大容许浓度降低至 $10 \mu g/L$。

在许多处理技术中，As(Ⅴ) 比 As(Ⅲ) 更容易被去除。所以如果 As(Ⅲ) 是主要的存在形态，可用氧化法将 As(Ⅲ) 转化为 As(Ⅴ)，以增大总砷的去除率。目前有多种处理技术可以用来去除饮用水中的砷，包括离子交换、活性铝吸附、铝矾或铁盐絮凝加过滤、铁盐絮凝加膜过滤等。在以絮凝法从水中去除砷时，所用铁系絮凝剂的效能一般高于铝系絮凝剂。当铁系絮凝剂加入水中后，由于水解而形成带正电荷的氢氧化铁。此正电荷是 pH 值的函数，当 pH 值降低时，在氢氧化铁颗粒上的正电荷数目增加，As(Ⅴ) 的砷酸盐是阴离子，带负电荷，会以表面络合的机理吸附在具有正电荷的氢氧化铁颗粒上，砷的去除效果可在 pH<7 的范围内达到最佳。

Fan 等试验了不同铁系絮凝剂和铝系絮凝剂从水中去除砷的效能。在铝系絮凝剂中，其效能按以下排序：聚合氯化铝＞聚合硫酸铝＞氯化铝＞硫酸铝，最佳去除效率在 pH=5.5 时获得。当初始砷浓度为 $50 \mu g/L$ 时，以絮凝加沉降法处理，当铝絮凝剂投加量（以铝计）从 0.8mg/L 增大到 1.9mg/L 时，As(Ⅴ) 的去除率从 41% 升高至 89%。如果在沉淀后再加上过滤，去除率可由 59% 升高到 99%。如果在同样的条件下用铁系絮凝剂，As(Ⅴ) 的去除率按以下排序：聚合氯化铁＞聚合硫酸铁＞氯化铁＞硫酸铁。最佳去除效率仍然在 pH=5.5 时获得。当初始砷浓度为 $50 \mu g/L$ 时，以絮凝加后续沉降法处理，当投加量（以铁计）从 1.7mg/L 增大到 3.8mg/L 时，As(Ⅴ) 的去除率从 44% 升高至 98%。如果在沉淀后再加上过滤，去除率可由 70% 升高到 99.6%。以上结果证明对于砷的去除，一般铁系絮凝剂的效果比铝系絮凝剂更优。

2002 年 Smith 和 Edwards 证明，絮凝加后续微滤能够使絮凝辅助系统获得最佳的总体处理效能。用絮凝加后续微滤在初始浓度为 $45 \mu g/L$ 时，投加 8mg/L Fe 就可以达到

100％的去除率。微砂压载沉淀（无过滤）也能得到良好的效果，此法近似于传统沉淀法，但是在低投加量下，一般不如微滤有效。

Chwirka 等对地下水除砷的三种方法，即离子交换、活性铝吸附和絮凝-微滤做了成本比较。这些方法都能将 $40\mu g/L$ 的初始砷浓度降低至 $2\mu g/L$。虽然离子交换法的初装费最低，但盐水处置的设备费却最高，导致该法的成本最高。成本最低的方法是絮凝-微滤法。三种方法安装费相比为：1.26∶1.10∶1.0。运营和维护费相比为：1.64∶1.63∶1.0。Chwirka 等对 As（Ⅲ）浓度为 $10\mu g/L$ 及 As（Ⅴ）浓度为 $15\mu g/L$ 的地下水进一步实验了絮凝-膜过滤法的去除效能。首先用 $1mg/L$ 氯将 As（Ⅲ）氧化为 As（Ⅴ），然后投加 $10mg/L$ $FeCl_3$ 和 $35mg/L$ CO_2 将 pH 值调节为 6.8，过膜流速保持为 $153L/m^2$，处理后水中砷的浓度小于 $2\mu g/L$。

絮凝法去除 As（Ⅴ）的效率对初始砷浓度很不敏感，Fan 等证明，初始 As（Ⅴ）浓度在 $6\sim160\mu g/L$ 范围内改变，As（Ⅴ）的去除率基本不变，仅差 $1\%\sim2\%$。这就意味着两段絮凝法具有优势，特别是对高的初始砷浓度。

8.5 直接过滤中的絮凝作用

8.5.1 直接过滤工艺的提出与发展

20 世纪 70 年代以后，随着环境污染的日趋严重，水源日趋短缺，多数河流已遭受城市污水及工业废水污染，已不适合作为饮用水源。因此，国内外越来越多的城市以蓄积水库、湖泊作为饮用水源。以水库、湖泊作为饮用水源的优点在于水库可作为预沉池，使其水中大部分的悬浮杂质在进入水厂前就已沉积下来，因此所处理水质较为澄清而且稳定。但水库、湖泊水质具有低温、低浊、低色，富含藻类物质以及含有纳微米级的微污染颗粒物的特点，而传统絮凝工艺在处理此类水质时的主要问题是由于水中颗粒数目少及碰撞效率低而导致去除效果差，因而增加了水处理的难度。目前只能采用在絮凝过程中或通过投加黏土颗粒，或通过增加絮凝剂投加量来增大颗粒碰撞概率，而这不仅增大了药剂费用，同时也使污泥量增加，从而增大了后续工艺的负荷，并且由于传统过滤工艺滤床浅、滤料粒径小而导致截污量小、运行周期短、产水率低等诸多问题，因此，低温、低浊及微污染物去除问题是以水库、湖泊水作为饮用水水源进行净化处理的国内外水厂有待研究解决的课题。

在此背景下，1974 年以后，出现了以减少处理厂流程设计、提高过滤工艺效率为目标的研究发展趋势，同时随着絮凝、过滤理论的发展，如 20 世纪 60 年代后相继发展的絮凝胶体化学观，强调了絮凝、过滤过程中的化学动力学作用，从而导致了直接过滤工艺的发展与应用。

根据美国水工业协会（AWWA）的定义，直接过滤技术是对絮凝后的水不经过沉淀池而进行直接过滤的水处理工艺系统（简称直接过滤工艺）。因此，直接过滤技术实际是将絮凝及过滤过程有机地结合成一体而形成的当今高新水处理技术系统。直接过滤技术的滤速是传统滤池的 $2\sim4$ 倍，可达到 $20\sim30m/h$，可显著提高产水率并能有效地去除水中的微细颗粒污染物，同时由于无需建造絮凝沉淀、澄清池等设备，因而简化了处理工艺流程，并显著地减少了水厂的投资。此外，随着水厂在线监控技术的发展，实现了按出水水质进行投药控制，使絮凝剂投加量达到精确自动控制，从而明显地减少了药耗，降低了操作运行成本。

自 20 世纪 70 年代末至今，直接过滤技术引起了各国尤其发达国家给水领域的极大兴趣与关注，投入了大量的财力与物力，建立了许多中试试验基地，对直接过滤过程的滤料介质粒径、絮凝剂及过滤助剂的投加与使用、过滤工艺技术条件参数以及净化去除效果进行了大量的研究优化。这些研究结果表明，直接过滤技术不仅可简化水厂处理流程，降低投资费用，减少运行费用，而且可延长过滤周期，提高产水量及出水水质，尤其适用于低温、低浊水的水质净化处理，其净化效果比传统工艺好得多。80 年代后，采用直接过滤技术净化处理低温、低浊、有色度水已成为发达国家水厂设计工艺选择的主流。

8.5.2　直接过滤的机理

随着直接过滤技术被越来越多地采用，有关过滤机理的研究也逐渐深入，主要涉及颗粒物在滤床中的去除规律以及相关理论模型的建立。

颗粒物在滤床中去除机理较为复杂，主要影响因素有悬浊液和滤床介质的物理化学性质、颗粒物的脱稳程度、滤速和滤床的运行方式。在快速过滤过程中，当流体流经介质层时，流体中的微粒与砂粒接触，并在各种物理化学力的作用下吸附在与之接触的颗粒上。颗粒被吸附在过滤介质上以后，以一定的几何形状聚集起来，这些聚集在介质表面的颗粒作为捕集子，增大了滤池的捕集效率，同时这些沉积物的聚集又减少了滤床的孔隙率。当表观滤速不变时，滤床孔隙中的流速将不断增加，当水的冲击力增大到与颗粒和滤床介质间的黏附力相等时，颗粒将脱附至更低的滤料层，脱附的第二种机制可能是由于后续颗粒碰撞导致的"雪崩"效应，最终将达到滤池的穿透点，即运行周期的终点。

直接过滤分为"微絮凝过滤"和"接触过滤"两种类型，它们的机理是不同的。滤池前设置一个简易微絮凝池，原水加药后先进入微絮凝池，形成粒径相近的微絮粒后即刻进入滤池过滤，这种方式称微絮凝过滤；原水加药后直接进入滤池过滤，滤前不设任何絮凝设备，这种方式称为接触过滤。前者污染物被滤料截留的效果较好，而后者絮凝剂和污染物进入滤床深部的效果较好，有利于充分中和滤料的表面电荷并利用滤床的所有纳污能力。

对低浊度水的直接过滤处理，许多水质工作者曾报道过成功应用阳离子聚电解质作为主絮凝剂的案例。一般来说，对于粗糙过滤介质，应用阳离子絮凝剂可以得到比金属盐絮凝剂更高的滤速和更好的浊度去除效果。Adin 和 Rebhun 观察到，当直接过滤应用铝矾作絮凝剂时，工作滤层较宽，界限不够清晰，推进快。相反，聚合电解质可产生界限清晰且推进较慢的工作滤层，意味着穿透延迟。Yeh 和 Ghosh 发现，为了优化直接过滤性能，絮凝的时间要短，G 值要相对较高，如果过量投加聚电解质会引起再稳发生。Habibian 和 O'Melia 发现，对阳离子聚合电解质聚乙烯亚胺最佳投加量的确定，分子量并不重要，当水中胶体物质含量较高时，就需要较高的聚合物化学计量。Black 等以聚二甲基二烯丙基氯化铵为絮凝剂作直接过滤，得到最佳絮凝剂/高岭土比值约为 0.002g/g。这些都说明其机理是吸附电中和，而不是截留过滤饱和。

8.5.3 直接过滤工艺的优缺点及应用

作为一种很有发展前景的水处理工艺技术，直接过滤主要具有设计简单、节省占地面积以及减少投资和运行费用等优点。直接过滤工艺简化了处理单元，不需要沉淀池和污泥收集装置，采用管道凝聚絮凝，不需要建造大的絮凝反应池，设计简单且可显著地节省基建投资。直接过滤中絮体不需生成很大，因此，絮凝剂投加量也显著减少，据估算可节省10%～30%的药剂，另外，滤池絮体微粒浓缩和脱水也较容易，后续处理设备简单，从而也大大降低了操作和维护费用。一些研究证明，采用直接过滤可较常规处理节省各项费用50%左右。

直接过滤的缺点在于受截污量的限制，不能处理高浊度、高色度或浊度及色度都较高的水质，而且由于原水经絮凝后直接过滤，没有传统的沉淀缓冲作用，滤床熟化慢而停留时间短，因此，对絮凝及其化学条件要求严格。设计中需进行大量中试试验，精确地控制絮凝过程及选择药剂与投加量，实际生产需要进行连续监测及自动化控制系统。

直接过滤水处理厂始于1964年加拿大的多伦多市，但在六七十年代，规模都较小，滤速也较慢（如1967年前仅6m/h，1967年以后提高到12m/h）。其工艺过程与传统工艺相比，在滤料、床深、构造等方面均无差别，主要差别在反冲洗水用量及截污能力方面，反冲洗水用量较少，截污能力也较低。其成功运行使得直接过滤在大多数原水较好的水处理厂得到了应用和重视。

70年代后，随着絮凝与过滤理论研究的不断深入，以及水质微污染问题的加剧，促进并扩展了直接过滤发展及应用范围。80年代后在西方发达国家，如美国、欧洲及澳大利亚等得到了更广泛的应用。目前新建水厂基本都采用了直接过滤工艺，其处理工艺也主要采用均质大颗粒滤料，其滤料粒径在1.2～1.8mm，同时滤床深度可达3m以上，由于采用均质大颗粒滤料和深床，可以显著增加滤床的截污能力，允许更多的穿透深度，因此，对颗粒物的去除不只局限于滤床的上部，水头损失的增长也很缓慢，这样就可以使滤速显著提高。目前直接过滤滤速一般控制在20～30m/h，采用预处理，如臭氧氧化处理后的滤速可高达35m/h，处理规模也剧增，如澳大利亚悉尼市在1996年建成的日处理水量为$5×10^6$t的直接过滤处理水厂，工艺均采用均质大颗粒滤料石英砂或煤滤料，床深在3m以上，滤速达到20m/h。

8.6 高浊度水絮凝

我国是高浊度河流众多的国家之一。据初步统计，黄河中游地区每年被冲出的土壤约$3700t/km^2$，黄河的输沙量和含沙量居世界首位，1977年8月初黄河下游出现一次高含沙洪峰，小浪底的最大含沙量达到$898kg/m^3$，黄河支流某些河段的实测最大含沙量达到$1600kg/m^3$，即泥沙的体积占水体体积60%左右。长江上游高浊度水也较严重，其他地区也有季节性的高浊度河流。因此对高浊度水处理技术的研究已成为我国经济建设和水资源开发中一项重大课题。

"高浊度水"这一名称，顾名思义是指浊度较高及含沙量较大的水，但是仅就浊度或含沙量的大小来作为高浊度水与一般水的区分标准，往往无法做出更精确的划定。事实上高浊度水之所以不同于一般水，除了在浊度或含沙量的数量级上有差别以外，更本质的不同还表现在泥沙沉淀的机理方面和絮凝特性方面。

8.6.1　高浊度水的沉降特性

水中泥沙的沉降运动根据泥沙浓度的大小及沉降时表观现象的不同，可分为三种类型。如第 7.2 节浓分散体系的实验方法所述。

（1）自由沉降

泥沙颗粒或絮凝颗粒在沉降过程中不受其他因素干扰而自由下沉，球形颗粒在黏性状态下遵守 Stokes 公式，其沉速与粒径的平方成正比。自由沉降的表现特性是当沉降进行一段时间后，由于泥沙颗粒的不断下沉，沉降水柱呈现从下往上的不断变清，除了在水柱底部有积泥外，清水与浑水之间没有明显的界面。

（2）约制沉降

约制沉降即区域沉降。由于水中泥沙颗粒较多，所以某个颗粒在沉降时除了受到水的阻力的影响外，还受到其他颗粒的干扰。这种颗粒间的相互干扰导致颗粒在约制沉淀时的沉速远远低于在自由沉降条件下的沉速，约制沉降时的表现特征是当沉降过程进行一段时间后，在沉降水柱的上部形成一个清水层，下部为浑水层，其间有一明显的交界面，称为"浑液面"，泥沙的下沉在表观上表现在浑液面的下沉。

为了找到浑液面随时间而下沉的规律，可以用浑液面的高度为纵坐标，沉降时间为横坐标，画出一条浑液面下沉曲线，如第 7 章图 7.22 所示。沉淀开始一个短时间后，在 B 点处可以明显地看出浑液面，这段 AB 过程是浑液面形成过程，一般解释为颗粒间的凝聚变大的过程。BC 段为一条直线，与曲线 AB 在 B 点相切，说明浑液面以直线下降到 C 点，CD 段曲线表示浑液面下降速度逐渐变小，C 点叫作沉降临界点，CD 段表示沉淀物的压实过程。随着时间的增长，压实越慢，最后压实高度为 H_∞。

（3）压挤沉降

当水中泥沙含量更多，以至颗粒间已相互接触而形成空间网状结构时发生压挤沉降。严格来说，压挤沉降已不应视作沉淀，而应归于习惯所称的浓缩范畴。给水处理沉淀池底部的积泥浓缩，即为压挤沉降的结果。压挤沉降在表面上的特征为：它与约制沉降一样形成上部清水层、下部浑水层及其间的浑液面，但与约制沉降相比较，其清水层更清，浑液面更明晰，浑液面沉速更小。

根据上述三种沉降类型，从沉淀的角度出发可以认为，所谓高浊度水，就是其中的泥沙沉淀系以约制沉降为主的水。约制沉降的主要特性是：泥沙颗粒不再根据各自粒径的大小，按照各自的沉速自由下沉，而是各种不同大小的泥沙颗粒以相同的沉速组成一个群体下沉，此群体的沉速就是可以方便地加以观测的浑液面沉速。

浑液面的形成可以这样来理解，高浊度水中含泥沙较多，而泥沙占据体积，当泥沙下沉时，必须将同体积的水挤向上方，这就形成了一个上升的水流，产生水的上升流速，上升水流把较细小的泥沙也带往上升，在浑液面与清水层的交界面处，由于清水层泥沙极少，上升流速在此处突然降低为零，被上升水流带至交界面处的泥沙亦截然停止上升而开始下沉，所以泥沙颗粒均不能逸出浑液面，而是随之一起下沉。

上升水流所能带动的泥沙，决定于水的上升流速及泥沙颗粒的沉速，凡颗粒沉速大于上升水流流速的泥沙，将不被水流所托住，而可自行下沉。尽管这些颗粒在高浊度水中的沉速较典型自由沉淀时的沉速要小，但其沉淀基本上仍属自由沉淀，它们将较快地从水中不断地沉淀除去。粒径越大，除去越快，这部分泥沙称为高浊度水中的不稳定泥沙。当这部分泥沙沉淀基本完毕后，余下的那些颗粒沉速等于或小于水流上升流速的泥沙，则将被上升水流所控制，组成所谓均浓浑水层，这部分泥沙称为高浊度水中的稳定泥沙。

均浓浑水层中的稳定泥沙是高浊度水处理和研究的主要对象。高浊度水的一系列特征，主要都是由稳定泥沙所表现的。就其含量来说，也占整个泥沙含量的大部分，以典型的高浊度水河流如我国的黄河为例，在上游地段，稳定泥沙占整个含沙量的80%左右，在黄河中下游，则几乎全部泥沙都为稳定泥沙。

8.6.2　高浊度水的絮凝方法

如上文所述，由于高浊度水中泥沙的沉淀机理与一般水有本质上的不同，所以在其处理上仅仅根据一般水的处理规程，或只按泥沙含量的增加而做处理设备方面相应地扩大，常常是不能奏效的。随着当今现代化建设的需要和水源开发利用的不断发展，将有越来越多的高浊度水作为生产和生活的水源，所以对高浊度水的研究亦需要加强和加深。特别是对其絮凝规律的研究和探索具有极其重要的意义。

对高浊度水若采用自然沉淀进行处理时，由于其浑液面沉速很小，沉淀池的容积将是非常庞大的。所以现代化的大型水厂，当以高浊度水为原水时，都进行絮凝沉淀处理。絮凝处理的目标实际上是为提高絮浓，从而加快浑液面的沉降，大大缩小所需沉淀池的容积，使高浊度水的处理在大规模生产中切实可行。

由于泥沙沉淀机理的不同，一般以压缩双电层，吸附脱稳，卷扫等为主要作用的铁盐、铝盐或无机高分子等絮凝剂，在高浊度水处理中常不能获得满意的结果。实践证明，硫酸铝的最大处理含沙量只能达到$20kg/m^3$，三氯化铁只能达到$40kg/m^3$，聚合氯化铝也只能达到$40kg/m^3$。此时的投加量很大，一般要达到数百毫克每升的数量级，而且絮体结构疏松，沉淀排出的泥浆浓度低、体积大，这些情况使铁盐或铝盐等絮凝剂在高浊度水中的生产处理中无法使用。一些厂家在经历了许多挫折和经验后，开始研究和使用以吸附架桥为主要机理的聚丙烯酰胺作为絮凝剂，得到了良好的效果。实践证明聚丙烯酰胺的最大处理含沙量能达到$100\sim150kg/m^3$。

8.6.2.1　聚丙烯酰胺投加液的浓度

聚丙烯酰胺（PAM）在投加前需预先水解，水解的方法已在本书第6章做了介绍，如图6.63所示。向水中投加聚丙烯酰胺溶液，应配成多高浓度的溶液最为合适？这里需要考虑两个方面的问题，一是力求获得较高的絮凝效果；二是要在生产中切实可行。从理论上说，当投加剂量相同时，投加液的浓度越低，絮凝效果就越好，这是因为浓度越低，聚丙烯酰胺的活性基团与水中泥沙的接触与结合就越均匀、越强。这样就能使水中所有泥沙都进入架桥作用的范围之内。若是投加液的浓度过高，就会在短时间内出现局部浓度过高，使部分泥沙占有过多的活性基团，造成泥沙被高分子所封闭包围，使架桥作用难以发生，反而产生稳定作用。

同时应注意，当聚丙烯酰胺溶液被投入溶液后应尽快搅拌，使药剂与水迅速充分混合，这也是充分发挥凝聚聚丙烯酰胺絮凝效果的重要措施之一。

实验证明，水样含沙量越小，投加液浓度对絮凝效果的影响亦越小，当水样含沙量或投加剂量增高时，投加液浓度对絮凝产生越来越显著的影响。

但是在生产中，往往不可能把投加液配得很稀，否则就会使投药设备十分庞大，一般来说，投加液浓度低于 1％在生产上已不是切实可行的了。鉴于对含沙量在 100kg/m³ 以下的高浊度水，投加液浓度达 2％时，还不致影响絮凝效果，所以生产中可以将聚丙烯酰胺溶液稀释成 2％的溶液进行投加。

8.6.2.2 聚丙烯酰胺的投加剂量

单位体积水中的加药量称为投加剂量，应是在加药后将高浊度水的浑液面沉速提高到相当于沉淀池在当时的出水负荷下所要求的沉速所需要的剂量。

上文在讨论浑液面沉降曲线的形态时已经提到，浑液面在其沉降过程中，除了在等速阶段时浑液面沉速为一固定值外，在其后沉降曲线发生转折后，浑液面沉速成为随水深而变的变量，所以每当叙述某一高浊度水的浑液面沉速为多少时，必须明确其沉降水深的条件。

浑液面沉降水深即浑液面以上清水层深度占整个水层深度的百分数，我国兰州市自来水公司在对黄河高浊度水进行研究时证明，投加聚丙烯酰胺后的浑液面沉降并不存在明显的加速阶段，这是由于药剂对泥沙的絮凝作用在投加后很短的时间内就完成了。浑液面似乎一开始就以等速沉降，此外尽管水样的含沙量可不同，但等速沉降阶段都结束于浑液面沉降水深达 29％时，增加投药量可以提高浑液面沉速，但不能增加等速阶段的沉降水深。因此，在实际生产中，不能认为把聚丙烯酰胺投加剂量控制在使等速阶段的沉速满足沉淀池沉速的要求就行了，因为这样就意味着沉淀池的出水量仅为进水量的 29％，而排泥率高达 71％，这在生产运行中显然是行不通的。所以聚丙烯酰胺的投加剂量应结合浑液面要求达到的沉降水深来确定。当聚丙烯酰胺投加量能使浑液面从水面下沉至要求的沉降深度过程中的平均沉速符合沉淀池要求的沉速时，应视为恰当的投加剂量。而混液面要求达到的沉降深度，应随水样含沙量的增加而减少。从理论上说，当泥沙单位重量的投药量相同时，浑液面的极限沉降深度与含沙量成反比，但在实践中，由于浑液面下降至极限沉降深度需要很长的时间，同时由于积泥压力的作用破坏上述反比关系，所以不同含沙量时浑液面沉降深度应通过试验来确定。一般以沉降水深的增加速率下跌为零时的沉降水深为极限沉降水深。

沉降水深的增加速率即在单位时间间隔内，沉降水深的增加值，以％表示。在等速阶段，沉降水深的增加速率保持不变，当进入减速沉降阶段后，随着沉降水深的增加，沉降水深的增加速率逐步减低，特别是在浑液面下降至接近其终了深度的后期阶段，沉降水深的增加速率降低极为急剧。

加药后的浑液面沉速 V 是指浑液面从水面下沉至某沉降水深处的平均沉速。即：

$$V = H/t \tag{8.19}$$

式中，H 为浑液面从水面下沉至要求的沉降水深处的距离，mm；t 为沉降上述距离所需时间，s。

浑液面沉降水深在生产工艺中是一项重要的参数，它决定高浊度水处理时的供水能力和排泥水率。

如前文所述，聚丙烯酰胺的投加剂量应为将浑液面沉速提高到相当于沉淀池在当时的出水负荷下所要求的沉速所需的剂量，也就是说，投药剂量与所要求的浑液面沉速有关。一般来说，浑液面要求沉速越高时，投药量亦应越高。除此以外，原水水质也影响投药剂量，原水水质对投加剂量产生影响主要为含沙量及颗粒物的组成。其中均浓浑水层中的稳定泥沙的含量及相应的浑液面沉速是两项重要参数。

图 8.13 所示不同聚丙烯酰胺投加剂量对黄河高浊度水浑液面沉速的影响规律。

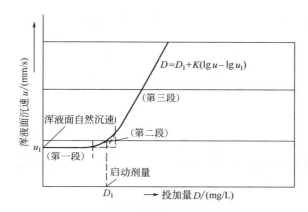

图 8.13　聚丙烯酰胺投加剂量对浑液面沉速的影响

可以看出，当投加剂量低于某临界值时，加药对沉淀速度无影响，此时浑水的泥沙沉降主要表现为自然沉淀特征。随着投加剂量的增加，当投加量超过该临界值后，浑液面沉速将随投药量的增大而迅速增大。高浊度水絮凝沉淀中的这一临界投药量称为絮凝启动剂量。

絮凝启动剂量与水中的稳定泥沙含量及不稳定泥沙含量都有明显的关系，启动剂量随着稳定泥沙含量的增加而增大，同时又随着不稳定泥沙含量的增加而降低。这种现象的出现可做如下解释：稳定泥沙颗粒上的吸附位需与絮凝剂的活性基结合，才能形成絮凝体。稳定泥沙越多，要求与之结合的药剂量应越大，而不稳定泥沙颗粒较粗，在一定程度下，有助于提高絮浓，增大其容重，加大其沉速，相应可减少药剂量。黄河高浊度水稳定泥沙含量很高，泥沙中由于不稳定的粗颗粒泥沙所占百分数较低，因此对药剂投量的影响相对减弱。黄河高浊度水絮凝沉淀生产运行表明，当源水中泥沙基本为稳定泥沙时，絮凝启动剂量与稳定泥沙含量之间存在良好的函数关系。

在一系列相同的高浊度水水样中，分别加入依次递增量的聚丙烯酰胺，然后观测浑液面沉速，发现在絮凝剂启动剂量之后，浑液面沉速随投药量的提高而迅速增大，并存在如下关系：

$$D = D_1 + K\,(\lg u - \lg u_1) \tag{8.20}$$

式中，D 为 PAM 投加剂量；D_1 为启动剂量，mg/L；u 为投加剂量为 D 时的浑液面沉速，mm/s；u_1 为自然沉淀浑液面沉速，mm/s；K 为系数。

对于不同含沙量的高浊度水进行上述试验，可获得与上式相似的关系，只是各水样的 D 和 K 值不同。随高浊度水的稳定泥沙含量的增高，其关系为：

$$K = \alpha C_W + \beta \tag{8.21}$$

式中，C_W 为水样中稳定泥沙浓度，kg/m³；α 为泥沙耗药特性的系数；β 为与投药方式等因素有关的系数。

D_1 值与高浊度水的稳定泥沙含量及非稳定泥沙含量有明显的关系：

$$D_1 = mC_W / [(C-C_W)^{0.26} - n] \tag{8.22}$$

式中，$(C-C_W)$ 为非稳定泥沙浓度；m、n 分别为泥沙的组成特性及与投药混合反应方式等因素有关的系数。

将上述各式合并，可以得聚丙烯酰胺的投加剂量公式：

$$D = \frac{mC_W}{(C-C_W)^{0.26} - n} + (\alpha C_W + \beta) \times (\lg u - \lg u_1) \tag{8.23}$$

式中，α、β、m、n 4 个系数的具体数值，有的是由泥沙的特性所决定，有的则与投药方式有关。

将上式作为数学模型，输入计算机，再根据取水河段原水水质状况及时地调整各项系数，在生产实践中已取得了比较满意的结果。

聚丙烯酰胺的投加量一般应是随原水含沙量的增加而增加，随出水负荷的降低而减少。在无试验数据时，以下面数据为参考。

高浊度水絮凝沉淀全年平均投加量按药剂纯量计，一般为 $0.015 \sim 1.5$ mg/L；当原水含沙量为 $10 \sim 40$ kg/m³ 时，投加量为 $1 \sim 2$ mg/L；当原水含沙量为 $40 \sim 100$ kg/m³ 时，投加量为 $2 \sim 10$ mg/L。对于目前黄河高浊度水设计含沙量一般为低于 40 kg/m³ 的情况下，生产中聚丙烯酰胺絮凝剂投加量可取 $3 \sim 4$ mg/L。

聚丙烯酰胺投加剂量的精确掌握与控制，是处理高浊度水成败的关键。若投加剂量过小，浑液面会流出沉淀池，达不到处理的目的，若投加剂量过大，不但浪费药剂，而且由于浑液面沉速过高，使大量泥沙集中在沉淀池的进水处沉淀，以至造成排泥障碍。

高浊度水絮凝沉淀多年来一直以含沙量为基本参数来确定投药量，但在试验研究中发现，当含沙量相同时，由于泥沙颗粒组成等因素不同，且浑水中稳定泥沙的临界粒径又随含沙量的变化而改变，所有这些不稳定的因素对絮凝剂的投药量影响很大。尤其是黄河高浊度水，对于颗粒组成变化较大的不同次沙峰的原水，若仅按含沙量来确定投药量则有较大误差，当进行投药量的自动控制时，也很难得出较稳定可靠的数学模式，这些都将会使自控复杂化。

近年来的试验研究表明：高浊度水絮凝沉淀中聚丙烯酰胺的投加量 (D) 与浑水中泥沙固体颗粒的总表面积 (S_P) 有很好的幂函数关系，其计算式为：

$$D = f(S_P) = kS_P^b \tag{8.24}$$

$$S_P = S_0 C_W \tag{8.25}$$

式中，k、b 均为经验系数；S_0 为单位质量泥沙颗粒的表面积，m²/g，该值可借助泥沙比表面积自动测试仪表直接求得。

实验证明，以单位水量内颗粒总表面积作为基本参数来计算聚丙烯酰胺投量，比以含沙量为参数要精确合理。按不同沉速得出得实验公式在双对数坐标纸上作图得一组直线，如图 8.14 所示。

根据原水含沙量和颗粒组成的变化，利用粒度分析仪将 S_P 快速测出，以计算机控制及时改变投药量来保证合理的投加量。

8.6.2.3 分步投药

在高浊度水絮凝中，为了防止药液与浑水混合不均匀，因而药剂局部浓度过高所引起的颗粒稳定状态，工程上常采用分步投药。所谓分步投药，就是将投药剂量分成两部分或多部分加入水中，每加入一部分药剂后，使之与水迅速混合，然后立即加入另一部分药剂，再使之与水迅速混合。实验证明，分步投药可大大提高聚丙烯酰胺的絮凝效果，并减少投加剂量。

式（8.20）中的 K 值反映了图 8.14 中曲线 $D=f(u)$ 直线坡度的大小，而 K 值又可表示为式（8.21）。式（8.21）中 β 值与投药次数有关，实验证明在一步投药的情况下，β 值在

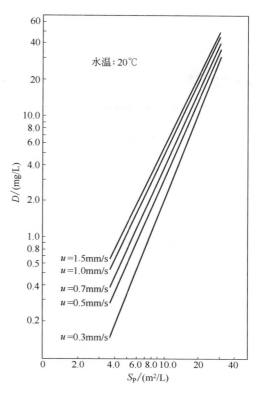

图 8.14　$D=f(S_P)$ 曲线

6.9～7.4 范围内变化，但在分步投药时 $\beta \approx 0$，如图 8.15 所示。这说明分步投药降低了 K 值，从而使启动剂量减小，投药量降低。

由于黄河高浊度水中稳定泥沙含量常发生变化，在采用分步投药时，两次投加的最加比例一般应通过实验来确定。稳定泥沙含量高时，第一次投加所占的比例也高。反之，稳定泥沙含量低时，第一次投加所占的比例应相应减小。在 PAM 投加溶液的浓度为 10％的情况下，得出浑液面沉速与分步投药中第一次投加剂量所占百分数的关系，如图 8.16 所示。

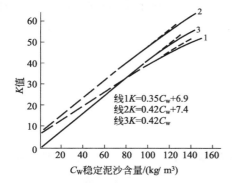

图 8.15　K 值与稳定泥沙含量的关系
1—一步投药；2—一步投药；3—分步投药

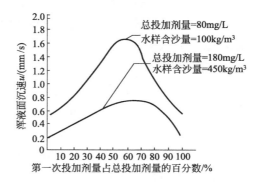

图 8.16　第一次投加剂量比例与浑液面沉速的关系

第**9**章

废水处理中的絮凝

9.1 废水中的污染物

根据废水的来源和组成，一般将废水分为工业废水和生活污水两大类。

由于现今各种工业门类众多，工业废水具有污染成分复杂，种类繁多，污染物浓度高的特点。除了悬浮物、化学需氧量、生化需氧量和酸碱度等常规指标所代表的污染物外，还含有多种有害成分，如氨氮、石油类污染物、酚、农药、染料、多环芳烃、重金属及种类繁多的其他有机污染物等。据统计，目前工业生产所涉及的有机物达 400 万种，人工合成有机物达 10 万种以上。工业废水中的污染物的形态可分为溶解性和不溶解性两大类，溶解性污染物可分为分子态、离子态。不溶解性污染物分为漂浮物、易沉降和不易沉降的悬浮物和胶体态。

水中不同形态污染物的去除难度相差很大，所以采用的处理方法也不同。由于工业废水中污染物的可生化性较差，所以物理化学处理，如絮凝法，就显得十分重要。按照工艺选择的基本原则，对于絮凝可处理的污染物，无论是无机物还是有机物，首选的工艺都是絮凝沉淀。在很多情况下，可以通过化学方法或物理化学方法改变污染物的性质，使其转化为可絮凝的或可附着在颗粒物上的物质，再通过絮凝操作去除。

生活污水和工业废水中常含有大量的有机污染物，它们对水质的影响主要在于其耗氧性质及一些有机物的毒性。有研究者曾将他们所研究的生活污水中的物质按其粒度（以微粒直径 d_p 表示）做了如下分级。

① 可沉降固体：$d_p > 100\mu m$；

② 超胶体固体：$1\mu m < d_p < 100\mu m$；

③ 胶体：$0.001\mu m < d_p < 1\mu m$；

④ 溶解性物质：$d_p < 0.001\mu m$。

该分级的基础属物理分离，根据由电子显微镜估计的微粒大小而得到。其中在 Imhoff 锥形筒中沉降 1h 所能除去的粒子被定义为可沉降固体；用受控离心法所能除去的粒子定义为超胶体固体；以超滤法可以分离的粒子定义为胶体。上述每一级份的相对含量可由浊度测定得到，其结果示于表 9.1 中。这些结果反映的是这些级份的光散射和吸收性质，而不是其化学组成及质量。更加准确的分析需要有关每一级份粒子中物质的分布情况。

表 9.1　生活污水的固体成分

固体分级	占水样总浊度/%	固体分级	占水样总浊度/%
可沉降固体	18	胶体	23
超胶体	57	溶解物质	2

　　另有研究者应用相似的技术分析了生活污水中每一级份的化学组成,结果示于表 9.2。如果用硫酸铁以絮凝方法将固体颗粒物与溶解性物质分离,则得到在总颗粒物中含有 84% 的 COD 和 77% 的有机氮。与表 9.2 的结果比较说明对于去除 COD 来讲,化学絮凝法会比物理超滤法更为有效。表 9.2 表明,废水中大部分有机物存在于固体物质中,所以要有效地处理生活污水,就需要有效去除污水中的颗粒物。

表 9.2　生活污水的固体组成

级分	化学组成/%		颗粒物质量/%
	COD	有机氮	
可沉降固体	37	33	50
超胶体	25	34	30
胶体	14	11	20
总颗粒物	76	78	100

典型生活污水的特征见表 9.3。

表 9.3　典型生活污水的特征

特征参数	数值/(mg/L)	特征参数	数值/(mg/L)
总悬浮固体（TSS）	240	溶解 BOD	63
总 COD	500	总氮	40
颗粒 COD	312	颗粒氮	8
胶体 COD	83	溶解氮（包括氨）	32
溶解性 COD	105	总磷	10
总 BOD	245	颗粒磷	5
颗粒 BOD	130	溶解磷	5
胶体 BOD	52		

　　表 9.1～表 9.3 表明,生活污水中大部分有机物存在于固体颗粒物质中,所以生活污水的处理就需要有效去除颗粒物,因此絮凝法就成了去除它们的有效方法之一,特别是作为预处理时更是如此,因而化学絮凝法比物理超滤法更为合适。例如对表 9.3 中的污水,其中的颗粒成分及部分胶体成分可以用絮凝法去除,所以不难达到去除 95% 以上的 TSS、65% 的 COD、50% 的 BOD、20% 的氮及 95% 的磷的目标。

9.2 絮凝法去除废水中的有机物

Bishop 等对来自 4 个二级处理厂的出水进行了絮凝研究，在用铝矾为絮凝剂时，TOC 去除率在 27%~76% 之间，平均为 54%，这是对颗粒物的一个粗略估计，因为一些颗粒物尚未被絮凝，而另一些可溶性有机物可能与铝矾发生反应，但是这一结果还是反映了二级出水中相当部分的有机碳属于颗粒物。

Dean 等应用电子显微镜对二级处理出水的粒子进行了研究，水样预先通过玻璃纤维滤层过滤，以除去较粗大的悬浮粒子，即大于 $1\mu m$ 的微粒。在电子显微镜研究之前尚需将滤液做冷冻与干燥的处理。用此法观察到在 $0.01\sim 1\mu m$ 的范围内的粒子有两种类型，一种有清晰的形状，如细菌和病毒；另一种为缠绕在一起的链段。采用铁盐絮凝或通过 $0.45\mu m$ 膜的过滤能除去这些胶体的大部分。虽然这项研究还不能完全定量地说明二级出水中微粒的质量、粒度分布和化学组成，但可以说明在生物处理后的废水中，亚微粒子构成了固体物质的相当部分。由此可知对二级出水的进一步处理，仍可以用絮凝法。

Basaran 对高速生物滴滤池出水以铝矾絮凝做了絮凝处理，结果如图 9.1 所示。可以看出，剩余浊度及 BOD_5、总有机碳（TOC）、悬浮固体（SS）、总磷（TP）等的去除率均随着铝矾投加量的变化而发生变化。所有指标的最高去除率均出现在同样的投加剂量 170mg/L 处，BOD_5、SS 和 TP 的去除率都超过了 90%，浊度的去除率大约为 85%，TOC 的去除率大约为 70%。

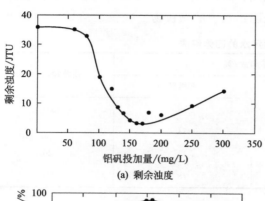

(a) 剩余浊度

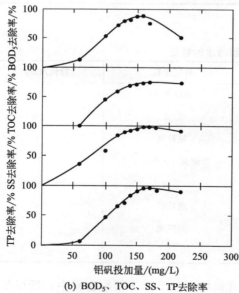

(b) BOD_5、TOC、SS、TP去除率

图 9.1　铝矾对生物滴滤池出水的絮凝效果

另一个例子是用阳离子聚电解质絮凝处理分散染料废水。分散染料是一类分子比较小，结构上不带水溶性基团的染料，在染色时必须借助于分散剂，将染料均匀地分散在染液中，才能对聚酯之类的纤维进行染色。图 9.2 为用阳离子聚电解质 NALCO603 作絮凝剂在两个不同的pH值下处理分散黄 3 染料废水的结果，图中的曲线属于典型的絮凝曲线。可以看出，在较低的 pH 值下达到聚结所需的投加量较少。

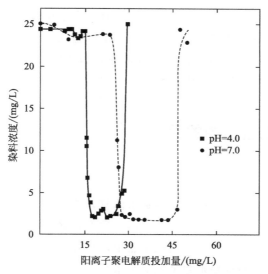

图 9.2　阳离子聚电解质对分散染料废水的处理

虽然絮凝法可以有效地去除污水中的有机颗粒物，但研究人员一般愿意将其作为一种预处理措施，在污水处理流程中把絮凝剂化学品加入到初沉池或其他专门的工艺中，可以有效地降低后续工艺的负荷，此操作被称为化学强化预处理（chemically enhanced primary treatment，CEPT）。一般来讲，CEPT 具有以下优点：

① 由于水流在澄清单元中具有高流速，所以 CEPT 可以降低经济成本和占地面积，降低出水对后续生物处理的负荷强度；

② 可以有效地处理突然爆发的过量污水，避免全部污水进入系统给生物处理带来的高经济投入，特别是对偶然发生的事件；

③ 在 CEPT 中加入的化学品及由此发生的沉淀反应可以去除相当数量的有毒重金属，否则这些重金属会影响后续生物处理；

④ 在 CEPT 中，磷可以被有效地去除；

⑤ 化学品的加入可以快速启动，也可以快速停止，因而特别适用于偶然发生的水量暴增的突发事件。

CEPT 的处理效率会随不同的情况而变。在气候温暖、污水收集系统较大、排水沟较平缓的情况下，颗粒物会发生较高程度的水解，从而生成较多的溶解成分，导致较低的去除率。另一方面，如果收集系统相对较小，气候寒冷，污水存在的时间较短，可以估计其中的颗粒成分较多，因而去除率会较高。在挪威，在污水的温度较低，污水存在时间短的情况下，据报道，CEPT 的典型去除率如下：

① COD 370～99mg/L（73%去除率）；

② BOD 140～27mg/L（81%去除率）；

③ TOC 70～24mg/L（65%去除率）；

④ TSS 190～17mg/L（91%去除率）；

⑤ 总磷 4～0.25mg/L（94%去除率）；

⑥ 总氮 37～27mg/L（28%去除率）。

絮凝法最主要的缺点是最终会产生能发生腐败的污泥及由于加入化学品而产生的高运

行成本。由于有这些缺点，一些工艺过程往往不宜完全依靠絮凝法解决污水处理任务。现今人们对絮凝法的兴趣主要来自于它可以作为一个应急处理措施，适应季节变化，作为生物处理的预处理，避免过量的污水排放。对这些方面的应用，上述缺点的影响会变得较弱。此外，絮凝法在废水三级处理中占有重要的地位。

9.3 絮凝法去除废水中的磷

9.3.1 概述

营养物质在湖泊或其他水中的积累导致水体富营养化。在新鲜湖水和河水中，磷是生长限制营养元素。在清洁的或天然水体中，磷的浓度常常是非常低的。然而近年来磷被广泛地应用于肥料、洗涤剂及许多其他的化学品中，导致在人类活动区域，磷在水中达到了很高的浓度。地表水中磷的重要来源是生活污水和工业废水的排放，其中有机磷来源于人体产生的废物和食物残渣，正磷酸盐和聚磷酸盐来源于洗涤剂。正磷酸盐是磷的最稳定形态，并可直接被植物利用。

为了防止水体富营养化的发生，许多国家曾对排水中磷的含量颁布了严格要求，例如，1989 年德国规定，服务于 20000 人口以上的污水处理厂出水中磷的浓度不得超过 2mg/L，超过 100000 服务人口的污水厂水中磷的浓度不得超过 1mg/L。

在许多情况下，污水处理厂应用了包括硝化、反硝化及生物除磷的活性污泥法。利用生物除磷方法，很大一部分磷会进入生物质并随着污泥的分离而从系统中被除去。在某些情况下，这种处理能够使接受水体维持一个贫营养状态，但在很多情况下磷的去除是一个相当困难的任务，往往不能达到排放标准，此时要求在出水中加入金属盐絮凝剂，以产生沉淀的方法增大磷的去除率。在有些情况下没有生物除磷工艺，投加金属盐絮凝剂则成为从污水中去除磷的唯一方法。

9.3.2 絮凝法去除磷的机理

污水中磷的沉淀去除的机理，包括金属－磷酸基－羟基配合物的化学沉淀、溶解磷的各种形态在沉淀物表面的选择性吸附、细小分散沉淀物及其他胶体物质的絮凝－共沉淀等。事实上这些机理并非是独立的，它们在金属盐絮凝剂加入后几乎是同时发生。加入金属盐絮凝剂后生成的磷的沉淀物在出水排放之前从水中分离出来，或是在接受水体中分离出来。在后者的情况下，磷被固定于沉淀物中，进入接受水体的污泥区，这里重要的是要保证进入沉淀的絮凝剂的各形态在厌氧条件下不会减少，因此在那些出水排放之前加入絮凝剂的地方，一般硫酸铝常常比硫酸铁更适宜，这是因为后者的 Fe(Ⅲ) 在污泥区的厌氧条件下会被还原为 Fe(Ⅱ)，导致磷重新溶解释放进入水体。

一般情况下，磷以溶解态和颗粒态存在于水中。从操作意义上讲，溶解态磷就是能够通过 $0.45\mu m$ 微滤装置的磷，包括正磷酸盐、聚磷酸盐、焦磷酸盐和有机磷酸盐。正磷酸盐有许多种离子形态，其分布取决于溶液的 pH 值。在 pH5～9 的范围内，正磷酸盐的主要形态为 $H_2PO_4^-$、HPO_4^{2-}，聚磷酸盐是洗涤剂的主要成分，在不同的产品中，它们可以含有2～7

个磷原子，如 $Na_5P_3O_{10}$。磷的沉淀工艺就是要将溶解态磷转化为不溶解形态以产生沉淀。

正磷酸盐和它的聚合形态，如焦磷酸盐、三聚磷酸盐及聚合度更高的聚磷酸根阴离子，能与许多种金属离子形成配合物、螯合物及不溶性盐。金属离子与磷之间反应所生成的实际形态决定于许多因素，如金属离子与磷酸盐的相对浓度、pH值、其他配体的存在，例如硫酸根、碳酸根、氟化物及有机配体等。化学沉淀法对正磷酸盐、颗粒态磷的去除最为有效，聚磷酸盐和有机磷可能参与某些沉淀反应和吸附作用，但是不如其他形态容易发生化学沉淀。在污水生物处理中细菌的酶可以将大部分聚合态磷转化为正磷酸盐，这就是为什么在生物处理之后或在生物处理期间以絮凝剂除磷更为有效，而在初沉池进水中加絮凝剂除磷的效果较差，因为在其中大部分磷是聚合态磷和有机磷。

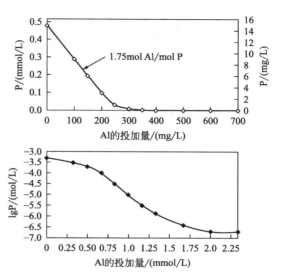

图9.3表明将污水中磷降低到某个浓度时，需加入的金属盐絮凝剂的质量与被去除的磷的质量间存在一个化学计量关系。但是如果要使磷减少到一个很低浓度，则不再有这样的化学计量关系，而是需要达到很高的金属絮凝剂投加量。对所实验的氧化塘污水，化学计量关系为：去除每1mol磷，需要加入1.75mol Al。在磷的浓度降低至3mg/L（0.1mmol/L）后，则需要加入逐渐过量的铝矾，才能使磷的浓度进一步降低，当铝矾的浓度达到700mg/L时，所能达到的最低磷浓度是0.0065mg/L（2×10^{-4}mmol/L）。

以铝盐絮凝剂除磷的最佳pH值一般情况下是在5.5～6.0的范围内，文献所报道的数值在某些情况下有差异，可能是废水组成不同所造成。在没有pH值调整的情况下，增加金属盐絮凝剂的投加量会引起水的pH值降低。所以逐渐增加的絮凝剂投加量会使残余磷浓度降低，直至最低值。超过此值之后，随着投加量的增大和pH值进一步降低，残余磷的浓度会逐渐升高。Bratby在不调整pH值的情况下投加铝矾以溶气气浮法处理废水，得到了图9.4所示的结果。

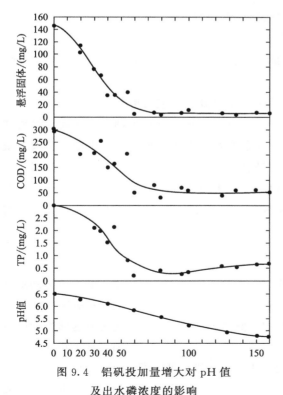

图9.4 铝矾投加量增大对pH值
及出水磷浓度的影响

图9.3 氧化塘出水残余磷

可以看出，在 pH 值约为 5.5 的条件磷浓度达到了的最低值 0.2mg/L。进一步增大铝矾投加量，使 pH 值进一步降低，出水磷浓度逐渐升高。但是在实验的投药范围和 pH 值范围内，总悬浮固体浓度和 COD 浓度并未升高。在低 pH 值下，残余磷的浓度升高是因为生成了溶解性配合物，如 $AlH_2PO_4^{2+}$。

9.3.3 絮凝法去除磷的工艺

在有机械搅拌装置的水处理厂，絮凝剂可以在处理流程的一个或多个点选择加入，如图 9.5 所示。

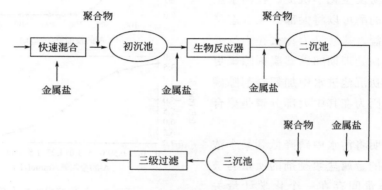

图 9.5　沉淀除磷的化学药剂投加点

可以看出：

① 为在生物处理之前除去大部分化学固体物，在初沉池设药剂加入点；

② 在二级处理的活性污泥工艺过程，或者在二沉池设置药剂加入点；

③ 在主要的废水处理工艺之后设置附加的三级处理，可以包括某种形式的沉淀池、溶气气浮、微滤或超滤等。

在初沉池加入絮凝剂的优点是可以在液体进入生物处理工艺之前除去大部分所生成的固体物质，但是必须对增加的污泥负荷做适当的处置。其缺点是在生物处理之前，聚磷酸盐尚未转化为正磷酸盐，所以要消耗较多的化学絮凝剂。在生物处理工艺中加入金属絮凝剂会引起 pH 值降低，从而导致对后续厌氧或好氧消化下污泥的调理产生干扰。例如加入 1mg/L 铝会降低约 0.5mg/L 碱度（以 $CaCO_3$ 计）。根据原水的碱度，可以施加一些石灰。0.39mg/L 石灰相当于 1mg/L 铝消耗的碱度。将絮凝剂加入生物处理系统所产生的问题可以用三级处理的设置来避免，如此可以使出水达到较低的磷浓度。

9.3.3.1　同时沉淀除磷

在生物除磷的过程中加入金属盐絮凝剂可以起到补充生物除磷的作用，从而可达到更低的残余磷浓度，这种方法称为同时沉淀除磷。图 9.5 表示，为了以化学沉淀法去除废水中的磷，金属盐絮凝剂可以间接加入二沉池的进水中，然后，沉淀固体随回流污泥返回生物反应器，或者可以将金属盐絮凝剂直接加入生物反应器。这种将金属絮凝剂加入到生物处理过程的方法，已被证明具有稳定、低悬浮固体浓度、低 BOD 和 COD、低污泥体积指数等特性。在某些情况下发现污泥中挥发性有机固体的含量会增大，原因之一是大量胶体有机物被金属氢氧化物沉淀所网捕，阻止了进一步的生物降解，增加了挥发性有机固体成分。

一些研究表明，同时磷沉淀，即使残余磷的浓度很低，也不会对硝化反应产生干扰。Healey 发现，当铝矾的浓度高达 250mg/L 时，铝在微生物中的累积并未损害硝化反应。根据 Murthy 的实验，将三氯化铁加入活性污泥反应器可使正磷酸盐达到非常低的浓度，小于 $10\mu g/L$，也没有发现对硝化和反硝化产生影响。在这些情况下，尽管磷的浓度很低，由于沉淀的快速溶解和分解，固定在活性污泥化学沉淀物中的磷仍然可以为微生物所利用。这种化学法除去的磷的快速分解和平衡给生长较缓慢的兼氧/异养生物及好氧/自养生物提供了足够的正磷酸盐，微生物似乎能够获取固定在沉淀中的残余磷。只要有充足的化学法除去的磷存在于污泥中，无论磷的形态是正磷酸盐还是化学固定于沉淀物中的磷，对微生物的新陈代谢和生物利用度没有影响。

然而还有大量的证据说明，同时化学沉淀，特别是当残余磷达到很低的浓度时，会部分地抑制生物除磷。当实施同时沉淀除磷时，在许多情况下其目标是将磷的浓度降低至非常低的水平，因此造成了一个磷限制体系。在同时沉淀除磷造成的磷限制条件下，微生物将大部分溶解态磷酸盐从系统中去除的作用受到了限制，此时被化学沉淀去除的磷为主要部分。一些证据表明，体系的 pH 值和碱度对同时沉淀除磷条件下生物除磷机理是有影响的。Haas 等进行了广泛的实验研究，结果表明，当使用硫酸铝时，如果在好氧区以铝计的絮凝剂浓度为 5mg/L，对生物除磷的抑制程度可达 11%，如果将同样浓度的铝矾应用于兼氧区，抑制程度会达到 16%。如果铝矾的浓度较高，以铝计为 9mg/L，无论对于好氧区还是兼氧区，抑制程度达到 23%~24%。在使用氯化铁时，可观察到同样的效应。当磷不是限制因素，氯化铁的浓度以铁计为 10~20mg/L 时，抑制程度达 3%~20%。当磷为限制因素时抑制程度达 32%。

Maurer 和 Boller 认为，为了减弱同时沉淀对生物除磷的抑制作用，金属絮凝剂应该尽可能迟地加入生物除磷处理流程中，例如加在二沉池之前的混合管道中。为了得到持久的低浓度磷，三级化学除磷可能是最佳选择，其优点是无论生物除磷还是化学除磷都能使其效果达到最佳。

9.3.3.2 分段沉淀除磷

图 9.6 表示出水残余磷浓度与为达此浓度所需的投加比（金属絮凝剂的摩尔数与被去

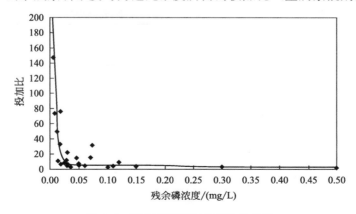

图 9.6　残余磷浓度与投加比的关系

除磷的摩尔数之比）的关系。

可以看出，当出水残余磷浓度降低到一定值后，要使出水磷含量更低，所需投加比会急剧升高，即所需金属絮凝剂量急剧增大。例如，污水的初始磷浓度为 $4mg/L$，欲达到 $20\mu g/L$ 的残余磷，摩尔投加比约为 15。如果以硫酸铝作为絮凝剂，则投加浓度为 $575mg/L$。

为提高去除效率和节省药剂，提出了分段沉淀除磷。例如，第一阶段可在生物反应器中实施同时沉淀除磷，第二阶段除磷在三级处理中完成。第一阶段投加约 $75mg/L$ 的铝矾（摩尔投加比为 2.2），将磷的浓度减少到 $0.5mg/L$；在第二阶段将磷的浓度从 $0.5mg/L$ 降低至 $20\mu g/L$，所需摩尔投加比为 15，但此时所需铝矾投加量为 $72mg/L$，所以两个阶段铝矾的投加量共为 $147mg/L$，与只有一个阶段的沉淀除磷所需 $575mg/L$ 铝矾相比，差别很大。

9.4 絮凝法去除重金属

现今世界上各类工业企业仍然向周围环境排放大量的重金属离子，如镉、汞、铅、砷、铬、铜、锌、铊、镍、铍等，这些重金属由于不能被微生物降解而成为持久性污染物，极大地危害着生态环境和人民的身体健康，例如国外曾发生的水俣病和痛痛病、国内近年来频发的血铅病等皆由重金属排放所致。此外，重金属是宝贵的资源，如不能回收，则造成经济损失，因而对重金属离子的污染进行治理具有极其重要的意义。

9.4.1 常见絮凝剂去除重金属

随着含有重金属离子废水的排放量升高，使一些天然水中重金属离子的浓度相应提高。天然水中的重金属离子常常吸附于水中的黏土矿物微粒及铁、锰、铝、硅的水合氧化物微粒上，水中的腐殖质微粒也会对重金属离子发生吸附，因而使天然水中重金属离子的大部分成为颗粒态。此外重金属离子本身的水解也可使之成为颗粒态，结果使溶解态仅占有极小的比例，表 9.4 给出了 1974 年密西西比河流入墨西哥湾的若干重金属年通量。

表 9.4　若干重金属由密西西比河流入墨西哥湾的年通量

重金属	颗粒态		溶解态	
	$10^{-6}kg$	占水中该金属/%	$10^{-6}kg$	占水中该金属/%
Mn	366	98.5	5.7	1.5
Zn	52	90.1	5.7	9.9
Pb	13	99.2	0.1	0.8
Cu	12	91.6	1.1	8.4
Cr	20	98.5	0.3	1.5
Ni	16	94.7	0.9	5.3
Cd	0.4	88.9	0.05	11.1
As	4	70.2	1.7	29.8

从该表中可以看出，在这些重金属的年通量中，主要是颗粒态，其中砷 70.2%，镉 88.9%，余者都在 90% 以上，但即使在溶解态中也有一部分重金属本身就是胶体微粒。实质上颗粒态和溶解态的划分是以通过 0.45μm 孔径的滤膜为标准的，能通过的为溶解态，不能通过的即为颗粒态。

重金属离子在黏土矿物、水合氧化物和腐殖质上的吸附机制，主要是离子交换，配位反应，氢键等作用。例如，重金属离子先发生水解，然后再夺取黏土矿物结构边缘的 OH^-，形成羟基配合物而被微粒吸附：

$$M^{n+} + mH_2O \Longrightarrow M(OH)_m^{(n-m)+} + mH^+ \tag{9.1}$$

$$M(OH)_m^{(n-m)+} + \parallel\!\!-OH \Longrightarrow \parallel\!\!-M(OH)_{(m+1)}^{(n-m)+} \tag{9.2}$$

如上所述，天然水中的重金属主要为颗粒态，正因为如此，采用絮凝法可以使一些重金属在水中的含量得到一定程度甚至很高程度的降低。

对于企业产生的重金属废水，其中缺乏上述颗粒物，一般采用加入石灰，提高废水 pH 值，产生重金属的氢氧化物沉淀，或加入硫化钠产生重金属硫化物沉淀，再加入金属盐絮凝剂或聚合电解质，絮凝沉淀分离，使废水得到处理。例如，电镀废水常含有 $Cr(VI)$，处理时通常加入硫酸亚铁和石灰。硫酸亚铁将 $Cr(VI)$ 还原为 Cr^{3+}，自身被氧化产生 Fe^{3+}。在石灰的作用下 Cr^{3+} 成为 $Cr(OH)_3$ 沉淀，在 Fe^{3+} 及其水解形态的絮凝作用下，迅速与水分离。已报道过，对多种含汞废水可用絮凝法除汞，采用的絮凝剂有铝盐、铁盐和石灰。如表 9.5 所示，用明矾处理后的出水，含汞量为 $1.5\sim102\mu g/L$，而铁盐处理后的出水，含汞量为 $0.5\sim12.8\mu g/L$。看来铁盐的效果要比明矾好。有些研究者曾报道，仅用铁盐就可有效地去除无机汞，但对于有机汞，两种絮凝剂均不能有效地起作用。上述方法的缺点是产生的污泥量大，增大了污泥处置的工作量。

表 9.5　用明矾和铁盐絮凝除汞

絮凝剂	用量/(mg/L)	pH 值	汞含量/(μg/L)		附加处理
			初始	最终	
明矾	1000	3	11300	102	过滤
明矾	100	缺	90	11	—
明矾	100	缺	缺①	10	—
明矾	21~41	6.7~7.2	5.9~8.0	5.3~7.4	过滤
明矾	缺	7.0	50	26.4	过滤
明矾	20~30	缺	3~16①	2.3~21.3	—
明矾	20~30	缺	3~8	1.5~6.4	—
铁盐	34~72	6.9~7.4	4.0~5.0	1.5~2.5	过滤
铁盐	缺	8.0	50	3.5	过滤
铁盐	20~30	缺	1~17	0.5~6.8	—
铁盐	20~30	缺	2~17	1.2~12.8	—

①有机汞。

9.4.2 具有重金属捕集功能的高分子絮凝剂

如上所述，排放到水环境中的重金属离子常常吸附于水中各种颗粒物上，自身的水解也可使之成为颗粒态。因此，采用絮凝法可以使重金属在水中的含量得到一定程度的降低。但尚有相当部分的重金属以溶解态存在于水中，主要为各种配合物，例如各种配体不同和配位数不同的羟基配离子、氯配离子、氨配离子、腐殖质配合物及其他无机和有机配体的配合物等。此外企业产生的重金属废水中缺少颗粒物，重金属的存在形态一般都属于配合物。由于这些配合物具有相当的稳定性，一方面使重金属的溶解度得到了很大的提高，另一方面也使常见絮凝剂对它们的作用削弱，使絮凝剂分子中的配位基（如羧基）难于与上述配合物中的配体发生配位竞争，因而现有絮凝剂品种不能有效地将溶解态重金属去除，所以仅靠絮凝单元操作不能做到达标排放，也不能保障安全饮水的要求。

对于这些溶解态重金属，常用的处理方法是在絮凝处理单元之前加中和沉淀处理，或在絮凝处理单元之后加离子交换、吸附、反渗透、电渗析等处理单元做进一步深度处理。这样就增加了处理单元数，因而大大提高了处理费用。

国内常青研究团队将重金属离子的强配位基团引入到高分子絮凝剂中，从而赋予其对重金属离子的捕集功能，由此合成的新型絮凝剂可称为"高分子重金属絮凝剂"。将高分子重金属絮凝剂用于水处理的絮凝单元，不仅能通过原高分子絮凝剂的架桥絮凝作用降低水中致浊物质的含量，也能依靠螯合作用去除水中溶解态的重金属，因而可望减少后续处理单元数，降低处理成本，使重金属离子的处理变得简单易行。

众所周知，在各种阴离子的金属难溶盐和金属氢氧化物中，一般来讲金属硫化物的溶度积是最小的，如表 9.6 所示，因此在化学沉淀法中用硫化物脱除重金属的效果是非常显著的。受此启发，将巯基（—SH）或含有巯基的官能团，如二硫代羧酸（盐）基，引入到高分子絮凝剂的大分子中就可制得高分子重金属絮凝剂。

表 9.6　重金属难溶化合物的溶度积常数（K_{sp}）举例

离子	CO_3^{2-}	OH^-	SO_4^{2-}	Cl^-	Br^-	S^{2-}
Hg_2^{2+}	1.0×10^{-16}	2.0×10^{-22}	6.3×10^{-7}	1.1×10^{-8}	4×10^{-23}	1.0×10^{-45}
Pb^{2+}	4.0×10^{-14}	2.5×10^{-16}	2.2×10^{-8}	2.4×10^{-4}	7.4×10^{-5}	1.1×10^{-29}
Cd^{2+}	2.5×10^{-14}	1.2×10^{-14}	—	—	—	3.6×10^{-29}
Cu^{2+}	2.36×10^{-10}	5.6×10^{-20}	—	—	—	6.0×10^{-36}
Ag^+	8.1×10^{-12}	2.0×10^{-8}	7.7×10^{-5}	1.6×10^{-10}	7.7×10^{-13}	1.6×10^{-49}
Ni^{2+}	1.3×10^{-7}	4.8×10^{-16}	—	—	—	2.0×10^{-26}
Zn^{2+}	9.98×10^{-11}	1.0×10^{-17}	—	—	—	1.2×10^{-23}

9.4.2.1　交联淀粉-聚丙烯酰胺-黄原酸酯（CSAX）

（1）交联淀粉-聚丙烯酰胺-黄原酸酯制备原理及方法

① 交联淀粉的制备原理及方法。在制备高分子重金属絮凝剂 CSAX 时，首先将淀粉交联化是十分必要的。将淀粉交联的目的是增强产品的沉降性，但交联过度会使产品的溶

解性降低，无法使用。控制适宜的交联度是制备成功的关键。交联淀粉是由淀粉的醇羟基与交联剂的多元官能团形成二醚键或酯键得到的，这种交联作用能使两个或两个以上的淀粉分子"架桥"而形成多维空间网络结构，加强了淀粉颗粒之间的结合作用，使之能够较稳定的存在，凡具有两个或两个以上官能团，并能与淀粉分子中两个或多个羟基起反应的化学试剂都能用作交联剂，常用的淀粉交联剂有环氧氯丙烷、甲醛、三聚（三偏）磷酸钠、三氯氧磷等。本书介绍选用环氧氯丙烷（EPI）为交联剂的反应原理和方法。由于EPI分子具有两个不同的官能团，经过氯原子的取代和环氧氯丙烷的开环而与淀粉交联。在碱的催化作用下，EPI为交联剂与淀粉进行交联反应如式(9.3)所示。

$$(9.3)$$

实验室制备时，取 50g 玉米淀粉和 1% 的 NaCl 溶液 75mL（NaCl 的作用是使反应更加均匀和有效，而且容易控制），置于 250mL 三口烧瓶中，在三口烧瓶上分别接机械搅拌、分液漏斗和温度计，将玉米淀粉和 NaCl 溶液搅拌均匀后，放入 30℃ 恒温水浴锅中，在匀速机械搅拌的情况下，投加 15%（体积分数）的 NaOH 溶液。待搅拌均匀后，逐滴滴加环氧氯丙烷（大约 5min），反应持续 8h 后，将合成的交联淀粉浆倒入布氏漏斗中抽滤，沉淀物加蒸馏水洗涤，并用 1mol/L 的稀盐酸将其调节为中性，经多次蒸馏水洗涤

（至少3次）后，再将其用无水乙醇洗涤2次。最后将洗涤后的沉淀物放入60℃的真空干燥箱中，烘干至恒重，研磨筛分以备后用。

②　交联淀粉接枝聚丙烯酰胺的制备原理与方法。交联淀粉接枝聚丙烯酰胺的目的是赋予其架桥絮凝能力。淀粉能否与丙烯酰胺单体发生反应，除与单体的结构、性质有关外，还取决于淀粉大分子上是否存在活化的自由基。自由基可由物理或化学的方法产生。但最常用的还是化学引发方法，一般用 Ce^{4+}、$H_2O_2\text{-}Fe^{2+}$、$K_2S_2O_8/KHSO_3$、$(NH_4)_2S_2O_8/NaHSO_3$、$KMnO_4$、偶氮二异丁腈等引发剂。以 Ce^{4+} 引发的接枝反应的原理见本书第6章式（6.148）～式（6.151），分别表示：链引发、链增长和链终止三个阶段。

③　交联淀粉接枝聚丙烯酰胺黄原酸酯（CSAX）的制备原理与方法。该反应的目的是将二硫代羧酸（盐）基接枝到交联淀粉接枝聚丙烯酰胺共聚物上，赋予其与重金属离子络合的能力，得到交联淀粉接枝聚丙烯酰胺黄原酸酯（CSAX）。CSAX的合成原理是 CS_2 在碱性条件下生成黄原酸，接着交联淀粉接枝聚丙烯酰胺共聚物的葡萄糖单元上的羟基被黄原酸酯化生成 CSAX。其可能的化学反应方程式为：

$$S{=}C{=}S + NaOH \longrightarrow \underset{\displaystyle \parallel}{HO{-}C{-}SNa} \quad\quad\quad (9.4)$$

$$(9.5)$$

制备时，将烘干的1g交联淀粉聚丙烯酰胺接枝共聚物置于具塞锥形烧瓶中，投加一定数量的20%的NaOH溶液，搅拌均匀后，缓慢逐滴滴加二硫化碳，塞住锥形烧瓶，在30℃恒温水浴锅中搅拌反应3h。反应终止后，冷却至室温，产品为橘红色，用丙酮溶液沉降漂洗数次。将提纯后的产品于50℃真空干燥箱中烘干至恒重，获得纯CSAX干粉。

（2）交联淀粉-聚丙烯酰胺-黄原酸酯的作用机理及效能

交联淀粉-聚丙烯酰胺-黄原酸酯对 Cd^{2+}、Cu^{2+}、Ni^{2+}、Pb^{2+}、Zn^{2+}、$Cr_2O_7^{2-}$ 等多种重金属离子及浊度有较好的去除作用，其中对 Cu^{2+}、Pb^{2+} 的去除尤为显著，对具有变价的离子具有还原作用，将其还原后再发生络合沉淀反应。此处仅以 Cu^{2+} 及高岭土悬浊液为例加以说明。

由于 CSAX 分子结构上含有羧基（—$\overset{O}{\overset{\|}{C}}$—$O^-$）、酰氨基（—$\overset{O}{\overset{\|}{C}}$—$NH_2$）、酯基（$R$—$\overset{O}{\overset{\|}{C}}$—$O$—$R'$）、黄原酸基（—$\overset{S}{\overset{\|}{C}}$—$S^-$）和羟基（—OH）等功能官能团，将 CSAX 加入到含铜离子的水中后，可能有以下化学反应发生：

① Cu^{2+} 与黄原酸基（—$\overset{S}{\overset{\|}{C}}$—$S^-$）的螯合作用。$Cu^{2+}$ 的最外层电子排布式为 $3d^9 4s^0 4p^0$，它的 1 个 3d 轨道、1 个 4s 轨道和 2 个 4p 轨道形成 dsp^2 杂化轨道，空间构型为平面正方形。当 CSAX 与 Cu^{2+} 结合时，其结构中的 2 个硫原子与 Cu^{2+} 以配位键的形式形成配位数为 4 的四元环螯合物，此时空间构型的张力最小，生成的螯合物具有较高的稳定性。反应方程式如下：

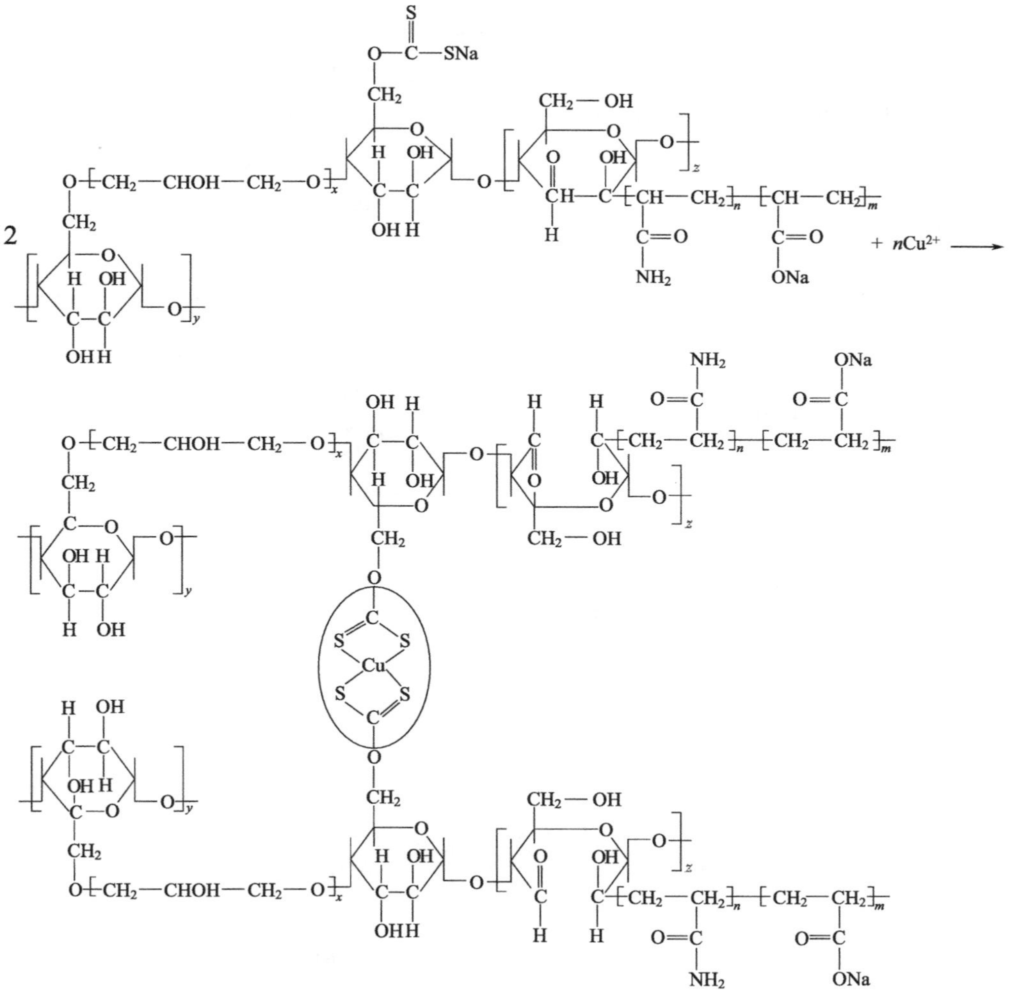

$$(9.6)$$

② Cu^{2+} 与黄原酸基（ $-\overset{S}{\underset{\|}{C}}-S-$ ）的氧化还原作用。CSAX 分子中所含 $-\overset{S}{\underset{\|}{C}}-S-$ 基团具有较强的还原性，可将 Cu^{2+} 还原成 Cu^{+}，其自身生成二硫键化合物。反应方程式如下：

$$+ 2n\,Cu^{2+} \longrightarrow$$

$$(9.7)$$

金属离子与 CSAX 分子中的配位体 $\overset{O}{\underset{}{-C-O^-}}$ 、$\overset{S}{\underset{}{-C-S^-}}$ 和—OH 等，形成的高分子金属螯合物可能有三种结构形式：金属离子与高分子配位体之间的交联反应，生成金属配合物；金属离子与高分子配位体中的配位基，形成单配位聚合物；金属离子与高分子配位体形成分子内螯合，形成金属螯合物。

有机高分子絮凝剂主要有阳离子、阴离子和非离子三种类型，其除浊作用的原理通常有架桥、静电中和、压缩双电层、卷扫絮凝等机制。如前所述，由于 CSAX 分子链携带负电荷，属于阴离子型絮凝剂，一般废水中污染物颗粒带负电荷，所以用 CSAX 通过静电中和压缩双电层去除致浊物颗粒是不可能的，它们被认为主要是通过架桥、吸附和卷扫絮凝作用。CSAX 分子中的聚丙烯酰胺侧链在结构上具备长的链、环或尾，能为 CSAX 的架桥絮凝提供了必要条件。

当 CSAX 投加到溶液中后，其分子与胶体或微粒相互碰撞时，某些亲和力强的基团（如 $\overset{O}{\underset{}{-C-NH_2}}$）通过分子间的作用力，如范德华力、氢键等吸附在胶体或微粒表面上形成絮体，这可以认为是物理过程。而其余部分将朝外伸向溶液中，如果第二个具有吸附空位的胶体或微粒接触到 CSAX 伸向溶液中的活性基团，就会发生附着，以此若干个胶体或微粒借助于 CSAX 分子的作用形成絮体（见图 9.7）。但是在 CSAX 的链段上 $\overset{O}{\underset{}{-C-NH_2}}$ 的数量是有限的，大部分是 $\overset{O}{\underset{}{-C-O^-}}$ 和 $\overset{S}{\underset{}{-C-S^-}}$，这些功能官能团在结构上不能与胶体或微粒结合，只能配位螯合金属离子，当金属离子与这些官能团反应时，若配位数被全部占用，即生成金属螯合物絮体，若配位数被部分占用，通过金属离子的配位桥连，使胶体或微粒被多个高分子配体所连接，将形成金属螯合物与致浊物颗粒的共生体（见图 9.8）。

图 9.7　吸附架桥絮凝（Ⅰ）

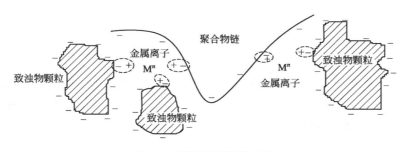

图 9.8　吸附架桥絮凝（Ⅱ）

取一组含 Cu^{2+} 分别为 10mg/L、25mg/L、50mg/L，浊度为 100NTU，pH 值为 5.0 的水样，投加不等量的 CSAX 溶液，絮凝沉降后，测定水中残余 Cu^{2+} 的浓度和浊度，对比它们的絮凝效果，实验结果如图 9.9 和图 9.10 所示。

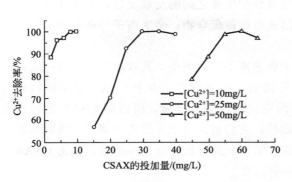

图 9.9　Cu^{2+} 浓度对 Cu^{2+} 去除率的影响

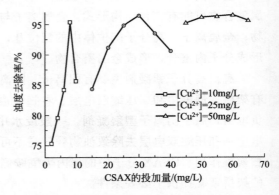

图 9.10　Cu^{2+} 浓度对浊度去除率的影响

图 9.9 表明对于每一种浓度的 Cu^{2+}，都存在着一个最佳投药点，在此最佳投药点之前，Cu^{2+} 的去除率随着投药量的增加而升高，在达到最佳投药点时，Cu^{2+} 的去除率最高。如果继续增加 CSAX 的投加量，Cu^{2+} 的去除率又降低。这是因为将 CSAX 加入到含 Cu^{2+} 水样中后，CSAX 与 Cu^{2+} 主要发生氧化还原、螯合和离子交换反应等，所以 Cu^{2+} 浓度与相应的 CSAX 投加量之间存在着近似的化学计量关系；在最佳投药点之前，主要在 CSAX 分子内或分子间形成络合物，使溶解态的 Cu^{2+} 转化成不溶性的 CSAX-Cu 絮体；而最佳投药点之后，过量的 CSAX 黏附在 CSAX-Cu 表面，使静电排斥力增大，无法形成大颗粒的絮体，因此去除 Cu^{2+} 的效果变差。

图 9.10 表明对于每一种浊度不同的水样，都存在着一个最佳投药点，在此最佳投药点之前，浊度的去除率随着 CSAX 投药量的增加而升高，在达到最佳投药点时，浊度的去除率最高。如果继续增加 CSAX 的投加量，浊度的去除率又会降低，这符合高分子絮凝剂使用的一般规律。因为去除 Cu^{2+} 的过程决定了去除浊度的过程，大量的致浊物颗粒实际是通过 Cu^{2+} 与 CSAX 结合到一起，形成共生体而被聚沉。过量的 CSAX 黏附在 CSAX-Cu 表面，使絮体的颗粒细小，失去了吸附、协同和卷扫絮凝作用，因此除浊能力下降。而当 Cu^{2+} 浓度较高时，一方面可以中和一部分 CSAX 分子链上的电荷，使 CSAX 分子链间的排斥力不至于过大，有利于架桥絮凝的形成；另一方面可以消耗更多的 CSAX，使投药量的范围变宽。

9.4.2.2 巯基乙酰壳聚糖（MAC）

（1）巯基乙酰壳聚糖制备原理及方法

天然高分子絮凝剂壳聚糖（CTS）与巯基乙酸（TGA）在活化剂碳二亚胺盐酸盐（EDC·HCl）作用下发生酰胺化反应，从而将重金属离子的强配位基——巯基引入壳聚糖的高分子链中，得到巯基乙酰壳聚糖（MAC），反应式如下所示：

$$
\begin{array}{c}
\underset{H_3C}{\overset{H_3C}{\diagup}}N-CH_2CH_2CH_2-N=C=NCH_2CH_3 \cdot HCl + HOCCH_2-SH \\
\text{EDC}\cdot\text{HCl} \qquad\qquad\qquad\qquad\qquad \text{TGA}
\end{array}
$$

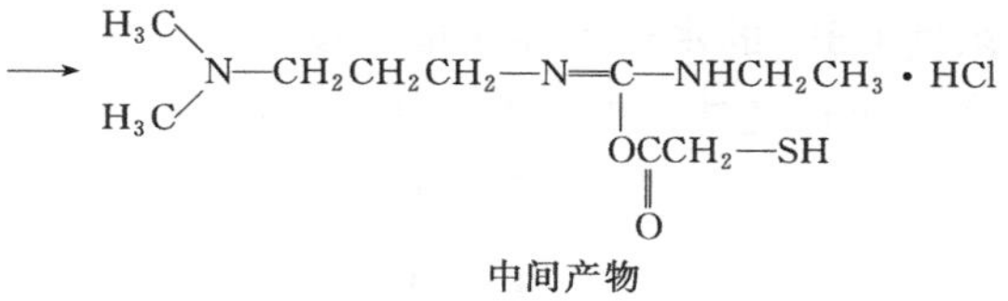

$$\longrightarrow \quad \text{中间产物} \tag{9.8}$$

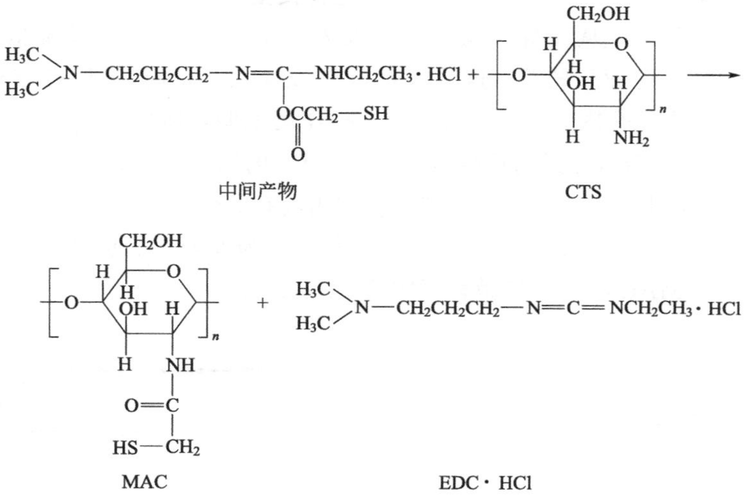

（式9.8 结构式：H_3C、H_3C—N—$CH_2CH_2CH_2$—N=C—NHCH$_2$CH$_3$·HCl，OCCH$_2$—SH，O）

中间产物

$$+ \ \text{CTS} \longrightarrow \tag{9.9}$$

（式9.9 左：中间产物 H_3C,H_3C—N—$CH_2CH_2CH_2$—N=C—NHCH$_2$CH$_3$·HCl，OCCH$_2$—SH；右：CTS 壳聚糖结构）

MAC　　　　　　　EDC·HCl

（MAC 结构式与 EDC·HCl：H_3C,H_3C—N—$CH_2CH_2CH_2$—N=C=NCH$_2$CH$_3$·HCl）

实验室制备方法是：准确称取壳聚糖放入磨口锥形瓶，用稀盐酸溶解后加入活化剂 EDC·HCl，滴加巯基乙酸，用 0.1mol/L 的 NaOH/HCl 调节 pH 值至设定值，在室温下搅拌一定时间，得产物 MAC。

（2）巯基乙酰壳聚糖的作用机理及效能

巯基乙酰壳聚糖对 Cd^{2+}、Cu^{2+}、Ni^{2+}、Pb^{2+}、Hg^{2+} 等多种重金属离子及浊度有较好的去除作用，其中对 Cd^{2+}、Cu^{2+} 的去除作用最为显著，对具有变价的离子具有还原作用，将其还原后再发生络合沉淀反应。此处仅以 Cd^{2+} 及高岭土悬浊液为例加以说明。

MAC 分子中的巯基（—SH）、羟基（—OH）与氨基（—NH$_2$）能以配位键和共价键的形式与 Cd^{2+} 发生螯合反应生成稳定的具有空间网状结构的溶度积极小的重金属螯合体 MAC—Cd，反应式如下所示：

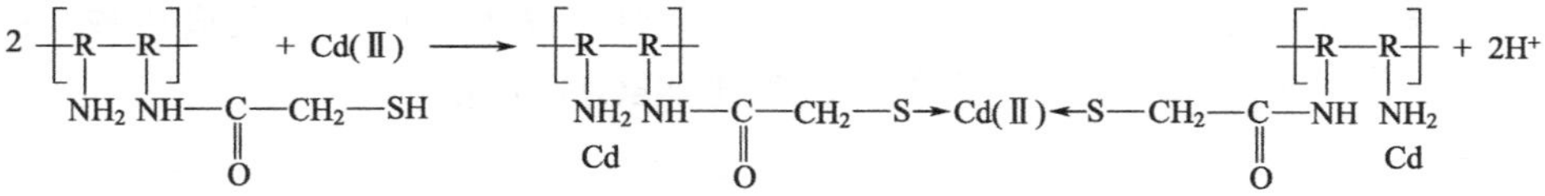

$$2\begin{bmatrix} R-R \\ \text{NH}_2\ \text{NH—C—CH}_2\text{—SH} \\ \quad\quad\quad \text{O} \end{bmatrix} + Cd(\text{II}) \longrightarrow \ \cdots \ + 2H^+ \tag{9.10}$$

MAC 含有氨基，由于烷基的作用使 N 原子的电子云密度增大，N 原子上的未共用电子对容易接受质子，使—NH 在溶液中容易形成—NH$_2^+$，能中和致浊物质上的负电荷，压缩其扩散层使之脱稳，此外还可借助 MAC 的高分子链的吸附架桥作用产生絮凝沉降，从而使致浊物质被有效地去除。

向 pH 值为 7.5，含不同浓度 Cd^{2+} 的（5mg/L、10mg/L、25mg/L）水样中分别投加不同量的 MAC，絮凝沉淀后测定水样中残余的 Cd^{2+}，实验结果如图 9.11 所示。

由图可知，对不同浓度 Cd^{2+} 的水样均存在最佳投药量。在最佳点之前，Cd^{2+} 的去除率随着投药量增加而升高；达到最佳点时 Cd^{2+} 的去除率达到最大；继续增加 MAC 的投加量，Cd^{2+} 的去除率反而下降。其原因主要是 MAC 分子中—SH 解离带有大量的负电荷。在向含 Cd^{2+} 水样中投加过量的 MAC 后，Cd^{2+} 与 MAC 分子中的部分巯基（—SH）发生螯合作用形成细小微粒，微粒上过剩的负电荷使螯合体之间产生着静电斥力，微粒间的碰撞减弱，不能聚沉，从而导致絮凝效果变差，所以 Cd^{2+} 去除率降低。此外水样中 Cd^{2+} 浓度较低时，去除效果较差。这是因为 Cd^{2+} 的浓度较低时，MAC 与 Cd^{2+} 生成的凝结中心较少，形成的少量螯合絮体的网捕、卷扫作用就弱，所以 Cd^{2+} 浓度越低，就越难以去除。图 9.11 还表明最佳投药量随着水样中 Cd^{2+} 的浓度增大而升高，这表明 Cd^{2+} 的质量浓度与 MAC 最佳投药量之间存在着螯合作用具有的化学计量关系。

取含 Cd^{2+} 分别为 0mg/L 和 10mg/L，浊度分别为 9NTU、80NTU 的水样，在 pH 值为 7.5 时，改变 MAC 的投加量做絮凝实验，结果如图 9.12 所示。

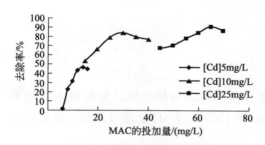

图 9.11　Cd^{2+} 浓度对 MAC 投加量的影响

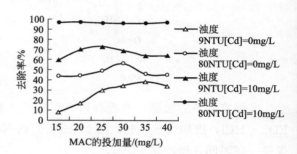

图 9.12　Cd^{2+} 浓度对 MAC 去除浊度的影响

由图可知，在废水中不存在重金属离子时，MAC 的除浊效率并不高，但在浊度和重金属离子共存时，除浊效率可以得到显著的提高。其原因是重金属离子可以中和致浊物质和细小絮体上的负电荷，使絮凝更易发生，絮体可进一步长大。同时致浊颗粒实际是通过 Cd^{2+} 与 MAC 结合到一起，形成共生体而被聚沉。

9.4.2.3　聚乙烯亚胺基黄原酸钠（PEX）

（1）聚乙烯亚胺基黄原酸钠的制备原理及方法

以聚乙烯亚胺（PEI）与二硫化碳（CS_2）为原料发生黄原酸化反应生成 PEX。因 CS_2 为憎水的非极性物质，反应能力低，故先与 NaOH 作用生成高反应活性的离子化水溶性物质黄原酸钠 $HO \cdot CS \cdot SNa$，然后再进行黄原酸化反应生成 PEX，反应式如下：

预反应

$$S{=}C{=}S + NaOH \longrightarrow \underset{OH}{S{=}C{-}SNa} \tag{9.11}$$

黄原酸化反应

$$\text{PEI} \qquad \text{黄原酸钠} \qquad \text{PEX} \tag{9.12}$$

实验室制备方法为：取 12.4gNaOH 用纯水稀释至 100mL，得 12.4％的 NaOH 溶液；取 5mL 浓度为 99.9％的聚乙烯亚胺（PEI 分子量为 1 万），用 95mL 纯水溶解，得 5％的聚乙烯亚胺溶液。先移取 20mL 浓度为 12.4％的 NaOH 于三口烧瓶中，置于磁力搅拌器上，调节温度到 35℃后，加入 80mL 浓度为 5％的聚乙烯亚胺（PEI 分子量为 1 万），混合搅拌 10min 后加入 3.80mL 纯 CS_2 反应 30min，将温度调节到 40℃反应 150min，即可制得产品 PEX，产品固含量 9％。

（2）聚乙烯亚胺基黄原酸钠的作用机理及效能

聚乙烯亚胺基黄原酸钠对 Cd^{2+}、Cu^{2+}、Ni^{2+}、Pb^{2+}、Zn^{2+}、Hg^{2+}、$Cr_2O_7^{2-}$ 等多种重金属离子及浊度有优良的去除作用，其效能超过了以上两种高分子重金属絮凝剂，且对具有变价的离子有还原作用，将其还原后再发生络合沉淀反应。此处仅以 Ni^{2+} 及高岭土悬浊液为例加以说明。

镍原子（Ni）的原子序数为 28，最外层电子排布式为 $3d^8 4s^2$，其失去 4s 轨道的 2 个电子后形成镍离子（Ni^{2+}）。Ni^{2+} 外层电子排布为 $3d^8 4s^0 4p^0$，由于其 2 个未成对的 d 电子偶合成对后，可以空出 1 个 3d 轨道、1 个 4s 轨道和 2 个 4p 轨道形成 dsp^2 杂化轨道，空间构型为平面正方形结构。当 PEX 与 Ni^{2+} 结合时，其结构中的 2 个硫原子与 Ni^{2+} 以配位键和共价键的形式形成配位数为 4 的四元环螯合物，此时空间构型的张力最小，生成的螯合体 PEX-Ni 具有较高的稳定性，且不溶于水，反应方程式如下：

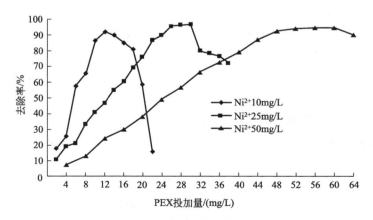

$$\text{(9.13)}$$

在 pH＝5.5～6.0 时，向含不同浓度 Ni^{2+} 的水样中投加不同量的 PEX，絮凝沉淀后测定水中残余 Ni^{2+}，实验结果如图 9.13 所示。

图 9.13　Ni^{2+} 浓度对 PEX 投加量的影响

由图可知，不同浓度的 Ni^{2+} 水样均存在最佳投药范围，即随着 PEX 投加量的增加，

水样中 Ni^{2+} 的去除率逐渐增大。达到最佳去除率后（约 92.1%～96.7%），如继续增加 PEX 的投加量，去除率反而下降；最佳投药量随着水样中 Ni^{2+} 浓度增大而升高，也说明二者之间存在着螯合作用所具有的化学计量关系。

在 pH＝5.5～6.0 时，向原水浊度 100NTU，含不同浓度 Ni^{2+} 的水样中投加不同量的 PEX，絮凝沉淀后测定水中残余浊度，实验结果如图 9.14 所示。

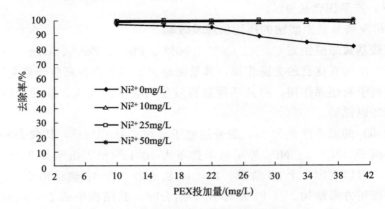

图 9.14　Ni^{2+} 浓度对 PEX 去除浊度的影响

可以看出，在 pH＝5.0～6.0 时，对浊度有很高的去除率。Ni^{2+} 的存在对 PEX 去除浊度也有一定的促进作用，且随着 Ni^{2+} 浓度的增大略有增强。但当 Ni^{2+} 不存在时，PEX 过量后，浊度的去除明显下降。Ni^{2+} 的存在对 PEX 去除浊度有促进作用的原因为：当有 Ni^{2+} 存在时，中和了微粒上 PEX 的过剩负电荷或悬浮颗粒本身的负电荷，减小了排斥作用使絮体容易聚沉，且 PEX 通过螯合作用去除 Ni^{2+} 的同时，自身的负电荷大大降低，使得吸附架桥作用得以发挥；同时，大量的螯合絮体具有卷扫、网捕作用，从而使浊度的去除大大提高。研究表明：

① PEX 絮凝剂对水样中 Ni^{2+}、Cu^{2+} 和 Hg^{2+} 等重金属离子具有尤为理想的去除效果。

② PEX 的分子量对去除重金属离子的效果有显著影响。PEX（MW1×10^4）、PEX（MW6×10^4）对单一重金属离子 Ni(Ⅱ)、Cd(Ⅱ)、Pb(Ⅱ)、Zn(Ⅱ)、Cu(Ⅱ)、Cr(Ⅵ) 均有较好的去除效果，但 PEX（MW60×10^4）对它们的去除效果欠佳；对上述单一重金属离子捕集能力的顺序为 PEX（MW1×10^4）＞PEX（MW6×10^4）＞PEX（MW60×10^4）。

③ pH 值对 PEX 捕集重金属离子的效果有显著的影响。除 Cr(Ⅵ) 外，去除率随着 pH 值升高而升高。虽然 pH 值较低时去除率较低，但只要增加 PEX 的投药量仍然可达较高的去除率。

④ PEX 最佳投加量随着重金属离子初始浓度的增加而增加，随着重金属离子初始浓度的减小而减小，表现出近似化学计量关系。对于大多数受污染水样，重金属离子的浓度并不是很高，因而只要 pH 值适宜，在较低的投药量下就可以达到良好的去除效果。

⑤ PEX 有较强的重金属离子配位竞争能力，水中常见无机阴、阳离子对 PEX 捕集重金属离子的影响均较小，促进或抑制作用不明显。废水中常见有机配体对 PEX 捕集重金

属离子的影响决定于配位竞争和类聚效应，当有机配体浓度较大与或与重金属配合物的稳定常数较高时，配位竞争占主导，起抑制作用；当有机配体与重金属配合物稳定常数与PEX 相当或浓度较低时，类聚作用为主，发生共同螯合，起促进作用。

⑥ 浊度对 PEX 捕集重金属离子的影响较小，但重金属离子的存在可促进 PEX 对浊度的去除。

⑦ 当多种重金属离子共存于水中时，PEX 对重金属离子的去除表现出一定的选择性。水中有 Cd(Ⅱ)、Cu(Ⅱ)、Ni(Ⅱ)、Pb(Ⅱ)、Zn(Ⅱ) 五种混合离子时，PEX 首先对水样中的 Cu(Ⅱ)、Pb(Ⅱ) 表现出良好的去除效果。当 PEX 投加量较低时，去除顺序为 Cu(Ⅱ)＞Pb(Ⅱ)＞Ni(Ⅱ)＞Zn(Ⅱ)＞Cd(Ⅱ)；当 PEX 投加量较高时，去除顺序为 Cu(Ⅱ)＞Pb(Ⅱ)＞Cd(Ⅱ)＞Ni(Ⅱ)＞Zn(Ⅱ)。

9.4.2.4 高分子重金属絮凝剂的优势及特点

为了去除水中的重金属离子，传统化学沉淀法以石灰作为沉淀剂，投药量大，产生的沉淀物为细小颗粒，沉降速度慢，难于与水分离，出水 pH 值高，两性重金属离子可能会出现再溶现象。在遇到重金属污染的突发事件时，以往的做法是将大量石灰和聚合氯化铝投入水中，操作十分粗放，去除效果差。至于目前已有研究的重金属捕集剂，由于仅有重金属捕集功能，没有絮凝沉淀作用，所以沉降速度较慢，分离效果较差。

将重金属离子的某些强配位基团通过化学反应连接至高分子絮凝剂分子上可制备具有重金属捕集功能的高分子重金属絮凝剂。高分子重金属絮凝剂既可去除水中浊度又可去除水中的可溶性重金属离子，具有双重功能。由于高分子重金属絮凝剂在水中产生絮体，所以沉降速度快，易与水分离，出水清澈，pH 值适宜，克服了传统方法的不足。

本书所介绍的高分子重金属絮凝剂中，PEX 去除重金属离子的效能最高，但原料聚乙烯亚胺较贵，所以制备成本最高；CSAX 去除重金属离子的效能较高，制备成本较低，但制备流程长而复杂；MAC 去除重金属离子的效能较高，制备方法简单，成本也较低。其中 PEX 已通过了中试生产，应用于一些企业的重金属废水的处理，显示了良好的效果。

总之，高分子重金属絮凝剂具有很好的研究及应用前景，可以说具有重金属捕集功能的高分子絮凝剂的研究拓展了絮凝剂的功能，开创了絮凝学研究的新领域。

第10章

絮凝的传统工艺与设备

水的絮凝工艺主要可分为三个阶段，它们是混合、反应和沉淀，需要分别在混合器、反应器和沉淀器中完成，也可以将这三个工序合在一个设备即澄清器中完成。通常在混合器前还需设置药液制备和投加计量设备。工艺流程如图10.1所示。

图 10.1　絮凝的工艺流程

10.1　药液的制备

絮凝剂产品常以液态或固态的形式提供给用户。由于固态产品便于运输，许多用户选择固态产品。当用户使用固态产品时，在投加之前还需制备药液，即将其溶解，并调配至一定的浓度。当直接使用液体絮凝剂时，溶解步骤不必要。溶解设备往往决定于水厂规模和絮凝剂品种。大中型水厂通常建造混凝土溶药池并配以搅拌装置。溶药池一般建于地面以下以便于操作，池顶一般高于地面0.2m左右。溶药池容积为溶液池容积的0.2~0.3倍。在制备絮凝剂药液时需考虑絮凝剂的数量、药液的浓度、溶液池的体积、搅拌方式等。

10.1.1　絮凝剂投加量的计算

每昼夜所需絮凝剂的量可按下式计算：

$$W = \frac{24QC}{10f} \tag{10.1}$$

式中，W 为每昼夜所需絮凝剂量，kg/昼夜；Q 为原水处理量，m^3/h；C 为絮凝剂加入量，mg/L；f 为絮凝剂纯度，%。

10.1.2　药液的浓度和溶液池的有效容积

溶液池是配制一定浓度溶液的设施。通常用耐酸泵或射流泵将溶药池内的浓药液送入溶液池，同时用自来水稀释到所需浓度以备投加。所配制的药液应具有适宜的浓度，在不影响投加精确度的前提下，宜高不宜低，浓度过高会使药液在原水中的分散速度和均匀性受到影响，但浓度过低，则设备体积大，药剂还会在加入原水之前发生水解，引起药效降低，甚至引起输药管路的严重堵塞。例如 $FeCl_3$ 在浓度小于 6.5% 时就会发生水解。无机盐絮凝剂和无机高分子絮凝剂的一般投加浓度为 5%～7%（扣除结晶水的质量）。一些人建议，对于硫酸铝溶液，浓度应大于 1%，pH 值应小于 3，以避免输药管线内严重结垢；对于氯化铁，浓度应大于 5%，pH 值应小于 2；当采用聚合电解质为絮凝剂时，以稀溶液为宜，对固体产品推荐浓度范围为 0.02%～0.1%，对液体产品推荐稀释比为 100:1。浓度过高时，黏度过大，使无法投加。通常可先配制为 10%，然后再稀释至所需浓度。

溶液池的有效容积可按下式计算：

$$V = \frac{24 \times 100cQ}{1000 \times 1000bn} = \frac{cQ}{417bn} \tag{10.2}$$

式中，V 为溶液池的有效容积，m^3；c 为絮凝剂投入量，mg/L；Q 为原水处理量，m^3/h；b 为药液浓度，%；n 为每昼夜制备溶液次数，一般不超过 3 次。

溶液池通常设置 2 个，以便倒换清理。每个池的容积可按实际需要量的 50%～100% 选取。池的内壁需防腐措施。

10.1.3 搅拌装置

为了加速固体药品的溶解，并使药液浓度均匀，在溶解时应设搅拌装置，在寒冷地区必要时还需通入蒸汽加热溶解。

10.1.3.1 水力循环搅拌

水力循环搅拌适用于中小容量系统和易溶絮凝剂。其流程如图 10.2 所示。

水力搅拌泵的出力按下式计算：

$$q = \frac{60V}{t} \ (m^3/h) \tag{10.3}$$

式中，V 为溶解池有效容积，m^3；t 为循环搅拌时间，min，一般采用 10～15min

水泵应选用耐酸泵，扬程 10～20m H_2O，溶解池一般用钢板制成。

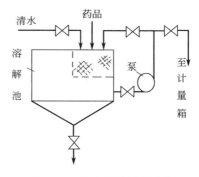

图 10.2 水力循环搅拌系统

10.1.3.2 机械搅拌

为使絮凝剂快速溶解，也可采用电动搅拌器。搅拌器可由电动机（$JO_2$11-4-T_2，0.6kW，1420r/min）直接带动。搅拌器可直接安装在池壁上，能上下升降及调整搅拌角度，并应避免与固体块状药品碰撞。

10.1.3.3 压缩空气搅拌

压缩空气搅拌常用于大型水厂，优点是没有直接与溶液接触的设备，使用维修方便，但缺点是能耗较大，溶解速度稍慢。采用压缩空气搅拌时，空气消耗量可按每立方米溶液

$0.2m^3/min$ 计算，要求空气压力为 $1\sim2kg/cm^2$。压缩空气由多孔管分配而达到均匀搅拌的作用。压缩空气管直径由计算决定，流速以 $10\sim15m/s$ 为宜，通常采用 D_g $20\sim25$ 的管子。为了空气分配均匀而又不堵塞，孔眼宜采用 $\phi3\sim4mm$，孔口流速 $20\sim30m/s$。孔眼按向下与垂线成 $45°$ 角左右两侧交错开口，同侧孔眼间距 S 为 $50\sim100mm$，如图 10.3 所示。支状多孔管间距根据池槽平面尺寸大小而定，一般采用 $0.5\sim1m$ 左右。压缩空气管可采用聚氯乙烯材料。

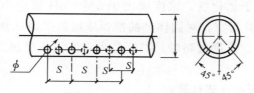

图 10.3　多孔压缩空气管

10.2　药剂的投加

10.2.1　计量泵投加

净水系统一般采用柱塞式计量泵或隔膜计量泵对药剂计量投加，如图 10.4 所示。采用计量泵不必另备计量设备，泵上有计量标志，可通过改变计量泵行程或变频调速改变药液投加量，最适合于絮凝剂自动控制系统。其优点是运行可靠，调节方便。也可采用离心泵配上流量计计量投加。

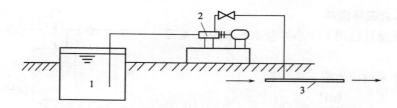

图 10.4　计量泵加药
1—药液池；2—计量泵；3—压水管

采用计量泵作加药设备时，在泵的吸入口可设过滤器与恒液面式定量器，出口管道上可装转子流量计。加药点到反应设备的管道长度应能产生 $0.3\sim0.4m$ 的水头损失以保证混合效果。

计量泵的流量调节可采用电动控制或气动控制的远距离手动操作或配合自动化仪表实现自动控制。远距离手动操作的原理是：手动配有"中途限位"的电动操作器开关，直接驱动伺服电动机，带动调节机构改变柱塞行程，以调节流量。自动控制的工作原理是：给定信号和电控机构内的位置反馈信号，通过伺服放大器的前置级放大，进行磁势的综合和比较。由于这两个信号的极性相反，若它们不相等就会有误差磁热产生，使伺服放大器输出足够的功率去驱动伺服电动机，带动调节机构来改变柱塞行程，从而达到自动调节流量的目的。

10.2.2　泵前投加

药液投加在水泵吸水管或吸水喇叭口处（见图10.5）。这种投加方式安全可靠，一般适用于取水泵房距水厂较近的情况。图中计量设备为苗嘴，是最简单的计量设备。其原理是：在液位一定下，一定口径的苗嘴出流量为定值。当需要改变投药量时，只需更换苗嘴即可。水封箱是为防止空气进入而设。

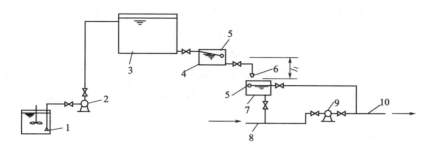

图 10.5　泵前投加

1—溶解池；2—提升泵；3—溶液池；4—恒位箱；5—浮球阀；6—投药苗嘴；

7—水封箱；8—吸水管；9—水泵；10—压水管

10.2.3　高位溶液池重力投加

当取水泵房距水厂较远时，应建造高架溶液池利用重力将药液投入水泵压水管上（见图10.6），或者投在混合池入口处。这种投加方式安全可靠，但溶液池位置较高。

10.2.4　水射器投加

水射器投加是利用高压水通过水射器喷嘴和喉管之间的真空抽吸作用将药液吸入，同时随水的余压注入原水管中（见图10.7）。这种投加方式设备简单，使用方便，溶液池高度不受太大限制，但水射器效率较低，容易磨损。

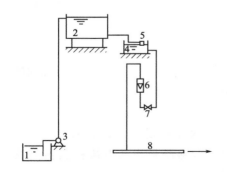

图 10.6　高位溶液池重力投加

1—溶解池；2—溶液池；3—提升泵；4—水封箱；

5—浮球阀；6—流量计；7—调节阀；8—压水管

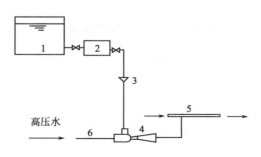

图 10.7　水射器投加

1—溶液池；2—投药箱；3—漏斗；4—水射器；

5—压水管；6—高压水管

10.3 絮凝剂投加量的控制

絮凝剂最佳投加量（以下简称"最佳剂量"）是指达到既定水质目标的最小絮凝剂投加量。由于影响絮凝效果的因素较复杂，且在水厂运行过程中水质、水量不断变化，例如温度变化、降雨、水化学的季节性变化等都有影响，故为达到最佳剂量且能即时调节、准确投加一直是水处理技术人员研究的目标。目前我国大多数水厂还是根据实验室絮凝搅拌试验确定絮凝剂最佳剂量，然后进行人工调节。这种方法虽简单易行，但主要缺点是：从试验结果到生产调节往往滞后 1~3h，且试验条件与生产条件也很难一致，故试验所得最佳剂量未必是生产上最佳剂量。为了提高絮凝效果，节省耗药量，絮凝剂投加的自动在线控制技术逐步得到了推广应用。以下简单介绍几种自动控制投药量的方法。

10.3.1 流动电流絮凝控制技术

絮凝理论认为，向水中投加无机盐类絮凝剂或无机高分子絮凝剂的主要作用在于使胶体脱稳。工艺条件一定时，调节絮凝剂的投加量，可以改变胶体的脱稳程度。在水处理工艺技术中，传统上用于描述胶体脱稳程度的指标是 ζ 电位，以 ζ 电位为因子控制絮凝就成为一种根本性的控制方法。但由于 ζ 电位检测技术复杂，特别是测定的不连续性，使其难以用于工业生产的在线连续控制。

本书第 2 章已对动电现象的理论和实验做了较为详尽的介绍，由式（2.60）可以看出，动电现象的中流动电位与 ζ 电位呈线性相关，根据双电层理论同样可以得到流动电流也与 ζ 电位呈线性相关：

$$I = \frac{\pi \varepsilon p r^2 \zeta}{\eta l} \tag{10.4}$$

式中，I 为流动电流；p 为毛细管两端的压力差；r 为毛细管半径；ζ 为 zeta 电位；ε 为水的介电常数；η 为水的黏度；l 为毛细管长度。

由此可见流动电流（电位）作为胶体絮凝后残余电荷的定量描述，同样可以反映水中胶体的脱稳程度。若能克服类似于 ζ 电位在测定上的困难，流动电流则会成为一种有前途的絮凝控制因子。

10.3.1.1 流动电流的生产检测技术

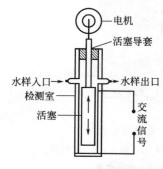

图 10.8　传感器的构造

生产上用于在线控制的流动电流检测装置首先须能连续在线检测，实验室用的毛细管装置是难以胜任的。在这方面做出突出贡献的是美国人 Gerdes，他于 1966 年发明了流动电流检测器（SCD），该仪器主要由传感器和检测信号的放大处理器两部分组成。传感器是流动电流检测器的核心部分，构造如图 10.8 所示。

在传感器的圆形检测室内有一活塞，做垂直往复运动。活塞和检测室内壁之间的缝隙构成一个环形空间，类似于毛细管。测定时被测水样以一定的流量进入检测室，当活塞做往复运动时，就像一个柱塞泵，促使水样在环形空间中做相应的往复运动。水样中的微粒会附着于活塞与检测室内壁的表面，形成一个微粒"膜"。环形空间水流的运动，带动微粒"膜"扩散层中反离子的运动，从而在环状"毛细管"的表面产生电流。在检测室的两端各设一环形电极，将此电流收集并经放大处理，就是该仪器的输出信号。

SCD 装置通过活塞的往复运动而生成交变信号，克服了电极的极化问题；由于采用高灵敏度的信号放大处理器，使微弱交变信号被放大整流为连续直流信号，克服了噪声信号的干扰，成功地实现了胶体电荷的连续检测。虽然这种装置在测定原理上已不同于原始的毛细管装置，直接测出的也不是流动电流的真值，但其毕竟是胶体电荷量的一种反映，许多研究也证实该检测器的输出信号（下称检测值）与 ζ 电位成正比关系。这就是流动电流检测器能用于絮凝控制的最基本依据。实验表明，检测值还与水样通过环形空间的速度有对应关系：

$$I = C\zeta v \tag{10.5}$$

式中，C 为与测量装置几何构造有关的系数；v 为水流在环形空间的平均流速，可用活塞的往复运动速度 W 代表；其余符号同前。

SCD 装置问世后很长时间仍难以在生产上推广应用，其中一个重要因素就是环形毛细管壁面微粒"膜"的更新问题。采取技术措施，使该微粒"膜"能随水样的变化而连续更替，使检测值同步响应水样的变化，是流动电流检测器在生产上实用的关键性问题。1982 年，L'eauClaire 公司获得了这方面的重要突破，在上述装置中加上超声波振动器，利用超声波的振动加速微粒"膜"的更替，形成微粒"膜"在壁面上吸附与解吸的动态平衡。这一措施为流动电流技术在絮凝控制中的应用排除了一大障碍，使其性能大大改善。该技术的应用实验及研究工作，近几年来获得了很大的进展。

水样的预处理直接关系到流动电流检测器寿命，以至控制工作的成败。传感器的环形毛细管是一个很细小的空间，内外环的间距不足 1mm。进入传感器的水样中的粗大砂粒会加速毛细管表面的磨损，降低信号质量，造成环形空间的堵塞，在检测室底部产生沉积，影响正常测定。因此，应选择合适的取样方式及辅助措施，对水样进行预处理。其方法有旋流分离及斜管沉砂等。如在取样系统中串联斜管沉砂器，去除粗大泥沙，使水的浊度降至 100 度以下，就可使流动电流检测器正常工作。另外，采取气水分离措施排除水样中释放的气体也很必要。

10.3.1.2 流动电流法絮凝控制系统

以流动电流技术构成的絮凝控制系统典型流程如图 10.9 所示。原水加絮凝剂经过充

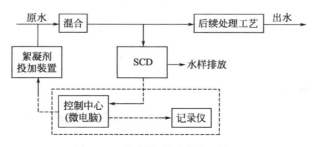

图 10.9　絮凝控制系统典型流程

分混合后，取出一部分作为检测水样。对该水样的要求是既要充分混合均匀脱稳，对整体有良好的代表性，又要避免时间过长，生成粗大的矾花，干扰测定并造成测试系统的较大滞后。水样经取样管送入流动电流检测器（SCD），检测后得到的检测值，代表水中胶体在加药絮凝后的脱稳程度。由絮凝工艺理论可知，生产工艺条件参数一定时，沉淀池的出水浊度与絮凝后的胶体脱稳程度相对应。选择一个出水浊度标准，就相应有一个特定的流动电流检测值，可将此检测值作为控制的目标期望值，即控制系统的给定值。控制系统的核心是调整絮凝剂的投量，以改变水中胶体的脱稳程度，使水在混合后的检测值围绕给定值在一个允许的误差范围内波动，达到絮凝优化控制的目的。

在图 10.9 的系统中，控制中心通常由微电脑或单片机构成，负责接受 SCD 的信号并与给定值比较，做出调整投药量的判断，指挥执行机构，即絮凝剂投加装置（泵或调节阀）的动作，完成投药量的调节。在这个系统中，只需要 SCD 一项参数的测定就可以完成控制，不再需要测定任何其他参数，为单因子控制。例如在 t 时刻，原水浊度为 C(NTU)，絮凝剂的流量为 q(L/h)，流动电流检测值为 SC_0，等于给定值；在 $t+\Delta t$ 时刻，原水浊度增加 ΔC，若投药量未变，则单位浊质获得的絮凝剂量由 q/C 降为 $q/(C+\Delta C)$，显然水中胶体的脱稳程度要降低，流动电流 SC 偏离给定值 SC_0，浊度的变化表现为检测值的变化。为维持絮凝程度不变，就要增加絮凝剂投量，由控制中心指示执行机构，增加 Δq 值，使之与 ΔC 的影响相抵消，稳定给定值 SC_0 不变。这是该技术有别于其他现行控制技术的主要特点之一。

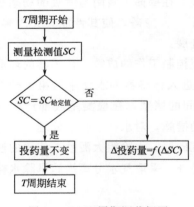

图 10.10　T 周期调节框图

水的投药混合是有一定滞后的惯性系统，对其投药控制宜采用周期调节方式。一般情况下可以取 3～5min 为一个调节周期，水质有急剧变化时则通过软件的特殊功能实现控制。设具有一定调节时长的周期为 T 周期，T 周期调节框图如图 10.10 所示。

流动电流絮凝控制技术问世后在国外得到了广泛应用，我国也已有商品出售。大量的生产运行经验证明流动电流絮凝控制技术具有下列优点：保证高质供水；减少絮凝剂的消耗；减少溶解性铝的泄漏；延长滤池工作周期；减少配水管网的故障；减少污泥量等。以第一、第二两项优点显得最为突出。

流动电流法实现了絮凝投药的在线控制，被认为是絮凝控制领域中的一场"革命"，但仍然存在不足之处。流动电流的大小反映的是药剂对微粒所带电荷的中和程度，所以不适用于以"架桥"为作用机理的高分子絮凝剂投加的情况，也不能全面反映水力混合条件对絮凝效果的影响。

10.3.2　浊度涨落法

浊度涨落法的原理可参见本书 7.1.4 絮体形成过程的光学在线监控部分的内容，此处简要介绍如下。

考察水样中某一体积中的情况。水样中的微粒由于布朗运动会随时进入或离开该体积的范围，从而引起该体积范围内微粒数目的随机涨落。这种随机涨落的原因不仅仅在于布朗运动，还因为在任何水体中，即使混合良好，各处的微粒浓度也存在随机分布，也不可能完全一致。如果让水样连续流过分光光度计的样品池，并连续记录其浊度，就会得到浊度的随机涨落，作为分光光度计的输出信号实际是电位涨落。按照本书7.1.4絮体形成过程的光学在线监控，则有：

$$\frac{V_{rms}}{V_t} = \left(\frac{N_T L}{A}\right)^{1/2} \pi \left[\int_0^\infty a f(a) Q(a)^2 da\right]^{1/2} \tag{10.6}$$

式中，V_{rms}为电位涨落部分的均方根值；V_t为输出电位，此处代入平均输出电位；N_T为各种粒度微粒的总粒数浓度；a为微粒半径；$f(a)$为粒径分布函数；$Q(a)$半径为a的微粒散射系数。

可以看出，V_{rms}/V_t比值会随着微粒半径的增大而增大。由于絮凝法实际是改变微粒尺度的方法，因此可以通过对V_{rms}/V_t比值的监测来实现对絮凝投药量的控制。实验表明，该比值随絮凝剂投加量、混合搅拌条件、混合搅拌时间等诸因素而呈现规律性变化。

由于V_{rms}/V_t比值可直接反映微粒的粒度，所以浊度涨落法无论对以"电中和"为作用机理的水解金属盐类絮凝剂，还是对以"架桥"为作用机理的高分子絮凝剂均可适用。它既可反映投药量的适宜程度，又可代表混合条件的优劣。加上测定仪器是具有流动式样品池的分光光度计，水样可以连续流过样品池，输出连续信号，因而可实现过程的在线控制。综合比较絮凝投药的数种方法，浊度涨落法实为一优良方法，有希望成为最佳控制法。

10.3.3　现场模拟试验法

采用现场模拟装置来确定和控制投药量是较简单的一种方法。常用的模拟装置是斜管沉淀器、过滤器或两者并用。当原水浊度较低时，常用模拟过滤器（直径一般为100mm左右）。当原水浊度较高时，可用斜管沉淀器或者沉淀器和过滤器串联使用。采用过滤器的方法是：从水厂混合后的水中引出少量水样，连续进入过滤器，连续测定过滤器出水浊度，由此判断投药量是否适当，然后反馈于生产进行投药量的调控。由于是连续检测且检测时间较短（一般约十几分钟完成），故能用于水厂絮凝剂投加的自动控制系统。不过，此法仍存在反馈滞后现象，只是滞后时间较短。此外，模拟装置与生产设备毕竟存在一定差别。但与实验室试验相比，现场模拟试验更接近于生产实际情况。目前我国有些水厂已采用模拟装置实现加药自动控制。

10.3.4　数学模型法

絮凝剂投加量与原水水质和水量相关。对于某一特定水源，可根据水质、水量建立数学模型，写出程序交计算机执行调控。在水处理中，最好采用前馈和后馈相结合的控制模型。前馈数学模型应选择影响絮凝效果的主要参数作为变量，例如原水浊度、pH值、水温、溶解氧、碱度及水量等。前馈控制确定一个给出量，然后以沉淀池出水浊度作为后馈信号来调节前馈给出量。由前馈给出量和后馈调节量就可获得最佳剂量。

采用数学模型实行加药自动控制的关键是：必须要有前期大量而又可靠的生产数据，才可运用数理统计方法建立符合实际生产的数学模型。而且所得数学模型往往只适用于特定原水条件，不具普遍性。此外，该方法涉及的水质仪表较多，投资较大，故此法至今在生产上一直难以推广应用。不过，若水质变化不太复杂而又有大量可靠的前期生产数据，此法仍值得采用。

以巴西 Rio das Velhas 水厂为例。当严重的洪水暴涨时，该水厂原水水质会发生短期变化，由于没有足够的时间进行容器搅拌实验，操作人员研发了一个简单的算法以帮助他们应对原水水质的变化，该算法为：

$$FeCl_3 \text{ 投加计量} = 2.75 \times \text{原水浊度}^{0.30}$$

又如 Hudson 针对美国和南美的 3 个水厂提出了如下算法：

$$\text{铝矾投加计量} = 10.43 \times \lg(\text{原水浊度}/0.53)$$

再如 Bratby 针对废水处理厂初沉池应用多元回归法提出如下算式：

$$TSS \text{ 去除率} = \frac{278}{\exp\left(\dfrac{85}{TSS_{inf}} + 0.00047 \times SOR + \dfrac{8.94}{T}\right)}$$

式中，TSS_{inf} 为进水悬浮固体，mg/L；SOR 为表面溢流速度，gal/(ft² · d) （1gal $= 4.546092 dm^3$，1ft$= 0.3048m$）；T 为温度，℃。

在同一水厂于不同时间重复以上作业证明了这些算法可以合理预测历史资料，但这些预测结果仍然是近似的，算法过于简单。

10.4 混合器的主要形式和参数

根据理论研究，铝（Ⅲ）或铁（Ⅲ）盐絮凝剂在投入水中后，单体水解形态如 $[Al(OH)(H_2O)_5]^{2+}$、$[Al(OH)_2(H_2O)_4]^+$ 在 μs 之间就可形成，各种聚合形态如：$[Al_2(OH)_2]^{4+}$、$[Al_6(OH)_{14}]^{4+}$、$[Al_6(OH)_{15}]^{3+}$、$[Al_{13}(OH)_{54}]^{5+}$ 等的形成在 0~1s 之间完成，氢氧化物则在 1~7s 之间形成。由此看来，为了使水中致浊物质有效地脱稳，应在 1s 之内就达到药剂与水的充分接触，因此快速混合或称闪速混合尤为必要。混合器的主要作用就是让药剂与水尽快地混合。各种混合器都要求搅拌产生一定的速度梯度，速度梯度的计算式已在第 5 章推导出：

$$G = \sqrt{\frac{P}{V\eta}}$$

式中，G 为混合器体积内的平均速度梯度，s⁻¹；P 为搅拌功率，kgm/s；η 为水的动力黏度，kg · s/m²；V 为混合器体积，m³。

当采用机械搅拌时，采用以上单位制，则搅拌功率为：

$$P = \frac{C_d A \gamma v_r^3}{2g} \tag{10.7}$$

式中，A 为桨板在旋转方向上的面积，m²；γ 为水的密度，kg/m³；v_r 为水对桨板的相对速度，m/s，可取桨板速度的 75%；g 为重力加速度，9.8m/s²；C_d 为阻力系数，对于雷诺数 $Re > 1000$ 的平板桨见表 10.1。

表 10.1　长宽比与阻力系数的关系

长宽比	1	5	20	∞
阻力系数	1.16	1.2	1.5	1.9

桨板搅拌的雷诺数

$$Re = \frac{nd^2\gamma}{\eta}$$

式中，n 为叶片转速；d 为叶片直径；γ 为水的密度；η 为水的动力黏度。

当采用水力搅拌时搅拌功率为：

$$P = Q\gamma h$$

式中，Q 为水的流量，m^3/s；γ 为水的密度，kg/m^3；h 为水经过混合设备的水头损失，m。

虽然有研究者指出，高强度快速混合可以使絮凝剂的有效利用效果最大化，但在实际应用时还是有一个最高限制的。太高的混合速度梯度会延迟后续絮凝阶段絮体的形成。当 G 值达到 $12500s^{-1}$ 时，絮凝进行到 45min 时都观察不到有絮体产生；当 G 值为 $4400s^{-1}$ 时，在絮凝进行到 10min 时可观察到有微小絮体形成。然而当快速混合的 G 值为 $1000s^{-1}$ 时，后续絮凝阶段可顺利进行，18min 后可观察到絮体。如果应用在线混合（活塞流）装置，在投加水解金属盐絮凝剂的条件下，适宜的 G 值应在 $1200 \sim 2500s^{-1}$ 之间，如果投加阳离子聚合电解质作为主絮凝剂除浊时，适宜的 G 值应在 $400 \sim 1000s^{-1}$ 之间。

实验证明过长的快速混合时间可能对其后的絮凝造成有害的效果。事实上对具体的水质确实存在一个相应的最佳混合时间，这个时间的长短是混合速度梯度和药剂浓度的函数。速度梯度和药液浓度越高，快速混合的时间应该越短。曾经有实验证明，在混合的速度梯度 G 等于 $1000s^{-1}$，铝矾浓度在 $100 \sim 10mg/L$ 之间变化时，快速混合时间应在 9s～2.5min 之间变化。与此相反，另一些研究人员认为即使速度梯度低至 $350s^{-1}$，快速混合时间在5～60s 的时间内变化并不影响絮凝沉淀后的除浊效果。

最好的方法是对一个具体水质，进行实验室实验或中试实验来确定最佳的快速混合时间。

10.4.1　常见混合方式

10.4.1.1　水泵混合

水泵混合时药液在泵前吸入，但需防止吸入空气，如图 10.11 所示。水泵混合的优点

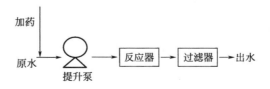

图 10.11　水泵混合

是设备简单，效果好，可在 1s 之内完成。但管道过长时，过早形成的矾花易破碎。为控制混合时间不大于 60s，管线不宜太长。如果在反应池进口处加装管道泵，由于扬程太小，泵的工作点效率则很低。

10.4.1.2 管道混合

最简单的管道混合是将药剂直接投入水泵压水管中，借助于管中水流速度进行混合。采用管道混合时为控制混合效果，管中流速不宜小于 1m/s，投药点至末端出口距离不应小于 50 倍管道直径，加药后水在沿途水头损失不应小于 0.3~0.4m，否则应在管道上装设节流孔板，孔板直径是管道直径的 0.6~0.8 倍。水流通过孔板时的水头损失 $h(\mathrm{mH_2O})$ 为：

$$h = \lambda \frac{v_2^2}{2g} \tag{10.8}$$

$$v_2 = v_1 \left(\frac{d_1}{d_2}\right)^2 \tag{10.9}$$

式中，d_1 为进水管直径；d_2 为孔板孔口直径；v_2 为孔板内流速 m/s；λ 为局部阻力系数，见表 10.2；v_1 为进水管内流速，m/s。

表 10.2 局部阻力系数

d_2/d_1	0.6	0.65	0.70	0.75	0.80
λ	11.3	7.35	4.37	2.66	1.55

目前广泛使用的管道混合器是管式静态混合器。混合器内按要求安装若干固定混合单元，每一混合单元由若干固定叶片按一定角度交叉组成。水流和药剂通过混合器时，将被单元体多次分割和改向并形成涡旋，达到混合目的。这种混合器结构简单，安装方便，混合效果好。图 10.12 为管道混合器的一种形式，图中未绘出单元结构。这种混合器唯一的缺点是当流量过小时效果会下降。

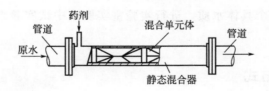

图 10.12 管式静态混合器

另一种管式混合器是扩散混合器。它是在管式孔板混合器前加装一个锥帽，如图 10.13 所示。水流和药剂在冲锥帽后扩散形成剧烈紊流，使药剂和水达到快速混合。锥帽夹角 90°，锥帽沿水流方向的投影面积为进水管截面积的 3/4，孔板流速一般采用 1.0~1.5m/s，混合时间约 2~3s，混合器节管长度不小于 500mm，水流通过混合器的水头损失约 0.3~0.4m，混合器直径在 $DN200$~$DN1200$ 范围内。

10.4.1.3 压力式多孔隔板混合器

为便于安装，工业水处理装置宜采用压力式多孔隔板混合器，如图 10.14 所示。

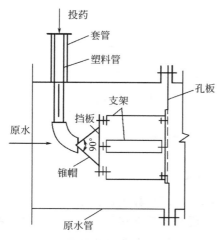

图 10.13　扩散混合器

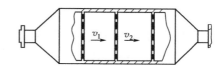

图 10.14　压力式多孔隔板混合器

小孔流速 v_2 取 $1\sim1.5\mathrm{m/s}$，设备内流速 v_1 取 $0.5\sim1\mathrm{m/s}$。每道隔板的水头损失：

$$h=\frac{v_2^2}{\mu^2 2g} \tag{10.10}$$

式中，μ 为阻力系数，当孔眼直径与壁厚之比为 $1.25\sim3$ 时，可取值 $0.76\sim0.26$。
孔眼总数如下式：

$$n=\frac{4Q}{\pi v_2 d^2} \tag{10.11}$$

式中，Q 为水的流量，$\mathrm{m^3/s}$；d 为小孔直径，m。

10.4.1.4　涡流式混合器

在涡流式混合器中水流产生激烈的涡流而达到药剂与水的均匀混合。涡流式混合器见图 10.15。主要设计数据为：锥体角 $\alpha=30°\sim40°$；进口速度 $v_1=1\sim1.5\mathrm{m/s}$；出口速度 $v_2=25\mathrm{mm/s}$；停留时间 $1.5\sim2\mathrm{min}$；集水管流速不大于 $0.6\mathrm{m/s}$，单个负荷不超过 $1200\mathrm{m^3/h}$。

10.4.1.5　桨板式机械混合器

桨板式机械混合器利用马达带动桨板旋转使药剂和水混合，一般也被称为返混式混合器，如图 10.16 所示。设计计算原则是按给定的时间 T、混合强度 G 值以及处理水量选定混合池容积和搅拌马达，设计能产生该搅拌功率的搅拌桨。

混合池容积 $V(\mathrm{m^3})$ 的计算如下式：

$$V=\frac{QT}{60n} \tag{10.12}$$

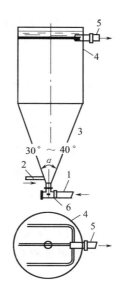

图 10.15　涡流式混合器
1—进水；2—进药口；3—圆锥体；
4—圆柱体；5—出水口；6—排水

式中，Q 为处理水量，$\mathrm{m^3/h}$；T 为停留时间，min；n 为混合池个数。

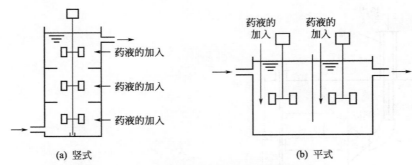

| (a) 竖式 | (b) 平式 |

图 10.16　桨板式机械混合器

在计算出混合池容积后，再根据式(5.42)和式(10.7)算出搅拌桨板的有关尺寸。

桨板式机械混合器的缺点是：一些颗粒在进入混合器后会很快短路流出，另一些颗粒在混合器中的停留时间会超过表观停留时间。在利用金属盐絮凝剂以吸附脱稳机理促使絮凝的情况下，这样的混合是不利的。原因是过长的停留时间会导致金属盐絮凝剂过度水解而生成效能较低的 $Al(OH)_3$ 和 $Fe(OH)_3$，同时金属盐水解聚合的形态的不充分吸附和过度吸附会导致较差的整体脱稳效果。我们所希望的是对每一个颗粒都有同样最好的金属盐水解形态，在线快速混合（活塞流）混合方式则会达到此理想状况，因为在这种混合器中所有物体都有相同的停留时间。在不以吸附脱稳为絮凝机理的情况下，应该做如下考虑：

① 如果仅需在 pH＜3 的情况下以 Al（Ⅲ）、Fe（Ⅲ）为絮凝剂，则仅有 Gouy-Chapman 脱稳机理发挥作用，所以仅需要很小的混合强度，因为这种类型的脱稳是可逆的。

② 如果网捕和卷扫机理发挥作用，则返混式混合器较为适合，因为它有利于金属氢氧化物沉淀的形成。然而值得注意的是在沉淀除磷的废水处理工艺中，某些形式的活塞流快速混合环境更为有效。

③ Amirtharajah 和 Mill 发现，当絮凝机理为卷扫絮凝时，不同的快速混合速度梯度并不会引起混合效果的明显差异。

④ 与 Amirtharajah 和 Mill 的发现相同，Clark 等也发现，在卷扫絮凝机理发挥作用时，絮凝和沉淀效果对快速混合的类型和强度并不敏感，但是与返混式混合器相比，活塞流式混合器所需絮凝剂的量较少。

⑤ 在使用金属盐絮凝剂或聚合电解质进行污泥调理时，过度的湍流会导致絮体破碎，从而增大颗粒的表面积，这意味着层流类型的混合器会更好。

⑥ 在使用聚合电解质时，脱稳的机理本质上是吸附作用，所以能产生适宜速度梯度的活塞流混合器效果更好。

10.4.2　射流混合

射流混合是混合技术的新发展，具有混合速度快，功率损失小、絮凝效率高等优点。用注入管将絮凝剂注入原水管接近反应池的进口处，注入管的侧面周边有几个小孔，絮凝剂经小孔以很大的速度以垂直于原水管水流的方向射出，如图 10.17 所示。由于在原水管的中轴处水流的紊动强度最大，絮凝剂射流由此注入，最易与原水快闪速混合。

10.4.2.1 射流混合过程分析

絮凝剂的射流混合可分为三段，如图 10.18 所示。第一段为势流段，在此段中射流流核的流速不变，射流开始与周围原水混合；第二段为偏折段，在原水管中主流的作用下射流向主流方向偏折，并进一步与原水混合；第三段为旋涡段，射流的水流断面上发生两股旋涡，使射流迅速扩散，与原水完全混合。

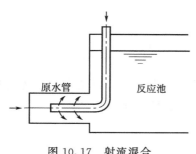

图 10.17　射流混合　　　　　　　图 10.18　射流分段

理论和实验表明，射流顶部轨迹符合下列关系式：

$$\left(\frac{Rv}{ud}\right)_t = 2.63\left(\frac{Lv}{ud}\right)^{0.28} \tag{10.13}$$

射流底部轨迹符合下列关系式：

$$\left(\frac{Rv}{ud}\right)_b = 1.35\left(\frac{Lv}{ud}\right)^{0.28} \tag{10.14}$$

射流最大偏折点 a 发生在满足下列式(10.15) 和式(10.16) 处：

$$\left(\frac{Lv}{ud}\right) = 3.0 \tag{10.15}$$

$$\left(\frac{Rv}{ud}\right)_t = 3.58 \tag{10.16}$$

射流与原水完全混合时应满足式(10.17)：

$$\left(\frac{Lv}{ud}\right) = 10 \tag{10.17}$$

上列各式中，R 为原水管径方向的坐标方向；L 为原水管轴方向的坐标方向；v 为原水管中断面平均流速；u 为絮凝剂射流出口流速；d 为絮凝剂射出的小孔孔径。$\left(\frac{Rv}{ud}\right)$ 及 $\left(\frac{Lv}{ud}\right)$ 都是以无量纲形式表示，以便于实验数据的整理。

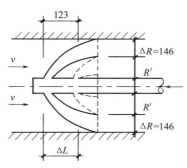

10.4.2.2 射流混合算例

（1）絮凝剂注入管射流孔计算

如图 10.19 所示，某原水水管的管半径 $R=300\text{mm}$，通过流量 $Q=0.424\text{m}^3/\text{s}$，断面平均流速 $v=1.5\text{m/s}$，现射流以 $u=7.5\text{m/s}$ 的速度沿原水管径向射入水中。

图 10.19　孔口计算

由式(10.16) 知，在 $\left(\dfrac{Rv}{ud}\right)_t = 3.58$ 处射流顶部碰到原水管的管壁，由该式可以算出所需射流射出的直径（即小孔直径）d：

$$d = \frac{Rv}{3.58u} = \frac{300 \times 1.5}{3.58 \times 7.5} = 16.8 (\text{mm})$$

射流孔口沿絮凝剂注入管周成 45°分布 8 个。在射流顶部碰到原水管管壁处，该处射流已扩散成的直径为 $\Delta R = R_t - R_b$，由式(10.13)、式(10.14) 可算出：

$$\Delta R = R_t - R_b = (2.63 - 1.35)\left(\frac{Lv}{ud}\right)^{0.28}\left(\frac{ud}{v}\right)$$

$$= [2.63 - 1.35(3)^{0.28}]\left(\frac{7.5 \times 16.8}{1.5}\right) = 146(\text{mm})$$

对管半径 $R = 300\text{mm}$ 的原水管还有 $R' = 154\text{mm}$ 的水流未与射流混合。为此应在注入管周再设第二排射流孔，与第一排孔成 45°相角，也是 8 个。由式(10.16)，以 $R' = 154\text{mm}$ 代入得第二排射流的小孔直径 d'：

$$d' = \frac{R'v}{3.58u} = \frac{154 \times 1.5}{3.58 \times 7.5} = 8.6(\text{mm})$$

由式(10.15) 可算出两排小孔在注入管轴向的间距 ΔL 为：

$$\Delta L = L - L' = 3.0\left(\frac{ud}{v} - \frac{ud'}{v}\right)$$

$$= 3.0 \times \left(\frac{7.5}{1.5}\right)(16.8 - 8.6) = 123(\text{mm})$$

根据水力学中孔口出流流量 $Q = \varepsilon Au$ 公式（ε 为收缩系数，取 0.64；A 为孔口断面面积），可得射流的流量 q 为：

$$q = 8 \times 0.64 \times \frac{\pi}{4} \times (d^2 + d'^2)u$$

$$= 8 \times 0.64 \times \frac{\pi}{4} \times (0.0168^2 + 0.0086^2) \times 7.5 = 1.07 \times 10^{-2}(\text{m}^3/\text{s})$$

射流的水头损失 h 近似为：

$$h = \frac{u^2}{2g} - \frac{v^2}{2g} = \frac{7.5^2 - 1.5^2}{19.6} = 2.76(\text{m})$$

射流与原水混合的损失功率 P_1

$$P_1 = \gamma qh = 9800 \times 1.07 \times 10^{-2} \times 2.76 = 289.41(\text{W})$$

在 $\left(\dfrac{Lv}{ud}\right) = 10$ 处，絮凝剂与原水完全混合，在该处第一排射流已扩散成的直径 ΔR_m 和第二排射流已扩散成的直径 $\Delta R'_m$ 分别为：

$$\Delta R_m = (2.63 - 1.35)\left(\frac{Lv}{ud}\right)^{0.28}\left(\frac{ud}{v}\right)$$

$$= 1.28 \times 10^{0.28} \times \left(\frac{7.5 \times 16.8}{1.5}\right) = 204(\text{mm})$$

$$\Delta R'_m = (2.63 - 1.35)\left(\frac{L'v}{ud'}\right)^{0.28}\left(\frac{ud'}{v}\right)$$

$$=1.28 \times (10)^{0.28} \times \left(\frac{7.5 \times 8.6}{1.5}\right) = 105(\text{mm})$$

因 $\Delta R_m + \Delta R'_m = 204 + 105 = 309\text{mm} >$ 原水管半径，可见絮凝剂与原水已完全混合。

（2）搅拌强度计算

① 絮凝剂在原水管中的混合长度

$$L = 10\left(\frac{ud}{v}\right) = 10\left(\frac{7.5 \times 16.8}{1.5}\right) = 840(\text{mm}) = 0.84(\text{m})$$

② 原水管横断面积

$$A = \pi R^2 = 3.1416 \times (0.3)^2 = 0.283(\text{m}^2)$$

③ 混合水的体积

$$V = AL = 0.283 \times 0.84 = 0.238(\text{m}^2)$$

④ 原水的水头损失

沿程阻力系数 λ 取 0.05，在 $L = 0.84$ 的原水管长度上，其水头 H 为：

$$H = \lambda \frac{Lv^2}{D2g} = 0.05 \times \frac{0.84}{0.6} \times \frac{1.5^2}{19.6} = 0.008(\text{m})$$

⑤ 原水的损失功率

$$P_2 = \gamma QH = 9800 \times 0.424 \times 0.008 = 33.24(\text{W})$$

⑥ 混合所需总功率

$$P = P_1 + P_2 = 289.41 + 33.24 = 322.65(\text{W})$$

⑦ 速度梯度

水温为 15℃时，$\eta = 1.14 \times 10^{-3}\,\text{Pa} \cdot \text{s}$，则：

$$G = \left(\frac{P}{\eta V}\right)^{1/2} = \left(\frac{322.65}{1.14 \times 10^{-3} \times 0.238}\right)^{1/2} = 1090(\text{s}^{-1})$$

⑧ 混合时间

$$T = \frac{L}{(Q+q)/A} = \frac{0.84}{(0.424 + 0.0107)/0.283} = 0.55(\text{s}) < 1(\text{s})$$

符合要求。

（3）静态混合器的计算及其与射流混合的比较

① 水头损失

$$h = 0.1184 \times \frac{Q^2}{D^{4.4}} \times n = 0.1184 \times \frac{0.424^2}{0.6^{4.4}} \times 4 = 0.81(\text{m})$$

式中，Q 为原水管流量，m^3/s；D 为原水管直径，m；n 为混合组件数，一般取 4。

② 功率损失

$$P = \gamma Qh = 9800 \times 0.424 \times 0.81 = 3365.71(\text{W})$$

以上表明，射流混合功率的损失仅为静态混合器的 9.5%，节电效果十分显著，经济效益可观，此外，在满足 $\left(\frac{Lv}{ud}\right) = 10$ 的条件下，原水与絮凝剂可在 1s 的时间内完全混合，絮凝剂水解聚合的中间产物因而可以得到充分利用，提高了絮凝效果，节约了药剂。

10.5 反应器的主要形式和参数

　　药剂和水混合后进至反应器，反应器的主要作用是促进颗粒的碰撞，形成矾花。随着矾花颗粒的逐渐增大，所受的水力剪切作用力也逐渐增大。为避免矾花破碎，反应器内的水流速度和速度梯度 G 值应逐渐减小。工业上常用的反应器有水力式反应池（如涡流式、隔板式、旋流式、网格式反应池、折板式反应池等）和机械搅拌反应池。其中涡流式和机械搅拌式适合于容量在 1000t/h 以下的水处理设备中。

10.5.1　涡流式反应池

　　涡流式反应池如图 10.20 所示，也可采用平面为矩形，断面为锥形的布置方式。在涡流式反应池中，水从下部进入后，旋流向上。由于旋转线速度和上升速度逐渐降低，因而速度梯度逐渐降低，这有利于矾花逐渐长大。在池子上部的圆柱体部分，虽然水流的搅拌作用已经不变了，但矾花可以继续增长，特别是从反应池下面升上来的细小颗粒通过这些较大粒度的矾花时，由于接触凝聚的作用，就易被吸附。由于这些优点，涡流式反应池的效果最好，停留时间最短，比其他形式的反应器约短 2～3 倍。涡流式反应池主要靠进水水流的扩散产生搅拌作用。底部入口处的水流速度、上部圆柱中的水流上升流速及锥角为搅拌强度的控制因素。涡流式反应池的优点是反应时间短，容积小，造价较低，缺点是池子较深，锥底施工较难。可以单用或建于竖式沉淀池内，适用于中小型水厂。主要设计参数如下：停留时间 6～10min；锥角 50°～70°；底部进口流速 0.7m/s；上部流速 4～5mm/s；出口管和小孔流速不大于 0.1m/s。

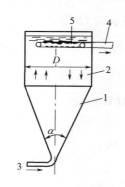

图 10.20　涡流式反应池
1—圆锥体部分；2—圆柱体部分；
3—进水管；4—出水管；
5—出水多孔管

10.5.2　隔板反应池和折板反应器

　　隔板反应池是应用历史较久，目前仍常应用的水力搅拌絮凝池，有往复式和回转式两种。图 10.21 为往复式隔板反应池，也可采用廊道在垂直方向的布置。在隔板反应池中，廊道的宽度是逐渐加宽的，因而廊道内的流速是逐渐减小的。这个办法虽然也可以使速度梯度逐渐减小，但在同一廊道内由于流速不变，速度梯度还是不变的，因而就不能做到连续不断地改变速度梯度。此外在隔板式反应池中也缺少涡流式反应池中的那种接触凝聚的作用，所以隔板式反应池的效果比涡流式反应池差得多。隔板式反应池主要靠水流拐弯处的速度变化产生速度梯度，廊道内的水流速度和拐弯的数目为速度梯度的控制因素。隔板式反应池的速度梯度可按式（5.98）和式（5.99）计算。式中的水头损失可按各廊道流速不同，分成数段分别计算。各段水头损失近似按下式计算：

$$h_i = km_i \frac{v_{it}^2}{2g} + \frac{v_i^2}{C_i^2 R_i} l_i \qquad (10.18)$$

式中，v_i 为第 i 段廊道内的水流速度，m/s；v_{it} 为第 i 段廊道内转弯处的水流速度，m/s；m_i 为第 i 段廊道内水流转弯次数；k 为隔板转弯处局部阻力系数，对往复式隔板（180°转弯）等于 3，对回转式隔板（90°转弯）等于 1；l_i 为第 i 段廊道总长度，m；R_i 为第 i 段廊道过水断面水力半径，m；C_i 为流速系数，随水力半径 R_i 和池底及池壁粗糙系数 n 而定。一般按满宁公式 $C_i = \frac{1}{n} R^{1/6}$ 计算或直接查水力计算表。

絮凝池内总水头损失为：

$$h = \sum h_i \qquad (10.19)$$

在往复式隔板絮凝池内，水流作 180°的急剧转弯，局部水头损失较大，使絮体破碎的可能性较大，特别是在反应池的后段。为此在往复式隔板絮凝池的基础上加工改进成为回转式隔板絮凝池如图 10.22 所示。在回转式隔板絮凝池内，水流作 90°的转弯，局部水头损失较小，絮凝效果因而得到了提高。

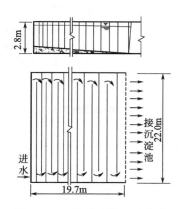

图 10.21　往复式隔板反应池

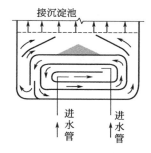

图 10.22　回转式隔板反应池

隔板式反应池可与平流式沉淀池连接。其优点是水流的短路被减少到最少，构造简单，施工容易，维修方便。缺点是容积大，水头损失较大，水量变化大时，絮凝效果不稳定；速度梯度完全取决于水流通过池子的速度，因而无法控制；淤泥和絮凝物会在池中沉积，特别是在低流速时难于避免。隔板式反应池适用于水量变动小的大中型水厂，水量过小时，隔板间距过狭，不便施工与维修。隔板式反应池的停留时间一般为 20～30min，水流速度一般由进水的 0.5m/s 减小到出水的 0.2m/s。为便于维修，隔板间净间距应大于 0.5m；为便于排泥，池底应有 0.02～0.03 的坡度，并设有直径不小于 150mm 的排泥管。

在隔板式反应池的基础上又发展了折板式反应池，折板絮凝是隔板絮凝的强化。折板式反应池通常为竖流式，并将隔板式反应池的平板隔板改为具有一定角度的折板而成，这种折板式反应池属于单通道折板反应池，如图 10.23 所示。由图可见，折板可以波峰对波谷平行安装，称为"同波折板"，也可以波峰相对安装，称为"异波折板"。同波折板和异波折板也可组合应用，有时还与平板联合应用。例如前部可采用异波，中部采用同波，后部采用平板，这样组合有利于絮体成长，避免破碎。

折板反应池的优点是水流在同波折板之间曲折流动，或在异波折板之间缩放流动，形成众多的小涡旋，提高了微粒之间的碰撞频率，因而絮凝效果得到提高。

如果将反应池分为若干格子，在每一个格子内安装若干个折板，就称为"多通道折板反应池"，如图 10.24 所示。在多通道反应池中水流沿着格子依次上下流动，平行通过若干个并联通道。

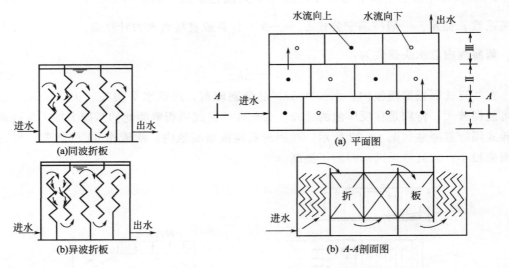

图 10.23　单通道折板反应池　　　　图 10.24　多通道折板反应池

折板间距决定于水流速度。折板间的流速通常分段设计，一般为三段。第一段：0.25～0.35m/s；第二段：0.15～0.25m/s；第三段：0.10～0.15m/s。折板夹角：90°～120°。波高：0.25～0.40m。折板可用钢丝网水泥板或塑料板拼装而成。

折板反应池的优点是：水流通过折板单元，在同波折板之间的曲折流动及在异波折板之间的缩放流动形成了众多的小涡旋，提高了颗粒碰撞的概率。在渐扩段与渐缩段的作用下，可以形成对称涡旋及单侧涡旋。波峰处水流边界层的分离是产生涡旋的动因。根据涡旋的扩散性，较大的涡旋会连续衍生较小的涡旋直到涡旋的雷诺数小到不能再产生更小的涡旋为止。大涡旋（与折板单元特征尺寸同数量级）从主流汲取能量，逐级传递给各级涡旋直到产生微涡旋（与絮凝体颗粒同数量级）。对于较大涡旋，流体黏性几乎不起作用，可忽略不计；大涡旋之间的能量传递属于弹性碰撞，没有能耗。而微涡旋中流体黏性占主导作用，当能量传递到最低数量级的涡旋时，能量就会通过黏性作用转化为热能。大涡旋决定紊动的扩散性，微涡旋决定絮凝体颗粒的有效碰撞。微涡旋运动产生的剪切力和离心惯性力是絮凝颗粒发生接触碰撞的主要作用力。研究表明，控制折板组合的尺寸比例可以控制涡旋的涡标和整个折板流场的均匀性，亦即控制紊动动能及有效能耗的均匀性，从而使有效碰撞均匀，絮凝效果得到整体提高。

经过半个多世纪的发展，折板絮凝工艺日臻完善。质变式的革新几乎不可能发生，但是众多后来者还是在经典折板絮凝工艺基础上提出了一些改良，以期进一步强化絮凝。他们主要从以下方面进行改进。

① 在折板絮凝池的流道上增设多层小孔眼格网。增设小孔眼格网有以下作用：水流

通过格网的区段是速度激烈变化的区段，也是惯性效应最强、颗粒碰撞几率最高的区段；小孔眼格网之后湍流的涡旋尺度大幅度减小，微涡旋比例增强、离心惯性效应增加，有效地增加了颗粒碰撞次数；由于过网水流的惯性作用，使矾花产生强烈的变形、揉动作用，达到高吸能级的部位变得更密实。

② 对絮凝折板单元的形状进行一定的改造。对折板单元的折角进行去角处理，即把一个折板单元转角由一次增加到两次。流场实测显示，所有折板组合的转角部位都存在不同程度的死水区，改造后的折板单元可以避免死水区造成的絮凝不充分和后续的污泥淤积。去角处理后死水区大大削弱，紊动动能和有效能耗分布更趋均匀合理。这将有利于有效碰撞且不至于因过分碰撞而使絮体破碎。

以上都是对折板絮凝结构进行微调，折板反应机理在本质上没有改变。增设多层小孔眼网格以优化絮凝流场，可认为是折板絮凝与网格絮凝的一种优势联合。去角处理是基于强化絮粒有效碰撞与预防絮体破碎理论而提出的。

10.5.3　旋流式反应池

旋流式反应池见图 10.25，水从底部进入，从上部出来，也可采用池子上部进水和下部出水的方式。旋流式反应池主要靠喷嘴射流产生搅拌作用，反应效果介于涡流式和隔板式之间。喷嘴出口流速及池高与直径之比为搅拌强度的控制因素，可以单用或建于竖式沉淀池内。其优点是容积小，水头损失也小。缺点是池子较深，地下水位较高处施工困难。旋流式反应池适用于中小型水厂，停留时间一般为 8～15min，进水流速为 2～3m/s。

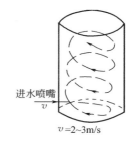

图 10.25　旋流式反应池

10.5.4　机械搅拌反应池

机械搅拌反应池是靠旋转的叶轮带动水流旋转，使水流产生速度梯度。在立式反应器中，搅拌轴垂直安放，一般用于中小型水厂；在水平反应器中，搅拌轴水平安放，一般用于大型水厂。在机械搅拌反应池中叶轮沿水流方向布置 3～4 排，转速由大到小。第一排桨板末端线速度取 0.6m/s（坚实的矾花可取 1.2m/s），最后一排桨板末端线速度取 0.2m/s。取水流速度为桨板速度的 70%～80%。桨板面积应小于桨板外延直径旋转面积的 15%～20%。主要设计数据为：停留时间 15～20min，混合强度 25～65s^{-1}，GT 值 10^4～10^5。图 10.26 为机械搅拌反应池剖面示意图。

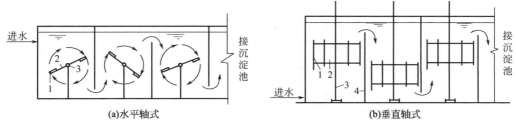

(a)水平轴式　　　　　　　　　　(b)垂直轴式

图 10.26　机械搅拌反应池剖面示意

1—桨板；2—叶轮；3—旋转轴；4—隔墙

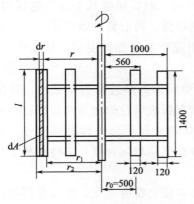

图 10.27　桨板功率计算

机械搅拌反应池的搅拌强度决定于搅拌器的转速和桨板面积，现以我国常用的一种垂直轴式桨板搅拌器为例计算。这种垂直轴式桨板搅拌器的轴上共安有 8 块桨板，试考虑第 i 块桨板，如图 10.27 所示。

当桨板旋转时，在 $\mathrm{d}A$ 微小面积上，水流阻力可用下式表示：

$$\mathrm{d}F_i = C_{\mathrm{D}}\rho \frac{v^2}{2}\mathrm{d}A \tag{10.20}$$

式中，$\mathrm{d}F_i$ 为水流对面积为 $\mathrm{d}A$ 的桨板的阻力，N；C_{D} 为阻力系数，取决于桨板宽长比；v 为水流与桨板的相对速度，m/s；ρ 为水的密度，kg/m³。

设桨板的长度为 l，桨板施于水的功率为：

$$\mathrm{d}P_i = \mathrm{d}F_i v = C_{\mathrm{D}}\rho \frac{v^3}{2}\mathrm{d}A = \frac{C_{\mathrm{D}}\rho}{2}v^3 l \mathrm{d}r \tag{10.21}$$

相对于水流旋转线速度 v 与桨板旋转角速度 ω 有如下关系：

$$v = r\omega \tag{10.22}$$

代入式(10.21) 得：

$$\mathrm{d}P_i = \frac{C_{\mathrm{D}}\rho}{2}\omega^3 r^3 l \mathrm{d}r \tag{10.23}$$

积分得第 i 块桨板克服水的阻力所消耗的功：

$$P_i = \int_{r_1}^{r_2} \frac{C_{\mathrm{D}}\rho}{2}\omega^3 r^3 l \mathrm{d}r = \frac{C_{\mathrm{D}}\rho}{8}l\omega^3 (r_2^4 - r_1^4) \tag{10.24}$$

若每根旋转轴上在不同旋转半径处各装相同数量的桨板，则每根旋转轴全部桨板所消耗功率为：

$$P = \sum_1^n \frac{C_{\mathrm{D}}\rho}{8}l\omega^3 (r_2^4 - r_1^4) \tag{10.25}$$

式中，P 为桨板所消耗功率，W；n 为同一旋转轴上桨板数；r_2 为桨板外缘旋转半径，m；r_1 为桨板内缘旋转半径，m。

机械搅拌反应池的缺点是由于需要一套转动设备，维护工作量较大。

10.5.5　栅条、网格式反应池

实践证明栅条、网格式反应池（特别是网格式反应池）的絮凝效率高于其他形式的絮凝池，其原理见本书 5.2.3 微涡旋理论。该理论认为，当颗粒直径与涡旋的最小特征尺度即 Kolmogorov 微尺度相近时，混凝的效果最佳，因此人们总是设法在低流速水流中的池壁处或流场中设置各种形式的绕流装置，以造成水流不连续的界面，使形成小旋涡，以此应用于絮凝反应，既可节约能量（低流速），又能改善絮凝条件，从而达到水头损失小、反应时间短、絮凝效果好、节约药剂投加量的目的。目前在絮凝池设置的扰流装置中有栅条和网格，其中网格较好，因为网格的每个孔眼四周均为肋条，即 1 个小单元内有 4 个扰流物体。

当池中紊动的水流经过网格后，由于水流的惯性和网格的绕流作用，大尺度的涡旋很容易破碎为小尺度的涡旋。控制网眼的尺寸和网格板条的尺寸，就可以得到我们所希望的涡旋尺度。从湍动能耗上分析，设置多层网格，可以更有效地降低湍流的程度，增加微涡旋的比例。另一方面，多层网格的扰动可以限制颗粒不合理的增大，有利于形成密实的不易破碎的絮体。所以，网格絮凝池设计的关键，就是根据絮体增大的规律，使不同阶段的湍动尺度能与之相近。为了达到这一目的，不仅网格的规格尺寸有相应的要求，而且还要适当地通过人工的手段，控制输入的能量和 G 值的大小。

实际工程中，栅条、网格式反应池设计成多格竖井回流式。水流进入后上下翻越经多个竖井流出，每个竖井安装若干层网格或栅条，竖井之间的隔墙上下交错开孔，每个竖井网格或栅条数自进水端至出水端逐渐减少，一般分三段控制，前段为密网或密栅，中段为疏网或疏栅，末段不安装网、栅。水流通过网格、栅条时相继收缩、扩大，形成涡旋，造成颗粒碰撞。水流通过竖井隔墙之间孔洞的流速及过网流速按絮凝规律逐渐减小。网格絮凝池平面布置如图 10.28 所示。栅条和网格的大样见图 10.29。表 10.3 列出了栅条、网格式反应池的主要设计参数，供参考。

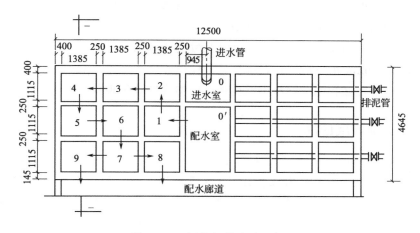

图 10.28　网格絮凝池平面布置

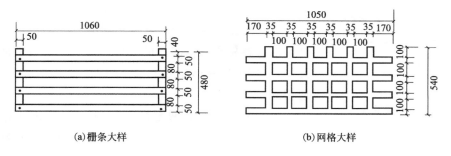

(a)栅条大样　　　　　　　　(b)网格大样

图 10.29　栅条和网格的大样

表 10.3　栅条、网格式反应池的主要设计参数

絮凝池型	絮凝池分段	栅条缝隙或网格孔眼尺寸/mm	板条宽度/mm	竖井平均流速/(m/s)	过栅或过网流速/(m/s)	竖井之间孔洞流速/(m/s)	栅条或网格构件布设层数/层 层距/cm	絮凝时间/min	流速梯度/s⁻¹
栅条絮凝池	前段(安放密栅条)	50	50	0.12～0.14	0.25～0.30	0.30～0.20	$\frac{\geqslant16}{60}$	3～5	70～100
	中段(安放疏栅条)	80	50	0.12～0.14	0.22～0.25	0.20～0.15	$\frac{\geqslant8}{60}$	3～5	40～60
	末段(不安放栅条)			0.10～0.14		0.10～0.14		4～5	10～20
网格絮凝池	前段(安放密网格)	80×80	35	0.12～0.14	0.25～0.30	0.30～0.20	$\frac{\geqslant16}{60\sim70}$	3～5	70～100
	中段(安放疏网格)	100×100	35	0.12～0.14	0.22～0.35	0.20～0.15	$\frac{\geqslant8}{60\sim70}$	3～5	40～50
	末段(不安放网格)			0.10～0.14		0.10～0.14		4～5	10～20

与其他形式的絮凝池相比，网格絮凝池效果好，水头损失小，絮凝时间较短，适用条件广。目前在网格絮凝池的设计及运行上存在的问题有：

① 竖井和格网的层数为多少可以达到最佳絮凝效果尚无定论；

② 格网之间的最佳距离具体的最佳数值尚无定值；

③ 国内不少工程的反应池，格网的网孔尺寸为 100mm×100mm，也有的为 25mm×25mm～50mm×50mm 正方形网孔，网孔的最佳尺寸尚在探讨之中；

④ 还存在末端池底积泥、网格上滋生藻类、堵塞网眼等现象。

10.5.6　穿孔旋流反应池

穿孔旋流反应池由若干方格组成，分格数一般不少于 6 个，各格之间的隔墙上沿池壁开孔。孔口上下交错布置，水流沿池壁切线方向进入后形成旋流，如图 10.30 所示。第一格孔口尺寸最小，流速最大，水流在池内旋转速度也最大。而后孔口尺寸逐渐增大，流速逐格减小，速度梯度也逐格相应减小，以适应絮体的成长。一般起点孔口流速宜取 0.6～1.0m/s，末端孔口流速宜取 0.2～0.3m/s。絮凝时间 15～25min。

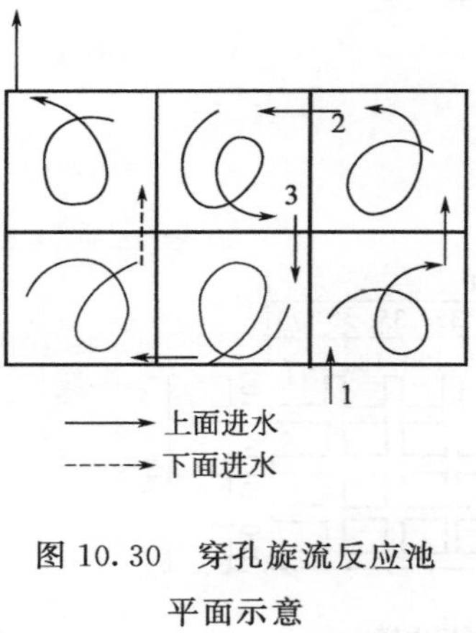

图 10.30　穿孔旋流反应池
平面示意

→ 上面进水
---→ 下面进水

穿孔旋流反应池受流量变化影响较大，故絮凝效果欠佳，池底容易产生积泥。优点是结构简单，造价低，施工方便，适用于中小型水厂或与其他形式的絮凝池组合应用。

以上各种形式的絮凝池都有其各自的优缺点，不同形式的絮凝池组合应用往往可以取长补短，相互补充。例如往复式和回转式隔板絮凝池在竖向组合（通常往复式在下，回转式在上）是常用的方法之一。此外穿孔旋流与隔板絮凝也可组合应用。在隔板絮凝池与桨板式机械絮凝池组合应

用的情况下，当水质水量发生变化时，可以调节机械搅拌速度以弥补隔板絮凝的不足；当机械搅拌装置需要维修时，隔板絮凝池仍可继续运行；若设计流量较小，用隔板絮凝池，前段廊道宽度不足 0.5m，则前端采用机械絮凝可弥补此不足。实践证明，不同形式的絮凝池组合使用，效果较好，但设备形式增多需酌情而定。

10.6 澄清器（池）概述

澄清器（池）是一种水和絮凝剂快速混合、反应、沉淀三种操作合一的装置。澄清器中设有悬浮泥渣层，原水在加入絮凝剂后经混合反应进入悬浮泥渣层区，利用泥渣层的接触凝聚-絮凝作用去除水中的细小悬浮物，其工作原理可参见本书第 5 章絮体毯絮凝。根据式(5.83)，当原水中细小悬浮物和总容积为 Φ 的絮体相碰撞后，原来的颗粒数按 e 的 Φ 次方关系迅速减少，造成了去除悬浮物的很有利的条件。

澄清器主要可分为两种类型，一类为循环泥渣型，其特点是频繁地进行泥渣循环，使原水与泥渣密切接触；另一类为悬浮泥渣型，其特点是在池内一定深度处形成一个泥渣层，从混合池中流出的水经过泥渣层时发生接触凝聚-絮凝作用。循环泥渣型又可分为机械搅拌加速式和水力循环加速式，前者适用于大中型容量，后者适用于中小型容量。悬浮泥渣型可分为悬浮式和脉冲式，前者可采用有穿孔的底板或无穿孔的底板，适用于每小时流量变化大于 10%，每小时水温变化不大于 1℃的情形；后者可采用真空式或虹吸式或切门式，适用于大中小容量。澄清器与一般的沉淀工艺设备相比，可大大降低造价。本章除了对以上所述两类澄清器的基本结构和工作原理做介绍外，对国外开发的一些其他类型的澄清器也做简要介绍，详细内容可参阅相关专业书籍。

10.6.1 循环泥渣型澄清池

循环泥渣型澄清池包括机械加速澄清池和水力循环澄清池，分别简述如下。

10.6.1.1 机械加速澄清池

机械加速澄清池属于泥渣循环分离型澄清器，利用安装在同一根轴上的机械搅拌装置和提升叶轮，使进入第一反应室的液流先在搅拌叶片的搅拌下缓慢回转，使水中杂质能和泥渣相互凝聚吸附，并使泥渣保持在悬浮状态。然后以提升叶轮将泥渣水从第一反应室提升至第二反应室，继续进行絮凝，生成更大的絮体。在此过程中被提升的水量约为澄清池进水量的 3～5 倍。从第二反应室出来的水流经过导流室进入分离区，在分离区内由于面积突然增大，流速降低，絮体因其与清水的密度差而与清水分离。沉下的絮体泥渣除部分通过泥渣浓缩室被排出以保持泥渣平衡外，大部分泥渣则通过搅拌装置和提升装置在池内不断与原水再度发生絮凝及循环。机械加速澄清池的构造如图 10.31 所示。

机械加速澄清池具有效率较高，工作较稳定，对原水浊度、温度和水量的变化适应性强等优点。机械加速澄清池在无机械刮泥装置时，进水悬浮物含量一般应小于 1000mg/L，较短时间内应不超过 3000mg/L；在有机械刮泥装置时，进水悬浮物含量一般应在 1000～5000mg/L 范围内，较短时间内应不超过 10000mg/L；当经常超过 5000mg/L 时应加预沉池。机械加速澄清池进水温度每日的变化应小于 2℃。机械加速澄清池的单台出力较大，

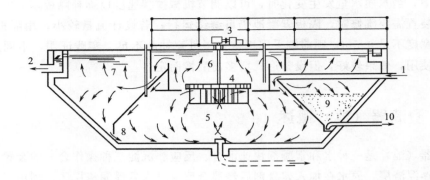

图 10.31　机械加速澄清池

1—原水入口；2—清水出口；3—搅拌装置；4—搅拌叶轮；5—第一反应室；

6—第二反应室；7—清水区；8—泥渣回流；9—泥渣浓缩区；10—过剩泥渣排出

机械设备的维修工作量较大，一般适用于大中型水厂。

10.6.1.2　水力循环澄清池

水力循环澄清池也属于泥渣循环分离型澄清池，利用进水本身的动能在水射器中形成高速射流，因而在喉管下部的喇叭口附近造成负压，将数倍于原水的活性泥渣吸入喉管，并在其中使之与原水以及加入原水的药剂进行剧烈而均匀的瞬间混合（混合时间仅 1s 左右）。由于活性泥渣中的絮凝体具有较大的吸附原水中悬浮固体及颗粒的能力，因而在第一反应室和第二反应室中迅速结成良好的絮体。从第二反应室中流出的泥水混合液进入分离室后絮体因密度差而分离。沉下的泥渣，除部分通过污泥浓缩室排出以保持泥渣平衡外，大部分泥渣被水射器再度吸入进行循环。

水力循环澄清池的构造如图 10.32 所示。

水力循环澄清池能最大限度地利用活性泥渣的吸附能力，它的结构简单，不需复杂的机电设备，投资较省，维修工作量也少。水力循环澄清池与机械加速澄清池相比，第一反应室和第二反应室的容积较小，反应时间较短。同时，由于进水量和进水压力的变动，泥渣回流量也随之变化，从而影响净水过程的稳定性。因此，絮凝剂用量一般要比机械加速澄清池大些。水力循环澄清池对进水量及温度的变化较为敏感，当进水温度高于池内水温，或部分池面受到阳光强烈照射，或进水量过大时，清水区矾花就大量上升，甚至出现翻池现象。

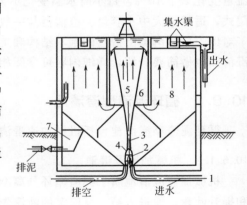

图 10.32　水力循环澄清池

1—进水管；2—喷嘴；3—喉管；4—喇叭口；

5—第一絮凝室；6—第二絮凝室；

7—泥渣浓缩室；8—分离室

水力循环澄清池一般适用于进水悬浮物含量小于 2000mg/L，短时间内允许到 5000mg/L。由于水力循环澄清池的单池处理量一般较小，故通常适用于中小型水厂。

10.6.2 悬浮泥渣型澄清池

悬浮泥渣型澄清池包括悬浮澄清池和脉冲澄清池，分别简述如下。

10.6.2.1 悬浮澄清池

悬浮澄清池属于悬浮泥渣型澄清池。加入絮凝剂后的原水，先经过池外的空气分离器，将其中的空气分离出去，以免空气进入池内，搅动悬浮层，破坏接触絮凝区的稳定性。然后通过底部的穿孔管，自下而上进入处于悬浮状态的泥渣层，即接触絮凝区，水中的杂质即和悬浮的活性泥渣颗粒接触碰撞，发生絮凝和吸附作用，使细小的颗粒结绒，逐渐增大，而清水则继续向上透过悬浮泥渣层"过滤"出来，进入清水区，达到与泥渣分离的目的。悬浮澄清池的构造如图 10.33 所示。

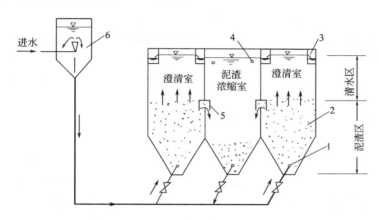

图 10.33　悬浮澄清池

1—穿孔配水管；2—泥渣悬浮层；3—穿孔集水槽；
4—强制出水管，5—排泥窗口；6—气水分离器

悬浮澄清池的结构简单，造价较低，对中小型水厂较为适用。悬浮澄清池一般单层式适用于原水含沙量在 3000mg/L 以下，双层式适用于原水含沙量在 3000~10000mg/L 左右，当原水含沙量过低或有机物含量较高时，处理效果就较差。

悬浮澄清池对进水水量，水温及加药量等的变化较为敏感。当澄清池进水量突然增加（每小时改变设计流量的 10%），进水温度高于池内温度或温度变化达±1℃ 时，悬浮泥渣层将变得不稳定，澄清效果不理想，出水水质会迅速恶化。

10.6.2.2 脉冲澄清池

脉冲澄清池也属于悬浮泥渣型澄清池，利用脉冲发生器的作用，使澄清池内活性悬浮泥渣层有规律地上下运动，形成周期性的膨胀和收缩，自动调整悬浮层浓度的均匀分布，有利于矾花颗粒的接触和碰撞，从而提高净水效果。脉冲澄清池由 4 个部分组成：

① 脉冲发生器系统；

② 混合反应系统（中央竖井、配水渠、穿孔配水管和稳流板）；

③ 澄清系统（悬浮层、清水层、穿孔集水管和集水槽）；

④ 排泥系统（污泥浓缩室和穿孔排泥管）。

各种脉冲澄清池除脉冲发生器不同外，其他结构和工作原理基本相同。脉冲发生器是脉冲澄清池的关键部分，脉冲动作完善程度直接影响脉冲澄清池的水利条件和净水效果。对脉冲发生器的技术要求是：

① 能自动周期性脉冲，充放比≥3；

② 放水快，时间短，一般5～10s；

③ 要确保空气不进入悬浮层；

④ 对大中小流量都适用；

⑤ 高低水位调节要灵活方便；

⑥ 水头损失不宜过大；

⑦ 脉冲动作要稳定可靠；

⑧ 构造简单，加工方便，造价低。

常见的脉冲发生器有机电型（真空泵、电动蝶阀、鼓风机吸气）和水力型（钟罩虹吸式、S型虹吸式、皮膜式、切门式）两类。国外常用真空泵式和S型虹吸式发生器。前者需要一套复杂的机电设备和自动化系统，造价高，维修复杂，适用于大中出力系统，后者虽构造简单，但适合于小流量（100m³/h以下）系统。国内创造的钟罩式水力型脉冲发生器不需要复杂的机电设备，已取得了成功的运行经验。

图10.34是钟罩式脉冲澄清池构造图。钟罩式脉冲澄清池的工艺流程如下：加药后的原水进入进水室，室内水位逐步上升，钟罩内空气逐渐被压缩，当水位超过中央管顶时，有一部分原水溢流入中央管，由于溢流作用，将压缩在钟罩顶部的空气逐步带走，经中央竖井气水分离后由透气管排气，形成负压，产生虹吸现象。进水室的水迅速通过钟罩、中央配水系统，并经配水渠从穿孔配水管的孔口高速喷出，在稳流板下面以极短时间进行快速混合反应，同时以较大上升流速（平均约4～5mm/s）冲动悬浮层垂直上升，使悬浮层膨胀，有利于矾花颗粒接触碰撞，将原水中的杂质截留下来。清水由清水层经穿孔集水管通过集水汇总引出。当进水室水位下降至虹吸破坏管口时，空气进入，虹吸现象被

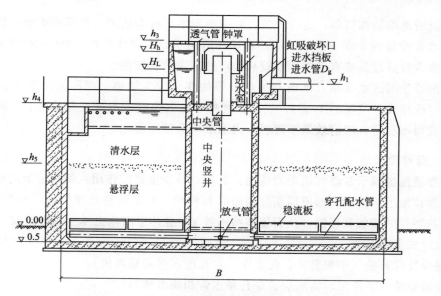

图10.34　钟罩式脉冲澄清池

破坏，进水室水位重新上升，此时澄清池不进水，悬浮层逐渐收缩下沉，周而复始形成脉冲作用。进水室中水位上升时称为充水，时间约为 25～30s；进水室水位下降时称为放水，时间约为 5～10s，整个脉冲周期为 30～40s。充水与放水时间之比称为充放比，通常为 (3:1)～(4:1)。

脉冲澄清池适宜处理含沙量小于 2000mg/L 的原水，含沙量大于 2000mg/L 时需考虑预沉措施，排泥阀宜采用快开阀、水力阀门或蝶阀。

由于脉冲澄清池具有脉冲混合的速度快、反应缓慢充分、间歇静止的沉淀、大阻力配水系统均匀性好、水流垂直上升池体利用较充分等诸多特点，所以澄清效率高。此外还具有许多优点，如脉冲澄清池的池形可做成圆形、方形、矩形等，因而便于因地制宜；池中无水下机械设备；集水装置和配水装置可采用石棉或聚氯乙烯制品，不需要钢材，没有腐蚀问题，因而维修保养简单；单池出力对大中小流量均适用等。

主要缺点是处理效果对水质、水温、流量较敏感，要求连续运行，间歇停池时间不宜过长，超过 2d 则需将池水放空并冲洗干净。

对脉冲澄清池改进后得到高速脉冲澄清池，如图 10.35 所示。主要是在悬浮区加装了斜板，从而使之兼具斜板沉淀和脉冲澄清池的优点。

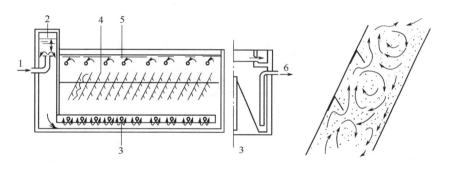

图 10.35　高速脉冲澄清池
1—进水；2—真空室；3—穿孔配水管；4—斜板系统；5—穿孔清水出水管；6—排泥管

其特点是在斜板上附加折流板，水流在斜板间产生湍流，可以达到如下效果：

① 使已经絮凝的絮体在斜板区再次絮凝变为更大的矾花；

② 使高浓度悬浊液在斜板间产生许多小循环，以利于泥水混合接触；

③ 使泥渣进一步浓缩，沿斜板下沉，以提高净化效果，这种装置在达到同样水质的前提下可使上升流速提高两倍。

在设备结构上，将普通脉冲澄清池的"人"字板取消，以穿孔配水管代替。斜板安装在悬浮区，板间距为 30～50cm，斜板与水平面成 60°，斜板背面加 60°的角形折流板，斜板顶高出悬浮区 10～20cm。

已加絮凝剂的原水，在穿孔配水管中以一定的速度喷出，经过池底的反射使原水与絮凝剂得到充分混合反应，然后上升至悬浮区。水在混合区和斜板下方的悬浮区总的接触时间为 5～15min，与悬浮区的浓度及上升流速有关。进入斜板区后达到进一步的絮凝浓缩。

高速脉冲澄清池适用的原水最高含沙量可达 1500mg/L，而出水浊度小于 2NTU；上升流速可达 2.2～2.3mm/s；污泥浓度比一般脉冲澄清池高；操作较方便；启动时悬浮层形成快，放空后再启动，2h 后就可使出水浊度稳定在 2NTU 以下；由于配水管的喷嘴喷水速度高，所以池底无积泥。

10.6.3 其他类型的澄清池

其他类型的澄清池包括加砂澄清池和旋流反应净化器，分别简述如下。

10.6.3.1 加砂澄清池

（1）高速絮凝澄清池

高速絮凝澄清池也称为 C.F 澄清池，如图 10.36 所示。

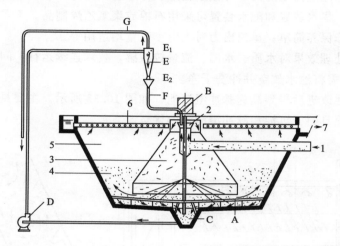

图 10.36　C.F 澄清池

1—加有絮凝剂的原水；2—钟形扩散部件；3—反应区；4—澄清区；5—澄清水；6—集水槽；7—澄清水出口
微砂再生系统：A—刮泥器；B—刮泥器驱动系统；C—污泥微砂汇集坑；D—回流泵；
E—水力旋流器（E_1 溢流，E_2 底流）；F—再生后微砂重新加入管；G—污泥排放

C.F 澄清池的特点是在原水进口加入一种高负荷的悬浮活性固体，实际使用的是石英砂微粒。原水在加入絮凝剂后进入池内，由中央反应区向下，再通过澄清区向上流动。由于有微砂存在，发生的物理化学过程不是形成絮体，而是形成复杂的氢氧化物胶体并黏附在活性微砂的表面，这种现象主要发生在水的上升区底部，在那里高浓度的微砂起到了加速絮体沉降和凝聚核心的作用，对于低浊度原水，微砂能大大提高水中微粒的碰撞频率，加速絮凝过程；对于高浊度原水，微砂能使松散的絮体转为微砂和泥渣的混合物，大大提高沉降速度。C.F 澄清池对原水的质和量的变化有较强的适应性，能有效地排除污泥，所产生的污泥易脱水，对低温原水的处理也很有效。

C.F 澄清池有两个不同的回路，一个是原水回路；另一个是微砂和它的再生回路。微砂在回流时和原水在钟形罩内均匀混合，从上部扩散口溢出经下部穿孔板进入锥体反应区，反应罩悬固于池壁上，反应罩外部为沉淀区。在反应区和沉淀区之间的水流断面通过一个可调的裙板来控制。底部的刮泥装置将附着污泥的微砂集中到池底中部，再以泵回收打到旋流器中重复使用。

C.F 澄清池的内部装置都是用耐磨蚀材料制成的，悬流器用铸铁制成，其内壁衬胶，

微砂污泥回流泵用衬胶泵。C.F 澄清池上升流速一般为 $2.22\sim2.77$mm/s，为普通加速澄清池出力的 $2\sim3$ 倍。由于微砂的存在，胶体粒子也不易透过，出水浊度可达 4NTU 以下，还可有效除去有机物和色度。加入砂的粒径为 $20\sim100\mu m$，加砂量为 $1\sim3$kg/m³ 水，按下式计算：

$$20<\frac{T}{S}<30 \tag{10.26}$$

式中，T 为絮凝剂投量，g；S 为加砂量，kg；砂的损失量通常为每处理 1t 水约 $1\sim2$g，砂的活化可采用海藻酸钠，用量在 0.5mg/L 以下。

（2）Fluorapid 快速澄清池

Fluorapid 快速澄清池运行时也需加入活化砂，结构如图 10.37 所示。

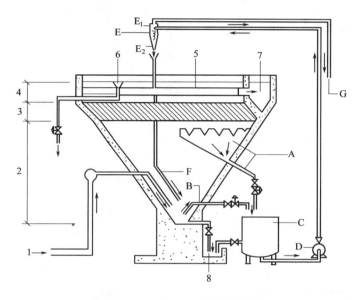

图 10.37　Fluorapid 快速澄清池

1—加药的原水进口；2—活化砂流化层；3—斜板区；4—澄清水；5—清水集水管；
6—除浮渣装置；7—清水出口；8—排泥管
砂的再生系统：A—上部排泥砂设备；B—下部排泥砂设备；C—泥砂收集器；D—循环泵；
E—旋流泥砂分离器（E_1 上喷口 E_2 下喷口）；F—再生微砂注入口；G—排泥管

Fluorapid 快速澄清池与 C.F 澄清池的不同点是：

① 加药的原水是自池底向上流动，并在澄清区加装斜板起到加速沉淀的作用，同时使水与砂再次接触；

② 由于水的向上流动，使活化砂处于流化状态，产生强烈的搅拌作用，因而活化砂的作用发挥得更好；

③ 反应区是一个倒棱锥形，从而提供了水流自下而上的渐慢的速度梯度；

④ 由于饱和的活化砂不断下沉，形成了一个水平流化层，水在其中通过时可起过滤作用；

⑤ 泥砂分在两处收集，一处在斜板下，一处在池底。

Fluorapid 快速澄清池也适用于水质水量的变化，它的上升流速更高，可达

2.8～3.6mm/s。

10.6.3.2 旋流反应净化器

旋流反应净化器是带有水力驱动的装置，如图 10.38 所示。水流通过已形成并保持旋转的锥形泥渣层，沿着不断扩展的螺旋形路线向上流动，省去了机械方面的问题。

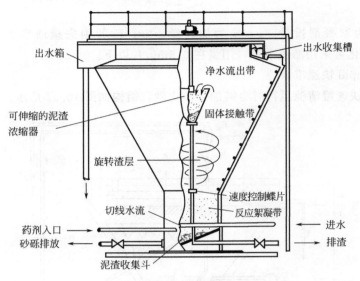

图 10.38 旋流反应净化器

这种旋流形式提供了一个长距离快速混合带、渣层接触带和净化带。在净化带中，连续的旋流产生的澄清动力学相当于一个长的平流沉淀槽和一个延伸的絮凝物沉淀所需的流动距离，而不是直接从渣层面流向溢流井的流动距离。这种流动距离消除了水流在器内的局部短循环。原水以切线方向进入池底，速度是可调的。药剂加在进水管或圆柱体段，通过可调叶片或安装在圆柱体段的可调进水速度喷嘴，使旋流不停地转动，并控制旋流的切向流速。圆柱体的上部是圆锥体，圆锥体段可减低旋流的竖向分力，并防止在器边积渣。在固体接触带中部安装一个可调的锥形泥渣收集浓缩器。浓缩器的液面由桥形甲板调节，以达到最佳的体积密度和泥水分界面。主锥体的上部是净化带，水通过它以旋流形式不断上升直到超出环形出水堰。这种装置能适用于各种原水条件。

旋流反应净化器运行时，原水以 0.3～1.2m/s 的流速进入装置，在柱形快速混合段的上升速度是 13mm/s 左右；在锥体段，大直径端的水平向量流速减小到 0.005～0.02m/s，垂直向量流速减小到 0.68mm/s。

旋流反应净化器具有出水质量高，药剂耗量低，操作简单，运行稳定，能量消耗小，投资低，适应性强等优点。

10.7 电絮凝的原理与方法

10.7.1 电絮凝的原理

在直流电的作用下金属阳极的溶解过程是电絮凝法的基础。在欲净化的水中放置金属铝或铁作阳极，在电解过程中由阳极上溶解而转移到溶液中的 Al^{3+} 或 Fe^{2+} 水解而成为分散杂质的有效絮凝剂，例如：

$$阳极 \qquad\qquad Al-3e \Longrightarrow Al^{3+} \qquad\qquad (10.27)$$

$$4OH^{-}-4e \Longrightarrow 2H_2O+2[O] \qquad\qquad (10.28)$$

$$阴极 \qquad\qquad 2H^{+}+2e \Longrightarrow H_2\uparrow \qquad\qquad (10.29)$$

由此在阳极上产生氧气泡，在阴极上产生氢气泡。这些气泡在上升时，就将悬浮物带到水面，在水面上形成浮渣层；另一方面 Al^{3+}（或 Fe^{2+}）及其水解聚合产物与悬浮杂质相互作用而发生絮凝，当生成的絮体密度较大时，这些絮体会下沉到底部；当生成的絮体密度较小时，这些絮体也会浮上而分离。在被带到水面的物质增多时，可采用撇去或刮去的方法将它们除去。

铁的价格比铝低得多，但铁的摩尔质量比铝大，在阳极上氧化时每个铁原子失去 2 个电子，每个铝原子失去 3 个电子，所以单位电量所消耗的铁的质量较大，为铝的 3 倍。电絮凝法类似于铝盐和铁盐絮凝的过程，但不同的是经电絮凝后的水不会被氯离子或硫酸根离子所污染，由于这些阴离子的含量在许多水中是受到限制的，所以在此种情况下电絮凝法尤为适宜。

从理论上讲，从阳极上溶解下来的铝量或铁量与通过溶液的电量成正比，即遵守法拉第电解定律。但在估算电能消耗时，尚需考虑极化引起的超电压、欧姆电位降等因素，因而实际的能耗总是比理论值要高。降低电耗可以靠减小电极之间的距离、增加溶液的导电性、增大液体在电极间的流速等手段。但是当水中含有较多的悬浮物，特别是当含有能形成稳定泡沫的表面活性物质时，即使水在极间缝隙中以极高的流速流过，对于 $10\sim15nm$ 的缝隙宽度，也可能发生堵塞。在这种情况下，进行预处理是十分必要的。

在电絮凝装置中，电极片与电源的连接可以是并联也可以是串联。在并联时所有电极以单性电极形式发生作用；在串联时位于中间的电极则以双性电极的形式发生作用。串联的优点是能在较小的电流下工作，并可采用小型整流器。然而在带有双性电极的电解槽中，会产生不生成有效功的旁路电流，如图 10.39 所示。

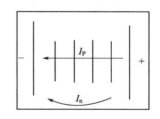

图 10.39　在有双性电极的电解槽中电流的分配

工作电流 I_p 和旁路电流 I_n 的比值可以从电压平衡中算出：

$$n(E_0+r_p I_p) = E_0+nr_n I_n \qquad (10.30)$$

式中，E_0 为分解电压，r_p 和 r_n 分别为通过工作电流和旁路电流的电解质溶液层的电阻，n 是由电极组成的电解单元格的个数。

当铁阳极溶解时，向水中投加食盐可降低能耗。由于铁溶解时产生的是铁的二价形态，为提高其絮凝作用需将其转化为三价形态，由于在 pH 值小于 7 时二价形态的铁很难被氧化为三价形态的铁，因此可将水碱化或用氯处理。

10.7.2　电絮凝水净化装置

大多数电絮凝水净化装置是无压力常压板框式电解槽，也有采用筒状电极形式的。

10.7.2.1 常压板框式电絮凝器

在常压板框式电絮凝器中，金属极板垂直且平行放置，相互间距为 3～20mm，并由绝缘插入片支持以防短路。电流通至每一块板片上，称为单极连接。如上所述，所有电极以单性电极形式发生作用，如图 10.40 所示。常压板框式电絮凝器一般有卧式和立式两种。在卧式电絮凝器中，水的流动方向是水平的；在立式电絮凝器中，水流自下而上垂直流动，因而液流可以将气体和凝絮物带走。

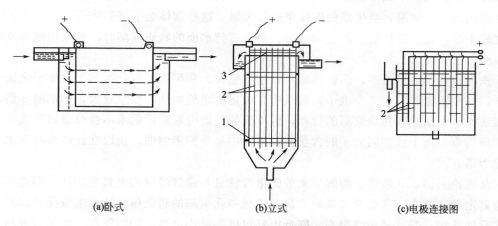

(a)卧式   (b)立式   (c)电极连接图

图 10.40　无压力板框式电絮凝器示意

1—绝缘插入片；2—电极板；3—导电插入片

图 10.41 是有絮体形成室即反应室的板框式电絮凝器。为了使电絮凝器装配简单，并降低电流强度，也可采用双极连接，即电流不是接至每块板片，而是越过几块板片，使中间的板片在电场内极化而产生溶解，此时电极以双性电极的形式发生作用，如图 10.42 所示。

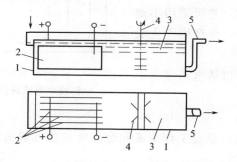 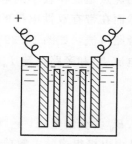

图 10.41　有絮体形成室的板框式电絮凝器

1—外壳；2—电极；3—絮体形成室；

4—四叶片搅拌器；5—出水槽

图 10.42　双极连接的板框式
电絮凝器

双极连接与单极连接比较，具有以下优点：

① 极板接线大为减少，安装维修方便，有利于缩短极间距和设备小型化，同样大小的电解槽电极板数可以增加一倍；

② 可以采用较高电压和较低电流的直流电源设备，减小导线截面积，减小电能损耗。

在双极连接时，每一组中电极的数量不应超过 8 片，因为电极数量过大时，电流效率会降低。由于每一组中的电极数量受到限制，故可以做成电极组，电解槽电压最好不超过 36V，即对操作人员的安全电压。

根据原水通过电絮凝器的方式，可以分为单流式和复流式。在复流式设备中，水同时流过各电极之间的空间（并联通道），而在单流式中，水沿着由电极组成的迷宫（串联通道）流动，这样可以减小对电极的腐蚀。国外曾研究开发了如图 10.43 所示的单流式结构。

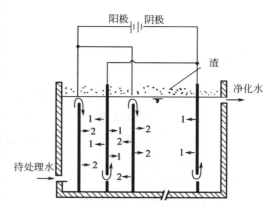

图 10.43　单流式电絮凝器结构

10.7.2.2　具有筒状电极的电絮凝器

图 10.44 所示为具有筒状电极的电絮凝器，该反应器的特点是电极系统是用圆铁柱或圆铝柱垂直排列安装在喷射循环系统的周围，水通过上水管进入喷嘴，并在电极之间的空间内循环。这种设备结构可降低电极的极化，减小电能消耗，改善絮体的水力学和物理化学条件。

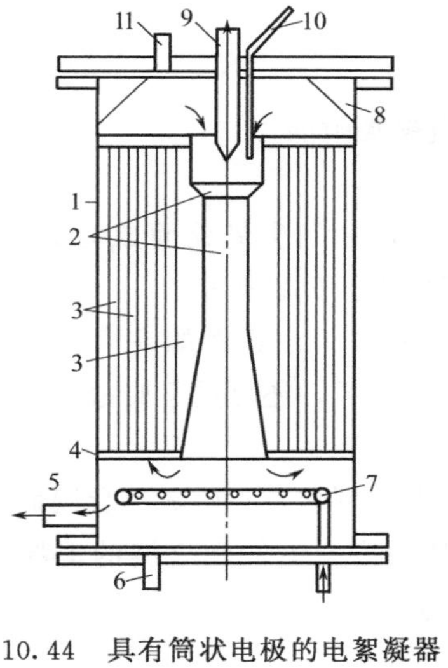

电絮凝器一般设有排除泡沫的斜槽，电解槽底部按水流方向做成倾斜形，并装上排除沉淀物和使电解槽排空的管道。电絮凝器必须与其他设备如水箱、水泵、流量计、阀门、管道等组合在一起，组成电絮凝装置，才能实现净水过程。此外，电絮凝装置常与过滤器、沉淀器、电气浮设备组合在一起，以强化净水过程和改善水质。组合方式可以是综合式，也可以是分离式；可以垂直布置也可以水平布置。在电絮凝器的运转中，为了延长电极钝化时间，电极的极性每隔 15min 应倒换一次。

图 10.44　具有筒状电极的电絮凝器
1—壳体；2—喷嘴系统；3—筒状电极；
4—支架；5—排水管；6—设备排空管；
7—进气管；8—排气锥体；9—进水管；
10—试剂进料管；11—排气管

目前，有一种移动式电絮凝装置，整个安装在一辆载重货车上，包括原水给水泵、预过滤器、电絮凝器、过滤器、消毒杀菌器、澄清水容器等，如当地没有电源，还可配柴油发电机组。近年来还出现了一种从水中心到四周径向运动的机械净化阳极的双片式电絮凝器，这种电絮凝器能除去阻止阳极溶解且具有弱电导的致密不溶性氧化膜。

10.7.3　电絮凝法在废水处理中的应用

电絮凝法在采用铁阳极时，从阳极溶出的亚铁离子将六价铬还原为三价铬，因而可以有效地去除铬：

$$6Fe^{2+} + Na_2Cr_2O_7 + 19H_2O + 12e \rightleftharpoons 6Fe(OH)_3 + 2Cr(OH)_3 + 2NaOH + 6H_2$$

$$(10.31)$$

因此电絮凝法在有色冶金废水的净化中得到了广泛的应用。电絮凝法的优点是可以在很宽的 pH 值（2～9）范围内应用，其投资和管理费用低于其他方法。

实际上铁的阳极溶解除了电化学溶解外，还有纯化学溶解，特别是当水的 pH 值较低时。已经证实当 pH 值从 8 降至 2 时，阳极的纯化学溶解几乎增长 2 倍，这样溶解生成的亚铁离子同样参与六价铬的还原。由于纯化学溶解的存在使电流效率大大提高，例如当 pH 值为 2～4 时，电流效率常常超过 100%，当 pH 值大于 5 时，电流效率一般都会下降，这与电极表面出现氧化膜以及溶液的电导下降有关。

用电絮凝法处理废水时废水的 pH 值一般都会升高，其值可高出原水 1～4 个单位。由于 pH 值的升高，水中的一些重金属离子就会以氢氧化物形式沉淀析出，此外尚有由阳极溶解进入水中的铁离子也会成为氢氧化物而沉淀析出，这些氢氧化物在沉淀析出的过程中，会吸附水中的一些重金属离子发生共沉淀而使之除去。

10.7.4 电絮凝法与药剂絮凝法的比较

① 电絮凝法具有浮选作用，而药剂法无此作用；

② 电絮凝法不会使水中的 SO_4^{2-}、Cl^- 等离子产生富集；

③ 电絮凝法产生的氢氧化物比药剂法的活性高，凝聚吸附能力强；

④ 电絮凝法的耗铝量为药剂法的 1/3～1/10；

⑤ 在电絮凝的过程中，阳极上产生的氧和氯可使有机物发生氧化而成为无害成分，并起到杀菌作用，阴极上还原作用使氧化型色素还原而成为无色物质；

⑥ 电絮凝器设备紧凑，管理简单，特别适用于少量水的处理，例如在海洋和江河上航行的船只上，也适用于生产用地紧张及交通不便的边远地区，还可用于野战部队的用水处理。

虽然电絮凝法具有以上诸多优点，但也存在一些缺点，例如由于生成氧化膜而使电极表面钝化；电极间的水流通道易被氢氧化物沉淀和絮体堵塞；电能和金属的消耗量较大等。尽管如此，在一些特殊场合，电絮凝的意义还是十分明显的。

10.8 总体设计

絮凝是水处理的单元操作之一，现有的水处理絮凝工艺包括溶药、投药、混合、絮凝及后续各种分离工艺（如沉淀、斜板沉淀、过滤、气浮等）。这些工艺都具有模块化的性质，根据欲处理原水的水量、水质及处理目标对每个模块进行分析、设计和优化，然后将它们连接起来，做好能量平衡和物料平衡分析，形成整体设计。由于原水及处理目标的不同，整体设计会不同，举例如下。

我国汤鸿霄院士团队在北京市第九水厂建立了高效絮凝集成系统。该系统包括了具有 3 套不同流程的反应系统，即絮凝-沉淀系统、絮凝-气浮系统、絮凝-深床过滤系统，可以根据水量、水质变化切换到不同的工艺，高效絮凝集成系统如图 10.45 所示。

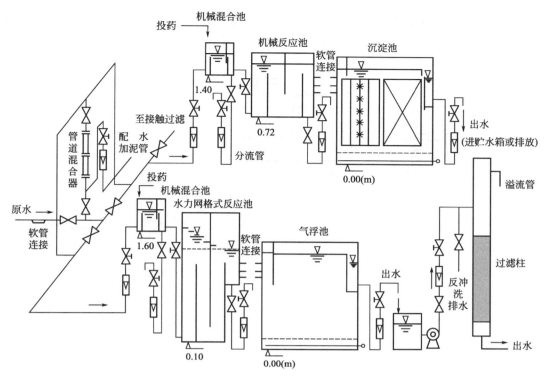

图 10.45　高效絮凝集成系统

图 10.46 是絮凝-溶气气浮系统。其中包括混合池、絮凝池、气浮池及容器系统。原水进入混合池进行投药快速混合，然后进入三级机械搅拌絮凝反应池，也可以直接进入气浮池。经絮凝反应后的水流入气浮池的接触区与释放器释放出的气泡混合吸附，继而进入气浮池的分离区，气泡絮粒上浮为浮渣层被刮去，清水经下流集水管流出。溶气释气系统是将空气由空压机、自来水由离心泵同时打入溶气罐，然后由释放器减压释放。

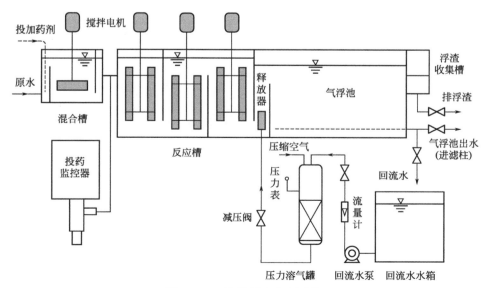

图 10.46　絮凝-溶气气浮系统

图 10.47 是直接过滤系统。进水直接与水厂配水管路相连，经管道混合或机械混合后直接进入滤柱。系统中并联有絮凝-沉淀系统，以备在必要时进行工艺切换。

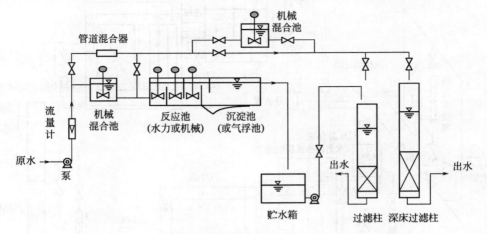

图 10.47　直接过滤系统

第11章

污泥调理与脱水

11.1 污泥调理的作用和意义

水处理中分离或截留的固体物质统称为污泥。给水处理产生的污泥主要来自沉淀池排泥和滤池反冲洗，是用混凝、化学沉淀等方法处理时产生的化学污泥，其成分以无机物为主。污水处理产生的污泥主要来自初沉池的初沉污泥、来自二沉池的生物污泥及经过厌氧消化或好氧消化后的消化污泥，其成分以有机物为主。由水处理产生的污泥一般含有数百毫克/升的 BOD 及数千毫克/升的 COD，如此高的 COD/BOD 比值意味着污泥具有相对生物稳定性，一定程度上不易分解，在接受水体中不构成高的需氧量。

给水处理厂产生的污泥一般为非牛顿流体，体积庞大，呈胶凝状，其中含有铝和铁的氢氧化物、无机物（如黏土胶体、铁、锰）、有机物（如天然色度、藻类、细菌及病毒等）。一般来说，给水处理产生的污泥不会带来诸如病原体、有机化合物、重金属等造成的严重的环境问题，特别是与污水处理产生的污泥相比时更是如此。对许多给水污泥的分析表明，其中镉、铜、铬、镍、铅、锌等重金属的浓度都低于最高容许值。另有实验证明，来自用硫酸铝为絮凝剂的水处理厂的污泥不会对生长着的植物造成毒害，甚至对那些直接生长在未与土壤混合的污泥中的植物也不会有毒。一些研究者还发现给水处理产生的污泥的化学性质及物理性质有利于植物的生长。来自美国匹兹堡水厂的污泥曾被用作表层土壤或表层土壤的改良剂。如果被处理原水含有藻、泥土、砂及沉淀物等，它们在水处理之后就形成富营养物，成为有效的表层物质，同时其价格也相当便宜，大约为商品表层土壤的 1/3。

当以给水厂污泥作为土壤改良剂时，一个主要问题是对土壤中磷的潜在固定作用。但是只要污泥使用率被限制在 $25\sim50t/(hm^2 \cdot a)$ 以下，问题则会被减轻。也可以在补充施肥的条件下，提高污泥使用率。磷被吸附在氢氧化铝的表面或形成铝的磷酸盐沉淀而被固定。

给水厂污泥也可以用在林业领域，特别适用于那些对磷的需求量低的树木。实验证明，如果在地表下 10cm 深处施加约 1.5% 的污泥，对树木的生长并无妨害。还有实验证明，铝矾污泥可以施加到森林土壤中，至少可以达到 1.5%～2.5% 的浓度而无任何害处。

另外，污水处理产生的污泥通常含有大量的有毒、有害及对环境造成危害的物质，如有毒有机物、重金属、病原菌及寄生虫卵等，如不进行无害化处理会对环境造成二次污染，因此污泥处理成了污水处理的重要组成部分，例如，对于以活性污泥法为主的城镇污水处理厂，污泥处理系统的建设投资约占污水处理厂总投资的 20%～40%，污泥处理运行费用约占污水处理厂总运行费用的 20%～30%。

据 1971 年估计，美国水处理厂每年产生约 $2×10^6 t$ 铝矾干污泥及 $0.3×10^6 t$ 铁盐干污泥。在我国，近年来随着城市给水与污水处理的发展，生物和化学污泥大量产生，据统计 2016 年我国的污泥产量已达 $4×10^7 t$ 左右（以含水率 80% 计），预计 2020 年污泥产量达到 $6×10^7 t$ 左右，在这种形势下，污泥处理就显得更加重要起来。

无论是给水污泥还是污水污泥都需进行处理和最终处置。污泥处理的主要目的是减少污泥量并使之稳定，便于污泥的运输和最终处置。污泥的处理工艺主要由污泥的性质和最终处置的要求所决定，一般含有储存、浓缩、调理、脱水及最终处置等单元操作，如图 11.1所示。

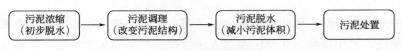

图 11.1　污泥脱水流程

在图 11.1 中，污泥浓缩的目的是减少污泥体积，以便后续的单元操作。污泥浓缩的主要方法有重力浓缩、气浮浓缩和离心浓缩。目前城市污水厂的污泥的含水率在 99% 以上，经过浓缩或机械脱水工艺处理后，其含水率仍在 80% 以上，高含水率导致污泥体积庞大，因此如何改善污泥脱水性能、提高污泥脱水效率已成为污泥处理领域的重要课题。

污泥水分分类如图 11.2 所示，分为间隙水分、表面吸附水分、自由水分及化学结合水分。众多的研究表明污泥脱水的关键在于释放内部化学结合水，仅仅去除间隙水和表面吸附水远远不能达到污泥脱水的目的。

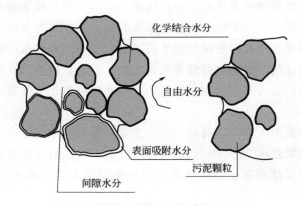

图 11.2　污泥水分分类

污泥的脱水性能常通过实验以污泥比阻和毛细吸水时间（CST）做出评价，见本书第7 章浓分散体系的试验方法。从经济和空间的角度考虑，人们最感兴趣的方法是滤带压滤脱水、离心法脱水及真空过滤脱水，这些机械设备的良好运用与前期的污泥调理有密切的依赖关系。污泥调理是指采用物理和化学的方法改变污泥的性质，使之便于脱水。一般来说，污泥调理的目的是将无定形的胶样污泥转变成有空隙的物质，便于释出其中的水分。化学调理法是最普遍采用的污泥调理法。化学调理法常常依靠多价金属离子和（或）有机高分子聚合物絮凝污泥中的固体，生成膨胀结构的聚集体。

11.2 污泥的特性

水处理污泥具有体积庞大、胶黏、对浓缩和脱水构成阻力等特性，特别是来自低浊度水处理的污泥更是如此。污泥一般是可以压缩的，在脱水中增大所施加的压力会产生较高的过滤阻力。这些污泥具有触变性，在静置状态似乎是固体，但是在被搅动时会变为可以流动的流体。

来自澄清池或过滤器的污泥的浓度较低，当以澄清池处理低浊度水和海藻含量高的原水时，产生的污泥浓度更低，在处置之前须浓缩和脱水。污泥的浓度除了与被处理的水质有关外，还与澄清池的类型有关，例如，来自向上流絮体毯澄清池的沉降铝污泥的干固体的含量一般在 0.1%～0.3% 之间。对具有连续机械除泥的水平流澄清器，浓度也很少超过 1%，一般在 0.2%～1% 之间。对具有周期性除泥（例如人工除泥）的澄清池，浓度可能达到 4%～6%。

污泥脱水性能的一个很有用的指标是比阻。据报道，对铝矾污泥，比阻约在 500×10^{10} ～5000×10^{10} m/kg 之间。一般正常情况下，在浓度达到 2% 之前，比阻随污泥浓度的增大而增大，在浓度达到 2% 之后，基本保持不变。有些时候，如果让污泥在脱水之前静置一段时间，然后测得的比阻相对于新鲜污泥要略高一些，但是脱水后最终达到的浓度常常略高。

一般来说，比阻大于约 500×10^{10} m/kg 的污泥被认为是难于脱水的，而比阻小于约 500×10^{10} m/kg 的污泥被认为是相对容易脱水的。对于石灰处理水所得污泥，典型比阻值在 1.2×10^{10} ～8.2×10^{10} m/kg 之间，反映出该种污泥有良好的脱水性能。

有关原水有机色度（表示为 TOC）对污泥特性影响的实验研究表明，含有机色度的原水处理后产生的浓缩污泥的浓度与不含有机色度的同样的水相比要低 10%～20%。当存在有机物时，重力浓缩率相当于不存在有机物时的 15%～30%。有机物对污泥特性的不利影响可归因于污泥基质中纳入了更多的水分子和产生了小的絮体，由此阻碍了间隙水的排出。

当"被去除的 TOC/加入的 mgAl"比值分别为 0、0.25、0.50 和 1.0 时，测得的比阻值分别为 1200×10^{10}、1400×10^{10}、2100×10^{10} 和 3400×10^{10}。以高锰酸钾进行预氧化可以改善脱水性能。当"被去除的 TOC/加入的 mgAl"比值为 1.0 时，絮凝前加入原水的 $KMnO_4$ 投加量分别为 0mg/L、0.4mg/L、0.8mg/L、1.2mg/L 和 1.6mg/L 时，比阻值依次减小如下：3400×10^{10}、3000×10^{10}、2200×10^{10}、1250×10^{10} 和 1100×10^{10}。使用 $KMnO_4$ 虽然能够改善脱水性能，但对浓缩率的提高却很小。

11.3 利用无机絮凝剂调理污泥

无机絮凝剂在污泥调理中所使用的剂量，与污泥的类型有密切的关系，难脱水的污泥需投加的剂量较大，易脱水的污泥需投加的剂量较小。现将城市污水处理的各种污泥按调理时所需剂量增加的顺序排列如下：

① 未处理的初次污泥；

② 未处理的初次污泥和生物滤池污泥的混合污泥；

③ 未处理的初次污泥和废活性污泥的混合污泥；

④ 厌氧消化污泥；

⑤ 好氧消化污泥。

在美国城市污水处理厂中，最常用的无机污泥调理絮凝剂是三氯化铁，在英国则为硫酸亚铁和水合氯化铝。其他金属盐如硫酸铝及助凝剂石灰等也可用于污泥调理。

因为氢离子浓度会影响污泥颗粒和絮凝剂的性质，所以 pH 值会影响污泥化学调理的效率。投加金属离子絮凝剂，会降低污泥的 pH 值。对高度缓冲的污泥而言，絮凝剂的投量往往很大，需要大量的絮凝剂去改变污泥的 pH 值，缓冲体系的 pH 值越高，絮凝效率越差。这个问题常在消化污泥中遇到，因为消化污泥的碱度可高达 2000～6000mg/L（以 $CaCO_3$ 计）。由此可见，改用其他方法降低污泥的缓冲度，比单独使用金属离子絮凝剂可获得更经济、更有效的污泥调理效果。

污泥调理时常常投加石灰，投加石灰有一个优点，即析出的碳酸钙要比金属离子沉淀物的过滤性能好。三氯化铁与石灰的投药顺序对污泥脱水有影响，例如：在 100s 的过滤时间里，先投放三氯化铁，后投放石灰，三氯化铁的剂量为污泥干重的 1.5％即可；但如果先投放石灰，后投放三氯化铁，则三氯化铁剂量要增加到污泥干重的 2.5％。

三氯化铁的投放剂量一般取决于污泥的碱度和有机固体含量。由碱度决定的三氯化铁的剂量 D_1 可用下式估算：

$$D_1 = 1.08 \times \frac{P_w}{P_s} \times \frac{A}{10^4} \tag{11.1}$$

式中，P_w 为污泥含水率，％；P_s 为污泥固体含量，％；A 为污泥的碱度（以 $CaCO_3$ 计），mg/L。由有机固体含量决定的三氯化铁的剂量 D_2 可用下式估算：

$$D_2 = 1.6 \times \frac{S_0}{S_m} \tag{11.2}$$

式中，S_0 为污泥固体中的有机物的含量，％；S_m 为污泥固体中的无机物的含量，％。在进行真空过滤技术脱水时，总的三氯化铁投放剂量为：

$$D = D_1 + D_2 \tag{11.3}$$

通常每 $1m^3$ 生活污水污泥可用 2～3kg $FeCl_3 \cdot 6H_2O$ 加上 7～10kg $Ca(OH)_2$ 或 10kg $FeSO_4 \cdot 7H_2O$ 加上 10～15kg $Ca(OH)_2$ 就可达到良好的调理效果。

调理缓冲污泥的另一种办法是在投加调理剂以前先将污泥进行淘洗或清洗。在淘洗过程中，以低碱度的水与污泥混合，然后将水排去，使污泥的碱度降低，同时去除能大量消耗絮凝剂的某些可溶性有机和无机组分。逆流运行方式能降低淘洗水中的用量。淘洗法的另一优点是洗去污泥中的细小物质，小颗粒的表面积很大，洗去后絮凝剂剂量可以大大降低。但淘洗法的缺点是除大颗粒以外，其余污泥组分均需回流到污水处理厂。由于淘洗污泥的费用有时不一定低于减少絮凝剂用量节省下来的费用，因而对污泥淘洗操作需持谨慎态度。

印染废水处理后的污泥可用聚合硫酸铁进行脱水，其效果比三氯化铁好。原污泥含水率为 95.5%，pH 值为 7.3，相对密度为 1.129，黏度为 4.9cP（1cP＝10^{-3}Pa·s），用聚合硫酸铁处理后污泥含水率为 71%～75% 不等，这与用三氯化铁处理结果大致相同，但聚合硫酸铁的用量仅为三氯化铁的 1/3。

11.4 利用有机高分子絮凝剂调理污泥

利用无机絮凝剂进行污泥调理时，投加量较大，约为 20% 固体质量，而利用高分子聚合物时，投加量仅为固体质量的 1%，甚至更少，最终污泥体积小，此外还有脱水效率高、产生的絮体有较高的韧性的优点。因而利用高聚物进行污泥调理得到了越来越多的重视，但聚合物的单价要比无机化学药剂贵，因此不能简单地说，投加量小，处理成本就一定低。

污水经沉淀处理后产生的污泥可以在聚电解质的作用下经过重力沉降或气浮法予以浓缩。在重力浓缩中添加阳离子型聚电解质可以提高浓缩池的负载能力，提高浓缩后污泥的密度，减少回流污水中的固体的物质含量。一般来说，浓缩每吨污泥（干重）的阳离子型聚电解质约为 0.2～2.0kg。气浮法对浓缩含有油脂的污泥很有效。当进入浮选池的污泥浓度较大时，使用阳离子聚电解质絮凝剂可以有效地提高固态物质的回收。污泥脱水中使用高分子量及高电荷密度的阳离子型聚电解质可以大大提高脱水效率。

在真空过滤中，添加聚电解质可以改善滤瓶的透气性，提高固体物质的回收率，大大降低回流污泥水中固态物质的含量。阳离子聚电解质与石灰及三氯化铁合用可以克服单用无机絮凝剂时生成污泥过多的缺点。污水处理厂在真空过滤中由无机絮凝剂改用聚电解质时，要考虑絮体大小的变化，选择适用的滤布，防止絮体从滤布孔中泄漏。

在离心脱水中，可使用氨甲基聚丙烯酰胺等阳离子型聚电解质，以改善絮体强度，提高固液分离效率。聚电解质的投加剂量在离心脱水中为每吨污泥（干重）1.8～4.5kg。在压滤脱水中，也宜使用阳离子型聚电解质，如上述氨甲基聚丙烯酰胺，以增加污泥稠度及絮体的尺寸和强度。典型的压滤脱水聚电解质剂量是每吨污泥（干重）1.8～9.0kg。

在采用聚电解质调理污泥时，困难的是如何选择适宜的聚电解质，并在不同条件下对其投量进行控制，这一问题存在于各种污泥调理中。在实验室测定中以不同种类的聚电解质对多种污泥进行的脱水研究证明，聚电解质的效能因污泥不同而异，甚至对来自同一污水厂的同一类型的污泥，因取样的时间不同而不同，因其悬浮和溶解物质的浓度和类型而存在差异。对这些污泥的性质进行直接比较并不能容易地说明影响污泥脱水的因素。此外，聚电解质的类型、分子量、电荷等因素也具有显著的影响。以下将从化学条件和力学条件的结合及相互作用上对此问题做一说明。

11.4.1 污泥固体及胶体物质含量的影响

K. Roberts 将水和废水处理中所产生的污泥看作是由两种分级物质所构成，一种是 $100\mu m$ 以上的颗粒物，称为固体；另一种是悬浮于污泥水分中的胶体物质，其粒径在 $10\mu m$ 以下。K. Roberts 以聚丙烯酰胺的阳离子衍生物 Zetag92 为絮凝剂，研究了固体含量对活性污泥脱水的影响，其中固体含量最高者为 0.82％，最低者为 0.4％。如图 11.3 所示，污泥的毛吸时间（CST）值随聚电解质的加入量变化而变化，但它们均表现出了同一最佳脱水性能。即使在固体含量为 0.4％时，也能在 10mg/L 聚电解质投量下达到一极小 CST 值，但这种情况下曲线的峰形已很平缓。

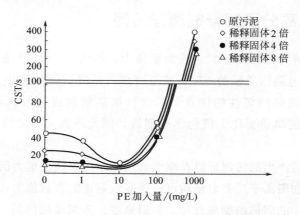

图 11.3　污泥固体含量对其脱水的影响

由此图可以看出，在固体含量较低的情况下，在 100mg/L 投量以内，聚合电解质的投加对 CST 值的影响较小，固体含量不同的各种污泥都有一相同的最佳聚电解质投量。图 11.4 表示图 11.3 实验中，污泥中悬浮胶体粒子的电脉淌度的相应变化，可以看出，在上述最佳聚电解质投量下，胶体悬浮粒子的电脉淌度接近于零。

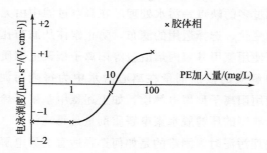

图 11.4　Zetag92 对胶体微粒电泳淌度的影响

K. Roberts 又取固体含量为 0.64％的污泥样品，以蒸馏水替换部分胶体悬浊液（即对胶体悬浊液进行稀释），混合后静置 8h 后，加入 Zetag92，测定其 CST 值，如图 11.5 所示。

可以看出，当聚合电解质加入量为 10mg/L 时，污泥的 CST 值由未处理时的 50s 减小到一个极小值，之后随着聚合电解质投加量的增大而增大，当聚合电解质投加量为 100mg/L 时，增大为 28s。显然，所有不同稀释倍数的样品的曲线形状均与原污泥相似，且初始 CST 值都在 50～70s 之间，在聚合电解质投加量为 10mg/L 时达到在 15～18s 的最佳 CST 值。所以说，对污泥悬浊液表观上的稀释并不影响脱水的最佳 CST 值。分析数据表明，对污泥悬浊液稀释 2 倍并与污泥固体平衡 6h 后，并未发现胶体悬浊液中的蛋白质、糖、有机物及聚磷酸盐等的浓度有降低的情况，这意味着在稀释时一些可溶性形态和

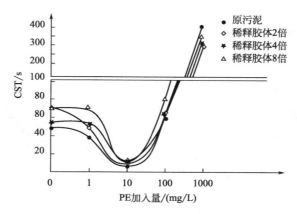

图 11.5　污泥胶体浓度对脱水的影响

胶体颗粒在污泥固体中的细菌的表面上发生了脱附。

在另一组实验中，污泥固体含量为 0.9%，在 100mg/L 投量处得最佳 CST 值为 60s，将其中 50% 的胶体悬浮液用蒸馏水置换，即进行稀释，在经过一短暂的平衡时间后，对聚电解质脱水性进行实验，结果如图 11.6 所示。

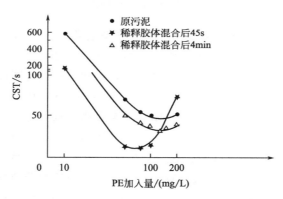

图 11.6　平衡时间对脱水的影响

可以看出，在静置平衡 45s 后，最佳 CST 值变化到投加量为 75mg/L 的 15s，但经 4min 静置平衡，最佳 CST 值又恢复到投加量为 100mg/L 的 40s，仍然小于原污泥的 CST 值。Roberts 认为这是由于在平衡期间，胶体物质从固体上解吸再度达到平衡而造成。

总结上述实验结果，可以认为，对于固体含量较低的活性污泥，聚电解质的需要量与污泥固体含量无关，由悬浮胶体微粒决定。这时阳离子聚电解质同带负电的胶体微粒之间的反应，即架桥作用，以及阳离子聚电解质同溶解阴离子物质之间的电中和反应是污泥脱水的决定性机理。

11.4.2　污泥含盐量的影响

对于消化污泥，研究发现污泥中盐的含量对其脱水具有决定性的影响。一般来说，高的含盐量会造成不良的脱水效果。

在 pH＝7 下利用 200mg/L 酪朊酸钠作为消化污泥中负电胶体做了系统研究，研究中加入具有不同分子量及不同荷电程度的阳离子聚合物，在絮凝步骤之后，以微絮凝分离步骤去除蛋白质。其结果示于图 11.7 中。

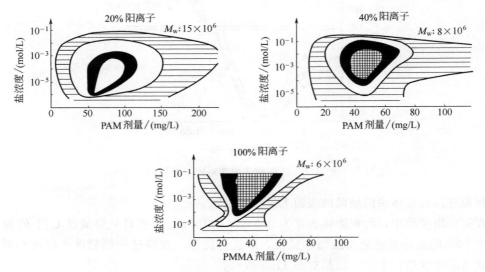

图 11.7 含盐量对污泥脱水的影响

在图 11.7 中，对于阳离子度为 20% 的阳离子聚合物，蛋白质的高去除率发生于盐的含量在 $10^{-6}\,mol/L$ 以上及 $10^{-3}\,mol/L$ 以下的范围内。在 $10^{-4}\,mol/L$ 下，最佳絮凝范围最宽。对阳离子度 40% 和 100% 的阳离子聚合物，得到了相似的图形，不同的是当聚合物中阳离子度增大时，最佳絮凝的范围移向高含盐量区域。对 40% 的阳离子聚合物，范围为 $5\times10^{-5}\sim2\times10^{-2}\,mol/L$，对于 100% 阳离子聚合物，范围为 $10^{-4}\sim10^{-1}\,mol/L$ 以上。当盐浓度高于上限时，半溶解性的蛋白质的絮凝沉淀作用迅速减弱，结果在盐浓度为上限的 5 倍时，去除率降低到 20% 以下。这意味着，如果污泥消化良好，导致高的含盐量，脱水就要求阳离子度更高的阳离子聚合物。高含盐量会使絮凝受到损害的原因与聚合物上带电基团被异电荷离子屏蔽的作用有关，这种屏蔽作用引起带电基团间相互吸引作用的减弱。

11.4.3 聚合物性质的影响

一般来说，用高分子量的聚合物可以得到好的效果，对一定的污泥体系，适宜的聚合物类型受到 pH 值的强烈影响。阳离子型聚合物在 pH 值小于 7.0 的条件下效果较好，非离子和阴离子型聚合物在 pH 值 $6.5\sim8.5$ 的条件下效果较好；在 pH 值大于 8.5 的条件下，电荷密度至少为 50% 的阴离子聚合物效果较好。事实上并不存在普遍有效的聚合物种类，因为这决定于原水的种类、所含组分及原水处理时所用的絮凝剂等。聚合物分子的性质对污泥脱水有着显著的影响，特别是分子量和分子电荷密度尤为重要。

表 11.1 中列出了 5 种分子量的电荷密度各不相同的阳离子聚合物，均为线型结构。聚合物 A～D 是阳离子单体与丙烯酰胺的共聚物，其单体含有季胺基，所以其电荷密度不受 pH 值影响，在广泛的 pH 值范围内保持不变。聚合物 E 也为线型结构，但它的电荷来源于非季胺基氮原子的质子化作用，所以其电荷密度随 pH 值的降低而升高。以这些阳离

子聚合物对数种工厂生物污泥进行脱水实验，并以吸滤器试验和毛细吸水时间（CST）试验测其水的滤过性，根据聚合物的最佳投量及在最佳投量时水的滤过性来判定聚合物的性能。

表 11.1　聚合物特征

聚合物	阳离子电荷密度	相对分子量
A	与 B 同	高
B	与 A 同	比 A 高
C	比 B 高	未报道
D	比 C 高	未报道
E	高	高

图 11.8 为对某造纸厂的初次污泥进行调理的实验结果。可以看出，三种具有高电荷密度的聚合物（C、D 和 E）可产生最佳的水滤过性。增加分子量会显著地降低最佳投量（由 B 和 A 可见），但同时会使作用的投量范围变窄。可以看出，增加分子量并不能明显地改善水的滤过性。

图 11.9 是对某精炼厂 A 废水污泥调理的实验结果，聚合物 A 基本上是无效的。将聚合物 A 与聚合物 B 的效果进行比较，可以看出增大分子量会改善被调理污泥的水滤过性。从 A 到 D 增大电荷密度也会提高脱水的速度，而聚电解质 E 具有一个很宽广的作用曲线。

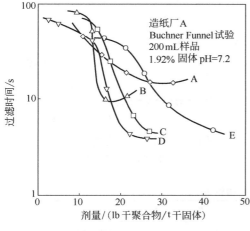

图 11.8　聚合物对造纸厂污泥
过滤时间的影响

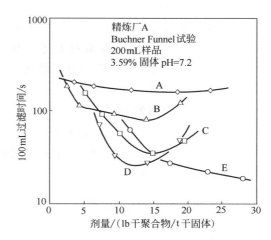

图 11.9　聚合物对精炼厂 A 污泥
过滤时间的影响

图 11.10 为对另一精炼厂 B 的污泥的实验结果。这一实验结果与造纸厂污泥的实验结果类似，在增大聚合物分子量时，会使投药量降低，但同时使用范围变窄。增大分子量仅能于最佳投量处使水的滤过性略有改善。从 A 到 D 增大分子电荷密度则会使过滤速度提高。

图 11.11 为动物食物加工厂的污泥的实验结果。可以看出，增大聚合物分子电荷，会提高水的滤过性。

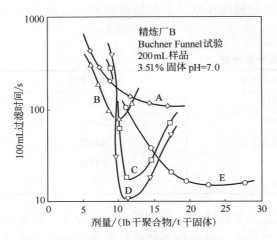

图 11.10　聚合物对精炼厂 B 污泥
过滤时间的影响

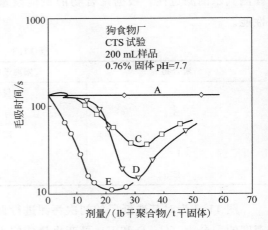

图 11.11　聚合物对动物食品加工厂
污泥过滤时间的影响

　　图 11.12 是纤维厂的污泥的实验结果，实验结果与以上实验相似，增大分子量会降低最佳投量，而增大阳离子电荷密度，则会从 A 到 D 改善污泥的脱水性。但总的来说，无论使用哪一种聚合物，都不易使这种污泥脱水。聚合物 B、C 和 D 的作用曲线相对较窄。

　　将上述 5 种聚合物的某些实验数据列于表 11.2 中进行比较，可以看出对上述一些工业生产中的生物污泥，聚合物的分子量及电荷密度对其脱水活性的一般影响。从 A 到 B 增大分子量（对于 1% 的溶液，B 的 Brookfield 黏度为 A 的 2 倍），使最佳投量降低 40%。过滤时间大约降低 30%。很显然，分子量对聚合物的活性有重要影响。

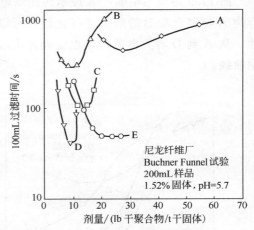

图 11.12　聚合物对尼龙纤维厂生物
污泥过滤时间的影响

表 11.2　比阻力和聚合物性能的比较

生物污泥源	未处理时的比阻力/($\times 10^{-12}$cm/g)	聚 合 物									
		最佳剂量(lb 干聚物/t 干固体)					过滤时间[1]/s				
		A	B	C	D	E	A	B	C	D	E
某造纸厂 A	0.03	27	17	30	22	42	15	10	5	4	6
某精炼厂 A	1.0	C	13	14	10	17	160	82	36	29	20
某造纸厂 B	1.76	16	12	19	—	32	6.5	7	5	—	4
市政废水污泥	1.8	11	7	9	9	6	15	8	6	4	38
精炼厂 C	3.1	C	—	12	13	19	300	—	32	20	38
纤维厂	9.5	26	9	13	8	20	440	300	110	40	50

① 从 200mL 污泥样品中滤出 100mL 水所需时间。

对表 11.2 中聚合物 A、B、C、D 和 E 的比较显示了阳离子电荷密度对聚合物脱水活性的影响。当分子中阳离子单体的百分数增大时，分子量并不能保持为常数，因此要明确表示电荷密度与最佳剂量之间的关系是不可能的。在稀溶液中，线型聚合物的分子构型应该是随着其骨架上阳离子基团的增加而更加伸展。因为电荷密度会影响平均末端距，在平均末端距一定的情况下，电荷密度变了，分子量应随之改变。

从表 11.2 中的过滤时间可以看出，除了造纸厂 B 中的污泥外，对于其他各污泥，增大电荷密度会使脱水性得到改善。例如，虽然 B 和 D 的最佳剂量相似，但 D 的过滤时间比 B 约少 50%～80%，单位长度聚合物分子上的阳离子电荷数显然在决定聚合物脱水活性时有重要作用。电荷密度可能影响到聚合物使胶体粒子脱稳的能力，从而影响到絮体的结构、滤瓶的孔隙率及滤布的堵塞状况。

11.4.4 聚合物投加及混合方式的影响

在使用聚合物调理污泥时，聚合物投加的位置和投加设备的类型十分重要。在许多情况下，使用孔板可以产生好的效果。在加入聚合物之后，搅拌湍流强度应尽可能温和，以避免聚合物和污泥之间相对较脆弱的结合键发生断裂，所以投药点应尽可能靠近浓缩装置。快速混合的强度和持续时间都会影响达到理想的污泥调理效果所需要的投药量，所以在评价聚合物时，实验条件应尽可能接近浓缩和脱水设备的条件。Novak 和 Bandak 的研究表明脱水的最佳投药量依赖于混合时间和剪切强度。对于铝矾污泥，所需投药量随剪切强度的增加而增加，例如在混合时间为 30s 和速度梯度为 $1400s^{-1}$ 时，最佳聚合物投加量是 30mg/L，但在混合时间为 180s 和速度梯度为 $1400s^{-1}$ 时，最佳聚合物投加量增加到 60mg/L。

有时候使用两种聚合物产品先后投加会产生优异的效果，例如在污泥脱水操作中，在投加一种阳离子型聚合物之后再投加一种阴离子型聚合物会得到很好的效果。在加入聚合物之前先加入石灰会增加滤饼的浓度，实验证明使用过氧化氢可以降低铝矾污泥的胶黏性质。对某些污泥，当 H_2O_2 的投加量约为 2.5mg/L 时，脱水性质被显著改善，比阻力可以降低 40%～80%。但是对某些污泥，投加 H_2O_2 并不能起到改善的作用。投加 H_2O_2 的机理在于它能够将有机物部分氧化，使其分子量降低，絮体密度增大。

11.5 无机盐絮凝剂与有机高分子絮凝剂联合调理污泥

为降低成本费用，很多污泥处理厂采用无机絮凝剂联合有机絮凝剂来处理污泥，即根据污泥特性选择两种或者两种以上的药剂进行调节。其原理是通过无机絮凝剂的电中和作用可以使污泥胶体颗粒脱稳，再通过有机絮凝剂的吸附架桥作用形成较大的污泥絮凝体。这两种药剂共同作用，可以使药剂费用降低。Roberts 在应用有机聚合物 Zetag92 对污泥做脱水研究时，同时投加了 0.5g/L 的硫酸铝，结果如图 11.13 所示。在 25mg/L 聚合电解质投量下得到最佳 CST 值为 18s，但在投入 0.5g/L 的铝矾时，仅需 10mg/L 聚电解质就可达到这样的 CST 值。pH 值在加入铝矾后未发生变化，电泳淌度的测定表明，加入该剂量的铝矾使污泥胶体微粒的电泳淌度由 $-6.6\mu m \cdot s^{-1}/(V \cdot cm^{-1})$ 减小至 $-0.8\mu m \cdot s^{-1}/(V \cdot cm^{-1})$。如无铝矾的加入，则需 18mg/L 的聚电解质才可达到此电泳淌度，在 28mg/L 下可得零电泳淌度，其值与图 11.13 中最佳脱水剂量近似吻合。

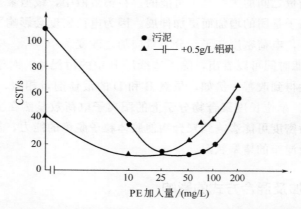

图 11.13　有机高分子絮凝剂与无机盐絮凝剂联合应用于污泥脱水

　　近年来国内研究人员比较了使用有机高分子调理剂与使用复配氯化铁（$FeCl_3$）、硫酸铝［$Al_2(SO_4)_3$］、氯化铝（$AlCl_3$）等无机调理剂调理污泥的处理效果，发现复配调理剂可达到单独调理剂所达不到的处理效果，投加复合调理剂的污泥的比阻力可降低 70.0%，比单独投加有机高分子调理剂的比阻力降低高 33.0%。

结论与展望

絮凝科学是一门古老的学科。近年来由于环境保护和水资源需求的迅速增长，水处理理论与技术得到了更加广泛的重视，从而使絮凝科学获得了前所未有的迅速发展而成为了一门崭新的学科。半个多世纪以来主要研究成果如下。

（1）无机高分子絮凝剂的物理化学形态的研究

对无机高分子絮凝剂的物理化学形态的认识有了长足的进步，近年来 Al_{13} 形态和 Al_{30} 已得到了广泛关注，在此方面开展的相关研究，取得了丰硕的研究成果。

（2）无机复合型高分子絮凝剂的开发与应用

铝系无机高分子絮凝剂、铁系无机高分子絮凝剂及聚硅酸絮凝剂等各有其优势，也各有其缺点，将它们复合后可发挥各自的优势，克服各自的缺点，从而产生更加优异的絮凝效果。在这方面，国内已研究开发出了一系列不同成分和不同配比的产品，其中一些已实现了工业化生产。

（3）有机-无机复合型高分子絮凝剂的开发与应用

有机高分子絮凝剂与无机高分子絮凝剂的复合会强化电中和及架桥作用，从而大大降低絮凝剂的投加量，提高絮凝效能。这方面的研究已有实质性进展，并已有工业化产品。

（4）阳离子型有机高分子絮凝剂的开发与应用

近年来阳离子型有机高分子絮凝剂在国内有了一定程度的开发与应用，例如聚二甲基二烯丙基氯化铵及其共聚物的合成与应用。

在絮凝科学的研究中虽然取得了上述一些进展，但原创性、突破性创新尚不足。从20 世纪 60 年代起，在絮凝的化学领域聚合氯化铝絮凝剂和聚丙烯酰胺絮凝剂在市场上一直是占主导地位，并未出现革命性的实质性突破，在絮凝的流体力学方面虽然发现了网格絮凝的高效性，但对其作用机理的理解尚不够清楚。为推动絮凝科学的进一步发展，笔者认为还需在以下方面多做工作：

（1）进一步研究无机高分子絮凝剂中最佳形态的直接鉴定和定量分析方法，更加科学地认识水解聚合形态的分布规律，最大限度地提高其中最佳形态的含量及其稳定性。

（2）研制开发阳离子型有机高分子絮凝剂新品种，进一步提高阳离子型有机高分子絮凝剂的分子量，充分发挥其电中和及架桥性能，提高效能，降低生产成本。

（3）开发更多经济有效的、多功能的新型絮凝剂品种，以适应不同水质处理的要求。

（4）将化学反应的动力学与混合的流体力学结合起来全面描述絮凝剂投入水中后的形

态变化及污染物的脱稳模型。

（5）从本质上讲，絮凝方法是用以改变颗粒物粒径的方法，但迄今为止在水处理中对颗粒物粒径的分析尚未得到广泛应用，还需在这方面研究简单易行的方法。

（6）多年来国内外学者在絮凝的化学方面做了大量研究工作，但在流体力学条件方面的研究却相对滞后，现有絮凝动力学理论尚不能很好地解释和预测实际水处理中占主导地位的湍流絮凝，因而限制了絮凝理论和实践的进一步发展。

近年来随着生产实际中新型絮凝设备的出现，原有理论更显出了其局限性，所以研究湍流絮凝动力学致因，并在此基础上建立相关动力学模型，具有重要的理论意义和实际应用价值，将对水处理絮凝设备的设计和生产操作产生重大影响。

参考文献

[1]   常青. 论疏水絮凝与疏水作用力. 环境科学学报，2018，38（10）：3787-3796.

[2]   王淼，艾恒雨，王绍文. 涡旋絮凝低脉动沉淀理论及应用. 北京：中国建筑工业出版社，2018.

[3]   Qing Chang. Colloid and Interface Chemistry for Water Quality Control, Elsevier, Inc., 2016.

[4]   王晓昌，金鹏康. 水中胶体物的混凝原理和应用. 北京：科学出版社，2015.

[5]   高宝玉，岳钦艳，王燕，等. 复合高分子絮凝剂. 北京：化学工业出版社，2015.

[6]   Philipp Stock, Thomas Utizig, Markus Valtiner. Direct and quantitative measurements of concentration and temperature dependence of the hydrophobic force law at nanoscopic contacts. Journal of Colloid Interface Science, 2015, 446: 244-251.

[7]   高廷耀，顾国伟. 水污染控制工程（第四版）. 北京：高等教育出版社，2015.

[8]   周振，邢灿，郭江波，等. 膜浓缩污泥的流变学特性研究. 水处理技术，2013，39（3）：54-57.

[9]   岳艳利，周林成，王耀龙，等. 微生物絮凝剂的制备及其应用研究进展. 水处理技术，2012，38（1）：6-16.

[10] Nataliya A. Mishchuk. The model of hydrophobic attraction in framework of classical of DLVO forces. Advances in Colloid and Interface Science, 2011, 168: 149-165.

[11] 常青. 水处理絮凝学（第二版）. 北京：化学工业出版社，2011.

[12] Hammer Malt U., Anderson Travers H., Chaimovich Aviel, et al. The search for the hydrophobic force law. Faraday Discuss, 2010, 146: 299-308.

[13] Chang Q, Zhang M, Wang J X. Removal of Cu^{2+} and turbidity from wastewater by mercaptoacetyl chitosan. J. Hazardous Materials, 2009, 169: 621-625.

[14] Hao X K, Chang Q, Li X H. Synthesis, characterization, and properties of polymeric flocculant with the functionof trapping heavy metal ions. J. Applied Polymer Science, 2009, 112: 135-141.

[15] 徐爱娇，郑渊薇，张昕. PEI 季铵盐的阳离子特性研究. 科学技术与工程，2009，（7）：1836-1839.

[16] Chang Q, Hao X K, Duan L L. Synthesis of crosslinked starch-graft-polyacrylamide-co-sodium xanthate and its performances in wastewater treatment. J. Hazardous Materials, 2008, 159: 548-553.

[17] GB/T 22312—2008.

[18] GB/T 22312—2008.

[19] GB/T 22312—2008.

[20] 杨小林，杨开明，张秉斌，等. 折板絮凝池流场的粒子图像测速试验研究. 环境污染与防治，2008，30（12）：47-49.

[21] 陈卫，邹琳. 水处理絮凝动力学及其效果的数值模拟. 解放军理工大学学报（自然科学版），2008，9（3）：279-285.

［22］ 井敏莉，李敏，姚敏．分形理论在絮凝形态学中的应用与展望．中国水运，2008，8（9）：145-147.

［23］ 卢红霞，刘福胜，于世涛，等．阳离子聚丙烯酰胺的制备及其絮凝性能．应用化学，2008，25（1）：101-105.

［24］ Chang Q, Wang G. Study on the macromolecular coagulant PEX which traps heavy metals. Chemical Engineering Science, 2007, 62: 4636-4643.

［25］ Chang Q, An Y. Preparation of macromolecular heavy metal coagulant and treatment of wastewater containing copper. Water Environment Research, 2007, 79（6）: 587-592.

［26］ Hao X K, Chang Q, Duan L L, et al. Synergetically acting new flocculants on the basis of starch-graft-poly（acrylamide）-co-sodium xanthate. Starch, 2007, 59: 251-257.

［27］ 武若冰，王东升，汤鸿霄．絮体分形结构形成机制探讨．环境科学学报，2007，27（10）：1599-1603.

［28］ 滕建标，丁爱中．水处理絮凝动力学模型研究进展．净水技术，2007，26（3）：4-7.

［29］ 汤鸿霄．无机高分子絮凝理论与絮凝剂．北京：中国建筑工业出版社，2006.

［30］ John Bratby. Coagulatuon and flocculation in water and wastewater treatment. Second edition. London: IWA Publishing, 2006.

［31］ Miroslav S, Jan S, Massimo M. Investigation of aggregation, breakage, and restructuring kinetics of colloidal dispersions in turbulent flows by population balance modeling and static light scattering. Chemical Engineering Science, 2006, 61: 2349-2363.

［32］ 李冬梅，施周，梅胜，等．絮凝条件对絮体分型结构的影响．环境科学，2006，27（3）：488-492.

［33］ 徐晓军．化学絮凝剂作用原理．北京：科学出版社，2005.

［34］ 董薇．阳离子聚丙烯酰胺的应用及研究进展．化学工程师，2005，11：40-42.

［35］ 陆谢娟，李孟，唐友尧．絮凝过程中絮体分形及其分形维数的测定．华中科技大学学报，2003，20（3）：46-49.

［36］ Chang Q, Wang H Y. Preparation of PFS coagulant by sectionalized reactor. J. Environmental Sciences, 2002, 14（3）: 345-350.

［37］ 国家环保总局水和废水监测分析方法编委会．水和废水监测分析方法．第四版．北京：中国环境科学出版社，2002.

［38］ Chang Q. Study on the oxidation rate in the preparation of polyferric sulfate coagulant. J. Environmental Sciences, 2001, 13（1）: 104-107.

［39］ 王东升，汤鸿霄．分形理论在混凝研究中的应用与展望．工业水处理，2001，21（7）：16-20.

［40］ 武道吉，王新文，谭凤训．再论紊流絮凝动力学致因．水处理技术，2001，27（1）：19-21.

［41］ 孙友勋，时钧，范瑾初，等．异波折板絮凝池絮凝的机理与絮凝常数．南京化工大学学报，2001，23（3）：19-21.

［42］ 常青．DMDAAC-AM共聚物的制备及其水处理絮凝效能研究．环境科学学报，2001，21（增）：43-46.

［43］ 严瑞宣．水处理剂应用手册．北京：化学工业出版社，2000.

［44］ 常青，陈野，韩相恩，等．聚二甲基二烯丙基氯化铵的合成及其水处理性能研究．环境科学学报，2000，20（2）：168-172.

［45］ 王晓昌，丹保宪仁．絮凝体形态学和密度的探讨．环境科学学报，2000，20（3）：257-262.

［46］ 何铁林．水处理化学品手册．北京：化学工业出版社，2000.

［47］ 谭章荣，秦祖群．异波折板絮凝池絮凝控制指标研究．中国给水排水，2000，16（6）：58-60.

［48］ 严煦世，范瑾初，许保玖．给水工程．北京：中国建筑工业出版社，1999.

［49］ 汪广丰. 竖流折板絮凝工艺的设计与运行. 中国给水排水，1999，15（8）：29-31.

［50］ James K, Edzwald and John E. Tobiason. Enhanced coagulation: US requirements and a broader view. Water Science Technology, 1999, 40（9）: 63-70.

［51］ 常青，王武权，栾兆坤，等. 聚合硅酸硫酸铝的制备、结构及性能研究. 环境化学，1999，18（2）：168-172.

［52］ 常青，陈野. 二甲基二烯丙基氯化铵的合成. 环境科学，1999，20（1）：87-90.

［53］ 汤鸿霄. 羟基聚合氯化铝的絮凝形态. 环境科学学报，1998，18（1）：1-10.

［54］ Jiang J Q, Graham, N J D. Preparation and Characterization of Optimal Polyferric Sulfate （PFS） as a Coagulant for Water Treatment. J. Chemical Technology and Biotechnology, 1998, 73: 351-358.

［55］ Ching-Ju Chin, Sotira Yiacoumi, Costas Tsouris. Shear-induced flocculation of colloidal particles in stirred tanks. J. Colloid and Interface science, 1998, 206: 532-545.

［56］ Joel J D, Mark M C. The influence of tank size and impeller geometry on turbulent flocculation: I. experimental. Environental Engineering Science, 1998, 15（3）: 214-224.

［57］ 王绍文. 惯性效应在絮凝中的动力学作用. 中国给水排水，1998，14（2）：13-16.

［58］ 戴树桂. 环境化学. 北京：高等教育出版社，1997.

［59］ 王武权，常青，栾兆坤，等. 高效絮凝反应器处理生活污水试验研究. 环境化学，1997，16（6）：584-588.

［60］ 常青，冯永成. 有机高分子絮凝剂 PDADMA 的研制. 工业水处理，1996，16（6）：14-15

［61］ GB 15892—1995.

［62］ 傅文德，许保玖. 高浊度给水工程. 北京：中国建筑工业出版社，1994.

［63］ 常青. 絮凝科学的研究与进展. 环境科学，1994，15（1）：69-72.

［64］ 常青. 用 Ca（OH）$_2$-PDADMA-PAM 法絮凝处理制革废水. 环境科学学报，1994，14（2）：216-221.

［65］ D. R. Bérard, Phil Attard, G. N. Patey. Cavitation of a Lennard-Jones fluid between hard walls, and the possible relevance to the attraction measured between hydrophobic surfaces. Journal of Chemical Physics, 1993, 98: 7236-7244.

［66］ 常青. 凝聚科学的发展与目标. 中国给水排水，1993，9（2）：24-26.

［67］ 常青，傅金镒，郦兆龙. 絮凝原理. 兰州：兰州大学出版社，1993.

［68］ Jiang J Q, Graham N J D, Harward C. Comparison of Polyferric Sulfate with Other Coagulant for the Removal of Algae and Algal-Derived Organic Matter. Water Science and Technology, 1993, 27（11）: 221-9.

［69］ GB 14591—1993.

［70］ 冯敏. 工业水处理技术. 北京：海洋出版社，1992 年.

［71］ 聚丙烯酰胺. GB/T 13940—1992.

［72］ 崔福义，李圭白. 流动电流法絮凝控制技术. 中国给水排水，1991，7（6）：36-40.

［73］ AWWA Coagulation Committee. Coagulation as an Integrated Water treatment Process. J. American Water Works Association, 1989, 81（10）: 72-78.

［74］ 蒋兴锦. 饮水的净化和消毒. 北京：中国环境科学出版社，1989.

［75］ 茹至刚. 废水治理工程技术. 北京：中国环境科学出版社，1989.

［76］ 王晓昌，曹舯. 絮凝池综合指标 GT／Re$^{1/2}$物理意义的研讨. 中国给水排水，1989，5（4）：4-9.

［77］ 王乃忠. 絮凝效果控制指标的选择. 中国给水排水，1989，5（6）：38-40.

［78］ 列别杰夫 К. Б. 有色冶金企业废水净化与监测. 高春满，华亭亭译. 北京：冶金工业出版社，1989.

［79］ 常青，王九思，刘玉兰. 饮用水中总三卤甲烷的分光光度测定. 中国给水排水，1989，5

（2）：46-48.

[80] 常青. 饮用水中的 THMs 和 TOX. 环境保护, 1989, 6：16-19.

[81] 姚重华, 严煦世, 孙尧俊, 等. 聚合氯化铝的^{27}AlNMR 研究. 环境科学学报, 1989, 9（1）：116-119.

[82] GB 12005. 1—1989.

[83] GB 12005. 2—1989.

[84] GB 12005. 6—1989.

[85] 汤鸿霄. 环境水化学纲要. 环境化学丛刊, 1988, 9（2）：1-30.

[86] Dental S K, Gossett J M. Mechanisms of Coagulation with Aluminium Salts. J. American Water Works Association, 1988, 80（4）：187-198.

[87] 栾兆坤, 汤鸿霄. 聚合铝形态分布特征及转化规律. 环境科学学报, 1988, 8（2）：146-155.

[88] Dental S K. Application of the Precipitation-Charge Neutralization Model of Coagulation. Enviromental Science Technolology, 1988, 22（7）：825-832.

[89] Tang H X, Stuum W. The Coagulating Behaviors of Fe（Ⅲ）Polymeric Species-Ⅰ. Water Research, 1987, 21（1）：115-21.

[90] Tang H X, Stuum W. The Coagulating Behaviors of Fe（Ⅲ）Polymeric Species-Ⅱ. Water Research, 1987, 21（1）：123-28.

[91] 斯塔姆 W, 摩尔根 J J. 水化学. 汤鸿霄等译. 北京：科学出版社, 1987.

[92] 周祖康, 顾惕人, 马季敏. 胶体化学基础. 北京：北京大学出版社, 1987.

[93] 常青, 汤鸿霄. 聚合铁的形态特征及凝聚絮凝机理. 环境科学学报, 1985, 5（2）：185-193.

[94] 美国公共卫生协会等. 水和废水标准检验方法. 宋仁元等译. 北京：中国建筑工业出版社, 1985.

[95] 常青, 汤鸿霄. 聚合铁的形态特征和凝聚絮凝机理. 环境科学学报, 1985, 5（2）：185-193.

[96] 常青, 汤鸿霄. 不同浓度 $FeCl_3$ 溶液的混凝效能和作用机理. 工业水处理, 1984, 6：12-18.

[97] Morris J K, William R K. Temperature Effects on the Use of Metal-Ion Coagulants for Water treatment. J. American Water Works Association, 1984, 76（3）：74-79.

[98] Dempsey B A, Danho R M, O' Melia C R. Coagulation of Humic Substances by Means of Aluminum Salts. J. American Water Works Association, 1984, 76（4）：141-150.

[99] Johnson P N, A. Amirtharjah. Ferric Chloride and Alum as Single and Dual Coagulants. J. American Water Works Association, 1983, 75（5）：232.

[100] 王松云. 聚电解质在废物处理中的应用. 北京：科学出版社, 1983.

[101] Amirtharjah A, Mills K M. Repid Mix Design for Mechanisms of Alum Coagulation. J. American Water Works Association, 1982, 74（4）：210.

[102] 巴宾科夫 Е Д. 论水的混凝. 郭连起译. 北京：中国建筑工业出版社, 1982.

[103] Stumm W, Morgan J J. Aquatic Chemistry. John Wiley and Sons, Inc, 1981.

[104] 李润生. 水处理新药剂碱式氯化铝. 北京：中国建筑工业出版社, 1981.

[105] 帕特森 J W. 废水处理技术. 化工部化工设计院译. 北京：化学工业出版社, 1981.

[106] Mikami Hassuka. The polyferric coagulant. PPM, 1980, 11（5）：24（in Japanes）.

[107] 小沃尔特. 丁. 韦伯. 水质控制物理化学方法. 上海市政工程设计院译, 北京：中国建筑工业出版社, 1980.

[108] 许保玖. 给水处理. 北京：中国建筑工业出版社, 1979.

[109] 汤鸿霄. 用水废水化学基础. 北京：中国建筑工业出版社, 1979.

[110] Kenneth J Ives. The Scientific Basis of Flocculation. The Netherlands: Sijthoff and Noordhoff Alphen aan den Rijn, 1978.

[111] Alan J Rubin. Chemistry of Wastewater Technology. Ann Arbor Science Publishers, Inc, 1978.

[112] Shigeo Ban. Inorganic high MW coagulant. Water Supply for Industry, 1978, 232: 53（in

Japanes）.

[113] Popiel W J. Introduction to Colloid Science. New York：Exposition Press Hicksville, 1978.

[114] Walter J Moore. Physical Chemistry. London：Loogman Group Limited, 1972.

[115] 国家建委建筑科学研究院城市建设研究所. 城市给水净化技术经验. 北京：中国建筑工业出版社，1978.

[116] Spiro T G, Allerton S E, Renner J, Terzis A, Bils R and Saltman P. The Hydrolytic Polymerization of Iron（Ⅲ）. J. American Chemical Society, 1966, 88：2721-2726.